Wörterbuch Polymerwissenschaften

Polymer Science Dictionary

Theodor C. H. Cole

Wörterbuch Polymerwissenschaften

Kunststoffe, Harze, Gummi

Polymer Science Dictionary

Plastics, Resins, Rubber, Gums

Deutsch-Englisch

English-German

Dipl. rer. nat.
Theodor C. H. Cole
Heidelberg

tchcole@gmx.de

Library of Congress Control Number: 2005938924

ISBN 978-3-540-31094-5 (Hardcover)
ISBN 978-3-642-32401-7 (Softcover)

Springer is a part of Springer Science+Business Media
springer.com

Typesetting: by the author
Production: LE-TEX Jelonek, Schmidt & Vöckler GbR, Leipzig
Cover design: *design & production* GmbH, Heidelberg
Printed on acid-free paper   2/3130YL   5 4 3 2 1 0

Vorwort

Polymere biologischen und künstlichen Ursprungs sind von enormer wirtschaftlicher Bedeutung – seit der Entdeckung der Vulkanisation durch Goodyear (1839) und der Synthese von Cellulosenitrat durch Schönbein (1847) entwickelte sich die Polymerforschung in derart rasantem Tempo, dass man von einer „Ära der Kunststoffe" sprechen kann – der Einsatz dieser Stoffe scheint geradezu unbegrenzt: im Bausektor, für Verpackungen, in der Elektronik, der Kleider-, Teppich- und Möbelherstellung, als vielseitige Werkstoffe im Maschinen-, Fahrzeug- und Schiffsbau, der Raumfahrttechnologie, in der Landwirtschaft und Nahrungsmittelindustrie, wie auch im medizinisch-pharmazeutischen Bereich; Kunststoffe ersetzen neuerdings Metalle und spielen eine zentrale Rolle in der zukunftsweisenden Nanotechnologie.

In den 50er Jahren in den Vereinigten Staaten aufgewachsen, begegnete ich schon bald manch innovativen Kunststoffprodukten: Windeln, Schnuller, Kaugummi, Dopsbälle, mancherlei enttäuschenderweise nicht sehr langlebigem Plastikspielzeug und natürlich „Luftballons", die leider allzuoft platzten. Während des Studiums erfuhr ich von einem „atemberaubenden" Polymer-Experiment:
Ein aufgeblasener Luftballon wird von einem kräftigen Metallstab – mit etwas Geschick – durchbohrt ... ohne, dass der Ballon platzt! Langsam drehend schiebt man den leicht abgestumpften Stab hinein, bis er die Wand durchstößt – ebenso auf der entgegengesetzten Seite. Keine Tricks, wie Sie sehen! (Zur Herabsetzung der Angstschwelle empfehlen sich Ohrschützer). Die Erklärung liegt in der Flexibilität der langkettig teilvernetzten Polyisoprenmoleküle, die sich elegant um den Stab an der Einstichstelle schmiegen.

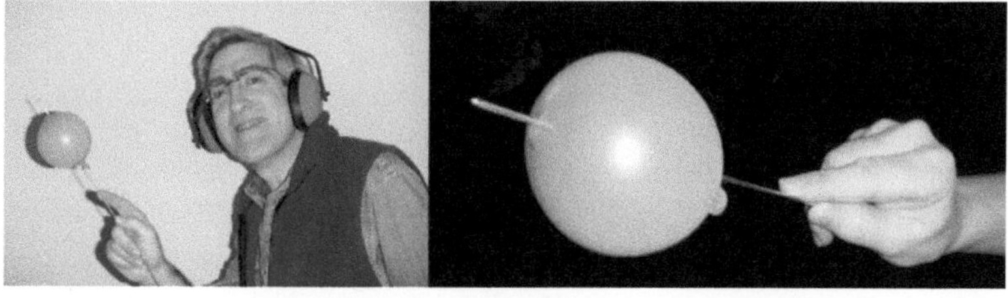

Dieses Wörterbuch umfasst 12.500 Fachbegriffe der speziellen Terminologie im Bereich **Polymere, Kunststoffe, Harze, Gummi** – mit den Teilgebieten:

- **Polymerchemie und Polymerphysik**
- **Biopolymere und Kunststoffe**
- **Synthesen und Eigenschaften**
- **Produktion, Methoden und Verfahren**
- **Geräte und Werkstoffe**
- **Verarbeitung und Materialkunde**
- **Labor und Sicherheit**

Es handelt sich hierbei ausdrücklich nicht um eine Liste einzelner Polymer-Substanznamen bzw. deren Monomer-Bausteine – diese Begriffe und deren Schreibweisen sind im Englischen bzw. Deutschen ohnehin ähnlich und unterscheiden sich gegebenenfalls nur durch „c"- oder „k"-Schreibung und Endungen mit oder ohne „e" – Sonderfälle werden allerdings berücksichtigt.

Wortfelder. Um eine zusammenhängende Themenbearbeitung zu ermöglichen, die „Trefferwahrscheinlichkeit" bei der Wortsuche zu erhöhen und somit die Arbeit zu erleichtern, verwenden wir zusätzlich zur gewöhnlichen alphabetischen Ordnung ein auch in amerikanischen Wörterbüchern verwendetes Konzept der thematischen Begriffssammlung (*clusters*) unter den jeweiligen übergeordneten Hauptstichwörtern. Thematisch verwandte Begriffe werden in Wortfeldern zusammengefasst, auch wenn die einzelnen Begriffe das Hauptstichwort selbst gar nicht enthalten. Beispielsweise finden sich unter dem Hauptstichwort *Vulkanisation* alle Vulkanisationsverfahren, unter *Extrusion* alle Extrusionsmethoden und die dazugehörige Apparateterminologie, unter *Polymerisation* die wichtigsten Polymerisationsarten, alle Arten von *Fasern, Filtern, Formverfahren, Gummen, Gussverfahren, Harzen, Kautschuken, Kolben, Pumpen, Schnecken, Schüttlern, Spinnverfahren, Ventilen, Viskosimetern,* etc. unter dem jeweiligen Hauptstichwort zusätzlich zu den alphabetisch geordneten Einträgen. Dies verschafft klare Übersicht und Arbeitskomfort. In anderen Wörterbüchern müsste jeder Begriff einzeln aufgesucht werden.

Die Rechtschreibung orientiert sich an der amerikanischen Schreibweise laut *Merriam Webster's Collegiate Dictionary*, 11th edn., bzw. *Wahrig Deutsches Wörterbuch*, 6. Aufl., d.h. die deutsche Rechtschreibreform wurde berücksichtigt. Die „c"-Schreibweise von lateinisch und griechisch abgeleiteten deutschen Begriffen wird bevorzugt, z.B. *cyclisch* gegenüber *zyklisch*.

Danksagungen. Dr. Ingrid Haußer-Siller (Universität Heidelberg) danke ich für fachlichen Rat; Dan Choon (Open University, London) half beim Satz und der Erstellung der Druckvorlage. Bei der Beschaffung der diesem Wörterbuch zugrunde liegenden umfangreichen Literatur war mir die Universitäts-Bibliothek Heidelberg durch Frau Dr. Sybille Mauthe und ihren MitarbeiterInnen überaus behilflich – dafür besten Dank.

Für ihre fachliche Kompetenz und Hilfe mit der deutschen Sprache, der Durchsicht der Endversion des Manuskripts sowie für entscheidenden Zuspruch in den kritischen Phasen des Bücherschreibens gebührt meiner Frau Erika Siebert-Cole meine ganz besondere Wertschätzung.

Dem Springer-Verlag und besonders den Mitarbeitern des Lektorats Chemie bin ich für die langjährige positive Zusammenarbeit sehr verbunden. Dr. Marion Hertel war mit Ihrer Erfahrung, Geduld und Zuspruch dem Projekt und dessen Autor gegenüber immer aufgeschlossen.

Heidelberg, im Frühjahr 2006   Theodor C.H. Cole

Preface

Since the invention of vulcanization by Goodyear (1839) and the synthesis of cellulose nitrate by Schönbein (1847) a virtual "plastics era" has characterized modern civilization. Polymers – both biological and synthetic – play paramount roles in the building sector, in packaging, clothing, carpeting, and furnishing, in the field of electronics, for machine parts, the manufacturing of motorvehicles, for shipbuilding and aerospace technology, in agriculture and the food industry, as well as in the medical-pharmaceutical sector. Plastics are now replacing metals in various respects and play a major role for the innovative field of nanotechnology. With the perspective of the enormous economic potential, the field of polymer science and engineering is among the most promising and exciting careers for young scientists.

Having grown up in the United States in the 1950s, the author recalls diapers, pacifiers, chewing gum, Silly Putty®, plenty of not-so-long-lasting plastic toys, and ... balloons[*], which unpleasantly tended to pop! In college, I then learned about a 'breathtaking' balloon experiment: first you inflate a balloon – now you slowly drive a long pointed needle *through* the balloon in a twisting motion ... in the one end, and out the other. No 'tricks', as you can see! ... but one is well advised to wear hearing protection, as an alternative to biochemical anxiolytics! The flexible long polyisoprene molecules smoothly wrap around the rod at the puncture holes and seal them – demonstrating this inherent characteristic of elastomers. Polymers are exciting and fun!

This specialty dictionary contains 12,500 terms relevant to polymer science and technology – **plastics, resins, gums, and rubbers** – broadly covering the fields of:

- **polymer chemistry and polymer physics**
- **biopolymers and plastics**
- **synthesis and properties**
- **production, methods, procedures**
- **apparatus, materials, processing**
- **laboratory and safety**

This dictionary is not intended as a listing of individual polymer substance names nor their monomer building blocks; the majority of names are close to identical in English and German, differing only, for instance, in "c"- or "k"-spelling and endings with or without an "e".

The new German orthography rules have been observed according to *Wahrig Deutsches Wörterbuch*, 6th edn. (1997) and the American orthography follows *Merriam Webster's Collegiate Dictionary*, 11th edn. (2003).

Acknowledgements. Thanks to Dr. Ingrid Haußer-Siller (University of Heidelberg) for invaluable consultation and friendship. Dan Choon (Open University, London) has skillfully assisted in the typesetting of the manuscript. Dr. Sybille Mauthe and her staff of the Heidelberg University Library have been helpful in supplying vast amounts of literature.

Erika Siebert-Cole, M.A. contributed her knowledge, time, inspiration, and an intricate sense of the German language to this book – sharing bright moments during the most strenuous phases of bookwriting.

Dr. Marion Hertel, Senior Editor of Chemistry at Springer, Heidelberg, has been a brilliant partner and I am grateful for her encouragement, confidence, and support.

Heidelberg, in the spring of 2006 Theodor C.H. Cole

Abkürzungen – Abbreviations

sg	Singular – singular
pl	Plural – plural
adv/adj	Adverb-Adjektiv – adverb-adjective
n	Nomen (Substantiv) – noun
vb	Verb – verb
f	weiblich – feminine
m	männlich – masculin
nt	sächlich – neuter
analyt	Analytik – analytics
allg – general	allgemein – general
biot	Biotechnologie – biotechnology
centrif	Zentrifugation – centrifugation
chem	Chemie – chemistry
chromat	Chromatografie – chromatography
comp	Datenverarbeitung – computing
dest – dist	Destillation – distillation
dial	Dialyse – dialysis
ecol	Ökologie – ecology
electr	Elektrik-Elektronik – electrics-electronics
electroph	Elektrophorese – electrophoresis
gen	Genetik – genetics
lab	Labor – laboratory
math	Mathematik – mathematics
mech	Mechanik – mechanics
med	Medizin – medical science
micb	Mikrobiologie – microbiology
micros	Mikroskopie – microscopy
nucl	Nuklearphysik – nuclear physics
opt	Optik – optics
photo	Photografie – photography
phys	Physik – physics
physiol	Physiologie – physiology
polym	Polymere – polymers
rad	Strahlung/Radiologie – radiation/radiology
spectr	Spektroskopie – spectroscopy
stat	Statistik – statistics
tech	Technologie – technology
text	Textilien – textiles

Deutsch – Englisch

**Abbau
(Zersetzung/Zerfall/
Zusammenbruch)**
degradation, decomposition,
breakdown; (einer Apparatur)
disassembly, dismantling,
dismantlement, takedown
➤ **biologischer Abbau/
Biodegradation**
biodegradation
➤ **enzymatischer Abbau**
enzymatic digestion
➤ **Lichtabbau/
photochemischer Abbau**
photodegradation
➤ **Wärmeabbau/Wärmezersetzung/
thermischer Abbau**
thermal degradation

Abbaubarkeit
degradability,
decomposability
➤ **biologische Abbaubarkeit**
biodegradability
➤ **enzymatische Abbaubarkeit**
enzymatic degradability
➤ **Lichtabbaubarkeit**
photodegradability

abbauen (zersetzen) degrade,
decompose, break down;
(Apparatur/Experimentiergerät)
disassemble (take equipment apart)

Abbauprodukt
degradation product

abbinden (fest/steif werden)
set

Abbindezeit *polym*
curing time
➤ **A. während Temperatureinwirkung**
temperature time
(curing time under temperature)

abdampfen/abdunsten
evaporate

Abdampfschale
evaporating dish

Abdichtbarkeit
sealability

abdichten
seal off, make tight,
make leakproof, insulate

**Abdichtfolie/
Abdichtungsfolie**
sealing foil, liner,
barrier foil

**Abdichtmasse/
Abdichtungsmasse**
sealing compound, sealant

Abdichtung
seal, sealing;
(Manschette) gasket

abfackeln
flare, burn off

Abfackelung
flare, flaring off,
burning off

Abfall
waste, trash, refuse;
litter
➤ **Sonderabfall/Sondermüll**
hazardous waste

Abfallbehälter trash can;
waste container, litter bin

**Abfallentsorgung/
Abfallbeseitigung**
waste disposal

**Abfallgesetz/
Abfallbeseitigungsgesetz (AbfG)**
waste disposal law,
waste disposal act

Abfallvorbehandlung
waste pretreatment

abfärben stain, bleed

**abflammen/
'flambieren' (sterilisieren)**
flame

Abfluss (Ausfluss) discharge,
outflow, efflux, draining off;
(Ablauf, z.B. am Waschbecken)
drain
➤ **frei machen**
unblock
➤ **verstopft**
blocked, clogged, choked

Abflussbecken
sink, basin

Abgabepuls (Pumpe)
discharge stroke

Abgangsmolekül
leaving molecule

Abgas(e)
exhaust(s);
exhaust fumes
abgelaufen
(Haltbarkeitsdatum)
expired, outdated
abgeschrägt/abgekantet
(Kanülenspitze/Pinzette etc.)
beveled, bevelled
abgießen/
dekantieren (ablassen)
pour off, decant (drain)
Abgleich
adjustment, equalization,
balancing, balance;
alignment; tuning
abgleichen
adjust, equalize,
balance; align, tune
abgraten
(entgraten) deflash;
(abkanten) trim;
(bördeln) deburr
Abgraten (Entgraten) deflashing;
(Abkanten) trimming;
(Bördeln) deburring
Abgratmaschine/
Entgratmaschine
deflasher,
deflashing machine
Abguss (an der Spüle)
drain (of the sink)
➢ **in den Abguss schütten**
pour s.th. down the drain
Abisolierzange wire stripper
abkanten
(abschrägen: Metall/Pinzetten/
Kanülen/Glas etc.) bevel; trim;
(anfasen) chamfer
Abklärflasche/
Dekantiergefäß/
Dekanter
decanter
abkochen/absieden decoct
Abkochung/
Absud/Dekokt
decoction
abkühlen
cool down, get cooler

Abkühlzeit/Abkühlphase/
Fallzeit (Autoklav)
cool-down period,
cooling time
ablängen
(mit Glasrohrschneider)
size,
cut into discreet length
ablassen
drain, discharge;
(Druck reduzieren)
relieve, vent
Ablasshahn/Ablaufhahn
draincock (faucet/spigot)
Ablauf drain; (Ablaufbrett/Platte
an der Spüle) drainboard;
(Ausfluss: Austrittstelle einer
Flüssigkeit) outlet; (herausfließende Flüssigkeit) effluent
Ablaufdatum/Verfallsdatum
expiration date
ablaufen lassen drain
ableiten
carry off, drain, discharge;
(umleiten) deflect
➢ **zuleiten**
supply, feed,
pipe in, let in
Ableitung (von Flüssigkeiten)
discharge, drainage, outlet
➢ **Zuleitung**
supplying, feeding, inlet
ablenken deflect
Ablenkung deflection
ablesbar readable
Ablesbarkeit (Waage/Anzeige)
readability
Ablesefehler
reading error,
false reading
Ablesegenauigkeit
reading accuracy
Ablesegerät
direct-reading instrument
Ablesemarke
reference point,
index mark
ablesen
read (off/from)

Ablesung/Ablesen (Gerät/Messwerte)
reading, readout

Ablösefestigkeit/ Schälfestigkeit
peel resistance

ablösen *vb*
separate, release; unbond; peel off

Ablösen *n*
separation, release, releasing; unbonding; peeling off

Ablöseversuch/Schälversuch
peel test

Abluft
exhaust, exhaust air, waste air, extract air

Ablufteinrichtung/ Abluftsystem
exhaust system, off-gas system

Abluftschacht
exhaust duct

Abluftsystem
exhaust system

abmelden
deregister, sign out (schriftlich 'austragen')

abmessen measure, size

Abmessungen (Höhe/Breite/Tiefe)
dimensions (height/width/depth)

Abnahme
(eines Labors nach Fertigstellung) commissioning, certification; *text* doff (a bobbin)

Abpackung
pack, package

Abquetschfläche/ Steg (hervorstehende Kante nach Guss)
land (of mold)

Abquetschwalze (Extrusion)
nip roll

Abrauchen fuming; (eindampfen) evaporate

abreichern deplete, strip, downgrade

Abreicherung
depletion, stripping, downgrading

Abrieb
abrasion; attrition; abrasive wear, wear debris

Abriebfestigkeit
abrasion resistance

abrutschen/ausrutschen
slip

absaugen (Flüssigkeit)
draw off, suction off, siphon off, evacuate

abschalten turn off, shut off, switch off; (Computer: herunterfahren) power down
➢ **anschalten** turn on, switch on; (Computer: hochfahren) power up

Abschaltung shutoff
➢ **automatische Abschaltung** (elektronische Geräte) auto-shutoff

Abschaltventil
shut-off valve

Abscheider
separator, precipitator, settler, trap, catcher, collector
➢ **Wasserabscheider** water separator, water trap

abschirmen (von Strahlung)
shield (from radiation)

Abschirmlänge/Korrelationslänge (ξ)
screening length, correlation length

Abschirmung (von Strahlung)
shielding (from radiation)

Abschmelzrohr
fusion tube, melting tube

abschöpfen
skim off, scoop off/up

abschrägen (abkanten: Metall/ Pinzetten/Kanülen/Glas etc.) bevel; trim; (anfasen) chamfer, level

Abschrägmaschine/ Anfasmaschine
chamfering machine

abschrecken
turn away, repel, reject; *polym* quench

abseihen strain
absondern/
   abscheiden (Flüssigkeiten)
   exude, secrete, discharge
Absorbanz (Extinktion)
   absorbance, absorbancy
   (extinction: optical density)
absorbieren/aufsaugen
   soak up, absorb
Absorption
   absorption
Absorptionsindex
   absorbance index,
   absorptivity
Absorptionskoeffizient
   absorption coefficient
Absorptionsmittel/
   Aufsaugmittel
   absorbent, absorbant
Absorptionsspektrum
   absorption spectrum,
   dark-line spectrum
Absorptionsvermögen/
   Absorptionsfähigkeit/
   Aufnahmefähigkeit
   absorbency
Absperrband/Markierband
   barricade tape
absperren block off, seal,
   turn off, shut (off), stop
Absperrhahn/Sperrhahn
   stopcock
Absperrung/
   Barriere/Sperre/Barrikade
   barrier, barricade
Absperrventil
   shut-off valve
Abstand (Geräte/Möbel etc.)
   space, distance; clearance
Abstand halten! keep clear!
Abstandhalter/
   Abstandshalter/
   Distanzstück
   spacer
absteigend (DC)
   descending
Abstoppmittel
   shortstopping agent,
   stopper

abstoßen repel; reject
abstoßend (Wasser etc.)
   repellent, repellant
Abstoßungskraft
   repellent/repelling force,
   repulsion force
Abstreicher/Rakel (Gummi)
   squeegee
Abstreifer/Schaber (Mischer)
   wiper blade
Abstreifmesser/Rakel
   doctor knife
abtauen
   (Kühl-/Gefrierschrank)
   defrost
Abtransport/Entfernen
   transporting away;
   removal
abtrennen separate
Abtrennung separation;
   (Trennwand: räumlich) partition
Abtriebsäule/Abtreibkolonne *dest*
   stripping column
Abtriebsteil
   (Unterteil der Säule) *dest*
   stripping section
Abwärme
   waste heat
abwaschbar washable
Abwasser
   wastewater, sewage
➢ **Rohabwasser**
   raw sewage
Abwasseraufbereitung
   sewage treatment
abweichen von ...
   deviate from ...
abwiegen (eine Teilmenge)
   weigh out
abwischen
   wipe, wipe off, wipe clean
Abzieher/Gummiwischer
   (Fensterwischer/Bodenwischer)
   squeegee
➢ **Fensterwischer/Fensterabzieher**
   squeegee (for windows)
➢ **Wasserschieber/**
   Wasserabzieher (Bodenwischer)
   squeegee (for floors)

Abzug/Dunstabzugshaube
hood, fume hood,
fume cupboard (*Br*)
➢ **begehbarer A.**
walk-in hood
➢ **Fallstrombank**
vertical flow workstation/hood/unit
➢ **Handschuhkasten/**
Handschuhschutzkammer
glove box
➢ **Labor-Werkbank**
laboratory~/lab bench
➢ **Querstrombank**
laminar flow workstation,
laminar flow hood,
laminar flow unit
➢ **Rauchabzug/Abzug**
fume hood
➢ **Reinraumwerkbank**
clean-room bench
➢ **Saugluftabzug**
forced-draft hood
➢ **Sicherheitswerkbank**
clean bench
➢ **sterile Werkbank**
sterile bench
Abzugschornstein
exhaust stack
Abzugsöffnung/
Luftschlitz
vent
Abzweig *chromat*
split
Abzweigventil *chromat*
split valve
Acetaldehyd/
Ethanal
acetaldehyde,
acetic aldehyde,
ethanal
Acetat/Azetat
(Essigsäure/Ethansäure)
acetate
(acetic acid/ethanoic acid)
Acetessigsäure (Acetacetat)/
3-Oxobuttersäure
acetoacetic acid (acetoacetate),
acetylacetic acid,
diacetic acid

Aceton (Azeton)/
Propan-2-on/
2-Propanon/
Dimethylketon
acetone, dimethyl ketone,
2-propanone
Acetylcellulose/Celluloseacetat
cellulose acetate
Achatmörser
agate mortar
Achsenlager/Achslager/
Zapfenlager
(z.B. beim Kugellager)
journal
Achsenverhältnis
aspect ratio
Achtkantstopfen
octa-head stopper,
octagonal stopper
Acidität/Azidität/Säuregrad
acidity
Acridinfarbstoff
acridine dye
Acrylglas
acrylic glass
Actinide (Actinoide)
actinides (actinoids)
Actinium (Ac) actinium
acyclisch acyclic
Acylierung
acylation,
acidylation
Adapter
adapter, fitting(s)
➢ **Balg** bellows
➢ **Destilliervorstoß**
receiver adapter
➢ **Eutervorlage/**
Verteilervorlage/'Spinne' *dest*
cow receiver adapter, 'pig',
multi-limb vacuum receiver adapter
(receiving adapter for
three/four receiving flasks)
➢ **Expansionsstück (Laborglas)**
expansion adapter
➢ **Filtervorstoß**
adapter for filter funnel
➢ **Kern-/Gewindeadapter**
cone/screwthread adapter

➢ **Kriechschutzadapter**
dest anticlimb adapter
➢ **Krümmer (Laborglas)**
bend, bent adapter
➢ **Nadeladapter**
syringe connector
➢ **Reduzierstück**
(Laborglas/Schlauch)
reducer, reducing adapter,
reduction adapter
➢ **Rückschlagschutz**
(Kühler/Rotationsverdampfer etc.)
splash adapter, antisplash adapter,
splash-head adapter
➢ **Schaumbrecher-Aufsatz/**
Spritzschutz-Aufsatz
(Rückschlagsicherung) *dest*
antisplash adapter,
splash-head adapter
➢ **Schlauchadapter**
tubing adapter
➢ **Schlauch-Rohr-Verbindungsstück**
pipe-to-tubing adapter
➢ **Septum-Adapter**
septum-inlet adapter
➢ **Tropfenfänger**
drip catcher, drip catch;
splash trap, antisplash adapter
(distillation apparatus);
(Reitmeyer-Aufsatz:
➢ **Übergangsstück**
adapter, connector
➢ **Übergangsstück**
mit seitlichem Versatz
offset adapter
➢ **Vakuumfiltrationsvorstoß**
vacuum-filtration adapter
➢ **Vakuumvorstoß**
vacuum adapter
➢ **Vorlage** *dest*
distillation receiver adapter, receiving
flask adapter
➢ **Zweihalsaufsatz**
two-neck (multiple) adapter
Additionsverbindung
addition compound
(of two compounds),
additive compound
(saturation of multiple bonds)

Addukt adduct
Adhäsion adhesion
Adhäsionsbruch
adhesive failure
Adsorptionsisotherme
adsorption isotherm
Adsorptionsmittel/Adsorbens
adsorbent
Adsorptiv/Adsorbat/Adsorpt
adsorptive, adsorbate
Adstringens
adstringent
aerob aerobic
Aerosol aerosol
Affinität affinity
Affinitätschromatographie
affinity chromatography
Agarose agarose
Agarplatte agar plate
Agens/Agenz (*pl* Agentien)
agent
➢ **interkalierendes Agens**
intercalating agent
➢ **quervernetzendes Agens**
crosslinker,
crosslinking agent
Aggregatzustand
state of aggregation,
physical state
➢ **fester Zustand** solid state
➢ **flüssiger Zustand** liquid state
➢ **gasförmiger Zustand**
gaseous state
Akkusäure/Akkumulatorsäure
accumulator acid,
storage battery acid (electrolyte)
Aktivkohle
activated carbon
Alarm alarm; alert
➢ **falscher Alarm**
false alarm
➢ **Feueralarm** fire alarm
➢ **Probealarm/Probe-Notalarm**
drill, emergency drill
Alarmanlage
alarm system
Alarmbereitschaft alert
alarmieren (Feuerwehr etc.)
call, alert

Alarmsignal alarm signal
Alarmsirene
  alarm siren, air-raid siren
Alarmstufe
  emergency level, alert level
Alaun/Aluminiumsulfat
  alum
Aldehyd aldehyde
➤ **Acetaldehyd/Ethanal**
  acetaldehyde,
  acetic aldehyde, ethanal
➤ **Anisaldehyd**
  anisic aldehyde,
  anisaldehyde
➤ **Formaldehyd/Methanal**
  formaldehyde, methanal
➤ **Glutaraldehyd/**
  Glutardialdehyd/
  Pentandial
  glutaraldehyde,
  1,5-pentanedione
Aliquote/aliquoter Teil
  (Stoffportion als Bruchteil
  einer Gesamtmenge) aliquot
alkalibeständig/
  laugenbeständig
  alkaliproof
alkalisch/basisch
  alkaline, basic
Alkaliverätzung/
  Basenverätzung
  alkali burn
Alkaloid(e) alkaloid(s)
Alkohol alcohol
➤ **Ethylalkohol/**
  Ethanol/Äthanol (Weingeist)
  ethyl alcohol, ethanol
  (grain alcohol, spirit of wine)
➤ **Isopropylalkohol/**
  Propan-2-ol
  isopropyl alcohol, isopropanol,
  1-methyl ethanol
  (rubbing alcohol)
➤ **Methylalkohol/**
  Methanol (Holzalkohol)
  methanol, methyl alcohol
  (wood alcohol)
➤ **Propylalkohol/Propan-1-ol**
  n-propyl alcohol, propanol

Alkoholreihe/
  aufsteigende Äthanolreihe
  graded ethanol series
Allergen allergen, sensitizer
allergisch allergic
Allergisierung sensitization
Alleskleber
  general-purpose adhesive
Allzweck.../Allgemeinzweck.../
  Mehrzweck...
  all-purpose,
  general-purpose, utility ...
altern age
Alterung aging, ageing
➤ **Lichtalterung**
  light ag(e)ing
➤ **physikalische A.**
  physical ag(e)ing
➤ **thermische A.**
  heat ag(e)ing
alterungsbeständig
  ag(e)ing resistant,
  nonag(e)ing
Alterungsbeständigkeit
  ag(e)ing resistance
Alterungsprozeß
  ag(e)ing process
Alterungsschutzmittel
  antiag(e)ing agent
Alterungsspannung
  ag(e)ing strain
Altgummi scrap rubber
Altöl waste oil, used oil
Altpapier waste paper
Altstoffe
  existing chemicals/substances,
  legacy materials
➤ **Neustoffe**
  new chemicals/substances
Aluminium (Al)
  aluminum, aluminium (*Br*)
Aluminiumfolie/Alufolie
  aluminum foil
Ambulanz/Notaufnahme
  emergency room
Amid amide
Amidierung amidation
Amin amine
Aminierung amination

Aminoacylierung
aminoacylation
Aminoharze
amino resins, aminoplasts
Aminosäure amino acid
Aminozucker amino sugar
Ammoniak ammonia
amorph amorphous
Ampulle (Glasfläschchen)
ampule, ampoule
➤ **vorgeritzte Spießampulle**
prescored ampule/ampoule
analog/funktionsgleich analogous
Analog-Digital-Wandler
analog-to-digital converter (ADC)
Analogie analogy
analogisieren analogize
Analogon (*pl* Analoga)
analog, analogue
Analysator analyzer
Analyse analysis (*pl* analyses)
analysenrein/zur Analyse *lab*
reagent grade
Analysenwaage
analytical balance
analysieren analyze
Analyt/zu analysierender Stoff
analyte
analytisch analytic(al)
Anbacken caking (sticking)
anchimere Beschleunigung
anchimeric assistance
Andreaskreuz
(Gefahrenzeichen)
St. Andrew's cross
Anfangsgeschwindigkeit
(v₀: Enzymkinetik)
initial velocity (vector),
initial rate
anfärbbar
dyeable, stainable
Anfärbbarkeit
dyeability, stainability
anfärben dye, stain
Anfärbung
dyeing, staining
Anfasmaschine/
Abschrägmaschine
chamfering machine

Anfasung/Abkanten/
Abschrägung/Abschärfung/
Schrägkante/Fase
chamfering, chamfer,
leveling, level
anfeuchten
humidify,
prewet
angetrocknet *polym*
skin-dry
Anguss/
Angusskegel
gate, gating; sprue
➤ **Bandanguss**
film gate,
flash gate
➤ **Punktanguss**
pinpoint gate
➤ **Schirmanguss**
diaphragm gate
➤ **Stangenanguss**
sprue gate
Angussbohrung
gate, gating
Angussbuchse
sprue bush
Angussöffnung
gate (opening)
Angusssteg/
Werkzeuganguss
gate
Angussverteiler/Angusskanal/
Angusstunnel/Verteilerrohr
(Spritzgießen)
runner
(feed system for injection molding)
Anhäufung/
Kumulation
accumulation
Anheizzeit/
Steigzeit (Autoklav)
preheating time
Anionenaustauscher
anion exchanger
Anisaldehyd
anisic aldehyde,
anisaldehyde
Ankergruppe
anchoring group

anketten (Gasflaschen etc.)
chain (to)
➢ **mehrere Gegenstände
aneinander ketten**
daisy-chain
**Anlage/Einrichtung/
Betriebseinrichtung**
installation(s)
**Anlaufperiode/
Startperiode**
induction period,
start-up period
**Anlaufzeit/
Reaktionszeit**
start-up time,
response time
Anleitung
(Einarbeitung) instructions,
training, guidance, directions, lead;
(Einführung) introduction (to);
(Gebrauchsanweisung)
manual, instructions
Anoxidieren
partial oxidizing
**anpolymerisieren/
pfropfen**
graft
anregen stimulate, excite
Anregung
stimulation, excitation
anreichern
enrich; concentrate,
accumulate, fortify
Anreicherung
enrichment, concentration,
accumulation, fortification
Anreicherung durch Filter
filter enrichment
**Anreicherungseffekt/
Gesamtwirkung**
cumulative effect
**Ansatz (Versuchsansatz/
Versuchsaufbau)**
arrangement, set-up;
(Charge) batch;
(Methode) approach, method;
(Präparat) starting material,
preparation;
(Versuch) attempt

Ansatzstück (Glas)
attachment,
extension (piece)
Ansatzstutzen
(Kolben) side tubulation, side arm;
(Schlauch) hose connection
ansäuern acidify
ansaugen
suck in, draw in, take in;
(mit einer Spritze) aspirate
Ansaugpuls (Pumpe)
suction stroke
Ansaugrohr
intake pipe;
induction pipe,
suction pipe
Ansaugventil
induction valve,
aspirator valve
anschalten
turn on, switch on;
(Computer: hochfahren) power up
➢ **abschalten**
turn off, shut off, switch off;
(Computer: herunterfahren)
power down
**Anschlag
(Endpunkt/Sperre/Stop)**
stop, limit, detent
**Anschlagzettel
(Gefahrgutkennzeichnung etc.)**
placard
anschließen
allg fasten (to),
connect (to/with), link (up to);
electr connect, hook up,
wire to, (make) contact
Anschluss connection;
(*pl* Anschlüsse: Armaturen/Hähne)
fixture(s), outlet(s);
(Gas~/Strom~/Wasser~)
connection, line (Leitung)
➢ **elektrischer Anschluss**
electrical fixtures,
electricity outlet
➢ **Versorgungsanschlüsse
(Wasser/Strom/Gas)**
service fixtures,
service outlets

Anschlussleitung *electr*
lead, pigtail lead
Anschnitt/Anbindung *polym*
gate (between sprue and mold)
Anschütz-Aufsatz
Anschütz head
Anschwänzapparat/
Anschwänzvorrichtung
(Fermentation) sparger
ansetzen (z.B. eine Lösung)
start, prepare, mix,
make, set up
Ansprechzeit (z.B. Messgerät etc.)
response time
Antagonismus
antagonism
Anteil/Hälfte/Teil
moiety
Antibeschlagmittel/
Beschlagverhinderungsmittel/
Klarsichtmittel
antifogging agent
Antiblockmittel
antiblocking agent (PVC);
slip depressant;
slip agent (polyolefins);
flattening agent (sheetings)
Antihaftbeschichtung
antistick coating
Antiozonantien/
Ozonschutzmittel
antiozidants,
antiozonants
Antistatikum
antistatic,
antistatic agent, antistat
Antrieb/Trieb drive; (Voranbringen/
Fortbewegung) propulsion
Antriebskraft/Triebkraft
propulsive force
Antriebsriemen
drive belt
Antriebssystem
drive system, drive unit
Antriebswelle
drive shaft
Anvulkanisation/Scorch
scorch, scorching,
prevulcanization

Anweisung
assignment, direction(s),
directive, instructions;
prescription, order
anwenderfreundlich
user-friendly
Anzeige (an einem Gerät)
display;
dial, scale, reading
anzeigen
display, show, read
anzeigepflichtig
obligation to notify,
notifiable, reportable
Anzeiger/Anzeigegerät
indicator,
recording instrument; monitor
anzünden
ignite, strike, start a fire
Anzünder (Gas) striker
Apertur (Blende)/Öffnung/Mündung
aperture, opening, orifice
Aperturblende/
Kondensorblende (Irisblende)
condenser diaphragm
(iris diaphragm)
Äpfelsäure (Malat) malic acid (malate)
Apiezonfett apiezon grease
Appretur(mittel) finish
Äquilibrierung
equilibration
Äquivalentdosis (Sv)
dose equivalent
Äquivalenzpunkt (Titration)
end point,
point of neutrality
Aramide
aramids (aromatic polyamids)
Aräometer
(Densimeter/Senkwaage)
areometer
Arbeitsablauf
sequence of operation
Arbeitsanweisung/
Arbeitsvorschrift
prescribed work procedure,
prescribed operating procedure
➤ **Standard-Arbeitsanweisung**
standard operating procedure (SOP)

Arbeitsbedingungen
  operating conditions (Geräte),
  working conditions (Personen)
Arbeitsbereich
  operating range (Geräte),
  work area,
  working range (Personen)
Arbeitsdruck
  working pressure
  (delivery pressure)
Arbeitsfläche
  work surface,
  working surface,
  working area
➢ **Tischoberfläche (Labortisch)**
  countertop, benchtop
Arbeitshygiene
  industrial hygiene
Arbeitskittel smock, gown
➢ **Laborkittel**
  frock, lab coat
Arbeitsmedizin
  occupational medicine
Arbeitsmethode
  work procedure
Arbeitsöffnung
  working aperture
➢ **Schutzfaktor für die Arbeitsöffnung (Werkbank)**
  aperture protection factor
  (open bench)
Arbeitspensum workload
Arbeitsplatte/Arbeitsfläche (Labor-/Werkbank)
  countertop, benchtop
Arbeitsplatz
  (Ort) workplace; (Stelle) job
➢ **Arbeitsbereich (räumlich)**
  workspace
Arbeitsplatzhygiene
  occupational hygiene
Arbeitsplatzkonzentration, zulässige/maximale
  permissible workplace exposure
Arbeitsplatzsicherheit
  occupational safety,
  workplace safety
Arbeitsplatzsicherheitsvorschriften
  occupational safety code

Arbeitsraum
  (im Inneren der Werkbank)
  working space
Arbeitsrichtlinie
  working guideline
Arbeitsschritt
  step in a working procedure
Arbeitsschutz
  occupational protection,
  workplace protection,
  safety provisions (for workers)
Arbeitsschutzanzug
  coverall, boilersuit,
  protective suit
Arbeitsschutzkleidung
  workers' protective clothing
Arbeitsschutzverordnung
  workplace safety regulations
Arbeitsstoff
  (workplace) agent
Arbeitstagebuch
  logbook
Arbeitstemperatur
  operating temperature
Arbeitstisch
  worktable
Arbeitsunfall
  occupational accident
Arbeitsvorgang
  work procedure
Arbeitsvorschrift/Arbeitsanweisung
  prescribed work procedure,
  prescribed operating procedure
➢ **A. für die Überwachung**
  monitoring protocol
➢ **Standard-Arbeitsanweisung**
  standard operating procedure
  (SOP)
Arbeitszeit
  working hours
Arbeitszyklus (Gerät)
  duty cycle
Arborol arborol
arithmetisches Mittel *stat*
  arithmetic mean
Armatur(en)
  (Hähne im Labor/an der Spüle etc.)
  fittings, fixtures, mountings;
  instruments; connections

Armaturenbrett/Schalttafel
switchboard, electrical control panel;
(im Fahrzeug) dashboard, dash
Aroma (Wohlgeruch) aroma, fragrance,
(pleasant) odor; (Wohlgeschmack)
flavor, taste (pleasant)
Aromastoff
flavoring,
aromatic substance
aromatisch aromatic
Aromatizität
aromaticity
Arretierbolzen
locking bolt, locking pin
arretieren/feststellen
arrest, stop,
lock in place/position; block;
detent, fix
Arretierhebel
stop lever, arresting lever,
locking lever, blocking lever;
catch, safety catch
Arretierschraube
locking screw
Arretierung *tech/mech*
lock, locking device;
(Klinke/Schnappverschluss) catch;
(z.B. am Mikroskop) stop
Arretiervorrichtung
locking mechanism
Arsen (As) arsenic
Arsenwasserstoff/
Arsan/Monoarsan
arsine
Artefakt artifact, artefact
Arznei/Arzneimittel/Medizin
medicine, medication, drug
Arzneimittel
drug, medicine, medication
Asbest asbestos
➤ **Blauasbest/Krokydolith**
blue asbestos, crocidolite
➤ **Weißasbest/Chrysotil**
white asbestos, chrysotile,
Canadian asbestos
asbestfaserverstärkter Kunststoff
(AFK)
asbestos fiber-reinforced plastic
(AFRP)

Asbestplatte
asbestos board
Asbeststaublunge/
Bergflachslunge/Asbestose
asbestosis
Asbestzementplatte (Labortisch)
transite board
Asche ash
aschefrei (quantitativer Filter)
ashless (quantitative filter)
Ascorbinsäure (Ascorbat)
ascorbic acid (ascorbate)
Asparagin
asparagine, aspartamic acid
Asparaginsäure (Aspartat)
asparagic acid,
aspartic acid (aspartate)
Assemblierung/Zusammenbau
assembly
➤ **spontaner Zusammenbau/**
Selbstassoziierung/
Selbstzusammenbau
self-assembly
Assimilation
assimilation, anabolism
assimilatorisch
assimilatory
assimilieren assimilate
Atem breath
atembar inhalable
Atemgifte/Fumigantien
respiratory toxin, fumigants
Atemmaske/
Atemschutzmaske
protection mask, face mask,
respirator mask, respirator
Atemschutz
breathing protection,
respiratory protection
Atemschutzgerät/Atemgerät
breathing apparatus,
respirator
Atemschutzmaske
protection mask, face mask,
respirator mask, respirator
➤ **Feinstaubmaske**
mist (respirator) mask
➤ **Filterkartusche**
filter cartridge

➤ **Fluchtgerät/Selbstretter**
emergency escape mask

➤ **Grobstaubmaske**
dust mask (respirator)

➤ **Halbmaske** half-mask (respirator)

➤ **Operationsmaske/
chirurgische Schutzmaske**
surgical mask

➤ **Partikelfilter A.**
particulate respirator

➤ **Vollmaske**
full-mask (respirator)

➤ **Vollsicht-A.**
full-facepiece respirator

**Atemschutzvollmaske/
Gesichtsmaske**
full-face respirator,
full-mask respirator

Atemwegsverätzung
respiratory tract burn;
(alkali/acid) caustic burn
of the respiratory tract

**Äthanol/
Ethanol/Äthylalkohol/
Ethylalkohol/'Alkohol'**
ethanol, ethyl alcohol, alcohol

Äther/Ether ether

ätherisches Öl
ethereal oil, essential oil

Äthylen/Ethylen
ethylene

**Atlas-Bindung
(Glasfaser-Satin)** *text*
satin weave

atmen
breathe, respire

➤ **ausatmen**
breathe out, exhale

➤ **einatmen**
breathe in, inhale

Atmosphäre atmosphere

atmosphärischer Luftdruck
atmospheric pressure

Atmung
breathing, respiration

➤ **aerobe Atmung**
aerobic respiration

➤ **anaerobe Atmung**
anaerobic respiration

➤ **Ausatmung/Ausatmen/
Expiration/Exhalation**
expiration, exhalation

➤ **Einatmung/Einatmen/
Inspiration/Inhalation**
inspiration, inhalation

➤ **Hautatmung**
cutaneous respiration/breathing,
integumentary respiration

➤ **Zellatmung**
cellular respiration

Atmungsgift
respiratory poison

**Atom-Absorptionsspektroskopie
(AAS)**
atomic absorption spectroscopy
(AAS)

atomar/Atom... atomic

**atomar verseucht/
radioaktiv verseucht**
radioactively contaminated

Atomemissionsdetektor (AED)
atomic emission detector (AED)

Atom-Emissionsspektroskopie (AES)
atomic emission spectroscopy (AES)

**Atom-Fluoreszenzspektroskopie
(AFS)**
atomic fluorescence spectroscopy
(AFS)

**Atom-Transfer-Radikal Polymerisation
(ATRP)**
atom transfer radical polymerization
(ATRP)

Atomgewicht atomic weight

Atomisator atomizer

Atommüll nuclear waste

Atomzahl atomic number

Attrappe
(Modell/Nachbildung) mock-up;
(Leerpackung) dummy

ätzen *vb med* cauterize;
metal/tech/micros etch
(siehe: Gefrierätzen);
chem (korrodieren) eat into, corrode

Ätzen/Ätzung
(Korrosion) corrosion
med cauterization;
metal/tech/micros etching
(Ätzverfahren)

ätzend/
 beizend/korrosiv *chem*
 caustic, corrosive, mordant
Ätzkali/
 Kaliumhydroxid KOH
 caustic potash,
 potassium hydroxide
Ätzkalk/
 gebrannter Kalk/
 Branntkalk CaO
 slaked lime
Ätzmittel *metal/tech/micros* etchant;
 (Beizmittel) *chem* caustic agent
Ätznatron/
 Natriumhydroxid NaOH
 caustic soda,
 sodium hydroxide
Audit/Prüfung
 (Sachverständigenprüfung)
 audit
aufarbeiten *lab/biot*
 work up, process
Aufarbeitung *lab/biot*
 work up, working up,
 processing,
 down-stream processing
Aufbau
 (eines Experiments)
 setup
Aufbau (Struktur)
 construction, structure
aufbauen (Experiment)
 setting up
 (assemble the equipment)
aufbereiten process; concentrate;
 (compoundieren) compound
Aufbereitung/Aufbereiten
 processing; concentration;
 (Compoundieren) compounding
aufbewahren
 store, keep, save, preserve
aufdampfen/bedampfen *micros*
 vacuum-metallize
Auffangbecken/Auffangbehälter
 (für Chemikalien)
 dunk tank
Auffanggefäß
 receiver, receiving vessel,
 collection vessel

Aufflackern/Auflodern/Aufflammen
 flare-up
auffüllen
 fill up; (nachfüllen) replenish;
 (Vorräte/Lager) restock
➤ **bis zum Rand auffüllen**
 top up/off
➤ **wiederauffüllen** refill
aufgeblasen inflated
Aufheizperiode
 heating-up period
Aufheller/Aufhellungsmittel
 (optischer Aufheller) *chem*
 brightener, brightening agent,
 clearant, clearing agent
 (optical brightener)
Aufkalandrieren
 calendar coating
aufklären
 (Strukturen/Zusammenhänge)
 elucidate
Aufklärung
 (Strukturen/Zusammenhänge)
 elucidation
Aufkleber sticker; (Etikett) label
Aufladung
 charging (e.g., batteries),
 electrification
➤ **elektrostatische Aufladung**
 static electrification
Auflicht/Auflichtbeleuchtung
 epiillumination,
 incident illumination
auflösen
 chem dissolve; *opt* resolve
➤ **hoch aufgelöst**
 high-resolution ...
➤ **niedrig aufgelöst**
 low-resolution ...
Auflösung
 chem dissolution;
 opt (optische Auflösung)
 optical resolution
Auflösungsgeschwindigkeit *chem*
 dissolution rate
Auflösungsgrenze *opt*
 limit of resolution
Auflösungsvermögen *opt*
 resolving power

Aufnahme/Annahme
acceptance; acquisition
**Aufnahme/
Aufschreiben/Registration**
recording, registration
Aufnahme/Bild
picture, image
➤ **mikroskopische Aufnahme/
mikroskopisches Bild**
photo micrograph,
microscopic picture/image
Aufnahme/Einnahme
uptake/intake; ingestion
Aufnahmeleistung
power input
aufnehmen
(aufschreiben/registrieren)
record, register;
(einnehmen/zu sich nehmen)
take up, take in; ingest
aufputzen
clean up; mop up (the floor)
aufräumen
clean up, tidy up
aufreinigen purify
Aufreinigung
purification
Aufsatz (auf ein Gerät)
attachment, fixture;
cap, top
aufsaugen/absorbieren
soak up, absorb, take up,
suck up; aspirate
Aufsaugen/Absorption
soaking up, absorption
aufsaugend absorptive
**Aufsaugmittel/
Absorptionsmittel**
absorbent, absorbant
Aufschlagtest impact test
aufschlämmen *chem*
suspend, slurry (slurrying)
Aufschlämmung
(Suspension) suspension, slurry;
(IR/Raman) mull
Aufschleudern spin-coating
aufschließen *chem*
dissolve, disintegrate,
decompose, break up, digest

Aufschluss *chem*
dissolution, disintegration,
decomposition, digestion
aufschmelzen/schmelzen melt;
polym plasticate
Aufschrift legend; (Etikett) label; (Brief
etc.) address
➤ **mit Aufschrift (Etikett)**
labeled
Aufseher/Wächter
guard, custodian
Aufsicht/Kontrolle
supervision, control
aufspalten split, separate
➤ **segregieren** *gen* segregate
➤ **spalten/öffnen** *chem*
crack, break down, open
➤ **verteilen** distribute
➤ **zerlegen** *chem* split
Aufspaltung
splitting, separation
➤ **Öffnen** *chem*
cracking, opening
➤ **Segregation** *gen*
segregation
➤ **Verteilung**
distribution
➤ **Zerlegen** *chem* splitting
Aufspannplatte platen
aufsteigend
afferent, rising;
(DC) ascending
Auftauen *n* thawing
auftauen *vb* thaw
Auftrag (Auftragung) *chromat*
application; (Bestellung) order
auftragen (applizieren) apply;
('plotten') plot
Auftragestab/Applikator
application rod
Auftrageverfahren *polym*
coating
➤ **Bürstenstreichverfahren**
brush coating
➤ **Faserspritzen (Sprühverfahren)**
spray-up molding,
fiber-spray gun molding
➤ **Flammspritzen (Sprühverfahren)**
flame spraying

➤ **Heißstrahlsprühen**
hot spraying

➤ **Kalander-Auftrageverfahren/
Kalander-Beschichtung**
calendar coating

➤ **mit Gummirakel**
rubber blanket coating

➤ **mit Walzenrakel**
knife-over-roll coating

➤ **Quetschwalzenverfahren/
Quetschwalzenbeschichtung**
squeeze-roll coating

➤ **Rakeln** knife coating

➤ **Schaumspritzen (Sprühverfahren)**
spray foaming

➤ **Sprühverfahren (Aufsprühen)**
spray coating

➤ **Streichverfahren**
spread coating

➤ **Tauchbeschichtung**
dip coating

➤ **Walzenverfahren**
roll coating

➤ **Wirbelsintern (Sprühverfahren)**
fluidized bed dip coating,
fluidized bed sintering

**Auftragung/
Auftrag/Applikation** *chromat*
application

auftrennen/trennen/fraktionieren
separate, fractionate

**Auftrennung/
Trennung/Fraktionierung**
separation, fractionation

Auftrieb
(in Wasser) buoyancy;
(in Luft) lift

Auftrittsenergie (MS)
appearance energy

aufweichen
soften, plastify;
(schmelzen) melt

Aufwinden *n* coiling

aufwinden *vb* coil up

aufwischen
wipe up; mop up (the floor)

Aufzeichnung(en) record

➤ **Verwahrung/Verwaltung von A.**
recordkeeping

Augendusche
eye-wash fountain

Augenreizstoff (Tränengas)
lachrymator, lacrimator,
lacrimatory (tear gas)

Augenschutzbrille
goggles

**Ausatemventil
(am Atemschutzgerät)**
exhalation valve

ausäthern/ausethern
extract with ether,
shake out with ether

ausatmen *vb*
expire, exhale,
breathe out

**Ausatmen/Ausatmung/
Expiration/Exhalation**
expiration, exhalation

ausbalancieren
balance (out)

Ausbeute/Ertrag yield

ausbeuten (Rohstoffe)
exploit

Ausblaspipette
blow-out pipet

ausbleichen/bleichen
bleach; (passiv, z.B.
Fluoreszenzfarbstoffe) fade

Ausbleichen/Bleichen
bleaching; (passiv, z.B.
Fluoreszenzfarbstoffe) fading

Ausblühen *polym*
efflorescence, blooming

➤ **auf Formwerkzeug Ausblühen**
plate-out

➤ **Farbstoffe** bleeding

➤ **Pigmente** flooding

➤ **weiße Abscheidung**
chalking

Ausbreitung/Propagation
spreading, expansion;
propagation, dispersal,
dissemination

Ausdauer/Dauerhaftigkeit
endurance, persistence,
hardiness, perseverance

ausdauernd (widerstandsfähig)
hardy, persistent, enduring

Ausdehnbarkeit
(Erweiterung/Expansion)
expandability;
(Verlängerung) extendibility;
(Dehnung) dilatability
ausdehnen
(erweitern/expandieren) expand;
(verlängern) extend;
(dehnen) dilate
Ausdehnung
(Erweiterung/Expansion) expansion;
(Verlängerung) extension; (Dehnung)
dilation
Ausdehnungskoeffizient/
Ausdehnungszahl
coefficient of expansion
Ausdrückbolzen
(Kolbenspritzgießen)
ejector rod,
knock-out
Ausdrückplatte
(Kolbenspritzgießen)
ejector plate,
knock-out pin plate
Ausdrückstift
(Kolbenspritzgießen)
ejector pin,
knock-out pin
ausdünnen *vb* thin
Ausdünnen/
Ausdünnung
thinning
auseinandernehmen
(Glas-/Versuchsaufbau)
disconnect,
disassemble
ausethern
extract with ether,
shake out with ether
ausfällen/fällen
precipitate
Ausfällung/
Ausfällen/Fällung/Fällen
precipitation
Ausfluss (Abfluss)
tech discharge,
outflow, efflux,
draining off;
med discharge, secretion, flux

ausführen/wegführen/
ableiten (Flüssigkeit)
discharge, drain, lead out,
lead/carry away
ausführend/
wegführend/
ableitend (Flüssigkeit)
efferent
Ausführgang/
Ausführkanal
duct, passageway
Ausgabe *tech/mech/electr* output;
(Material/Chemikalien) issue point,
issueing, supplies issueing;
(Auslesen: Daten) readout
Ausgang
exit; (Fluchtweg) egress;
electr output
Ausgangsprodukt
primary product,
initial product
Ausgangsstoff
(Ausgangsmaterial) starting material,
basic material, base material,
source material, primary material,
parent material, raw material;
(Reaktionsteilnehmer/Reaktand)
reactant
Ausgangsverteilung *stat*
initial distribution
ausgasen degas
ausgesetzt sein/
exponiert sein
to be exposed (to chemicals)
Ausgesetztsein/Gefährdung
(durch eine Chemikalie)
exposure
ausgießen
pour out, decant
Ausgießer dispenser
Ausgießhahn tap
Ausgießring
pouring ring
Ausgießschnauze
spout, nozzle,
lip, pouring lip
Ausgleichsventil
relief valve
(pressure-maintaining valve)

**Ausgleichszeit/
thermisches Nachhinken
(Autoklav)**
setting time
ausglühen
roast, calcine;
(Glas) anneal
Ausguss (Spüle) sink;
(Ansatz zum Ausgießen
einer Flüssigkeit) spout
Ausgussstutzen (Kanister)
nozzle (attachable/detachable)
**aushärten
(vulkanisieren)** *chem/polym*
cure (vulcanize)
**Aushärtezeit/
Aushärtungszeit/
Abbindezeit** *polym*
curing time/period,
(cure) setting time
Aushärtung *polym*
cure, curing
aushungern starve
Auslauf/Austritt
(Leck) leakage;
(Zulauf von Flüssigkeit/Gas)
outlet
auslaufen (Flüssigkeit)
leak (out), bleed
Auslaufventil plug valve
Auslese/Selektion selection
auslesen
select;
(aussortieren) sort out;
(Daten) read out
ausloggen log off
auslösen
(z.B. eine Reaktion) trigger, elicitate;
initiate, actuate; release;
electr trip (z.B. Sicherung)
Auslöser
(z.B. eine Reaktion) trigger;
releaser; initiator
Auslöseschwelle *med*
trigger threshold
Auslösung (Reaktion)
triggering, elicitation
Ausnahme/Sonderfall
exception, special case

**Ausnahmegenehmigung/
Sondergenehmigung**
exceptional permission,
special permission
auspolymerisieren
polymerize to completion,
run to completion
Ausreißer *stat* outlier
Ausrichtung/Orientierung (Moleküle)
orientation
**Ausrichtungshärtung/
Orientierungshärten** *polym*
orientation hardening
ausrüsten equip, apply, devise;
fit; outfit; *text* finish
Ausrüstung
equipment, appliances, device;
accessories, fittings; outfit;
text finish, finishing
Aussalzchromatographie
salting-out chromatography
Aussalzen *n* salting out
aussalzen *vb* salt out
ausschalten
turn off, switch off
ausscheiden *allg*
secrete; (Kristalle) precipitate;
(Exkrete/Exkremente) egest, excrete
Ausscheidung *allg* secretion;
(Exkretion) egestion, excretion
Ausschluss/Exklusion
exclusion
Ausschuss *polym*
(beim Gießen) rejects;
cull (uninjected molding resin)
ausschütteln shake out
Ausschüttelung
shaking out
ausschütten
pour out, empty out;
(verschütten) spill
Ausschwimmen (Pigmente)
floating
Ausschwingrotor *centrif*
swing-out rotor,
swinging-bucket rotor,
swing-bucket rotor
Ausschwitzen *polym*
exudation, bleed through

Außenanlage outside facility
Außenelektron
outer electron
Außengewinde
external thread,
male thread
äußerlich/von außen/extern
external, extrinsic
aussetzen (einem Schadstoff/
einer Strahlung aussetzen)
expose to
(hazardous chemical/radiation)
ausspülen/
ausschwenken/nachspülen
rinse
Ausstattung
provisions, furnishings,
equipment, outfit, supplies;
(Mobiliar) furnishings
Ausstiegsluke (Flucht)
escape hatch
ausstöpseln
unplug, disconnect
Ausstoß/Durchsatz ('Leistung')
output
Ausstoßen
(Spritzen/Extrusion) extrusion;
(Ausschleudern/Herausschießen)
jetting
Ausstoßzone/Zumesszone/
Ausbringungszone/
Meteringzone (Extruder)
metering zone
ausstrahlen/
verströmen/ausstoßen
emit
ausstreuen
disseminate, disperse,
spread, release
Ausstreuung
dissemination, dispersal,
spreading, releasing
Ausstrom efflux
Ausströmen/Effusion (Gas)
effusion
Ausströmgeschwindigkeit/
Austrittsgeschwindigkeit
(Sicherheitswerkbank)
exit velocity (hood)

ausstülpen
evert, evaginate,
protrude, turn inside out
austarieren
(Waage: Gewicht des
Behälters/Verpackung auf Null
stellen) tare (determine weight
of container/packaging as to
substract from gross weight:
set reading to zero)
Austausch exchange
austauschbar
exchangeable
Austauschbarkeit
exchangeability
Austauschenergie
interchange energy
Austauschreaktion
exchange reaction
austenitisch austenitic
Austrieb
(überfließende Formmasse)
flash
Austriebsnute
flash groove
Austritt exit; release
➢ **A. bei üblichem Betrieb**
incidental release
➢ **störungsbedingter Austritt**
(unerwartetes Entweichen
von Prozessstoffen)
accidental release
Austrittsgruppe/
Abgangsgruppe/
austretende Gruppe
leaving group,
coupling-off group
Austrittspupille *micros*
exit pupil
Austrittsspalt exit slit
austrocknen/entwässern
desiccate, dry up, dry out
Austrocknung/Entwässerung
desiccation, drying out
Austrocknungsvermeidung
desiccation avoidance
auswaschen
wash out, rinse out,
flush out; (eluieren) elute

Auswaschung
(feste Bodenbestandteile
in Suspension) eluviation;
(gelöste Bodenmineralien) leaching
auswechselbar exchangeable;
(gegeneinander) interchangeable;
(ersetzbar) replaceable
Auswerfen (Spritzguss) *polym*
ejection
**Auswerfer/Ausdrückvorrichtung
(Spritzguss)** *polym*
ejector, knock out
Auswerferhülse ejector bush
Auswerferstift ejector pin
auswerten (z.B. von Ergebnissen)
evaluate, analyze (e.g., of results);
interpret
**Auswertung
(z.B. von Ergebnissen)**
evaluation, analysis
(e.g., of results);
interpretation
auswiegen (genau wiegen)
weigh out precisely
Auszeit downtime
ausziehen/recken/strecken *polym*
draw down (after extrusion)
Auszug/Extrakt extract
**Autohäsion/
Eigenklebrigkeit/
Konfektionsklebrigkeit**
autohesion
Autokatalyse
autocatalysis

Autoklav autoclave
➤ **Abkühlzeit/Fallzeit**
cool-down period,
cooling time
➤ **Anheizzeit/Steigzeit**
preheating time, rise time
➤ **Ausgleichszeit/
thermisches Nachhinken**
setting time
autoklavierbar
autoclavable
Autoklavierbeutel
autoclave bag
autoklavieren autoclave
Autoklavier-Indikatorband
autoclave tape,
autoclave indicator tape
autolog autologous
Autolyse autolysis
Autoradiographie
autoradiography,
radioautography
Autoreifen tire
Avivage(n) finish(es)
azeotrop azeotropic
azeotropes Gemisch
azeotropic mixture
Azetatfaser/Azetatstapelfaser
acetate staple fiber
Azetatseide/Azetatrayon
acetate rayon
azid/acid/sauer acid
Azidität/Acidität/Säuregrad
acidity

B-Zustand *polym* B-stage

**Backbiting Reaktion
(intramolekulare
Übertragungsreaktion/
Ringschluss)**
backbiting reaction

Backenbrecher
jaw crusher, jaw breaker

Bahn (endlos) web

Bakelit bakelite

**Balata (*Mimusops bidentata*=
M. balata/Sapotaceae)**
balata (gum)

Ballastgruppe (*chem* Synthese)
ballast group

Ballenpresse
baling machine,
baling press

**Ballon/Ballonflasche
(für Flüssigkeiten)** carboy;
(mit Ablaufhahn) bottle with faucet
(carboy with spigot)

Balsam (Weichharze)
balsam

➢ **Benzoeharz
(*Styrax benzoin*/Styracaceae)**
benzoin, benjamin gum,
gum Benjamin

➢ **Kanadabalsam
(*Abies balsamea*/Pinaceae)**
Canada balsam

➢ **Kopaivabalsam
(*Copaifera officinalis*/
Fabaceae)**
copaiba balsam

➢ **Perubalsam
(*Myroxylon balsamum pereirae*/
Fabaceae)**
balsam of Peru

➢ **Storax/Styrax
(*Liquidambar orientalis*/
Hamamelidaceae)**
storax,
Levant storax, styrax

➢ **Terpentin** turpentine

➢ **Tolubalsam
(*Myroxylon toluiferum*/Fabaceae)**
tolu balsam,
balsam of Tolu

Balsamharz
gum rosin, pine resin

Band (Klebeband etc.) tape;
(Riemen) belt

➢ **Absperrband/Markierband**
barricade tape

➢ **Autoklavier-Indikatorband**
autoclave tape,
autoclave indicator tape

➢ **Dichtungsband**
sealing tape

➢ **Filamentband**
filament tape

➢ **Gewindeabdichtungsband**
thread seal tape

➢ **Klebeband**
adhesive tape

➢ **Signalband/Warnband**
warning tape

➢ **Teflonband** Teflon tape

➢ **Transportband/Förderband**
conveyor belt

Bandbreite *phys*
bandwidth

Bande *electrophor/chromat*
band

➢ **Hauptbande** main band

➢ **Satellitenbande**
satellite band

Bandenverbreiterung *chromat*
band broadening

Bandmaß/Messband
tape rule, tape measure

Barriereschicht
barrier coating

**Bartbildung/Signalvorlauf/
Bandenvorlauf** *chromat*
fronting, bearding

Base base

➢ **stickstoffhaltige Base
(Purine/Pyrimidine)**
nitrogenous base

Baseität/Basizität
basicity

Basenanhydrid
basic anhydride

Basenpaar *gen* base pair

basisch/alkalisch
basic, alkaline

**Basischemikalien/
  Grundchemikalien**
  base chemicals
  (general reactants)
Basiseinheit base unit
Basispeak (MS) base peak
Basizität/Baseität basicity
bathochrome Verschiebung
  bathochromic shift
Batist *text*
  cambric, batiste
Baumwollsatin sateen
Bausch/Wattebausch/Tupfer/Tampon
  pad, swab (cotton),
  pledget (cotton), tampon
Baustein/Bauelement
  building block, unit
Beanspruchung
  (siehe auch: Belastung)
  stress, strain, load, loading
➤ **elastische B.** elastic strain
Bearbeitbarkeit tractability
beatmen
  apply artificial respiration
Beatmung (künstliche)
  artificial respiration
Beatmungsgerät
  respirator
Becher
  cup; *centrif* bucket
Becherglas/Zylinderglas
  (ohne Griff) beaker;
  (mit Griff/Krug) pitcher
Becherglaskolben
  **(spezielles Produkt von
  Corning/Pyrex mit Ausgussöffnung)**
  fleaker
Becherglaszange beaker tongs
**Bedampfung/
  Bedampfen/Aufdampfen**
  micros vapor blasting
Bedampfungsanlage *micros*
  vaporization apparatus
bedienen tech/mech
  operate, handle, work
Bedienfeld
  control panel
Bedienknopf/Drucktaste
  push button

Bedienung *tech/mech*
  operation; handling
**Bedienungsanleitung/
  Gebrauchsanleitung (Handbuch)**
  operating instructions (manual)
befeuchten
  moisten, humidify, dampen
Befeuchter damper
Befeuchtung moistening,
  humidification, dampening
Beförderung/Transport
  transport, shipment
Befund findings, result
begasen fumigate
Begasung fumigation
Begehung/Besichtigung
  (z.B. Geländebegehung) inspection
  (on-site inspection);
  (Inspektion) inspection;
  (zur Abnahme) commissioning
Begleitprodukt
  side product
**begrenzender Faktor/
  limitierender Faktor/Grenzfaktor**
  limiting factor
Begrenzungsventil limit valve
Behälter/Behältnis
  container (large),
  receptacle (small)
behandelt treated
➤ **unbehandelt** untreated
behindert *med* handicapped
➤ **körperbehindert**
  physically handicapped
Behinderung
  (Hindernis) obstacle;
  med handicap
Beil hatchet
Beipackzettel
  package insert, leaflet, slip
beißend
  (Geruch/Geschmack) sharp,
  pungent, acrid
Beißzange/Kneifzange
  pliers
Beitel/Stechbeitel chisel
Beizsäure pickling acid
belastbar
  strong, durable; loadable

belasten load, charge,
  burden; strain, stress;
  (belastet/verschmutzt) contaminate(d)

Belastung (Traglast/Last: Gewicht)
  weight; (Beanspruchung) loading,
  strain; (Verschmutzung)
  contamination

Belastungsfaktor/Lastfaktor
  load factor

Belastungsgrenze
  (Chemikalien) *med*
  exposure limit

➢ **zulässige/erlaubte B.**
  permissible exposure limit (PEL)

Belastungsursache strain

Belastungszustand stress

Belegexemplar
  voucher specimen

beleuchten illuminate

Beleuchtung illumination

➢ **Auflicht/Auflichtbeleuchtung**
  epiillumination,
  incident illumination

➢ **Durchlicht/Durchlichtbeleuchtung**
  transillumination,
  transmitted light illumination

➢ **Kaltlichtbeleuchtung**
  fiber optic illumination

➢ **Köhlersche Beleuchtung**
  Koehler illumination

➢ **künstliche Beleuchtung**
  artificial light(ing)

Beleuchtungsstärke
  illuminance

belichten (z.B. Film/Pflanzen)
  expose

Belichtung (z.B. Film/Pflanzen)
  exposure (to light)

belüften aerate

Belüftung aeration

benetzen wet; moisten

benigne/gutartig
  benign

Benignität/Gutartigkeit
  benignity,
  benign nature

Benutzer/Nutzer user

Benzin
  gasoline, gas, petrol (*Br*)

Benzinkanister/
  Kraftstoffkanister
  gasoline canister

Benzoesäure (Benzoat)
  benzoic acid (benzoate)

Benzol/Benzen benzene

Benzolring/Benzenring
  benzene ring

Beobachtungsfenster
  viewing panel

berechnen calculate

Berechnung calculation

beregnen/bewässern (künstlich)
  irrigate;
  (besprühen) sprinkle, spray

Beregnung/Bewässerung
  irrigation

Beregnungsanlage/
  Berieselungsanlage/Sprinkler
  sprinkler,
  sprinkler irrigation system

bereinigen
  clarify, clear,
  straighten out; adjust

Bereinigung *math/stat*
  adjustment

Bereitschaft
  (Gerät) standby;
  (Dienst) duty

Bereitschaftsstellung/
  Wartebetrieb
  standby mode

berieseln
  sprinkle, spray; irrigate

Berieselung
  sprinkle irrigation

Berlsattel (Füllkörper)
  dest berl saddle
  (column packing)

Bernstein amber

Bernsteinsäure/
  Butandisäure (Succinat)
  succinic acid,
  butanedioic acid (succinate)

Berstscheibe/Sprengscheibe/
  Sprengring/Bruchplatte
  bursting disk

Berufskrankheit
  occupational disease

Berufsrisiko
occupational hazard
Berufsunfähigkeit
working disability,
disablement
Berufsverletzung
occupational injury
berühren touch, contact; boarder
Berührung/Kontakt
(z.B. mit Chemikalien)
contact, exposure
Beschaffenheit
(Konsistenz) consistency;
(Zustand) state, condition;
(Struktur) structure, constitution;
(Eigenschaft) quality, property;
(Art) nature, character
Beschaffung
procuring, procurement, supply;
(Erwerb) acquisition;
(Kauf) purchase
beschallen/
mit Schallwellen behandeln
sonicate
Beschallung/
Sonifikation/Sonikation
sonication
Beschattung *allg* shading;
(Schrägbedampfung bei TEM)
shadowcasting
(rotary shadowing in TEM)
➢ **Metallbeschattung**
metallizing
Bescheinigung certification
beschichten
line, coat,
cover, laminate
Beschichtung
lining, coat, coating,
covering, lamination
➢ **Glanzbeschichtung**
glossy coating
➢ **Kaschieren** lamination coating
➢ **Kunststoffbeschichtung**
plastic coating
➢ **Pulverbeschichtung**
powder coating
➢ **Sprühbeschichtung**
spray-coating

➢ **Streichbeschichtung**
(Streichmesser~/Rakel~)
spread coating, spreading;
blade coating, knife coating
➢ **Vorhangbeschichtung**
(Lackgießbeschichtung)
curtain coating
➢ **Walzenbeschichtung/**
Walzenauftrag
roll coating
Beschichtungsmasse
coating compound
beschicken
charge, feed, load, deliver
Beschickungsstutzen (Kolben)
delivery tube (flask)
Beschlagbildung
(auf Oberfläche des
Formwerkzeugs)
plate-out
Beschleuniger (z.B. Vulkanisation)
accelerator
Beschleunigung acceleration
Beschleunigungsphase/
Anfahrphase
acceleration phase
Beschleunigungsspannung (EM)
micros accelerating voltage
Beschreibung description
➢ **technische B.**
specifications, specs
beschriften mark, label
Beschriftung
mark, label,
caption, legend
Beschriftungsetikett label
Beschuss mit schnellen Atomen
(MS) *spectr*
fast-atom bombardment (FAB)
beseitigen/entfernen remove
Beseitigung/Entfernung
removal
besprengen sprinkle
besputtern (EM) *micros* sputter
Besputtern/
Kathodenzerstäubung (EM) *micros*
sputtering
Besputterungsanlage (EM) *micros*
sputtering unit/appliance

Bestand (Menge/Quantität) stock,
number, quantity; (Bevölkerung)
population; stand, standing crop,
beständig/resistent resistant
Beständigkeit/Resistenz
resistance
Bestandsaufnahme
(to make an) inventory
Bestandteil component
Bestätigung/Vergewisserung
verification
Bestätigungsprüfung
verification assay
bestehend/existierend
existing, existant;
(bestehend aus) consisting of
bestimmen *chem*
determine, identify
Bestimmung/
Determinierung/Determination
identification; determination;
jur provisions
Bestimmungsgrenze
limit of detection
bestrahlen irradiate; expose
Bestrahlung
irradiation; exposure
Bestrahlungsdosis
radiation dosage,
irradiation dosage
Bestrahlungsintensität/
Bestrahlungsdichte
irradiance, fluence rate,
radiation intensity,
radiant-flux density
betäuben/
narkotisieren/anästhesieren
stupefy, narcotize, anesthetize
betäubend/
narkotisch/anästhetisch
stupefacient, stupefying,
narcotic, anesthetic
Betäubung/Narkose/Anästhesie
stupefaction, narcosis, anesthesia
Betäubungsmittel/
Narkosemittel/Anästhetikum
stupefacient, narcotic,
narcotizing agent,
anesthetic, anesthetic agent

Betriebsanleitung
operating instructions;
(Handbuch) manual
Betriebsarzt company doctor
Betriebsdruck
operating pressure
Betriebserlaubnis
operational permission
Betriebssanitäter (company) nurse
Betriebssicherheit
safety of operation
Betriebsunfall
industrial accident,
accident at work
Betriebsvorschrift
operating instructions
Betriebswasser/Brauchwasser
(nicht trinkbares Wasser)
process water, service water,
industrial water (nondrinkable water)
Beugung *phys/opt/spectr*
diffraction
Beugungsmuster *phys/opt/spectr*
diffraction pattern
bewachen guard
bewahren/
erhalten/preservieren
preserve, keep, maintain
Bewahrung/
Erhaltung/Preservierung
preservation
bewässern irrigate
Bewässerung irrigation
bewegen move
Bewegung motion;
(Fortbewegung/Lokomotion)
movement, motion, locomotion
➤ **Drehbewegung (rotierend)**
spinning/rotating motion
➤ **Handbewegung**
hand motion
(handshaking motion)
➤ **kreisförmig-vibrierende Bewegung**
vortex motion,
whirlpool motion
➤ **Rüttelbewegung**
(hin-her/rauf-runter)
rocking motion
(side-to-side/up-down)

> **Taumelbewegung,
> dreidimensionale** nutation,
> gyroscopic motion
> (threedimensional orbital
> and rocking motion)
> **Vibrationsbewegung**
> vibrating motion
> **Wippbewegung**
> see-saw motion,
> rocking motion

**Bewegungsmelder/
Bewegungssensor**
motion sensor,
movement detector

Bewertung rating, evaluation;
(Beurteilung) judgement;
(Erfassung) assessment

Bewitterung weathering

Bezettelung badging

Bezugselektrode
reference electrode

Bezugstemperatur
reference temperature

Bezugswert
reference value

Biegeermüdung
flex fatigue

Biegefestigkeit
flexural strength

Biegekriechmodul
flexural creep modulus

Biegemodul
flexural modulus

Biegerissbildung
flex cracking

Biegespannung
flexural stress

biegesteif rigid

Biegewechselfestigkeit
flexural fatigue strength

biegsam flexible, pliable

Biegsamkeit
flexibility, pliability;
stiffness

Bienenwachs beeswax

**bifunktionell/
Doppelfunktions...**
bifunctional,
dual-function

Bikomponentenfaser
bicomponent fiber, bico fiber,
composite fiber, heterofil(s)

**Bilanz
(Energiebilanz/Stoffwechselbilanz)**
balance

Bild picture, image
> **elektronenmikroskopisches Bild/
> elektronenmikroskopische
> Aufnahme**
> electron micrograph
> **Endbild** *micros*
> final image
> **mikroskopisches Bild/
> mikroskopische Aufnahme**
> microscopic image,
> microscopic picture, micrograph
> **reelles Bild** *micros* real image
> **virtuelles Bild** *micros* virtual image

**Bilddiagramm/
Begriffszeichen**
pictograph (for hazard labels)

**bilden (entwickeln)
(z.B. Gase/Dämpfe)**
generate (develop)

Bildpunkt opt image point;
(Rasterpunkt) pixel

Bildschirm/Monitor
display, monitor

Bildungswärme heat of formation

Bimetallthermometer
bimetallic thermometer

bimodale Verteilung
bimodal distribution,
two-mode distribution

Bims pumice

Bimsstein
pumice rock

Bindefähigkeit
bonding strength

Bindekraft
bonding power,
bonding capacity

**Bindemittel/Saugmaterial
(saugfähiger Stoff)**
binder, binding agent,
absorbent, absorbing agent

binden *chem* bond, link;
(anbinden/zusammenbinden) tether

Bindenaht/Schweißnaht (Fuge)
weld line, weld mark,
knit line, flow line
Bindevlies strapping fabric
Bindung *chem* bond, linkage;
text weave
➢ **Atlas-Bindung/Atlasbindung
(Glasfaser-Satin)**
text satin weave
➢ **Atombindung** atomic bond
➢ **chemische Bindung**
chemical bond
➢ **Disulfidbindung
(Disulfidbrücke)**
disulfide bond,
disulfide bridge
➢ **Doppelbindung**
double bond
➢ **Dreherbindung**
leno weave
➢ **Dreifachbindung**
triple bond
➢ **Einfachbindung**
single bond
➢ **energiereiche Bindung**
high energy bond
➢ **glykosidische Bindung**
glycosidic bond/linkage
➢ **heteropolare Bindung**
heteropolar bond
➢ **homopolare Bindung**
homopolar bond,
nonpolar bond
➢ **hydrophile Bindung**
hydrophilic bond
➢ **hydrophobe Bindung**
hydrophobic bond
➢ **Ionenbindung** ionic bond
➢ **Kohlenstoffbindung**
carbon bond
➢ **konjugierte Bindung**
conjugated bond
➢ **kooperative Bindung**
cooperative binding
➢ **Köper-Bindung/
Köperbindung**
text twill weave
➢ **kovalente Bindung**
covalent bond

➢ **Kreuzköper**
cross twill, crowfoot,
two-harness satin
➢ **Leinwand-Bindung/
Leinwandbindung/
Nesselbindung** *text*
plain weave
➢ **Mehrfachbindung**
multiple bond
➢ **Panama-Bindung**
basket weave
➢ **Peptidbindung**
peptide bond,
peptide linkage
➢ **Scheindreherbindung**
mock leno weave
Bindungsenergie
binding energy,
bond energy
Bindungskurve
binding curve
Bindungsvermögen
bonding capacity,
adhesive capacity
Bindungswinkel bond angle
Bingham-Körper/plastischer Körper
Bingham body, plastic body
Binodale binodal
Binokular binoculars
Binomialverteilung
binomial distribution
binomische Formel
binomial formula
bioanorganisch
bioinorganic
Bioäquivalenz bioequivalence
**Biodegradation/
biologischer Abbau**
biodegradation
Biogefährdung biohazard
biogen biogenic
Bioklebstoff
bioadhesive
Biolistik biolistics,
microprojectile bombardment
biologisch abbaubar
biodegradable
biologisch/biotisch
biologic(al), biotic

biologische Abbaubarkeit
biodegradability
biologische Sicherheit(smaßnahmen)
biological containment
biologische Verfahrenstechnik/
Biotechnik/
Bioingenieurwesen
bioengineering
biologischer Abbau/
Biodegradation
biodegradation
biologischer Test
bioassay, biological assay
biologisches Gleichgewicht
biological equilibrium
Biomasse biomass
Bioreaktor
(Reaktortypen siehe: Reaktor)
bioreactor
Biosynthese biosynthesis
Biosynthesereaktion
biosynthetic reaction
(anabolic reaction)
biosynthetisch biosynthetic(al)
biosynthetisieren
biosynthesize
Biotechnik/
biologische Verfahrenstechnik/
Bioingenieurwesen
bioengineering
Biotechnologie biotechnology
Biotransformation/Biokonversion
biotransformation,
bioconversion
Bioverfügbarkeit bioavailability
Biowissenschaft
bioscience (meist *pl* biosciences),
life science (meist *pl* life sciences)
Biozid biocide
Birnenkolben/Kjeldahl-Kolben
Kjeldahl flask
Bitterkeit bitterness
Bittermandelöl
bitter almond oil
Bitterstoffe bitters
Bitumen (Asphalten)
bitumen (asphaltene)
bivalent bivalent
blähen bloat

Blähmittel/Treibmittel
blowing agent;
(Polymerfolienverarbeitung) inflatant
Bläschen/Vesikel bubble, vesicle
bläschenförmig
bubble-shaped, bulliform
Blasdorn blowpin
Blase (Gasblase/Luftblase/Seifenblase)
bubble; med bladder;
(Destillierrundkolben) still pot,
distilling boiler flask
blasenartig/blasenförmig
bladderlike, bladdery, vesicular
Blasensäulen-Reaktor
bubble column reactor
blasentreibend/blasenziehend
vesicating, vesicant
Blasenzähler
bubble counter,
bubbler, gas bubbler
Blasfolie blown film
Blasfolienanlage
blown film line
Blasformen
blow forming,
blow molding
blasig
bullous, with blisters, vesiculate
Blaskopf (am Extruder) blow head
Blasrohling/Blasschlauch
(Vorformling) parison (preform)
Blätterbruch
laminar cleavage
Blattgold gold foil, gold leaf
Blausäure/Cyanwasserstoff
hydrogen cyanide,
hydrocyanic acid, prussic acid
Blech sheet metal
Blei (Pb) lead
Bleiblock *rad* pig (outermost container
of lead for radioactive materials)
bleich/blass pale
Bleiche
(Blässe/bleiche Farbe) paleness;
(Bleichmittel) bleach
bleichen/ausbleichen
(aktiv: weiß machen/aufhellen)
bleach
Bleicitrat (EM) lead citrate

Bleiglanz galena
Bleimantelvulkanisation
  lead press cure,
  lead press technique
Bleioxid Pb₂O
  lead oxide (yellow),
  lead suboxide
Bleioxid Pb₃O₄
  red lead oxide,
  red lead
Bleioxid PbO
  litharge, massicot,
  lead protooxide,
  lead oxide (yellow monoxide)
Bleioxid PbO₂
  lead dioxide,
  brown lead oxide,
  lead superoxide
Bleiring
  (Gewichtsring/Stabilisierungsring/
  Beschwerungsring)
  lead ring (for Erlenmeyer)
Blend/Mischung blend
➢ **Kunststoff-Blend**
  (Polymerlegierung)
  polymer blend,
  polyblend (polymer alloy)
Blende
  opt/micros (Öffnung/Apertur)
  aperture;
  micros (Diaphragma) diaphragm
Blendenöffnung *micros*
  diaphragm aperture
Blickfeld/Sehfeld/Gesichtsfeld
  field of view, scope of view,
  field of vision, range of vision,
  visual field
Blindleistung available power
Blindniete blind rivet
Blindnietmutter blind rivet nut
Blindwert blank
Blindwiderstand
  reactance, relative impedance
Blisterverpackung
  blister pack, blister packaging
Blitz flash (light/lightning/spark)
Blitzchromatographie/
  Flash-Chromatographie
  flash-chromatography

blitzen flash
Blitzkleber superglue
Blitzlicht flash, flashlight
Blitzlichtphotolyse
  flash photolysis
Blockhalter *micros* block holder
Blockierungsreagenz
  blocking reagent
Blockpunkt/Blocktemperatur
  blocking point
Blockverfahren block synthesis
blotten (klecksen/Flecken
  machen/beflecken) blot
Blotten/Blotting
  blotting, blot transfer
➢ **Affinitäts-Blotting**
  affinity blotting
➢ **Alkali-Blotting**
  alkali blotting
➢ **Diffusionsblotting**
  capillary blotting
➢ **genomisches Blotting**
  genomic blotting
➢ **Liganden-Blotting**
  ligand blotting
➢ **Nassblotten** wet blotting
➢ **Trockenblotten**
  dry blotting
Blut blood
➢ **Frischblut** fresh blood
➢ **Serum (pl Seren)**
  serum (*pl* sera or serums)
Blutausstrich *micros*
  blood smear
Bluten *n* bleeding
bluten *vb* bleed
Blut-Ersatz blood substitute
Blutkonserve
  stored blood, banked blood
Blutsperre
  arrest of blood supply
blutstillend (adstringent)
  styptic, hemostatic (astringent)
Blutvergiftung/Sepsis
  blood poisoning
blutzersetzend/hämorrhagisch
  hemorrhagic
BMC-Formmasse
  bulk molding compound (BMC)

Boden
 dest/chromat plate;
 geol (Erdboden)
 soil, ground, earth
 ➢ **Bodenhöhe**
 plate height
 ➢ **theoretische Böden**
 theoretical plates
Bodenabfluss/Bodenablauf
 floor drain
Bodenbelag flooring
Bodenkolonne *dest* plate column
Bodenkörper *chem* bottoms, deposit
 (sediment/precipitate/settlings)
Bodenwirkungsgrad *dest*
 plate efficiency
Bodenzahl *dest/chromat*
 number of plates,
 plate number
Bogenflamme
 arc flame
Bogenlampe arc lamp
Bogensäge coping saw
bohren drill
Bohrer/Bohrspitze/Bohraufsatz
 bit, drill bit, drill
 (on a dental drill: bur)
Bohrfutter drill chuck
Bohrmaschine drill
Bohrung (Prozess/Vorgang) drill,
 drilling, bore;
 (Ergebnis: Loch etc.) bore
Bolzenfallversuch
 falling dart test
Bolzenschneider bolt cutter
Bombage/Bombierung
 (Walze/Profil)
 camber, crown,
 crowning
Bombenkalorimeter
 bomb calorimeter
Bombenrohr/
 Schießrohr/
 Einschlussrohr
 bomb tube,
 Carius tube,
 sealing tube
bombieren (Walze/Profil)
 camber, crown

Bonitur *stat* notation, scoring
Bor (B) boron
Borax/
 Natriumtetraborat Decahydrat
 borax, sodium tetraborate
Bördelflansch
 lap-joint flange
Bördelkappe
 (für Rollrandgläschen/
 Rollrandflasche)
 crimp seal
Bördelkappen-Verschließzange
 cap crimper
bördeln
 bead, flange, seam, edge;
 crimp
Bördelrand
 bead, beaded rim, flange;
 (Reagenzglas/Kolben)
 deburred edge, beaded rim
Bördelzange
 crimping pliers
borfaserverstärkter Kunststoff (BFK)
 boron fiber-reinforced plastic (BFRP)
Borosilikatglas
 borosilicate glass
Borste bristle
bösartig/maligne
 malignant
Bösartigkeit/Malignität
 malignancy
Bottich vat, tub; washtub
Brand fire, blaze; burning
Brandarten
 fire classification
Brandaxt fire axe
Brandbekämpfung
 fire fighting
Brandgase
 combustion gases
Brandgefahr
 fire risk, fire hazard
Brandgeruch
 burnt smell
Brandherd
 source of fire
Brandmauer fire wall
Brandrisiko
 fire hazard

**Brandschutz/
Brandverhütung**
fire protection, fire prevention;
fire control
**Brandverletzung/
Brandwunde/
Verbrennung**
burn, burn wound
Branntkalk
caustic lime (CaO)
**Brauchwasser
(nicht trinkbares Wasser)**
process water, service water,
industrial water
(nondrinkable water)
Braunglas
amber glass
Braunstein/Manganoxid
manganese dioxide
**brechen/erbrechen
(bei Übelkeit)**
vomit
Brecher/Brechplatte (Extruder)
breaker plate
Brechung/Refraktion
refraction
➢ **optische Brechung**
optical refraction
**Brechungsindex/
Brechungskoeffizient/
Brechzahl**
refractive index,
index of refraction
Brechungsvermögen
refractivity
Brechungswinkel
refracting angle
Breitschlitzdüse
sheet die, flat-sheet die; (Schlitzdüse)
slit die, slot die
Breitschlitzextrusion
sheet die extrusion;
(Schlitzextrusion)
slit die extrusion
Brennäquivalent
fuel equivalence
brennbar
combustible,
flammable

➢ **leicht brennbar**
highly flammable
➢ **nicht brennbar**
noncombustible,
nonflammable
Brennbarkeit
combustibility,
flammability
Brennebene
focal plane
brennen burn
➢ **abbrennen** burn down;
(rasch abbrennen lassen)
deflagrate
➢ **anbrennen/
entzünden/entflammen** *chem*
inflame, ignite
➢ **durchbrennen**
burn through/out
➢ **rasch abbrennen (lassen)**
deflagrate
➢ **verbrennen**
combust,
incinerate, burn
Brenner/Flamme
burner, flame
➢ **Bunsenbrenner**
Bunsen burner,
flame burner
➢ **Gasbrenner**
gas burner
➢ **Kartuschenbrenner**
cartridge burner
➢ **Schwalbenschwanzbrenner/
Schlitzaufsatz für Brenner**
wing-tip (for burner),
burner wing top
➢ **Spiritusbrenner/
Spirituslampe**
alcohol burner
➢ **Verdunstungsbrenner**
evaporation burner
Brennpunkt
focal point, focus
Brennweite
focal length
Brennwert
caloric value;
heat value, heating value

Brennwertbestimmung/ Kalorimetrie
calorimetry

Brenztraubensäure (Pyruvat)
pyruvic acid (pyruvate)

Brilliantrot *micros* vital red

Brinellhärte
Brinell hardness

brodeln
bubble; (Wasser: kochen) boil;
(Wasser: sieden/leicht kochen)
simmer

Brom (Br) bromine

Brookfield-Viskosimeter
Brookfield viscometer

Broschüre/ Informationsschrift
brochure, pamphlet

Bruch
breakage, fracture;
(Versagen) failure

➤ **duktiler Bruch/ Zähbruch**
ductile fracture,
tough fracture

➤ **Ermüdungsbruch**
fatigue failure

➤ **Gefrierbruch** *micros*
freeze-fracture,
freeze-fracturing,
cryofracture

➤ **Gewichtsbruch (Verhältnis)**
weight fraction

➤ **Glasbruch**
glass scrap,
shattered glass,
broken glass

➤ **Kapillarbruch**
capillary breaking,
capillary fracture (fibers)

➤ **Kriechbruch**
creep failure

➤ **Molenbruch/ Stoffmengenanteil**
mole fraction

➤ **Pseudobruch/ Craze**
craze

➤ **Schmelzbruch**
melt fracture

➤ **Sprödbruch**
brittle fracture

➤ **Versagen** failure

➤ **Volumenbruch/ Volumenanteil**
volume fraction

➤ **Weissbruch**
stress whitening

➤ **Zähbruch/ duktiler Bruch**
tough fracture,
ductile fracture

Bruchdehnung/ Reißdehnung
elongation at break,
elongation-to-break,
extension at break,
elongation at rupture

Bruchfestigkeit
resistance to fracture

Bruchglas
cullet, glass cullet

Bruchkraft
force at rupture

bruchsicher
nonbreakable,
unbreakable, crashproof

Bruchstück/Fragment
fragment

Bruchstückion (MS)
fragment ion

Bruchverformung
deformation to fracture

Brüden
exhaust vapor,
fuel-laden vapor

Brutschrank incubator

Büchner-Trichter (Schlitzsiebnutsche)
Buechner funnel,
Buchner funnel

Buchse
bush, bushing

Bügel/ U-Klammer/ Gabelkopf
clevis bracket

Bügelmessschraube
outside micrometer
Bügelschaft
rod clevis
Bulkladung (Transport)
bulk cargo
Bunsenbrenner
Bunsen burner,
flame burner
Bunsenstativ/Stativ
support stand, ring stand,
retort stand, stand
Buntpigment
colored pigment
Bürette
buret, burette (*Br*)
➢ **Wägebürette**
weight buret,
weighing buret
Bürste brush
➢ **Becherglasbürste**
beaker brush
➢ **Drahtbürste**
wire brush
➢ **Flaschenbürste**
bottle brush
➢ **Kolbenbürste**
flask brush
➢ **Laborbürste**
laboratory brush

➢ **Malpinsel** paint brush
➢ **Pfeifenreiniger/**
Pfeifenputzer
pipe cleaner
➢ **Pipettenbürste**
pipet brush
➢ **Reagenzglasbürste**
test-tube brush
➢ **Scheuerbürste/**
Schrubbbürste
scrubbing brush,
scrub brush
➢ **Spülbürste**
dishwashing brush
➢ **Stahlbürste**
wire brush
➢ **Trichterbürste**
funnel brush
Bürstenstreichverfahren
(Auftrageverfahren)
polym brush coating
Buttersäure/Butansäure (Butyrat)
butyric acid,
butanoic acid (butyrate)
Butzen
(Gussteile: Spritzhaut/
Spritzgrat/Austrieb)
flash
Butzenkammer
flash chamber

Cadmium (Cd) cadmium

**Caprinsäure/Decansäure
(Caprinat/Decanat)**
capric acid, decanoic acid
(caprate/decanoate)

**Capronsäure/Hexansäure
(Capronat/Hexanat)**
caproic acid, capronic acid,
hexanoic acid
(caproate/hexanoate)

**Caprylsäure/Octansäure
(Caprylat/Octanat)**
caprylic acid, octanoic acid
(caprylate/octanoate)

**Carbonfaser/
Kohlenstofffaser**
carbon fiber (CF)

**Carbonsäuren/Karbonsäuren
(Carbonate/Karbonate)**
carboxylic acids (carbonates)

Carrageen/Carrageenan
carrageenan, carrageenin
(Irish moss extract)

Cäsium (Cs) cesium

Cäsiumchloridgradient
cesium chloride gradient

Catenan/Concatenat
catenane, concatenate

**Catenation/
Ringbildung**
catenation

**Ceiling-Temperatur
(Beginn der Depolymerisation)**
ceiling temperature

Cellophan cellophane

Celluloid/Zelluloid (Zellhorn)
celluloid

Cellulose cellulose

➤ **native Cellulose**
native cellulose

➤ **Regeneratcellulose/
regenerierte C.**
regenerated cellulose

**Celluloseacetat/
Acetylcellulose**
cellulose acetate

**Celluloseacetatseide/
Acetatseide**
cellulose acetate rayon

Cellulosechemiefaser
cellulosic fiber

Cellulosenitrat
cellulose nitrate

Cerotinsäure/Hexacosansäure
cerotic acid, hexacosanoic acid

chaotrope Reihe
chaotropic series

chaotrope Substanz
chaotropic agent

Charge
(in einem Arbeitsgang erzeugt)
batch;
(Produktionsmenge/-einheit)
lot, unit

**Chargen-Bezeichnung
(Chargen-B.)**
batch number;
lot number,
unit number

Chelat/Komplex
chelate

**Chelatbildner/
Komplexbildner**
chelating agent,
chelator

**Chelatbildung/
Komplexbildung**
chelation,
chelate formation

Chemie chemistry

➤ **allgemeine Chemie**
general chemistry

➤ **analytische Chemie**
analytical chemistry

➤ **angewandte Chemie**
applied chemistry

➤ **anorganische Chemie**
inorganic chemistry

➤ **Biochemie**
biochemistry

➤ **Lebensmittelchemie**
food chemistry

➤ **organische Chemie**
organic chemistry

➤ **physikalische Chemie**
physical chemistry

➤ **Polymerchemie**
polymer chemistry

Chemieabfälle
chemical waste
Chemiearbeiter
chemical worker
Chemiefachverband
chemical society
Chemiefaser
artificial fiber,
man-made fiber,
polyfiber
Chemieingenieur
chemical engineer
Chemielaborant
chemical lab assistant
Chemieunfall
chemical accident
Chemikalie(n) chemical(s)
Chemikalienabzug
chemical fume hood, 'hood'
Chemikalienausgabe
chemical stockroom counter
chemikalienfest
chemical-resistant
Chemikalienfestigkeit
resistance to chemicals
(to chemical attack)
Chemikalienschrank
chemical cabinet,
chemical safety cabinet
Chemikant
(chem. Facharbeiter)
chemical worker (industry)
Chemiosmose
chemiosmosis
chemiosmotische Hypothese/Theorie
chemiosmotic hypothesis/theory
chemische Bindung
chemical bond
chemische Gleichung
chemical equation
chemischer Kampfstoff
chemical warfare agent
chemischer Sauerstoffbedarf (CSB)
chemical oxygen demand (COD)
Chemisorption/
chemische Adsorption
chemisorption
Chemoaffinitäts-Hypothese
chemoaffinity hypothesis

Chemostat chemostat
Chemosynthese
chemosynthesis
Chemotherapie
chemotherapy
Chicle
(*Manilkara zapota*/Sapotaceae)
chicle, chicle gum,
chiku (sapodilla)
Chinasäure
chinic acid, kinic acid,
quinic acid (quinate)
Chinolsäure chinolic acid
chiral chiral
Chiralität chirality
Chlor (Cl) chlorine
Chlorbenzol
chlorobenzene
Chlorbleiche
chlorine bleach
chlorieren
chlorinate
Chlorierung
chlorination
chlorige Säure HClO$_2$
chlorous acid
Chlorkautschuk
chlorinated rubber
Chloroform/
Trichlormethan
chloroform,
trichloromethane
Chlorogensäure
chlorogenic acid
Chlorsäure HClO$_3$
chloric acid
Cholesterin/Cholesterol
cholesterol
Cholsäure (Cholat)
cholic acid (cholate)
Chordmodul
chord modulus
Chorisminsäure (Chorismat)
chorismic acid (chorismate)
Chrom (Cr) chromium
chromaffin
chromaffin(e), chromaffinic
Chromatogramm
chromatogram

Chromatograph
chromatograph

Chromatographie
chromatography

➤ **Affinitätschromatographie**
affinity chromatography

➤ **Aussalzchromatographie**
salting-out chromatography

➤ **Ausschlusschromatographie/
Größenausschlusschromatographie**
size exclusion chromatography (SEC)

➤ **Blitzchromatographie/
Flash-Chromatographie**
flash-chromatography

➤ **Dampfraum-Gaschromatographie**
head-space gas chromatography

➤ **Dünnschichtchromatographie (DC)**
thin-layer chromatography (TLC)

➤ **Elektrochromatographie (EC)**
electrochromatography (EC)

➤ **enantioselektive Chromatographie**
chiral chromatography

➤ **Festphasenchromatographie**
bonded-phase chromatography

➤ **Flüssigkeitschromatographie**
liquid chromatography (LC)

➤ **Gaschromatographie**
gas chromatography

➤ **Gas-Flüssig-Chromatographie**
gas-liquid chromatography

➤ **Gelpermeationschromatographie/
Molekularsiebchromatographie**
gel permeation chromatography,
molecular sieving chromatography

➤ **Größenausschluss-
chromatographie/
Ausschlusschromatographie**
size exclusion chromatography (SEC)

➤ **Hochdruckflüssigkeits-
chromatographie/
Hochleistungsflüssigkeits-
chromatographie**
high-pressure liquid chromatography,
high-performance liquid
chromatography (HPLC)

➤ **Immunaffinitätschromatographie**
immunoaffinity chromatography

➤ **Ionenaustauschchromatographie**
ion-exchange chromatography (IEX)

➤ **Ionenpaarchromatographie (IPC)**
ion-pair chromatography (IPC)

➤ **Kapillarchromatographie**
capillary chromatography (CC)

➤ **Membranchromatographie (MC)**
membrane chromatography

➤ **Mitteldruckflüssigkeits-
chromatographie**
medium-pressure liquid
chromatography (MPLC)

➤ **Molekularsiebchromatographie/
Gelpermeationschromatographie/
Gelfiltration**
molecular sieving chromatography,
gel permeation chromatography,
gel filtration

➤ **Normaldruck-
Säulenchromatographie**
gravity column chromatography

➤ **Papierchromatographie**
paper chromatography

➤ **präparative Chromatographie**
preparative chromatography

➤ **Säulenchromatographie**
column chromatography

➤ **überkritische
Fluidchromatographie/
superkritische
Fluid-Chromatographie/
Chromatographie mit
überkritischen Phasen**
supercritical fluid chromatography
(SFC)

➤ **Umkehrphasen-
chromatographie**
reversed phase chromatography,
reverse-phase chromatography
(RPC)

➤ **Verteilungschromatographie/
Flüssig-flüssig-Chromatographie**
partition chromatography,
liquid-liquid chromatography
(LLC)

➤ **Zirkularchromatographie/
Rundfilterchromatographie**
circular chromatography,
cirpular paper chromatography

Chrombeize
chromium mordant

Chromsäure H_2CrO_4
chromic(VI) acid
Chromschwefelsäure
chromic-sulfuric acid mixture
for cleaning purposes
Cinnamonsäure/Zimtsäure
(Cinnamat)
cinnamic acid
Circulardichroismus/
Zirkulardichroismus
circular dichroism
Citronensäure/
Zitronensäure (Citrat)
citric acid (citrate)
Coinzidenzfaktor/
Koinzidenzfaktor
coefficient of coincidence
Colinearität/Kolinearität
colinearity
Compoundieren *polym*
compounding
Computertomographie
computed tomography (CT)
Copolymer copolymer
➢ **alternierendes Copolymer**
alternating copolymer
➢ **Blockcopolymer**
block copolymer
➢ **Gradientencopolymer**
graded copolymer,
tapered copolymer
➢ **Gradientencopolymer**
graded copolymer,
tapered copolymer
➢ **periodisches Copolymer**
periodic copolymer
➢ **Pfropfcopolymer**
graft copolymer
➢ **Segmentcopolymer/**
segmentiertes Copolymer
segmented copolymer,
segment copolymer
➢ **statistisches Copolymer**
statistical copolymer
➢ **statistisches Copolymer**
mit Bernoulli-Statistik
random copolymer

Couette-Rheometer
Couette rheometer
Couette-Strömung
Couette flow
Craze (Pseudobruch)
craze
Craze-Bildung *polym*
crazing
Crotonsäure/
Transbutensäure
crotonic acid,
α-butenic acid
Cutis/
eigentliche Haut
cutis, skin
Cyankali/Zyankali/
Kaliumcyanid
potassium cyanide
cyclisch/
ringförmig
cyclic
Cyclisierung/
Ringschluss *chem*
cyclization
Cyclokautschuk
cyclorubber;
cyclized rubber
Cyclopolymerisation
cyclopolymerization
Cyclus cycle
Cysteinsäure
cysteic acid
Cytochemie/Zellchemie
cytochemistry
cytolytisch cytolytic
cytopathisch/
zellschädigend (cytotoxisch)
cytopathic (cytotoxic)
Cytoskelett
cytoskeleton
Cytostatikum
(meist *pl* **Cytostatika)**
cytostatic agent,
cytostatic
cytotoxisch
cytotoxic
Cytotoxizität cytotoxicity

dämmen *tech* insulate
Dämmplatte
  insulating panel/tile
➢ **Schalldämmplatte**
  acoustical panel/tile
Dämmschichtbildner (Flammschutz)
  intumescent paint
Dämmstoff
  insulating material
Dämmung *tech* insulation
Dampf vapor
➢ **Wasserdampf**
  water vapor, steam
Dampfbad steam bath
dampfdicht/dampffest
  vaporproof, vaportight
Dampfdichte vapor density
Dampfdruck vapor pressure
Dampfdruckosmometrie
  vapor phase osmometry,
  vapor pressure osmometry
Dampfdruckthermometer
  vapor pressure thermometer
Dampfdurchlass
  vapor permeation (evapomeation)
dämpfen/abschwächen
  damp, dampen;
  (schlucken: Schall) deaden
Dampfentwickler/
  Wasserdampfentwickler *dest*
  vaporizer, water vaporizer
Dämpfer/Dämpfervorrichtung *polym*
  dashpot
Dampfkochtopf pressure cooker
Dampfraum-Gaschromatographie
  head-space gas chromatography
Dampfrohrvulkanisation
  steam pipe vulcanization
Dämpfung
  absorption; attenuation, stabilization;
  (von Schwingungen, z.B. Waage)
  damping
Dämpfung auf Träger
  (dyn.-mechan. Analyse)
  torsional braid analysis
Darre/Darrofen
  kiln, kiln oven (for drying
  grain/lumber/tobacco)
darren kiln-dry

darstellen
  (isolieren/rein darstellen) isolate;
  chem (synthetisieren) synthesize,
  prepare
Darstellung
  description, representation, depiction;
  (Synthese) *chem* synthesis,
  preparation; production
➢ **graphische D.**
  graph, plot, chart, diagram
Daten data
Datenabgleich
  data equalization
  (balancing/adjustment)
Datenanalyse data analysis
➢ **explorative Datenanalyse**
  explorative data analysis
➢ **konfirmatorische Datenanalyse**
  confirmatory data analysis
Datenblatt/Merkblatt
  (für Chemikalien etc.)
  data sheet
➢ **Sicherheitsdatenblatt**
  safety data sheet;
  U.S.: Material Safety Data Sheet
  (MSDS)
Datenerfassung
  data acquisition
Datenerfassungsgerät/
  Messwertschreiber/Registriergerät
  datalogger
Datenermittlung
  data acquisition
Datenverarbeitung
  data processing
Dauerbetrieb/Dauerleistung/
  Non-Stop-Betrieb
  continuous run/operation/duty,
  long-term run/operation,
  permanent run/operation
Dauerfestigkeit endurance
Dauergebrauchstemperatur
  continuous working temperature,
  long-term service temperature
Dauernutzung continuous use
Dauerstandfestigkeitsgrenze/
  Dauerfestigkeit/
  Haltbarkeitsgrenze
  endurance limit

DC (Dünnschichtchromatographie)
TLC (thin layer chromatography)
Debora-Zahl Deborah number
Deckanstrich finish
Deckel lid, cover, top
Deckglas *micros*
coverslip, coverglass
Deckglaspinzette
cover glass forceps
Deckungsgrad
coverage percentage,
coverage level
Deckungswert cover value
Dedifferenzierung/Entdifferenzierung
dedifferentiation
Defekt/Fehler *polym*
imperfection, flaw
defibrieren/zerfasern
defibrate
Deformation/Deformierung/
Verformung
deformation; distortion;
strain
➤ **Biegung** flexure
➤ **elastische Deformation**
elastic deformation
➤ **Scherung** shear
➤ **Stauchung/Kompression**
compression
➤ **Torsion** torsion
➤ **Zug/Spannung** tension
Deformationsschwingung (IR)
deformation vibration,
bending vibration
deformieren
deform, distort; strain
Degeneration
degeneracy
degenerieren/entarten
degenerate
dehnbar/dehnungsfähig
extensible, expandable;
(ausweitbar) dilatable
Dehnbarkeit
extensibility, expansivity
dehnen
extend, expand, elongate;
strain
Dehnfolie stretch film

Dehnfolienverpackung
stretch film wrapping,
stretch wrapping
Dehngrenze/
techn. Streckgrenze
offset yield point,
offset yield strength
Dehnspannung
dilatational stress;
off-set yield stress,
proof stress
Dehnung extension, expansion,
elongation; (Verdehnung) strain;
(Dilatation) dilatation, dilation
➤ **abgesetzte Dehnung**
off-set strain
➤ **berechnete Dehnung/**
Nenndehnung (Cauchy-D.)
tensile strain,
engineering strain,
Cauchy elongation
➤ **wahre Dehnung (Hencky-D.)**
true strain
Dehnung bei Bruch
elongation at break
Dehnung bei Höchstzugkraft
elongation at break
Dehnung bei Streckspannung
elongation at yield
Dehnungsmesser/
Dehnungsmessgerät
extensometer,
strain gauge/gage
Dehnungs-Spannungs-Beziehung
strain-stress relation
Dehnviskosität
strain viscosity,
extensional viscosity
Dehydratation/
Entwässerung
dehydration
dehydratisieren/
entwässern
dehydrate
dehydrieren
dehydrogenate
Dehydrierung/
Dehydrogenierung
dehydrogenation

Dekanter decanter
Dekontamination/
Dekontaminierung/
Reinigung/Entseuchung
decontamination
dekontaminieren/
reinigen/entseuchen
decontaminate
Delaminierung
(Aufblätterung/Aufspaltung)
delamination
Demethylierung/Desmethylierung
demethylation
Demontage
disassembly,
dismantling,
stripping
demontieren
demount, disassemble,
dismantle, strip, take apart
denaturieren denature
denaturierendes Gel
denaturing gel
Denaturierung
denaturation,
denaturing
Dendrimer
(Kaskadenmolekül)
dendrimer;
starburst polymer
Dephlegmation/
fraktionierte Destillation/
fraktionierte Kondensation
dephlegmation,
fractional distillation
dephosphorylieren
dephosphorylate
Dephosphorylierung
dephosphorylation
Depolarisation
depolarization
depolarisieren
depolarize
Derivat derivative
Derivatisation
derivatization
derivatisieren derivatize
dermal
dermal, dermic, dermatic

Desamidierung
deamidation,
deamidization,
desamidization
Desaminierung
deamination,
desamination
Desinfektion
disinfection
Desinfektionsmittel
disinfectant
desinfizieren (desinfizierend)
disinfect (disinfecting)
Desinfizierung/
Desinfektion
disinfection
Desinitiator *polym*
deinitiator
(preventive antioxidant/
secondary antioxidant)
Destillat
distillate
Destillation distillation
➤ **Azeotropdestillation**
azeotropic distillation
➤ **Dephlegmation/**
fraktionierte Destillation/
fraktionierte Kondensation
dephlegmation,
fractional distillation
➤ **Drehband-Destillation**
spinning band distillation
➤ **einfache/direkte Destillation**
straight-end distillation
➤ **Entspannungs-Destillation/**
Flash-Destillation
flash distillation
➤ **Extraktivdestillation/**
extrahierende Destillation
extractive distillation
➤ **Gleichgewichtsdestillation**
equilibrium distillation
➤ **Gleichstromdestillation**
simple distillation
➤ **Kugelrohrdestillation**
bulb-to-bulb distillation
➤ **Kurzwegdestillation**
(Molekulardestillation)
short-path distillation

➢ **mehrfache Destillation/**
Redestillation
repeated distillation,
cohobation

➢ **Nachlauf/Ablauf**
tailings, tails

➢ **Reaktionsdestillation**
reaction distillation

➢ **Trägerdampfdestillation**
steam distillation

➢ **Vakuumdestillation**
vacuum distillation,
reduced-pressure distillation

➢ **Vorlauf**
first run, forerun

➢ **Zersetzungsdestillation**
destructive distillation

Destillationsgut
distilland,
material to be distilled

Destillieraufsatz
stillhead,
distillation head

Destillierblase
still pot, boiler,
distillation boiler flask,
reboiler

Destillierbrücke
stillhead

destillieren
distil, distill, still

➢ **erneut destillieren/**
wiederholt destillieren
redistil, rerun

Destilliergerät/
Destillationsapparatur
distilling apparatus,
still

Destillierkolben/
Destillationskolben
distilling flask,
destillation flask, 'pot';
(Retorte) retort

Destillierkolonne
distilling column

Destillierrückstand
distillation residue

Destilliervorstoß
receiver adapter

Detektor/
Fühler/Sensor
(tech: z.B. Temperaturfühler)
sensor, detector

➢ **Atomemissionsdetektor (AED)**
atomic emission detector (AED)

➢ **Elektroneneinfangdetektor/**
Elektronenanlagerungs-
spektroskopie
electron capture detector (ECD)

➢ **Flammenionisationsdetektor (FID)**
flame-ionization detector (FID)

➢ **Flammenphotometrischer Detektor**
(FPD)
flame-photometric detector (FPD)

➢ **Infrarot-Absorptionsdetektor**
infrared absorbance detector
(IAD)

➢ **Infrarotdetektor**
infrared detector (ID)

➢ **Ioneneinfangdetektor (MS)**
ion trap detector (ITD)

➢ **massenselektiver Detektor**
mass-selective detector

➢ **Photoionisations-Detektor (PID)**
photo-ionization detector (PID)

➢ **Schnellscan-Detektor**
fast-scanning detector (FSD),
fast-scan analyzer

➢ **Thermoionischer Detektor (TID)**
thermoionic detector (TID)

➢ **Verdampfungs-Lichtstreudetektor**
evaporative light scattering detector
(ELSD)

➢ **Wärmeleitfähigkeitsdetektor**
(WLD)/
Wärmeleitfähigkeitsmesszelle
thermal conductivity detector
(TCD)

➢ **Widerstands-Temperatur-Detektor**
resistance temperature detector
(RTD)

Detergens/Reinigungsmittel
detergent

Deviatorspannung
deviatoric stress

Dewargefäß
Dewar vessel,
Dewar flask

**DFG
(Deutsche
Forschungsgemeinschaft)**
'German Research Society'
(German National Science
Foundation)
Diagnostik diagnostics
Diagnostikpackung (DIN)
diagnostic kit
diagnostisch
diagnostic
Diagramm (auch: Kurve)
math/graph diagram, plot, graph
➤ **Histogramm/
Streifendiagramm**
histogram, strip diagram
➤ **Kreisdiagramm** pie chart
➤ **Phasendiagramm**
phase diagram
➤ **Punktdiagramm**
dot diagram
➤ **Röntgenbeugungsdiagramm/
Röntgenbeugungsmuster/
Röntgenbeugungsaufnahme/
Röntgendiagramm**
X-ray diffraction pattern
➤ **Spindeldiagramm**
spindle diagram
➤ **Stabdiagramm**
bar diagram, bar graph
➤ **Strahlendiagramm** *opt*
ray diagram
➤ **Streudiagramm**
scatter diagram
(scattergram/scattergraph/scatterplot)
➤ **Strichdiagramm**
line diagram
Dialyse dialysis
dialysieren dialyze
Diamant diamond
Diamantbohrer
diamond drill
Diamantmesser
diamond knife
Diamantschleifer
diamond cutter
Dichlordiphenyldichlorethylen (DDE)
dichlorodiphenyldichloroethylene
(DDE)

Dichlordiphenyltrichlorethan (DDT)
dichlorodiphenyltrichloroethane
(DDT)
dicht
(Masse pro Volumen) dense;
(fest verschlossen) tight, sealed tight;
(leckfrei/lecksicher) leakproof,
leaktight (sealed tight)
➤ **undicht/leck** leaky
Dichte (Masse pro Volumen)
density
Dichtegradient
density gradient
Dichtegradientenzentrifugation
density gradient centrifugation
dichtgepackt (z.B. Kristalle)
close-packed
Dichtigkeit tightness
**Dichtkonus/
Schneidring** *chromat*
ferrule
Dichtung
seal, sealing; gasket
➤ **Abdichtung**
seal, sealing
➤ **Gleitringdichtung (Rührer)**
face seal
➤ **Gummidichtung(sring)**
rubber gasket
➤ **Lippendichtung
(Wellendurchführung)**
lip seal, lip-type seal
➤ **Wellendichtung (Rotor)**
shaft seal
Dichtungsband
sealing tape
**dichtungsfrei/
ohne Dichtung (Pumpe)**
sealless
Dichtungskitt lute
Dichtungsmanschette
gasket
**Dichtungsmasse/
Dichtungsmittel/
Dichtungsmaterial/
Dichtstoff/
Abdichtmasse**
sealant,
sealing compound/material

Dichtungsmuffe
packing sleeve
Dichtungsmutter
packing nut
Dichtungsring/
Dichtungsscheibe/
Unterlegscheibe
washer
dickflüssig/
zähflüssig/
viskos/viskös
viscous, viscid
Dickflüssigkeit
sluggishness
Dickungsmittel
thickener,
thickening agent
Dielektrika dielectrics
dielektrische Spektroskopie
dielectric spectroscopy
dielektrischer Verlustfaktor
dissipation factor
Dielektrizitätskonstante/
Permittivität
dielectric constant,
permittivity;
(relative Permittivität, ε)
relative permittivity
Dienkautschuk
diene rubber
Dienst service; duty;
work; (Schicht) shift
Dienstvorschrift
service regulations,
job regulations,
official regulations
Differentialdiagnose
differential diagnosis
Differentialfärbung/
Kontrastfärbung
differential staining,
contrast staining
Differentialgleichung
differential equation
Differential-Interferenz (Nomarski)
differential interference
Differentialkalorimetrie
differential scanning calorimetry
(DSC)

Differentialthermoanalyse/
Differenzthermoanalyse (DTA)
differential thermal analysis
(DTA)
Differenz difference
diffundieren diffuse
Diffusionskoeffizient
diffusion coefficient
Diffusionstest/
Agardiffusionstest
agar diffusion test
Diffusor diffuser
digerieren
decoct,
digest (by heat/solvents)
Digitalisiergerät digitizer
Dilatation/Ausweitung
dilatation, dilation,
expansion
dimerisieren dimerize
Dimerisierung
dimerization
Dimroth-Kühler
coil condenser (Dimroth type)
DIN (Deutsche Industrienorm)
German Industrial Standard
Diodenarray-Nachweis/
Diodenmatrixnachweis
diode array detection (DAD)
dioptrisch dioptric
diphasisch
diphasic
Dipolmoment
dipole moment
Direkttransfer-Elektrophorese/
Blottingelektrophorese
direct transfer electrophoresis,
direct blotting electrophoresis
Direktverdrängerpumpe
positive displacement pump
Dispenserpumpe
dispenser pump
dispergieren disperse
Dispergierung/Dispersion
dispersion
Dispersion/Kolloid
dispersion, colloid
Dispersionskraft
dispersion force

Dispersionsspinnen
dispersion spinning
Dispersionsüberzug/
Dispersionsbeschichtung
dispersion coating
Disposition/
Veranlagung/Anfälligkeit
disposition
Disproportionierung
disproportionation
Dissoziationsgeschwindigkeit
dissociation rate
Dissoziationskonstante (K_i)
dissociation constant
dissoziieren
dissociate
Disulfidbindung/Disulfidbrücke
disulfide bond, disulfide bridge,
disulfhydryl bridge
Diterpene (C_{20}) diterpenes
divergieren diverge
Diversität diversity
DNA/DNS
(Desoxyribonucleinsäure/
Desoxyribonukleinsäure)
DNA (deoxyribonucleic acid)
DNA-Fingerprinting/
genetischer Fingerabdruck
DNA profiling,
DNA fingerprinting
DNA-Fußabdruck/DNA-Footprint
DNA footprint
DNA-Sequenzierungsautomat
DNA sequencer
Docht wick
Donor/Spender donor
Doppelbindung
double bond
Doppelblindversuch
double blind assay,
double-blind study
doppelbrechend
birefringent,
double-refracting
Doppelbrechung
birefringence,
double refraction
Doppelkreislauf
dual cycle

Doppelmuffe/Kreuzklemme
clamp holder, 'boss',
clamp 'boss' (rod clamp holder)
Doppelschicht
double layer, bilayer
Doppelstrang *gen*
double strand
Doppelstrangpolymer
double-strand polymer
doppelt ungesättigt
diunsaturated
doppeltwirkend
double-acting
Doppelzucker/Disaccharid
double sugar, disaccharide
dosieren
dose (give a dose),
measure out;
meter, proportion
Dosieren/Dosierung
dose, meter, proportion;
apportioning, proportioning;
metering;
(Beschickung) feeding
Dosierpumpe
dosing pump,
proportioning pump,
feed pump
Dosierspender
dispenser
Dosierung/Dosieren
(im Verhältnis/anteilig)
apportioning,
proportioning
Dosierventil
flow control valve;
metering valve,
proportioning valve
Dosierzone (Extruder)
metering zone
Dosis
dose, dosage
➢ **Einzeldosis** single dose
➢ **höchste Dosis ohne**
beobachtete Wirkung
no observed effect level (NOEL)
➢ **letale Dosis/Letaldosis/**
tödliche Dosis
lethal dose

> **maximal verträgliche Dosis**
> maximum tolerated dose (MTD)
> **mittlere effektive Dosis (ED_{50})/**
> **mittlere wirksame Dosis**
> median effective dose (ED_{50})
> **mittlere letale Dosis (LD_{50})**
> median lethal dose (LD_{50})
> **Überdosis**
> overdose

Dosisäquivalent *rad*
  dose equivalent
Dosiseffekt
  dosage effect
Dosiskompensation
  dosage compensation
Dosis-Wirkungskurve
  dose-response curve
dotieren dope
Dotieren doping
Dotierungsmittel
  dopant, dope,
  doping agent
Draht wire
Drahtbürste
  wire brush
Drahtnetz *chem/lab*
  wire gauze,
  wire gauze screen
Drahtummantelung
  wire sheathing
Dränung/Drainage drainage
Dreck/Schmutz
  dirt, filth
dreckig/schmutzig
  dirty, filthy
Drehband-Destillation
  spinning band distillation
Drehbandkolonne
  spinning band column
Drehbank/Drehmaschine
  lathe
Drehbankwickeln (Faden)
  lathe-type winding
drehbar pivoted
Drehbewegung (rotierend)
  spinning/rotating motion
Drehen (Drehbank)
  turning (lathe)
drehen/verdrehen contort

Dreherbindung *text*
  leno weave
> **Scheindreherbindung**
  mock leno weave
Drehgriff twist-grip
Drehkolbenzähler
  rotary-piston meter
Drehmischer
  roller wheel mixer
Drehmoment
  torque
Drehplatte
  (Mikrowelle) turntable
Drehpunkt/
  Drehzapfen/Drehbolzen
  pivot
Drehschieberpumpe
  rotary vane pump
Drehsinn/
  Rotationssinn
  rotational sense,
  sense of rotation
Drehtisch *micros*
  rotating stage
Drehung/Torsion torsion
Drehwalze
  (Roller-Apparatur)
  roller
Drehzahl
  (UpM=Umdrehungen pro Minute)
  number of revolutions
  (rpm=revolutions per minute)
Drehzahlregelung
  rotation speed adjustment
Dreieck triangle
> **Tondreieck/Drahtdreieck**
  clay triangle,
  pipe clay triangle
Dreifachbindung
  triple bond
Dreifinger-Klemme
  three-finger clamp
Dreihalskolben
  three-neck flask
Dreiweghahn/Dreiwegehahn
  three-way cock,
  T-cock
Dreiwegverbindung
  three-way connection

dreiwertig trivalent
Dreiwertigkeit
trivalency
Dreizack... three-prong ...
Driftröhre (TOF-MS)
drift tube
Drossel
throttle, choke;
restrictor
Drosselklappe
throttle valve, damper
drosseln/
herunterfahren/
dämpfen
throttle, choke,
slow down, dampen
Drosselquotient
pressure flow-drag flow ratio
Drosselventil
throttle valve
Druck (pl Drücke) pressure
➢ **Arbeitsdruck**
working pressure,
delivery pressure
➢ **Betriebsdruck**
operating pressure
➢ **Blutdruck** blood pressure
➢ **Dampfdruck**
vapor pressure
➢ **Eingangsdruck (HPLC)**
supply pressure
➢ **erniedrigter Druck**
reduced pressure
➢ **Gegendruck**
counterpressure
➢ **Hinterdruck** outlet pressure;
(Arbeitsdruck: Druckausgleich)
working pressure,
delivery pressure
➢ **Hochdruck**
high pressure
➢ **hydrostatischer Druck**
hydrostatic pressure
➢ **Luftdruck** air pressure
➢ **atmosphärischer Luftdruck**
atmospheric pressure
➢ **Niederdruck** low pressure
➢ **Normaldruck**
standard pressure

➢ **Öffnungsdruck (Ventil)**
breaking pressure
➢ **onkotischer Druck/**
kolloidosmotischer Druck
oncotic pressure
➢ **osmotischer Druck**
osmotic pressure
➢ **Partialdruck**
partial pressure
➢ **Sauerstoffpartialdruck**
oxygen partial pressure
➢ **Selektionsdruck**
selective pressure,
selection pressure
➢ **Turgor/**
hydrostatischer Druck
turgor,
hydrostatic pressure
➢ **Turgordruck**
turgor pressure
➢ **Überdruck**
positive pressure
➢ **Umgebungsdruck**
ambient pressure
➢ **Unterdruck**
negative pressure
➢ **Vordruck/Eingangsdruck**
(Hochdruck: Gasflasche)
initial pressure,
initial compression,
tank pressure,
high pressure
Druckabfall
pressure drop
Druckanstieg
pressure rise,
pressure increase
Druckausgleich
pressure equalization
➢ **Dekompression**
decompression
Druckbehälter
pressure vessel;
(aus Glas) glass pressure vessel
Druckbirne acid egg
druckdicht
pressure-tight
druckempfindlich
pressure-sensitive

Druckentlastungseinrichtung
pressure protection device
druckfest
pressure resistant
Druckfestigkeit
compressive strength
Druckfiltration
pressure filtration
Druckflasche cylinder
Druckgas
compressed gas,
pressurized gas
Druckgasflasche
gas cylinder
Druckleistenverschluss
zip seal, zip-lip
Druckluft
compressed air
Druckluftventil
pneumatic valve
Druckmesser/Manometer
pressure gauge,
pressure gage,
gauge, gage
Druckminderer (Gasflasche)
pressure regulator
Druckminderventil/
Druckminderungsventil/
Druckreduzierventil
pressure-relief valve
Druckpumpe/
Saugpumpe/
doppeltwirkende Pumpe
double-acting pump
Druckregelventil
pressure control valve
Druckregler
pressure regulator
Drucksackverfahren
(Pressen) *polym*
pressure bag process
Druckschlauch
pressure tubing
Druckschwankung
pressure fluctuation
Druckstetigförderer
pressure conveyor
druckstoßfest
shock pressure resistant

Druckstromtheorie/
Druckstromhypothese
pressure-flow theory/hypothesis
Druckströmung/
Druckfluss/
Druckrückströmung/
Rückfluss
pressure flow,
pressure back flow,
back flow
Drucktaste/Bedienknopf
push button
Druck-Umkehr-Adsorption
(Gastrennung)
pressure-swing adsorption (PSA)
Druckumwandler
pressure transducer
Druckverband med
pressure bandage,
compression dressing
Druckverlust
loss of pressure,
pressure drop
Druckverschluss
compression seal
Druckverschlussbeutel
zip storage bag,
zip-lip storage bag
Dübel
pin, dowel, wall plug
Dublieren doubling
Duft/Geruch
smell, odor, scent
➢ **angenehmer Duft/Geruch**
fragrance, scent,
pleasant smell
➢ **unangenehmer Duft/Geruch**
unpleasant smell
duftend (angenehm) fragrant
Duftstoffe
scents,
odiferous substances
Dunkelfeld *micros*
dark field
Dunkelkammer *micros/photo*
darkroom
Dunkelkammerlampe
(Rotlichtlampe)
safelight

Dünnschnitt
 thin section,
 microsection
➤ **Semidünnschnitt**
 semithin section
➤ **Ultradünnschnitt**
 ultrathin section
Dunstabzugshaube/Abzug
 fume hood, hood
Durchbiegetemperatur bei Belastung
 heat deflection temperature (HDT),
 heat distortion point, deflection
 temperature under load (DTUL)
Durchbiegetemperatur bei Belastung
 heat deflection temperature (HDUL)
Durchbiegung
 deflection,
 flexure, flexing
durchbrennen
 burn through/out
Durchdringung
 permeation
Durchdringungsnetzwerk/
 interpenetrierendes Netzwerk
 interpenetrating network (IPN)
durchfließen
 percolate, flow through
Durchfluss
 percolation,
 flowing through, flux
Durchflussrate
 (Durchflussgeschwindigkeit)
 flow rate;
 (Verdünnungsrate) dilution rate
Durchflussreaktor
 (Bioreaktor)
 flow reactor
Durchführung
 performance, realization,
 completion, implementation
Durchgang
 passage, passageway;
 walkthrough; *electr* throughput
Durchgangsprüfer *electr*
 continuity tester
Durchgangsquerschnitt *tech*
 cross-sectional area
Durchgangswiderstand
 resistivity

Durchgangswiderstand, spezifischer
 volume resistivity
Durchgehen
 (Reaktion/Reaktoren)
 runaway
Durchgeh-Reaktion
 runaway reaction
Durchhärtung
 full cure;
 (Grad) degree of cure/hardening
Durchlass
 passage, passageway,
 opening, outlet, port,
 conduit, duct
durchlässig/permeabel
 pervious, permeable
➤ **halbdurchlässig/**
 semipermeabel
 semipermeable
➤ **undurchlässig/**
 impermeabel
 impervious,
 impermeable
Durchlässigkeit
 perviousness
Durchlässigkeit/
 Permeabilität
 perviousness,
 permeability
➤ **Halbdurchlässigkeit/**
 Semipermeabilität
 semipermeability
➤ **Undurchlässigkeit/**
 Impermeabilität
 imperviousness,
 impermeability
Durchlaufgeschwindigkeit
 (Säule) *chromat*
 flow rate
 (mobile-phase velocity)
Durchlicht/
 Durchlichtbeleuchtung
 transillumination,
 transmitted light illumination
durchlüften (einen Raum)
 air (the room), ventilate;
 (belüften) aerate
Durchlüftung
 aeration

Durchmischung
mixing
Durchmustern/Durchtesten
screening
durchnässt/
durchweicht soggy
Durchsatz (Durchsatzmenge)
throughput; output
Durchsatzleistung/
Durchsatzrate
throughput rate;
output rate
durchscheinend
translucent,
pellucid
durchschlagen/bluten (TLC)
bleed (spotting)
Durchschlagfeldstärke
breakdown field strength
Durchschlagfestigkeit *polym*
puncture strength,
plunger strength;
(dielektrische Festigkeit)
dielectric strength
Durchschlagspannung
breakdown voltage
durchschmoren
scorch
durchschneiden
transect,
cut through
Durchschnitt (Mittelmaß)
average, mean;
transection
Durchschnittsertrag
average yield
Durchsickern/Durchsickerung *n*
percolation;
seepage
durchsickern *vb*
percolate;
seep through
durchstoßen
puncture;
penetrate
Durchstoßfestigkeit
puncture resistance
Durchsuchung
search

durchtränken (durchtränkt)
soak (soaked)
Duroplaste
(Duromere/Thermodure)
thermosets
Dusche shower
➢ **Augendusche**
eye-wash
(station/fountain)
➢ **Notdusche**
emergency shower,
safety shower
➢ **'Schnellflutdusche'**
quick drench shower,
deluge shower
Düse
jet, nozzle; orifice;
(formgebende Düse am Extruder)
die (matrix)
➢ **Breitschlitzdüse (Extruder)**
sheet die,
flat-sheet die
➢ **Extrudierdüse/**
Extruderdüse/
Pressdüse
extrusion die, extruder die
➢ **Fischschwanzdüse (Extruder)**
fishtail die
➢ **Granulierdüse (Extruder)**
pelletizing die
➢ **Kapillardüse (Extruder)**
capillary die,
capillary nozzle
➢ **Kleiderbügeldüse/**
Kleiderbügelspritzkopf
(Breitschlitz: Extruder)
coat-hanger die
➢ **Profildüse/**
Profilkopf/
Profilspritzkopf (Extruder)
profile die
➢ **Punktangussdüse**
pin gate nozzle
➢ **Ringschlitzdüse (Extruder)**
tubular die
➢ **Schlitzdüse (Extruder)**
slot die, slot die
➢ **Zerstäuberdüse**
spray nozzle

Düsenaustrittsöffnung (Extruder)
die orifice
Düsenblasverfahren (Fasern)
blast drawing
Düsenblock (Extrusion)
die block
Düsendorn (Extruder)
die mandrel
Düsenring (Extruder) die ring

Düsenspalt (Extruder)
die gap, die opening;
die lip slot
Düsenumlaufreaktor
(Strahl-Schlaufenreaktor)
jet loop reactor;
(Umlaufdüsen-Reaktor)
nozzle loop reactor,
circulating nozzle reactor

Ebene/ebene Fläche
  math/geom plane (flat/level surface)
➤ **Brennebene** focal plane
➤ **Sagittalebene**
  (parallel zur Mittellinie)
  median longitudinal plane
➤ **Schnittebene/Schnittfläche**
  cutting face, cutting plane
Echtzeit real time
Edelgas inert gas, rare gas
Edelmetall
  precious metal
Edelstahl
  high-grade steel,
  high-quality steel
eichen/kalibrieren
  calibrate, adjust;
  (Maße/Gewichte) standardize,
  gage, gauge
Eichgerät
  calibrating instrument,
  calibrator
Eichkurve calibration curve
Eichmarke calibrating mark
Eichmaß
  calibrating standard,
  standard (measure)
Eichung calibration, adjustment,
  adjusting, standardization
Eigengewicht
  own weight; dead weight,
  permanent weight;
  service weight, unladen weight
Eigeninduktivität/
  magnetischer Leitwert (Henry)
  magnetic inductance
Eigenklebrigkeit/
  Konfektionsklebrigkeit/
  Autohäsion *polym*
  tack, autohesion
Eignung/Fitness
  fitness, suitability
Eimer
  bucket (plastic), pail (metal)
einarbeiten train;
  (in ein Dokument etc.) work in
einäschern incinerate
einatmen *vb*
  breathe in, inhale

Einatmung/Einatmen/
  Inspiration/Inhalation
  inspiration, inhalation
einbalsamieren enbalm
einbasig monobasic
Einbau/Anschluss installation
Einbauten internal fittings,
  built-in elements,
  structural additions
Einbettautomat/Einbettungsautomat
  micros embedding machine,
  embedding center
einbetten *micros*
  embed; encapsulate
Einbettung *micros*
  embedding; encapsulation
Einbettungsmittel/Einschlussmittel
  mountant, mounting medium
Einbettungspräparat
  embedded specimen
Einbrennen *polym* stoving
Einbrennlack/Einbrennemaille
  baking varnish, baking enamel
eindämmen contain
Eindämmung containment
eindampfen (vollständig)
  reduce by evaporation
  (evaporate completely)
Eindampfschale
  evaporating dish
Eindickungsmittel/Verdickungsmittel
  thickening agent
Eindringtiefehärte
  penetration hardness,
  impression depth hardness
Eindringvermögen
  penetrating power
Eindunsten evaporation
einengen/konzentrieren
  reduce, concentrate
Einfachbindung single bond
einfachbrechend/isotrop
  isotropic
Einfachzucker/
  einfacher Zucker/Monosaccharid
  single sugar, monosaccharide
einfärben dye
Einfärben/Einfärbung
  dyeing; coloring

Einfetten/Einschmieren
lubrication,
oiling; grease
einfrieren freeze
➢ **schnellgefrieren**
quick-freeze
➢ **schockgefrieren**
shock-freeze
➢ **tiefgefrieren/tiefkühlen**
deep-freeze
Einfriertemperatur T_F
freezing-in temperature
einführen introduce; import
einfüllen fill, add
Einfülltrichter
addition funnel;
(Massetrichter/Granulattrichter:
am Extruder) hopper
Eingabe input
➢ **Ausgabe** output
Eingang entrance; *electr* input;
(Anschluss: Gerät) port
➢ **Ausgang**
exit; *electr* output
Eingangsdruck (HPLC)
supply pressure
eingeschweißt
welded on, welded to
Eingussstutzen
transfer cull
einhals ... single-necked ...
Einhaltung (Vorschrift)
observance, compliance
Einhängekühler/
Kühlfinger
suspended condenser,
cold finger
Einhängethermostat/
Tauchpumpen-Wasserbad
immersion circulator
Einheit (Maßeinheit)
unit (measure)
einheitlich uniform
Einheitszelle
(nicht: Elementarzelle)
unit cell
Einkapselung
encapsulation
Einkristall monocrystal

Einlagerung
inclusion, intercalation
Einlasssystem inlet system
einlesen (Daten) read in; scan
➢ **auslesen (Daten)** read out
einloggen log on
➢ **ausloggen** log off
Einmal.../Einweg.../Wegwerf...
single-use, disposable
Einmalhandschuhe
single-use gloves,
disposable gloves
einnehmen/
etwas zu sich nehmen
ingest
einordnen/einstufen/klassifizieren
rank, classify
Einreissfestigkeit
tear strength
einrichten (Experiment etc.)
install, set up
Einrichtung (Möbel etc.)/
Einrichtungsgegenstände
furnishings, pieces of equipment,
fixtures, fittings, fitments
Einsalzen/Einsalzung *chem*
salting in
Einsatz *tech* **(Gefäß etc.)**
insert, inset
einsaugen suck in, draw in;
(Rückschlag bei
Wasserstrahlpumpe etc.) suck-back
Einscheibensicherheitsglas (ESG)
tempered safety glass
Einschiebereaktion/
Einschiebungsreaktion/
Insertionsreaktion
insertion reaction
Einschlämmtechnik *chromat*
slurry-packing technique
Einschluss inclusion; *chem* occlusion
Einschlussgrad
(physikalische/biologische
Sicherheit)
containment level
Einschlussverbindung/
Inklusionsverbindung *chem*
inclusion compound;
host-guest complex

Einschlussverfahren *biotech*
immurement technique
Einschnitt
incision, cut;
indentation
Einschnürung constriction
Einschuss/Schuss
(querlaufende Fäden)
text woof
einschweißen weld
Einschweißgerät/Schweißgerät
sealing apparatus/machine,
welding apparatus
Einsetzen/Beginn (einer Reaktion)
onset, start (of a reaction)
einspannen clamp, fix, attach; mount
Einspannklemme
clamp connector
Einspritzblock
injection port, syringe port
einspritzen/injizieren inject
Einspritzer injector
Einspritzung/Injektion injection
Einspritzventil
injection valve, syringe port
einstecken/anschließen
electr/tech plug in
Einstellknopf
adjustment knob
Einstellschraube
adjustment screw;
tuning screw
Einstellungen (eines Geräts)
settings;
adjustment
Einstrom influx
Einströmen ingression
Einströmgeschwindigkeit/
Eintrittsgeschwindigkeit
(Sicherheitswerkbank)
inlet velocity (hood)
Einströmöffnung
inlet,
incurrent aperture
Einstufung/Kategorisierung
categorization
Eintauchkühler (mit Kühlsonde)
refrigerated chiller with
immersion probe

Einteilung
division; arrangement;
classification;
planning, scheduling;
tech graduation, scale
Eintopfreaktion *chem*
one-pot reaction
Eintrag entry; *ecol* input
eintragen
(z.B. Daten ins Laborbuch) enter;
(bei Anmeldung) sign in
➢ **austragen (bei Abmeldung)**
sign out
Eintrittsgeschwindigkeit/
Einströmgeschwindigkeit
(Sicherheitswerkbank)
face velocity (not same as 'air speed'
at face of hood)
Eintüten (Tüten/Säcke einfüllen)
bagging
Einwaage
initial weight, amount weighed,
weighed amount/quantity
einwägen weigh in
Einweg.../Einmal.../Wegwerf...
disposable
Einweghandschuhe
disposable gloves
Einwegspritze
disposable syringe
einweichen/einweichen lassen
soak, drench, steep
einwertig/
univalent/monovalent *chem*
univalent, monovalent
Einwertigkeit/Univalenz *chem*
univalence
einwiegen (nach Tara)
weigh in (after setting tare)
einwirken act, effect, contact,
attack, interact; expose to
einwirken lassen
(in einer Flüssigkeit)
soak
➢ **reagieren lassen**
let react
Einwirkung
action, effect, impact,
contact, exposure

**Einwirkungsdauer/
Einwirkungszeit/
Einwirkzeit**
exposure time,
duration of exposure,
contact time
Einzeldosis
single dose
Einzelfaser
monofilament
einzeln/solitär
single, solitary
**Einzugszone/
Beschickungszone/
Förderzone (Extruder)**
feed zone
Eis ice
➢ **Trockeneis (CO_2)**
dry ice
➢ **zerstoßenes Eis**
crushed ice
Eisbad ice bath, ice-bath
Eisbehälter ice bucket
Eisen (Fe) iron
Eisenkies pyrite
Eisessig
glacial acetic acid
Eisschnee (fürs Eisbad)
snow, crushed ice
Eiweiß
(Ei) egg white, egg albumen;
(Protein) protein
➢ **aus Eiweiß bestehend/Eiweiß.../
proteinartig/proteinhaltig/Protein...**
proteinaceous
➢ **denaturiertes Eiweiß**
denatured egg white
➢ **natives Eiweiß/Eiklar**
native egg white
eiweißlos
exalbuminous
Ekzem eczema
Elastan-Faser
spandex fiber
Elastizität elasticity
**Elastizitätsgrenze/
Dehngrenze**
elasticity limit,
yield strength

**Elastizitätsmodul/
Zugmodul/
Youngscher Modul**
modulus of elasticity,
elastic modulus,
tensile modulus,
Young's modulus
Elastomer
(DDR: Elaste)
(Gummi/Weichgummi: leicht
vernetzte Synthesekautschuke)
elastomer
➢ **thermoplastisches Elastomer/
Elastoplast**
thermoplastic elastomer (TPE)
(non-network)
Elektret electret
elektrische Kapazität (Farad)
electric capacitance
**elektrische Potentialdifferenz/
Spannung (Volt)**
electric potential
elektrischer Leitwert (Siemens)
electric conductance
elektrischer Widerstand (Ohm)
electric resistance
Elektrizität electricity
➢ **Ladung (Elektrizitätsmenge)**
charge,
electric charge
➢ **statische E.**
static electricity
Elektroabscheidung
electroprecipitation
Elektrode electrode
➢ **Bezugselektrode**
reference electrode
➢ **ionenselektive Elektrode**
ion-selective electrode (ISE)
➢ **Quecksilbertropfelektrode**
dropping mercury electrode
(DME)
➢ **Tropfelektrode**
dropping electrode
➢ **Wasserstoffelektrode**
hydrogen electrode
Elektrogerät
electrical appliance,
electrical device

Elektrolyse electrolysis
Elektrolysezelle/
  Elektrolysierzelle cell
Elektrolyt electrolyte
elektrolytische Dissoziation
  electrolytic separation
elektromotorische Kraft (EMK)
  electromotive force
  (emf/E.M.F.)
Elektron electron
➢ **Außenelektron**
  outer electron
➢ **Bindungselektron**
  binding electron
➢ **Einzelelektron**
  single electron
➢ **freies Elektron**
  free electron
➢ **gepaartes Elektron**
  paired electron
➢ **Rumpfelektron**
  inner-shell electron
➢ **ungepaartes Elektron/**
  einsames Elektron
  odd electron
➢ **Valenzelektron**
  valence electron,
  valency electron,
  bonding electron
Elektronenakzeptor
  electron acceptor
Elektronendonor/
  Elektronenspender
  electron donor
Elektroneneinfangdetektor
  electron capture detector
  (ECD)
Elektronen-Energieverlust-
  Spektroskopie
  electron energy loss spectroscopy
  (EELS)
Elektronenmikroskopie (EM)
  electron microscopy
➢ **Höchstspannungs-**
  elektronenmikroskopie (HSEM)
  high voltage electron microscopy
  (HVEM)
➢ **Immun-Elektronenmikroskopie IEM)**
  immunoelectron microscopy (IEM)

➢ **Rasterelektronenmikroskopie**
  (REM)
  scanning electron microscopy (SEM)
➢ **Transmissionselektronen-**
  mikroskopie (TEM)/
  Durchstrahlungs-
  elektronenmikroskopie
  transmission electron microscopy
  (TEM)
Elektronenpaar
  electron pair
➢ **freies Elektronenpaar/**
  einsames Elektronenpaar/
  nichtbindendes Elektronenpaar
  lone pair
Elektronenraffer/
  Elektronenempfänger
  electron acceptor
Elektronenrückstreuung
  electron backscatter diffraction
  (EBSD)
Elektronenspender/Elektronendonor
  electron donor
Elektronen-
  Spinresonanzspektroskopie (ESR)/
  elektronenparamagnetische
  Resonanz (EPR)
  electron spin resonance spectroscopy
  (ESR),
  electron paramagnetic resonance
  (EPR)
Elektronenstoß-Ionisation
  electron-impact ionization (EI)
Elektronenstoß-Spektrometrie
  electron-impact spectrometry (EIS)
Elektronenstrahl-Mikrosondenanalyse
  (EMA)
  electron microprobe analysis
  (EMPA)
Elektronenüberträger
  electron carrier
Elektronenübertragung
  electron transfer
elektroneutral
  electroneutral (electrically silent)
elektronisch electronic
Elektroosmose/Elektroendosmose
  electro-endosmosis,
  electro-osmotic flow (EOF)

elektrophiler Angriff
electrophilic attack
Elektrophorese electrophoresis
➢ **Direkttransfer-Elektrophorese/
Blotting-Elektrophorese**
direct transfer electrophoresis,
direct blotting electrophoresis
➢ **Diskelektrophorese/
diskontinuierliche Elektrophorese**
disk electrophoresis
➢ **freie Elektrophorese**
free electrophoresis
(carrier-free electrophoresis)
➢ **Gegenstromelektrophorese/
Überwanderungselektrophorese**
countercurrent electrophoresis
➢ **Gelelektrophorese**
gel electrophoresis
➢ **Gelgießstand/Gelgießvorrichtung**
gel caster
➢ **Gelträger/Geltablett** gel tray
➢ **Isotachophorese/
Gleichgeschwindigkeits-
Elektrophorese**
isotachophoresis (ITP)
➢ **Kapillarelektrophorese**
capillary electrophoresis (CE)
➢ **Kapillar-Zonenelektrophorese**
capillary zone electrophoresis (CZE)
➢ **Papierelektrophorese**
paper electrophoresis
➢ **Puls-Feld-Gelelektrophorese**
pulsed field gel electrophoresis (PFGE)
➢ **Tasche/Vertiefung
(Elektrophorese-Gel)**
well, depression (at top of gel)
➢ **Trägerelektrophorese/
Elektropherografie**
carrier electrophoresis
➢ **Überwanderungselektrophorese/
Gegenstromelektrophorese**
countercurrent electrophoresis
➢ **Wechselfeld-Gelelektrophorese**
alternating field gel electrophoresis
➢ **Zonenelektrophorese**
zone electrophoresis
elektrophoretisch electrophoretic
elektrophoretische Mobilität
electrophoretic mobility

elektroplatieren electroplating
Elektroporation electroporation
Elektrospray electrospray
Element element
➢ **elektrochemisches Element/
Zelle** cell
➢ **Halbelement (galvanisches)/
Halbzelle**
half cell, half element
(single-electrode system)
➢ **Periodensystem (der Elemente)**
periodic table (of the elements)
➢ **Spurenelement/
Mikroelement**
trace element,
microelement,
micronutrient
➢ **Thermoelement**
thermocouple
Elementarfaden filament
➢ **schmelzgesponnener
Elementarfaden**
melt-spun filament
Elementarzelle
elementary cell, lattice unit;
(unit cell)
**ELISA (enzymgekoppelter
Immunadsorptionstest/
enzymgekoppelter Immunnachweis)**
ELISA
(enzyme-linked
immunosorbent assay)
Ellagsäure ellagic acid, gallogen
eloxieren
anodize, anodically oxidize,
oxidize by anodization
(electrolytic oxidation)
Eloxierung
anodization,
anodic oxidation
Eluat eluate
eluieren eluate
**eluotrope Reihe
(Lösungsmittelreihe)**
eluotropic series
Elutionskraft
eluting strength (eluent strength)
Elutionsmittel/Eluens (Laufmittel)
eluent, eluant

Elutriation/Aufstromklassierung
elutriation
Emaille/Email porcelain enamel;
(Emaillefarbe) enamel
embryotoxisch embryotoxic
Emission/Ausstoss/Ausstrahlung
emission (emanation)
Emissionsgasthermoanalyse
evolved gas analysis (EGA)
Emissionskoeffizient
emissivity coefficient
(absorptivity coefficient)
emittieren/aussenden emit
Empfänger *phys/tech*
receiver; (Rezeptor) receptor;
(Adressat/Konsignatar) consignee
empfänglich receptive
Empfangsgerät receiver
Empfindlichkeit
photo/micros sensitivity;
(Anfälligkeit) susceptibility
empirisch empiric(al)
empirische Formel
empirical formula
Emulgator
emulsifier,
emulsifying agent
emulgieren emulsify
Emulsion emulsion
Enantiomer enantiomere
Endbild *micros* final image
Ende/Terminus (Molekülende)
terminus
endergon/energieverbrauchend
endergonic
Endgruppe end group
Endgruppenbestimmung
end group analysis,
terminal residue analysis;
determination of endgroups
Endlosfaden *polym/text*
(continuous) filament
Endlosfaser continuous fiber
endotherm endothermic
Endpunktsbestimmung
end-point determination
endständig
terminal, terminate
Energetik energetics

Energie energy
Energiebarriere
energy barrier
Energiebedarf
energy requirement
Energiebilanz
energy balance,
energy budget
Energiedosis (Gy)
absorbed dose
Energiedosisleistung (Gy/s)
absorbed dose rate
Energieerhaltungssatz
law of conservation of energy
Energiefluss
energy flux,
energy flow
Energieladung
energy charge
Energieminimierung
energy minimization
Energieprofil
energy profile
Energiequelle
energy source
energiereich energy-rich
energiereiche Bindung
high energy bond
energiereiche Verbindung
high energy compound
Energiesparlampe
energy-saving lightbulb
Energieübergang/
Energieübertragung/
Energietransfer
energy transfer
Energieverlust-Spektroskopie
electron energy loss spectroscopy
(EELS)
Energiezuführung
energy supply
Enghals ...
narrow-mouthed, narrowmouthed,
narrow-neck, narrownecked
Engpass/Flaschenhals
bottleneck
entarten/degenerieren
degenerate
entartet/degeneriert (IR) degenerate

Entartung
degeneration, degeneracy

Entartungsgrad (IR)
degree of degeneracy

entbutzen/
entgraten/abgraten
deflash

Entdifferenzierung/
Dedifferenzierung
dedifferentiation

Entfärbung
decoloration, bleaching; (Farbverlust)
discoloration

entfetten degrease

Entfeuchter
demister;
(Gerät) dehumidifier

entflammbar (dampfförmige Stoffe)
inflammable

➤ **flammbeständig/flammwidrig**
flame-resistant

➤ **nicht entflammbar/**
nicht brennbar
noninflammable,
incombustible

➤ **schwer entflammbar**
flameproof,
flame-retardant

Entflammbarkeit/
Brennbarkeit/
Entzündbarkeit
flammability

Entflammung
(Entzündung dampfförmiger
entzündlicher Stoffe)
inflammation (act of inflaming)

entflechten/entwirren *polym*
disentangle

entformen (aus der Form lösen)
demold, eject

Entformen/Entformung
(aus der Form lösen)
demolding, ejection

entgasen
degas, degasify, outgas,
devolatilize

Entgasen/Entgasung (Extruder)
degassing, gasing-out,
devolatilization

Entgasungszone (Extruder)
vent zone

entgiften detoxify

Entgiftung detoxification

Entgiftungszentrale/
Entgiftungsklinik
poison control center,
poison control clinic

entgraten/abgraten
(metal) debur;
polym deflash, flash, flash-trim;
(durch Handschleifen) snagging

Entgraten/Abgraten
(metal) deburring;
polym deflashing

Entgratmaschine/
Abgratmaschine
deflasher,
deflashing machine

Entgummieren/
Degummieren
degumming

Enthalpie enthalpy

➤ **Lösungsenthalpie/**
Lösungswärme
heat of solution,
heat of dissolution

➤ **Mischungsenthalpie**
enthalpy of mixing

➤ **Reaktionsenthalpie**
enthalpy of reaction,
reaction enthalpy

enthärten soften

Enthemmung/Disinhibition
disinhibition

entionisieren deionize

Entionisierung deionizing

entkalken decalcify;
(ein Gerät ~) descale

Entkalkung/
Dekalzifizierung
decalcification

entkernen
core (remove pit/core)

entkoppeln
decouple, uncouple, release

Entkoppler uncoupler,
uncoupling agent,
decoupler, releasing agent

Entkopplung
uncoupling, decoupling, release
entladen *electr* discharge
Entladung discharge
entleeren
(ausleeren/auskippen) empty out;
(luftleer pumpen/herauspumpen)
evacuate, drain, discharge
Entleeren/Entleerung
(eines Gefäßes; allgemein)
empty(ing) out, pour out;
(Flüssigkeit) drain, drainage;
(Gas/Luft) deflation
entlüften vent; degas
Entlüftung
ventilation, venting;
degassing; air extraction
Entlüftungsventil
purge valve,
pressure-compensation valve,
venting valve
entmischen
segregate, separate out,
reseparate
Entmischung
segregation, separation,
reseparation
Entnahme
removal, withdrawal;
taking out;
(einer Probe) sampling
Entparaffinierungsmittel *micros*
decerating agent
(for removing paraffin)
entproteinisiert (Kautschuk)
deproteinized
Entropie entropy
➢ **Kombinationsentropie**
(Konfigurationsentropie)
combinatorial entropy
➢ **Restentropie**
residual entropy
entsalzen desalt; desalinate
Entsalzen/Entsalzung
desalting; desalination
Entschäumer/Antischaummittel
antifoam, antifoaming agent,
defoamer, defoaming agent,
defrother

Entschirmung (NMR) deshielding
entschwefeln
desulfurize, desulfur
Entschwefelung
desulfurization, desulfuration
Entseuchung/
Dekontamination/
Dekontaminierung/Reinigung
decontamination
entsorgen dispose of, remove
Entsorgung
waste disposal, waste removal
➢ **unsachgemäße E.**
improper disposal
Entsorgungsfirma/
Entsorgungsunternehmen
disposal firm
entspannen/relaxieren
(Konformation)
chem relax
Entspannung relaxation
Entspannungs-Destillation/
Flash-Destillation
flash distillation
Entspannungsmittel/
oberflächenaktive Substanz
surfactant
Entspannungsverdampfung
flash evaporation
Entspannungszone (Extruder)
decompression zone
Entstippen deflaking
Entwarnung all-clear
entwässern
(Entfernen von Wasser) dewater;
(dehydratisieren) dehydrate;
(drainieren) drain
Entwässerung
(Entwässern/Entfernung von Wasser)
dewatering;
(Dehydratation) dehydration;
(Drainage) drainage, draining
entweichen ('passiv') escape;
(entweichen lassen) release
entwickeln/entstehen
develop, emerge, unfold
Entwickler *photo* developer
entwinden (Fasern)
deconvolute

entzündbar ignitable
entzünden/
  entflammen/anbrennen *chem*
  inflame, ignite
entzündlich
  (entflammbar/brennbar)
  chem flammable;
  med inflammed, inflammatory
➢ **hoch entzündlich**
  extremely flammable
➢ **leicht entzündlich/**
  leicht brennbar
  highly flammable
➢ **nicht entzündlich/**
  nicht brennbar
  nonflammable,
  incombustible
➢ **schwer entzündlich**
  hardly flammable,
  flame-resistant
➢ **selbstentzündlich**
  spontaneously flammable,
  self-igniting
Entzündung *chem/med*
  inflammation
➢ **Selbstentzündung**
  spontaneous inflammation
Enzym/Ferment enzyme
Enzymaktivität (katal)
  enzyme activity (katal)
Enzymhemmung
  enzymatic inhibition,
  repression of enzyme,
  inhibition of enzyme
Enzymreaktion
  enzymatic reaction
Enzymspezifität
  enzymatic specificity,
  enzyme specificity
epidermal/
  Haut../die Haut betreffend
  epidermal, cutaneous
Epimerisierung
  epimerization
EPV-Regel
  (Eigenschaft = Polymer +
  Verarbeitung)
  3P-rule
  (property = polymer + processing)

Erbrechen vomiting
➢ **provoziertes Erbrechen**
  induced vomiting
Erdbeschleunigung
  acceleration of gravity
Erde
  electr (Erdung) ground, grounding;
  geol (Erdboden/Erdreich) soil,
  ground, earth
Erdfehler/Erdschluss *electr*
  ground fault
Erdgas
  natural gas
Erdöl
  petroleum, crude oil
Erdreich/Erdboden/Erde
  soil, ground, earth
Erdschlussstrom/
  Fehlerstrom
  ground fault current
  (leakage current)
Erdung *electr* grounding
erfassen
  (aufnehmen) acquire, record;
  (bewerten) assess
Erfassung
  (Aufnahme von Ergebnissen etc.)
  acquiring, acquisation, recording;
  (Bewertung) assessment
Ergänzungszwillinge (Kristalle)
  juxtaposition twins
Erhaltungsenergie
  maintenance energy
Erhaltungskoeffizient
  maintenance coefficient (m)
erheben *math/stat* survey
Erhebung *math/stat*
  survey
erhitzen heat
erholen recover
Erholung recovery
erkalten (lassen) (let) cool
Erkrankung
  illness, sickness,
  disease, disorder (Störung)
Erlaubnis
  permission
Erlenmeyer Kolben
  Erlenmeyer flask

ermitteln
(bestimmen/herausfinden) determine,
investigate, check; (finden) trace,
locate,
find out, discover

Ermittlungsergebnisse
test results
(of an investigation)

ermüden
fatigue; tiring,
become tired

Ermüdung
fatigue, tiring

➢ **Biegeermüdung**
flex fatigue

➢ **Materialermüdung/**
Werkstoffermüdung
material fatigue

Ermüdungsbruch
fatigue failure

erregbar
excitable, irritable,
sensitive

Erregbarkeit
excitability, irritability,
sensitivity

erregen excite, irritate

erregend/exzitatorisch
excitatory; irritating

Erregerfilter
(Fluoreszenzmikroskopie)
exciter filter

erregter Zustand/
angeregter Zustand
chem/med/physio excited state

erreichen/sich annähern/
näherkommen/annähern
(z.B. einen Wert) *math/stat*
approach (*vb*) (e.g., a value)

Ersatz
substitute,
replacement

Ersatzbirnchen *electr*
replacement bulb,
replacement lamp

Ersatzname
substitute name

Ersatzstoff
substitute substance

Ersatzteile
spare parts,
replacement parts

Erscheinungsbild/
Erscheinungsform
appearance

ersetzen replace

Erspinnen
text/polym spinning

Erspinnlösung
spinning solution

Erstarren setting;
(durch Kühlung) freezing

erstarren
set; (durch Kühlung) freeze

Erste Hilfe/
Erstbehandlung
first aid

Erste-Hilfe Ausrüstung
first-aid supplies

Erste-Hilfe-Kasten
(Erste-Hilfe-Koffer) first-aid kit;
(Medizinschrank/
Medizinschränkchen)
first-aid cabinet,
medicine cabinet

Ersthelfer first-aider

ersticken
suffocate

Ersticken
suffocation

erstickend
(chem. Gefahrenbezeichnung)
asphyxiant

Ertrag/Ausbeute
yield

Ertragsklasse/
Ertragsniveau/
Bonität
yield level,
quality class

Ertragskoeffizient/
Ausbeutekoeffizient/
ökonomischer Koeffizient
yield coefficient (Y)

Ertragsminderung
yield reduction

Ertragssteigerung
yield increase

erwärmen
heat, warm (warm up)
➤ **erhitzen**
heat (heat up)
Erwärmung
heating, warming
Erweichen
(Kontaktwärme) *polym*
plastifying
Erweichungstemperatur T_E
softening temperature;
distortion temperature
erwerben acquire
Erz ore
erzeugen/produzieren
produce, make
Erzeuger/Produzent
producer;
(Müll etc.) generator
ESR (Elektronenspinresonanz)
ESR (electron spin resonance)
essentiell essential
essentielle Aminosäure
essential amino acids
Essenz
chem/pharm essence
Essig vinegar
Essigsäure/Ethansäure (Acetat)
acetic acid,
ethanoic acid (acetate)
➤ **'aktivierte Essigsäure'/**
Acetyl-CoA
acetyl CoA,
acetyl coenzyme A
Essigsäureanhydrid
acetic anhydride,
ethanoic anhydride,
acetic acid anhydride
Ether/Äther ether
➤ **ausethern**
extract with ether,
shake out with ether
➤ **Petrolether/Petroläther**
petroleum ether
Etherfalle ether trap
Etikett label, tag
➤ **Namensetikett**
name tag
etikettieren/markieren tag

Etikettierung
labelling, tagging
eutektischer Punkt
eutectic point
Eutervorlage/
Verteilervorlage/'Spinne' *dest*
cow receiver adapter, 'pig',
multi-limb vacuum receiver adapter
(receiving adapter for three/four
receiving flasks)
Evakuierungsplan
evacuation plan
Evaporator
evaporator,
concentrator
➤ **Vakuum- Evaporator**
vacuum concentrator,
speedy vac
Evaporimeter/
Verdunstungsmesser
evaporimeter,
evaporation gauge,
evaporation meter
Excision/Exzision/
Herausschneiden
excision
Exclusion/Exklusion/
Ausschluss
exclusion
Exemplar/Muster/Probe
specimen, sample
exergon/
energiefreisetzend
exergonic
Exklusion/Ausschluss
exclusion
exogen
exogenic, exogenous
exotherm exothermic
Expansionsstück (Laborglas)
expansion adapter
experimentieren
experiment
Expertenwissen
expertise
Expiration/Ausatmen
expiration
explodieren
explode

Explosion explosion
➤ **Gasexplosion**
gas explosion
➤ **Staubexplosion**
dust explosion
➤ **Verpuffung**
deflagration
Explosionsgefahr
explosion hazard
explosionsgefährlich
(Gefahrenbezeichnungen)
explosive (E)
explosionsgeschützt/
explosionssicher
explosionproof
Explosionsgrenze
(untere=UEG/obere=OEG)
explosion limit
explosiv explosive
Explosivstoff
(*siehe:* **Sprengstoff**)
explosive
➤ **brisanter Sprengstoff**
high explosive
➤ **Schießstoff/Schießmittel**
low explosive
➤ **Sprengstoff** explosive
Exposition/Ausgesetztsein
med/chem exposure
exprimieren express
Exsikkator desiccator
Exsudat/
Absonderung/
Abscheidung
('Ausschwitzung')
exudate, exudation,
secretion
Extinktionskoeffizient
extinction coefficient,
absorptivity
extrahieren/herauslösen
extract
Extrakt extract
Extraktion extraction
Extraktionshülse
extraction thimble
extrapolieren (hochrechnen)
extrapolate
Extrudat extrudate

Extruder/
Strangpresse extruder
➤ **Austrittserweiterung**
an Extruderdüse
die relief,
orifice relief
➤ **Düsenaustrittsöffnung**
die orifice
➤ **Einschnecken-Extruder**
single-screw extruder
➤ **Einzugszone/**
Beschickungszone/
Förderzone
feed zone
➤ **Kolbenextruder/**
Kolbenstrangpresse/
hydraulische Strangpresse/
Ramextruder
ram extruder,
hydraulic extruder, stuffer
➤ **Nutenextruder**
grooved barrel extruder
➤ **Rohrextruder** pipe extruder
➤ **Verdichtungszone**
compression zone
➤ **Walzenextruder**
(Planetwalzenextruder)
planetary screw extruder,
planetary gear extruder
➤ **Zumesszone/**
Ausbringungszone/
Ausstoßzone/
Meteringzone
metering zone
➤ **Zweischnecken-Extruder/**
Doppelschnecken-Extruder/
Bitruder
twin-screw extruder,
twin-worm extruder
➤ **Zweistufenextruder**
two-stage extruder
Extrudierdüse/
Extruderdüse/
Pressdüse *polym*
extrusion die,
extruder die
extrudieren
(strangpressen)
polym extrude

**Extrusion/
Extrudieren/Strangpressen**
polym extrusion
- **Breitschlitzextrusion**
slit die extrusion
- **Festphasenextrusion**
solid-state extrusion
- **Mehrschichtextrusion/
Vielschichtextrusion/
Koextrusion/Coextrusion**
coextrusion
- **Reaktions-Extrusion**
reactive extrusion (REX)
- **Rohrextrusion** pipe extrusion
- **Schmelzgießen
(Chill-Roll-Extrusion/
Flachfolienextrusion)**
cast film extrusion
- **Spinnextrusion** spinning extrusion

Extrusionsanlage
extrusion line,
train
- **Blasfolienanlage**
blown film line
- **Rohrextrusionsanlage**
pipe extrusion line,
pipe train
- **Tafel-Extrusionsanlage**
sheet extrusion line,
sheet train
Extrusionsblasen *polym*
extrusion blow molding
Extrusionswerkzeug
extrusion die
Extrusionszylinder
extruder barrel
Exzenter
flywheel

Fabrikation
fabrication, manufacture,
manufacturing, processing
Fabrikationshilfsmittel *polym*
processing aids
Fachbezeichnungen/
Terminologie terminology
Fächelschweißen
fan welding
Fächerung/
Kompartimentierung/
Unterteilung
compartmenta(liza)tion,
sectionalization, division
Faden filament, thread
➢ **Elementarfaden**
filament
➢ **Glasspinnfaden**
glass strand
➢ **Kettfaden**
warp, warp thread
➢ **Nylonfadentrick**
nylon rope trick
➢ **Schussfaden**
filling thread
➢ **Seidenfaden**
silk suture
➢ **Spinnfaden** strand
Fadenkreuz
crosshairs
Fadenkristall/
Haarkristall/
fadenförmiger Einkristall/
Whisker whisker
Fadenwickelverfahren *polym*
filament winding
Faktis (*pl* **Faktisse)/**
Ölkautschuk
factice, factis,
vulcanized oil (rubber substitute)
fakultativ
facultative, optional
Fall *med* case
Falle trap
fallen fall
Fällen/
Ausfällen/Ausfällung/
Präzipitation *chem*
precipitation

fällen/
ausfällen/präzipitieren *chem*
precipitate
Fällfraktionierung
precipitating fractionation
Fallmischer
tumbler, tumbling mixer
Fallstrombank
vertical flow workstation/hood/unit
Fällung/
Ausfällung/Präzipitation
precipitation;
(Präzipitat) precipitate
➢ **fraktionierte Fällung**
fractional precipitation
Fällungsmittel
precipitant,
precipitating agent
Fällungstitration
precipitation titration
Fallzahl *stat* sample size
falschpositiv (falschnegativ)
false-positive (false-negative)
Fälschung/'Erfindung'
fabrication,
faking, falsification
➢ **gefälschte Daten**
fabricated data
Falte
fold, plication, wrinkle
Faltenfilter
folded filter
Faltenmizelle/
Faltungsmizelle
folded micelle
faltig
folded, pleated, plicate(d)
Faltkern
collapsible core
Faradaykäfig Faraday cage
Farbanpassung
color-matching
Färbbarkeit *micros* stainability
Färbegestell
staining tray
Färbeglas/
Färbetrog/Färbewanne *micros*
staining dish,
staining jar, staining tray

Färbekasten staining dish
Färbemethode/
  Färbetechnik
  staining method/technique
färben/einfärben
  dye, add color, add pigment;
  (kontrastieren) *tech/micros* stain
Färben/Färbung/
  Einfärbung/
  Kontrastierung
  dye, color;
  tech/micros stain, staining
Farbkraft
  tinctorial strength
Farbmarker *electrophor*
  tracking dye
farbstabil colorfast
Farbstabilität
  colorfastness
Farbstoff/Pigment
  dye, dyestuff;
  colorant, pigment;
  micros stain;
  (in Nahrungsmitteln) colors,
  coloring
➢ **künstliche Farbstoffe**
  artificial colors,
  artificial coloring
➢ **natürliche Farbstoffe**
  natural colors,
  natural coloring
Farbton/Tönung/
  Schattierung/Nuance
  shade, tint, hue
Farbumschlag/
  Farbänderung
  color change
Färbung
  (Farbton/Pigmentation)
  color, shade, tint, tone,
  pigmentation, coloration;
  micros (durch Farbstoffzugabe)
  staining
farbvertiefend/bathochrom
  bathochromic
Fase/Anfasung/
  Abschrägung/Abschärfung/
  Schrägkante
  chamfer

Faser(n) fiber(s)
➢ **Akon** calotropis
➢ **Aramid**
  aramid (aromatic polyamide)
➢ **Asbest** asbestos
➢ **Bagasse**
  bagasse (from sugar cane)
➢ **Ballaststoffe (dietätisch)**
  dietary fiber
➢ **Bastfaser**
  stem fiber, bast fiber
➢ **Baumwollfaser**
  (***Gossypium* spp./Malvaceae**)
  cotton fiber
➢ **Blattfasern**
  leaf fibers
➢ **Bombaxwolle/**
  Indischer Kapok
  (***Bombax ceiba*/Malvaceae**)
  Indian kapok
➢ **Brennnessel**
  (***Urtica dioica*/Urticaceae**)
  stinging nettle
➢ **Carbonfaser/Kohlenstofffaser**
  carbon fiber (CF)
➢ **Casein** casein
➢ **Chemiefaser**
  man-made fiber,
  manufactured fiber
➢ **Elastan-Faser** spandex fiber
➢ **Esparto**
  (***Stipa tenacissima*/Poaceae**)
  halfa, esparta
➢ **Feinheit** fineness
➢ **Fique**
  (***Furcraea* ssp./Asparagaceae**)
  fique
➢ **Flachs**
  (***Linum usitatissimum* ssp.**
  ***usitatissimum*/Linaceae**)
  flax
➢ **Ginster**
  (***Genista* spp./Fabaceae**)
  broom
➢ **Glasfaser/Faserglas**
  glass fiber (GF),
  fiberglass
➢ **Graphitfaser**
  graphite fiber

➢ **Halbleinen**
half-linen (HF)

➢ **Hanf**
(*Cannabis sativa*/Cannabaceae)
hemp

➢ **Hartfaser** hard fiber

➢ **Henequen**
(Silberagave:
Agave fourcroydes/
Asparagaceae)
henequen

➢ **Hochleistungsfaser**
high-performance fiber

➢ **Hochmodulfaser/**
Hochnassmodulfaser (HWM-Faser)
high modulus fiber

➢ **Hohlfaser** hollow fiber

➢ **Hybridfaser**
hybrid fiber

➢ **Industriefaser/**
technische Faser
industrial fiber,
technical fiber

➢ **Jute**
(*Corchorus capsularis*/Tiliaceae)
jute

➢ **Kapok**
(*Ceiba pentandra*/Malvaceae)
kapok, silk cotton

➢ **Indischer Kapok/**
Bombaxwolle
(*Bombax ceiba*/Malvaceae)
Indian kapok

➢ **Kenaf**
(Combofaser/Gambofaser)
(*Hibiscus cannabinus*/Malvaceae)
kenaf (hibiscus)

➢ **Keramikfaser**
ceramic fiber

➢ **Kohlenstofffaser/Carbonfaser**
carbon fiber (CF)

➢ **Kokosfaser**
coir (coconut fiber)

➢ **Kunstfaser**
synthetic fiber

➢ **Kurzfaser**
short fiber (chopped fiber)

➢ **Kurzglasfaser**
short glass fiber (chopped strands)

➢ **Leinen**
(*Linum usitatissimum* ssp.
usitatissimum/Linaceae)
linen (LI)

➢ **Letona**
(*Agave letonae*/Asparagaceae)
Salvador henequen

➢ **Linters** linters

➢ **Maguey**
(*Agave americana*/Asparagaceae)
maguey, century plant

➢ **Manila Maguey**
(*Agave cantala*/Asparagaceae)
Manila maguey,
cantala

➢ **Manilahanf/Abaka**
(*Musa textilis*/Musaceae)
manila hemp

➢ **Maulbeerspinner (Ms)**
silkworm (SE)

➢ **Mauritiushanf**
(*Furcraea foetida*/
Asparagaceae)
Mauritius hemp

➢ **Metallfasern**
metal fibers

➢ **Mikrofaser** microfiber

➢ **Mineralfasern**
mineral fibers

➢ **optische Polymerfaser**
polymer optical fiber (POF)

➢ **Pflanzenfaser**
plant fiber (UK),
vegetable fiber (US)

➢ **Polyolefinfaser**
polyolefin fiber

➢ **Proteinfasern**
protein fibers

➢ **Ramie/Chinagras**
(*Boehmeria* spp./Urticaceae)
ramie,
China grass

➢ **Regeneratfaser**
semisynthetic fiber

➢ **Rohfaser**
crude fiber

➢ **Schlackenwolle**
cinder wool

➢ **Seide** silk

➢ **Sisal**
(*Agava sisalana*/Asparagaceae)
sisal
➢ **Sklerenchym** sclerenchyma
➢ **Spleißfaser**
fibrillated fiber
➢ **Stapelfaser**
(**kurzgeschnittene Chemiefasern**)
staple fiber
➢ **Sunn**
(*Crotalaria juncea*/Fabaceae)
sunn, san hemp
➢ **Synthesefaser**
synthetic fiber
➢ **Textilfaser**
textile fiber
➢ **Titer** titer
➢ **Urena**
(*Urena labata*/Malvaceae)
aramina
➢ **Verbundfaser**
bonded fiber
➢ **Viskosefaser (CV)**
viscose fiber
➢ **Vulkanfiber**
vulcanized fiber
➢ **Weichfaser**
soft fiber
➢ **Zeinfaser** zein fiber
➢ **Zellstofffaser**
pulp fiber
➢ **Zuckerrohrfaser**
(*Saccharum officinarum*/
Poaceae)
cane fiber
Faser-Kunststoff-Verbund (FKV)/
Faser-Verbund-Kunststoff
fiber-plastic composite
Faserabrieb/Faserstaub
fiber dust
faserartig fiber-like
Faserausrichtung
fiber orientation
Faserbahn fiber sheet,
(endlos) fiber sheeting;
fibrous web
Faserbänder
(**aus Stapelfasern**)
sliver, top

Faserbündel
fiber strand,
fiber bunch
Faserbündelung
fiber bunching
Faserextrusion
fiber extrusion
faserförmig/gefasert
fibrous
Fasergewebe/Faserstoff
woven fabric
faserig/fasrig
fibrous, stringy
Faseroptik/
Glasfaseroptik/
Fiberglasoptik
fiber optics
Faserquarz
fibrous quartz
Faserschnittmatte
chopped-fiber mat,
chopped strand mat
Faserseele/Faserkern
fiber core
Faserspachtel
fiber paste
Faserspinnen
fiber spinning
Faserspritzen
(Auftrageverfahren: Sprühverfahren)
polym
spray-up molding,
fiber-spray gun molding
Faserspritzverfahren
fiber-spray gun molding,
spray-up molding,
spray-up technique
Faserstoff/
Fasergewebe
woven fabric
Faserstoff mit bilateraler Struktur
bilaminar filaments
Faserstoffplatte
fiberboard
Faserstrang
fiber strand
Faserstruktur
fiber structure,
fibrous structure

Faserverbundstoff/
  Textilverbundstoff
  bonded fabric
Faserverbundwerkstoff
  fibrous composite material
faserverstärkt
  fiber-reinforced
faserverstärkter Kunststoff (FK)
  fiber-reinforced plastic (RP/FRP)
➤ **asbestfaserverstärkter Kunststoff**
  (AFK)
  asbestos fiber-reinforced plastic
  (AFRP)
➤ **borfaserverstärkter Kunststoff**
  (BFK)
  boron fiber-reinforced plastic
  (BFRP)
➤ **glasfaserverstärkter Kunststoff**
  (GFK)
  glass fiber-reinforced plastic
  (GRP/GFRP)
➤ **kohlenstofffaserverstärkter**
  Kunststoff (CFK)
  carbon fiber-reinforced plastic
  (CFRP)
➤ **metallfaserverstärkter Kunststoff**
  (MFK)
  metal fiber-reinforced plastic
  (MFRP)
➤ **synthesefaserverstärkter Kunststoff**
  (SFK)
  synthetic fiber-reinforced plastic
  (SFRP)
Faserverstärkung
  fiber reinforcement
Faserverteilung
  fiber distribution
Faservlies
  nonwoven,
  bonded fiber fabric
Faserziehen/Fadenziehen
  fiber drawing
Fass barrel, drum,
  vat, tub, keg, tun;
  (Holzfass) cask
Fassöffner barrel opener
Fasspumpe
  barrel pump,
  drum pump

Fassschlüssel
  (zum Öffnen von Fässern)
  drum wrench
Fassung/
  Steckbuchse *electr*
  socket, receptacle
➤ **Gewindefassung**
  screw-base socket
Fassungsvermögen capacity
Fassventil (Entlüftung)
  drum vent
Fayence faience
Fazies facies
FCKW (Fluorchlorkohlenwasserstoffe)
  CFCs (chlorofluorocarbons/
  chlorofluorinated hydrocarbons)
Federklammer
  (für Kolben: Schüttler/Mischer)
  (four-prong) flask clamp
Federkraft spring force
federnd/elastisch
  resilient, elastic,
  rebounding
fehlend
  lacking, missing, wanting
Fehler error, mistake; defect
➤ **statistischer Fehler**
  statistical error
➤ **systematischer Fehler/Bias**
  systematic error, bias
➤ **zufälliger Fehler/**
  Zufallsfehler
  random error
fehlerhaft
  erroneous, mistaken, flawed;
  (falsch) incorrect, wrong, false,
  faulty; (defekt) defective
Fehlermeldung/Falschmeldung
  false report
➤ **Fehleranzeige**
  malfunction report
Fehlerquelle
  source of error/mistake;
  source of trouble/defect
Fehlersuche
  troubleshooting
Fehlzünden/Fehlzündung
  misfire, backfire
Feile file

Feilspäne filings
Feinbau/Feinstruktur
fine structure
➤ **Ultrastruktur**
ultrastructure
Feinchemikalien
fine chemicals
Feinjustierschraube/
Feintrieb *micros*
fine adjustment knob
Feinjustierung/
Feineinstellung *micros*
fine adjustment,
fine focus adjustment
Feinstaub (alveolengängig)
fine dust, mist
Feinstruktur/Feinbau
fine structure
Feinwaage
precision balance
Feldblende *opt/micros*
field diaphragm
Felddesorption (FD)
field desorption (FD)
Feldfluss-Fraktionierung (FFF)
field-flow fractionation (FFF)
Feldionisation
field ionization
Feldlinse *micros* field lens
Feldpolung
electric field poling
Feldstärke
field strength
Fensterglas window glass
Fensterkitt glazier's putty
Fensterscheibe window pane
Fensterwischer/Fensterabzieher
squeegee (for windows)
Ferment/Enzym enzyme
Fermenter/Gärtank
(siehe auch: Reaktor)
fermenter, fermentor
fermentieren/gären ferment
Fernbedienung
remote control
Fernwärme
long-distance heat(ing)
Fertigplatte *chromat*
precoated plate

Ferulasäure
ferulic acid
fest firm, tight;
solid; solid-state
fest verschlossen
tightly closed,
sealed tight
fest werden
(steif werden/abbinden) set;
(fest werden lassen/erstarren) solidify
Festbettreaktor (Bioreaktor)
fixed bed reactor,
solid bed reactor
Festigkeit
firmness, stability;
(Zähigkeit) toughness
Festkörperreaktion
solid-state reaction
Festphase
solid phase,
bonded phase
Festphasenextrusion
solid-state extrusion
Festphasenpolymerisation
solid-state polymerization
feststeckend/festgebacken
(Schliff/Hahn)
jammed, seized-up,
stuck, 'frozen', caked
feststellen/fixieren
arrest, fixate
Feststoff
solid, solid matter
Festwinkelrotor *centrif*
fixed-angle rotor
fetotoxisch fetotoxic
Fett fat
➤ **Apiezonfett**
apiezon grease
➤ **Hahnfett**
tap grease
➤ **Schliff-Fett**
lubricant for ground joints
➤ **Schmierfett/Schmiere**
grease,
lubricating grease
➤ **Silicon-Schmierfett**
silicone grease

fettartig/fetthaltig/Fett...
fatty, adipose
Fettgießer (große 'Pipette')
baster
fettig fatty
Fettigkeit/
fettig-ölige Beschaffenheit
oiliness
fettlöslich fat-soluble
Fettsäure fatty acid
➢ **einfach ungesättigte Fettsäure**
monounsaturated fatty acid
➢ **gesättigte Fettsäure**
saturated fatty acid
➢ **mehrfach ungesättigte Fettsäure**
polyunsaturated fatty acid
➢ **ungesättigte Fettsäure**
unsaturated fatty acid
Fetttröpfchen/
Fett-Tröpfchen
fat droplet
feucht
humid, damp, moist
Feuchte
moistness, dampness
Feuchtigkeit
humidity, dampness, moisture
➢ **Luftfeuchtigkeit**
(absolute/relative)
air humidity
(absolute/realtive)
Feuchtigkeitsmesser/
Hygrometer hygrometer
Feuchtigkeitsschreiber/
Hygrograph hygrograph
feuchtigkeitsundurchlässig
moisture-proof
Feuer (*siehe auch:* Flamm...)
fire
Feuer löschen
put out a fire,
quench a fire
Feueralarm
fire alarm
Feueralarmanlage
fire-alarm system
Feueralarmübung/
Feuerwehrübung
fire drill

Feuerbekämpfung
fire fighting
feuerbeständig fire-resistant
feuerfest/feuersicher
fireproof, flameproof
Feuergefahr fire hazard
feuerhemmend/
flammenhemmend
fire-retardant,
flame-retardant
Feuerleiter (Nottreppe)
fire-escape
Feuerlöschdecke
fire blanket
Feuerlöscher/
Feuerlöschgerät
fire extinguisher
Feuerlöschmittel
fire-extinguishing agent
Feuerlöschschaum
fire foam
Feuermelder fire alarm
feuern fire, firing
feuerpoliert fire polished
Feuerschutz
fire protection, fire prevention;
fireproofing
➢ **Sprinkleranlage**
(Beregnungsanlage/
Berieselungsanlage)
fire sprinkler system
Feuerschutzmittel
(zur Imprägnierung)
fireproofing agent;
fire retardant
Feuerschutzvorhang
fireproofing curtain,
fire curtain
Feuerschutzvorschriften
fire code
Feuerschutzwand
fire wall, fire barrier
feuersicher/feuerfest
fireproof
Feuerwehr
fire brigade,
fire department
Feuerwehrmann
firefighter, fireman

Feuerwehrschlauch
fire hose
Feuerwehrübung fire drill
Feuerwiderstandsklasse
fire resistance class
Fiberglas fiberglass
Fibrillieren/Spleißen
fibrillation
Filamentband
filament tape
Filamentmischgarn
composite yarn
Filmbildner
film former,
film-forming agent
Filter filter
➢ **Anreicherung durch Filter**
filter enrichment
➢ **aschefreier quantitativer Filter**
ashless quantitative filter
➢ **Erregerfilter**
(Fluoreszenzmikroskopie)
exciter filter
➢ **Faltenfilter**
folded filter,
plaited filter,
fluted filter
➢ **Filternutsche/Nutsche**
(Büchner-Trichter)
nutsch filter, nutsch, filter funnel,
suction funnel, suction filter,
vacuum filter (Buechner funnel)
➢ **HOSCH-Filter**
(Hochleistungsschwebstofffilter)
HEPA-filter (high-efficiency
particulate and aerosol air filter)
➢ **Membranfilter**
membrane filter
➢ **Nutsche**
nutsch filter, nutsch
➢ **Partikelfilter**
particle filter
➢ **Polarisationsfilter/**
'Pol-Filter'/Polarisator
polarizing filter, polarizer
➢ **Rauschfilter** noise filter
➢ **Rippenfilter**
ribbed filter,
fluted filter

➢ **Rundfilter**
round filter,
filter paper disk, 'circles'
➢ **Sperrfilter** *micros*
selective filter, barrier filter, stopping
filter, selection filter
➢ **Spritzenvorsatzfilter/**
Spritzenfilter
syringe filter
➢ **Sterilfilter**
sterile filter
➢ **Tonfilter**
ceramic filter
➢ **Überspannungsfilter**
surge suppressor
➢ **Vakuumdrehfilter**
rotary vacuum filter
➢ **Vorfilter** prefilter
Filteranreicherung
filter enrichment
Filterblättchenmethode
filter disk method
Filterblende (Schirm)
filter screen
Filterhilfsmittel filter aid
Filterkerze cartridge
Filterkuchen/
Filterrückstand
filter cake,
filtration residue,
sludge
Filtermaske filter mask
Filternutsche/Nutsche
(Büchner-Trichter)
nutsch, nutsch filter,
suction funnel, suction filter,
vacuum filter (Buchner funnel)
Filterpapier filter paper
Filterpipette filtering pipet
Filterplatte (Extruder)
screen pack
Filterpresse filter press
Filterpumpe filter pump
Filterrückstand/Filterkuchen
filtration residue,
filter cake, sludge; retentate
Filterstaub fly ash
Filterstopfen filter adapter
Filterträger *micros* filter holder

Filtervorstoß
  adapter for filter funnel
Filtrat filtrate
Filtration filtration
➢ **Druckfiltration**
  pressure filtration
➢ **Gelfiltration/**
  Molekularsiebchromatographie/
  Gelpermeations-Chromatographie
  gel filtration,
  molecular sieving chromatography,
  gel permeation chromatography
➢ **Klärfiltration**
  clarifying filtration
➢ **Kreuzstrom-Filtration**
  cross-flow filtration
➢ **Kuchenfiltration**
  dead-end filtration
➢ **Mikrofiltration**
  microfiltration
➢ **Nanofiltration**
  nanofiltration
➢ **Querstromfiltration**
  cross-flow filtration
➢ **Reversosmose/**
  Umkehrosmose
  reverse osmosis
➢ **Saugfiltration**
  suction filtration
➢ **Schwerkraftfiltration**
  (gewöhnliche F.)
  gravity filtration
➢ **Sterilfiltration**
  sterile filtration
➢ **Ultrafiltration**
  ultrafiltration
➢ **Vakuumfiltration**
  vacuum filtration,
  suction filtration
filtrieren/passieren
  filter, pass through
Filtrierflasche/
  Filtrierkolben/Saugflasche
  filter flask, vacuum flask
Filtrierrate/Filtrationsrate
  filtering rate
Filtrierung/Filtrieren
  filtering, filtration
Filz felt

Filzfreiausrüstung *text*
  antifelting finish
filzig
  felty, felt-like, tomentose
Filzstift/Filzschreiber
  felt-tip pen, felt-tipped pen
Fingerabdruck fingerprint
Fingerhut thimble
Fingerling (Schutzkappe)
  finger cot
Firnis (Klarlack) varnish
➢ **Leinölfirnis**
  linseed oil varnish
Firnispapier
  glazed paper
'Fisch'/Rührfisch
  (Magnetstab/Magnetstäbchen/
  Magnetrührstab)
  'flea', stir bar, stirrer bar,
  stirring bar, bar magnet
FI-Schalter
  (Fehlerstromschutzschalter)
  leakage current circuit breaker,
  surge protector (fuse)
Fischauge/Blasenbildung
  (Silikonkrater) *polym* cissing
Fischer-Projektion/
  Fischer-Formel/
  Fischer-Projektionsformel
  Fischer projection, Fischer formula,
  Fischer projection formula
Fisher-Verteilung/F-Verteilung/
  Varianzquotientenverteilung
  variance ratio distribution,
  F-distribution, Fisher distribution
fixieren (mit Fixativ härten) fix;
  (befestigen/fest machen)
  affix, attach
Fixiermittel/Fixativ fixative
Fixierung/Fixieren fixation
Flachbehälter/Schale tray
Flachlegeblech
  (Folienextrudieren)
  collapsing board
Flachstecker flat plug
Flachsteckhülse
  flat-plug socket
Flachsteckverbinder
  flat-plug connector

flammbeständig
flame-resistant

Flamme *(siehe auch:* **Feuer...)**
flame

➤ **Sparflamme/Zündflamme**
pilot flame, pilot light

Flammen ersticken
smother the flames

Flammenemissionsspektroskopie (FES)
flame atomic emission spectroscopy,
flame photometry

Flammenfärbung
flame coloration

**flammenhemmend/
feuerhemmend**
flame-retardant;
(selbsterlöschend)
self-extinguishing

Flammenionisationsdetektor (FID)
flame-ionization detector (FID)

flammenphotometrischer Detektor (FPD)
flame-photometric detector
(FPD)

Flammenspektroskopie
flame spectroscopy

**Flammensperre/
Flammenrückschlagsicherung**
flame arrestor

Flammkaschieren
flame laminating

Flammofen
reverberatory furnace

Flammpunkt flash point

**Flammruß/
Ofenruß (Gasruß)**
furnace black

Flammschutzeigenschaft
flame/fire retardancy

Flammschutzfilter
flash arrestor

Flammschutzmittel
flame retardant,
flame retarder,
fire retardant

**flammsicher/flammfest
(schwer entflammbar)**
flameproof

Flammspritzen
(Auftrageverfahren: Sprühverfahren)
polym flame spraying

flammwidrig flame retardant

Flansch flange

flanschen flange

Flanschverbindung
flange connection,
flange coupling,
flanged joint

Flasche bottle

➤ **Abklärflasche/
Dekantiergefäß**
decanter

➤ **Ballonflasche** carboy

➤ **Druckflasche** cylinder

➤ **Druckgasflasche**
gas cylinder

➤ **Enghalsflasche**
narrow-mouthed bottle

➤ **Filtrierflasche/Filtrierkolben/
Saugflasche**
filter flask,
vacuum flask

➤ **Gasflasche**
gas bottle, gas cylinder,
compressed-gas cylinder

➤ **Gaswaschflasche**
gas washing bottle

➤ **Gewebekulturflasche/
Zellkulturflasche**
tissue culture flask

➤ **Laborstandflasche/
Standflasche**
lab bottle,
laboratory bottle

➤ **Pipettenflasche**
dropping bottle,
dropper vial

➤ **Rollerflasche**
roller bottle

➤ **Rollrandflasche**
beaded rim bottle

➤ **Schraubflasche**
screw-cap bottle

➤ **Spritzflasche**
wash bottle, squirt bottle

➤ **Sprühflasche**
spray bottle

➢ **Thermoskanne/**
Thermosflasche
thermos
➢ **Tropfflasche**
drop bottle,
dropping bottle
➢ **Verpackungsflasche**
packaging bottle
➢ **Vierkantflasche**
square bottle
➢ **Weithalsflasche**
wide-mouthed bottle
➢ **Woulff'sche Flasche**
Woulff bottle
Flaschenbürste
tube brush (test tube brush),
bottle brush
(beaker/jar/cylinder brush)
Flaschendruckmanometer
cylinder pressure gauge
Flaschenhals/Engpass *stat*
bottleneck
Flaschenregal
bottle shelf, bottle rack
Flaschenwagen
bottle cart (barrow),
bottle pushcart,
cylinder trolley (*Br*)
Flaschenzug pulley
Flash-Chromatographie/
Blitzchromatographie
flash chromatography
Fleck spot, stain
Fleckenentferner
spot remover
fleckig
speckled, patched,
spotted, spotty
fleischig fleshy
Flexibilisator/
Schlagzähmacher
flexibilizer
Fliese tile
➢ **Bodenfliese**
floor tile
Fliesenfußboden
tiled floor, tiling
Fließbettreaktor
fluid bed reactor

Fließdruck/
Hauptfluss/
Schleppströmung
drag flow
fließen flow
Fließen flow, flowing;
polym (belastete Kunststoffe)
yielding; flowing; creep
Fließexponent
flow exponent,
pseudoplasticity index
fließfähig
flowable, fluid; ductile
Fließfähigkeit/Fluidität
fluidity
Fließgeschwindigkeit
flow rate
Fließgießen/Fließgussverfahren/
Intrusionsverfahren
flow molding,
flow-molding process/procedure,
intrusion molding
Fließgleichgewicht/
dynamisches Gleichgewicht
steady state,
steady-state equilibrium
Fließgrenze/Fließpunkt/
Streckgrenze ('Yield-Punkt')
polym yield point,
elongation at yield
Fließinjektion
flow injection
Fließinjektionanalyse (FIA)
flow injection analysis (FIA)
Fließkurve
flow curve
Fließmittel *chromat*
solvent (mobile phase)
Fließmittelfront *chromat*
solvent front
Fließpressmatrize
extrusion die
Fließpressstempel
extrusion punch
Fließpunkt
(Schmelzpunkt) fusion point
(melting point);
polym (Fließgrenze/'Yield-Punkt')
yield point

Fließrichtung
direction of flow
Fließtemperatur
flow temperature
Fließverbesserer
flow improver,
fluidity improver
**Fließverhalten/
rheologisches Verhalten**
rheological behavior;
(Kriechverhalten) creep behavior
Flintglas flint glass
flockig/locker fluffy
Flockulation
flocculation
Flockung flocking
Floor-Temperatur
floor temperature
➢ **Ceiling-Temperatur**
ceiling temperature
Flory-Huggins Theorie
Flory-Huggins theory
Flory-Verteilung
Flory's distribution
**Fluchtgerät/Selbstretter
(Atemschutzgerät)**
emergency escape mask
flüchtig volatile
➢ **leicht flüchtig
(niedrig siedend)**
highly volatile,
light
➢ **nicht flüchtig**
nonvolatile
➢ **schwer flüchtig
(höhersiedend)**
less volatile,
heavy
Flüchtigkeit *chem*
(von Gasen: Neigung zu verdunsten)
volatility
Fluchtweg
escape route, egress
Flügelhahnventil
butterfly valve
Flügelschraube
thumbscrew
Flugstaub airborne dust;
(von Abgasen) flue dust

Fluidität/Fließfähigkeit
fluidity
Fluktuation
fluctuation
**Fluktuationsanalyse/
Rauschanalyse**
fluctuation analysis,
noise analysis
Fluktuationstest
fluctuation test
Fluor (F) fluorine
Fluorchlorkohlenwasserstoffe (FCKW)
chlorofluorocarbons,
chlorofluorinated hydrocarbons
(CFCs)
Fluoreszenz fluorescence
**Fluoreszenzanalyse/
Fluorimetrie**
fluorescence analysis,
fluorimetry
Fluoreszenzlöschung
fluorescence quenching
**Fluoreszenzsonde/
Fluoreszenzmarker**
fluorescence marker
**Fluoreszenzspektroskopie/
Spektrofluorimetrie**
fluorescence spectroscopy
fluoreszieren fluoresce
fluoreszierend fluorescent
Fluoridierung fluoridation
fluorieren fluorinate
Fluorkohlenwasserstoff
fluorinated hydrocarbon
**Fluoroschwefelsäure/
Fluorsulfonsäure**
fluorosulfonic acid
**Fluorwasserstoff/Fluoran/
Hydrogenfluorid**
hydrogen fluoride
Fluorwasserstoffsäure/Flusssäure
hydrofluoric acid, phthoric acid
Fluss (Fließen) flow;
(Licht/Energie;
Volumen pro
Zeit pro Querschnitt) flux
➢ **diffuser Fluss**
diffuse flux
flüssig fluid, liquid

Flüssigextrakt/
flüssiger Extrakt/
Fluidextrakt
fluid extract
Flüssiggas
liquid gas, liquefied gas;
(verflüssigtes Erdgas)
liquefied natural gas (LNG)
Flüssigkeit
fluid, liquid
Flüssigkeit ablassen drain
Flüssigkeitschromatographie
liquid chromatography (LC)
Flüssigkristall
liquid crystal (LC)
➢ **calamitisches/**
kalamitsches F.
calamitic LC
➢ **cholesterisch**
cholesteric
➢ **discotisches F.**
discotic LC
➢ **lyotropisches F.**
lyotropic LC
➢ **mesogen** mesogen
➢ **nematisch** nematic
➢ **smektisch**
smectic
➢ **thermotropisches Flüssigkristall**
thermotropic LC
Flüssigkristallanzeige
liquid crystal display
flüssigkristalline Hauptketten-Polymer
main-chain liquid crystalline polymer
(MCLCP)
flüssigkristalline Seitenketten-
Polymer side-chain liquid crystalline
polymer (SCLCP)
flüssigkristallines Polymer
liquid crystalline polymer
Flussmittel/
Schmelzmittel/Zuschlag
flux,
fusion reagent
Flussrate fluence
Flussregler
flow regulator
fluten
flood, flush; inundate

fokussieren
focus (focussing)
Fokussierung focussing
Folie foil;
(< 0.25 mm) film;
(> 0.25 mm) sheet;
(endlos Bahn) sheeting(s)
Folienblasen
(Schlauchfolienblasen/
S.extrudieren)
(dünn) film blowing;
(dick) sheet blowing
Folienextrusion
(dünn) film extrusion;
(dick) sheet extrusion
Foliengießen
film casting,
sheet casting;
cast film extrusion
Foliengießmaschine
casting machine for sheetings
(cast film extruder)
Folienherstellungsanlage *polym*
film/sheet train
Folienrecken
film stretching,
sheet stretching
Folienschlauch
film bubble
Folienschweißgerät
wrapfoil heat sealer
Folienstrangpresse
film/sheet extruder
folieren
foliate (coat s.th. with foil)
Folierung foliation
Förderband/
Transportband
conveyor belt
Fördergerät/
Förderanlage/
Fördersystem
conveyor, conveying system
Förderleistung (Pumpe)
flow rate
Förderpumpe feed pump
Formaldehyd/
Methanal
formaldehyde, methanal

Formänderung/
 Verformung/
 Deformation
 deformation
Formänderungsvermögen/
 Verformungsfähigkeit/
 Deformationfähigkeit
 plasticity,
 deformability
Formartikel
 molded article,
 molded part
Formaufspannplatte
 die plate
formbar
 plastic, moldable; workable;
 (verformbar) deformable
Formbarkeit/Plastizität
 plasticity; moldability;
 (Pressbarkeit) workability
formbeständig
 dimensionally stable;
 resistant to deformation
Formbeständigkeit/
 Formfestigkeit/
 Formänderungsfestigkeit
 dimensional stability;
 resistance to deformation
Formbeständigkeitstemperatur/
 Formbeständigkeit in der Wärme
 heat distortion temperature (HDT)
Formel formula
➢ **Elektronenformel**
 electronic formula
➢ **empirische Formel**
 empirical formula
➢ **Fischer-Projektion/**
 Fischer-Formel/
 Fischer-Projektionsformel
 Fischer projection, Fischer formula,
 Fischer projection formula
➢ **Haworth-Projektion/**
 Haworth-Formel
 Haworth projection,
 Haworth formula
➢ **Ionenformel** ionic formula
➢ **Kettenformel**
 chain formula,
 open-chain formula

➢ **Konstitutionsformel**
 constitutional formula
➢ **Molekularformel/**
 Molekülformel
 molecular formula
➢ **Projektionsformel**
 projection formula
➢ **Ringformel**
 ring formula
➢ **stöchiometrische Formel**
 stoichiometric formula
➢ **Strichformel** line formula
➢ **Strukturformel**
 structural formula,
 atomic formula
➢ **Summenformel/**
 Elementarformel/
 Verhältnisformel/
 empirische Formel
 empirical formula
➢ **Verhältnisformel**
 empirical formula
Formelsammlung formulary
Formfaktor form factor
Formfestigkeit/
 Formbeständigkeit/
 Formänderungsfestigkeit
 dimensional stability
Formgebung shaping
Formmasse
 (Pressmasse/Spritzgussmasse/
 Abgussmasse)
 molding compound,
 molding material
➢ **BMC-Formmasse**
 bulk molding compound (BMC)
➢ **Kunststoffformmasse/**
 Kunststoffmasse
 plastic molding compound
➢ **SMC-Formmasse**
 (vorimprägnierte Glasfaser)
 sheet molding compound (SMC)
➢ **TMC-Formmasse**
 thick molding compound (TMC)
Formpressen
 press molding
Formschäumen
 foam molding
Formträgerplatte platen

Formverfahren *polym*
molding,
forming procedure
➤ **Blasformen**
blow molding
➤ **Formpressen**
press molding
➤ **Spritzblasen/**
Spritzblasformen/
Spritzgießblasen
injection blow molding
➤ **Streckformen**
stretch forming,
stretching
➤ **Vakuumformen**
vacuum forming
➤ **Vakuumsaugverfahren**
straight-vacuum forming
➤ **Vakuumstreckformverfahren**
polym drape and vacuum forming
➤ **Warmformen**
thermoforming
➤ **Ziehgitter-Vorstreckverfahren**
draw grid method
Formwerkzeug (Werkzeug)
polym mold
➤ **Gesenk (Negativ-Werkzeug)**
cavity,
impression (female mold)
➤ **Stempel (Positiv-Werkzeug)**
plug (male mold)
fortpflanzungsgefährdend/
reproduktionstoxisch
toxic to reproduction (T)
Fotolabor
photographic laboratory
Fotopapier
photographic paper
Fotoplatte
photographic plate
Fotovervielfacher
photomultipier
Fotowiderstand
photoresist, photoresistor
Fracht
freight, load, cargo, goods;
(Flüssigkeit/Abwasser)
load, freight
Frachtgut/Ladung cargo

Frachtkessel
cargo tank
Fragmentierungsmuster
fragmentation pattern
fraktionieren
fractionate
Fraktioniersäule
fractionating column
Fraktionierung
fractionation
➤ **Feldfluss-Fraktionierung (FFF)**
field-flow fractionation (FFF)
➤ **Lösefraktionierung**
temperature rising elution
fractionation (TREF)
Fraktionssammler
fraction collector
Fransenmizelle
fringed micelle
fräsen mill, route
frei schwebend
free-floating,
pendulous
Freiheitsgrad *stat*
degree of freedom (df)
freisetzen
(Wärme/Energie/Gase etc.)
liberate, release, set free
Freisetzung release;
(Sekretion) secretion
➤ **absichtliche F.**
deliberate release
Fremdkörper/Fremdstoff
foreign body/matter/substance;
contaminant, impurity
Frequenz (Hertz)
frequency
frieren freeze
➤ **schnellgefrieren**
quick-freeze
➤ **schockgefrieren**
shock-freeze
➤ **tiefgefrieren/tiefkühlen**
deep-freeze
Frischhaltefolie
cling wrap, cling foil
Fritte frit
➤ **Glasfritte**
fritted glass filter

fritten/sintern
frit, sinter
Frontscheibe
(Sicherheitswerkbank)
sash
Frost
frost, rime frost, white frost
Frostschutzmittel
cryoprotectant
frostsicher
frostproof
Fruchtzucker/Fruktose
fruit sugar, fructose
Fruktose/Fructose (Fruchtzucker)
fructose (fruit sugar)
Fugazität
fugacity
Fuge/Naht/
Verwachsungslinie
seam, suture, raphe
Fugendichtungsmasse
seam sealant,
joint filler
Fügeverfahren *polym*
bonding, joining
➤ **Schweißen** (*siehe auch dort*)
welding
Fühler/Sensor/Detektor
(tech: z.B. Temperaturfühler)
sensor, detector
Fühlerlehre
feeler gage,
feeler gauge (Br)
Führungsbuchse
(Rührwelle etc.)
bushing,
guide bushing
Führungskanal/
Mundstückbohrung (Extruder)
die land
Führungssäule
(Kolbenspritzgießen)
guide pin,
leader pin
Fukose/Fucose/
6-Desoxygalaktose
fucose, 6-deoxygalactose
Füllkitt
filling adhesive

Füllkörper (für Destillierkolonnen)
column packing
➤ **Raschig-Ring (Glasring)**
Raschig ring
➤ **Sattelkörper (Berlsättel)**
saddle (berl saddles)
➤ **Spirale** spiral
➤ **Wendel** helice
Füllkörperkolonne
packed distillation column
Füllmittel filler
➤ **inaktives Füllmittel**
inactive filler,
inert filler (extender)
Füllspachtel, glasfaserarmierter
fiber paste
Füllstand
(z.B. Flüssigkeit eines Gefäßes)
fill level
Füllstoff
(*auch:* **Füllmaterial/Verpackung**)
filler;
loading agent
➤ **aktiver/verstärkender Füllstoff**
(Harzträger)
active filler,
reinforcing agent
➤ **inaktiver Füllstoff (Extender)**
inactive filler,
extender
Fülltrichter (Extruder)
feed hopper
Fumarsäure (Fumarat)
fumaric acid (fumarate)
fünfwertig
pentavalent
Funke spark
Funkenspektrum
spark spectrum
Funktion
function
➤ **Verteilungsfunktion**
distribution function
➤ **Wahrscheinlichkeitsfunktion**
likelihood function
Funktionalisieren
functionalization
Funktionalität
functionality

funktionelle Gruppe
functional group
**Funktionseinheit/
Modul**
functional unit,
module
funktionsgleich/analog
analogous
Funktionsstörung
malfunction;
med functional disorder
Funktionszustand
working order,
operating condition

Furan furan
Furnier veneer
Fuselöl
fusel oil
Fuß (Extruderschnecke)
root
Fußabdruckmethode
footprinting
Fußboden
floor; ground
➢ **monolithischer F.
(Labor: Stein/Beton
aus einem Guß)**
monolithic floor

Galaktosamin galactosamine
Galaktose galactose
Galakturonsäure galacturonic acid
Galette roll
Gallensalze bile salts
gallertartig/gelartig/gelatinös
  gelatinous, gel-like
Gallerte/Gelatine
  jelly, gelatin, gel
Gallussäure gallic acid
Gamasche
  (Schutzkleidung: Bein/Fuß)
  (bis zum Knie) gaiter;
  (Fuß/Schuhe) spat
Gang (der Extruderschnecke) flight;
  (Flur/Korridor) aisle, corridor
Ganghöhe lead
Gangsteigung (Schraube/Schnecke)
  thread pitch, pitch
Gangtiefe (Schraube/Schnecke)
  depth of thread,
  depth of flight, flight
Gangunterschied *opt*
  path difference
Garbe (Licht/Funke etc.)
  sheaf, bundle
Garn yarn
➢ **Filamentmischgarn**
  composite yarn
➢ **Glasfilamentgarn**
  glass filament yarn
➢ **Glasstapelfasergarn**
  glass staple fiber yarn,
  glass-fiber yarn
➢ **Kammgarn**
  worsted yarn
➢ **Monofil-Garn**
  monofil yarn
➢ **Multifil-Garn**
  multifil yarn
➢ **Kabel** tow
➢ **Zwirn**
  twisted yarn,
  twine
Gärröhrchen/Einhorn-Kölbchen
  fermentaäion tube,
  bubbler
Gärtassenreaktor
  tray reactor

Gärung/Fermentation
  fermentation
Gas gas
➢ **Druckgas**
  compressed gas,
  pressurized gas
➢ **Edelgas**
  inert gas, rare gas
➢ **Erdgas**
  natural gas
➢ **Faulgas/Klärgas (Methan)**
  sludge gas, sewage gas
➢ **Faulschlammgas**
  sewer gas
➢ **Flüssiggas**
  liquid gas,
  liquefied gas
➢ **Generatorgas**
  producer gas
➢ **Lachgas**
  (Distickstoffoxid/Dinitrogenoxid)
  laughing gas,
  nitrous oxide
➢ **Prüfgas**
  tracer gas, probe gas
➢ **Rauchgase**
  flue gases, fumes
➢ **Reizgas**
  irritant gas
➢ **Schutzgas**
  protective gas,
  shielding gas
  (in welding)
➢ **Spülgas** purge gas
➢ **Trägergas/**
  Schleppgas (GC)
  carrier gas (an inert gas)
➢ **Vergleichsgas (GC)**
  reference gas
➢ **Wassergas**
  water gas
Gasabscheider
  gas separator
Gasanzünder
  gas lighter
Gasaustausch
  gas exchange,
  gaseous interchange,
  exchange of gases

Gasaustritt/
  Gasausgang/
  Gasabgang (aus Geräten)
  gas outlet
Gasblase gas bubble
Gasbrenner gas burner
Gaschromatographie
  gas chromatography
➤ **Umkehr-Gaschromatographie**
  inverse gas chromatography (IGC)
Gasdetektor/Gasspürgerät
  gas detector,
  gas leak detector
gasdicht gasproof
Gasdruckreduzierventil/
  Druckminderventil/
  Druckminderungsventil/
  Reduzierventil (für Gasflaschen)
  pressure-relief valve
  (gas regulator/
  gas cylinder pressure regulator)
Gasdurchflusszähler/
  Gasströmungsmesser
  gas flowmeter
Gasentladungsröhre
  gas-discharge tube
Gasentwicklung
  evolution of gas
Gasflasche
  gas bottle, gas cylinder,
  compressed-gas cylinder
➤ **Gasdruckreduzierventil/**
  Druckminderventil/
  Druckminderungsventil/
  Reduzierventil (für Gasflaschen)
  pressure-relief valve
  (gas regulator/
  gas cylinder pressure regulator)
Gasflaschen-Transportkarren
  gas bottle cart,
  gas cylinder trolley (*Br*)
gasförmig gaseous
gasförmiger Zustand
  gaseous state
Gashahn
  gas cock, gas tap
Gas-Injektions-Technik (GIT)/
  Gas-Innen-Drucktechnik (GID)
  gas injection technique (GIT)

Gaskocher
  gas burner
Gaskonstante
  gas constant
Gasleitung (Erdgasleitung)
  gas line (natural gas line)
Gasmaske
  gas mask
Gasmessflasche
  gas measuring bottle
Gasprobenrohr/
  Gassammelrohr/
  Gasmaus
  gas collecting tube,
  gas sampling bulb,
  gas sampling tube
Gasraum/
  Dampfraum/Headspace
  headspace
Gasreiniger gas purifier
Gasreinigung
  gas cleaning,
  pas purification
Gassammelrohr/
  Gas-Probenrohr/Gasmaus
  gas sampling bulb,
  gas sampling tube
Gasspürgerät
  gas leak detector
Gasthermometer
  gas thermometer
gasundurchlässig
  gastight,
  impervious to gas
Gasundurchlässigkeit
  gastightness,
  imperviousness to gas,
  gas impermeability
Gasvergiftung
  gas poisoning
Gaswaage
  gas balance; dasymeter
Gaswächter/Gaswarngerät
  gas detector,
  gas monitor
Gaswäsche
  gas scrubbing
Gaswaschflasche
  gas washing bottle

Gaszählrohr
gas counter
Gaszufuhr gas supply
Gaszustand
gaseous state
Gauß-Kurve/
Gauß'sche Kurve *stat*
Gaussian curve
Gauß-Verteilung/
Normalverteilung/
Gauß'sche Normalverteilung *stat*
Gaussian distribution (Gaussian
curve/normal probability curve)
Gaze gauze
GC (Gaschromatographie)
GC (gas chromatography)
geädert
veined, venulous
gebändert/breit gestreift
banded, fasciate
Gebäudeevakuierungsplan
building evacuation plan
Gebläse (Föhn)
blower, fan
Gebläselampe
blowtorch
gebrauchsfertig
ready-to-use
geeicht/kalibriert
calibrated;
(standardisiert) standardized
geerdet
grounded, earthed (*Br*)
Gefahr/Gefährdung/Risiko
danger, hazard,
risk, chance
➢ **akute G.**
immediate danger,
imminent danger
➢ **außer G.**
out of danger,
safe, secure
➢ **biologische Gefahr/**
biologisches Risiko
biohazard
➢ **drohende G.**
imminent danger
➢ **Gefahr am Arbeitsplatz**
occupational hazard

➢ **höchste Gefahr**
extreme danger
➢ **öffentliche Gefahr**
public danger
gefährden
endanger, imperil
gefährdet
endangered,
in danger, at risk
Gefährdung
endangerment, imperilment;
(Ausgesetztsein) exposure
Gefahrenbereich/Gefahrenzone
danger area, danger zone
Gefahrenbezeichnungen
/Gefährlichkeitsmerkmale
hazard warnings
➢ **ätzend** corrosive (C)
➢ **brandfördernd**
oxidizing (O), pyrophoric
➢ **entzündlich**
flammable (R10)
➢ **erbgutverändernd/mutagen**
mutagenic (T)
➢ **erstickend** asphyxiant
➢ **explosionsgefährlich**
explosive (E)
➢ **fortpflanzungsgefährdend/**
reproduktionstoxisch
toxic to reproduction (T)
➢ **gefährlicher Stoff**
hazardous material
➢ **gesundheitsschädlich**
harmful, nocent (Xn)
➢ **giftig**
toxic (T)
➢ **hochentzündlich**
extremely flammable (F+)
➢ **krebserzeugend/**
karzinogen/kanzerogen
carcinogenic (Xn)
➢ **leicht entzündlich**
highly flammable (F)
➢ **mindergiftig**
moderately toxic
➢ **mutagen** mutagenic
➢ **onkogen** oncogenic
➢ **radioaktiv** radioactive
➢ **reizend** irritant (Xi)

➢ **sehr giftig**
extremely toxic (T+)
➢ **sensibilisierend**
sensitizing
➢ **teratogen** teratogenic
➢ **toxisch** (*siehe auch dort*)
toxic
➢ **tränend (Tränen hervorrufend)**
lachrymatory
➢ **umweltgefährlich**
dangerous for the environment
(N = nuisant)
Gefahrencode/Gefahrenkennziffer
hazard code
Gefahrendiamant
hazard diamond
Gefahrenherd
source of danger;
troublespot
Gefahrenklasse/Gefahrklasse
danger class,
category of risk,
class of risk
Gefahrenquelle
hazard,
source of danger
➢ **biologische Gefahrenquelle**
biohazard
Gefahrenstufe/
Gefahrenklasse/
Risikostufe
hazard rating,
hazard class,
hazard level
Gefahrensymbol/
Gefahrenwarnsymbol
hazard icon,
hazard symbol,
hazard sign,
hazard warning symbol
Gefahrenwarnzeichen
hazard warning sign,
hazard sign, warning sign,
danger signal
Gefahrenzone
danger zone
Gefahrenzulage
danger allowance,
hazard bonus

Gefahrgut/Gefahrgüter
(gefährliche Frachtgüter)
dangerous goods (cargo/freight),
hazardous cargo/freight
Gefahrgutbestimmungen
hazardous goods/materials
regulations (cargo/freight)
Gefahrguttransport
transport of dangerous goods,
transport of hazardous materials
Gefahrklasse
danger class,
category of risk,
class of risk
gefährlich dangerous;
(gesundheitsgefährdend) hazardous;
(riskant) dangerous, hazardous, risky
➢ **ungefährlich** not dangerous;
(nicht gesundheitsgefährdend)
nonhazardous
Gefahrstoff
dangerous substance,
hazardous substance,
hazardous material
➢ **biologischer Gefahrstoff**
biohazard,
biohazardous substance
Gefahrstoffklasse
hazardous material class
Gefahrstoffschrank
hazardous materials safety cabinet
Gefahrstoffverordnung
hazardous materials regulations
Gefahrzettel
hazard label
Gefälle/Gradient *chem*
gradient
gefaltet
folded, pleated, plicate
Gefäß
vessel;
(Behälter) container
gefleckt
spotted, mottled
gefliest
(mit Fliesen ausgelegt)
tiled
gefrierätzen
freeze-etch

Gefrierätzung
  freeze-etching
➤ **Tiefenätzung**
  deep etching
Gefrierbruch *micros*
  freeze-fracture,
  freeze-fracturing,
  cryofracture
gefrieren freeze
➤ **schnellgefrieren**
  quick-freeze
➤ **schockgefrieren**
  shock-freeze
➤ **tiefgefrieren/tiefkühlen**
  deep-freeze
Gefrierfach freezer compartment;
  (vom Kühlschrank)
  freezing compartment,
  freezer (of the refrigerator)
Gefrierkonservierung/
  Kryokonservierung
  freeze preservation,
  cryopreservation
Gefrierlagerung
  freeze storage
Gefriermikrotom
  freezing microtome,
  cryomicrotome
Gefrierpunkt
  freezing point
Gefrierpunktserniedrigung
  freezing point depression
Gefrierschnitt *micros*
  cryosection,
  frozen section
Gefrierschrank
  upright freezer;
  (Gefriertruhe) chest freezer
Gefrierschutz cryoprotection
Gefrierschutzmittel
  cryoprotectant
gefriertrocknen/
  lyophilisieren
  freeze-dry, lyophilize
Gefriertrocknung/
  Lyophilisierung
  freeze-drying,
  lyophilization
Gefriertruhe chest freezer

Gegendrallschnecke (Extruder)
  counter-rotating twin screw
Gegendruck
  counterpressure
gegenfärben *micros*
  counterstain
Gegenfärbung *micros*
  counterstain, counterstaining
Gegengewicht
  counterbalance, counterpoise
Gegenion
  counterion,
  (rarely: gegenion)
Gegenkraft/
  Rückwirkungskraft
  reactive force
gegenläufig (Doppelschnecke)
  contra-rotating
Gegenreaktion
  counterreaction
Gegenschattierung
  countershading
Gegenselektion/
  Gegenauslese
  counterselection
Gegenstrom countercurrent
Gegenstromextraktion
  countercurrent extraction
Gegenstromverteilung
  countercurrent distribution
gegliedert/unterteilt divided
Gehalt (Inhalt/Volumen) content
gehärtet (Metall) tempered
Gehäuse housing;
  shell, case, casing
Gehör hearing;
  (Hörfähigkeit) sense of hearing
Gehörschutz
  hearing protection
Gehörschützer
  ear muffs,
  hearing protectors
Gehörschutzstöpsel/
  Ohrenstöpsel
  earplugs
Gehrungsschneidlade
  miter box
Geiger-Müller-Zähler
  Geiger-Müller counter

Geiger-Zähler
Geiger counter
gekachelt tiled
geklärt cleared
gekoppelte Reaktion
coupled reaction
Gel gel
➢ **denaturierendes Gel**
denaturing gel
➢ **hochkant angeordnetes Plattengel**
slab gel
➢ **horizontal angeordnetes Plattengel**
flat bed gel,
horizontal gel
➢ **natives Gel** native gel
➢ **Sammelgel** stacking gel
➢ **Trenngel**
running gel,
separating gel
gelartig/gallertartig/gelatinös
gelatinous, gel-like
Gelatine
gelatin, gelatine
Gelbbrennen
pickling,
dipping (metal etching)
Gelbbrennsäure/
Scheidewasser
(konz. Salpetersäure)
aquafortis
(nitric acid used in metal etching)
Gelbildner
gelatinizing agent
Gelee jelly
Geleffekt
(Trommsdorff-Norrish-Smith)
gel effect,
Trommsdorff effect,
Norrish-Smith effect
Gelelektrophorese
gel electrophoresis
➢ **Feldinversions-Gelelektrophorese**
field inversion gel electrophoresis
(FIGE)
➢ **Gradienten-Gelelektrophorese**
gradient gel electrophoresis
➢ **Pulsfeld-Gelelektrophorese**
pulsed field gel electrophoresis
(PFGE)

➢ **Temperaturgradienten-**
Gelelektrophorese
temperature gradient
gel electrophoresis
➢ **Verschluss-Scheibe**
gate (gel-casting)
➢ **Wechselfeld-Gelelektrophorese**
alternating field gel electrophoresis
Gelenk *tech*
joint; (Scharnier) hinge;
articulation
Gelenkkopf
swivel head;
ball of a joint
Gelenkkupplung
ball-joint connection
Gelenkverbindung
hinged joint, swivel joint,
articulated joint
Gelfiltration/
Molekularsiebchromatographie/
Gelpermeations-Chromatographie
gel filtration,
molecular sieving chromatography,
gel permeation chromatography
Gelgießstand/
Gelgießvorrichtung *electrophor*
gel caster
gelieren *vb* gel
Gelieren/Gelatinieren
gelation;
polym (Gießen) gelling, fusion
Geliermittel gelling agent
Gelierpunkt gelling point
Gelkamm *electrophor* gel comb
Gelkammer *electrophor*
gel chamber
gelöst (lösen) dissolved
gelöster Stoff solute
Gelpunkt gel point
Gelretardationsexperiment
mobility shift experiment
Gelretentionsanalyse
gel retention analysis,
band shift assay
Gelretentionstest
gel retention assay,
electrophoretic mobility shift assay
(EMSA)

Gel-Sol-Übergang
gel-sol-transition
Gelspinnen *polym*
gel spinning
Gelträger/Geltablett *electrophor*
gel tray
Gelzustand gel state
Gemenge/Mischung mixture
Genauigkeit
precision, accuracy
genehmigungsbedürftig
permit required,
requiring official permit
Genehmigungsbescheid
notice of approval
genehmigungspflichtig
subject to approval,
requiring permission/authorization
Genehmigungsverfahren
authorization procedure
Generatorgas
producer gas
Gentechnik/
Gentechnologie/Genmanipulation
genetic engineering,
gene technology
Gerät/Anlage/Apparat
instrument, equipment,
set, apparatus; appliance
➢ **Ablesegerät**
direct-reading instrument
➢ **Anzeigegerät**
indicator,
recording instrument;
monitor
➢ **Atemschutzgerät/Atemgerät**
breathing apparatus,
respirator
➢ **Datenerfassungsgerät/**
Messwertschreiber/
Registriergerät
datalogger
➢ **Elektrogerät**
electric appliance
➢ **Kontrollgerät**
controlling instrument,
control instrument,
monitoring instrument;
(Anzeige: monitor)

➢ **Laborgerät** *allg*
laboratory/lab equipment
➢ **Ladegerät** charger
➢ **Messgerät**
measuring apparatus,
measuring instrument;
gage, gauge (*Br*)
➢ **Netzgerät/Netzteil**
power supply unit;
(Adapter) adapter
➢ **Prüfgerät/Prüfer/**
Nachweisgerät
tester, testing device,
checking instrument;
detector
➢ **Regelgerät** control unit
➢ **Sichtgerät**
visualizer, visual indicator,
viewing unit, display unit
➢ **Steuergerät**
control unit,
control gear, controller
➢ **Untersuchungsgerät**
testing equipment/apparatus
➢ **Vorschaltgerät** *electr* ballast unit;
(Starter: Leuchtstoffröhren) starter
Gerätefehler
instrumental error
Gerätesonde
equipment probe
geräuscharm low-noise
Geräuschpegel
noise level
gerben tan
Gerben tanning
Gerbsäure (Tannat)
tannic acid (tannate)
gerbsäurehaltig/
gerbstoffhaltig
tanniferous
Gerbstoff
tanning agent, tannin
geriffelt
(z.B. Schlauchadapter)
barbed, fluted,
serrated (e.g., tubing adapters)
gerinnen/koagulieren
set; curdle, coagulate;
(Milch) curdle; (Blut) clot

Gerinnung/Koagulierung
coagulation; *med* clotting
gerinnungsfähig/
  gerinnbar/koagulierbar
coagulable
Gerinnungsfähigkeit/
  Koagulierbarkeit
coagulability
Gerinnungsmittel/
  Koagulierungsmittel
coagulating agent,
coagulator
Geruch *allg* smell, scent, odor
➤ **angenehmer Geruch/Duft**
pleasant smell, fragrance,
scent, odor
➤ **stechender Geruch** pungency
➤ **unangenehmer Geruch**
unpleasant smell
geruchlos odorless, scentless
Geruchssinn/
  olfaktorischer Sinn
olfactory sense
Geruchsstoff (angenehmer G.)
fragrance, perfume (stronger scent);
(unangenehmer/abweisender G.)
repugnant substance
Gerüst scaffolding, framework,
stroma, reticulum
Gesamthärte (Wasser)
total hardness
Gesamtvergrößerung *micros*
total magnification,
overall magnification
gesättigt (sättigen)
saturated (saturate)
➤ **doppelt ungesättigt**
diunsaturated
➤ **ungesättigt**
unsaturated
Geschirr dishes
➤ **Glasgeschirr** glassware
Geschmack taste
Geschmackssinn
sense of taste,
gustatory sense/sensation
Geschmackstoff(e)
flavor, flavoring
Geschmeidigkeit softness

geschmolzen melted
geschützt (schützen)
protected (protect)
Geschwindigkeit
speed; velocity (vector); rate
geschwindigkeitsbegrenzende(r)
  Schritt/Reaktion
rate-limiting step/reaction
geschwindigkeitsbestimmende(r)
  Schritt/Reaktion
rate-determining step/reaction
Geschwindigkeitskonstante
  (Enzymkinetik)
rate constant
geschwollen (schwellen)
turgid, swollen (swell)
Geschwollenheit/Turgidität
turgidity
Gesenk
  (Negativ-Werkzeug: Formwerkzeug)
polym cavity,
impression (female mold)
Gesetz law, act, statute;
(siehe auch bei: Verordnung)
➤ **Abfallgesetz/**
  Abfallbeseitigungsgesetz (AbfG)
Federal Waste Disposal Act
➤ **Abwasserabgabengesetz (AbwAG)**
Wastewater Charges Act
➤ **Arbeitsschutzgesetz**
Industrial Safety Law;
Factory Act (*Br*)
➤ **Bundes-Imissionsschutzgesetz**
  (BImSchG)
Law on Immission Control,
Federal Law on Air Pollution Control
➤ **Bürgerliches Gesetzbuch**
Civil Code
➤ **Chemikaliengesetz (ChemG)**
Federal Chemical Law
➤ **U.S. Gesetz zur Kontrolle**
  toxischer Substanzen (Gefahrstoffe)
Toxic Substances Control Act
(TSCA)
➤ **Wasserhaushaltsgesetz (WHG)**
Water Resources Policy Act
gesetzeswidrig
against the law,
illegal, unlawful

**Gesichtsfeld/
  Sehfeld/Blickfeld**
  field of vision, field of view,
  scope of view, range of vision,
  visual field
**Gesichtsfeldblende/
  Okularblende** *micros*
  ocular diaphragm,
  eyepiece diaphragm,
  eyepiece field stop
Gesichtsmaske face mask
Gesichtsschutz/Gesichtsschirm
  faceshield
Gesichtssinn
  vision, eyesight
Gestalt shape, form,
  appearance, contour
gestapelt (stapeln)
  stacked (stack)
**gestaucht/
  zusammengezogen**
  compressed, contracted
**Gestell
  (Sammlung/Aufbewahrung etc.)**
  rack
gesund healthy
➤ **ungesund**
  unhealthy,
  detrimental to one's health
Gesundheit health
Gesundheitsattest
  health certificate
gesundheitsbedrohend
  health-threatening
Gesundheitserziehung
  health education
Gesundheitsfürsorge
  health care, medical welfare
Gesundheitsrisiko
  health hazard
gesundheitsschädlich
  harmful,
  detrimental to one's health;
  (Xn) harmful, nocent
gesundheitswidrig
  unhealthy, harmful
**Gesundheitszeugnis
  (ärztliches Attest)**
  health certificate

Gesundheitszustand
  health, state of health,
  physical condition
geteilt divided, parted,
  partite (divided into parts)
➤ **ungeteilt**
  undivided, not divided
Gewebe fabric, cloth, tissue;
  text woven; woof
Gewebeband/Textilband (einfach)
  cloth tape
➤ **Panzerband/Gewebeklebeband
  (Universalband/Vielzweckband)**
  duct tape (polycoated cloth tape)
**Gewebeschutzsalbe/
  Arbeitsschutzsalbe/
  Schutzcreme**
  barrier cream
Gewerbe
  trade, business, occupation
➤ **Beruf/Erwerbstätigkeit**
  profession
Gewerbeaufsicht (staatl. Behörde)
  trade and industrial supervision
  (federal agency)
Gewicht weight;
  (Wägemasse) weight (actually: mass)
➤ **Atomgewicht**
  atomic weight
➤ **Bruttogewicht**
  gross weight
➤ **Molekulargewicht/
  relative Molekülmasse (M_r)**
  molecular weight,
  relative molecular mass (M_r)
➤ **Nettogewicht**
  net weight
➤ **spezifisches Gewicht**
  specific gravity
➤ **Tara (Gewicht des Behälters/
  der Verpackung)**
  tare (weight of container/packaging)
➤ **Trockengewicht
  (sensu stricto: Trockenmasse)**
  dry weight
  (sensu stricto: dry mass)
Gewichtsanalyse/Gravimetrie
  gravimetry,
  gravimetric analysis

Gewichtsbruch
weight fraction

Gewichtsring/
Stabilisierungsring/
Beschwerungsring/
Bleiring
(für Erlenmeyerkolben)
lead ring (for Erlenmeyer)

Gewinde (Schrauben/Bolzen etc.)
thread; (Spirale) spiral, coil

➢ **Außengewinde**
external thread, male thread

➢ **Britisches Standard Gewinde**
British Standard Pipe (BSP)
thread/fittings

➢ **dreigängig**
triple thread

➢ **eingängig** single thread

➢ **Innengewinde**
internal thread,
female thread

➢ **U.S. Rohrgewindestandard**
National Pipe Taper (NPT)

➢ **UNF-Feingewinde**
Unified Fine Thread (UNF)

➢ **zweigängig**
double thread

Gewindeabdichtungsband
thread seal tape

Gewindebohrer tap
(tool for forming an internal
screw thread)

Gewindedichtungsband
thread sealant tape

Gewindefassung
screw-base socket

Gewindeschneiden
threading

Gewindeschneidkluppe/
Gewindeschneideisen
diestock

Gewindestutzen
threaded socket (connector/nozzle)

Gewirke *text* knits

gewöhnen/anpassen
habituate, get used to, adapt

Gewöhnung/Anpassung
habituation, habit-formation,
adaptation

GFC (Gas-Flüssig-Chromatographie)
GLC (gas-liquid chromatography)

Gibbssches Phasengestz
Gibbs phase rule

Gießelastomer
pourable elastomer

gießen pour, irrigate,
water (plants etc.)

Gießen pouring;
polym (Gießverfahren)
molding, casting

➢ **Blasverfahren**
blow molding

➢ **Fließgießen** flow molding

➢ **Gelieren/Gelatinieren**
fusion

➢ **Handauflegeverfahren**
hand lay-up molding (hand layup),
contact molding (contact layup),
impression molding

➢ **Hohlgießen**
hollow molding/casting

➢ **Lösungsgießen**
solution molding/casting

➢ **Monomergießen**
monomer molding/casting

➢ **Rotationsgießen/**
Rotationsformen
rotational molding/casting,
rotomolding

➢ **Schalengießverfahren**
slush molding

➢ **Schleudergießen**
centrifugal molding

➢ **Spritzgießen**
injection molding

➢ **Tauchgießen**
dip molding,
dipping

Gießfolie
cast film

Gießform/
Gussform/
Gesenk (Matrize) *polym*
die (matrix),
mold, mould (*Br*),
casting mold

Gießharz
cast resin, casting resin

Gießling/Gussteil *polym*
cast molding, casting
➤ **nicht ausgepresstes Teil**
short (incompletely filled-out
condition in a molding)
Gießmasse
casting compound
Gießschnauze (an Gefäß)
pouring spout
Gift (Toxin) poison, toxin;
(tierisch) venom
➤ **Summationsgift/
kumulatives Gift**
cumulative poison
giftig (toxisch) poisonous, toxic; (Tiere)
venomous
Giftigkeit
(Toxizität) poisonousness, toxicity
Giftinformationszentrale
poison information center
Giftmüll
toxic waste, poisonous waste
Giftschrank
poison cabinet
Giftstoffe
poisonous materials,
poisonous substances
Gips CaSO$_4$ × 2H$_2$O
gypsum (selenite);
med (für Gipsverband)
plaster of Paris (POP)
Gipsplatte (Deckenbeschalung)
gypsum board (ceiling)
Gipsschiene *med*
plaster splint
Gipsverband *med*
plaster cast
Gitter
screen, wire-screen, grate;
polym lattice; *micros*
(Netz/Gitternetz/Probenträgernetz
für Elektronenmikroskopie) grid
➤ **Basisgitter** base lattice
➤ **Idealgitter** ideal lattice
➤ **Plangitter** plane lattice
➤ **Punktgitter** point lattice
➤ **Raumgitter** space lattice
➤ **Realgitter** real lattice
➤ **Supergitter** super lattice

Gitterenergie
lattice energy
Gitterplatz lattice site
Gitterspannung *electr*
grid voltage
Gitterstichprobenverfahren *stat*
lattice sampling,
grid sampling
Glanz
gloss; luster (lustre)
Glanzbeschichtung
glossy coating
Glanzkohle/Anthrazit
hard coal, anthracite
**Glanzpapier
(glanzbeschichtetes Papier)**
glazed paper
Glanzwinkel
glancing angle,
Bragg angle
Glas glass
➤ **anschlagen/Ecke abschlagen**
chip, chipping
➤ **Borosilikatglas**
borosilicate glass
➤ **Einscheibensicherheitsglas (ESG)**
tempered safety glass
➤ **Fensterglas** window glass
➤ **Flintglas** flint glass
➤ **gehärtet** toughened
➤ **Hartglas**
tempered glass, resistance glass
➤ **Milchglas** milk glass
➤ **Quarzglas** quartz glass
➤ **Rippenglas/
geripptes Glas/geriffeltes Glas**
ribbed glass
➤ **Schichtglas**
laminated glass
➤ **Schutzglas/Sicherheitsglas**
safety glass, laminated glass
➤ **Sicherheitsglas**
safety glass
➤ **Sinterglas** fritted glass
➤ **Textilglas** textile glass
➤ **Verbundsicherheitsglas**
laminated safety glass
➤ **Wasserglas M$_2$O×(SiO$_2$)$_x$**
water glass, soluble glass

glasartig/glasig
glasslike, glassy, vitreous
Glasbehälter glass vessel
Glasbildung vitrification
Glasbläser glassblower
Glasbläserei
glassblower's workshop
('glass shop')
Glasbruch
glass scrap, shattered glass,
broken glass
Gläschen/Glasfläschchen/Phiole
vial
Glaser glazier (one who sets glass)
Glaserei
(Handwerk) glasswork, glazing;
(Werkstatt) glazier's workshop,
glass shop
gläsern/aus Glas
glassy, made out of glass,
vitreous
Glasfaser/Faserglas
glass fiber (GF) (ISO),
fiberglass
➢ **C** chemical (chemisch)
➢ **E** electric (elektrisch)
➢ **R** resistance (Festigkeit)
➢ **textile G./Textilglas**
textile glass
Glasfasergewebe
glass-fiber weave
Glasfaserkabel
optical fiber cable,
glass fiber cable
Glasfaserkunststoff/
glasfaserverstärkter K. (GFK)
glass fiber-reinforced plastic
(GRP/GFRP),
fiber reinforced plastic (FRP)
Glasfaserlaminat/-schichtstoff
glass fiber laminate
Glasfaserlaser
glass-fiber laser, fiber laser
Glasfasermatte
glass fiber mat,
fiberglass mat
Glasfaseroptik/
Fiberglasoptik/Faseroptik
fiber optics

Glasfaserschichtstoff
glass fiber laminate,
fiberglass laminate
Glasfaserstrang/Roving
roving
Glasfaserverbundstoff
glass-fiber bonded non-woven
glasfaserverstärkt
glass fiber-reinforced
glasfaserverstärkter Kunststoff (GFK)/
glasfaserverstärktes Plastik
glass fiber-reinforced plastic
(GRP/GFRP)
Glasfaserverstärkung
glass fiber reinforcement,
fiberglass reinforcement
Glasfaservlies
glass fiber mat,
fiberglass matting;
(Glasfibervliessstoff/
Oberflächenvlies) surfacing mat
Glasfaservliesstoff
glass non-woven
Glasfilament (Glasseiden)
glass filament
Glasfilamentgarn
glass filament yarn
Glasfilamentgewebe
woven glass filament fabric
Glasfritte fritted glass filter
Glasgeflecht glass braid
Glasgeschirr
glassware, glasswork
Glashahn glass stopcock
Glashomogenisator
('Potter'; Dounce)
glass homogenizer
(Potter-Elvehjem homogenizer;
Dounce homogenizer)
Glaskeramik glass ceramics
Glas-Kurzfasern
(gemahlen) milled glass fiber;
(geschnitten) chopped glass fiber
glasmattenverstärkt
glass-fiber mat reinforced
glasmattenverstärkter Thermoplast (GMT)
glass fiber-mat reinforced
thermoplastic

Glasperle/Glaskügelchen
glass bead
Glasplatte sheet of glass
Glasrohr/Glasröhre/Glasröhrchen
glass tube;
(Glasrohre) glass tubing
Glasrohrschneider
glass tubing cutter;
(Zange) glass-tube cutting pliers
Glasroving glass roving
Glasrovinggewebe
woven glass roving fabric,
roving cloth
Glasrührstab
glass stirring rod
Glasscheibe
sheet of glass, pane
Glasschneider glass cutter
Glasschreiber/Glasmarker
glass marker
Glasspinnfaden
glass strand, strand
Glassplitter bits of broken glass
Glasstab glass rod
Glasstapelfaser
glass staple fiber
Glasstapelfasergarn
glass staple fiber yarn,
glass-fiber yarn
Glasstößel/
Glaspistill (Homogenisator)
glass pestle
Glastemperatur/
Glasumwandlungstemperatur
(Glasübergangstemperatur) (T_g)
polym
glass transition temperature
Glasumwandlung/Glasübergang
polym glass transition
Glasverklebung
bonded glass joint
glasverstärkte Kunststoffe
glass-reinforced plastics (GRP)
Glaswaren/Glassachen
glassware, glasswork
Glaswatte
glass bat, wadding
Glaswolle glass wool
Glaszylinder glass cylinder

Glättwerk/Kalander calender
gleich/identisch
(völlig gleich/ein und dasselbe)
equal, same, identical
➤ **ungleich/nicht identisch/anders**
unequal, different, nonidentical
gleichartig
(sehr ähnlich) very similar;
(verwandt/kongenial) congenial
gleichbleibender Zustand/
stationärer Zustand
steady state
gleichen *math* equate
➤ **sich gleichen/gleichartig sein**
resemble
gleichförmig uniform
Gleichförmigkeit
uniformity
gleichgestaltet
similar-structured
Gleichgewicht
balance, equilibrium
➤ **Fließgleichgewicht/**
dynamisches Gleichgewicht
steady state,
steady-state equilibrium
➤ **Ionengleichgewicht**
ion equilibrium,
ionic steady state
➤ **Säure-Basen-Gleichgewicht**
acid-base balance
➤ **Ungleichgewicht**
imbalance, disequilibrium
Gleichgewichtsdestillation
equilibrium distillation
Gleichgewichtsdialyse
equilibrium dialysis
Gleichgewichtskonstante
equilibrium constant
Gleichgewichtspolymerisation
equilibrium polymerization,
reversible polymerization
Gleichgewichtspotential
equilibrium potential
Gleichgewichtszentrifugation
equilibrium centrifugation,
equilibrium centrifuging
Gleichgewichtszustand
equilibrium state

gleichläufig/gleichsinnig (Doppelschneckenextruder)
corotating (twin screw extruder)
gleichrichten rectify
Gleichrichter rectifier
Gleichrichtung rectification
Gleichstrom direct current (DC)
Gleichstromdestillation
simple distillation
Gleichung equation
➢ **chemische Gleichung**
chemical equation
➢ **'eingerichtete' Gleichung**
balanced equation
➢ **Gleichung xten Grades**
equation of the xth order
➢ **Zustandsgleichung**
equation of state (EOS)
gleichzählig/isomer
isomerous
Gleitmittel/ Schmiermittel
lubricant, lubricating agent;
polym mold-release agent,
slip agent
Gleitringdichtung (Rührer)
face seal
gliedern/einteilen divide;
(klassifizieren) classify
➢ **untergliedern/unterteilen**
subdivide
Gliederung (Einteilung) division;
(Klassifikation) classification
➢ **Untergliederung/ Unterteilung**
subdivision
glimmen glow
Glimmentladung
glow discharge
Glockenkurve (Gauß'sche Kurve)
bell-shaped curve
(Gaussian curve)
Glockentrichter (Fülltrichter für Dialyse)
thistle tube funnel,
thistle top funnel tube
Glucarsäure
glucaric acid, saccharic acid

Gluconsäure (Gluconat)
gluconic acid (gluconate),
dextronic acid
Glucuronsäure (Glukuronat)
glucuronic acid (glucuronate)
Glühdraht
glowing wire
Glühofen
annealing furnace
Glühröhrchen
combustion tube,
ignition tube
Glührohrprobe
combustion tube test,
ignition tube test
Glühschälchen
incineration dish
Glühverlust
loss on ignition,
ignition loss
Glühwendel (z.B. Glühbirne) filament
Glukosamin/Glucosamin
glucosamine
Glukose/Glucose (Traubenzucker)
glucose (grape sugar)
Glutamin glutamine
Glutaminsäure (Glutamat)/ 2-Aminoglutarsäure
glutamic acid (glutamate),
2-aminoglutaric acid
Glutaraldehyd/ Glutardialdehyd/ Pentandial
glutaraldehyde,
1,5-pentanedione
Glutarsäure glutaric acid
Glutathion glutathione
Glycin/Glyzin/Glykokoll
glycine, glycocoll
Glykokoll/Glycin/Glyzin
glycocoll, glycine
Glykol/Glycol/Ethylenglykol
glycol, ethylene glycol,
1,2-ethanediol
Glykolaldehyd/ Hydroxyacetaldehyd
glycol aldehyde, glycolal,
hydroxyaldehyde

Glykolsäure (Glykolat)
glycolic acid (glycolate)
glykosidische Bindung
glycosidic bond,
glycosidic linkage
Glyoxalsäure (Glyoxalat)
glyoxalic acid (glyoxalate)
Glyoxylsäure (Glyoxylat)
glyoxylic acid (glyoxylate)
Glyzerin/Glycerin/Propantriol
glycerol, glycerin,
1,2,3-propanetriol
Glyzerinaldehyd/
Glycerinaldehyd
glyceraldehyde,
dihydroxypropanal
Glyzin/Glycin/Glykokoll
glycine, glycocoll
Gold (Au) gold
➢ **Blattgold**
gold foil, gold leaf
➢ **vergolden** gilding
Gold(I)... aurus
Gold(III)... auric
Goldmarkierung
gold-labelling
Goldsäure auric acid
Gooch-Tiegel
Gooch crucible
Gradientencopolymer
graded copolymer,
tapered copolymer
graduiert/
mit einer Gradeinteilung versehen
graduated
Grafitofen
graphite furnace
Grammäquivalent
gram equivalent
granulär granular
Granulat(e) granulate(s);
polym granules, pellets
Granulator *polym*
granulator, pelletizer;
(Würfel) dicer
Granulierdüse (Extruder)
pelletizing die
granulieren *polym*
pelletize

Grat flash
Gratbildung (Formteile)
flashing
gratfrei flash-free
Gravimetrie/Gewichtsanalyse
gravimetry,
gravimetric analysis
Greifer gripper
Greifzange grippers
➢ **Haltezange/Klasper**
grasping claws,
clasper(s), clasps;
(Gripzange) Vise-Grip®
Grenzdifferenz *stat*
least significant difference,
critical difference
Grenzfläche interface
grenzflächenaktiv
surface active
Grenzflächenpolymerisation
interfacial polymerization
Grenzflächenspannung
surface tension
Grenzfrequenz
corner frequency
Grenzkonzentration
limiting concentration
Grenzschicht
boundary layer
Grenzviskositätszahl/
grundmolare Viskosität
(Staudinger-Index)
limiting viscosity number,
intrinsic viscosity
Grenzwert/Schwellenwert
limit, limiting value;
physio/med liminal value
Griff grip, handle;
(klammernd) clutch;
(zupackend/festhaltend)
grip, grasp
Griffe (z.B. Tragegriffe)
grips; handgrips
griffig
(rutschfest) nonskid, nonslip
Griffigkeit
(Rutschfestigkeit) grip,
nonskid/skidproof property;
(haptisch) feel

Gripzange/Haltezange
Vise-Grip®
Grobfaser coarse fiber
grobfaserig
coarse-grained
Grobjustierschraube/
Grobtrieb *micros*
coarse adjustment knob
Grobjustierung/
Grobeinstellung (Grobtrieb)
micros coarse adjustment,
coarse focus adjustment
grobkörnig coarse-grain
Größenänderung
dimensional change
Großpackmittel
intermediate bulk container (IBC)
Grundbaustein
basic building block;
polym monomeric unit
Grundieren
application of primer
grundieren
apply primer
Grundiermittel primer
Grundierschicht
primer coat
Grundkörper (Strukturformel)
parent compound,
parent molecule (backbone)
Grundlage
base, foundation
Grundstoff/Rohstoff
base material,
starting material, raw material
Grundsubstanz/
Grundgerüst/Matrix
base material,
ground substance, matrix
Grundzustand
ground state
Gruppe
group, assemblage; cluster
➢ **funktionelle Gruppe**
functional group
Gruppenreagens
group reagent
Gruppentransferpolymerisation
group-transfer polymerization

Gruppentransferreaktion
group-transfer reaction
Guanylsäure (Guanylat)
guanylic acid (guanylate)
Guar-Gummi/Guarmehl
guar gum, guar flour
Guar-Samen-Mehl
guar meal, guar seed meal
Gulonsäure (Gulonat)
gulonic acid (gulonate)
Gummi (*m/pl Gummis*)
tech (Kautschuk) rubber;
bot (nt/pl Gummen); (Pflanzen-
exsudate/Pflanzensaft/Lebensmittel/
Polysaccharidgummen) gum
➢ **Altgummi** scrap rubber
➢ **Amerikanischer Styrax**
(*Liquidambar styraciflua*/
Hamamelidaceae)
American red gum, red gum,
sweet gum, American storax
➢ **Amritsar-Gummi**
(*Acacia modesta*/Fabaceae)
Amritsar gum
➢ **Arabisches Gummi/**
Acacia Gummi/Gummi
arabicum/Gummiarabikum
(u.a. *Acacia senegal*/Fabaceae)
gum arabic,
acacia gum
➢ **Asclepias-Gummi**
(*Asclepias* spp./Apocynaceae)
milkweed rubber
➢ **Assamgummi/**
Indisches Gummi
(*Ficus elastica*/Moraceae)
Assam rubber,
Indian rubber
➢ **Balata**
(*Mimusops bidentata* = *M. balata*/
Sapotaceae)
balata (gum)
➢ **Bitingagummi**
(*Raphionacme
utilis/Asclepiadaceae)**
Bitinga rubber
➢ **Blaugummi**
(*Eucalyptus globulus*/Myrtaceae)
blue gum

➢ **Bolivianisches Gummi**
 (*Sapium aucuparium/*
 Euphorbiaceae)
 Bolivian rubber
➢ **Borneo-Gummi**
 (*Willughbeia coriacea/*
 Apocynaceae)
 Borneo rubber
➢ **Cape York-Rotgummi**
 (*Eucalyptus brassiana/*
 Myrtaceae)
 Cape York red gum
➢ **Cashew-Gummi**
 (*Anacardium occidentale/*
 Anacardiaceae)
 cashew gum, acajou gum
➢ **Ceará-Gummi**
 (*Manihot* **spp. esp.** *.M. glaziovii/*
 Euphorbiaceae)
 ceara rubber
➢ **Chicle**
 (*Manilkara zapota*/Sapotaceae)
 chicle, chicle gum,
 chiku (sapodilla)
➢ **Chilte-Gummi**
 (*Cnidoscolus elastica/*
 Euphorbiaceae)
 chilte rubber
➢ **Sorva**
 (*Couma macrocarpa*/Apocynaceae)
 sorva gum, leche caspi
➢ **Couma-Gummi**
 (*Couma* spp./Apocynaceae)
 couma rubber
➢ **Esmeraldagummi**
 (*Sapium jenmanii*/Euphorbiaceae)
 Esmeralda rubber
➢ **Galbanum/Gummigalbanum/**
 Galbanum-Gummi
 (u.a. *Ferula gummosa* **and**
 Ferula galbaniflua/**Apiaceae)**
 galbanum gum
➢ **Gerberakaziengummi**
 (*Acacia catechu*/Fabaceae)
 khair gum
➢ **Ghattigummi**
 (*Anogeissus*
 latifolia/Combretaceae)
 gatty gum, ghatti

➢ **Goldruten-Gummi**
 (*Parthenium argentatum/*
 Asteraceae)
 guayule rubber
➢ **Guar-Gummi**
 (*Cyamopsis tetragonoloba/*
 Fabaceae)
 guar gum (cluster bean)
➢ **Gummikraut**
 (*Grindelia camporum*/Asteraceae)
 gumweed
➢ **Guttapercha**
 (*Palaquium gutta*/Sapotaceae)
 gutta-percha
➢ **Chinesisches G.**
 (*Eucommia ulmoides/*
 Eucommiaceae)
 Chinese gutta-percha
➢ **Hartgummi/Ebonit**
 hard rubber,
 vulcanite, ebonite
➢ **indischer Tragacanth/**
 indischer Tragant/
 Karaya-Gummi
 (*Sterculia urens*/Malvaceae,
 auch: Cochlospermum gossypium/
 Bixaceae)
 Indian tragacanth,
 karaya gum
➢ **Intisygummi**
 (*Euphorbia intisy*/Euphorbiaceae)
 intisy rubber
➢ **Iré-Gummi/Saji-Gummi**
 (*Ficus vogelii*/Moraceae)
 Iré rubber (Tongo lumps)
➢ **Johannisbrotsamengummi**
 (*Ceratonia siliqua*/Fabaceae)
 locust bean gum,
 carob gum
➢ **Kapgummi**
 (*Acacia karroo*/Fabaceae)
 Cape gum
➢ **Karayagummi/**
 Indischer Tragant
 (*Sterculia urens*/Sterculiaceae,
 auch: Cochlospermum gossypium/
 Bixaceae)
 karaya gum,
 Indian tragacanth

➢ **Kashew-Gummi**
(*Anacardium occidentale/*
Anacardiaceae)
cashew gum,
acajou gum
➢ **Kaugummi**
chewing gum
➢ **Koksaghyz-Gummi**
(*Taraxacum bicorne/*
Kautschuklöwenzahn/
Asteraceae)
kok-saghyz rubber
➢ **Kongogummi**
(*Ficus lutea/*Moraceae)
Congo rubber
➢ **Kordofan-Gummi/Hashab**
(*Acacia senegal/*Fabaceae)
Kordofan gum,
white senaar,
gomme blanche
➢ **Kreppgummi/**
Kreppkautschuk
crepe
➢ **Krimsaghyz-Gummi**
(*Taraxacum megalorhizon/*
Kautschuklöwenzahn/Asteraceae)
krim-saghyz rubber
➢ **Lagosgummi/Kickxia-Gummi**
(*Funtumia elastica/*Apocynaceae)
Lagos rubber,
Lagos silk rubber
➢ **Madagaskar-Gummi**
(*Cryptostegia, Landolphia,*
Marsdenia, Mascarenhasia **spp.**)
Madagascar rubber
➢ **Mandel-Gummi**
(*Prunus dulcis/*Rosaceae)
almond gum
➢ **Mangabeira-Gummi**
(*Hancornia speciosa/*Apocynaceae)
mangabeira rubber
➢ **Manicoba-Gummi**
(*Manihot glaziovii/*Euphorbiaceae)
Manicoba rubber
➢ **Mastix**
(*Pistacia lentiscus* **var.** *chia/*
Anacardiaceae)
mastic, gum mastic,
Chios mastic

➢ **Murray-Rotgummi**
(*Eucalyptus camaldulensis/*
Myrtaceae)
Murray red gum,
river red gum,
river gum
➢ **natürliches Gummi**
natural rubber,
India rubber
➢ **Ostafrikanisches Gummi**
(*Acacia drepanolobium/*Fabaceae)
East African gum
➢ **Ostafrikanisches Gummi**
(*Landolphia* **spp.**/Apocynaceae)
East African rubber
➢ **Panamagummi/**
Carthagena-Gummi
(*Castilla elastica/*Moraceae)
Panamá rubber,
Central American rubber
➢ **Parakautschuk**
(*Hevea brasiliensis/*Euphorbiaceae)
para rubber
➢ **Pernambuco-Gummi**
(*Hancornia speciosa/*Apocynaceae)
Pernambuco rubber
➢ **Phenoplaste**
phenolic rubbers
➢ **pulverisiertes Gummi**
comminuted rubber
➢ **Rangoongummi**
(*Urceola maingayi/*Apocynaceae)
Rangoon rubber
➢ **Regeneratgummi**
reclaimed rubber,
regenerated rubber
➢ **Sandarak**
(*Tetraclinis articulata and*
Callitris **spp./Cupressaceae**)
sandarac,
gum juniper
➢ **Schaumgummi**
foam rubber,
foamed rubber,
plastic foam, foam
➢ **Schwammgummi**
sponge rubber
➢ **Silikongummi**
silicone rubber

> **Sorva**
> (*Couma macrocarpa*/Apocynaceae)
> sorva gum, leche caspi
> **Suakingummi (Talh)**
> (*Acacia stenocarpa* und
> *Acacia seyal*/Fabaceae)
> talha gum, talh gum,
> talca gum, talki gum,
> Suakin gum
> **synthetisches Gummi**
> synthetic rubber
> **Tamarindensamengummi**
> (*Tamarindus indica*/Fabaceae)
> tamarind seed powder
> **Tausaghyz-Gummi**
> (*Scorzonera tausaghyz*/Asteraceae)
> tau-saghyz rubber
> **Tekesaghyz-Gummi**
> (*Scorzonera acanthoclada*/
> Asteraceae)
> teke-saghyz rubber
> **Tirucalli-Gummi**
> (*Euphorbia tirucalli*/
> Euphorbiaceae)
> tirucalli rubber
> **Tongking-Gummi**
> (*Streblus tongkinensis*/
> Moraceae)
> Tongking rubber
> **Tragacanth/Tragant**
> (*Astracantha gummifera*/
> Fabaceae)
> tragacanth (gum tragacanth),
> gum dragon
> **Uleigummi**
> (*Castilla ulei*/Moraceae)
> Ulé rubber,
> uli rubber
> **Vollgummi**
> solid rubber
> **Walle-Gummi**
> (*Acacia pycnantha*/Fabaceae)
> Walle gum, Wattle gum,
> Australian gum
> **Xanthangummi**
> xanthan gum
> **Zellgummi/Moosgummi**
> cellular rubber,
> expanded rubber

Gummi arabicum/
Gummiarabikum/
Arabisches Gummi/
Acacia Gummi
(*Acacia senegal*/Fabaceae etc.)
gum arabic, acacia gum
gummiartig
rubbery
gummiartiger Zustand
rubbery state
Gummiband/Gummi
rubber band, elastic (*Br*)
Gummibaum
(*Ficus elastica*/Moraceae)
rubber plant
Gummidichtung(sring)
rubber gasket
Gummi-Elastizität
rubber elasticity
gummieren gum
Gummierung gumming;
(klebende Fläche) gummed surface
Gummigutt
(Harz u.a. von *Garcinia morella* und
G. hanburyi/Clusiaceae)
gamboge
Gummihammer
rubber mallet
Gummiharz
resinous gum,
gum resin
> **Asafoetida/Teufelsdreck**
> (*Ferula assa-foetida*/Apiaceae)
> asafetida
> **Gummigutt**
> (u.a. *Garcinia morella* und
> *G. hanburyi*/Clusiaceae)
> gamboge
> **Myrrhe**
> (*Commiphora myrrha*/
> Burseraceae)
> myrrh
Gummihaut
rubberized fabric;
rubber skin
Gummihütchen
(Pipettierhütchen)
rubber nipple
(pipeting nipple)

Gummimanschette
 (für Laborglas)
 rubber sleeve
Gummireifen
 rubber tire
Gummiring
 rubber ring
 (e.g., flask support)
Gummisack rubber bag
Gummischaber/
 Gummiwischer
 (zum Loslösen von festgebackenen
 Rückständen im Kolben)
 policeman, rubber policeman (scraper
 rod with
 rubber or Teflon tip)
Gummischlauch
 rubber tubing
Gummiseptum
 rubber septum
Gummistiefel
 rubber boots
Gummistopfen/
 Gummistöpsel
 rubber stopper,
 rubber bung (*Br*)
Gummiwischer/
 Gummischaber
 (zum Loslösen von festgebackenen
 Rückständen im Kolben)
 policeman, rubber policeman (scraper
 rod with rubber or
 Teflon tip)
Gummizucker/Arabinose
 arabinose
gummös
 gummy,
 gummous
Gurt belt
Gurtband
 conveyor belt
Gürtel/
 Gurt/Cingulum
 girdle, belt, cingulum
Gussform/
 Gießform/
 Gesenk (Matrize) *polym*
 die (matrix),
 mold, mould (*Br*)

Gussverfahren
 molding,
 casting (process/procedure)
➢ **Fließgießen/Fließgussverfahren/**
 Intrusionsverfahren
 flow molding, flow-molding
 process/procedure, intrusion
➢ **Hohlgussverfahren/Hohlgießen**
 hollow molding/casting
➢ **Intrusionsverfahren/**
 Fließgussverfahren/Fließgießen
 intrusion molding,
 flow-molding
➢ **Lösungsgussverfahren/**
 Lösungsgießen
 solution molding/casting
➢ **Monomergussverfahren/**
 Monomergießen
 monomer molding/casting
➢ **Reaktionsspritzgießverfahren (RSG)**
 reaction injection molding (RIM)
➢ **Rotationsgussverfahren/**
 Rotationsgießen
 rotational molding/casting
➢ **Schleudergussverfahren/**
 Schleudergießen
 centrifugal molding
➢ **Spritzgießverfahren/**
 Spritzgussverfahren
 injection molding process
➢ **Tauchgussverfahren/**
 Tauchgießen
 dip molding, dipping
➢ **Verbundspritzgießverfahren/**
 Sandwich-Spritzgießen
 sandwich molding
➢ **Zweistufenverfahren (Extruder)**
 double-shot
Gutachten/Expertise
 expert opinion, expertise;
 (Bescheinigung) certificate
gutartig/benigne
 benign
➢ **bösartig/maligne**
 malignant
Gutartigkeit/Benignität
 benignity, benign nature
➢ **Bösartigkeit/Malignität**
 malignancy, malignant nature

Gute Arbeitspraxis
Good Work Practices (GWP)
Gute Industriepraxis (Produktqualität)
Good Manufacturing Practice (GMP)
Gute Laborpraxis
Good Laboratory Practice (GLP)
Güter
articles; goods; freight

Guttapercha (*trans*-1,4-Polyisopren, u.a. von *Palaquium gutta* und *Payena* spp./Sapotaceae)
gutta-percha
➢ **Chinesisches Guttapercha (*Eucommia ulmoides*/ Eucommiaceae)**
Chinese gutta-percha

Haargefäß/Kapillare capillary
Haarkristall/
　Fadenkristall/
　fadenförmiger Einkristall/
　Whisker
　whisker
Haarnetz hair net
Haarriss
　craze (precursor to crack)
Haarrissbildung
　crazing
　(under tensile loading)
haarrissig (mit Haarrissen)
　crazed
➤ **ohne Haarrisse**
　uncrazed
Haarrisswachstum
　craze growth
Haarschutzhaube
　bouffant cap
Hadern (Stoffreste/Lumpen)
　rags
haften (kleben)
　adhere, stick, cling
Haftfestigkeit (Klebkraft)
　bonding strength,
　bond strength,
　pull strength
Haftgrundierung/Haftprimer
　adhesive primer
Haftkleber/Kontakt-Klebstoff
　contact adhesive,
　contact bond adhesive;
　(durch Andrücken) impact adhesive,
　pressure-sensitive adhesive
Haftmittel
　coupling agent,
　bonding agent;
　(paints etc.) anchoring agent
Haftpflicht liability
haftpflichtig liable
Haftpflichtversicherung
　liability insurance
Haftreibung static friction
Haftung
　adhesion, adhesive power;
　chem adsorption;
　(Verantwortung) responsibility;
　jur liability; warranty, guarantee

Haftvermittler *polym*
　coupling agent,
　bonding agent,
　anchoring agent
Haftvermittlung
　coupling, bonding,
　anchoring
Haftvermögen
　bonding capacity,
　adhesive capacity
Haftwasser
　film water,
　retained water
Hahn (Leitungen/Behälter/Kanister)
　spigot, tap,
　cock, stopcock
➤ **Ablasshahn/Ablaufhahn**
　draincock
➤ **Absperrhahn/Sperrhahn**
　stopcock
➤ **Ausgießhahn** tap
➤ **Dreiweghahn/Dreiwegehahn**
　three-way cock,
　T-cock,
　three-way tap
➤ **Einweghahn**
　single-way cock
➤ **feststecken/festgebacken**
　jammed, stuck,
　'frozen', caked
➤ **Gashahn**
　gas cock, gas tap
➤ **Glashahn**
　glass stopcock
➤ **Küken**
　key, plug
➤ **Quetschhahn**
　pinchcock
➤ **Wasserhahn** faucet
➤ **Zapfhahn/**
　Fasshahn
　spigot
➤ **Zylinder**
　barrel (stopcock barrel)
Hahnfett
　tap grease
Hahnküken
　key, stopcock key,
　plug

Haken hook;
  med (Wundhaken/Wundspreizer)
  retractor
Hakenklemme (Stativ)
  hook clamp
Halb-Leiterpolymer
  semiladder polymer,
  step-ladder polymer
Halbacetal hemiacetal
halbdurchlässig/
  semipermeabel
  semipermeable
Halbdurchlässigkeit/
  Semipermeabilität
  semipermeability
Halbedelmetall
  semiprecious metal
Halbelement (galvanisches)/
  Halbzelle
  half cell, half element
  (single-electrode system)
Halblebenszeit (Enzyme)
  half-life
Halbleiter semiconductor
Halbleiterblockschaltung
  monolithic integrated circuit
Halbleiterscheibe
  semiconductor wafer
Halbmetalle semimetals
Halbmikroansatz
  semimicro batch
Halbmikroverfahren/
  Halbmikromethode
  semimicro procedure/method
Halbpfeil
  (in chem. Reaktionsgleichungen)
  fish hook
Halbsättigungskonstante/
  Michaeliskonstante (K_M)
  Michaelis constant,
  Michaelis-Menten constant
halbsteif semirigid
halbsynthetisch
  semisynthetic
Halbwertsbreite *math/stat*
  full width at half-maximum (fwhm),
  half intensity width
Halbwertszeit
  half-life

Halbzelle/
  galvanisches Halbelement
  half-cell, half element
  (single-electrode system)
Halbzellenpotential
  half-cell potential
Halbzeug
  semifinished goods,
  semifinished product,
  semi
Hälfte/Anteil/Teil moiety
Hals/Tubusträger *micros* neck
Halsbildung *polym*
  necking
haltbar storable,
  durable, lasting
Haltbarkeit storability,
  durability, shelf life
Haltebolzen
  fixing bolt
Halterung
  (holding) fixture,
  mounting, support
Handauflegeverfahren *polym*
  hand lay-up molding (hand layup),
  contact molding (contact layup),
  impression molding
Handbedienung (Gerät)
  manual operation
Handdesinfektion
  disinfection of hands
Handel trade, business
handelsüblich
  trade, commercial
  (commonly available)
handgearbeitet (Glas etc.)
  handtooled
Handhabung/Hantieren/
  Gebrauch/Umgang
  handling
Händler
  dealer; seller;
  commercial vendor
➤ **Einzelhändler**
  retailer, retail dealer,
  retail vendor
➤ **Großhändler**
  wholesaler,
  wholesale vendor

Handpumpe hand pump
Handschuhe
  gloves
  ➢ **Arbeitshandschuhe**
    work gloves
  ➢ **Ärmelschoner/Stulpen**
    sleeve gauntlets
  ➢ **Baumwollhandschuhe**
    cotton gloves
  ➢ **Einweg~/Einmalhandschuhe**
    disposable gloves,
    single-use gloves
  ➢ **Fingerling**
    finger cot
  ➢ **Hitzehandschuhe**
    heat defier gloves,
    heat-resistant gloves
  ➢ **Hoch-Hitzehandschuhe/**
    Ofenhandschuhe
    oven gloves
  ➢ **Isolierhandschuhe**
    insulated gloves
  ➢ **Kälteschutzhandschuhe**
    cold-resistant gloves
  ➢ **medizinische Handschuhe/**
    OP-Handschuhe
    medical gloves
  ➢ **Reinraumhandschuhe**
    cleanroom gloves
  ➢ **Säureschutzhandschuhe**
    acid gloves,
    acid-resistant gloves
  ➢ **Schnittschutz-Handschuhe**
    cut-resistant gloves
  ➢ **Schutzhandschuhe**
    protective gloves,
    gauntlets
  ➢ **Tiefkühlhandschuhe/**
    Kryo-Handschuhe
    deep-freeze gloves
Handschuhinnenfutter
  glove liners
Handschuhkasten/
  Handschuhschutzkammer
  glove box,
  dry-box
Hantel dumbbell
  ➢ **elastische H.**
    elastic dumbbell

Hardy-Weinberg-Gesetz
  (Hardy-Weinberg-Gleichgewicht)
  Hardy-Weinberg law
  (Hardy-Weinberg equilibrium)
Harnsäure (Urat)
  uric acid (urate)
Harnstoff (Ureid)
  urea (ureide)
Härte
  hardness, toughness
  ➢ **bleibende Härte**
    permanent hardness
  ➢ **Gesamthärte**
    total hardness
  ➢ **Ritzhärte**
    abrasive hardness
  ➢ **vorübergehende Härte**
    temporary hardness
  ➢ **Wasserhärte**
    water hardness
Härtegrad
  hardness degree (HD),
  degree of hardness
  ➢ **Internationaler Gummihärtegrad**
    international rubber hardness degree
    (IRHD)
Härtemittel/Vernetzer
  curing agent
Härten *n* hardening;
  (Aushärten) *polym* curing;
  (Vulkanisieren/Vulkanisation)
  vulcanizing; vulcanization;
  (Vernetzung) crosslinking;
  (von Stahl) tempering
  ➢ **Kalthärten/**
    Härten bei Raumtemperatur
    cold cure (cold vulcanizing),
    room temperature vulcanizing
    (RTV)
  ➢ **Nachhärten**
    post cure
härten *vb* harden;
  (aushärten) *polym* cure;
  (vulkanisieren) vulcanize;
  (von Stahl) temper
  ➢ **an Ort und Stelle aushärten** *polym*
    cure-in-place
  ➢ **nachhärten**
    post-cure

härtend curing
➢ **kalthärtend**
cold-curing
➢ **selbsthärtend**
self-curing
➢ **wärmehärtend/heißhärtend/
thermohärtend**
hot-curing,
thermocuring
Härter
(Aushärtungskatalysator)
curing agent;
(Vulkanisierungsmittel)
crosslinking agent
**Härtezeit/
Härtungszeit/Abbindezeit** *polym*
curing time/period,
(cure) setting time
Hartfaser
hard fiber
Hartfaserplatte
hard board,
molded fiber board
Hartglas tempered glass
Hartgranulat *polym*
unplasticized compound
Hartgummi
hard rubber,
vulcanite, ebonite
Hartpapier
laminated paper
Härtung cure, curing
Härtungsgrad
degree of cure
Härtungsschrumpfung
cure shrinkage
Härtungstemperatur
curing temperature;
setting temperature
Härtungszeit
cure time, curing time;
setting time, setting period
Harz resin (im Engl. *sensu lato* für
Rohstoffe für Kunststoffe, Lacke)
➢ **A-Zustand**
A-stage,
single-stage, resol
➢ **B-Zustand** B-stage, resitol
➢ **C-Zustand** C-stage, resite

➢ **Akaroidharz**
(u.a. *Xanthorrhoea hastilis/*
Xanthorrhoeaceae)
Botany Bay gum,
resina acaroides,
yellow acaroid resin,
grass tree gum
➢ **Alkydharze**
alkyd resins
➢ **Aminoharze**
amino resins,
aminoplasts
➢ **Asant/Teufelsdreck**
(*Ferula assa-foetida/*
Apiaceae)
asafoetida
➢ **Balsam** balsam
➢ **Benzoeharz**
(*Styrax benzoin/*Styracaceae)
benzoin,
benjamin gum,
gum Benjamin
➢ **Bernstein (u.a.** *Pinites succinifera*)
amber
➢ **Dammar**
(*Shorea wiesneri/*
Dipterocarpaceae)
dammar
➢ **Drachenblut**
(*Daemonorops draco/*Arecaceae)
dragon's blood, resina draconis
➢ **Elemi/Elemiharz**
(*Canarium luzonicum/*Burseraceae)
elemi, Manila elemi
➢ **Epoxidharze**
epoxy resins
➢ **Galbanum**
(u.a. *Ferula gummosa* und
*F. galbaniflua/*Apiaceae)
galbanum
➢ **gehärtetes** cured;
(durch spezielle härtende Zusätze)
toughened
➢ **Gießharz**
cast resin, casting resin
➢ **großmaschig**
macroreticular
➢ **großporig**
macroporous

➢ **Guajak/Guajakharz**
(Pockholz:
Guaiacum officinale **und**
G. sanctum/
Zygophyllaceae)
guaiac

➢ **Gummigutt**
(u.a. *Garcinia morella* und
G. hanburyi/
Clusiaceae)
gamboge

➢ **Gummiharz** resinous gum

➢ **Harnstoff-Formaldehyd-Harze**
urea-formaldehyde resins (UF)

➢ **Hartharz (Resina)**
hard resin, hardened resin

➢ **Ionenaustauscherharz**
ion-exchange resin

➢ **Jalape**
(u.a. *Ipomoea purga*/Purgierwinde/
Convolvulaceae)
jalap

➢ **Japanlack/**
Chinalack/
Lacksumach
(*Rhus verniciflua*/Anacardiaceae)
Japanese lacquer,
Chinese lacquer

➢ **Kauri**
(Baumkopal:
Agathis australis/Araucariaceae)
kauri

➢ **Kiefernharz**
(*Pinus* spp./Pinacerae)
pine resin

➢ **Kolophonium (*Pinus* spp.)**
colophony

➢ **Kopal**
(*Daniellia oliveri*/Fabaceae)
copal

➢ **Kunstharze/**
Syntheseharze
artificial resin,
synthetic resin

➢ **Labdanum**
(*Cistus ladanifer*/Cistaceae)
ladanum,
gum labdanum,
droga de Jara

➢ **Laminierharz**
laminating resin

➢ **Manila-Kopal**
(*Agathis dammara*/Araucariaceae)
Manila copal,
E Indian copal,
bendang, bindang,
damar minjak,
batjan, batu gum

➢ **Mastix**
(*Pistacia lentiscus* var. *chia*/
Anacardiaceae)
mastic, gum mastic, Chios mastic

➢ **Melamin-Formaldehyd-Harze**
melamine-formaldehyde resins (MF)

➢ **modifiziert** modified

➢ **Myrrhe**
(*Commiphora abyssinica*/
Burseraceae)
myrrh

➢ **Naturharze**
natural resins

➢ **Oleoresin/Oleoharze**
oleoresins

➢ **öllöslich** oil-soluble

➢ **ölreaktiv** oil-reactive

➢ **Opopanax**
(*Commiphora erythraea* var.
glabrescens/Burseraceae)
opopanax resin

➢ **Phenol-Formaldehyd-Harze**
phenol-formaldehyde resins (PF)

➢ **Phenol-Harze**
phenolic resins

➢ **Polyterpenharze**
polyterpene resins

➢ **Reaktionsharz (Präpolymer)**
thermosetting resin

➢ **Salharz**
(*Shorea robusta*/
Dipterocarpaceae)
sal, sal dammar

➢ **Sandarak**
(*Tetraclinis articulata* und
Callitris spp./Cupressaceae)
sandarac, gum juniper

➢ **Schellack**
(aus: *Laccifer lacca*)
shellac

➢ **Schichtstoffharz**
laminating resin
➢ **Schleimharz** gum resin
➢ **schrumpfarm**
low-shrinkage
➢ **selbsthärtend (Harze/Polymere)**
self-curing
➢ **Skammoniaharz/**
Skammoniumharz
(*Convolvulus scammonia/*
Convolvulaceae)
scammony
➢ **Storax/Styrax**
(*Liquidambar orientalis/*
Hamamelidaceae)
storax,
Levant storax,
styrax
➢ **Styrolharz/Styrenharz**
styrene resin
➢ **Terpentinharz (Kolophonium)**
allg pitch (resin from conifers);
rosin,
colophony
(resin after distilling turpentine)
➢ **Weichharz** soft resin
➢ **Weihrauch**
(*Boswellia* **spp./Burseraceae)**
olibanum,
gum olibanum,
frankincense
➢ **Wurzelharz (Kolophonium**
von Kiefern-Baumstümpfen)
wood rosin
harzabsondernd
resiniferous
Harzester/Resine
resin ester,
ester gum,
resiante
Harzgummi
resin rubber
Harzhärter
resin hardener
harzig resinous
harzimprägniert
resin-impregnated
Harzkleber
resin adhesive

Harzlack
resin lacquer,
resin varnish
Harzöl
resin oil
Harzölfirnis
resin oil varnish
Harzsäuren/
Resinolsäuren
resin acids
Harzüberzug
resinous coating
Harzvernetzung
resin cure
harzvorimprägniertes Halbzeug
prepreg
Harzvulkanisation
resin vulcanization/cure
Häufigkeit/Frequenz
frequency (of occurrence),
abundance
➢ **relative H.** *stat*
frequency ratio
Häufigkeitshistogramm
frequency histogram
Häufigkeitsverteilung *stat*
frequency distribution (FD)
Hauptassoziation
chief association
Hauptbande *chromat/electrophor*
main band
Hauptplatine
mother board
Hauptsatz
(1./2.Hauptsatz der Thermodynamik)
first/second law of thermodynamics
Haushalt household
➢ **Naturhaushalt**
(natürliches Gleichgewicht)
natural balance
➢ **Stoffwechsel/**
Metabolismus
metabolism
➢ **Wasserhaushalt/**
Wasserregime
water regime
Haushaltsmüll/
Haushaltsabfälle
household waste/trash

Haut skin; hide, peel; integument;
adj/adv (dermal) dermal, dermic,
dermatic; (die Haut betreffend)
epidermal, cutaneous

Hautausschlag
rash, skin rash,
skin eruptions

Hautbildung (Oberflächen)
skinning

Hautpflege skin care

Hautpflegemittel
skin care product

hautreizend skin-irritant

Hautreizung
skin irritation

Hautsalbe
skin ointment

Hautverhinderungsmittel
anti-skinning agent

Haworth-Projektion/Haworth-Formel
Haworth projection,
Haworth formula

Hebelmechanismus
leverage mechanism

Heber/
Hebevorrichtung/Hebebock
jack

Hebestativ/
Hebebühne (fürs Labor)
laboratory jack,
lab-jack

Hede/Werg *text* tow

heftig (Reaktion etc.)
vigorous

Heftpflaster (Streifen) *med*
band-aid (adhesive strip),
sticking plaster, patch

Heftschweißen
tack welding

heilen cure, heal

Heilung
cure, healing

heißhärtend/
wärmehärtend/
thermohärtend
hot-curing,
thermocuring

Heißhärter (Katalysator)
hot-curing agent (catalyst)

Heißkanal/
Heißkanalverteiler (Gießen)
hot runner (molding)

Heißluft hot air

Heißluftgebläse/
Labortrockner/Föhn
hot-air gun

Heißluftpistole heat gun

Heißstrahlsprühen
(Auftrageverfahren: Sprühverfahren)
polym hot spraying

Heißwassertrichter
hot-water funnel
(double-wall funnel)

Heizbad heating bath

Heizband/Heizbandage
heating tape,
heating cord

Heizelementschweißen
(HE-Schweißen)
heated tool welding
(fusion welding)

Heizelementstumpfschweißen
(HS-Schweißen)
heated tool butt welding

heizen heat

Heizhaube/
Heizmantel/Heizpilz
heating mantle

Heizkeilschweißen
heated wedge welding

Heizkörper radiator

Heizplatte (Kochplatte)
hot plate

➢ **Doppelkochplatte**
double-burner hot plate

➢ **Einfachkochplatte**
single-burner hot plate

➢ **Magnetrührer mit Heizplatte**
stirring hot plate

Heizschlange
heating coil

Heizung
heater,
heating system

Heizwendel heating coil

Helix/Spirale (*pl* Helices)
helix (*pl* helices or helixes),
spiral

Hellfeld *micros* bright field
Helm helmet
➤ **Schutzhelm**
  safety helmet;
  hard hat, hardhat
Hemiterpene (C₅) hemiterpenes
hemizyklisch/hemicyclisch
  hemicyclic
hemmen inhibit
hemmend/
  inhibierend/
  inhibitorisch
  inhibitory
Hemmkonzentration
  inhibitory concentration
Hemmstoff inhibitor
Hemmung/Inhibition
  inhibition
➤ **irreversible Hemmung**
  irreversible inhibition
➤ **kompetitive Hemmung/**
  Konkurrenzhemmung
  competitive inhibition
➤ **nichtkompetitive Hemmung**
  noncompetitive inhibition
➤ **reversible Hemmung**
  reversible inhibition
➤ **Suizidhemmung**
  suicide inhibition
➤ **unkompetitive Hemmung**
  uncompetitive inhibition
Herabregulation
  down regulation
Heraufregulation
  up regulation
herausragen emerge;
  (hervorstehen) protrude, stand out
Herausschneiden/
  Excision/Exzision
  excision
herausschneiden/
  exzidieren
  excise
Herkunft/Abstammung
  origin, descent,
  provenance (Provenienz)
Hersteller/Produzent
  manufacturer,
  producer

Herstellerangaben
  manufacturer's specifications
Herstellung/Produktion
  manufacture, manufacturing,
  preparation, production
Herstellungskosten
  production costs,
  manufacturing costs
Herstellungsverfahren
  preparation process/procedure,
  manufacturing process/procedure
herunterfahren (Reaktor/Computer)
  power down
heterogen/ungleichartig/
  verschiedenartig/andersartig
  heterogeneous
  (consisting of dissimilar parts)
heterogen/
  unterschiedlicher Herkunft
  heterogenous (of different origin)
Heterogenie/
  unterschiedlicher Herkunft
  heterogeny
Heterogenität/
  Ungleichartigkeit/
  Verschiedenartigkeit/
  Andersartigkeit
  heterogeneity
heterolog heterologous
Heteropolymer heteropolymer
heterotypisch heterotypic
heterozyklisch/heterocyclisch
  heterocyclic
Hilfe help, aid, assistance,
  support, rescue operation
Hilfseinrichtung
  (Apparat der nicht direkt
  mit dem Produkt
  in Berührung kommt)
  ancillary unit of equipment
Hilfspumpe
  booster pump,
  accessory pump,
  back-up pump
Hilfsstoff/Adjuvans
  auxiliary drug, adjuvant
Hinterdruck outlet pressure;
  (Arbeitsdruck: mit Druckausgleich)
  working pressure, delivery pressure

Hirschhornsalz/
　Ammoniumcarbonat
　hartshorn salt,
　ammonium carbonate
Histamin histamine
Histidin histidine
Histogramm/Streifendiagramm *stat*
　histogram, strip diagram
Hitze heat
➤ **erhitzen** heat
➤ **Überhitzung**
　overheating,
　superheating
Hitzebehandlung/Backen
　heat treatment,
　baking
hitzebeständig/hitzestabil
　heat-resistant,
　heat-stable
Hitzeentwicklung
　heat evolution
Hitzeschock heat shock
hitzestabil/
　hitzebeständig
　heat-stable,
　heat-resistant
hitzeverträglich
　heat-tolerant
hochauflösend/
　hochaufgelöst
　high-resolution ...
Hochdruck/Bluthochdruck
　hypertension
Hochdruckflüssigkeits-
　chromatographie/
　Hochleistungschromatographie
　high-pressure liquid chromatography,
　high performance liquid
　chromatography (HPLC)
Hochdruck-Steckverbindung
　compression fitting
Hochdurchsatz
　high-throughput
hochentzündlich
　highly ignitable
hochfahren (Reaktor/Computer)
　power up
Hochfeldverschiebung (NMR)
　high-field shift

Hochfrequenzschweißen
　(HF-Schweißen)
　high-frequency dielectric welding
Hochgeschwindigkeitsrührer
　high-speed stirrer
Hochleistungs...
　high-performance
Hochleistungsfaser
　high-performance fiber
Hochmodulfaser/
　Hochnassmodulfaser
　(HWM-Faser)
　high modulus fiber
hochmolekular high-molecular
Hochofen blast furnace
Höchsterträge maximum yield
Höchstzugkraft
　force at break,
　'breaking force'
Hofmeistersche Reihe/
　lyotrope Reihe
　Hofmeister series,
　lyotropic series
Höhle/
　Kammer/Ventrikel
　(kleine Körperhöhle)
　cavity, chamber, ventricle
Hohlfaser hollow fiber
Hohlform/Gesenk
　cavity, mold, die
Hohlgießen/
　Hohlgussverfahren *polym*
　hollow casting/molding,
　slush casting
Hohlkugel hollow sphere
Hohlleiter (z.B. an Mikrowelle)
　wave guide
Hohlraum/
　Höhlung/Lumen
　cavity, lumen, void;
　airspace
Hohlspiegel
　concave mirror
Hohlstopfen/
　Hohlglasstopfen
　hollow stopper
Höhlung crypt, cavity, cave
Hohlwelle (Rührer)
　hollow impeller shaft

Holzessig
wood vinegar,
pyroligneous acid
Holzgeist wood spirit,
wood alcohol,
pyroligneous spirit,
pyroligneous alcohol
(chiefly: methanol)
Holzkohle charcoal
Holzschliff wood pulp
Holzspanplatte
(wood) chipboard
Holzstoff (mechan. H./Pulpe)
mechanical pulp
Holzteer wood tar
holzverarbeitende Industrie
timber industry
Holzwirtschaft
lumber industry,
timber industry
Holzwolle wood-wool
holzzersetzend
decomposing wood,
xylophilous
Holzzucker/Xylose
wood sugar, xylose
homogen (einheitlich/gleichartig)
homogeneous (having same kind of
constituents); (gleicher Herkunft)
homogenous (of same origin)
Homogenisation
homogenization
Homogenisator
homogenizer
homogenisieren
homogenize
Homogenisierung
homogenization
Homogenität/
Einheitlichkeit/Gleichartigkeit
homogeneity
(with same kind of constituents)
Homogentisinsäure
homogentisic acid
homoiosmotisch
homoiosmotic,
homeosmotic
homolog/ursprungsgleich
homologous

Homologie homology
homologisieren
homologize
homonym *adv/adj*
homonymous, homonymic
Homopolymer
homopolymer
Hookesche Körper
Hookean bodies
Hooke-Zahl Hooke number
horizontal angeordnetes Plattengel
horizontal gel,
flat bed gel
HOSCH-Filter
(Hochleistungsschwebstoffilter)
HEPA-filter
(high-efficiency particulate
and aerosol air filter)
Hülle (z.B. Wasser)
envelope, jacket;
(Mantel) body covering,
vesture, vestiture
Hülse/Ring socket, ferrule;
(Schliffhülse: 'Futteral'/
Einsteckstutzen) socket
(female: ground-glass joint)
Hutmutter
acorn nut
Hybridfaser hybrid fiber
➢ **Umwinden** co-wrapping
➢ **Vermischen** co-mingling
➢ **Verspinnen** co-spinning
Hybridisierungsinkubator
hybridization incubator
Hydrat
hydrate
Hydratation/
Hydratisierung/
Solvation
(Wassereinlagerung/
Wasseranlagerung)
hydration,
solvation
Hydrathülle/
Wasserhülle/
Hydratationsschale
hydration shell
Hydratwasser
water of hydration

Hydrauliköl/
  Drucköl
  hydraulic oil
hydraulisch vorgesteuert (Ventil)
  pilot-operated (valve)
hydrieren/hydrogenieren
  hydrogenate
Hydrierung
  (Wasserstoffanlagerung)
  hydrogenation
hydrisch hydric
Hydrogel hydrogel
Hydrokolloid
  hydrocolloid
Hydrolyse/
  Wasserspaltung hydrolysis
Hydrolysealterung
  hydrolytic ageing
hydrolytisch/
  wasserspaltend hydrolytic
hydrophil
  (wasseranziehend/wasserlöslich)
  hydrophilic
  (water-attracting/water-soluble)
Hydrophilie (Wasserlöslichkeit)
  hydrophilicity
  (water-attraction/water-solubility)
hydrophob (wasserabweisend/
  wasserabstoßend/
  nicht wasserlöslich)
  hydrophobic
  (water-repelling/water-insoluble)
hydrophobe Bindung
  hydrophobic bond

Hydrophobie
  (Wasserabweisung/
  Wasserunlöslichkeit)
  hydrophobicity
  (water-insolubility)
hydrostatischer Druck
  hydrostatic pressure
Hydroxyapatit
  hydroxyapatite
Hydroxylierung
  hydroxylation
Hydroxyprolin
  hydroxyproline
Hygiene hygiene
➢ **Arbeitshygiene**
  industrial hygiene
➢ **Arbeitsplatzhygiene**
  occupational hygiene
Hygienebedingungen
  hygienic conditions
Hygienemaßnahme
  sanitary measure
hygienisch
  hygienic
hygroskopisch
  hygroscopic
Hyperchromizität
  hyperchromicity,
  hyperchromic effect,
  hyperchromic shift
Hypersensibilität/Allergie
  hypersensitivity, allergy
hyperverzweigtes Polymer
  hyperbranched polymer (HBP)

ICP-MS
  (induktiv gekoppelte Plasma-MS)
  inductively coupled
  plasma mass spectrometry
Idealgitter ideal lattice
Imidazol imidazole
Iminosäure imino acid
Immission
  (Belastung durch Luftschadstoffe)
  exposure level of air pollutants;
  (Einwirkung) immission, injection,
  admission, introduction
immobil/fixiert/bewegungslos
  immobile, fixed, motionless
Immobilisation immobilization
immobilisieren
  immobilize (to make immobile)
Immobilität/
  Bewegungslosigkeit
  immobility, motionlessness
Immunfluoreszenzchromatographie
  immunofluorescence chromatography
Immunfluoreszenzmikroskopie
  immunofluorescence microscopy
Immunologie immunology
immunoradiometrischer Assay
  immunoradiometric assay (IRMA)
Immunpräzipitation
  immunoprecipitation
impermeabel/
  undurchlässig
  impermeable, impervious
Impermeabilität/
  Undurchlässigkeit
  impermeability,
  imperviousness
impfen
  med inoculate, vaccinate;
  micb inoculate, seed
Impfung/
  Inokulation/Vakzination
  (Immunisierung)
  inoculation, vaccination
  (immunization)
Implosion implosion
imprägnieren (tränken)
  impregnate
➢ **mit Harz imprägniert**
  resin impregnated, impregged

Imprägnierharz/
  Tränkharz
  impregnating resin
Imprägniermittel/
  Imprägnierungsmittel
  impregnating agent
Imprägnierung/
  Tränkung
  impregnation,
  permeation
Impulsschweißen
  impulse welding
in vitro-Verpackung
  in vitro packaging
Inaktivruß/
  inaktiver Ruß
  inert black
Inbetriebnahme
  putting into operation, startup,
  starting-up; (offizielle Übergabe einer
  Anlage etc.) commissioning
Inbusschlüssel Allen wrench
Inbusschraube
  socket screw,
  socket-head screw
Inden indene
Indikan/
  Indoxylsulfat
  indican, indoxyl sulfate
Induktionsofen
  induction furnace,
  inductance furnace
Induktionszeit
  induction period
induktiv gekoppeltes Plasma
  inductively coupled plasma (ICP)
Industriegase/
  technische Gase
  industrial gases,
  manufactured gases
Industriemüll/Industrieabfall
  industrial waste
Industrieruß
  carbon black
induzierbar inducible
induzieren induce
ineinandergreifend/
  ineinaderkämmend
  intermeshing

Infrarot-Spektroskopie/
  IR-Spektroskopie
  infrared spectroscopy
inhibitorisch/
  hemmend inhibitory
Inifer inifer
  (initiation and chain transfer)
Iniferter iniferter
  (initiation and
  chain transfer and termination)
Initiierung
  initiation; nucleation
Injektion/Spritze injection, shot
Injektionsnadel
  syringe needle
➢ **abnehmbare Nadel**
  removable needle
  (syringe needle)
➢ **geklebte Nadel**
  cemented needle
  (syringe needle)
Injektionsspritze
  hypodermic syringe
injizieren/spritzen
  inject, shoot
Inkohlung *paleo/geol*
  carbonization, coalification
inkompatibel incompatible
Inkompatibilität
  incompatibility
Inkomressibilität/
  Nichtkomprimierbarkeit
  incompressibility
Inkubation (Bebrütung/Bebrüten)
  incubation
Inkubationsschüttler
  shaking incubator,
  incubating shaker,
  incubator shaker
Inkubationszeit
  incubation period
inkubieren/brood/breed
  incubate, brüten, bebrüten
Innengewinde
  internal thread, female thread
Inokulation/Einimpfung/Impfung
  inoculation
inokulieren/einimpfen/impfen
  inoculate

Inosit/Inositol inositol
Inprozesskontrolle
  in-process verification
inserieren (inseriert)
  insert (inserted)
Inspektions-Logbuch
  inspection log
Inspiration/Einatmen inspiration
inspirieren/einatmen inspire
instabil unstable (instable)
Installation(en)/
  Installierung/Einbau
  installations
Instandhaltung/Wartung
  maintenance, servicing
Instandhaltungskosten
  maintenance costs
Instandsetzung/Reparatur
  repair, restoration;
  (überholen) overhaul,
  reconditioning
Instrumentenanzeige
  instrument display,
  (abgelesener Wert)
  instrument reading
Interferenzassay
  interference assay
Interferenz-Mikroskopie
  interference microscopy
interkalierendes Agens
  intercalation agent,
  intercalating agent
Internationale Maßeinheit/
  SI Einheit
  International Unit (IU),
  SI unit (fr: Système Internationale)
interpolieren interpolate
Intervall interval
Intervallskala *stat* interval scale
Intrusion intrusion
Inventar inventory; stock
inventarisieren
  make an inventory
invers inverted
Invertzucker invert sugar
Iod (I) iodine
Iodessigsäure iodoacetic acid
iodieren (mit Jod/Jodsalzen versehen)
  iodize

Iodierung
(mit Jod reagieren/substituieren)
iodination;
(mit Jod/Jodsalzen versehen)
iodization
Iodsalz iodized salt
Iodwasserstoffsäure
hydroiodic acid,
hydrogen iodide
Iodzahl
iodine number,
iodine value
Ion ion
➤ **Bruchstückion**
fragment ion
➤ **Gegenion** counterion
➤ **Molekülion (MS)**
molecular ion
➤ **Mutterion/**
Ausgangsion (MS)
parent ion
➤ **Radikalion**
radical ion
➤ **Tochterion**
daughter ion
➤ **Zwitterion**
zwitterion (not translated!)
Ionenassoziat ion associate
Ionenaustauscher
ion exchanger
➤ **Anionenaustauscher**
(starker/schwacher)
anion exchanger
(strong: SAX/weak: WAX)
➤ **Kationenaustauscher**
(starker/schwacher)
cation exchanger
(strong: SCX/weak: WCX)
Ionenaustauscherharz
ion-exchange resin
➤ **I. mit Kanalstruktur**
macroreticular/macroporous resin
Ionenbindung ionic bond
Ionendosis (C/kg)
ion dose, exposure
Ionendosisleistung (A/kg)
ion dose rate, exposure rate
Ioneneinfangdetektor (MS)
ion trap detector (ITD)

Ionen-Fallen-Spektrometrie
ion trap spectrometry
Ionenformel ionic formula
Ionengleichgewicht
ion equilibrium,
ionic steady state
Ionenkopplung
ionic coupling
Ionenleitfähigkeit
ionic conductivity
Ionenpaar ion pair
Ionenpore ion pore
Ionenprodukt
ion product
Ionenpumpe ion pump
Ionenquelle ion source
Ionenradius ionic radius
Ionenschleuse
gated ion channel
Ionenspray ion spray
Ionenstärke
ionic strength
Ionenstrom
ionic current,
ion current
Ionentransport
ion transport
Ionisation
ionization
Ionisationskammer
ionization chamber
ionisch ionic
ionisieren ionize
ionisierende Strahlen/
ionisierende Strahlung
ionizing radiation
Ionophor ionophore
Ionophorese/Iontophorese
ionophoresis
Irisblende *micros*
iris diaphragm
Irrflug-Statistik
random-walk statistics
isoelektrische Fokussierung/
Isoelektrofokussierung
isoelectric focusing
isoelektrischer Punkt
isoelectric point
Isolator isolator

Isolierband
insulating tape, duct tape
➢ **Elektro-I.**
electric tape,
insulating tape,
friction tape
isolieren/abtrennen
isolate, separate
Isolierhandschuhe
insulated gloves
isomer *adv/adj* isomeric
Isomer *n* isomer
➢ **Konfigurations-Isomer**
configurational isomer
➢ **Konformations-Isomer**
conformational isomer
➢ **Konstitutions-Isomer**
constitutional isomer
➢ **Rotationsisomer/Rotamer**
rotamer
➢ **Spiegelbild-Isomer/**
optisches Isomer
optical isomer
➢ **Stereoisomer** stereoisomer
Isomeratzucker/Isomerose
high fructose corn syrup
Isomerie isomerism, isomery
➢ ***cis/trans*-Isomerie**
(geometrische Isomerie)
cis/trans isomerism
➢ **Konfigurations-Isomerie**
configurational isomerism
➢ **Konformations-Isomerie**
conformational isomerism
➢ **Konstitutions-Isomerie**
constitutional isomerism
➢ **Regioisomerie**
regioisomerism
➢ **Spiegelbild-Isomerie/**
optische Isomerie
optical isomerism

➢ **Stereoisomerie**
stereoisomerism
Isomerisation
isomerization
isomerisieren isomerize
Isomerisierungsmittel *polym*
randomizer
Isopren isoprene
isopyknische Zentrifugation
isopycnic centrifugation
isosmotisch isosmotic
Isotachophorese/
Gleichgeschwindigkeits-
Elektrophorese
isotachophoresis (ITP)
Isotaktizität
isotacticity (IC)
Isothiocyansäure
isothiocyanic acid
Isotonie isotonicity
isotonisch isotonic
Isotop isotope
➢ **Radioisotop/**
radioaktives Isotop/
instabiles Isotop
(Radionuclid)
radioisotope,
radioactive isotope,
unstable isotope
Isotopenverdünnung
isotopic dilution
Isotopenversuch
isotope assay
Isovaleriansäure
isovaleric acid
Istwert
actual value,
effective value
➢ **Sollwert**
nominal value, rated value,
desired value, set point

Japanlack
Japanese lacquer

Jod (*siehe:* Iod) (I)
iodine

justieren
adjust; (fokussieren:
Scharfeinstellung des Mikroskops:
fein/grob) focus (fine/coarse)

Justierschraube/Justierknopf
adjustment knob;
micros (Triebknopf) focus adjustment
knob

Justierung adjustment;
(Fokussierung: Scharfeinstellung
des Mikroskops: fein/grob)
focus adjustment, focus (fine/coarse)

Kabel cable;
polym (aus Filamenten) tow
Kabelbinder/Spannband
cable tie(s), wrap-it tie(s),
wrap-it tie cable
➢ **Spannzange**
tensioning tool,
tensioning gun
(cable ties/wrap-it-ties)
Kabelöse/Kabelschuh
cable lug
Kabelmantel/Kabelumhüllung/
Kabelummantelung
cable sheathing;
(Drahtummantelung)
wire sheathing
Kabelschuh/Ansatz/Öhr *electr*
lug
Kabeltrommel
cable drum
Kabelverbinder
cable connector
Kachel tile
kalamitisch calamitic
kalamitisches Flüssigkristall
calamitic liquid crystal (LC)
Kalander calender
Kalandrieren
calendering
kalibrieren
calibrate; size
Kalibrierung
calibration;
sizing
Kalilauge/
Kaliumhydroxidlösung
potassium hydroxide solution
Kalium (K) potassium
Kaliumcyanid/
Cyankali/Zyankali
potassium cyanide
Kaliumpermanganat
potassium permanganate
Kalk lime
➢ **Ätzkalk/**
gebrannter Kalk/
Branntkalk CaO
caustic lime,
burnt lime, unslaked lime

➢ **entkalken (ein Gerät ~)**
descale
➢ **Löschkalk/**
gelöschter Kalk Ca(OH)$_2$
slaked lime
➢ **verkalken (verkalkt)**
calcify (calcified)
Kalkablagerung
lime(stone) deposit
Kalkeinlagerung/
Verkalkung/Calcifikation
calcification
kalken lime, calcify
kalkig/kalkartig/kalkhaltig
limy, limey, calcareous
Kalk-Soda-Glas
soda-lime glass
Kalkspat calcite
Kalkstein
limestone
Kalkung liming
Kalorie calorie
Kalorimeter
calorimeter
Kalorimeterbombe/
Bombenkalorimeter/
Verbrennungsbombe
bomb calorimeter
Kalorimetrie
calorimetry
➢ **Bombenkalorimeter**
bomb calorimeter
➢ **Differentialkalorimetrie**
differential scanning calorimetry
(DSC)
➢ **dynamische**
Differenz-Leistungs-Kalorimetrie
(DDLK)
power-compensated differential
scanning calorimetry (PCDSC)
➢ **dynamische**
Differenz-Wärmestrom-Kalorimetrie
(DDWK)
heat-flux differential scanning
calorimetry (HFDSC)
➢ **Leistungskompensations-DSC**
power-compensated DSC
➢ **Raster-Kalorimetrie**
scanning calorimetry

Kalottenmodell *chem*
space-filling model
Kälteakku/Kühlakku
cooling pack
kälteempfindlich/
kältesensitiv
cold-sensitive
Kältemittel/
Kühlflüssigkeit/
Kühlmittel
coolant (*allg*/direkt);
refrigerant
Kälteraum/Kühlraum
cold room
('walk-in refrigerator')
Kälteresistenz
cold resistance
Kälteschaden/
Kälteschädigung
chilling damage/injury
Kälteschock cold shock
Kälte-Spray cold spray
Kältethermostat/
Kühlthermostat/
Umwälzkühler
refrigerated circulating bath
Kältetoleranz
cold hardiness
Kaltfluss/kalter Fluss
cold flow
kalthärtend cold-curing
Kaltkautschuk
cold rubber
Kaltlichtbeleuchtung
fiber optic illumination
Kaltpolymerisation/
Tieftemperaturpolymerisation
cold polymerization
Kaltpressen/
Kaltpressverfahren
cold molding
Kaltsterilisation
cold sterilization
Kaltverfestigung/
Verfestigung durch Verformung
strain hardening
Kaltverstreckung
cold drawing,
cold stretching

kalzinieren calcine
Kalzinierung calcination
Kalzium/Calcium (Ca) calcium
Kammer *electrophor*
chamber, tank
Kammgarn
worsted yarn
Kanal (zum Weiterleiten von
Flüssigkeiten) canal, duct, tube;
(Extruderschnecke) channel
Kanalbreite (Extruderschnecke)
channel width,
width of channel
Kanalhöhe (Extruderschnecke)
channel height,
height of channel
Kanalisation
sewage system, sewer
Kanalruß
channel black
Kanister (Behälter) jug (container);
carboy (Ballonflasche), canister
Kanüle cannula
(*pl* cannulas or cannulae)
kanzerogen/karzinogen/
carcinogen/krebserzeugend
carcinogenic
Kapazität capacity
➢ **elektrische Kapazität**
capacitance (C)
Kapazitätsfaktor/
Verteilungsverhältnis
capacity factor
Kapazitätskontrollsystem, limitiertes
limited capacity control system
(LCCS)
kapazitiver Strom
capacitative current
Kapillarbruch (Fasern)
capillary breaking,
capillary fracture
Kapillardüse
capillary die,
capillary nozzle
Kapillare/Haargefäß
capillary;
tech capillary tube
Kapillarelektrophorese
capillary electrophoresis

Kapillarpipette
capillary pipet,
capillary pipette

Kapillarrohr/Kapillarröhrchen
capillary tube/tubing

Kapillarsäule (Trennkapillare: GC)
capillary column;
(offene) open tubular column

Kapillarviskosimeter
capillary viscometer

Kappe (Verschluss/Deckel)
cap, top, lid

Kapuze hood;
(für Labor: Haarschutzhaube)
bouffant cap

Karbonisation carbonization

kardieren *text* card

Karenzzeit waiting period

Karobgummi/
Johannisbrotkernmehl
carob gum,
locust bean gum

Karotinoide/Carotinoide
carotinoids

kartieren map; (grafisch darstellen:
Kurven etc.) plot; (skizzieren) chart

Kartierung
mapping, plotting

Karton/
Kartonpapier (feste Pappe)
cardboard, paperboard,
fiberboard

Kartusche cartridge

Kartuschenbrenner
cartridge burner

Karzinogen *n* carcinogen

karzinogen/carcinogen/
kanzerogen/krebserzeugend
carcinogenic

Karzinom carcinoma

Kaschieren
(Verbundwerkstoffe) laminating;
(Textilien) bonding, laminating;
(Textil-Schaum) bonding;
(Folien) doubling;
(mit Füllmaterial) quilting;
(Beschichtung) lamination coating

Kaschierfolie
laminating film

Kassette/Patrone
cartridge, cassette

Kasten/Kiste box, crate

Katalysator catalyst; (Automobile)
catalytic converter
➢ **Cokatalysator**
cocatalyst
➢ **Übergangsmetall-Katalysator**
transition-metal catalyst
➢ **Ziegler-Natta Katalysator**
Ziegler-Natta catalyst

Katalysatorgift/
Katalytgift/Kontaktgift
(Katalyseinhibitor)
catalytic poison

Katalysatorleistung catalyst
performance

Katalysatorträger/
Kontaktträger
catalyst support

Katalysatorvergiftung
catalyst poisoning

Katalyse catalysis
➢ **heterogene Katalyse**
heterogeneous catalysis
➢ **homogene Katalyse**
homogeneous catalysis
➢ **Kontaktkatalyse**
contact catalysis,
surface catalysis
➢ **Phasentransferkatalyse**
(heterogene K.)
phase-transfer catalysis
➢ **photochemische Katalyse**
photochemical catalysis
➢ **Photokatalyse**
photocatalysis

katalysieren
catalyze

katalytisch
catalytic, catalytical

katalytische Einheit/
Einheit der Enzymaktivität (katal)
catalytical unit,
unit of enzyme activity (katal)

katalytische Leistung
catalytic performance

katalytische Polymerisation
catalytic polymerization

Kation cation
Kationenaustauscher
cation exchanger
Kationenaustauschkapazität (KAK)
cation exchange capacity (CAC)
kauen/zerkauen
chew, masticate
Kaugummi
chewing gum
Kaumasse/Kaumittel
masticatory
Kausche
thimble
Kautschuk (*cis*-1,4-Polyisopren)
caoutchouc,
rubber, elastica
➤ **Allzweck-Kautschuk**
general-purpose rubber
➤ **Assamkautschuk/**
Rambong ('Gummibaum':
***Ficus elastica*/Moraceae)**
Assam rubber,
Indian rubber,
India rubber
➤ **Balata (*Mimusops bidentata* =**
***M. balata*/Sapotaceae)**
balata (gum)
➤ **Chicle**
(*Manilkara zapota*/Sapotaceae)
chicle, chicle gum,
chiku (sapodilla)
➤ **Chlorkautschuk**
chlorinated rubber
➤ **Cyclokautschuk**
cyclorubber;
cyclized rubber
➤ **Dienkautschuk**
diene rubber
➤ **entproteinisiert**
deproteinized (DP)
➤ **Goldrute**
(*Parthenium argentatum*/
Asteraceae)
guayule
➤ **Guttapercha**
(*Palaquium gutta*/Sapotaceae)
gutta-percha
➤ **Kaltkautschuk**
cold rubber

➤ **Kreppkautschuk**
crepe rubber
➤ **Krümelkautschuk**
particulate rubber
➤ **Kunstkautschuk**
synthetic rubber (SR),
artificial rubber
➤ **Naturkautschuk**
natural rubber (NR),
caoutchouc
➤ **Nitrilkautschuk**
(Butadien-Acrylnitril)
nitrile rubber
➤ **Olefinkautschuk**
olefin rubber
➤ **ölverstreckt**
oil-extended (OE)
➤ **Parakautschuk**
(*Hevea brasiliensis*/
Euphorbiaceae)
para rubber
➤ **Räucherkautschuk/**
Smoked Sheet
(geräucherte
Rohkautschukplatte)
smoked sheet (rubber)
➤ **gerippte R.platte**
ribbed smoked sheet (RSS)
➤ **Rohkautschuk**
raw rubber
➤ **Silikonkautschuk**
silicone rubber
➤ **Spezial-Kautschuk**
specialty rubber
➤ **Synthesekautschuk (Elastomer)**
synthetic rubber (SR) (elastomer)
➤ **totplastizierter Kautschuk/**
totmastizierter Kautschuk
killed rubber
kautschukartig/gummiartig
rubberlike
Kautschukkügelchen/
Kautschuktröpfchen (in Latex)
rubber droplets (in latex)
Kavität cavity
Kegelhülse
conical socket
Kegel-Platte-Viskosimeter
cone-and-plate viscometer

Kegelventil
cone valve,
mushroom valve,
pocketed valve
Keil wedge, peg
Keim (Mikroorganismus) germ;
(Keimling/Embryo) germ, embryo;
chem/polym nucleus
Keimbildner *chem*
nucleating agent
Keimbildung *chem*
nucleation
➤ **heterogene K.**
heterogeneous nucleation
➤ **homogene K.**
homogeneous nucleation
➤ **Koagulations-K.**
coagulative nucleation
➤ **Tröpfchen-K.**
droplet nucleation
➤ **verstärkte K.**
enhanced nucleation
keimfrei/steril
germ-free, sterile
Kenngröße/Parameter
parameter;
math dimensionless
group/quantity/number
Kennwert
characteristic value;
descriptor
Kennzahl basic number,
characteristic number;
(Chiffre) key, cipher;
(Kennziffer) *stat* index number,
indicator; (statistische Maßzahl)
statistic, statistic value
Kennzeichen/
Abzeichen/Marke/Banderole
badge
Kennzeichen für Fahrzeuge/Container
placard
Kennzeichnung
marking, labeling
Kennzeichnungspflicht
labeling requirement
Keramik ceramics
Keramikfaser
ceramic fiber

Keramikmembran
ceramic membrane
keratinisieren (verhornen)
keratinize (cornify)
Kerbe indentation, notch;
(Schlitz/Bruchstelle) nick
kerbig/gekerbt
notched,
nicked
Kerbschlagzähigkeit
notched impact strength
(impact strength, notched: ISN)
Kern (Zentrum: Mark/Core) core,
center; *polym* (Herstellung von
Hohlartikeln: entfernbar) mandrel
➤ **Schliffkern (Steckerteil)**
cone (male: ground-glass joint)
kernmagnetische Resonanz/
Kernspinresonanz
nuclear magnetic resonance (NMR)
kernmagnetische
Resonanzspektroskopie/
Kernspinresonanz-Spektroskopie
nuclear magnetic resonance
spectroscopy, NMR spectroscopy
Kernseife (feste Natronseife)
curd soap (domestic soap)
Kernspinresonanz/
kernmagnetische Resonanz
nuclear magnetic resonance (NMR)
Kernspinresonanz-Spektroskopie/
kernmagnetische
Resonanzspektroskopie
nuclear magnetic resonance
spectroscopy, NMR spectroscopy
Kernspintomographie (KST)/
Magnetresonanztomographie (MRT)
magnetic resonance imaging (MRI),
nuclear magnetic resonance imaging
Kerogen kerogen
Kerosin
kerosene
Kesselstein
boiler scale,
incrustation
Kesselstein entfernen descale
Kesselwagen (Chemikalientransport)
tank car, tank truck
(Schiene: rail tank car)

Ketoaldehyd
ketoaldehyde,
aldehyde ketone
Keton ketone
➤ **Aceton (Azeton)/Propan-2-on/**
2-Propanon/Dimethylketon
acetone, dimethyl ketone,
2-propanone
Ketosäure keto acid
Kette (verzweigte/unverzweigte)
chain (branched/unbranched)
➤ **Seitenkette** side-chain
Kette und Schuss *text*
warp and weft
Kettenabbrecher
chain cleavage additive
Kettenabbruch
chain termination,
chain breaking
Kettenbildung/Verkettung
catenation
Kettenform *chem*
chain form,
open-chain form
Kettenformel
chain formula,
open-chain formula
Kettenglied/
Kettensegment
chain link, chain unit,
chain segment
Kettenklammer
chain clamp
Kettenlänge chain length
Kettenpolymer (linear)
catena polymer
Kettenreaktion
chain reaction
Kettensegmentdiffusion
segmental diffusion
Kettenspaltung
chain scission,
chain cleavage
Kettenstart/Initiation *polym*
chain initiation
Kettenstarter/Initiator *polym*
chain initiator
Kettenträger *polym* **(Radikalstelle/Ion)**
chain carrier

Kettentransfer/
Kettenübertragung
chain transfer
Kettenverzweigung
chain branching
Kettenwachstum
chain growth,
chain propagation
Kettenwachstumspolymerisation
chain-growth polymerization,
chain-reaction polymerization
Kettenwachstumsreaktion
chain propagation reaction
Kettfaden *text*
warp, warp thread
Kettköper *text*
warp twill
Kienspan
chip of pinewood,
pinewood chip
Kieselerde
diatomaceous earth
Kieselgel/Silicagel
silica gel
Kieselgur
kieselguhr (loose/porous diatomite;
diatomaceous/infusorial earth)
Kieselsäure H_4SiO_4 silicic acid
kieselsäurehaltig siliceous
Kinetik
(nullter/erster/zweiter Ordnung)
kinetics
(zero-/first-/second-order...)
➤ **Reaktionskinetik**
reaction kinetics
➤ **Reassoziationskinetik**
reassociation kinetics
Kipphebel
tumbler; lever
Kipphebelschalter
tumbler switch,
knife switch
Kippschalter
toggle switch,
rocker
Kippscher Apparat/
'Kipp'/
Gasentwickler
Kipp generator

Kitt/Kittsubstanz
allg adhesive, cement;
(Fensterkitt etc.) putty
➢ **Füllkitt**
filling adhesive
➢ **Klebkitt**
cement, bonding cement
Kittel coat, gown; frock
➢ **Arbeitskittel/Overall** overall
➢ **Laborkittel/Labormantel**
laboratory coat, labcoat
➢ **Schutzkittel/Schutzmantel**
protective coat,
protective gown
Kittmesser
putty knife
Klammer clamp, clip
➢ **Kettenklammer**
chain clamp
➢ **Objekttisch-Klammer** *micros*
stage clip
➢ **Schliffklammer/Schliffklemme**
(Schliffsicherung)
joint clip, joint clamp,
ground-joint clip,
ground-joint clamp
Kläranlage (kommunal)
sewage treatment plant;
(industriell)
waste-water purification plant
klären (z.B. absetzen/entfernen von
Schwebstoffen aus einer Flüssigkeit)
clear, clarify, purify;
(filtrieren) filtrate
Klärflasche purge
Klärgas/Faulgas (Methan)
sludge gas
Klarglas
clear glass
Klarsichtfolie
(Einwickelfolie/*auch:*
Haushaltsfolie) film wrap
(transparent film/foil), cling wrap
Klarsichtmittel/
Antibeschlagmittel/
Beschlagverhinderungsmittel
antifogging agent
Klärtemperatur
clearing temperature

Klärung (z.B. absetzen/entfernen von
Schwebstoffen aus einer Flüssigkeit)
clarification, purification
➢ **Abwasseraufbereitung**
sewage treatment
➢ **Filtrierung/Filtration**
filtration
Klärwerk/Kläranlage (Abwasser)
sewage treatment plant
Klassenhäufigkeit/
Besetzungszahl/
absolute Häufigkeit *stat*
class frequency,
cell frequency
klassieren (nach Korngröße)
screen, size
Klassierung *stat*
grouping of classes
klassifizieren classify
Klassifizierung/Klassifikation
classifying, classification
Klebeband
adhesive tape
➢ **Elektro-Isolierband**
insulating tape,
electric tape, friction tape
➢ **Gewebeband/Textilband (einfach)**
cloth tape
➢ **Gewebeklebeband/Panzerband**
(Universalband/Vielzweckband)
duct tape
(polycoated cloth tape)
➢ **Isolierband**
insulating tape,
duct tape
➢ **Kreppband**
masking tape
➢ **Verpackungsklebeband**
packaging tape
Klebebondieren
adhesive bonding
kleben stick, adhere; paste;
cement; (leimen) glue
klebend sticking, adhesive
Kleber/
Klebstoff (*siehe dort***)/**
Leim
adhesive, glue, gum;
paste; cement

Klebestreifen
adhesive tape

Klebeverbindung
bonded joint,
adhesive joint,
adhesive bonding

> **gefalzte Überlappungsverbindung/**
> **gefalzter Überlappstoß**
joggle-lap joint

Klebfolie (Klebfilm)
glue film, film adhesive,
adhesive film

Klebharz
bonding resin,
adhesive resin

Klebkitt
cement,
bonding cement

Klebkraft
adhesive power,
bonding power

Kleblack/
Lösemittelkleber/
Lösungsmittelkleber
solvent adhesive,
solvent-based adhesive

Kleblöser
cement solvent

klebrig
(glutinös) sticky,
glutinous, viscid;
(zäh) tacky, sticky

> **nicht klebrig**
not sticky;
tack-free

Klebrigkeit
stickiness, tack

Klebrigmacher
tackifier

Klebrigmacherharz
tackifier

Klebstoff (Kleber)
adhesive;
(Leim) glue, gum

> **Alleskleber**
general-purpose adhesive

> **bei Raumtemperatur**
> **verfestigender Klebstoff**
room-temperature setting adhesive

> **Bioklebstoff**
bioadhesive

> **Füllkitt**
filling adhesive

> **für minderbeanspruchte**
> **Verbindungen**
nonstructural adhesive

> **Harzkleber**
resin adhesive

> **Kaschierklebstoff/**
> **Laminierkleber**
laminating adhesive

> **Kleblack/**
> **Lösemittelkleber/**
> **Lösungsmittelkleber**
solvent adhesive,
solvent-based adhesive

> **Konstruktionsklebstoff/**
> **Montageleim/**
> **Baukleber**
structural adhesive

> **Kontakt-Klebstoff/**
> **Haftkleber**
contact adhesive;
(durch Andrücken:
druckreaktiver Klebstoff)
impact adhesive,
pressure-sensitive adhesive

> **Kunstharzkleber**
synthetic-resin adhesive

> **Kunststoffklebstoff/**
> **Kunststoffkleber**
plastic adhesive,
plastic-bonding adhesive

> **lösemittelaktivierter Klebstoff**
solvent-activated adhesive

> **Mehrkomponentenkleber**
multicomponent adhesive/cement

> **Reaktionsklebstoff**
reactive adhesive,
reaction adhesive, reaction glue

> **Schmelzklebstoff**
melt adhesive

> **Sekundenkleber**
superglue,
crazy glue

> **selbstklebend**
self-adhesive,
self-adhering, gummed

> **Siliconklebstoff**
  silicone adhesive
> **Zweikomponentenkleber**
  two-component adhesive
Kleinanwendung
  small-scale application
Kleister paste
Klemme clamp; clip
> **Arterienklemme**
  artery forceps, artery clamp
> **Bürettenklemme**
  buret clamp
> **Doppelmuffe/**
  Kreuzklemme
  clamp holder, 'boss',
  clamp 'boss'
  (rod clamp holder)
> **Gefäßklemme/**
  Arterienklemme/Venenklemme
  hemostatic forceps,
  artery clamp
> **Hakenklemme (Stativ)**
  hook clamp
> **Kettenklammer**
  chain clamp
> **Klemme mit runden Backen**
  round jaw clamp
> **Krokodilklemme**
  alligator clip
> **Lüsterklemme**
  luster terminal
  (insulating screw joint)
> **Schlauchklemme/**
  Quetschhahn
  tubing clamp,
  pinchcock clamp,
  pinch clamp
> **Schraubklemme**
  pinch clamp
> **Spannungsklemme**
  voltage clamp
> **Tupferklemme**
  sponge forceps
> **Verlängerungsklemme**
  extension clamp
Klemmpinzette/
  Umkehrpinzette
  reverse-action tweezers
  (self-locking tweezers)

Klettverschluss
  (Haken und Flausch)
  Velcro, Velcro fastener,
  hook and loop fastener
Klinge blade
Klümpchen *polym* blob
Klumpen *n* clump; lump;
  chem (Kruste: fest verbackender
  Niederschlag) cake
klumpen *vb* clump; lump;
  chem (zusammenbacken: Präzipitat)
  cake
Knallgas ($2 \times H_2 + O_2$)
  oxyhydrogen (gas),
  detonating gas
Knäuel *polym* coil
> **gestörtes K.**
  perturbed coil
> **statistisches K.**
  random coil
> **ungestörtes K.**
  unperturbed coil
kneifen pinch
Kneifzange
  pliers, nippers (*Br*),
  cutting pliers, pincers
kneten knead
Kneter/
  Knetmaschine/
  Knetwerk *polym*
  kneader, kneading machine
knicken buckle
Knickfestigkeit
  buckling strength
Knicklast
  buckling load
Knickung/Knicken *polym*
  buckling
Knitterfestigkeit
  crease resistance,
  wrinkle resistance,
  resistance to creasing
knittern
  crumple, crease, wrinkle
Knopf
  button; (Regler) control
Knopfzelle (Batterie)
  coin cell,
  button cell (button battery)

Knorpel cartilage
knüpfen knot; tie
Koagulat
  coagulate, coagulum
koagulierbar/
  gerinnungsfähig/
  gerinnbar
  coagulable
Koagulierbarkeit/
  Gerinnungsfähigkeit
  coagulability
koagulieren/
  gerinnen
  coagulate
Koagulieren/
  Koagulation/
  Gerinnung
  coagulation
Koagulierungsmittel/
  Gerinnungsmittel
  coagulating agent,
  coagulator
Koazervat coacervate
Koazervation
  coacervation
Kobalt/Cobalt (Co) cobalt
köcheln
  (auf kleiner Flamme)
  simmer (boil gently)
kochen cook, boil
Kochsalz (NaCl) table salt
Kochsalzlösung saline
  ➢ **physiologische K.**
  saline,
  physiological saline solution
kodieren/codieren
  encode, code
Koffein/Thein
  caffeine, theine ('theinabler')
Kofler'scher Heizblock
  Kofler hot-block
Kohäsion
  cohesion
Kohäsionsbruch (Faser)
  cohesion failure
Kohäsionsenergiedichte/
  kohäsive Energiedichte
  cohesive energy density,
  cohesion energy density (CED)

Kohle coal
  ➢ **Anthrazit/Kohlenblende**
  anthracite, hard coal
  ➢ **Glanzbraunkohle/**
  subbituminöse Kohle
  subbituminous coal
  ➢ **Lignit/**
  Weichbraunkohle und
  Mattbraunkohle lignite
  ➢ **Steinkohle/bituminöse Kohle**
  bituminous coal
Kohlebürste (Motor) *tech*
  carbon brush
Kohlendioxid
  carbon dioxide
Kohlenhydrat carbohydrate
Kohlenmonoxid
  carbon monoxide
Kohlensäure
  (Karbonat/Carbonat)
  carbonic acid (carbonate)
Kohlenstoff (C) carbon
Kohlenstoffbindung
  carbon bond
Kohlenstofffaser/Carbonfaser
  carbon fiber (CF)
  ➢ **HM**
  high modulus
  ➢ **HST**
  high strain and tenacity
  ➢ **HT**
  high tenacity
  ➢ **IM**
  intermediate modulus
kohlenstofffaserverstärkter
  Kohlenstoff (KFK)
  carbon-fiber reinforced carbon
  (CFC)
kohlenstofffaserverstärkter
  Kunststoff (CFK)
  carbon-fiber reinforced plastic
  (CFRP)
Kohlenstoffgerüst
  (lineare Kette)
  carbon backbone
Kohlenstoffquelle
  carbon source
Kohlenstoffverbindung
  carbon compound

Kohlenwasserstoff
hydrocarbon
➤ **chlorierter Kohlenwasserstoff**
chlorinated hydrocarbon
➤ **Fluorchlorkohlenwasserstoffe (FCKW)**
chlorofluorocarbons,
chlorofluorinated hydrocarbons
(CFCs)
➤ **Fluorkohlenwasserstoff**
fluorinated hydrocarbon
Köhlersche Beleuchtung *micros*
Koehler illumination
Kojisäure kojic acid
Kolben *chem* flask;
tech (Stempel/Schieber: Spritze etc.)
piston, plunger (e.g., of syringe)
➤ **Birnenkolben/Kjeldahl-Kolben**
Kjeldahl flask
➤ **Destillierkolben/ Destillationskolben**
distilling flask,
retort
➤ **Dreihalskolben**
three-neck flask,
three-necked flask
➤ **Enghalskolben**
narrow-mouthed flask,
narrow-necked flask
➤ **Erlenmeyer Kolben**
Erlenmeyer flask
➤ **Extraktionskolben**
extraction flask
➤ **Fernbachkolben** Fernbach flask
➤ **Filtrierkolben/ Filtrierflasche/Saugflasche**
filter flask,
filtering flask,
vacuum flask
➤ **Kulturkolben**
culture flask
➤ **Messkolben**
volumetric flask
➤ **Rotationsverdampferkolben**
rotary evaporator flask
➤ **Rundkolben/Siedegefäß**
round-bottomed flask,
round-bottom flask,
boiling flask with round bottom

➤ **Säbelkolben/Sichelkolben**
saber flask,
sickle flask,
sausage flask
➤ **Schlenk-Kolben/ Schlenkkolben (Rundkolben mit seitlichem Hahn)**
Schlenk flask
➤ **Schliffkolben**
ground-jointed flask
➤ **Schüttelkolben**
shake flask
➤ **Schwanenhalskolben**
swan-necked flask,
S-necked flask,
gooseneck flask
➤ **Seitenhalskolben**
sidearm flask
➤ **Spitzkolben**
pear-shaped flask
(small/pointed)
➤ **Stehkolben/Siedegefäß**
Florence boiling flask,
Florence flask
(boiling flask with flat bottom)
➤ **Verdampferkolben**
evaporating flask
➤ **Weithalskolben**
wide-mouthed flask,
wide-necked flask
➤ **Zweihalskolben**
two-neck flask,
two-necked flask
Kolbenextruder/ Kolbenstrangpresse/ hydraulische Strangpresse/ Ramextruder
ram extruder,
hydraulic extruder,
stuffer
Kolbenfluss/ Pfropffließen
plug flow
Kolbenhubpipette/ Mikroliterpipette
micropipet,
pipettor
Kolbeninjektion
plunger injection

Kolbenklemme
flask clamp
Kolbenpumpe
piston pump,
reciprocating pump
Kolbenstrangpresse
stuffer (US),
ram extruder
Kolbenströmung ram flow
Kolbenwischer/Gummiwischer
(zum mechanischen Loslösen
von Rückständen im Glaskolben)
policeman (glass/plastic or
metal rod with rubber or Teflon tip)
kolieren filter, percolate, strain
Kollagen collagen
Kollektorblende/
Leuchtfeldblende
field diaphragm
Kollektorlinse
collector lens,
collecting lens
kollern mull
kolligative Eigenschaften
(konzentrationsabhängig)
colligative properties
Kollimationsblende/
Spaltblende *micros*
collimating slit
Kollimator collimator
Kollodium collodion
Kollodiumwolle
collodion cotton
Kolloid colloid
kolloidal colloidal
Kolonne/Turm (Bioreaktor)
column
Kolophonium
colophony, rosin
Kombinationsentropie
(Konfigurationsentropie)
combinatorial entropy
Kombizange
combination pliers,
linesman pliers;
(verstellbar) slip-joint pliers
Kompartimentierung
compartmentalization,
compartmentation

kompatibel/verträglich
compatible
Kompatibilität/Verträglichkeit
compatibility
Kompensationskreis/
Kompensationsschaltung *electr*
bucking circuit
Kompensationspunkt
compensation point
kompetitiv competitive
Komplexbildner/Chelatbildner
complexing agent,
chelating agent, chelator
Komplexbildung/Chelatbildung
complexing, chelation,
chelate formation
komplexieren chelate
Komplexität
complexity
Kompositwerkstoff/
Verbundwerkstoff
composite material
Kompressionsentlastungszeit
decompression time
Kompressionsformen/
Kompressionsguss
(WärmeundDruck)
compression molding (CM)
Kompressionsmodul
bulk modulus,
compression modulus
Kompressionsnachgiebigkeit
compression compliance
Komprimierbarkeit /
Komressibilität
compressibility
➤ **Nichtkomprimierbarkeit/**
Inkompressibilität
incompressibility
Kondensat
condensate
Kondensation
condensation
Kondensationspunkt
condensing point
Kondensationsreaktion/
Dehydrierungsreaktion
condensation reaction,
dehydration reaction

Kondensator *opt*
condenser;
electr capacitor
kondensieren
condense
Kondensorblende/
Aperturblende
condenser diaphragm
(iris diaphragm)
Kondensortrieb *micros*
condenser adjustment knob,
substage adjustment knob
Konditionieren/Konditionierung
med/chromat conditioning
Konfektionierung
(ready-made/industrial)
manufacture/manufacturing
Konfidenzgrenze/
Vertrauensgrenze/
Mutungsgrenze *stat*
confidence limit
Konfidenzintervall/
Vertrauensintervall/
Vertrauensbereich *stat*
confidence interval
Konfidenzniveau/
Konfidenzwahrscheinlichkeit *stat*
confidence level
Konfigurationsisomer
configurational isomer
Konfigurationsisomerie
configurational isomerism
Konformation
conformation
➢ **gedeckt/verdeckt/ekliptisch (180°)**
aligned, eclipsed
➢ **gestaffelt (0°/120°)**
staggered
➢ **Knäuelkonformation/**
Schleifenkonformation *gen*
coil conformation,
loop conformation
➢ **relaxiert/entspannt**
relaxed (conformation)
➢ **Repulsionskonformation** *gen*
repulsion conformation
➢ **Ringform**
ring form,
ring conformation

➢ **Schleifenkonformation/**
Knäuelkonformation *gen*
loop conformation,
coil conformation
➢ **Sesselform (Cycloalkane)** *chem*
chair conformation
➢ **versetzt**
(alles zwischen gedeckt
und gestaffelt) skew
➢ **Wannenform/Bootkonformation**
(Cycloalkane) *chem*
boat conformation
➢ **Zufallskonformation/**
ungeordnete Konformation
random walk conformation,
random coil conformation,
random flight conformation
Konformationsenergie
conformational energy
Konformations-Isomerie
conformational isomerism
Konformer/
Konformationsisomer
conformer,
conformational isomer
kongenial/verwandt/gleichartig
congenial
Königswasser aqua regia
konjugierte Bindung *chem*
conjugated bond
konservieren/präservieren/
haltbar machen/erhalten
conserve, preserve;
store, keep
Konservierung
preservation; storage
Konservierungsstoff
preservative
Konsistenz/
Beschaffenheit
consistency
Konstitutionsformel
constitutional formula
Konstitutions-Isomer
constitutional isomer
Konstitutions-Isomerie
constitutional isomerism
Konstitutionsname
constitutive name

konstitutive Einheit *polym*
constitutional unit
Konstruktionsklebstoff/
Montageleim/
Baukleber
structural adhesive
Konstruktionswerkstoff
structural material
Konsument/Verbraucher
consumer
Kontakt contact; *electr* lead
Kontaktbluten contact bleeding
Kontaktallergen
contact allergen
Kontaktionenpaar
contact ion pair,
tight ion pair
Kontaktkleber/Haftkleber
contact adhesive,
contact bond adhesive
(pressure-sensitive adhesive)
Kontaktkühlung
contact cooling
Kontaktrisiko
(Gefahr bei Berühren)
contact hazard
Kontamination/Verunreinigung
contamination
kontaminieren/verunreinigen
contaminate
kontrahieren/
zusammenziehen contract
Kontraktionsfaktor (g_s)
contraction factor
Kontrastfärbung/
Differentialfärbung
contrast staining,
differential staining
kontrastieren contrast;
tech/micros (färben/einfärben) stain
Kontrastierung contrasting;
tech/mech (Färben/Färbung/
Einfärbung) stain, staining
Kontrollbereich/
kontrollierter Bereich
controlled area
Kontrolle control, check; inspection;
(Überwachung/Beaufsichtigung)
supervision

Kontrollgerät
controlling instrument,
control instrument,
monitoring instrument;
(Anzeige) monitor
kontrollieren
control, check, inspect;
(überwachen/beaufsichtigen)
supervise
Konturlänge
contour length
Konvektionsofen convection oven;
(mit natürlicher Luftumwälzung)
gravity convection oven
Konzentration
concentration
➤ **Arbeitsplatzkonzentration,**
zulässige
permissible workplace exposure
➤ **Grenzkonzentration**
limiting concentration
➤ **Hemmkonzentration**
inhibitory concentration
➤ **MAK-Wert**
(maximale
Arbeitsplatz-Konzentration)
maximum permissible
workplace concentration,
maximum permissible exposure
➤ **mittlere letale Konzentration (LC_{50})**
median lethal concentration (LC_{50})
➤ **Osmolarität/**
osmotische Konzentration
osmolarity,
osmotic concentration
Konzentrationsgefälle/
Konzentrationsgradient
concentration gradient
konzentriert
concentrated
➤ **mäßig konzentriert**
moderately concentrated,
semidilute
Kooperation/Zusammenarbeit
cooperation, collaboration
kooperative Bindung
cooperative binding
Kooperativität
cooperativity

kooperieren (zusammenarbeiten)
cooperate (collaborate)
Koordination coordination
Koordinationspolymerization
coordination polymerization
koordinieren coordinate
Köper *text* twill
➤ **Kreuzköper**
cross twill, crowfoot,
two-harness satin
Köperbindung *text*
twill weave
Kopf (Fettmolekül) head
Kopfbedeckung
head cover
Kopfgruppe *polym*
headgroup
Kopfplatte head plate
koppeln/
aneinander festmachen/
verbinden
couple, join, link
Kopplung
coupling; linkage
➤ **chemische Kopplung**
chemical coupling
➤ **geminale Kopplung (NMR)**
geminal coupling
Korkbohrer cork-borer
Korkring cork ring
Korn
grain, granule, particle
Körner (Werkzeug)
center punch
Korngröße
particle size, grain size
Körnigkeit granulation
Kornklasse
grain-size class
Körnung grain
Korona-Oberflächenbehandlung
corona surface treatment
Körper body, soma
Körpertemperatur
body temperature
Korrosion corrosion
korrosionsbeständig
corrosionproof;
stainless

Korrosionsmittel/Ätzmittel
corrosive
korrosiv/
korrodierend/
zerfressend/angreifend/ätzend
corrosive
Kraft force
➤ **Abstoßungskraft**
repellent force,
repelling force,
repulsion force
➤ **Bindekraft**
bonding power,
bonding capacity
➤ **Bruchkraft**
force at rupture
➤ **Dispersionskraft**
dispersion force
➤ **Federkraft**
spring force
➤ **Gegenkraft/**
Rückwirkungskraft
reactive force
➤ **Höchstzugkraft**
force at break,
'breaking force'
➤ **Klebkraft**
adhesive power,
bonding power
➤ **Leuchtkraft** luminosity
➤ **Rückstellkraft**
directing force,
reaction force,
restoring force
➤ **Scherkraft**
shear force; shear stress
(shear force per unit area)
➤ **Schubkraft/**
Vortriebkraft
thrust,
forward thrust
➤ **Schwerkraft**
gravity,
gravitational force
➤ **Solvatationskraft**
solvating power
➤ **Sprengkraft**
explosive force,
explosive power

➢ **Trägheitskraft**
  inertial force
➢ **Triebkraft** *phys/mech* **(>Antrieb)**
  propulsive force
➢ **Valenzkraft**
  valence force
➢ **Weiterreißkraft**
  tear propagation force
➢ **Zentrifugalkraft**
  centrifugal force
Kraftmikroskopie
  force microscopy
➢ **Rasterkraftmikroskopie**
  atomic force microscopy (AFM)
krank sick, ill, diseased
krankhaft/pathologisch
  pathological
Krankheit
  disease, illness;
  sickness
➢ **Strahlenkrankheit**
  radiation sickness
krankheitserregend/pathogen
  disease-causing, pathogenic
Krankheitserreger
  disease-causing agent,
  pathogen
Krankheitsüberträger
  transmitter of disease
Krankheitsursache/Ätiologie
  etiology
Krankheitsverursacher
  (Wirkstoff/Agens/Mittel)
  etiological agent
kratzbeständig/kratzfest
  scratchproof
Kratzer scratch; (Gerät zum
  Abkratzen/Schabeisen) scraper
kratzfest scratchproof
Kratzfestigkeit
  scratch hardness,
  scratch resistance;
  mar resistance
Kräuselbeständigkeit
  crimp rigidity/stability,
  crimp resistance
Kräuselglasfaser
  crimped glass fiber
kräuseln crimp

Kräuselung
  crimp, crimping,
  rippling, wrinkling
Krebs (malignes Karzinom)
  cancer
  (malignant neoplasm/carcinoma)
krebsartig
  cancerous
krebserregend/
  karzinogen/carcinogen
  carcinogenic
krebserzeugend/
  onkogen/oncogen
  cancer causing,
  oncogenic,
  oncogenous
Krebsrisiko
  cancer risk
krebsverdächtige Substanz
  cancer suspect agent,
  suspected carcinogen
Kreiden/
  Abkreiden/Auskreiden
  (Kunststoffoberflächen)
  chalking
Kreiselpumpe/Zentrifugalpumpe
  impeller pump,
  centrifugal pump
Kreisschüttler/Rundschüttler
  circular shaker,
  orbital shaker,
  rotary shaker
Kreppband
  masking tape
Kreppgummi/
  Kreppkautschuk
  crepe
Kresol cresol
  (methyl phenol/cresyl alcohol)
Kreuzabbruch *polym*
  cross termination
Kreuzklemme/
  Doppelmuffe
  clamp holder,
  'boss', clamp 'boss'
  (rod clamp holder)
Kreuzköper
  cross twill, crowfoot,
  two-harness satin

Kreuzschlüssel
spider wrench,
spider spanner (*Br*)
Kreuzschraubenzieher/
Kreuzschlitzschraubenzieher
Phillips®-head screwdriver;
Phillips® screwdriver
Kreuzstrom-Filtration
cross flow filtration
Kreuztisch *micros*
mechanical stage
kreuzungsfreie Wanderung
self-avoiding walk
(SAW)
Kriechbruch
creep failure
Kriechen/Fließen creep
Kriechfestigkeit
creep resistance
Kriechschutzadapter *dest*
anticlimb adapter
Kriechstrom
leakage current, creepage;
track, tracking
Kriechstromfestigkeit
tracking resistance,
tracking index
Kriechverhalten/
Fließverhalten
creep behavior
Kriechversuch
creep experiment
Kristall crystal
➢ **Einkristall**
monocrystal
➢ **Fadenkristall/**
Haarkristall/
fadenförmiger Einkristall/
Whisker
whisker
➢ **Flüssigkristall**
liquid crystal (LC)
➢ **Idealkristall**
ideal crystal,
perfect crystal
➢ **Realkristall**
real crystal,
nonideal crystal,
imperfect crystal

Kristallbrücke
crystal bridge,
interlamellar bridge
(tie molecules)
Kriställchen
small crystal; crystallite
Kristallfehler
crystal imperfection
Kristallgitter
crystal lattice
➢ **Basisgitter**
base lattice
➢ **Idealgitter**
ideal lattice
➢ **Punktgitter**
point lattice
➢ **Raumgitter**
space lattice
➢ **Realgitter**
real lattice
Kristallierbarkeit
crystallizability
kristallin crystalline
➢ **flüssigkristallin**
liquid crystalline
➢ **nicht kristallin**
(ohne Kristallform)
amorphous
➢ **polykristallin**
polycrystalline
➢ **semikristallin/**
teilcrystallin
semicrystalline
Kristallinität
crystallinity
Kristallisation
crystallization
Kristallisationsgrad
degree of crystallization
Kristallisationskern/
Kristallisationskeim
crystallization nucleus
kristallisieren crystallize
Kristallit crystallite
Kristallographie
crystallography
Kristallstruktur
crystal structure,
crystalline structure

Kristallwasser
 crystal water,
 water of crystallization
kritischer Punkt
 critical point
Kritisch-Punkt-Trocknung
 critical point drying (CPD)
Krokodilklemme
 alligator clip,
 alligator connector clip
Kronenether crown ether
Krug/Kanne/Kännchen
 jug; (mit Griff) pitcher
Krümel
 scraps, shavings
Krümmer (gebogenes Rohrstück)/
 Winkelrohr/Winkelstück
 (Glas/Metall etc. zur Verbindung)
 ell, elbow, elbow fitting,
 bend, bent tube, angle connector
krustenbildend encrusting
Kryoskopie cryoscopy
Kryostat cryostat
Kryostatschnitt *micros*
 cryostat section
Kryo-Ultramikrotomie
 cryoultramicrotomy
Kugel-Stab-Modell/
 Stab-Kugel-Modell *chem*
 ball-and-stick model,
 stick-and-ball model
Kugelbettreaktor (Bioreaktor)
 bead-bed reactor
Kugeldruckhärte
 ball indentation hardness
Kugelgelenk
 ball-and-socket joint,
 spheroid joint
Kugelkühler
 Allihn condenser
Kugellager
 ball bearing
 ➤ **Achsenlager/Achslager/**
 Zapfenlager (z.B. beim Kugellager)
 journal
 ➤ **Laufring (beim Kugellager)**
 race
Kugelrohrdestillation
 bulb-to-bulb distillation

Kugelschmelzverfahren
 (Glasfilamente)
 marble melting
kugelsichere Weste
 bulletproof vest
Kugelventil ball valve
Kühlakku/Kälteakku
 cooling pack,
 cooling unit
Kühlbox cooler
kühlen
 cool, chill, refrigerate
 ➤ **abkühlen**
 cool down, get cooler
 ➤ **gefrieren** freeze
 ➤ **in den Kühlschrank stellen**
 refrigerate
 ➤ **tiefkühlen/tiefgefrieren**
 deep-freeze
 ➤ **unterkühlen**
 supercool
Kühler condenser
 ➤ **Dimroth-Kühler**
 coil condenser (Dimroth type)
 ➤ **Einhängekühler/Kühlfinger**
 suspended condenser,
 cold finger
 ➤ **Intensivkühler**
 jacketed coil condenser
 ➤ **Kugelkühler**
 Allihn condenser
 ➤ **Liebigkühler**
 Liebig condenser
 ➤ **Luftkühler** air condenser
 ➤ **Rückflusskühler**
 reflux condenser
 ➤ **Schlangenkühler**
 coil distillate condenser,
 coil condenser,
 coiled-tube condenser
 ➤ **Vigreux-Kolonne**
 Vigreux column
Kühlfach/Gefrierfach
 (im Kühlschrank)
 freezer compartment,
 freezing compartment,
 freezer
Kühlfalle
 cold trap, cryogenic trap

Kühlfinger *dest*
cold finger
(finger-type condenser)
Kühlflüssigkeit/Kühlmittel
coolant (*allg*/direkt);
refrigerant
Kühlhaus
cold store
Kühlmantel
condenser jacket
Kühlraum (Gefrierraum) cold room
('walk-in refrigerator'),
cold-storage room, cold store,
'freezer'; (Kühlkammer/Kühlhaus)
cold storage, deep freeze
Kühlschlange
cooling coil, condensing coil
Kühlschmierstoff/
Kühlschmiermittel
coolant (lubricant)
Kühlschrank
refrigerator, fridge; icebox
➢ **Gefrierfach**
freezing compartment
➢ **Tiefkühlschrank**
deep freezer, 'cryo'
Kühltruhe/Gefriertruhe
chest freezer;
(Gefrierschrank) upright freezer
➢ **Tiefkühltruhe**
deep-freeze,
deep freezer
Kühlwasser
coolant, cooling water
Kuhn-Länge Kuhn length
kultivierbar cultivatible, arable
kultivieren *agr* cultivate;
micb culture, culturing
Kulturflasche
culture bottle
Kulturkolben culture flask
Kulturröhrchen culture tube
Kulturschale culture dish
Kunstfaser synthetic fiber
Kunstfaserzellstoff
rayon pulp
Kunstharz
artificial resin,
synthetic resin

kunstharzimprägniert
resin-impregnated
Kunstharzkleber
synthetic-resin adhesive
Kunstharzlack
synthetic-resin varnish;
synthetic enamel
Kunstharzleim
synthetic-resin glue
Kunstholz/
Polymerholz
artificial wood,
polymer wood
Kunstkautschuk
synthetic rubber (SR),
artificial rubber
Kunstleder
imitation leather,
artificial leather
künstlich
artificial; synthetic
Kunstseide (Rayon)
artificial silk, rayon
Kunststoff (Plastik/Plast)
plastic,
synthetic material/polymer
➢ **Biokunststoff** bioplastic
➢ **Funktionskunststoff**
functional plastic
➢ **glasfaserverstärkte Kunststoffe**
glass fiber-reinforced plastics
(GFRP)
➢ **glasverstärkte Kunststoffe**
glass-reinforced plastics (GRP)
➢ **Hochleistungskunststoffe**
high-performance plastics
(specialty p.)
➢ **Keramikkunststoff**
ceramoplastic
➢ **Konstruktionskunststoffe/**
technische Kunststoffe
engineering plastics,
technical plastics
➢ **mit geringem Fogging-Effekt**
low-fog plastics
➢ **Reaktionskunststoff**
reaction plastic
➢ **Rohmaterial für Kunststoffe**
resins

➤ **schlagzähe Kunststoffe**
(schlagzäh ausgerüstete)
impact-modified plastics
➤ **selbstverstärkender**
self-reinforcing plastic
➤ **Sperrschicht-Kunststoff**
barrier plastic
➤ **Standardkunststoff/**
Massenkunststoff/Massenplast
commodity plastic,
bulk plastic,
volume plastic
➤ **technische Kunststoffe/**
Techno-Kunststoffe
technical plastics,
engineering plastics;
technoplastics
➤ **ungeformte Kunststoffmasse**
(vor Ausrüstung)
('Harz'/Kunstharz-Rohstoff)
resin
➤ **verstärkte Kunststoffe**
reinforced plastics (RP)
Kunststoffabfall waste plastic
Kunststoffabfälle
plastic waste
Kunststoffauflage
plastic coating
Kunststoffauskleidung
plastic lining
Kunststoffaußenhülle
plastic oversheath
Kunststoffbehälter
plastic container
Kunststoffbeplankung
plastic cladding
kunststoffbeschichtet
plastic-coated, plasticized
kunststoffbeschichtetes Papier
plastic-coated paper,
resin-coated paper (RC paper)
Kunststoffbeschichtung
plastic coating
Kunststoffbeutel/Plastiktasche
plastic bag
Kunststoff-Blend
(Polymerlegierung)
polymer blend,
polyblend (polymer alloy)

Kunststoffchemie
plastics chemistry;
polymer chemistry
Kunststoffdichtungsbahn
(z.B. Abdichtung für
Teiche/Deponien etc.)
plastic liner (liner sheet)
Kunststoffeinkapselung
plastic encapsulation
Kunststofffolie
(dünn) plastic foil/film;
(fest/stark) plastic sheet
Kunststofffolienschweißgerät
plastic film welder,
plastic sheeting welder
Kunststoffformen
plastic molding
Kunststoffformmasse
plastic molding compound
Kunststoffformteil
plastic molding
Kunststoffhalbzeug
plastic semiproduct,
semifinished plastic
Kunststoffhilfsstoff
plastic additive
Kunststoffindustrie
plastics industry
kunststoffisoliert
plastic-insulated
Kunststoffisolierung
plastic insulation
Kunststoffkleber/-klebstoff
plastic adhesive,
plastic-bonding adhesive
Kunststofflaminat
laminated plastic
Kunststofflatex
synthetic resin latex
Kunststofflegierung
plastic alloy
Kunststoffleim
plastic glue,
synthetic resin glue
Kunststoff-Lichtwellenleiter
polymer optical waveguide/fiber
(POF)
Kunststofflot/Plastiklot
plastic solder

Kunststoffmasse
plastic molding compound
Kunststoffpressteil
compression-molded plastic part
Kunststoffprüfung
testing of plastics
Kunststoffschrott
plastic waste
Kunststoffspachtel
plastic filler
Kunststoffsyntheseverfahren
polymerization
Kunststofftechnik
plastics engineering
Kunststoffüberzug
plastic coating
Kunststoffumhüllung (Folie)
plastic wrap
kunststoffummantelt
plastic-sheathed,
(beschichtet/Überzug)
plastic-coated
kunststoffverarbeitende Industrie
plastics processing industry
Kunststoffverarbeitung
plastics processing
Kunststoffverbundfolie
plastic composite film
kunststoffverkappt
plastic-encapsulated
Kunststoffverpackung
plastic packaging
Kunststoffwerkstoff
plastic material
Kunststoffzusatzstoff
plastic additive
Kuoxamseide
cuprammonium fiber
Kupfer (Cu) copper
Kupfer(I) ...
cuprous ...
Kupfer(I)-oxid
cuprous oxide
Kupfer(II) ... cupric ...
Kupfer(II)-oxid
cupric oxide,
black copper
Kupferdrahtnetz
copper grid mesh

Kupferglanz Cu_2S chalcocite
Kupfernetz *micros*
copper grid
Kupferspäne/
Kupferfeilspäne
copper filings
Kupfersulfat/Kupfervitriol
copper sulfate,
copper vitriol,
cupric sulfate
Kupplung *tech/mech*
clutch, coupling,
coupler, attachment;
(Verbinder: z.B. Schlauch)
fitting, coupler
➢ **Schnellkupplung**
quick-disconnect fitting
➢ **starre Kupplung**
fixed coupling
➢ **Stecker/männliche Kupplung**
(male) insert; male
➢ **weibliche Kupplung/**
Körper
body, (female) fitting; female
Kupplungsreaktion *chem*
coupling reaction
Kurzfaser
short fiber (chopped fiber)
Kurzglasfaser
short glass fiber
(chopped strands)
Kurzhalstrichter/
Kurzstieltrichter
short-stem funnel,
short-stemmed funnel
kurzkettig short-chain
kurzschließen short-circuit
Kurzschluss
short circuit, short-circuiting, short;
(Sicherung 'rausfliegen' lassen)
blow/kick a fuse
Kurzwegdestillation/
Molekulardestillation
short-path distillation,
flash distillation
Küvette (für Spektrometer)
cuvette,
spectrophotometer tube
Küvettenhalter *analyt* cell holder

**Labor (*pl* Labors)/Laboratorium
(*pl* Laboratorien)**
laboratory, lab
> **Forschungslabor**
research laboratory/lab
> **Fotolabor**
photographic laboratory/lab
> **Gute Laborpraxis**
Good Laboratory Practice (GLP)
> **im Labormaßstab**
laboratory-scale, lab-scale
> **Sicherheitslabor/
Sicherheitsraum/
Sicherheitsbereich (S1-S4)**
biohazard containment (laboratory)
(classified into
biosafety containment classes)
> **Tierlabor**
animal laboratory/lab
Laborant(in)
laboratory/lab worker
Laborarbeitstisch
laboratory/lab bench
**Laborassistent(in)/
technische(r) Assistent(in)**
technical lab assistant,
laboratory/lab technician
Laboratorium (*siehe:* Labor)
laboratory, lab
Laborbank laboratory/lab counter
Laborbedarf labware,
laboratory/lab supplies
Laborbedingungen
laboratory/lab conditions
Laborchemikalie
laboratory/lab chemical
Labordiagnostik
laboratory/lab diagnostics
Laboreinrichtung/Laborausstattung
laboratory/lab facilities
Laborkittel/Labormantel
laboratory coat, labcoat
Labormaßstab
laboratory/lab scale
Laborplatz/Laborarbeitsplatz
laboratory/lab space,
laboratory/lab working space
Laborpraxis: Gute Laborpraxis
Good Laboratory Practice (GLP)

Laborprotokoll
laboratory/lab protocol
Laborreagens
laboratory/lab reagent,
bench reagent
Laborreinigung
laboratory/lab cleanup
Laborschale
laboratory/lab tray
Laborschürze
laboratory/lab apron
**Laborschutzplatte
(Keramikplatte)**
laboratory protection plate
Laborsicherheit
laboratory/lab safety
Laborsicherheitsbeauftragter
laboratory safety officer
Laborsicherheitsstufe
physical containment (level)
Laborstandard
laboratory/lab standard
Laborstandflasche/Standflasche
laboratory/lab bottle
Labortagebuch
lab diary,
lab manual, log book
Labortechnik
laboratory/lab technique
**labortechnisch/
im Labormaßstab**
laboratory-/lab-scale
Labortisch/Labor-Werkbank
laboratory/lab table,
laboratory/lab bench,
laboratory/lab workbench
Labortrakt/Laboratoriumstrakt
laboratory/lab suite
**Labortrockner/
Heißluftgebläse/Föhn**
hot-air gun
Laborverfahren
laboratory/lab procedure
Laborversuch/Labortest
laboratory/lab experiment,
laboratory/lab test
Laborwaage
laboratory/lab balance,
laboratory/lab scales

Laborwagen/
  Laborschiebewagen
  laboratory cart,
  lab pushcart (*Br* trolley)
Laborzange tongs
Laborzeile bench row
Lachgas/
  Distickstoffoxid/
  Dinitrogenoxid
  laughing gas,
  nitrous oxide
Lack lacquer
➤ **Burmalack** Burmese lacquer
➤ **Celluloselack** cellulose lacquer
➤ **Firnis/Farblack (Lasur)** varnish
➤ **Japanlack** Japanese lacquer
➤ **Kollodium** collodion
➤ **Nitrolack/**
  Cellulosenitratlack
  cellulose nitrate lacquer
Lackentferner
  lacquer remover,
  paint/varnish remover,
  paint stripper
lackieren
  lacquer, varnish;
  repaint;
  refinish; coat
Lackierung
  lacquer coating,
  lacquer finish;
  enameling
➤ **elektrophoretische L.**
  electrocoating
➤ **elektrostatische L.**
  lacquering by electrodeposition
Lackkunstharz
  synthetic paint resin
Lackmus litmus
Lacköl/Firnisöl
  varnish oil
Lackpapier
  coated paper,
  varnished paper;
  fish paper
Lackpolyester
  polyester surface coating resin
Lackschicht/Lacküberzug
  lacquer coating

Ladegerät charger
Ladung (Elektrizitätsmenge)
  charge, electric(al) charge
Ladungstrennung *electr*
  charge separation
Ladungsübertragungskomplex
  charge-transfer complex (CTC)
Lage
  (Position: in Bezug) position;
  (Ort) location
Lager (Lagerraum/Warenlager)
  stockroom, storage room, repository;
  (Gebäude) warehouse;
  (Vorrat) stock, store, supplies;
  (Achsen~/Rührer etc.) bearing(s)
➤ **Chemikalienlager**
  chemical storage
  (room/warehouse/facility)
➤ **Kugellager**
  ball bearing
➤ **Lagerbüchse**
  (Kugellager)
  journal box
➤ **Laufring**
  (des Kugellagers)
  race
Lagerbestand
  stock, store, supplies
Lagerhalter/Lagerist
  stockkeeper; stockman;
  supplies manager
Lagerhaltung
  stockkeeping, storekeeping;
  warehousing
Lagerhülse (Glasaussatz)
  stirrer bearing
Lagerkapazität
  storage capacity
lagern (Holz)
  season, store
Lagertank storage tank
Lagerung
  (Waren/Gerät/Chemikalien)
  storage, warehousing
Lagerverwalter
  stockroom manager
Laktamid/Lactamid/
  Milchsäureamid
  lactamide

Laktat (Milchsäure)
lactate (lactic acid)
**Laktatgärung/
Milchsäuregärung**
lactic acid fermentation,
lactic fermentation
**Laktose/Lactose
(Milchzucker)**
lactose (milk sugar)
Lamellenstruktur
lamellar structure
**laminare Strömung/
Schichtströmung**
laminar flow
Laminat
laminate
(laminated plastic)
Laminierharz
laminating resin
**Laminierkleber/
Kaschierklebstoff**
laminating adhesive
Lampenruß
lampblack
langkettig long-chain
langlebig
long-lived, long-living
Langlebigkeit
longevity
länglich oblong
**langsam wachsend
(Kristalle)**
slow-growing
Längskonstante
length constant
Längsschnitt
longisection,
longitudinal section,
long section
Langzeitversuch
long-term experiment
Lanthan (La) lanthanum
Lanthanide (Lanthanoide)
lanthanides (lanthanoids)
Lanzette lancet
**Läsion/
Schädigung/
Verletzung/Störung**
lesion

Last (Beladung) load;
(Gewicht) weight;
tech/mech (Traglast) load;
(Belastung) burden, load
Lasur/Lack/Lackfirnis
varnish
**latent/verborgen/
unsichtbar/versteckt**
latent
**Latenzzeit
(Inkubationszeit)**
latency period,
latent period
(incubation period)
**Latex
(*m/pl* Lattices/Latizes)**
latex (*pl* latices/latexes)
➢ **Asclepias-Gummi
(*Asclepias* spp./Apocynaceae)**
milkweed rubber
➢ **Assamgummi/
Indisches Gummi
(*Ficus elastica*/Moraceae)**
Assam rubber,
Indian rubber
➢ **Balata
(*Mimusops bidentata* = *M. balata*/
Sapotaceae)**
balata (gum)
➢ **Bitingagummi
(*Raphionacme utilis*/
Asclepiadaceae)**
Bitinga rubber
➢ **Bolivianisches Gummi
(*Sapium aucuparium*/
Euphorbiaceae)**
Bolivian rubber
➢ **Borneo-Gummi
(*Willughbeia coriacea*/
Apocynaceae)**
Borneo rubber
➢ **Ceará-Gummi
(*Manihot* spp. esp. *M. glaziovii*/Euphorbiaceae)**
ceara rubber
➢ **Chicle
(*Manilkara zapota*/Sapotaceae)**
chicle, chicle gum,
chiku (sapodilla)

➢ **Chilte-Gummi**
(*Cnidoscolus elastica/*
Euphorbiaceae)
chilte rubber
➢ **Chinesisches G.**
(*Eucommia ulmoides/*
Eucommiaceae)
Chinese gutta-percha
➢ **Coquirana-Balata**
(*Ecclinusa balata/*
Sapotaceae)
coquirana balata
➢ **Couma-Gummi**
(*Couma* spp./**Apocynaceae**)
couma rubber
➢ **Esmeraldagummi**
(*Sapium jenmanii/*
Euphorbiaceae)
Esmeralda rubber
➢ **Gutta Sundek**
(*Payena leerii/***Sapotaceae**)
gutta sundek
➢ **Guttapercha**
(u.a. *Palaquium gutta* und
Payena spp./**Sapotaceae**)
gutta-percha
➢➢**Chinesisches Guttapercha**
(*Eucommia ulmoides/*
Eucommiaceae)
Chinese gutta-percha
➢ **indischer Tragacanth/**
indischer Tragant/
Karaya-Gummi
(*Sterculia urens/***Malvaceae,**
auch: Cochlospermum
*gossypium/***Bixaceae**)
Indian tragacanth,
karaya gum
➢ **Intisygummi**
(*Euphorbia intisy/*
Euphorbiaceae)
intisy rubber
➢ **Iré-Gummi/Saji-Gummi**
(*Ficus vogelii/***Moraceae**)
Iré rubber (Tongo lumps)
➢ **Jelutong**
(*Dyera costulata/***Apocynaceae**)
jelutong, djelutong,
pontianak

➢ **Karayagummi/**
Indischer Tragant
(*Sterculia urens/***Sterculiaceae,**
auch: Cochlospermum gossypium/
Bixaceae)
karaya gum,
Indian tragacanth
➢ **Kautschuk (*siehe auch dort*)**
caoutchouc, rubber
➢ **Koksaghyz-Gummi**
(*Taraxacum bicorne/*
Kautschuklöwenzahn/
Asteraceae)
kok-saghyz rubber
➢ **Kongogummi**
(*Ficus lutea/***Moraceae**)
Congo rubber
➢ **Krimsaghyz-Gummi**
(*Taraxacum megalorhizon/*
Kautschuklöwenzahn/Asteraceae)
krim-saghyz rubber
➢ **Lagosgummi/**
Kickxia-Gummi
(*Funtumia elastica/***Apocynaceae**)
Lagos rubber,
Lagos silk rubber
➢ **Madagaskar-Gummi**
(*Cryptostegia, Landolphia,*
Marsdenia, Mascarenhasia spp.)
Madagascar rubber
➢ **Mangabeira-Gummi**
(*Hancornia speciosa/*
Apocynaceae)
mangabeira rubber
➢ **Manicoba-Gummi**
(*Manihot glaziovii/*
Euphorbiaceae)
Manicoba rubber
➢ **Massaranduba**
(*Mimusops elata/***Fabaceae**)
maçaranduba
➢ **Milchbaum**
(*Brosimum utile und*
B. galactodendron/
Moraceae)
cow tree
➢ **Ostafrikanisches Gummi**
(*Landolphia* spp./**Apocynaceae**)
East African rubber

> **Panamagummi/
> Carthagena-Gummi
> (*Castilla elastica*/Moraceae)**
> Panamá rubber,
> Central American rubber
> **Parakautschuk
> (*Hevea brasiliensis*/
> Euphorbiaceae)**
> para rubber
> **Pernambuco-Gummi
> (*Hancornia speciosa*/
> Apocynaceae)**
> Pernambuco rubber
> **Rangoongummi
> (*Urceola maingayi*/Apocynaceae)**
> Rangoon rubber
> **Sorva (*Couma macrocarpa*/
> Apocynaceae)**
> sorva gum,
> leche caspi
> **Tausaghyz-Gummi
> (*Scorzonera tausaghyz*/
> Asteraceae)**
> tau-saghyz rubber
> **Tekesaghyz-Gummi
> (*Scorzonera acanthoclada*/
> Asteraceae)**
> teke-saghyz rubber
> **Tirucalli-Gummi
> (*Euphorbia tirucalli*/
> Euphorbiaceae)**
> tirucalli rubber
> **Tongking-Gummi
> (*Streblus tongkinensis*/
> Moraceae)**
> Tongking rubber
> **Uleigummi
> (*Castilla ulei*/Moraceae)**
> Ulé rubber,
> uli rubber

Latexfarbe
latex paint

Latexmischen
latex compounding

Latexschaum
latex foam

**Latexschaumgummi/
Schaumgummi**
latex foam rubber

**Laufmittel/
Elutionsmittel/
Fließmittel/Eluent
(mobile Phase)**
solvent, mobile solvent,
eluent, eluant (mobile phase)

Laufmittelfront
solvent front

Laufring (beim Kugellager)
race

Laufzeit (Vertrag) term;
> **(Gerät/Lebenszeit)**
> life, service life;
> (Gerät: für eine 'Runde')
> cycle time, running time

Lauge *chem* lye (alkaline solution);
(Bodenauslaugung) leachate

**laugenbeständig/
alkalibeständig**
alkaliproof

lauwarm lukewarm

Lävan levan

LD$_{50}$ (mittlere letale Dosis)
LD$_{50}$ (median lethal dose)

**LDL (Lipoproteinfraktion
niedriger Dichte)**
LDL (low density lipoprotein)

Lebensdauer life span;
(Laufzeit: Gerät etc.) service life;
(Nutzungsdauer)
tech/mech working life

Lebensgefahr
danger of life,
life threat
> **Vorsicht, Lebensgefahr!**
> caution, danger!

lebensgefährlich
life-threatening

Lebensmittel
foodstuff, nutrients

Lebensmittelchemie
food chemistry

lebensmittelecht
suitable for use in contact with food

Lebensmittelkonservierungsstoff
food preservative

Lebensmittelzusatzstoff
food additive

Lebenszeit lifetime

leberschädigend/
 hepatotoxisch
 hepatotoxic
Lebertran cod-liver oil
Leck/Leckage leak, leakage
Leckagerate leak rate
Leckfluss/
 Leckströmung
 leakage flow
leer empty; void
leerlaufen/trockenlaufen
 run dry
legieren alloy
Legierung alloy
leicht entzündlich
 highly flammable
leichtgewicht(ig)
 lightweight
leichtlöslich
 easily soluble,
 readily soluble
Leim glue
➢ **Holzleim**
 wood glue
Leinwand (Projektions~)
 screen (projection)
Leiste ledge, lath, border, strip;
 (dünne L.) slat; molding
Leistung
 achievement, performance;
 phys/electr power
Leistungsaudit/
 Leistungsprüfung/
 Tauglichkeitsprüfung
 performance audit
Leistungsbereich
 performance range
Leistungskompensations-
 Differentialkalorimetrie
 power-compensated differential
 scanning calorimetry
 (PC-DSC)
Leistungskriterien (Geräte etc.)
 performance criteria
Leistungsregelung
 power control
Leistungszahl
 performance value,
 performance coefficient

leiten (Elektrizität/Flüssigkeiten)
 conduct, transport,
 translocate, lead
leitend conducting
➢ **nichtleitend**
 nonconductive,
 non-conducting,
 nonconducting;
 (dielektrisch) dielectric
Leiter ladder; *electr* conductor
Leiterplatte/Platine
 printed circuit board (PCB)
Leitfaden/Handbuch
 guide;
 manual, handbook
leitfähig conductive
leitfähiges Polymer
 conductive polymer
Leitfähigkeit conductivity
Leitfähigkeitsmessgerät
 conductivity meter
Leitfähigkeitstitration/
 konduktometrische Titration/
 Konduktometrie
 conductometric titration
Leitfähigkeitsverbesserer
 conductivity improver
Leitlinie guideline
Leitnuklid
 tracer nuclide
Leitung conduction, conductance,
 transport, translocation; (Rohre/Kabel
 für Wasser/Strom/Gas) line
Leitungswasser tap water
letal/tödlich lethal, deadly
letale Dosis lethal dose
Letalität lethality
Leuchte lamp, illuminator;
 micros illuminator
➢ **Kaltlichtbeleuchtung**
 fiber optic illumination
leuchten
 shine, light; glow; burn
Leuchtfarbe luminous paint; (Farbstoff)
 fluorescent dye
Leuchtfeldblende/
 Kollektorblende *micros*
 field diaphragm
Leuchtkraft luminosity

Leuchtprobe flame test
Leuchtschirm
luminescent screen
Leuchtstoff/
Luminophor ('Phosphor')
luminophore (phosphor)
Leuchtstoffröhre/
Leuchtstofflampe ('Neonröhre')
fluorescent tube
Leuchttest/
Leuchtprobe
flame test
Libelle
(Glasröhrchen der Wasserwaage)
bubble tube (slightly bowed glass
tube/vial in spirit level)
Licht light
➤ **Auflicht/Auflichtbeleuchtung**
epiillumination,
incident illumination
➤ **ausgestrahltes Licht**
emergent light
➤ **Blitzlicht**
flash, flashlight
➤ **Durchlicht/**
Durchlichtbeleuchtung
transillumination,
transmitted light illumination
➤ **einfallendes Licht**
incident light
➤ **linear polarisiertes Licht**
plane-polarized light
➤ **polarisiertes Licht**
polarized light
➤ **Streulicht**
scattered light, stray light
Lichtabbau/
photochemischer Abbau
photodegradation
lichtbeständig/lichtecht
photostable,
light-fast, nonfading
Lichtbeständigkeit
photostability
Lichtbestrahlung
photoirradiation
Lichtbleichung
photobleaching
Lichtblitz flash

Lichtbogenfestigkeit/
Lichtbogenbeständigkeit
arc resistance
Lichtbogenofen arc furnace
Lichtbogenspektrum
arc spectrum
lichtbrechend
refractive
Lichtbrechung
optical refraction
lichtdurchlässig
light-permeable,
translucent, transparent
Lichtdurchlässigkeit
light permeability,
photopermeability,
translucence, translucency,
transparency
Lichtechtheit/
Lichtbeständigkeit
light fastness
lichtempfindlich (leicht reagierend)
light-sensitive,
photosensitive,
sensitive to light
Lichtempfindlichkeit
light sensitivity,
sensitivity to light,
photosensitivity
Lichtleiter
photoconductor,
optical waveguide,
optic fiber waveguide
Lichtleitertechnik
fiber optics
Lichtleitfähigkeit
photoconductivity
Lichtleitfaser optical fiber
Lichtmikroskop
light microscope
(compound microscope)
lichtoptisch/
photooptisch
photooptical
Lichtpunkt point of light
Lichtquelle light source
Lichtreiz light stimulus
Lichtschranke
light barrier

Lichtschutzmittel *polym*
light stabilizer,
light-stability agent;
(Sonnenschutzcreme)
sunscreen lotion
lichtstark
bright, luminous
Lichtstärke/
Lichtintensität
luminosity, light intensity
Lichtstrahl/
Lichtbündel
beam of light
Lichtstrahlschweißen
light beam welding
Lichtstreuung
light scattering
➤ **dynamische Lichtstreuung**
dynamic light scattering
➤ **statische Lichtstreuung**
static light scattering
Lichtstrom (Lumen)
luminous flux
Liebigkühler
Liebig condenser
Lieferdruck
delivery pressure,
discharge pressure
Lieferung
supply, shipment,
delivery, consignment
➤ **Großlieferung**
bulk shipment,
bulk delivery
Ligament/Band ligament
Ligand ligand
Liganden-Blotting
ligand blotting
Ligation/Verknüpfung
ligation
Lignifizierung lignification
Lignin lignin
Lignocerinsäure/
Tetracosansäure
lignoceric acid,
tetracosanoic acid
Ligroin
ligroin,
petroleum spirit

linksgängig left-handed
linkshändig
left-handed, sinistral
Linolensäure linolenic acid
Linolsäure
linolic acid, linoleic acid
Linse lens (also: lense)
Linsenpapier/
Linsenreinigungspapier *micros*
lens tissue, lens paper
Lipid lipid
Lipiddoppelschicht
(biol. Membran)
lipid bilayer
Lipofektion lipofection
Liponsäure/
Dithiooctansäure/
Thioctsäure/
Thioctansäure (Liponat)
lipoic acid (lipoate),
thioctic acid
lipophil lipophilic
Lipoprotein hoher Dichte
high density lipoprotein (HDL)
Lipoprotein mittlerer Dichte
intermediate density lipoprotein
(IDL)
Lipoprotein niedriger Dichte
low density lipoprotein (LDL)
Lipoprotein sehr niedriger Dichte
very low density lipoprotein
(VLDL)
Lipoteichonsäure
lipoteichoic acid
Lippendichtung
(Wellendurchführung)
lip seal,
lip-type seal, lip gasket
Lochbodenkaskadenreaktor/
Siebbodenkaskadenreaktor
sieve plate reactor
löcherig/perforiert
perforated
Lochplatte (Extuder)
braker plate;
gen/micb well plate
Lockmittel/
Lockstoff/Attraktans
attractant

Lod-Wert
lod score
('logarithm of the odds ratio')
logarithmische Phase
logarithmic phase (log-phase)
Logarithmuspapier/
Logarithmenpapier
log paper
Lognormalverteilung/
logarithmische Normalverteilung
lognormal distribution,
logarithmic normal distribution
Löschdecke/
Feuerlöschdecke
fire blanket
löschen (Feuer)
extinguish, put out
Löschgerät/
Feuerlöscher
fire extinguisher
Löschmittel/
Feuerlöschmittel
fire-extinguishing agent
Löschpapier
bibulous paper
(for blotting dry)
Lösefraktionierung
temperature rising elution
fractionation (TREF)
Lösemittel/Lösungsmittel
solvent
lösemittelaktivierter Klebstoff
solvent-activated adhesive
Lösemittelbeständigkeit
solvent resistance
Lösemittelfront
solvent front
Lösemittelkleber/
Lösungsmittelkleber/
Kleblack
solvent adhesive,
solvent-based adhesive
Lösemittelrückgewinnung
solvent recovery
lösen
mech detach, separate, disconnect;
chem (in einem Lösungsmittel)
dissolve;
math solve

löslich soluble
➢ **kaum löslich/**
wenig löslich
sparingly soluble,
barely soluble
➢ **leichtlöslich**
easily soluble,
readily soluble
➢ **schwerlöslich**
of low solubility
➢ **unlöslich**
insoluble
Löslichkeit
solubility
➢ **Unlöslichkeit**
insolubility
Löslichkeitspotential
solute potential
Löslichkeitsprodukt
solubility product
Löslichkeitsvermittler/
Lösungsvermittler
solubilizer,
solutizer
Löslichkeitsvermittlung
solubilization
Losrolle/Tänzerrolle
dancer roll
Lösung solution
➢ **Fehlingsche Lösung**
Fehling's solution
➢ **Gebrauchslösung/**
gebrauchsfertige Lösung/
Fertiglösung
ready-to-use solution,
test solution
➢ **gesättigte Lösung**
saturated solution
➢ **Kochsalzlösung**
saline
➢ **Maßlösung**
volumetric solution
(a standard analytical solution)
➢ **Nährlösung**
nutrient solution,
culture solution
➢ **physiologische Kochsalzlösung**
saline,
physiological saline solution

➢ **Pufferlösung**
buffer solution

➢ **Reagenzlösung**
reagent solution

➢ **Ringerlösung/Ringer-Lösung**
Ringer's solution

➢ **Stammlösung/**
Vorratslösung
stock solution

➢ **Standardlösung**
standard solution

➢ **Untersuchungslösung**
test solution,
solution to be analyzed

➢ **verdünnte Lösung**
dilute solution

➢ **Waschlösung/**
Waschlauge
wash solution

➢ **wässrige Lösung**
aqueous solution

Lösungsgießen/
Lösungsgussverfahren
polym solution molding,
solution casting

Lösungsguss
polym solution mold, solution cast

Lösungsmittel/
Lösemittel solvent

Lösungsmittelfront
solvent front

Lösungsmittelrückgewinnung
solvent recovery

Lösungsschweißen
solution welding,
solvent welding (cementing)

Lösungsschweißen
polym solution welding,
solvent welding

Lösungsspinnen
solution spinning

Lösungstemperatur
solution temperature

➢ **obere kritische L.**
upper critical solution temperature
(UCST)

➢ **untere kritische L.**
lower critical solution temperature
(LCST)

Lösungsvermittler/
Löslichkeitsvermittler
solubilizer,
solutizer

Lösungswärme/
Lösungsenthalpie
heat of solution,
heat of dissolution

Lot/
Lötmittel/Lötmetall
solder

Lötdraht
soldering wire

Lötflussmittel
soldering flux,
solder flux

Lötkolben
soldering iron

Lötöse soldering lug

Lötpistole
soldering gun

Lötrohrprobe
blowpipe assay/test

Lötsäure
soldering acid

Lötwasser
soldering fluid,
soldering liquid

Lücke/Spalt
gap, crack, fissure

➢ **Abstand zwischen Spritzkopf**
und Walze (Extruder)
die-to-roll gap

Luer T-Stück Luer tee

Luerhülse
female Luer hub (lock)

Luerkern
male Luer hub (lock)

Luerlock/Luerverschluss
Luer lock

Luerspitze Luer tip

Luft air

➢ **Abluft**
exhaust, exhaust air,
waste air, extract air

➢ **Druckluft**
compressed air

➢ **flüssige Luft** liquid air

➢ **Heißluft** hot air

> **Luft ablassen**
> **(Gas ablassen/herauslassen)**
> deflate

> **Pressluft**
> compressed air,
> pressurized air

> **Umluft**
> forced air,
> recirculating air;
> air circulation

> **Zugluft** draft

> **Zuluft** input air

Luftausschluss/
Luftabschluss
exclusion of air (air-tight)

Luftbad air bath

Luftblase air bubble;

> **Luftbläschen**
> small air bubble

luftdicht
airtight, airproof

Luftdruck air pressure

> **atmosphärischer Luftdruck**
> atmospheric pressure

Luftdruckmessgerät/Barometer
barometer

Lufteinlassventil
air inlet valve,
air bleed

Lufteintrittsgeschwindigkeit/
Einströmgeschwindigkeit
(Sicherheitswerkbank)
face velocity (not same
as 'air speed' at face of hood)

luftempfindlich
air-sensitive

lüften air, ventilate, aerate

Luftentfeuchter (Gerät)
air dryer

Lüfter
fan, blower, ventilator

Luftfeuchtigkeit
air humidity;
atmospheric moisture

Luftfeuchtigkeitsmessgerät/
Feuchtigkeitsmesser/
Hygrometer
hygrometer

Luftfilter air filter

Luftführung air flow

> **vertikale Luftführung**
> **(Vertikalflow-Biobench)**
> vertical air flow
> (clean bench with
> vertical air curtain)

Luftgeschwindigkeit
air speed;
(ausgedrückt als Vektor)
air velocity

luftgetragen
airborne

Luftgrenzwert
air threshold value,
atmospheric threshold value

Luftkammer
(Schacht: z.B. Abzug)
plenum (*pl* plena)

Luftkanal
air duct,
air conduit, airway

Luftkapazität
air capacity

Luftkapillare
air capillary

Luftkühler
air cooler,
air condenser

Luftpolster-Folie
air-cushion foil

luftreaktiv air reactive

Luftrückführung
air recirculation

Luftsauerstoff
atmospheric oxygen

Luftschadstoff
air pollutant

Luftschleuse airlock

Luftstickstoff
atmospheric nitrogen

Luftstrahl
air jet

Luftstrom/Luftströmung
air current, airflow,
current of air, air stream

Luftströmung/
Luftgeschwindigkeit
(Sicherheitswerkbank)
air speed

Luftumwälzung
air circulation
Lüftung/Ventilation
ventilation;
(Belüftung) aeration
Lüftungsanlage
ventilation system, vent
Lüftungskanal
air duct
Lüftungsrohr
ventilating pipe,
vent pipe
Lüftungsschacht/Luftschacht
air shaft, air duct,
ventilating shaft/duct,
vent shaft/duct
Luftventil air valve
Luftverflüssigung
liquefaction of air
Luftverschmutzung/
Luftverunreinigung
air pollution
Luftvorhang/Luftschranke
(z.B. an Vertikalflow-Biobench)
air curtain,
air barrier
Luftzirkulation
air circulation
Luftzufuhr
air supply
Luftzug
draft (*Br* draught)

Lumineszenz
luminescence
➢ **Biolumineszenz**
bioluminescence
➢ **Chemolumineszenz**
chemoluminescence
➢ **Elektrolumineszenz**
electroluminescence
Lunker/
Hohlraum/
Vakuole (Fehler) *polym*
shrinkage cavity,
shrinkhole; bubble
lunkerfrei/
blasenfrei/
vakuolenfrei
void-free
Lupe/Vergrößerungsglas
lens(e), magnifying glass
Lüster (Metallglanz)
metallic luster (lustre)
Lüsterklemme
luster terminal
(insulating screw joint)
Lyogel lyogel
Lyophilisierung/
Gefriertrocknung
lyophilization,
freeze-drying
Lysat lysate
Lyse lysis
lysieren lyse

magische Säure (HSO₃F/SbF₅)
magic acid
Magnesia/Magnesiumoxid
magnesia, mangesium oxide
Magnesium (Mg) magnesium
Magnetfeld magnetic field
magnetischer Fluss
magnetic flux
magnetischer Leitwert/
Eigeninduktivität (Henry)
magnetic inductance
Magnetresonanztomographie (MRT)/
Kernspintomographie (KST)
magnetic resonance imaging (MRI),
nuclear magnetic resonance imaging
Magnetrührer magnetic stirrer
Magnetrührer mit Heizplatte
stirring hot plate
Magnetstab/Magnetstäbchen/
Magnetrührstab/'Fisch'/Rühr'fisch'
stir bar, stirrer bar,
stirring bar, bar magnet, 'flea'
Magnetstabentferner
(zum 'Angeln' von Magnetstäbchen)
stirring bar retriever, 'flea' extractor
Magnetventil solenoid valve
Mahlbecher (Mühle) grinding jar
mahlen/zerkleinern
grind, crush, pulverize
Mahlkugeln (Mühle)
grinding balls
Makroanion macroanion
Makrobase macrobase
Makrohomogenisierung
macrohomogenisation
Makroion macroion
Makrokation macrocation
Makromolekül
macromolecule
Makroradikal macroradical
Makrosäure macroacid
makroskopisch macroscopic
MAK-Wert (maximale
Arbeitsplatz-Konzentration)
maximum permissible workplace
concentration,
maximum permissible exposure
Maleinsäure (Maleat)
maleic acid (maleate)

Maler-Krepp masking tape
maligne/bösartig malignant
➤ **benigne/gutartig** benign
Malignität/Bösartigkeit
malignancy
Malonsäure (Malonat)
malonic acid (malonate)
Maltose (Malzzucker)
maltose (malt sugar)
Malz malt
Malzzucker/Maltose
malt sugar, maltose
Mangan (Mn) manganese
Mannit mannitol
Mannuronsäure mannuronic acid
Manschette adapter; *mech* sleeve,
collar; (Tropfschutz: Wicklung/
Ummantelung) jacket (insulation)
➤ **Filtermanschette/Guko**
filter adapter, Guko
➤ **für Schliffverbindungen**
sleeve, joint sleeve
Marienglas (Gips)
foliated gypsum, selenite,
spectacle stone
Mark medulla, pith, core
Marker/Markersubstanz
(genetischer/radioaktiver)
marker (genetic/radioactive)
Markierband/Absperrband
barricade tape
markieren/etikettieren
tag; *chem* label; (kennzeichnen)
mark, brand, earmark
Markierstift marker
➤ **wischfester/wasserfester M.**
permanent marker
(water-resistant), sharpie
markiertes Molekül
tagged molecule
Markierung label(l)ing
➤ **Immunmarkierung**
immunolabeling
➤ **radioaktive M.** radiolabeling
Marshsche Probe Marsh test
Maschensieb mesh screen
maschig meshy
Maschinist/Bediener/Durchführender
operator

Maserung/Fladerung
allg figure, design;
(Faserorientierung) grain
Maske mask
➢ **Atemschutzmaske**
protection mask,
respirator mask,
respirator
➢ **Ausatemventil**
exhalation valve
➢ **Feinstaubmaske**
dust-mist mask
➢ **Filtermaske** filter mask
➢ **Gasmaske** gas mask
➢ **Operationsmaske/**
chirurgische Schutzmaske
surgical mask
➢ **Staubschutzmaske**
(partikelfilternde Masken)
(DIN FFP)
dust mask, particulate respirator (U.S.
safety levels N/R/P
according to regulation 42 CFR 84)
Maß measure
Maßanalyse/Volumetrie/
volumetrische Analyse
volumetric analysis
Masse mass; (Fülle) bulk
➢ **Biomasse** biomass
➢ **'Frischmasse' (Frischgewicht)**
'fresh mass' (fresh weight)
➢ **Molekülmasse ('Molekulargewicht')**
molecular mass ('molecular weight')
➢ **Molmasse/molare Masse**
('Molgewicht')
molar mass ('molar weight')
➢ **relative Molekülmasse/**
Molekulargewicht (M_r)
relative molecular mass,
molecular weight (M_r)
➢ **Trockenmasse/**
Trockensubstanz
dry mass, dry matter
Masse-Ladungsverhältnis *m/z* (MS)
mass-to-charge ratio
Massenanteil (Massenbruch)
mass fraction
Massendichte
mass density

Massendiffusion/Gesamtdiffusion
bulk diffusion
Massenerhaltungssatz
law of conservation of matter
Massenfilter mass filter
Massenspektrometer
mass spectrometer, mass spec
Massenspektrometrie (MS)
mass spectrometry (MS)
➢ **ICP-MS**
(induktiv gekoppelte Plasma-MS)
inductively coupled
plasma mass spectrometry
Massenströmung (Wasser)
mass flow, bulk flow
Massenübergang/
Massentransfer/
Stoffübergang
mass transfer
Massenwirkungsgesetz
law of mass action
Massenwirkungskonstante
mass action constant
Maßkorrelationskoeffizient/
Produkt-Moment-
Korrelationskoeffizient
product-moment
correlation coefficient
Maßlöffel weighing spoon
Maßlösung
volumetric solution
(a standard analytical solution)
Maßstab scale
➢ **Großmaßstab**
large scale
➢ **Halbmikromaßstab**
semimicro scale
➢ **Kleinmaßstab**
small scale
➢ **Labormaßstab**
lab scale, laboratory scale
➢ **Mikromaßstab**
micro scale
➢ **Pilotmaßstab**
pilot scale
Maßstabsvergrößerung
scale-up, scaling up
Maßstabzahl *micros*
initial magnification

mastizieren/
kneten
masticate
Mastizieren
mastication
Mastiziermaschine/
Mastikator/
Knetmaschine/
Gummikneter
(Plastifiziermaschine/Plastikator)
masticator (plasticator)
Mastiziermittel
masticator,
masticating agent
Material material;
(Zubehör) supplies
Materialermüdung/
Werkstoffermüdung
material fatigue
Materialfehler
defect in material,
flaw in material
Materialkunde/Werkstoffkunde
material science,
materials science
Materialmangel
material shortage
Materialprüfung
materials testing
➢ **zerstörungsfreie Prüfung**
nondestructive testing (NDT)
Materialtechnik
materials technology,
materials engineering
Matrix (pl Matrizes/Matrizen)
matrix (*pl* matrices)
Matrize (Schablone) template;
polym (Formwerkzeuge)
female mold, cavity,
impression (matrix)
Mattrand-Objektträger
frosted-end slide
Maximalgeschwindigkeit
(V_{max} **Enzymkinetik/Wachstum**)
maximum rate
Maxwell-Körper
Maxwell element
Mazeration maceration
mazerieren macerate

Mechaniker mechanic
Medianwert/Zentralwert *stat*
median value
Medizinerkittel
physician's white coat,
white coat
medizinische Untersuchung/
ärztliche Untersuchung
medical examination, medical exam,
physical examination, physical
Meerwasser
seawater, saltwater
Megaphon/Megafon
bull horn
mehlig mealy, farinaceous
mehrbasig polybasic
mehrbasige Säure
polybasic acid
Mehrfachbindung *chem*
multiple bond
Mehrfachsteckdose/
Steckdosenleiste
outlet strip
Mehrkomponentenkleber
multicomponent adhesive/cement,
multiple-component adhesive/cement
Mehrschichtextrusion/
Vielschichtextrusion/
Koextrusion/Coextrusion
coextrusion
Mehrschichtfolie/
Mehrlagenfolie
multilayer film
mehrschichtig multilayer
Mehrweg...
reusable ...
Mehrzweckzange
utility pliers
Melder/Messfühler/Sensor
detector, sensor
➢ **Feuermelder** fire alarm
Membran membrane
➢ **Schleimhaut/Schleimhautepithel**
mucous membrane, mucosa
➢ **Zellmembran/Plasmamembran/**
Ektoplast/Plasmalemma
(outer) cell membrane,
plasma membrane, unit membrane,
ectoplast, plasmalemma

Membrandruckminderer
diaphragm pressure regulator
Membrandurchfluss
membrane flux
Membranfilter
membrane filter
Membranfluss
membrane flow
membrangebunden
membrane-bound
Membrankapazität
membrane capacitance
Membranlängskonstante
(Raumkonstante)
membrane length constant
(space constant)
Membranleitfähigkeit
membrane conductance
membranös
membraneous
Membranpinzette
membrane forceps
Membranpumpe
diaphragm pump
Membranreaktor (Bioreaktor)
membrane reactor
Membranventil
diaphragm valve
Menge (Anzahl)
quantity, amount, number
Mengenverhältnis
quantitative ratio,
relative proportions
Meniskus meniscus
Mensur (Messbehälter:
z.B. auch Reagierkelch)
graduated cylinder,
graduate
Mere mers
Merkblatt
leaflet, notice, instructions;
(Datenblatt: für Chemikalien etc.)
data sheet
merzerisieren
mercerize
Merzerisieren/
Merzerisierung/
Merzerisation
mercerization

Mesityle
(1,3,5-Trimethylbenzol)
mesitylene
(1,3,5-trimethylbenzene)
Mesomerie mesomerism
mesomorph
mesomorphic,
mesomorphous
Mesomorphie
mesomorphy
Mesophase mesophase
➢ **cholesterisch**
cholesteric
➢ **fadenförmig/**
nematisch
nematic
➢ **scheibenartig/**
diskotisch
disk-like, discotic
➢ **smektisch**
smectic
➢ **stäbchenartig/**
kalamitisch
rod-like, calamitic
messbar
measurable
Messbecher
measuring cup
➢ **Mensur**
graduate,
graduated cylinder
Messbereich
range of measurement
messen
(abmessen) measure;
(prüfen) test;
(ablesen) read, record
Messer knife; (Klinge) blade;
(Messgerät: Zähler) meter; measuring
instrument
➢ **Diamantmesser**
diamond knife
➢ **Kabelmesser**
cable stripping knife
➢ **Kittmesser** putty knife
➢ **Sicherheitsmesser**
safety cutter
➢ **Spachtelmesser/Kittmesser**
putty knife

Messergebnis
measurement result,
result of measurement,
experimental result
Messerhalter *micros*
knife holder
Messfehler
error in measurement,
measuring mistake
Messfühler/
Sensor/Sonde
sensor, probe
Messgas
measuring gas;
sample gas
Messgenauigkeit
accuracy/precision of measurement,
measurement precision
Messgerät/Messinstrument
measuring apparatus,
measuring instrument;
(Lehre) gage, gauge (*Br*)
➤ **Zähler** meter
Messglied *math* (Größe)
measuring unit,
measuring device
Messgröße
quantity to be measured
Messkolben
volumetric flask
Messpipette
graduated pipette,
measuring pipet
Messschaufel
measuring scoop
Messschieber (*siehe:*** Schublehre)**
caliper gage (gauge *Br*)
Messtechnik metrology;
measurement techniques,
measuring techniques;
test methods
➤ **Mess- und Regeltechnik**
instrumentation and control
messtechnisch metrological
Messung
measurement, test,
testing, reading, recording
Messverfahren
measuring procedure

Messwert
measured value
Messzylinder
graduated cylinder
Metall metal
➤ **Buntmetall**
nonferrous metal
➤ **Edelmetall** precious metal
➤ **Halbedelmetall**
semiprecious metal
➤ **Halbmetalle**
semimetals
➤ **Schwermetall**
heavy metal
➤ **Übergangsmetall**
transition metal
Metallaufdampfung *micros*
metal deposition
Metallbelag metallization
Metallfasern
metal fibers
metallfaserverstärkter Kunststoff
(MFK)
metal fiber-reinforced plastic
(MFRP)
Metallgewinnung, elektrolytische
(Elektrometallurgie)
electrowinning
Metallglanz
metallic lustre,
metallic luster
metallische Bindung
metallic bond
Metallkunde (Metallurgie)
metal science (metallurgy)
Metalllegierung
metal alloy
Metallrückgewinnung
metal recovery
Metallurgie/Hüttenkunde
metallurgy
(science and technology of metals)
metallwhiskerverstärkter Kunststoff
(MWK)
metal whisker-reinforced plastic
(MWRP)
Metathese metathesis
➤ **Ringöffnungs-Metathese**
ring-opening metathesis

Methan methane
Methode method
methylieren methylate
Methylierung/Methylieren
methylation
metrische Skala metric scale
Mevalonsäure (Mevalonat)
mevalonic acid (mevalonate)
Micelle (*siehe auch:* Mizelle) micelle
Micellierung micellation
Michaeliskonstante/
Halbsättigungskonstante (K_M)
Michaelis constant,
Michaelis-Menten constant
Michaelis-Menten-Gleichung
Michaelis-Menten equation
Mikrofaser microfiber
Mikrohomogenisierung
microhomogenisation
Mikroinjektion
microinjection
Mikromanipulation
micromanipulation
Mikromanipulator
micromanipulator
Mikrometerschraube *micros*
micrometer screw,
fine-adjustment,
fine-adjustment knob
Mikropinzette
micro-forceps
➢ **anatomische Mikropinzette**
microdissecting forceps,
microdissection forceps
Mikropipette micropipet
Mikropipettenspitze
micropipet tip
Mikroröhre microtubule
Mikroskop microscope
➢ **Polarisationsmikroskop**
polarizing microscope
➢ **Präpariermikroskop**
dissecting microscope
➢ **Stereomikroskop**
stereo microscope
➢ **Umkehrmikroskop/Inversmikroskop**
inverted microscope
➢ **zusammengesetztes Mikroskop**
compound microscope

Mikroskopie
microscopy
➢ **Dunkelfeld-Mikroskopie**
darkfield microscopy
➢ **Hellfeld-Mikroskopie**
brightfield microscopy
➢ **Hochspannungs-**
elektronenmikroskopie
high voltage electron microscopy
(HVEM)
➢ **Immun-Elektronenmikroskopie**
immunoelectron microscopy
➢ **Interferenzmikroskopie**
interference microscopy
➢ **konfokale Laser-Scanning**
Mikroskopie
confocal laser scanning microscopy
➢ **Kraftmikroskopie**
force microscopy (FM)
➢ **Lichtmikroskopie**
light microscopy
(compound microscope)
➢ **Phasenkontrastmikroskopie**
phase contrast microscopy
➢ **Polarisationsmikroskopie**
polarizing microscopy
➢ **Rasterelektronenmikroskopie (REM)**
scanning electron microscopy (SEM)
➢ **Rasterkraftmikroskopie**
atomic force microscopy (AFM)
➢ **Rastertunnelmikroskopie (RTM)**
scanning tunneling microscopy
(STM)
➢ **Transmissions-**
elektronenmikroskopie/
Durchstrahlungs-
elektronenmikroskopie
transmission electron microscopy
(TEM)
Mikroskopieren *n*
examination under a microscope,
usage of a microscope
mikroskopieren *vb*
examine under a microscope,
use a microscope
Mikroskopierleuchte
microscope illuminator
Mikroskopierverfahren
microscopic procedure

Mikroskopierzubehör
microscopy accessories

mikroskopisch
microscopic, microscopical

**mikroskopische Aufnahme/
mikroskopisches Bild**
micrograph,
microscopic image

mikroskopisches Präparat
microscopical preparation/mount

Mikroskopzubehör
microscope accessories

Mikrosonde microprobe

Mikrotom microtome

> **Gefriermikrotom**
freezing microtome,
cryomicrotome

> **Kryo-Ultramikrotom**
cryoultramicrotome

> **Rotationsmikrotom**
rotary microtome

> **Schlittenmikrotom**
sliding microtome

> **Ultramikrotom**
ultramicrotome

Mikrotomie microtomy

Mikrotommesser
microtome blade

**Mikrotom-Präparatehalter/
Objekthalter (Spannkopf)**
microtome chuck

Mikroträger
microcarrier

Mikroumwelt
micro-environment

Mikroverfahren
microprocedure

**Mikrowellenofen/
Mikrowellengerät**
microwave oven

Mikrowellen-Synthese
microwave synthesis

Milchglas
milk glass

milchig/opak
milky, opaque

**Milchsaft/
Latex**
latex

**Milchsaftröhre/
Milchröhre**
latex tube,
lactifer, lacticifer

Milchsäure (Laktat)
lactic acid (lactate)

**Milchsäureamid/
Laktamid/Lactamid**
lactamide

Milchzucker/Laktose
milk sugar, lactose

Mindestzündenergie
minimum ignition energy

Mineral (p/ Mineralien)
mineral(s)

Mineraldünger
mineral fertilizer,
inorganic fertilizer

Mineralisation/Mineralisierung
mineralization

Mineralöl mineral oil

Mineralstoffe/Mineralien
minerals

Mineralwasser mineral water

Miniprep/Minipräparation
miniprep, minipreparation

mischbar miscible

> **unvermischbar**
immiscible

**Mischbettfilter/
Mischbettionenaustauscher**
mixed-bed filter,
mixed-bed ion exchanger

Mischer/Mixer mixer

> **Drehmischer**
roller wheel mixer

> **Fallmischer**
tumbler, tumbling mixer

> **Mixette/Küchenmaschine (Vortex)**
blender (vortex)

> **Schaufelmischer** blade mixer

> **Trommelmischer**
barrel mixer, drum mixer

> **Überkopfmischer**
mixer/shaker with spinning/rotating
motion (vertically rotating 360°)

> **Vortexmischer/
Vortexschüttler/Vortexer**
vortex shaker, vortex

Mischfasergewebe (Hybridgewebe)
fiber blend
Mischregel (Mischungskreuz)
dilution rule
Mischtrommel
mixing drum
Mischung mixture
Mischungsenthalpie
enthalpy of mixing
Mischungsverhältnis
mixing ratio
Mischzylinder
volumetric flask
**Missbildungen verursachend/
teratogen**
teratogenic
Mitfällung coprecipitation
Mitteilungspflicht
duty to inform,
obligation to provide information
**Mittel/Durchschnittswert
(*siehe auch:* Mittelwert)**
mean, average
**Mittelwert/Mittel/
arithmetisches Mittel/
Durchschnittswert** *stat*
mean value, mean,
arithmetic mean, average
➢ **bereinigter Mittelwert/
korrigierter Mittelwert**
adjusted mean
➢ **Elternmittelwert**
midparent value
➢ **Quadratmittel**
quadratic mean
➢ **Regression zum Mittelwert**
regression to the mean
Mittelwertbildung
averaging
**mittlere Kraftfeld-Theorie/
Mean-Field-Theorie
(Flory-Huggins)**
mean-field theory
**Mixer/Mixette/Mischer/
Küchenmaschine (Vortex)**
mixer,
blender (vortex)
mixotrope Reihe
mixotropic series

Mizelle micelle
➢ **Faltenmizelle**
folded micelle
➢ **Fransenmizelle**
fringed micelle
Modalwert *stat*
modal value
Modellierknete
modeling clay
Modifikator modifier
Modul
tech/mech (Bau-/Schaltungs-/
Funktionseinheit: *n/pl* Module)
module (*pl* modules);
math/phys (Verhältniszahl/
Materialkonstante: *m/pl* Moduln)
modulus (*pl* moduli)
➢ **Biegekriechmodul**
flexural creep modulus
➢ **Biegemodul**
flexural modulus
➢ **Chordmodul**
chord modulus
➢ **Elastizitätsmodul/
Zugmodul/
Youngscher Modul**
modulus of elasticity,
elastic modulus,
tensile modulus,
Young's modulus
➢ **Kompressionsmodul**
bulk modulus,
compression modulus
➢ **Schermodul
(Torsionsmodul)**
shear modulus, torsion modulus,
modulus of rigidity
➢ **Scherspeichermodul**
shear storage modulus,
in-phase modulus,
elastic modulus
➢ **Scherverlustmodul**
shear loss modulus,
90°/out-of-phase modulus,
viscous modulus
➢ **Sekantenmodul**
secant modulus
➢ **Speichermodul**
storage modulus

➢ **Steifigkeitsmodul**
  stiffness modulus
➢ **Tangentenmodul**
  tangential modulus
➢ **Verlustmodul**
  loss modulus
Mohrsches Salz
  Mohr's salt,
  ammonium iron(II)
  sulfate hexahydrate
  (ferrous ammonium sulfate)
Mol mole
molare Masse/Molmasse
  ('Molgewicht')
  molar mass
  ('molar weight')
Molekül
  molecule
Molekularformel/
  Molekülformel
  molecular formula
Molekulargewicht/
  Molgewicht
  (*siehe auch:* **Molmasse**)
  molecular weight
➢ **relative Molmasse (M_r)**
  relative molecular mass (M_r)
Molekulargewichtsbestimmung/
  Molmassenbestimmung
  determination of molecular mass
Molekulargewichtsverteilung
  molecular-weight distribution
Molekularleck
  molecular leak
Molekularsieb/Molekülsieb
  molecular sieve
molekularuneinheitlich
  non-uniform with respect
  to molar mass
Molekülion (MS)
  molecular ion
Molekülmasse
  ('Molekulargewicht')
  molecular mass
  ('molecular weight')
Molekülpeak
  molecular peak
Molekülverbund
  molecule assembly

Molenbruch/
  Stoffmengenanteil
  mole fraction
Molmasse/molare Masse
  ('Molgewicht') (*in* g/mol)
  molar mass ('molar weight')
➢ **Durchschnitts-Molmasse (M_w)**
  (gewichtsmittlere Molmasse/
  Gewichtsmittel des
  Molekulargewichts)
  mass-average molar mass,
  weight-average molar mass
➢ **relative Molmasse (M_r)**
  relative molar mass
➢ **zahlenmittlere Molmasse (M_n)**
  (Zahlenmittel des
  Molekulargewichts)
  number-average molar mass
Molmassenverteilung
  molecular-weight distribution
Molvolumen/
  molares Volumen
  molar volume
Molwärme/
  molare Wärmekapazität
  molar heat capacity
Molybdän (Mo) molybdenum
Monofil
  monofil yarn
Monolith/Chip
  (integrierte Schaltung/Schaltkreis)
  monolith, chip
Monomeranion
  monomer anion
Monomereinheit
  monomer(ic) unit
Monomergießen/
  Monomergussverfahren *polym*
  monomer molding/casting
Monomerkation
  monomer cation
Moosgummi/Zellgummi
  sponge rubber, cellular rubber,
  expanded rubber (foam
  rubber/foamed rubber)
Mörser/Reibschale
  mortar
➢ **Achatmörser**
  agate mortar

➢ **Aluminiumoxid-Mörser**
alumina mortar

➢ **Apotheker-Mörser**
apothecary mortar

➢ **Glasmörser**
glass mortar

➢ **Pistill (zu Mörser)**
pestle

➢ **Porzellanmörser**
porcelain mortar

MS (Massenspektroskopie)
MS (mass spectroscopy)

MSQ-Schätzung
(Methode der kleinsten Quadrate)
LSE (least squares estimation)

Muffe (Flanschstück) muff, sleeve;
(Stativ) clamp holder, 'boss',
clamp 'boss' (rod clamp holder);
(Röhrenleitung) faucet

Muffelofen
muffle furnace, retort furnace

Muffenschweißen
sleeve welding

Muffenverbindung (Rohr)
spigot

Mühle *allg* mill; (grob) crusher, (mittel)
grinder; (fein) pulverizer

➢ **Analysenmühle**
analytical mill

➢ **Hammermühle**
hammer mill

➢ **Handmühle**
hand mill

➢ **Kaffeemühle**
coffee mill,
coffee grinder

➢ **Kugelmühle**
ball mill, bead mill

➢ **Mahlbecher** grinding jar

➢ **Mahlkugeln**
grinding balls

➢ **Mischmühle** mixer mill

➢ **Mörsermühle**
mortar grinder mill

➢ **Prallmühle**
impact mill

➢ **Pralltellermühle**
baffle-plate impact mill,
impeller breaker

➢ **Pulverisiermühle**
pulverizer

➢ **Rotormühle**
centrifugal grinding mill

➢ **Scheibenmühle**
plate mill, disk mill,
disk attrition mill

➢ **Schneidmühle**
cutting mill,
cutting-grinding mill,
shearing machine

➢ **Schwing-Kugelmühle**
bead mill (shaking motion)

➢ **Schwingmühle**
vibrating mill
(shaking motion)

➢ **Tellermühle** disk mill

➢ **Trommelmühle**
drum mill, tube mill,
barrel mill

➢ **Zentrifugalmühle/**
Fliehkraftmühle
centrifugal grinding mill

➢ **Zweiwalzenmühle**
two-roll mill

Mulde depression, basin

muldenförmig
trough-shaped

Mull (Gaze)
cheesecloth (gauze)

Müll/Abfall waste;
trash, rubbish, refuse, garbage

➢ **Atommüll** nuclear waste

➢ **Chemieabfälle** chemical waste

➢ **Giftmüll**
toxic waste, poisonous waste

➢ **Haushaltsmüll/Haushaltsabfälle**
household waste/trash

➢ **Industriemüll/Industrieabfall**
industrial waste

➢ **Klinikmüll** clinical waste

➢ **kommunaler Müll**
municipal solid waste (MSW)

➢ **Problemabfall**
hazardous waste

➢ **radioaktive Abfälle**
radioactive waste, nuclear waste

➢ **Sondermüll/Sonderabfall**
hazardous waste

Müllabfuhr
waste collection
Müllbeutel/Müllsack
trash bag, waste bag
Mullbinde/Gazebinde
gauze bandage
Mülldeponie/Müllplatz/
Müllabladeplatz/Müllkippe
waste disposal site, waste dump;
(Müllgrube: geordnet) landfill,
sanitary landfill
Mülleimer
garbage can, dustbin (*Br*)
Müllschacht
garbage/waste chute
Mülltonne
waste container,
garbage can, dustbin (*Br*)
Mülltrennung/Abfalltrennung
waste separation
Müllverbrennungsanlage
waste incineration plant,
incinerator
Müllvermeidung
waste avoidance
Müllverwertungsanlage
(waste) recycling plant
Müllwiederverwertung
waste recycling
Multienzymkomplex/
Multienzymsystem/
Enzymkette
multienzyme complex,
multienzyme system
Multimeter/Universalmessgerät
multimeter
Multiplett-Signal (NMR)
multiplet signal
Mund/Öffnung
mouth, opening, orifice
Mundschutz
mask, face mask,
protection mask
(Atemschutzmaske)
Mundspülung
mouth wash

Mungo
(Kunstwolle/Reißwolle aus
Tuchlumpen/gewalkten Tuchen)
mungo
Muraminsäure muramic acid
Musselin muslin
Muster (Vorlage/Modell) pattern,
sample, model; specimen;
(Musterung/Zeichnung) pattern,
design; (Probe) sample
Mutabilität/
Mutierbarkeit/
Mutationsfähigkeit
mutability
Mutagen/
mutagene Substanz
mutagen
mutagen/
mutationsauslösend/
erbgutverändernd
mutagenic
Mutagenität
mutagenicity
Mutarotation
mutarotation
Mutationsrate
mutation rate
Mutierbarkeit/
Mutationsfähigkeit/
Mutabilität
mutability
mutieren mutate
Mutter (und Schraube)
tech nut (and bolt)
➢ **Flügelmutter**
wing nut
➢ **Hutmutter**
acorn nut
➢ **Rändelmutter**
knurled nut
Mutterion/Ausgangsion (MS)
parent ion
Mutterlauge
mother liquor
Muttersubstanz
parent substance

Nachbargruppeneffekt
neighboring group effect
Nachbearbeitung
finishing
Nachbehandlung
aftertreatment
Nachdruck (beim Spritzgießen)
holding pressure
nachfüllbar refillable
nachgeben (einer Kraft) *phys*
yield
Nachgiebigkeit/
Komplianz *polym*
compliance
➤ **Kompressionsnachgiebigkeit**
compression compliance
➤ **Schernachgiebigkeit**
shear compliance
➤ **Zugnachgiebigkeit**
tensile compliance
Nachgiebigkeitskonstante
(Reuss-Elastizitätskonstante)
elastic compliance tensor
Nachhaltigkeit
sustained yield
Nachhärten
post cure, postcuring
nachhärten
post-cure
Nachlauf/
Ablauf *dest/chromat*
tailings, tails
nachprüfen check, control
Nachreifen
after-ripening
Nachteil disadvantage
Nachuntersuchung *med*
posttreatment examination,
follow-up (exam),
reexamination after treatment
Nachverarbeitung
postprocessing (PP)
Nachvernetzung/
Nachvulkanisation
postcuring,
postvulcanization
nachvollziehbar
duplicable,
duplicatable

Nachvulkanisation/
Nachvernetzung
postvulcanization,
postcuring
nachwachsen
regenerate, regrow,
grow back, reestablish
Nachweis
detection, proof
nachweisen
detect, prove
Nachweisgerät/
Suchgerät/Prüfgerät
detector
Nachweisgrenze
detection limit,
limit of detection (LOD)
Nachweismethode
detection method
Nadel needle;
(Kanüle/Hohlnadel: Spritze)
hypodermic needle
➤ **chirurgische N.**
suture needle
Nadeladapter
syringe connector
Nadelventil/
Nadelreduzierventil
(Gasflasche/Hähne)
needle valve
näherkommen/
annähern/sich annähern/
erreichen *math/stat*
approach (e.g., a value)
Näherung *math*
approximation
Nanocomposite
nanocomposite
Nanopartikel nanoparticle
Nanoröhre/Nanoröhrchen
nanotube
Nanotechnologie
nanotechnology
Naphthalin naphthalene
Narbe/Wundnarbe/Cicatricula
scar, cicatrix, cicatrice
Nasenschleimhaut
olfactory epithelium,
nasal mucosa

Nassfestigkeit (Fasern)
wet strength
Nassspinnen
wet spinning
naszierend nascent
nativ (nicht-denaturiert)
native (not denatured)
Natrium (Na) sodium
Natriumdodecylsulfat
sodium dodecyl sulfate (SDS)
Natriumhydroxid NaOH
sodium hydroxide
Natriumhypochlorit NaOCl
sodium hypochlorite
Natron/
Natriumhydrogencarbonat/
Natriumbicarbonat
baking soda,
sodium hydrogencarbonate
Natroncellulose/
Alkalicellulose
soda cellulose,
alkali cellulose
Natronkalk
soda lime
Natronlauge/
Natriumhydroxidlösung
sodium hydroxide solution
naturfern/
künstlich/synthetisch
man-made,
artificial, synthetic
Naturforscher
research scientist,
natural scientist
naturidentisch (synthetisch)
synthetic (having same chemical
structure as the natural equivalent)
Naturkautschuk
natural rubber (NR),
Indian rubber,
caoutchouc
➢ **Assamkautschuk/**
Rambong
('Gummibaum':
***Ficus elastica*/Moraceae)**
Assam rubber,
Indian rubber,
India rubber

➢ **Balata**
(***Mimusops bidentata* =**
***M. balata*/Sapotaceae)**
balata (gum)
➢ **Chicle**
(***Manilkara zapota*/Sapotaceae)**
chicle, chicle gum,
chiku (sapodilla)
➢ **Goldrute**
(***Parthenium argentatum*/**
Asteraceae)
guayule
➢ **Guttapercha**
(***Palaquium gutta*/Sapotaceae)**
gutta-percha
➢ **Parakautschuk**
(***Hevea brasiliensis*/**
Euphorbiaceae)
para rubber
➢ **Räucherkautschuk/**
Smoked Sheet
(geräucherte Rohkautschukplatte)
smoked sheet (rubber)
➢ **gerippte R.platte**
ribbed smoked sheet (RSS)
➢ **Rohkautschuk**
raw rubber
natürlich natural
➢ **unnatürlich**
unnatural
naturnah
near-natural
Naturschutz
environmental protection,
nature protection/
conservation/preservation
Naturstoff
natural product
Naturstoffchemie
natural product chemistry
Nebel fog; (fein) mist
➢ **leichter Nebel**
mist
nebelig foggy
➢ **leicht nebelig** misty
Nebelkammer *phys*
cloud chamber
nebeneinanderstellen
juxtapose

Nebeneinanderstellen
juxtaposition
Nebengruppenmetall/
Übergangsmetall
transition metal
Nebenprodukt
by-product,
residual product, side product
Nebenreaktion side reaction
Nebenwirkung(en)
side effect(s)
Negativkontrastierung *micros*
negative staining,
negative contrasting
Neigung
inclination;
slope, slant, dip; gradient
Neigungswinkel inclination
Nennleistung
power output,
rated power output
Nennmasse/Nominalmasse
nominal mass
Nennstrom
rated output,
rated amperage output
Nennvolumen
nominal volume
Nennwert/
Nominalwert face value
'Neonröhre'/
Leuchtstoffröhre/
Leuchtstofflampe
fluorescent tube
Nesselbindung/
Leinwand-Bindung/
Leinwandbindung
text plain weave
Netz *electr* (Versorgungs~)
network, power network;
(Verteilungs~) grid,
power grid
Netzanschluss
mains connection (*Br*),
power supply
(electric hookup)
Netzgerät/Netzteil
power supply unit;
(Adapter) adapter

Netzkabel
mains cable (*Br*),
power cable
Netzkette
network chain
Netzschalter
power switch
Netzstecker
power plug
Netzstelle/
Vernetzungsstelle
polym junction
Netzteil/
Netzgerät
power supply unit;
(Adapter) adapter
Netzwerk network
➤ **Durchdringungsnetzwerk/**
interpenetrierendes Netzwerk
interpenetrating network (IPN)
➤ **semi-interpenetrierendes Netzwerk**
semi-interpenetrating network
(SIPN)
neurotoxisch neurotoxic
Neustoffe
new chemicals/substances
➤ **Altstoffe**
existing chemicals/substances
Neusynthese/
de-novo-Synthese
de-novo synthesis
Neutronenaktivierungsanalyse (NAA)
neutron activation analysis (NAA)
Neutronenbeugung/
Neutronendiffraktometrie
neutron diffraction
Neutronenkleinwinkelstreuung
small-angle neutron scattering
(SANS)
Neutronenstreuung
neutron scattering
Newman-Projektion
(Darstellung von
Konformations-Isomeren)
Newman projection
Newtonsche Flüssigkeit
Newtonian fluid/liquid
➤ **nicht-Newtonsche Flüssigkeit**
non-Newtonian fluid/liquid

Newtonsches Fließen
Newtonian flow
nichtessentiell
nonessential
Nichtkomprimierbarkeit/
Inkompressibilität
incompressibility
nichtleitend
nonconductive,
non-conducting,
nonconducting;
(dielektrisch) dielectric
Nichtleiter
nonconductor
Nickel (Ni) nickel
niedermolekular
low-molecular
Niederschlag
meteo precipitation;
(Sediment/Präzipitat)
chem deposit, sediment, precipitate
Niedervoltleuchte
low-voltage lamp/illuminator
(spotlight)
Nikotinsäure/Nicotinsäure (Nikotinat)
nicotinic acid (nicotinate), niacin
Nitrat nitrate
nitrieren nitrify
Nitriersäure
nitrifying acid
Nitrierung
nitration, nitrification
Nitrifikation/
Nitrifizierung
nitrification
Nitrilkautschuk
(Butadien-Acrylnitril)
nitrile rubber
Nitrobenzol
nitrobenzene
Nitroglycerin/
Glycerintrinitrat
nitroglycerin,
glycerol trinitrate
Nitrolack/
Cellulosenitratlack
cellulose nitrate lacquer
Niveauschalter level switch
nivellieren leveling

NLO (nichtlineare Optik)
NLO (nonlinear optics)
NLO-Materialien
NLO devices
Nominalskala *stat*
nominal scale
Nonius vernier
Norm norm, standard;
(Regel) rule
Normaldruck/Normdruck
standard pressure
Normaldruck-Säulenchromatographie
gravity column chromatography
Normalmaß
standard measure
Normalschliff (NS)
standard taper (S.T.)
Normalverteilung *stat*
normal distribution
Normalwasserstoffelektrode
standard hydrogen electrode
Normalwert standard
normen (normieren)
standardize
Normierung
standardization
Normschliffglas (Kegelschliff)
standard-taper glassware
Normtemperatur (0°C)
standard temperature
Normung
standardization
Normzustand
(Normtemperatur 0°C und
Normdruck 1 bar)
STP (s.t.p./NTP)
(standard temperature and pressure)
Notabschaltung
emergency shutdown
Notaggregat
standby unit
Notaufnahme/
Unfallstation
(Krankenhaus)
emergency ward (clinic)
Notausgang
emergency exit
Notdienst/Hilfsdienst
emergency service

Notdusche
emergency shower;
('Schnellflutdusche')
quick drench shower,
deluge shower
Notfall emergency
Notfalleinsatz
emergency response
Notfalleinsatzplan
emergency response plan (ERP)
Notfalleinsatztruppe
emergency response team
Notfall-Evakuierungsplan/
  Notfall-Fluchtplan
emergency evacuation plan
Notfall-Fluchtweg
emergency evacuation route,
emergency escape route
Notfallvorkehrungen
emergency provisions
Nothilfe first aid
Notruf (Notfallnummer)
emergency call (emergency number)
Notschacht
  (Flucht~/Rettungsschacht)
escape shaft
Notstromaggregat
emergency generator,
standby generator

Nukleierungsmittel
nucleating agent
Nukleinsäure/Nucleinsäure
nucleic acid
nukleophiler Angriff *chem*
nucleophilic attack
Null zero
➤ **auf Null stellen** zero
Nullabgleich
zero adjustment,
null balance
Nullabgleichmethode
null method
Null-Anzeige
zero reading
Nullpunktseinstellung
zero-point adjustment,
zero-point setting
nullwertig
zero-valent, nonvalent
Nuss/Stecknuss/Steckschlüsseleinsat
z socket, chuck
Nutenextruder
grooved barrel extruder
Nutsche/Filternutsche
nutsch, nutsch filter,
suction filter, vacuum filter
Nylonfadentrick
nylon rope trick

Oberfläche surface
Oberflächenabfluss
surface runoff
oberflächenaktiv
surface-active
**oberflächenaktive Substanz/
Entspannungsmittel**
surfactant
Oberflächenbehandlung
surface treatment
Oberflächenbruchenergie
surface fracture energy,
critical strain release rate
**Oberflächengüte/
Oberflächenfinish** surface finish
Oberflächenmarkierung
surface labeling
**Oberflächenspannung/
Grenzflächenspannung**
surface tension
Oberflächenvered(e)lung
surface finishing
Oberflächen-Volumen-Verhältnis
surface-to-volume ratio
Oberflächenwiderstand
surface resistivity
Oberphase (flüssig-flüssig)
upper phase
Oberschwingung (IR) overtone
Objektiv *micros* objective
Objektivrevolver/Revolver *micros*
nosepiece, nosepiece turret
Objekttisch *micros*
stage, microscope stage
Objektträger (microscope) slide; (mit
Vertiefung) microscope depression
slide, concavity slide, cavity slide
Ofen oven, furnace
➤ **Flammofen**
reverberatory furnace
➤ **Glühofen** annealing furnace
➤ **Hochofen** blast furnace
➤ **Hybridisierungsofen**
hybridization oven
➤ **Induktionsofen**
induction furnace,
inductance furnace
➤ **Konvektionsofen**
convection oven

➤ **Lichtbogenofen**
arc furnace
➤ **Mikrowellenofen**
microwave oven
➤ **Muffelofen**
muffle furnace
➤ **Röstofen**
roasting furnace,
roasting oven, roaster
➤ **Schmelzofen**
smelting furnace
➤ **Tiegelofen**
crucible furnace
➤ **Trockenofen**
drying oven
➤ **Verbrennungsofen**
combustion furnace
➤ **Wärmeofen**
heating oven,
heating furnace (more intense)
Ofentrocknung
oven drying,
kiln drying, kilning
Öffnung/Mund/Mündung
opening, aperture, orifice,
mouth, perforation, entrance
Öffnungsdruck (Ventil)
breaking pressure
Öffnungswinkel *micros*
angular aperture
Ohrenstöpsel
earplugs
Öko-Audit/Umweltaudit
environmental audit
Ökobilanz
life cycle assessment,
life cycle analysis (LCA)
ökologisch ecological
Okular *micros*
ocular, eyepiece
➤ **Binokular**
binoculars
➤ **Brillenträgerokular**
spectacle eyepiece,
high-eyepoint ocular
➤ **Trinokularaufsatz/Tritubus**
trinocular head
➤ **Zeigerokular**
pointer eyepiece

Okularblende/
Gesichtsfeldblende des Okulars
ocular diaphragm,
eyepiece diaphragm,
eyepiece field stop
Okularlinse/Augenlinse
ocular lens
Okularmikrometer
ocular micrometer
Öl oil
➤ **Altöl**
waste oil, used oil
➤ **ätherisches Öl**
essential oil,
ethereal oil
➤ **Baumwollsaatöl**
cotton oil
➤ **Behenöl**
ben oil, benne oil
➤ **Distelöl/Safloröl**
safflower oil
➤ **Erdnussöl**
peanut oil
➤ **Erdöl**
crude oil,
petroleum
➤ **Fuselöl** fusel oil
➤ **halbtrocknendes Öl**
half-drying oil
➤ **Hydrauliköl/Drucköl**
hydraulic oil
➤ **Kokosöl**
coconut oil
➤ **Leinöl**
linseed oil
➤ **Maisöl** corn oil
➤ **Mineralöl**
mineral oil
➤ **nichttrocknendes Öl**
nondrying oil
➤ **Olivenöl** olive oil
➤ **Palmöl** palm oil
➤ **Pflanzenöl**
vegetable oil
➤ **Rizinusöl**
castor oil,
ricinus oil
➤ **Schmieröl**
lubricating oil

➤ **Senföl** mustard oil
➤ **Silikonöl**
silicone oil
➤ **Tallöl** tall oil
➤ **Transformatorenöl**
transformer oil
➤ **trocknendes Öl**
drying oil
➤ **Tungöl (Holzöl,**
***Aleurites fordii*/Euphorbiaceae)**
tung oil
➤ **Walratöl**
sperm oil (whale)
➤ **Wärmeträgeröl**
thermal oil,
heat transfer oil
Ölabscheidepipette baster
Ölbad oil bath
Oleoharze oleoresins
Ölfarbe oil paint
Ölfirnis oil varnish
ölig oily
oligomer *adj/adv*
oligomerous
Oligomer *n* oligomer
Oligonucleotid/Oligonukleotid
oligonucleotide
Oligosaccharid
oligosaccharide
Olive
(meist geriffelter Ansatzstutzen:
Schlauch~/Kolben~
verbindungsstück)
barbed hose connection
(flask: side tubulation/side arm)
Öllack
oil lacquer, oil varnish
Ölzeug oilskin(s)
onkogen/oncogen/
krebserzeugend
oncogenic, oncogenous
Onkogenität oncogenicity
Onkologie oncology
onkotischer Druck/
kolloidosmotischer Druck
oncotic pressure
opak opaque
Opferschicht
sacrificial layer/coating

Optik optics
➤ **nichtlineare Optik**
nonlinear optics (NLO)
optische Dichte/
Absorption
optical density, absorbance
optische Rotationsdispersion
optical rotatory dispersion (ORD)
optische Spezifität
optical specificity
Optoelektronik/Elektrooptik
optoelectronics
Ordnung order
➤ **Gleichung xter Ordnung**
equation of the xth order
organisch organic
organische Chemie/'Organik'
organic chemistry
organische Substanz/
organisches Material
organic matter
Organosiliziumverbindungen
organosilicon compounds
Orientierung/
Orientierungsverhalten
orientation,
orientational behavior
Orientierungsgrad
degree of orientation
Orotsäure orotic acid
Orsatblase
Orsat rubber expansion bag
Öse/
Metallöse grommet
Osmiumsäure osmic acid
Osmiumtetroxid
osmium tetroxide,
osmium tetraoxide
Osmolalität osmolality

Osmolarität/
osmotische Konzentration
osmolarity,
osmotic concentration
Osmometrie
osmometry
➤ **Dampfdruckosmometrie**
vapor phase osmometry,
vapor pressure osmometry
Osmose osmosis
osmotischer Druck
osmotic pressure
osmotischer Schock
osmotic shock
Oszillator (IR) oscillator
Oszillometrie/
oszillometrische Titration/
Hochfrequenztitration
oscillometry,
high-frequency titration
Oxidation oxidation
➤ **Redoxreaktion**
redox reaction,
reduction-oxidation reaction,
oxidation-reduction reaction
Oxidationsmittel
oxidizing agent,
oxidant, oxidizer
oxidativ oxidative
oxidieren oxidize
Oxidieren oxidizing
➤ **Anoxidieren**
partial oxidizing
oxidierend oxidizing
Oxoglutarsäure (Oxoglutarat)
oxoglutaric acid (oxoglutarate)
Ozon ozone
Ozonisierung ozonization
Ozonolyse ozonolysis

Packmaterial
packaging material
Packpapier
brown paper, kraft;
(Einpackpapier) wrapping paper
Palladium (Pd) palladium
Panama-Bindung
text basket weave
Panzerband/Gewebeband/
 Gewebeklebeband/
 Duct Gewebeklebeband/
 Universalband/Vielzweckband
duct tape
(polycoated cloth tape)
Panzerglas
bulletproof glass
Papier paper
➤ **Altpapier**
waste paper
➤ **Bastelpapier**
construction paper
➤ **Briefpapier** stationery;
(mit Briefkopf) letter-head
➤ **Einpackpapier**
wrapping paper
➤ **Filterpapier** filter paper
➤ **Firnispapier**
glazed paper
➤ **Fotopapier**
photographic paper
➤ **Glanzpapier**
 (glanzbeschichtetes Papier)
glazed paper
➤ **Hartpapier**
laminated paper
➤ **Kartonpapier/Pappe**
cardboard
➤ **Lackmuspapier**
litmus paper
➤ **Linsenreinigungspapier**
lens paper
➤ **Logarithmuspapier/**
 Logarithmenpapier
log paper
➤ **Löschpapier**
bibulous paper
(for blotting dry)
➤ **Millimeterpapier**
graph paper, metric graph paper

➤ **Packpapier**
brown paper, kraft;
(Einpackpapier) wrapping paper
➤ **Pauspapier**
tracing paper
➤ **Pergamentpapier**
parchment paper
➤ **Pergamin**
 (durchsichtiges festes Papier)
glassine paper, glassine
➤ **satiniertes Papier**
glazed paper
➤ **Saugpapier ('Löschpapier')**
absorbent paper,
bibulous paper
➤ **Schreibpapier**
bond paper, stationery
➤ **Seidenpapier**
tissue paper (wrapping paper)
➤ **Sperrschichtpapier**
barrier-coated paper
➤ **Umweltschutzpapier**
recycled paper
➤ **Wachspapier**
wax paper
➤ **Wägepapier**
weighing paper
Papierhandtuch
paper towel
Papierholz pulpwood
Papiertaschentuch
tissue, paper tissue
Pappe/
 Pappdeckel/Karton
cardboard, pasteboard
Pappkarton
cardboard box
Parameter parameter
Parkettpolymer/
 Flächenpolymer/
 Schichtpolymer/
 Schichtebenen-Polymer
parquet polymer,
layer polymer,
phyllo polymer
Partialdruck
partial pressure
Partikelfilter
particle filter

passend (gut passend)
  (z.B. Verschluss/Stopfen etc.)
  fitted (well fitted)
Passring/Einsatzring
  adapter ring
Passstück/
  Passteil(e) (Zubehör)
  fitting(s)
Pasteur-Effekt
  Pasteur effect
Pasteurpipette
  Pasteur pipet
Patching/Verklumpung
  patching
Patrize = Stempel (Formwerkzeuge)
  polym male mold, plug
Patrone cartridge
Pech pitch
Pektinsäure (Pektat)
  pectic acid (pectate)
Peleusball (Pipettierball)
  safety pipet filler,
  safety pipet ball
Peptidbindung
  peptide bond,
  peptide linkage
Peptonwasser peptone water
Perameisensäure
  performic acid
Perchlorsäure perchloric acid
perforieren
  (perforiert/löcherig)
  perforate(d)
Pergamin
  (durchsichtiges festes Papier)
  glassine paper, glassine
Periodensystem
  (der Elemente)
  periodic table
  (of the elements)
periodisch
  periodic(al)
Periodizität
  periodicity
Periodsäure/Schiff-Reagens
  (PAS-Anfärbung)
  periodic acid-Schiff stain
  (PAS stain)
Peristaltik peristalsis

peristaltisch
  peristaltic
Perlit/Perlstein perlite
Perlpolymerisation
  bead polymerization
permeabel/
  durchlässig
  permeable,
  pervious
➢ impermeabel/
  undurchlässig
  impermeable,
  impervious
➢ semipermeabel/
  halbdurchlässig
  semipermeable
Permeabilität/
  Durchlässigkeit
  permeability
Permeation/
  Durchdringung
  permeation
Permissivität
  permissivity,
  permissive conditions
Permittivität, relative/
  Dielektrizitätskonstante (ε)
  relative permittivity
Permselektivität
  (Ionenaustausch
  nur in einer Richtung)
  permselectivity
Persistenz/
  Beharrlichkeit/Ausdauer
  persistence
Persistenzlänge
  persistence length
persistieren/verharren/ausdauern
  persist
Perubalsam
  Peruvian balsam,
  balsam of Peru
Pervaporation
  (Verdunstung durch Membranen)
  pervaporation
Petrischale Petri dish
Petrolatum/
  Vaseline
  petroleum jelly, vaseline

Petrolether/Petroläther
petroleum ether
Pfanne pan
➤ **Schliffpfanne**
socket
(female: spherical joint)
Pfeifenreiniger/Pfeifenputzer
pipe cleaner
Pflanzenfarbstoff
plant pigment
Pflanzeninhaltsstoff
plant chemical,
phytochemical
Pflanzenöl (diätetisch)
vegetable oil
pflanzenschädlich/
phytotoxisch
phytotoxic
Pflanzenschutz
plant protection
Pflanzenschutzmittel
plant-protective agent,
pesticide
Pflaster/
Heftpflaster (Streifen) *med*
band-aid (adhesive strip),
sticking plaster, patch
pflegeleicht
text easy-care
Pflichtuntersuchung
mandatory investigation
Pflichtverletzung
breach of duty
pfropfen *vb* graft
Pfropffließen/
Kolbenfluss
plug flow
Pharmakologie
pharmacology
Pharmareferent
pharmaceutical sales representative
Pharmaunternehmen
pharmaceutical company
pharmazeutisch
pharmaceutical
Pharmazie/
Arzneilehre/
Arzneikunde
pharmacy

Phase
chem (nicht mischbare Flüssigkeiten)
phase, layer;
electr conductor
➤ **gebundene Phase** *chromat*
bonded phase
➤ **obere/untere Phase**
upper/lower phase,
upper/lower layer
➤ **stationäre Phase** *chromat*
stationary phase, adsorbent
Phasendiagramm
phase diagram
Phasengrenze
phase boundary
Phasenkontrast
phase contrast
Phasenkontrastmikroskop
phase contrast microscope
Phasenring
phase ring, phase annulus
Phasentransferkatalyse
phase-transfer catalysis (PTC)
Phasenübergang
phase transition
Phasenübergangstemperatur
phase transition temperature
Phasenveränderung
phase variation
Phasenvermittler
compatibilizer
Phenoplaste
phenolic rubbers
Phosgen phosgene
Phosphat phosphate
Phosphatidsäure
phosphatidic acid
Phosphodiesterbindung
phosphodiester bond
Phosphor (P)
phosphorus
phosphorhaltig/
phosphorig/
Phosphor.. adj/adv
phosphorous
phosphorige Säure
phosphorous acid
Phosphorsäure
phosphoric acid

photoallergen
photoallergenic
Photoelement photo cell
Photoionisations-Detektor (PID)
photo-ionization detector (PID)
Photolithographie
(lichtoptische L.)
photolithography
(photooptic lithography)
Photonenstromdichte
photosynthetic photon flux
(PPF)
Photonik photonics
Photopolymerisation
photopolymerization
Photosensibilisierung
photosensibilization
Photosynthese photosynthesis
photosynthetisch
photosynthetic
photosynthetisch aktive Strahlung
photosynthetically active radiation
(PAR)
photosynthetisieren photosynthesize
Phthalsäure phthalic acid
Physik physics
➤ **Experimentalphysik**
experimental physics
➤ **Kernphysik**
nuclear physics
➤ **Polymerphysik**
polymer physics
➤ **Teilchenphysik**
particle physics
➤ **theoretische Physik**
theoretical physics
➤ **Umweltphysik**
environmental physics
physikalische Karte
physical map
physikalische
Sicherheit(smaßnahmen)
physical containment
Pigment pigment
Pigmentierung
pigmentation
Pikrinsäure picric acid
Pilotanlage
pilot plant

Pilotmaßstab/
Pilotanlagen-Größe
pilot scale
Pilzbefall
fungal infestation
Pilzbekämpfungsmittel/
Fungizid
fungicide
Pinole/
Dorn mandrel
Pinzette
tweezers, forceps
(*syn* pincers, tongs)
➤ **Arterienklemme**
artery forceps,
artery clamp
(hemostat)
➤ **Deckglaspinzette**
cover glass forceps
➤ **Gewebepinzette**
tissue forceps
➤ **Knorpelpinzette**
cartilage forceps
➤ **Membranpinzette**
membrane forceps
➤ **Mikropinzette, anatomische/**
Splitterpinzette
microdissection forceps,
microdissecting forceps
➤ **Präparierpinzette/**
Sezierpinzette/
anatomische Pinzette
dissection tweezers,
dissecting forceps
➤ **Präzisionspinzette**
high-precision tweezers
➤ **Probennahmepinzette**
specimen tweezers
➤ **Sezierpinzette/**
Präparierpinzette/
anatomische Pinzette
dissection tweezers,
dissecting forceps
➤ **Spitzpinzette**
sharp-point tweezers,
fine-tip tweezers
➤ **Uhrmacherpinzette**
watchmaker forceps,
jeweler's forceps

> **Umkehrpinzette/
> Klemmpinzette**
> reverse-action tweezers
> (self-locking tweezers)

pinzieren/entspitzen
pinch off, tip

Pipette
pipet, pipette (*Br*);
pipettor

> **Ausblaspipette**
> blow-out pipet

> **Filterpipette**
> filtering pipet

> **Kapillarpipette**
> capillary pipet

> **Messpipette**
> graduated pipet,
> measuring pipet

> **Mikroliterpipette
> (Kolbenhubpipette)**
> micropipet, pipettor

> **Pasteurpipette**
> Pasteur pipet

> **Saugkolbenpipette**
> piston-type pipet

> **Saugpipette**
> suction pipet
> (patch pipet)

> **serologische Pipette**
> serological pipet

> **Tropfpipette/Tropfglas**
> dropper, dropping pipet

> **Vollpipette/
> volumetrische Pipette**
> transfer pipet,
> volumetric pipet

Pipettenflasche
dropping bottle,
dropper vial

Pipettensauger
pipet filler,
pipet aspirator

Pipettenspitze
pipet tip

Pipettenständer
pipette rack, pipette support;
(für Mikropipetten) pipettor stand

Pipettierball/Pipettierbällchen
pipet bulb, rubber bulb

> **Peleusball**
safety pipet filler,
safety pipet ball

pipettieren pipet

Pipettierhilfe
pipet aid,
pipetting aid,
pipet helper

**Pipettierhütchen/
Pipettenhütchen/
Gummihütchen**
pipeting nipple,
rubber nipple, teat (*Br*)

Pipettierpumpe
pipet pump

Pistill (zu Mörser) pestle

Plane canvas

Plangitter plane lattice

Plan-Hohlspiegel/Plankonkav
plano-concave mirror

Planschliff (glatte Enden)
flat-flange ground joint,
flat-ground joint,
plane-ground joint

Planspiegel
plane mirror,
plano-mirror

**Plast
(veraltet für: Kunststoff)**
plastic,
synthetic polymer,
synthetic material

**Plastifizieren/
Plastifikation**
plastification, plastication

**plastifizieren/
plastisch machen
(weichmachen/erweichen)**
plastify,
plasticize,
plasticate

Plastifizierextruder
plasticating extruder,
compounding extruder

**Plastifiziermittel/
Plastifikator**
plasticating agent

Plastifizierschnecke
plastisizing screw

**Plastifizierung/
Weichmachen/Erweichen**
plastification, plasticization,
plastication
Plastifizierzeit
plasticating time
Plastik/Kunststoff *(siehe auch dort)*
plastic
Plastikator peptizer
Plastikfolie
(< 0.25 mm) plastic film;
(> 0.25 mm) plastic sheet;
(Frischhaltefolie)
plastic wrap (household wrap)
Plastilin
plasticine
Plastination
plastination
➢ **Ganzkörperplastination**
whole mount plastination
Plastisol plastisol
Plastizierleistung (kg/h)
plasticizing capacity
Plastizität
(Formbarkeit/Verformbarkeit)
plasticity; moldability
Plastizitäts-Retentionsindex
plasticity retention index
(PRI)
**Plastomer/Elastomer
(DDR: Elaste)
(Gummi/Weichgummi)**
elastomer
Plastzement
plastic binder
Platin (Pt) platinum
Platine *electr/tech* board,
circuit board,
printed circuit board (PCB);
mech blank; mounting plate
Platte (Plättchen/Scheibe: z.B.
Halbleiter) wafer;
(Schlitten/Walze) platen
Platzhalter
spacer
Plexiglas/Acrylglas
acrylic glass
Plotter/Kurvenzeichner
plotter

Plus~/Minus-Verbindung
(Rohrverbindungen etc.)
male/female joint;
electr plus/minus connection
Pol pole; *electr* (Plus~/Minuspol:
Anschlussklemme) terminal
polar polar
➢ **unpolar**
apolar
**Polarisationsfilter/
'Pol-Filter'/Polarisator**
polarizing filter,
polarizer
Polarisationsmikroskop
polarizing microscope
polarisiertes Licht
polarized light
➢ **linear p.L.**
plane-polarized light
Polen
(bei elektr. Feld oberhalb T_g)
pole, poling
Polgewebe
text pole fabric
polieren polish
Polieren polishing
Polyacrylamid
polyacrylamide
Polyaddition
polyaddition;
addition polymerization
Polyalkohol/Polyol
polyol
Polyanion polyanion
Polybase polybase
Polycarbonat
polycarbonate
polycyclisch polycyclic
Polydispersitätsindex (PDI)
polydispersity index (PDI)
Polyelektrolyt
polyelectrolyte
Polyester polyester
Polyesterbildung
polyesterification
Polyethylen
polyethylene, polythene (*Br*)
Polyfilseide
polyfilament

Polyinsertion
insertion polymerization
Polyion polyion
Polykation polycation
Polykondensation
polycondensation;
condensation polymerization
polykristallin
polycrystalline
Polymer (Polymerisat)
polymer
➢ **amorph** amorphous
➢ **anorganisches Polymer**
inorganic polymer
➢ **ataktisches Polymer**
atactic polymer
➢ **Blockpolymer**
block polymer
➢ **Copolymer**
copolymer
➢ **ditaktisches Polymer**
ditactic polymer
➢ **Doppelstrangpolymer**
double-strand polymer
➢ **duktil** ductile
➢ **einheitlich**
uniform ('monodisperse')
➢ **festes Polymer**
strong polymer
➢ **flüssigkristallines Hauptketten-Polymer**
main-chain liquid crystalline polymer
➢ **flüssigkristallines Polymer**
liquid crystalline polymer
➢ **flüssigkristallines Seitenketten-Polymer**
side-chain liquid crystalline polymer (SCLCP)
➢ **Folienpolymer**
sheet polymer
➢ **Funktionspolymer**
functional polymer
➢ **gebundenes Polymer**
bound polymer
➢ **gefülltes (ungefülltes) Polymer**
filled (unfilled) polymer
➢ **gepoltes Polymer**
poled polymer
(for NLO devices)

➢ **Halb-Leiterpolymer**
semiladder polymer,
step-ladder polymer
➢ **halbsteif** semirigid
➢ **Heteroketten-Polymer**
heterochain polymer
➢ **heterotaktisches Polymer**
heterotactic polymer
➢ **Hochpolymer** high polymer
➢ **Homoketten-Polymer**
homochain polymer
➢ **Homopolymer** homopolymer
➢ **hyperverzweigtes Polymer**
hyperbranched polymer (HBP)
➢ **intrinsisch leitfähiges Polymer**
intrinsic conducting polymer (ICP)
➢ **irregulär/unregelmäßig** irregular
➢ **isotaktisches Polymer**
isotactic polymer
➢ **Kammpolymer**
comb polymer
➢ **Kettenpolymer**
catena polymer
➢ **kristallines Polymer**
crystalline polymer
➢ **lebend** living
➢ **Leiterpolymer**
ladder polymer
➢ **leitfähiges Polymer**
conductive polymer
➢ **lichtaktives Polymer**
photonic polymer
➢ **lichtleitfähiges Polymer**
photoconductive polymer
➢ **lineares Polymer**
linear polymer
➢ **mesomorph**
mesomorphic,
mesomorphous
➢ **modifiziertes Polymer**
modified polymer
➢ **monotaktisches Polymer**
monotactic polymer
➢ **Netzpolymer/ Gitterpolymer**
network polymer,
lattice polymer
➢ **optisches Polymer**
optical polymer

- Parkettpolymer/
  Flächenpolymer/
  Schichtpolymer/
  Schichtebenen-Polymer
  parquet polymer,
  layer polymer,
  phyllo polymer
- Pfropfpolymer
  graft polymer
- Phantompolymer/
  Exotenpolymer
  phantom polymer
- regulär/regelmäßig regular
- Ringpolymer
  cyclic polymer
- Röhrenpolymer
  polymer tube
- schlafendes Polymer
  sleeping polymer
- Segmentpolymer
  block polymer
- Seitenkettenpolymer
  side-chain polymer
- selbstverstärkendes Polymer
  self-reinforcing polymer
- Sequenzpolymer
  sequential polymer
- Sperrschichtpolymer
  barrier polymer
- sprödes Polymer
  brittle polymer
- steifes Polymer
  rigid polymer
- stereoreguläres Polymer
  stereoregular polymer
- Sternpolymer
  star polymer,
  radial polymer
- Strukturpolymer
  structural polymer
- Styrolpolymere styrenics
- syndiotaktisches Polymer
  syndiotactic polymer
- taktisches Polymer
  tactic polymer
- uneinheitlich
  non-uniform ('polydisperse')
- ungefülltes Polymer
  unfilled polymer

- vernetztes Polymer
  crosslinked polymer
- verstärktes Polymer
  reinforced polymer
- verzweigtes Polymer
  branched-chain polymer
- Vorläuferpolymer
  precursor polymer
- Vorpolymer
  prepolymer
- weiches Polymer
  soft polymer, non-rigid polymer

Polymerasekettenreaktion (PCR)
polymerase chain reaction (PCR)

Polymerblend/Polymergemisch
polymer blend

Polymerfaser polymer fiber
- optische Polymerfaser
  polymer optical fiber (POF)

Polymergemisch
polymer blend

Polymergerüst
polymer backbone

Polymerisat
polymerization product,
polymerizate

Polymerisatfaser
polymeride fiber

Polymerisation
polymerization
- Additionspolymerisation
  addition polymerization
- anionische Polymerisation
  anionic polymerization
- aromatische Polymerisation
  aromatic polymerization
- Atom-Transfer-Radikal
  Polymerisation (ATRP)
  atom transfer radical polymerization
  (ATRP)
- Autopolymerisation
  self-polymerization
- Blockpolymerisation
  block polymerization
- Copolymerisation
  copolymerization
- Cyclopolymerisation/
  cyclisierende P.
  cyclopolymerization

➢ **Dispersionspolymerisation**
dispersion polymerization

➢ **drucklose Polymerisation**
pressureless polymerization

➢ **elektrochemische Polymerisation**
electrochemical polymerization

➢ **Emulsionspolymerisation**
emulsion polymerization

➢ **Fällungspolymerisation**
precipitation polymerization,
precipitative polymerization

➢ **Festphasenpolymerisation**
solid-state polymerization

➢ **Gasphasenpolymerisation**
gas-phase polymerization

➢ **Gleichgewichtspolymerisation**
equilibrium polymerization,
reversible polymerization

➢ **Grenzflächenpolymerisation**
interfacial polymerization

➢ **Gruppentransferpolymerisation**
group-transfer polymerization

➢ **Homopolymerisation**
homopolymerization

➢ **hydrolytische Polymerisation**
hydrolytic polymerization

➢ **Iniferpolymerisation**
inifer polymerization

➢ **ionische Polymerisation**
ionic polymerization

➢ **Kaltpolymerisation/
Tieftemperaturpolymerisation**
cold polymerization

➢ **katalytische Polymerisation**
catalytic polymerization

➢ **kationische Polymerisation**
cationic polymerization

➢ **Kettenwachstumspolymerisation**
chain-growth polymerization,
chain-reaction polymerization

➢ **Kondensationspolymerisation/
kondensative Polymerisation/
kondensierende Polymerisation**
condensation polymerization,
condensed polymerization

➢ **Koordinationspolymerisation**
coordination polymerization

➢ **koordinative Polymerisation**
coordinative polymerization

➢ **lebende Polymerisation**
living polymerization

➢ **Lösungspolymerisation**
solvent polymerization

➢ **Masse-Polymerisation/
Substanzpolymerisation**
bulk polymerization,
mass polymerization

➢ **Metathesepolymerisation**
metathesis polymerization

➢ **Nachpolymerisation**
postpolymerization

➢ **Perlpolymerisation**
bead polymerization

➢ **Pfropfpolymerisation**
graft polymerization

➢ **Phasentransfer-
polymerisation**
phase-transfer polymerization

➢ **Photopolymerisation**
photopolymerization

➢ **Plasmapolymerisation**
plasma polymerization

➢ **Polyinsertion**
insertion polymerization

➢ **Popcorn-Polymerisation**
popcorn polymerization

➢ **quasilebende Polymerisation**
quasiliving polymerization

➢ **radikalische Polymerisation**
radical polymerization

➢ **Radikalkettenpolymerisation**
radical-chain polymerization

➢ **Ringöffnungspolymerisation**
ring-opening polymerization

➢ **'Sackgassen'-Polymerisation**
dead-end polymerization

➢ **spontane Polymerisation**
spontaneous polymerization

➢ **Strahlenpolymerisation**
radiation polymerization,
radiation-induced polymerization,
radiolytic polymerization

➢ **Stufenpolymerisation**
stepwise polymerization,
step polymerization

➢ **Stufenwachstumspolymerisation**
step-growth polymerization,
step-reaction polymerization

➢ **Substanzpolymerisation/**
Masse-Polymerisation
bulk polymerization,
mass polymerization

➢ **Suspensionspolymerisation**
suspension polymerization

➢ **Terpolymerisation**
terpolymerization

➢ **thermische Polymerisation**
thermic polymerization

➢ **unsterbliche Polymerisation**
immortal polymerization

Polymerisationsabbruch
polymerization termination

Polymerisationsansatz
polymerization recipe

Polymerisationsbedingungen
polymerizing conditions

Polymerisationsgeschwindigkeit
polymerization rate

Polymerisationsgrad
degree of polymerization (DP)

Polymerisationshilfsmittel
polymerization additive

Polymerisationsspinnen
polymerization spinning

polymerisieren polymerize

➢ **anpolymerisieren/pfropfen**
graft

➢ **auspolymerisieren**
polymerize to completion
(run to completion)

Polymerkette
polymer chain

Polymerknäuel
polymer coil

Polymerlegierung/
Kunststofflegierung
polymer alloy

Polymerschmelze
polymer melt

Polymerschnitzel
polymer chip(s)

Polymertensid polysoap

Polymerwerkstoff
polymeric material

Polymorphie polymorphism

Polyolefin/Polyalken (Polyalkylen)
polyolefin, polyhydric

Polyolefinfaser
polyolefin fiber

Polyradikal polyradical

Polyreaktion polymerization

Polysaccharid/Mehrfachzucker
polysaccharide, multiple sugar

➢ **Alginat** alginate

➢ **Cellulose** cellulose

➢ **Chitin** chitin

➢ **Glykogen** glycogen

➢ **Pektin** pectin

➢ **Pullulan** pullulan

➢ **Stärke** starch

➢ **Strukturpolysaccharid**
structural polysaccharide

Polysäure polyacid

Polyterpene polyterpenes

poolen/
vereinigen/zusammenbringen
pool, combine, accumulate

Porenweite (Filter/Gitter etc.)
pore size, mesh size

porig/porös/durchlässig porous

Poromere _pl_ poromerics

Poroplast foamed plastic

porös/porig/durchlässig porous

Porosität/Durchlässigkeit
porosity

Portionierung portioning

Porzellanschale
porcelain dish

Positronenemissionstomographie
(PET)
positron emission tomography (PET)

Posten/Partie (Waren) lot

Potential potential

Potentialdifferenz/Spannung
potential difference,
voltage

Potentialschwelle
potential barrier

potentiell potential

Potenzgesetz/
Potenzfließgesetz power law

Pottasche/Kaliumcarbonat
potash, potassium carbonate

'Potter' (Glashomogenisator)
Potter-Elvehjem homogenizer
(glass homogenizer)

Prägedruck
 valley printing,
 spanishing
prägen
 stamp; (formen) shape,
 form, mold; die
Präkursor/
 Vorläufer precursor
prall/
 schwellend/turgeszent
 turgescent
Prallblech/
 Prallplatte/Ablenkplatte
 (Strombrecher z.B.
 an Rührer von Bioreaktoren)
 baffle plate
Präparat preparation;
 (Lebewesen) preserved specimen
➢ **Dauerpräparat** *micros*
 permanent mount
➢ **mikroskopisches Präparat**
 microscopical preparation,
 microscopic mount
➢ **Nasspräparat (Frischpräparat/**
 Lebendpräparat/Nativpräparat)
 wet mount
➢ **Quetschpräparat** *micros*
 squash (mount)
➢ **Schabepräparat** *micros*
 scraping (mount)
➢ **Totalpräparat**
 whole mount
Präparation *anat* dissection
präparativ
 preparative
Präparierbesteck
 dissecting instruments
 (dissecting set)
präparieren *allg* prepare;
 anat dissect; *micros* mount
Präpariernadel
 dissecting needle, probe
Präparierpinzette/
 Sezierpinzette/
 anatomische Pinzette
 dissection tweezers,
 dissecting forceps
Präparierschale
 dissecting dish, dissecting pan

Präschmelztemperatur
 pre-melting temperature
präsymptomatische Diagnostik
 presymptomatic diagnostics
Prävalenz prevalence, prevalency
Prävention prevention
Präzipitat/Niederschlag/
 Sediment/Fällung
 deposit, sediment, precipitate
Präzipitation/Fällung
 precipitation
präzipitieren/fällen/ausfällen
 precipitate
präzis/genau precise, exact
Präzision/Genauigkeit
 precision, exactness
Prepreg
 (Monomer-imprägniertes
 Glasfasergewebe)
 prepreg (preimpregnated fiber),
 preform
Pressen *polym*
 press molding
➢ **Kaltpressen/**
 Kaltpressverfahren
 cold molding,
 cold press molding,
 cold liquid resin press molding
➢ **Kompressionspressen**
 (Wärme und Druck)
 compression molding (CM)
➢ **Warmpressen/Heißpressen**
 hot press molding
Pressling
 pressed piece/article/item; pellet;
 polym molding, molded piece
Pressluft
 compressed air, pressurized air
Pressluftatmer
 compressed air breathing apparatus
Pressmassen
 molding materials,
 compression-molding compounds
Pressspan flakeboard
Pressspritzen/
 Pressspritzverfahren/
 Transferpressen
 transfer molding,
 plunger molding

Pressstempel/
  Pressform/
  Prägestempel/
  Prägestock
  die, press die
Prisma prism
Probe/Versuch/
  Untersuchung/Test/Prüfung
  assay, test, trial, examination,
  exam, investigation;
  chem proof, check
  (die Probe machen);
  (Teilmenge eines zu untersuchenden
  Stoffes) *chem/med/micb* sample
➤ **Probensubstanz/**
  Untersuchungsmaterial
  assay material, test material,
  examination material
Probealarm/
  Probe-Notalarm
  drill, emergency drill
Probefläschchen/
  Probegläschen
  sample vial, specimen vial;
  (größer:) specimen jar;
  (mit Schraubverschluss)
  screw-cap vial
Probekörper/
  Prüfkörper/Prüfling
  test specimen
Probelauf
  trial run
  ('experimental experiment')
Probenehmer/
  Probenentnahmegerät
  sampler
Probengeber dispenser
Probenkonzentrator
  sample concentrator
Probennahme/
  Probeentnahme
  sample-taking,
  taking a sample
Probennahmepinzette
  specimen tweezers
Probennahmevorrichtung
  sampling device
Probenverwaltung
  sample custody

Probenvorbereitung
  sample preparation
probieren/versuchen
  try, attempt
Probierstein touchstone
Problemabfall
  hazardous waste
Problemfall problematic case;
  (verzwickte Lage) quandary
Produkt product
Produkthaftung
  product liability
Produkthemmung
  product inhibition
Produktionsrückstände (Abfälle)
  scrap
Produktivität productivity
Produktreinheit
  product purity
Produzent/Erzeuger/Hersteller
  producer
produzieren/erzeugen/herstellen
  produce, manufacture, make
Profil profile, pattern
Profilfaser profile fiber
Profilkopf
  Profilspritzkopf/Profildüse
  profile die
Profilziehen/
  Pultrusion pultrusion
Prognose prognosis
projizieren/abbilden
  project
Proliferation
  proliferation
proliferieren proliferate
Propagation/
  Fortpflanzungsreaktion
  (*polym* Wachstum)
  propagation
➤ **Querwachstum**
  cross-propagation
➤ **Selbstwachstum**
  self-propagation
propagieren
  (*polym* wachsen)
  propagate
Propellerpumpe
  vane-type pump

Propionaldehyd
propionic aldehyde,
propionaldehyde
Propionsäure (Propionat)
propionic acid (propionate)
proportionaler Schwellenwert
proportional truncation
Proportionalitätsgrenze
proportionality limit
Protein/Eiweiß protein
proteinartig/
proteinhaltig/
aus Eiweiß bestehend
proteinaceous
proteolytisch/
eiweißspaltend
proteolytic
Protokoll/Aufzeichnungen
protocol, record, minutes
Protokollheft/
Laborjournal
laboratory notebook
Protokollierung
recordkeeping
Protonenfalle
proton trap
Protonengradient
proton gradient
protonenmotorische Kraft
proton motive force
Protonenpumpe
proton pump
Protonensäure (Brønstedt)
protic acid
Protonensonde
proton microprobe
proximal/ursprungsnah
proximal
Prozentsatz/prozentualer Anteil
percentage
prozessieren/
weiterverarbeiten
process
Prozessierung/Verarbeitung
processing
Prozesssteuerung/
Prozess-Kontrolle
process control
Prüfbarkeit testability

Prüfbericht
test report
Prüfdaten test data
prüfen/
untersuchen/testen/
probieren/analysieren
investigate, examine,
test, try, assay, analyze
Prüfgas
probe gas, tracer gas;
(Kalibrierung) calibration gas;
(zu prüfendes Gas) test gas
Prüfgerät/Prüfer
tester,
testing device/apparatus,
checking instrument
Prüflabor
testing laboratory
Prüfling
(Probekörper/Prüfkörper)
test specimen
Prüfmittel
testing device
Prüfprotokoll
case report form (CRF),
case record form
Prüfsumme
check sum
Prüfung (Untersuchung/Test/
Probe/Analyse)
investigation,
examination (exam), test,
trial, assay, analysis; testing
➤ **Bestätigungsprüfung**
verification assay
➤ **Kunststoffprüfung**
testing of plastics
➤ **Qualitätsprüfung/**
Qualitätskontrolle/
Qualitätsüberwachung
quality control (QC)
➤ **Sicherheitsüberprüfung/**
Sicherheitskontrolle
safety check,
safety inspection
➤ **Überprüfung**
check-up, examination,
inspection, reviewal;
verification, control

> **Umweltverträglichkeitsprüfung (UVP)**
environmental impact assessment (EIA)

> **Werkstoffprüfung**
materials testing

> **zerstörungsfreie Prüfung**
nondestructive testing (NDT)

Prüfverfahren
testing procedure;
audit procedure

Pseudobruch (Craze) craze

Psychrometer (ein Luftfeuchtigkeitsmessgerät)
psychrometer,
wet-and-dry-bulb hygrometer

PTT (Nachweis verkürzter Proteine)
PTT (protein truncation test)

Puffer buffer

Pufferkapazität
buffering capacity

Pufferlösung
buffer solution

puffern buffer

Pufferung
buffering

Pufferzone
buffer zone

Pullulan pullulan

Puls pulse

Pulsation pulsation

> **cyclische Pulsation (beim Schmelzbruch)**
draw resonance

Puls-Feld-Gelelektrophorese/ Wechselfeld-Gelelektrophorese
pulsed field gel electrophoresis (PFGE)

pulsieren
pulsate, throb, beat

Pulsmarkierung
pulse labeling,
pulse chase

Pulspolarografie
pulse polarography

> **differentielle Pulspolarografie**
differential pulse polarography (DPP)

Pultrusion pultrusion

Pulver/Puder
pulver, powder

Pulverbeschichten
powder coating

pulverisieren
pulverize

Pulverisierung
pulverization

Pulverspatel
powder spatula

Pumpe pump

> **Abgabepuls**
discharge stroke

> **Absaugpumpe/ Saugpumpe**
aspirator pump,
vacuum pump

> **Ansaughöhe**
suction head

> **Ansaugpuls**
suction stroke

> **Ansaugtiefe**
suction lift

> **Balgpumpe**
bellows pump

> **Direktverdrängerpumpe**
positive displacement pump

> **Dispenserpumpe**
dispenser pump,
dispensing pump

> **Dosierpumpe**
dosing pump,
proportioning pump,
metering pump

> **Drehkolbenpumpe**
rotary piston pump

> **Drehschieberpumpe**
rotary vane pump

> **Druckpumpe/ doppeltwirkende Pumpe**
double-acting pump

> **Fasspumpe**
barrel pump,
drum pump

> **Filterpumpe**
filter pump

> **Förderhöhe**
discharge head

➢ **Förderleistung/**
  Saugvermögen
  flow rate
➢ **Förderpumpe**
  feed pump
➢ **Gesamtförderhöhe**
  total static head
➢ **Handpumpe**
  hand pump
➢ **Hilfspumpe**
  booster pump,
  accessory pump,
  back-up pump
➢ **Ionenpumpe**
  ion pump
➢ **Kolbenpumpe**
  piston pump,
  reciprocating pump
➢ **Kreiselpumpe/**
  Zentrifugalpumpe
  impeller pump,
  centrifugal pump
➢ **Laufradpumpe**
  impeller pump
➢ **manuelle Vakuumpumpe**
  hand-operated vacuum pump
➢ **Mehrkanal-Pumpe**
  multichannel pump
➢ **Membranpumpe**
  diaphragm pump
➢ **peristaltische Pumpe**
  peristaltic pump
➢ **Pipettierpumpe**
  pipet pump
➢ **Propellerpumpe**
  vane-type pump
➢ **Protonenpumpe**
  proton pump
➢ **Quetschpumpe**
  (Handpumpe für Fässer)
  squeeze-bulb pump
  (hand pump for barrels)
➢ **Saugpumpe/Vakuumpumpe**
  suction pump,
  aspirator pump,
  vacuum pump
➢ **Schlauchpumpe**
  tubing pump;
  (größere Durchmesser) hose pump

➢ **Schneckenantriebspumpe**
  progressing cavity pump
➢ **selbstansaugend**
  prime
➢ **Spritzenpumpe**
  syringe pump
➢ **Taumelscheibenpumpe**
  wobble-plate pump,
  rotary swash plate pump
➢ **Umwälzpumpe**
  circulation pump
➢ **Vakuumpumpe**
  vacuum pump
➢ **Verdrängungspumpe/**
  Kolbenpumpe (HPLC)
  displacement pump
➢ **Verstärkerpumpe**
  booster pump,
  back-up pump
➢ **Wärmepumpe**
  heat pump
➢ **Wasserpumpe**
  water pump
➢ **Wasserstrahlpumpe**
  water pump,
  filter pump,
  vacuum filter pump
➢ **Zahnradpumpe**
  gear pump
➢ **Zentrifugalpumpe/**
  Kreiselpumpe
  centrifugal pump,
  impeller pump
➢ **Zusatzpumpe/**
  Hilfspumpe
  booster pump,
  accessory pump,
  back-up pump
Pumpenantrieb
  pump drive
Pumpenkopf
  pump head
Pumpenöl
  pump oil
Punktanguss
  pin gate,
  pinpoint gating
Punktangussdüse
  pin gate nozzle

**Punktfehler/
Punktdefekt (Kristalle)**
point defect
punktieren
puncture, tap
Punktschweißen
point welding
Puppe
(Gummi~/
Kunststoffherstellung)
billet
putzen clean, cleanse
**Putzkolonne/
Reinigungstrupp**
cleaning squad(ron)
Putzmittel
cleaning agent
Putzschwamm
cleaning pad,
scrubber, sponge
Putztuch/Putzlappen
(cleaning) rag, cloth

Putzzeug
cleaning utensils
PVC (Polyvinylchlorid)
polyvinyl chloride
➢ **Hart-PVC**
rigid PVC
(PVC-U)
➢ **Weich-PVC**
flexible PVC (PVC-P)
Pyknometerflasche
specific gravity bottle
Pyridin pyridine
**Pyrolyse/
Thermolyse**
pyrolysis,
thermolysis
Pyrometer pyrometer
➢ **Pyropter/
optisches Pyrometer**
optical pyrometer
Pyrometrie pyrometry
Pyrrol pyrrole

Qualitätsbeurteilung/
 Qualitätsbewertung
 quality assessment
Qualitätsfaktor/
 Bewertungsfaktor
 quality factor
Qualitätskennzeichen
 quality indicator
Qualitätskontrolle/
 Qualitätsprüfung/
 Qualitätsüberwachung
 quality control (QC)
Qualitätsmerkmal
 sign of quality
Qualitätssicherung
 quality assurance (QA)
Qualitätssicherungshandbuch
 (EU-CEN)
 quality manual
Qualitätszertifikat
 certificate of performance
Qualm
 smoke
Quant quantum
quantifizieren *med/chem*
 quantify,
 quantitate
Quantifizierung *med/chem*
 quantification,
 quantitation
Quantil/Fraktil *stat*
 quantile, fractile
Quantität quantity
Quarantäne
 quarantine
Quartil/Viertelswert *stat*
 quartile
Quarzglas quartz glass
Quarzgut
 (milchig-trübes Quarzglas)
 fused quartz
Quarz-Mikrowaage (QMW)
 quartz microbalance
 (QMB)
Quarzstaub/
 Kieselpuder
 fumed silica
Quarzthermometer
 quartz thermometer

Quecksilber (Hg)
 mercury
Quecksilber-(I).../
 einwertiges Quecksilber
 mercurous, mercury(I) ...
Quecksilber-(I)-chlorid/
 Kalomel mercurous chloride,
 calomel, mercury subchloride
Quecksilber-(II).../
 zweiwertiges Quecksilber
 mercuric,
 mercury(II) ...
Quecksilber-(II)-chlorid/
 Sublimat
 mercuric chloride,
 sublimate,
 mercury dichloride,
 corrosive mercury chloride
Quecksilberdampflampe
 mercury vapor lamp
Quecksilberfalle
 mercury trap,
 mercury well
Quecksilberthermometer
 mercury-in-glass thermometer
Quecksilbertropfelektrode
 dropping mercury electrode (DME)
Quecksilbervergiftung/
 Merkurialismus
 mercury poisoning
Quelle
 source; origin
quellen (Wasseraufnahme)
 soak, steep
 ➤ **anschwellen** swell
 ➤ **hervorquellen**
 emanate
Quellwasser
 springwater
Querpolarisation
 cross-polarization
Querschnitt
 cross section
Querstrombank
 laminar flow workstation,
 laminar flow hood,
 laminar flow unit
Querstromfiltration
 cross-flow filtration

quervernetzen crosslink
quervernetzendes Agens
  crosslinker, crosslinking agent
Quervernetzung
  crosslink, crosslinking;
  crosslinkage
quetschen squeeze, pinch
Quetschhahn
  pinchcock
➤ **Schraubquetschhahn**
  screw compression pinchcock

Quetschpumpe
  (Handpumpe für Fässer)
  squeeze-bulb pump
  (hand pump for barrels)
Quetschventil
  pinch valve
Quetschwalze
  (Folienextrudieren)
  squeeze roller (nip or pinch rolls)
Quotient/Verhältnis
  ratio, relation

R-Sätze
  (Gefahrenhinweise)
  R phrases
  (Risk phrases)
Racemat/
  racemische Verbindung
  racemate
Racemisierung racemization
Radikal radical
➤ **freies Radikal** free radical
Radikalfalle radical trap
Radikalfänger
  radical scavenger
Radikalion radical ion
radioactiv (Atomzerfall)
  radioactive
  (nuclear disintegration)
radioaktive Abfälle
  radioactive waste,
  nuclear waste
radioaktive Markierung
  radiolabelling
radioaktiver Marker
  radioactive marker
Radioaktivität radioactivity
Radiokarbonmethode/
  Radiokohlenstoffmethode/
  Radiokohlenstoffdatierung
  radiocarbon method
Radionuklid/Radionuclid
  radionuclide
Rakel/Rakelmesser/
  Schabeisen/
  Abstreichmesser
  scraper, wiper blade,
  spreading knife, coating knife,
  doctor knife, doctor blade
➤ **Luftrakel**
  air knife
Rakelstreichmaschine
  knife coater
Rakelstreichverfahren
  knife coating
Rand edge, margin;
  (eines Gefäßes) rim, edge
Randbeschnitt
  edge trimming
Rändelmutter knurled nut
randomisieren *stat* randomize

Randomisierung *stat*
  randomization
Randverteilung *stat*
  marginal distribution
Rangkorrelationskoeffizient *stat*
  rank correlation coefficient
Rangmaßzahlen *stat*
  rank statistics,
  rank order statistics
Rangordnung/Rangfolge/
  Stufenfolge/Hierarchie
  order of rank,
  ranking, hierarchy
Raoultsches Gesetz
  Raoult's law
Rasierklinge
  razor blade
Raspel
  rasp;
  (Haushaltsraspel) grater
Raster grid, screen, raster
Rasterelektronenmikroskop (REM)
  scanning electron microscope (SEM)
Raster-Kalorimetrie
  scanning calorimetry
Rasterkraftmikroskopie
  atomic force microscopy (AFM)
Rastermethode
  grid method
rastern scan, screen
Rastertunnelmikroskopie
  scanning tunneling microscopy
  (STM)
Ratschen-Klemme/
  Ratschen-Absperrklemme
  (Schlauchklemme)
  ratchet clamp
Rauch
  (sichtbar) smoke;
  (Dämpfe/meist schädlich) fume
Rauchabzug
  (Raumentlüftung) fume extraction;
  (Abzug) fume hood;
  (Abzugskanal) flue, flue duct
rauchend (Säure)
  fuming (acid)
Rauchentwicklung
  smoke generation;
  development of smoke

Räucherkautschuk/
 Smoked Sheet
 (geräucherte Rohkautschukplatte)
 smoked sheet (rubber)
➢ **gerippte R.platte**
 ribbed smoked sheet (RSS)
Rauchfang
 chimney, flue
rauchfrei *adj*
 nonsmoking
Rauchgase
 (sichtbarer Qualm) smoke gas;
 (Abluft aus Feuerung mit
 Schwebstoffen) flue gases;
 (Dämpfe) fumes
Rauchmelder smoke detector
Rauchschranke/Rauchschutzwand
 smoke barrier
Rauchschwaden
 clouds of smoke/fumes
Rauchverbot
 ban on smoking,
 smoking ban
Rauchvergiftung
 smoke poisoning
Rauchzug flue, flue duct
Raum (Länge-Breite-Höhe)
 room, compartment; space;
 (Platz) place;
 (Gebiet/Gegend/Region/Zone) area,
 region, zone, territory
➢ **Kühlraum/Gefrierraum**
 cold-storage room,
 cold store,
 'freezer'
➢ **Lebensraum/Lebenszone/Biotop**
 life zone, biotope
➢ **Reinraum**
 clean room (auch: Reinstraum)
➢ **Sicherheitsraum/**
 Sicherheitslabor (S1-S4)
 biohazard containment (laboratory)
 (classified into biosafety
 containment classes)
Raumfahrtindustrie
 aerospace industry
Raumgitter space lattice
Raumheizung
 space heating

Rauminhalt (Volumen)
 capacity (volume)
räumlich spatial, of space;
 (dreidimensional) three-dimensional
Räumlichkeit(en)
 premises, location
Raumstruktur/räumliche Struktur
 three-dimensional structure,
 spatial structure
Raumtemperatur
 room temperature,
 ambient temperature
Rauschanalyse/
 Fluktuationsanalyse
 noise analysis,
 fluctuation analysis
Rauschen *tech/electro* noise
Rauschfilter
 noise filter
Rauschminderung
 noise reduction
Rauschthermometer
 noise thermometer
Rayleigh-Streuung
 Rayleigh scattering
Reagenz
 (*jetzt:* **Reagens,** *pl* **Reagentien)**
 reagent; (Reaktand) reactant
Reagenzglas
 test tube,
 glass tube,
 assay tube
Reagenzglasbürste
 test tube brush
Reagenzglashalter
 test tube holder
Reagenzglasständer/
 Reagenzglasgestell
 test tube rack
Reagenzienflasche
 reagent bottle
Reagenzlösung
 reagent solution
reagieren
 react
Reaktand/
 Reaktionsteilnehmer/
 Ausgangsstoff
 reactant

Reaktion
chem reaction;
response
➢ **Austauschreaktion**
exchange reaction
➢ **Biosynthesereaktion**
biosynthetic reaction
(anabolic reaction)
➢ **Durchgeh-Reaktion**
runaway reaction
➢ **Einschiebereaktion/**
Einschiebungsreaktion/
Insertionsreaktion
insertion reaction
➢ **Eintopfreaktion**
one-pot reaction
➢ **Enzymreaktion**
enzymatic reaction
➢ **Gegenreaktion**
counterreaction
➢ **gekoppelte Reaktion**
coupled reaction
➢ **geschwindigkeitsbegrenzende**
Reaktion
rate-limiting reaction
➢ **geschwindigkeitsbestimmende**
Reaktion
rate-determining reaction
➢ **heftige Reaktion**
vigorous reaction,
violent reaction
➢ **Kettenreaktion**
chain reaction
➢ **Kondensationsreaktion/**
Dehydrierungsreaktion
condensation reaction,
dehydration reaction
➢ **Kupplungsreaktion** *chem*
coupling reaction
➢ **Nebenreaktion**
chem side reaction
➢ **nullter/erster/zweiter.. Ordnung**
zero-order/first-order/second-order..
➢ **Polymerasekettenreaktion (PCR)**
polymerase chain reaction (PCR)
➢ **Redoxreaktion**
redox reaction,
reduction-oxidation reaction,
oxidation-reduction reaction

➢ **selbsttragend**
(selbsttragende Reaktion)
self-propagate
(self-propagating reaction)
➢ **sequentielle Reaktion/**
Kettenreaktion
sequential reaction,
chain reaction
➢ **Teilreaktion**
partial reaction;
(electrode potentials:) half-reaction
➢ **Verdrängungsreaktion** *biochem*
displacement reaction
➢ **Zweisubstratreaktion/**
Bisubstratreaktion
bisubstrate reaction
Reaktionsenthalpie
enthalpy of reaction,
reaction enthalpy
Reaktions-Extrusion
reactive extrusion (REX)
Reaktionsfolge
reaction sequence,
reaction pathway
Reaktionsgefäß
reaction vessel
Reaktionsgeschwindigkeit/
Reaktionsrate
reaction rate
Reaktionsgießen/
Reaktionsgießverfahren
reaction casting,
reaction molding
Reaktionsgleichung
chemical equation
Reaktionsgrad
(Copolymerisationsparameter)
reactivity ratio
Reaktionsharz (Präpolymer)
thermosetting resin
(reaction polymers)
Reaktionskette
reaction pathway
Reaktionskinetik
reaction kinetics
Reaktionsklebstoff
reactive adhesive,
reaction adhesive,
reaction glue

Reaktionsnorm
norm of reaction
Reaktionsschaumstoffgießen
reaction foaming
**Reaktionsspritzguss/
Reaktionsspritzgießverfahren (RSG)**
reaction injection molding (RIM)
Reaktionswärme/Wärmetönung
heat of reaction
Reaktionszwischenprodukt
reaction intermediate
Reaktor
reactor; (Bioreaktor) bioreactor
➢ **Airliftreaktor/
pneumatischer Reaktor**
airlift reactor,
pneumatic reactor
➢ **Blasensäulen-Reaktor**
bubble column reactor
➢ **Chargenreaktor/Chargenkessel**
batch reactor (BR)
➢ **Druckumlaufreaktor**
pressure cycle reactor
➢ **Durchflussreaktor**
flow reactor
➢ **Düsenumlaufreaktor/
Umlaufdüsen-Reaktor**
nozzle loop reactor,
circulating nozzle reactor
➢ **Fedbatch-Reaktor/
Fed-Batch-Reaktor/
Zulaufreaktor**
fedbatch reactor,
fed-batch reactor
➢ **Festbettreaktor**
fixed bed reactor,
solid bed reactor
➢ **Festphasenreaktor**
solid phase reactor
➢ **Filmreaktor**
film reactor
➢ **Fließbettreaktor/
Wirbelschichtreaktor/
Wirbelbettreaktor**
fluidized bed reactor,
moving bed reactor
➢ **Füllkörperreaktor/
Packbettreaktor**
packed bed reactor

➢ **Gärtassenreaktor**
tray reactor
➢ **Kugelbettreaktor**
bead-bed reactor
➢ **Lochbodenkaskadenreaktor/
Siebbodenkaskadenreaktor**
sieve plate reactor
➢ **Mammutpumpenreaktor/
Airliftreaktor**
airlift reactor
➢ **Mammutschlaufenreaktor**
airlift loop reactor
➢ **Membranreaktor**
membrane reactor
➢ **Packbettreaktor/
Füllkörperreaktor**
packed bed reactor
➢ **Pfropfenströmungsreaktor/
Kolbenströmungsreaktor**
plug-flow reactor (PFR)
➢ **Rohrreaktor/
Röhrenreaktor/
Tubularreaktor**
tubular reactor
➢ **Rohrschlaufenreaktor**
tubular loop reactor
➢ **Rührkammerreaktor**
fermentation chamber reactor,
compartment reactor,
cascade reactor,
stirred tray reactor
➢ **Rührkaskadenreaktor**
stirred cascade reactor (SCR)
➢ **Rührkesselreaktor**
stirred-tank reactor (STR)
➢ **homogen
kontinuierlicher Reaktor**
homogeneous continuous
stirred-tank reactor
(HCSTR)
➢ **segregierter
kontinuierlicher Reaktor
(Durchflusskessel)**
segrgated continuous
stirred-tank reactor
(SCSTR)
➢ **Rührschlaufenreaktor/
Umwurfreaktor**
stirred loop reactor

➢ **Säulenreaktor/**
Turmreaktor
column reactor

➢ **Schlaufenradreaktor**
paddle wheel reactor

➢ **Schlaufenreaktor/**
Umlaufreaktor
loop reactor

➢ **Siebboden-**
kaskadenreaktor/
Lochbodenkaskadenreaktor
sieve plate reactor

➢ **Strahlreaktor**
jet reactor

➢ **Strahlschlaufenreaktor/**
Strahl-Schlaufenreaktor
jet loop reactor

➢ **Strömungsrohr**
(Kolbenfluss)
continuous plug-flow reactor

➢ **Strömungsrohrreaktor**
tubular-flow reactor

➢ **Tauchflächenreaktor**
immersing surface reactor

➢ **Tauchkanalreaktor**
immersed slot reactor

➢ **Tauchstrahlreaktor**
plunging jet reactor,
deep jet reactor,
immersing jet reactor

➢ **Tropfkörperreaktor/**
Rieselfilmreaktor
trickling filter reactor

➢ **Turmreaktor/**
Säulenreaktor
column reactor

➢ **Umlaufdüsen-Reaktor/**
Düsenumlaufreaktor
nozzle loop reactor,
circulating nozzle reactor

➢ **Umlaufreaktor/**
Umwälzreaktor/
Schlaufenreaktor
loop reactor,
circulating reactor,
recycle reactor

➢ **Umwurfreaktor/**
Rührschlaufenreaktor
stirred loop reactor

➢ **Wirbelschichtreaktor/**
Wirbelbettreaktor/
Fließbettreaktor
fluidized bed reactor,
moving bed reactor

➢ **Zulaufreaktor/**
Fedbatch-Reaktor/
Fed-Batch-Reaktor
fedbatch reactor,
fed-batch reactor

Realgitter real lattice

Realkristall
real crystal,
nonideal crystal,
imperfect crystal

Reassoziationskinetik
reassociation kinetics

rechtsgängig right-handed

rechtshändig
right-handed, dextral

Recipro-Schnecke (Extruder)
reciprocating screw

Recken stretching

Recktemperatur/
Verstreckungstemperatur
stretching temperature

Redestillation/
mehrfache Destillation
repeated distillation,
cohobation

redestillieren/
umdestillieren
(nochmal destillieren)
redistill

Redoxpaar redox couple

Redoxpotential
redox potential

Redoxreaktion
redox reaction,
reduction-oxidation reaction,
oxidation-reduction reaction

Reduktion reduction

Reduktionsmittel
reducing agent

Redundanz redundancy

reduzieren reduce

Reduzierstück (Laborglas/Schlauch)
reducer, reducing adapter,
reduction adapter

Reduzierventil/
  Druckreduzierventil/
  Druckminderventil/
  Druckminderungsventil
  (für Gasflaschen)
  pressure-relief valve,
  gas regulator
Refraktion/Brechung refraction
Refraktometer
  refractometer
Regel rule
Regeleinheit/
  Steuereinheit
  control unit
Regelgerät/Steuergerät
  control unit,
  control system
Regelglied
  control unit,
  control element
Regelgröße
  controlled variable,
  controlled condition
Regelkreis
  feedback system,
  feedback control system
regelmäßig regular
➤ **unregelmäßig** irregular
regeln/kontrollieren
  regulate, control
Regelspannung
  control voltage
Regelstrecke
  control system of a process
Regeltechnik/
  Regelungstechnik
  control technology
➤ **Mess- und Regeltechnik**
  instrumentation and control
Regelung
  (Regulierung/Kontrolle)
  control, regulation;
  (Vereinbarung) arrangement
Regelungsprozess
  regulatory procedure
Regeneratcellulose/
  regenerierte Cellulose
  regenerated cellulose
Regeneratfaser semisynthetic fiber

Regeneratgummi
  reclaimed rubber,
  regenerated rubber
regenerieren
  regenerate
Regenerierung/
  Regeneration
  regeneration
Regenfallrohr downspout
Regenrinne rain gutter
Regenschirmanguss
  (Formen) *polym*
  disk gate
Regioisomerie
  regioisomerism
➤ **Kopf-Kopf**
  head-to-head
➤ **Kopf-Schwanz**
  head-to-tail
➤ **Lockerstelle**
  weak link
➤ **Schwanz-Schwanz**
  tail-to-tail
Regler regulator;
  (Schalter/Knopf) control,
  adjustment knob/button
Reglersubstanz
  polym regulator
Regressionsanalyse *stat*
  regression analysis
Regressionskoeffizient *stat*
  regression coefficient,
  coefficient of regression
regressiv/
  zurückbildend/
  zurückentwickelnd
  regressive
Regulationsmechanismus
  regulatory mechanism
Regulierungsbehörde
  regulatory agency
Rehydratation/
  Rehydratisierung
  rehydration
Reibe (Reibeisen)
  grater
Reibkraftmikroskopie
  friction force microscopy (FFM),
  lateral force microscopy (LFM)

Reibmühle
attrition mill
Reibschale/
  Mörser (*siehe auch dort*)
mortar
Reibschweißen
friction welding
Reibungskoeffizient
frictional coefficient,
friction coefficeint
Reichweite (Strahlung)
range
reif mature, ripe
➢ **unreif**
unripe, immature
Reife
maturity, ripeness
➢ **Unreife**
immaturity, immatureness
Reifen *n* maturing, ripening;
  techn (Fahrzeuge) tire
reifen *vb* mature, ripen
Reifenprofil
tire tread
Reifung maturation
Reihe row; series
➢ **Alkoholreihe/**
  aufsteigende Äthanolreihe
graded ethanol series
➢ **chaotrope Reihe**
chaotropic series
➢ **eluotrope Reihe**
  (Lösungsmittelreihe)
eluotropic series
➢ **Hofmeistersche Reihe/**
  lyotrope Reihe
Hofmeister series,
lyotropic series
➢ **mixotrope Reihe**
mixotropic series
➢ **Transformationsreihe**
transformation series
➢ **Versuchsreihe**
experimental series
rein (pur) neat, pure;
(sauber) clean;
(ohne Zusatz) pure
Reinheit (ohne Zusätze)
purity

Reinheitsgrade, chemische
purity grades,
chemical grades
➢ **chemisch rein**
chemically pure (CP);
laboratory (lab)
➢ **pro Analysis (pro analysi = p.a.)**
reagent, reagent-grade,
analytical reagent (AR),
analytical grade
➢ **reinst (purissimum, puriss.)**
pure
➢ **roh (crudum, crd.)**
crude
➢ **technisch**
technical
Reinigbarkeit
cleanability
reinigen
(säubern) cleanse,
clean up, tidy (up);
(aufbereiten) clean, purify
Reinigung (Saubermachen) cleaning,
cleansing; (Dekontamination/
Dekontaminierung/Entseuchung)
decontamination;
(Reindarstellung) purification
➢ **Reinigung ohne Zerlegung**
  von Bauteilen
cleaning in place (CIP)
Reinigungsmittel
cleanser, cleaning agent;
(Detergens) detergent
Reinigungsmöglichkeit(en)
cleanability
Reinigungstuch (Papier)
cleansing tissue
Reinigungsverfahren (Aufreinigung)
purification procedure,
purification technique
Reinlichkeit cleanliness
Reinraum/Reinstraum
clean room, cleanroom
Reinraumhandschuhe
cleanroom gloves
Reinraumwerkbank
cleanroom bench
reinst *lab/chem*
highly pure (superpure/ultrapure)

Reinstoff/Reinsubstanz
  pure substance
Reißdehnung/
  Bruchdehnung
  elongation at break,
  elongation-to-break,
  extension at break,
  fracture elongation
Reißverschluss zipper
Reißwolle
  reprocessed wool,
  reclaimed wool
  (incl. shoddy and mungo)
reizen (negativ) irritate;
  (anregen/stimulieren) stimulate
Reizgas irritant gas
Reizung/Stimulation
  irritation, stimulation
rekombinieren recombine
rekonstituieren
  reconstitute
Rekonstitution
  reconstitution
Rektifikation rectification
Relais *electr* relay
Relaxationszeit
  relaxation time
relaxieren/
  entspannen (conformation)
  polym relax
renaturieren renature
Renaturierung
  renaturation, renaturing;
  (Annealing/Reannealing) *gen*
  annealing, reannealing,
  reassociation (of DNA)
Reparatur repair, restoration
reparieren
  repair, fix, mend, restore
Repetiereinheit/
  Wiederholungseinheit
  (Strukturelement)
  repeating unit, repeat unit
➢ **konfigurative R.**
  configurational repeating unit
➢ **konstitutive R. (KRE)**
  constitutional repeating unit (CRU)
➢ **Stereorepetiereinheit**
  stereorepeating unit

reprimieren/
  unterdrücken/
  hemmen *gen/med/tech*
  repress, control,
  suppress, subdue
Reprimierung/
  Unterdrückung/
  Hemmung
  repression, control,
  suppression
Reproduzierbarkeit
  reproducibility
reproduzieren reproduce
Reptation reptation
Reservestoff
  reserve material,
  storage material,
  food reserve
Resinol resinol, resole
Resist *electr* resist
resistent resistant
Resistenz resistance
Resit resite
Resitol resitole
Resol
  resol (a single-stage resin)
resorbieren resorb
Resorption resorption
Ressource/
  Rohstoffquelle
  resource
Rest rest, residue;
  (Rückstand) residue
➢ **unveränderter Rest/**
  invarianter Rest *math*
  invariant residue
➢ **variabler Rest** *math*
  variable residue
Restentropie
  residual entropy
Restfeuchte
  residual dampness,
  (H_2O) residual humidity
restituieren/
  wiederherstellen
  restitute
Restitution/
  Wiederherstellung
  restitution

Restriktionsenzym
restriction enzyme
Retention
hold-up, retention
Retentionsfaktor *chromat*
retention factor
Retentionszeit/
  Verweildauer/
  Aufenthaltszeit
retention time
Retinal retinal, retinene
Retinsäure retinic acid
Retorte retort
Retrosynthese
retrosynthesis
Rettung rescue, help
Rettungsdienst
rescue service,
lifesaving service
Rettungshubschrauber
rescue helicopter
Rettungswagen/Sanitätswagen
ambulance
reversibel/umkehrbar
reversible
Reversibilität/Umkehrbarkeit
reversibility
Reversion/Umkehrung
reversion
Reversosmose/
  Umkehrosmose
reverse osmosis
Reversphase/Umkehrphase
reversed phase
Rezeptor/Empfänger receptor
Rezeptur *pharm* formula
Reziprokschüttler
reciprocating shaker
RF-Wert *chromat*
RF-value
(retention factor; ratio of fronts)
Rheologie/Fließkunde
rheology
➢ **Couette-Rheometer**
Couette rheometer
➢ **Spaltrheometer**
slit rheometer
Rheopexie
rheopexy

Richtigkeit *stat*
(Genauigkeit) correctness,
exactness, accuracy;
(Qualitätskontrolle) trueness
Richtlinie(n) guideline(s);
EU *jur* Directive(s);
instructions, directions,
regulations, rules,
policy, standards
➢ **allgemeine R.**
general policy
➢ **einheitliche R.** uniform
rules/standards
➢ **internationale R.**
international standards
Richtwert
(Näherungszahl) approximate value;
(Richtzahl) index number,
index figure, guiding figure
riechbar
smellable,
perceptible to one's sense of smell
riechen smell
Riechschwelle/
  Geruchsschwellenwert
odor threshold,
olfactory threshold
Riefe(n) groove(s)
Riegel/Verriegelung
  (elektr. Sicherung)
interlock,
fail safe circuit
Rieselfilm
falling liquid film
Rieselfilmreaktor/
  Tropfkörperreaktor
trickling filter reactor
Riffelung/Riefen
  (z.B. Schlauchverbinder)
flutings (e.g., tube connections)
Ring ring; cycle
➢ **gespannter R.**
strained ring
Ringbildung/
  Catenation catenation
Ringblende *micros*
disk diaphragm (annular aperture)
Ringdüse/Ringschlitzdüse
tubular die

Ringform *chem*
ring form,
ring conformation
Ringformel ring formula
ringförmig/
 cyclisch (zyklisch)
 annular, cyclic
Ringkabelschuh
 cable lug, terminal
Ringkolben
 tubular plunger
Ringmarke
 (Laborglas etc.) graduation
Ringöffnungspolymerisation
 ring-opening polymerization
Ringschluss *chem*
 (Ringbildung) ring closure,
 ring formation, cyclization;
 (Zirkularisierung) circularization
Ringspaltung *chem*
 ring cleavage
Ringstruktur
 ring structure
Rippenglas/
 geripptes Glas/
 geriffeltes Glas
 ribbed glass
Rippenplatte
 ribbed panel
Risiko (*pl* **Risiken)/**
 Gefahr
 risk, danger; hazard
➤ **Berufsrisiko**
 occupational hazard
➤ **Brandrisiko** fire hazard
➤ **Gesundheitsrisiko**
 health hazard
➤ **Kontaktrisiko**
 (Gefahr bei Berühren)
 contact hazard
➤ **Krebsrisiko** cancer risk
➤ **Wiederholungsrisiko**
 recurrence risk
Risikoabschätzung
 risk assessment
Riss/Fissur/Furche/Einschnitt
 fissure; (Spalte) crevice
➤ **Sternriss (im Glas)**
 star-crack

Rissausbreitung/
 Rissaufweitung/
 Rissfortpflanzung
 crack propagation
Rissbildung
 crack formation
Rissöffnungsverschiebung
 crack tip opening displacement
Risswachstum
 crack growth
Ritzhärte
 abrasive hardness
roh raw, crude
Rohabwasser raw sewage
Rohdichte
 bulk density,
 apparent density,
 gross density
Rohextrakt
 crude extract
Rohfestigkeit/
 Aufbaufestigkeit (Kautschuke)
 green strength
Rohling blank
Rohöl
 crude oil, petroleum
Rohprodukt (unaufgereinigt)
 crude product
Rohr/Röhre pipe, tube;
 (Rohre/Rohrleitungen) pipes,
 plumbing
Röhrchen
 vial, tube
➤ **Gärröhrchen/**
 Einhorn-Kölbchen
 fermentation tube
➤ **Glasröhrchen**
 glass tube,
 glass tubing (Glasrohre)
➤ **Kulturröhrchen**
 culture tube
➤ **Siederöhrchen**
 ebullition tube
➤ **Trockenröhrchen**
 drying tube
➤ **Zentrifugenröhrchen**
 centrifuge tube
➤ **Zündröhrchen/Glühröhrchen**
 ignition tube

Rohrextruder
pipe extruder
Rohrextrusion
pipe extrusion
Rohrextrusionsanlage
pipe extrusion line,
pipe train
Rohrleitung
conduit, pipe, duct, tube;
(~en in einem Gebäude)
plumbing
Rohrleitungssystem
(Lüftung) ductwork,
airduct system;
(Wasser) plumbing system
Rohrofen
tube furnace
Rohrschelle
pipe clamp,
pipe clip
Rohrverbinder/
Rohrverbindung(en)
pipe fitting(s),
fittings
Rohrzange
pipe wrench
(rib-lock pliers/
adjustable-joint pliers)
Rohrzucker/
Rübenzucker/
Saccharose/
Sukrose/Sucrose
cane sugar, beet sugar,
table sugar, sucrose
Rohstoff
raw material, resource
Rohstoffquelle/
Ressource
resource
Rohzucker
raw sugar, crude sugar
(unrefined sugar)
rollen roll
Rollerflasche
roller bottle
Rollfüße/
Laufrollen/
Rollen (Wagen)
casters, castors

Rollrand
(Glas: Ampullen etc.)
beaded rim
Rollrandgläschen/
Rollrandflasche
(mit Bördelkappenverschluss)
crimp-seal vial;
allg beaded rim bottle
➤ **Bördelkappe**
crimp seal
➤ **Verschließzange für Bördelkappen**
cap crimper
Röntgenabsorptionsspektroskopie
X-ray absorption spectroscopy
Röntgenbeugung
X-ray diffraction
Röntgenbeugungsdiagramm/
Röntgenbeugungsaufnahme/
Röntgendiagramm
X-ray diffraction pattern
Röntgenbeugungsmethode
X-ray diffraction method
Röntgenbeugungsmuster
X-ray diffraction pattern
Röntgenemissionsspektroskopie
X-ray emission spectroscopy
Röntgenfluoreszenzspektroskopie
(RFS)
X-ray fluorescence spectroscopy
(XFS)
Röntgenkleinwinkelstreuung
small-angle X-ray scattering
(SAXS)
Röntgenkristallographie
X-ray crystallography
Röntgenmikroskopie
X-ray microscopy
Röntgenstrahl
X-ray
Röntgenstrahl-Mikroanalyse
X-ray microanalysis
Röntgenstrukturanalyse
X-ray structural analysis,
X-ray structure analysis
Röntgenweitwinkelstreuung/
Weitwinkel-Röntgenstreuung
(WWR)
wide-angle X-ray scattering
(WAXS)

rösten/rötten (Flachsrösten)
retting
Rostentferner/
Rostlöser/
Rostentfernungsmittel/
Entrostungsmittel
rust remover,
rust-removing agent
Röstofen
roasting furnace,
roaster
Rostschutzmittel
rust inhibitor,
antirust agent,
anticorrosive agent
Rotation rotation
➢ **freie Rotation**
free rotation
Rotationsbarriere
rotational barrier
Rotationsbewegung
rotational motion
Rotationsgießen/
Rotationsguss/
Rotationsformen/
Rotationsgussverfahren
polym rotational casting/molding,
rotomolding
Rotationsisomer/Rotamer
rotamer
Rotationsmikrotom
rotary microtome
Rotationsreibschweißen
spin welding
Rotationssinn/
Drehsinn
rotational sense,
sense of rotation
Rotationsverdampfer
rotary evaporator,
rotary film evaporator (*Br*),
'rovap'
Rotor rotor
➢ **Ausschwingrotor** *centrif*
swing-out rotor,
swinging-bucket rotor,
swing-bucket rotor
➢ **Festwinkelrotor** *centrif*
fixed-angle rotor

➢ **Trommelrotor** *centrif*
drum rotor,
drum-type rotor
➢ **Vertikalrotor** *centrif*
vertical rotor
➢ **Winkelrotor** *centrif*
angle rotor,
angle head rotor
rötten/rösten (Flachsrösten)
retting
Roving/
Glasfaserstrang
(parallele Spinnfäden)
roving
Rübenzucker/
Rohrzucker/
Sukrose/Sucrose
beet sugar, cane sugar,
table sugar, sucrose
rückbilden
degenerate, regress
Rückbildung
degeneration,
regression
Rückextraktion/
Strippen
back extraction,
stripping
Rückfluss reflux;
(Druckströmung/
Druckrückströmung) pressure flow,
pressure back flow, back flow
Rückflusskühler
reflux condenser
Rückflusssperre/
Rücklaufsperre/
Rückstauventil
backflow prevention,
backstop (valve)
Rückführbarkeit/
Rückverfolgbarkeit
traceability
Rückgewinnung
recovery, reclamation
Ruckgleiten stick-slip
Rückhaltevermögen
retainment capacity,
retainability,
retention efficiency

Rückkopplung
feedback
➤ **negative Rückkopplung/**
Rückkopplungshemmung/
Endprodukthemmung
feedback inhibition,
end-product inhibition
Rückkopplungsschleife
feedback loop
Rücklauf/
Rückfluss/Reflux
reflux
Rücklaufsperre
backstop
Rückmischen/
Rückmischung/
Rückvermischung
backmixing
Rückprall-Elastizität/
Rückprallvermögen
resilience, impact resilience,
rebound elasticity
Rückprallhärte
rebound hardness
Rückschlagschutz
bump tube
Rückschlagventil
backstop valve, check valve
Rückspülen/Rückspülung *chromat*
backflushing
Rückstand residue;
(abgesetzte Teilchen) bottoms, heel
Rückstauschutz
backdraft preventer/protection
Rückstellkraft
directing force,
reaction force,
restoring force
Rückstoß
recoil (return motion)
Rückstoßstrahlung
recoil radiation
Rückstrahlvermögen/Albedo
albedo
Rückstreuung
backscatter
Rückströmsperre
backflow preventer/protection,
backstop, non-return valve

Rücktitration
back titration
Rückverfolgbarkeit
trackability
Ruggli-Zieglersches
Verdünnungsprinzip
Ruggli-Ziegler dilution principle
Rührbehälter/Rührkessel
agitator vessel
rühren stir, agitate;
(umrühren) stir;
(umwirbeln) swirl
Rührer/Rührwerk
stirrer, impeller, agitator
➤ **Ankerrührer**
anchor impeller
➤ **Axialrührer mit profilierten Blättern**
profiled axial flow impeller
➤ **Blattrührer**
blade impeller,
flat-blade paddle impeller
➤ **exzentrisch angeordneter Rührer**
off-center impeller
➤ **Gitterrührer**
gate impeller
➤ **Hohlrührer**
hollow stirrer
➤ **Kreuzbalkenrührer**
crossbeam impeller
➤ **Kreuzblattrührer**
four flat-blade paddle impeller
➤ **Magnetrührer**
magnetic stirrer
➤ **Mehrstufen-Impuls-Gegenstrom**
(MIG) Rührer
multistage impulse
countercurrent impeller
➤ **Propellerrührer**
propeller impeller
➤ **Rotor-Stator-Rührsystem**
rotor-stator impeller,
Rushton-turbine impeller
➤ **Schaufelrührer/**
Paddelrührer
paddle stirrer,
paddle impeller
➤ **Scheibenrührer/**
Impellerrührer
flat-blade impeller

➤ **Scheibenturbinenrührer**
disk turbine impeller

➤ **Schneckenrührer**
screw impeller

➤ **Schrägblattrührer**
pitched blade impeller,
pitched-blade fan impeller,
pitched-blade paddle impeller,
inclined paddle impeller

➤ **Schraubenrührer**
marine screw impeller

➤ **Schraubenspindelrührer**
pitch screw impeller

➤ **Schraubenspindelrührer mit
unterschiedlicher Steigung**
variable pitch screw impeller

➤ **selbstansaugender Rührer
mit Hohlwelle**
self-inducting impeller
with hollow impeller shaft

➤ **Stator-Rotor-Rührsystem**
stator-rotor impeller,
Rushton-turbine impeller

➤ **Turbinenrührer**
turbine impeller

➤ **Wendelrührer**
helical ribbon impeller

➤ **zweistufiger Rührer**
two-stage impeller

Rührerblatt
stirrer blade,
impeller blade

Rührerlager
(der Rührwelle)
stirrer bearing

**Rührerschaft/
Rührerwelle**
stirrer shaft,
impeller shaft

**Rührfisch/
'Fisch'/
Rührstab/Rührstäbchen/
Magnetrührstab/
Magnetrührstäbchen**
stirring bar,
stir bar,
'flea'

**Rührgerät/
Mixer** stirrer, mixer

Rührhülse
stirrer gland

**Rührkessel/
Rührbehälter**
agitator vessel

Rührstab (Glasstab)
stirring rod

**Rührstäbchen/
Rührstab/
Magnetrührstab/
Magnetrührstäbchen/
Rührfisch/
'Fisch'**
stirring bar,
stirrer bar,
stir bar,
'flea'

**Rührstäbchenentferner/
Rührstabentferner/
Magnetrührstabentferner**
stirring bar extractor,
stirring bar retriever,
'flea' extractor

Rührverschluss
stirrer seal

Rührwelle/Rührerwelle
stirrer shaft, impeller shaft

Rührwerk
stirrer; (Flügelrad) impeller

Rumpfelektron
inner electron,
inner-shell electron

Rundfilter
round filter,
filter paper disk,
'circles'

**Rundkolben/
Siedegefäß**
round-bottomed flask,
round-bottom flask,
boiling flask with round bottom

Rundlochplatte
dot blot,
spot blot

**Rundschüttler/
Kreisschüttler**
circular shaker,
orbital shaker,
rotary shaker

Ruß soot; black
- ➤ **Acetylenruß**
  acetylene black
- ➤ **Flammruß/**
  Ofenruß/
  Furnaceruß
  furnace black
- ➤ **Gasruß** gas black
- ➤ **Inaktivruß/**
  inaktiver Ruß
  inert black
- ➤ **Industrieruß/Farbruß/**
  Kohlenschwarz
  carbon black
- ➤ **Kanalruß**
  channel black
- ➤ **Lampenruß**
  lampblack
- ➤ **Thermalruß**
  thermal black

rußend/rußig
  smoking, forming soot, sooty
rutschen skid
- ➤ **nicht-rutschend/**
  Antirutsch ...
  (Gerät auf Unterlage)
  nonskid, skid-proof
rutschfest/
  rutschsicher
  slip resistant;
  nonskid, skid-proof, antiskid
Rüttelbewegung
  (schnell hin-her/rauf-runter)
  rocking motion
  (side-to-side/up-down)
rütteln
  shake, vibrate; rock
Rüttelsieb
  shaking screen
Rüttler vibrator

**S-Sätze
(Sicherheitsratschläge)**
S phrases (Safety phrases)
Saattechnik *polym*
seeding technique
**Säbelkolben/
Sichelkolben**
saber flask,
sickle flask,
sausage flask
Saccharimeter
saccharimeter
**Saccharose/Sucrose
(Rübenzucker/Rohrzucker)**
sucrose
(beet sugar/cane sugar)
**Sackkammer/Sackraum
(Staubabscheider)**
baghouse
(fabric filter dust collector)
**Sägebock-Formel/
Sägebock-Projektion
(Darstellung von
Konformations-Isomeren)**
sawhorse projection,
andiron formula
Sägemehl sawdust
**Sagittalebene
(parallel zur Mittellinie)**
median longitudinal plane
Sagittalschnitt
sagittal section,
median longisection
Salicylsäure (Salicylat)
salicic acid (salicylate)
Salinität/Salzgehalt
salinity, saltiness
Salmiak/Ammoniumchlorid
ammonium chloride
(sal ammoniac, salmiac)
**Salmiakgeist/
Ammoniumhydroxid
(Ammoniaklösung)**
ammonium hydroxide,
ammonia water
(ammonia solution)
Salpetersäure nitric acid
salpetrige Säure
nitrous acid

Salz salt
➢ **Bittersalz/
Magnesiumsulfat**
Epsom salts,
epsomite,
magnesium sulfate
➢ **Blutlaugensalz/
Kaliumhexacyanoferrat**
prussiat
➢ **Doppelsalz**
double salt
➢ **Gallensalze**
bile salts
➢ **Hirschhornsalz/
Ammoniumcarbonat**
hartshorn salt,
ammonium carbonate
➢ **Jodsalz**
iodized salt
➢ **Kochsalz (NaCl)**
table salt, common salt
➢ **Komplexsalz**
complex salt
➢ **Meersalz** sea salt
➢ **Mohrsches Salz**
Mohr's salt,
ammonium iron(II) sulfate
hexahydrate
(ferrous ammonium sulfate)
➢ **Nährsalz**
nutrient salt
➢ **Steinsalz (Halit)/
Kochsalz/Tafelsalz/
Natriumchlorid (NaCl)**
rock salt (halite),
common salt,
table salt,
sodium chloride
Salzbrücke (Ionenpaar)
salt bridge (ion pair)
salzen salt
Salzgehalt/Salzigkeit
salinity, saltiness
salzig salty, saline
Salzigkeit saltiness
Salzperlen salt beads
Salzschmelze
molten salt,
salt melt

Salzwasser
saltwater
Sammelbegriff/Sammelname
generic name
Sammelbehälter/Sammelgefäß
storage container; sump
Sammelgel *electrophor*
stacking gel
Sammelglas (Behälter)
specimen jar
Sammellinse *micros*
collecting lens,
focusing lens
➢ **parallel-richtende Sammellinse**
collimating lens
Sandstrahlgebläse
sandblasting apparatus
Sandstrahlbehandlung
sandblasting
Sanduhrdiagram
hour glass diagram
Sandwich-Platte
sandwich panel
Sandwich-Schäumverfahren/
  S.-Schaumspritzgießverfahren
sandwich foam process,
foam sandwich molding
Sandwich-Spritzgießen/
  Verbundspritzgießverfahren
sandwich molding
sanitäre Einrichtungen
sanitary facilities,
sanitary installations
Sanitärzubehör
sanitary supplies/equipment,
plumbing supplies/equipment
Sanitäter
first-aid attendant, nurse
Sanitätsbedarf medical supplies
Sanitätsdienst medical service
Sanitätskasten first-aid kit
Sanitätspersonal
medical personnel
Sanitätswagen/Rettungswagen
ambulance
Satin satin, satin weave
➢ **Baumwollsatin** sateen
sättigen (gesättigt)
saturate (saturated)

Sättigung saturation;
  text (Buntheit/Buntkraft/Reinheit)
chroma, saturation
➢ **ungesättigter Zustand**
unsaturation
Sättigungsbereich/
  Sättigungszone
range of saturation,
zone of saturation
Satz/Garnitur set
Satzkultur/
  diskontinuierliche Kultur/
  Batch-Kultur
batch culture
Satzverfahren
batch process
säubern
clean, cleanse, tidy up;
mop up
Säuberungsaktion
cleanup
sauer (azid)
acid, acidic
säuerlich
acidic
Sauerstoff (O) oxygen
Sauerstoffalterung
oxygen ageing
Sauerstoffbedarf
oxygen demand
➢ **biologischer S. (BSB)**
biological oxygen demand
(BOD)
➢ **chemischer S. (CSB)**
chemical oxygen demand
(COD)
sauerstoffbedürftig/aerob
aerobic
Sauerstoffindex (Entzündbarkeit)
polym limiting oxygen index
(LOI)
Sauerstoffpartialdruck
oxygen partial pressure
Sauerstoffschuld/
  Sauerstoffverlust/
  Sauerstoffdefizit
oxygen debt
Sauerstofftransferrate
oxygen transfer rate (OTR)

Sauerstoffverlust/
Sauerstoffschuld/
Sauerstoffdefizit
oxygen debt
Säuerung acidification
Saugball/
Pipettierball/
Pipettierbällchen
pipet bulb, rubber bulb
saugen *allg* suck;
(aufsaugen) absorb,
take up, soak up
saugfähig absorbent
Saugfähigkeit
absorbency
Saugfiltration
suction filtration
Saugflasche/Filtrierflasche
suction flask, filter flask,
filtering flask,
vacuum flask,
aspirator bottle
Saugfüßchen
suction-cup feet
Saugheber siphon
Saugkissen
(zum Aufsaugen von
verschütteten Chemikalien)
spill containment pillow
Saugkolbenpipette
piston-type pipet
Saugkraft suction force
Saugluftabzug
forced-draft hood
Saugnapf/Saugscheibe
suction disk
Saugpapier (Löschpapier)
absorbent paper,
bibulous paper (for blotting dry)
Saugpipette
suction pipet (patch pipet)
Saugpumpe/Vakuumpumpe
aspirator pump,
vacuum pump
Saugspannung
suction tension;
(Boden) soil-moisture tension
Saugventil
suction valve

Säule pillar, column;
(des Mikroskops) pillar
Säulenchromatographie
column chromatography
➤ **Normaldruck-S.**
gravity column chromatography
Säulenfüllung/
Säulenpackung *chromat*
column packing
Säulenreaktor/Turmreaktor
column reactor
Säulenwirkungsgrad *chromat*
column efficiency
Saum/Rand
seam, border, edge, fringe
Säure acid
➤ **Abietinsäure** abietic acid
➤ **Acetessigsäure (Acetacetat)/**
3-Oxobuttersäure
acetoacetic acid (acetoacetate),
acetylacetic acid, diacetic acid
➤ *N*-**Acetylmuraminsäure**
N-acetylmuramic acid
➤ **Aconitsäure (Aconitat)**
aconitic acid (aconitate)
➤ **Adenylsäure (Adenylat)**
adenylic acid (adenylate)
➤ **Adipinsäure (Adipat)**
adipic acid (adipate)
➤ **Akkusäure/Akkumulatorsäure**
accumulator acid,
storage battery acid
(electrolyte)
➤ **'aktivierte Essigsäure'/Acetyl-CoA**
acetyl CoA, acetyl coenzyme A
➤ **Alginsäure (Alginat)**
alginic acid (alginate)
➤ **Allantoinsäure**
allantoic acid
➤ **Ameisensäure (Format)**
formic acid (formate)
➤ **gamma-Aminobuttersäure**
gamma-aminobutyric acid
➤ **Aminosäure**
amino acid
➤ **Anthranilsäure/**
2-Aminobenzoesäure
anthranilic acid,
2-aminobenzoic acid

➤ **Äpfelsäure (Malat)**
malic acid (malate)
➤ **Arachidonsäure**
arachidonic acid,
icosatetraenoic acid
➤ **Arachinsäure/Arachidinsäure/**
Eicosansäure
arachic acid, arachidic acid,
icosanic acid, icosanoic acid
➤ **Ascorbinsäure (Ascorbat)**
ascorbic acid (ascorbate)
➤ **Asparaginsäure (Aspartat)**
asparagic acid,
aspartic acid (aspartate)
➤ **Azelainsäure/**
Nonandisäure
azelaic acid,
nonanedioic acid
➤ **Behensäure/Docosansäure**
behenic acid,
docosanoic acid
➤ **Beizsäure**
pickling acid
➤ **Benzoesäure (Benzoat)**
benzoic acid (benzoate)
➤ **Bernsteinsäure/**
Butandisäure (Succinat)
succinic acid,
butanedioic acid (succinate)
➤ **Blausäure/Cyanwasserstoff**
hydrogen cyanide,
hydrocyanic acid,
prussic acid
➤ **Borsäure (Borat)**
boric acid (borate)
➤ **Brenztraubensäure (Pyruvat)**
pyruvic acid (pyruvate)
➤ **Buttersäure/**
Butansäure (Butyrat)
butyric acid,
butanoic acid (butyrate)
➤ **Caprinsäure/Decansäure**
(Caprinat/Decanat)
capric acid, decanoic acid
(caprate/decanoate)
➤ **Capronsäure/Hexansäure**
(Capronat/Hexanat)
caproic acid, capronic acid,
hexanoic acid (caproate/hexanoate)

➤ **Caprylsäure/Octansäure**
(Caprylat/Octanat)
caprylic acid, octanoic acid
(caprylate/octanoate)
➤ **Carbonsäuren/Karbonsäuren**
(Carbonate/Karbonate)
carboxylic acids (carbonates)
➤ **Cerotinsäure/Hexacosansäure**
cerotic acid,
hexacosanoic acid
➤ **Chinasäure**
chinic acid, kinic acid,
quinic acid (quinate)
➤ **Chinolsäure**
chinolic acid
➤ **chlorige Säure HClO$_2$**
chlorous acid
➤ **Chlorogensäure**
chlorogenic acid
➤ **Chlorsäure HClO$_3$**
chloric acid
➤ **Cholsäure (Cholat)**
cholic acid (cholate)
➤ **Chorisminsäure (Chorismat)**
chorismic acid (chorismate)
➤ **Chromschwefelsäure**
chromic-sulfuric acid
mixture for cleaning purposes
➤ **Cinnamonsäure/Zimtsäure**
(Cinnamat) cinnamic acid
➤ **Citronensäure/Zitronensäure**
(Citrat/Zitrat)
citric acid (citrate)
➤ **Crotonsäure/Transbutensäure**
crotonic acid, α-butenic acid
➤ **Cysteinsäure** cysteic acid
➤ **einwertige/einprotonige Säure**
monoprotic acid
➤ **Eisessig** glacial acetic acid
➤ **Ellagsäure**
ellagic acid, gallogen
➤ **Erucasäure/Δ^{13}-Docosensäure**
erucic acid, (Z)-13-docosenoic acid
➤ **Essigsäure/Ethansäure (Acetat)**
acetic acid, ethanoic acid (acetate)
➤ **Ferulasäure** ferulic acid
➤ **Fettsäure** *(siehe auch dort)*
fatty acid
➤ **Flechtensäure** lichen acid

> **Fluoroschwefelsäure/
Fluorsulfonsäure**
fluorosulfonic acid
> **Fluorwasserstoffsäure/
Flusssäure**
hydrofluoric acid,
phthoric acid
> **Flusssäure/
Fluorwasserstoffsäure**
hydrofluoric acid,
phthoric acid
> **Folsäure (Folat)/
Pteroylglutaminsäure**
folic acid (folate),
pteroylglutamic acid
> **Fumarsäure (Fumarat)**
fumaric acid (fumarate)
> **Galakturonsäure**
galacturonic acid
> **Gallussäure (Gallat)**
gallic acid (gallate)
> **Gelbbrennsäure/
Scheidewasser
(konz. Salpetersäure)**
aquafortis
(nitric acid used in metal etching)
> **Gentisinsäure** gentisic acid
> **Geraniumsäure** geranic acid
> **Gerbsäure (Tannat)**
tannic acid (tannate)
> **Gibberellinsäure**
gibberellic acid
> **Glucarsäure/Zuckersäure**
glucaric acid,
saccharic acid
> **Gluconsäure (Gluconat)**
gluconic acid (gluconate)
> **Glucuronsäure (Glukuronat)**
glucuronic acid (glucuronate)
> **Glutaminsäure
(Glutamat)/2-Aminoglutarsäure**
glutamic acid (glutamate),
2-aminoglutaric acid
> **Glutarsäure (Glutarat)**
glutaric acid (glutarate)
> **Glycyrrhetinsäure**
glycyrrhetinic acid
> **Glykolsäure (Glykolat)**
glycolic acid (glycolate)

> **Glyoxalsäure (Glyoxalat)**
glyoxalic acid (glyoxalate)
> **Glyoxylsäure (Glyoxylat)**
glyoxylic acid (glyoxylate)
> **Goldsäure** auric acid
> **Guanylsäure (Guanylat)**
guanylic acid (guanylate)
> **Gulonsäure (Gulonat)**
gulonic acid (gulonate)
> **Harnsäure (Urat)**
uric acid (urate)
> **Homogentisinsäure**
homogentisic acid
> **Huminsäure** humic acid
> **Hyaluronsäure**
hyaluronic acid
> **Ibotensäure** ibotenic acid
> **Iminosäure** imino acid
> **Indolessigsäure**
indolyl acetic acid,
indoleacetic acid (IAA)
> **Iodwasserstoffsäure**
hydroiodic acid,
hydrogen iodide
> **Isovaleriansäure**
isovaleric acid
> **Jasmonsäure**
jasmonic acid
> **Kaffeesäure** caffeic acid
> **Ketosäure** keto acid
> **Kieselsäure** silicic acid
> **Kohlensäure (Karbonat/Carbonat)**
carbonic acid (carbonate)
> **Kojisäure** kojic acid
> **Laktat (Milchsäure)**
lactate (lactic acid)
> **Laurinsäure/Dodecansäure
(Laurat/Dodecanat)**
lauric acid, decylacetic acid,
dodecanoic acid
(laurate/dodecanate)
> **Lävulinsäure**
levulinic acid
> **Lignocerinsäure/
Tetracosansäure**
lignoceric acid,
tetracosanoic acid
> **Linolensäure**
linolenic acid

➢ **Linolsäure**
linolic acid, linoleic acid

➢ **Liponsäure/**
Thioctsäure (Liponat)
lipoic acid (lipoate),
thioctic acid

➢ **Lipoteichonsäure**
lipoteichoic acid

➢ **Litocholsäure** litocholic acid

➢ **Lötsäure** soldering acid

➢ **Lysergsäure** lysergic acid

➢ **Magensäure**
stomach acid, gastric acid

➢ **magische Säure**
magic acid (HSO_3F/SbF_5)

➢ **Makrosäure** macroacid

➢ **Maleinsäure (Maleat)**
maleic acid (maleate)

➢ **Malonsäure (Malonat)**
malonic acid (malonate)

➢ **Mandelsäure/**
Phenylglykolsäure
mandelic acid,
phenylglycolic acid,
amygdalic acid

➢ **Mannuronsäure**
mannuronic acid

➢ **mehrbasige Säure**
polybasic acid

➢ **Mevalonsäure (Mevalonat)**
mevalonic acid (mevalonate)

➢ **Milchsäure (Laktat)**
lactic acid (lactate)

➢ **Muraminsäure**
muramic acid

➢ **Myristinsäure/**
Tetradecansäure (Myristat)
myristic acid, tetradecanoic acid
(myristate/tetradecanate)

➢ **Nervonsäure/**
Δ^{15}-Tetracosensäure
nervonic acid,
(Z)-15-tetracosenoic acid,
selacholeic acid

➢ **Neuraminsäure** neuraminic acid

➢ **Nikotinsäure (Nikotinat)**
nicotinic acid (nicotinate), niacin

➢ **Nitriersäure**
nitrifying acid

➢ **Ölsäure/**
Δ^9-Octadecensäure (Oleat)
oleic acid,
(Z)-9-octadecenoic acid (oleate)

➢ **Orotsäure** orotic acid

➢ **Orsellinsäure**
orsellic acid,
orsellinic acid

➢ **Osmiumsäure** osmic acid

➢ **Oxalbernsteinsäure (Oxalsuccinat)**
oxalosuccinic acid (oxalosuccinate)

➢ **Oxalsäure (Oxalat)**
oxalic acid (oxalate)

➢ **Oxoglutarsäure (Oxoglutarat)**
oxoglutaric acid (oxoglutarate)

➢ **Palmitinsäure/**
Hexadecansäure
(Palmat/Hexadecanat)
palmitic acid,
hexadecanoic acid
(palmate/hexadecanate)

➢ **Palmitoleinsäure/**
Δ^9-Hexadecensäure
palmitoleic acid,
(Z)-9-hexadecenoic acid

➢ **Pantoinsäure** pantoic acid

➢ **Pantothensäure (Pantothenat)**
pantothenic acid (pantothenate)

➢ **Pektinsäure (Pektat)**
pectic acid (pectate)

➢ **Penicillansäure**
penicillanic acid

➢ **Perameisensäure**
performic acid

➢ **Perchlorsäure** perchloric acid

➢ **Phosphatidsäure**
phosphatidic acid

➢ **phosphorige Säure**
phosphorous acid

➢ **Phosphorsäure (Phosphat)**
phosphoric acid (phosphate)

➢ **Phthalsäure** phthalic acid

➢ **Phytansäure** phytanic acid

➢ **Phytinsäure** phytic acid

➢ **Pikrinsäure (Pikrat)** picric acid
(picrate)

➢ **Pimelinsäure** pimelic acid

➢ **Plasmensäure** plasmenic acid

➢ **Polysäure** polyacid

➤ **Prephensäure (Prephenat)**
prephenic acid (prephenate)
➤ **Propionsäure (Propionat)**
propionic acid (propionate)
➤ **Prostansäure**
prostanoic acid
➤ **Protonensäure (Brønstedt)**
protic acid
➤ **Pyrethrinsäure**
pyrethric acid
➤ **rauchend** fuming
➤ **Retinsäure** retinic acid
➤ **Ricinolsäure**
ricinic acid, ricinoleic acid
➤ **Salicylsäure (Salicylat)**
salicic acid (salicylate)
➤ **Salpetersäure** nitric acid
➤ **salpetrige Säure** nitrous acid
➤ **Salzsäure/**
Chlorwasserstoffsäure
hydrochloric acid
➤ **Schleimsäure/Mucinsäure**
mucic acid
➤ **Schwefelsäure** sulfuric acid
➤ **schweflige Säure/**
Schwefligsäure
sulfurous acid
➤ **Shikimisäure (Shikimat)**
shikimic acid (shikimate)
➤ **Sialinsäure (Sialat)**
sialic acid (sialate)
➤ **Sinapinsäure** sinapic acid
➤ **Sorbinsäure (Sorbat)**
sorbic acid (sorbate)
➤ Stearinsäure/Octadecansäure
(Stearat/Octadecanat)
stearic acid, octadecanoic acid
(stearate/octadecanate)
➤ **Suberinsäure/**
Korksäure/Octandisäure
suberic acid,
octanedioic acid
➤ **Sulfanilsäure**
sulfanilic acid,
p-aminobenzenesulfonic acid
➤ **Supersäure** superacid
➤ **Teichonsäure** teichoic acid
➤ **Teichuronsäure**
teichuronic acid

➤ **Terephthalsäure**
terephthalic acid
➤ **Uridylsäure**
uridylic acid
➤ **Urocaninsäure (Urocaninat)/**
Imidazol-4-acrylsäure
urocanic acid (urocaninate)
➤ **Uronsäure (Urat)**
uronic acid (urate)
➤ **Usninsäure**
usnic acid
➤ **Valeriansäure/Pentansäure**
(Valeriat/Pentanat)
valeric acid, pentanoic acid
(valeriate/pentanoate)
➤ **Vanillinsäure** vanillic acid
➤ **Weinsäure (Tartrat)**
tartaric acid (tartrate)
➤ **Zimtsäure/Cinnamonsäure**
(Cinnamat)
cinnamic acid
➤ **Zitronensäure/Citronensäure**
(Zitrat/Citrat)
citric acid (citrate)
➤ **Zuckersäure/Aldarsäure**
(Glucarsäure)
saccharic acid,
aldaric acid (glucaric acid)
➤ **zweiwertige/zweiprotonige Säure**
diprotic acid
Säureamid acid amide
Säure-Basen-Gleichgewicht
acid-base balance
Säure-Basen-Titration/
Neutralisationstitration
acid-base titration
Säurebehandlung
acid treatment
säurebeständig
acid-proof,
acid-fast
säurebildend/
säurehaltig acidic
Säurebildung
acidification
Säureester acid ester
säurefest acid-fast
Säurefestigkeit
acid-fastness

Säuregrad/
Säuregehalt/Azidität
acidity
Säurenkappenflasche
acid bottle
(with pennyhead stopper)
Säureschrank
acid storage cabinet
Säureschutzhandschuhe
acid gloves,
acid-resistant gloves
Säureverätzung
acid burn
Schäbe
text shive
schaben scrape
Schaber scraper
Schablone *tech* template;
(Zeichenschablone für Formeln etc.)
stencil
Schachtel box
Schaden damage
schadhaft
defective
Schädigung damage
schädlich
harmful,
causing damage,
damaging
➤ **unschädlich**
harmless,
not harmful;
inactive
Schadstoff
pollutant,
harmful substance,
contaminant
Schadstoffbelastung
pollution level
Schaft
(Griff) handle;
(Welle) shaft
Schäkel shakle
Schale *allg* shell;
husk, coat, cover; bowl;
(Flachbehälter) tray
schälen
peel;
(abschälen) peel off

Schalengießverfahren
slush molding
Schälfestigkeit/
Ablösefestigkeit
peel resistance
Schall (Geräusch) sound;
(Widerhall) resonance, echo,
reverberation
schallabsorbierend
sound-absorbing
schallabsorbierende Werkstoffe/
schallschluckende Materialien
sound-absorbing materials
Schalldämpfung
sound damping;
(Abschwächung)
sound attenuation
Schallwellen sound waves
Schaltanlage
switchboard
'Schaltbrettmodell'
eigentlich:
Rückfalt-Modell
(Faltenmizelle)
switchback model
(folded-chain lamellas)
Schalter switch
Schalthebel
control lever;
electr switch lever
Schaltkreis/
Schaltsystem
circuit
➤ **integrierter Schaltkreis**
integrated circuit
Schalttafel
control panel,
switchboard
Schaltung/Schaltkreis
circuit, wiring
➤ **gedruckte Schaltung**
printed wiring (circuit)
Schälversuch/
Ablöseversuch
peel test
Schamotte fireclay
scharfe Gegenstände
(scharfkantige/spitze G.)
sharps

Schärfe *micro/photo*
sharpness, focus
➢ **Sehschärfe**
visual acuity
➢ **Unschärfe** *micro/photo*
blurredness, blur,
obscurity, unsharpness
Scharfeinstellung focussing
schärfen (Messer/Scheren)
sharpen
Schärfentiefe/Tiefenschärfe
depth of focus,
depth of field
Scharfstellung/
Akkommodation *opt*
accommodation
Scharnier/Schloss/Schlossleiste
hinge
Schaschlik-Struktur
shish-kebab structure
Schatten *allg* shade;
(eines bestimmten Gegenstandes)
shadow
schattieren shade
schätzen/annehmen
estimate, assume
Schätzfehler *stat* error of estimation
Schätzung/Annahme estimate,
estimation, assumption
Schätzverfahren *stat*
method of estimation
Schätzwert estimate
Schaufel shovel; scoop
➢ **Messschaufel**
measuring scoop
➢ **Radschaufel**
paddle, vane
➢ **Turbinenschaufel**
blade, bucket
Schaufelmischer blade mixer
Schaufelrad/Laufrad
paddle wheel,
bucket wheel, blade wheel
Schaukelbewegung
see-saw motion
Schaukelvektor/
bifunktionaler Vektor
shuttle vector,
bifunctional vector

Schaum (*pl* **Schäume)** foam;
(fein: auf Flüssigkeit) froth;
(Seifenschaum) lather
➢ **Feuerlöschschaum**
fire foam
➢ **Hartschaum**
hard foam,
rigid foam
➢ **Integralschaum**
integral foam
➢ **Latexschaum**
latex foam
➢ **Seifenschaum/Seifenwasser**
suds
➢ **Strukturschaum/**
Integralschaum
structural foam,
integral foam
(integral skin foam)
➢ **Weichschaum**
soft foam,
flexible foam
schäumbar
foamable, expandable
Schäumbarkeit
foamability
Schaumbeton
foam concrete
Schaumbildner (Flammschutz)
intumescent agent
Schaumbrecher-Aufsatz/
Spritzschutz-Aufsatz
(Rückschlagsicherung) *dest*
antisplash adapter,
splash-head adapter
Schaumdämpfer/
Schaumverhütungsmittel
antifoaming agent, defoamer,
foam inhibitor;
(Gerät) antifoam controller
Schaumdichte
foam density
Schäumen *n* foaming;
(sehr fein) frothing
schäumen *vb*
foam; lather
Schäumer/
Schaumbildner
foamer, foaming agent

Schaumgießen
foam pouring;
foam molding
Schaumgips
foam plaster
Schaumgummi
foam rubber,
foamed rubber,
plastic foam, foam
Schaumhemmer *chem/lab*
anti-foaming agent
Schaumlöscher
foam fire extinguisher
Schaumregulator
foam regulator
Schaumspritzen
(Auftrageverfahren: Sprühverfahren)
polym
spray foaming
Schaumspritzgießen *polym*
foam injection molding
Schaumsprühen
foam spraying
Schaumstoff
foamed plastic,
plastic foam
➢ **geschlossenzelliger Schaumstoff**
closed-cell foam,
unicellular foam
➢ **offenzelliger/**
offenporiger Schaumstoff
open-cell foam,
interconnecting-cell foam
➢ **Reaktionsschaumstoff**
reaction foam
Scheckigkeit
cissing
Scheibe disk, disc (*Br*);
(Platte) plate, saucer
➢ **Berstscheibe/**
Sprengscheibe/Sprengring/
Bruchplatte
bursting disk
➢ **Fensterscheibe/**
Glasscheibe
pane
➢ **Frontscheibe**
(Sicherheitswerkbank)
sash

➢ **Schutzscheibe/**
Schutzschirm
protective screen/shield,
workshield
➢ **Sichtscheibe**
viewing window
➢ **Unterlegscheibe**
washer
➢ **Wählscheibe/**
Einstellscheibe
dial
Scheibenanguss (Extrusion)
diaphragm gate
scheibenförmig
disk-shaped
Scheibenmühle
plate mill
Scheibenversprüher
disk atomizer
Scheide/Umhüllung sheath
scheiden/trennen/abtrennen
separate
scheidenförmig sheathed
Scheidetrichter
separatory funnel
Scheidewand/
Membran/Septum
septum
Scheidewasser/
Gelbbrennsäure
(konz. Salpetersäure)
aquafortis
(nitric acid used in metal etching)
Scheidung/
Trennung separation
Scheindreherbindung
text mock leno weave
Scheitelpunkt
apex, peak
(highest among other high points),
vertex, summit
Scheitelwert/
Höchstwert/Maximum
peak value,
maximum (value)
Schellack
(aus: *Laccifer lacca*)
shellac;
(Rohschellack) lac

Schelle/Klemme
clip, clamp,
band clamp
Schenkel *chem/biochem/immun*
arm
Scherbänder
polym shear bands
Schere scissors
scheren
shear, cut, clip
Scheren
shearing, cutting, clipping
Scherfestigkeit/
Schubfestigkeit (Holz)
shear strength,
shearing strength
Scherfließen
shear flow
Schergefälle/
Schergradient
shear gradient
Schergeschwindigkeit
shear rate
Scherkraft
shear force; shear stress
(shear force per unit area)
Schermodul (Torsionsmodul)
shear modulus,
torsion modulus,
modulus of rigidity
Schernachgiebigkeit
shear compliance
Scherrate
shear rate,
rate of shear
Scherspannung/
Schubspannung
shear stress, shearing stress
(shear force per unit area)
Scherspeichermodul
shear storage modulus,
in-phase modulus,
elastic modulus
Scherströmung/
Scherfließen
shear flow
Scherverdünnung
shear thinning,
pseudoplasticity

Scherverlustmodul
shear loss modulus,
90°/out-of-phase modulus,
viscous modulus
Scherverzähung/Dilatanz
shear thickening,
dilatancy
Scheuerfestigkeit
abrasion resistance
scheuern scrub, scour;
(reiben) rub
Schicht
layer, story,
stratum, sheet
Schichtenbildung
stratification
(act/process of stratifying)
Schichtglas
laminated glass
Schichtpressen
press molding
Schichtpressstoff laminate
Schichtpressstoffplatte/
Schichtstoffpressplatte
laminated pressboard
Schichtstoff/
Schichtstoffplatte
laminated board, laminated panel;
(Plastik) laminated plastic
Schichtstoffharz
laminating resin
Schichtung
stratification
(state of being stratified),
layering
Schiebefenster/
Frontschieber/
verschiebbare Sichtscheibe
(Abzug/Werkbank)
sash (> hood)
Schieberplatte
(Spritzgießen)
sliding plate
Schieberventil
slide valve
Schießbaumwolle
nitrocotton,
guncotton (12.4–13% N);
pyroxylin (11.2–12.4% N)

Schießofen
Carius furnace, tube furnace,
bomb furnace, bomb oven
Schießrohr/
Bombenrohr/
Einschlussrohr
bomb tube, Carius tube
Schießstoff/Schießmittel
low explosive
Schild (Schutz~)
shield, screen (protective ~)
schillern opalesce
Schirm/Blende (Sicht~)
visor
Schlacke *tech/metall/geol*
cinders, slag, dross, scoria
schlaff (welk) limp
schlagen/hauen
beat, hit, strike
Schlagfestigkeit
impact resistance
Schlagpressen/
Kaltschlagverfahren
impact molding
Schlagzähigkeit
impact strength, impact resistance
➢ **Kerbschlagzähigkeit**
notched impact strength
(impact strength, notched: ISN)
Schlagzähmacher *polym*
impact modifier,
toughening agent
Schlamm/
Aufschlämmung slurry
Schlangenkühler
coil condenser,
coil distillate condenser,
coiled-tube condenser,
spiral condenser
Schlankheit/
Schlankheitsverhältnis
(Länge zu Durchmesser: Fasern)
polym aspect ratio
Schlauch tube, tubing; hose
➢ **Gartenschlauch**
garden hose
➢ **Hochdruckschlauch**
high-pressure tubing
(mit größerem Durchmesser: hose)

Schlauchfolie/
Blasfolie
tubular film, 'bubble'
Schlauchklemme/
Quetschhahn
tubing clamp, pinch clamp,
pinchcock clamp;
(Schlauchschelle: Installationen
zur Schlauchbefestigung)
hose clamp,
hose connector clamp
Schlauchkupplung
tubing connection,
tube coupling
Schlauchpumpe
tubing pump
Schlauch-Rohr-Verbindungsstück
pipe-to-tubing adapter
Schlauchschelle
tube clip, hose clip;
(Abrutschsicherung/
Befestigung an Verbindungsstück)
hose/tubing bundle
Schlauchsperre
(tube) compressor clamp
Schlauchtülle
(z.B. am Gasreduzierventil)
tubing/hose attachment socket,
tubing/hose connection gland
Schlauchventil (Klemmventil)
(tubing) pinch valve
Schlauchverbinder/
Schlauchverbindung(en)
tubing connector
(for connecting tubes),
tube coupling, fittings
Schlauchverschlussklemme *dial*
tubing closure
Schlaufe *tech/gen/biochem*
loop
Schlaufenradreaktor
paddle wheel reactor
Schlaufenreaktor/
Umlaufreaktor
loop reactor,
circulating reactor,
recycle reactor
Schleifen/Abschleifen (Oberflächen)
grinding

**Schleifenkonformation/
  Knäuelkonformation**
  loop conformation,
  coil conformation
Schleifer/Schleifmaschine
  grinder, grinding machine
Schleifschärfe
  abrasivity
Schleifstein/Abziehstein
  sharpening stone,
  grindstone, honing stone
Schleim mucus, slime, ooze;
  mucilage (speziell pflanzlich)
**Schleimharze/
  Gummiharze/Gummen**
  gums, gum resins
Schleimhautreizung
  irritation of the mucosa
schleimig
  slimy,
  mucilaginous,
  glutinous
**Schlenk-Kolben/Schlenkkolben
  (Rundkolben mit seitlichem Hahn)**
  Schlenk flask
**Schlenk-Rohr/Schlenkrohr
  (mit seitlichem Hahn)**
  Schlenk tube
Schleppdampfdestillation
  distillation by steam entrainment
Schleppförderer drag conveyor
Schleppgas *chromat* carrier gas
Schleppmittel (Gas/Flüssigkeit)
  chromat carrier;
  dest entrainer, separating agent
Schleppströmung drag flow
Schleuder *tech*
  spinner;
  (Zentrifuge) centrifuge
**Schleudergießen/
  Schleuderguss/
  Schleudergussverfahren** *polym*
  centrifugal casting/molding
schleudern *tech*
  spin;
  (zentrifugieren) centrifuge
Schleuse sluice
➤ **Luftschleuse** airlock
schleusen sluice, channel

Schlichte
  text size, sizing material;
  finish; lubricant
Schliere
  streak, ream, striation
Schlierenbildung
  streak formation,
  streaking, striation
schlierenfrei
  free from streaks,
  free from reams
schlierig
  streaky, streaked
Schliff ground joint
➤ **festgebackener S.**
  jammed joint, stuck joint,
  caked joint, 'frozen' joint
➤ **Kegelschliff
  (N.S. = Normalschliff)**
  ground-glass joint,
  tapered ground joint
  (S.T. = standard taper)
➤ **Kugelschliff**
  spherical ground joint
➤ **Planschliff (glatte Enden)**
  flat-flange ground joint,
  flat-ground joint,
  plane-ground joint
Schliff-Fett
  lubricant for ground joints
Schliffgerät
  ground-glass equipment
**Schliffhülse
  ('Futteral'/Einsteckstutzen)**
  socket, ground socket,
  ground-glass socket
  (female: ground-glass joint)
Schliffkern (Steckerteil)
  cone, ground cone,
  ground-glass cone
  (male: ground-glass joint)
**Schliffklammer/Schliffklemme
  (Schliffsicherung)**
  joint clip, ground-joint clip,
  ground-joint clamp
Schliffkolben
  ground-jointed flask
Schliffkugel
  ball (male: spherical joint)

Schliffpfanne
socket (female: spherical joint)
Schliffstopfen
ground-glass stopper,
ground-in stopper,
ground stopper
**Schliffverbindung/
Glasschliffverbindung**
ground joint, ground-glass joint;
(Kegelschliffverbindung)
tapered joint
➢ **Manschette**
sleeve, joint sleeve
schlimmster anzunehmender Fall
worst-case scenario
Schlitten/Platte/Walze
platen
Schlittenmikrotom
sliding microtome
Schlitzdüse
slot die, slit die
➢ **Breitschlitzdüse**
sheet die, flat-sheet die
➢ **Ringschlitzdüse**
tubular die
Schlitzextrusion
slit die extrusion
Schlitzlochplatte
slot blot
**Schlüssel-Schloss-Prinzip/
Schloss-Schlüssel-Prinzip**
lock-and-key principle
Schlussventil
cutoff valve
**Schmälzmittel
(Gleitfähigmachung/
Umhüllung von Glasfasern)**
size, sizing material;
oversprays
(spinning oil/lubricant)
schmelzbar fusible
**Schmelzbruch/
Schmelzebruch**
melt fracture
(elastic turbulence:
surface roughness, sharkskin,
orange peel, matte)
Schmelzdraht *electr*
fusible wire

Schmelze melt
Schmelzeextruder
melt extruder,
hot melt extruder
Schmelzefluss/Schmelzfluss
melt flow
**Schmelzelektrolyse/
Schmelzflusselektrolyse**
molten-salt electrolysis
**schmelzen/
aufschmelzen** melt
schmelzflüssig
fused, fusible, molten
schmelzgesponnen
melt-spun
schmelzgesponnener Elementarfaden
melt-spun filament
**Schmelzgießen
(Chill-Roll-Extrusion/
Flachfolienextrusion)**
cast film extrusion
Schmelzindex
melt flow index (MFI),
melt flow rate (MFR)
Schmelzkern-Verfahren
lost-cure technique
Schmelzklebstoff melt adhesive
Schmelzkurve *chem*
melting curve
Schmelzling
ingot (zone melting)
Schmelzmittel
flux, fluxing agent
Schmelzofen
melting furnace,
smelting furnace
Schmelzorgan enamel organ
Schmelzplombe *electr* fusible plug
Schmelzpunkt *chem* melting point
**Schmelzspinnen
(Erspinnen aus der Schmelze)**
melt spinning
➢ **Präparation/Finish** spin finish
Schmelztemperatur melting
temperature
Schmelztiegel crucible
Schmieden forging
schmieren
lubricate, grease, oil

Schmierfett/Schmiere
grease,
lubricating grease
➢ **Apiezonfett**
apiezon grease
➢ **Silikon-Schmierfett**
silicone grease
Schmiermittel/
Schmierstoff/Schmiere
lubricant, lube
Schmieröl
lubricating oil,
lube oil
Schmierseife soft soap
Schmierung lubrication
Schmirgel emery
Schmirgelleinen
emery cloth
schmirgeln
grind/polish/rub with emery;
sand
Schmirgelpapier
sandpaper,
emery paper (*Br*)
schmoren (Kabel etc.)
scorch
Schmutz/Dreck
dirt, filth
schmutzig/dreckig
dirty, filthy
Schmutzstoffe pollutants
Schnappdeckel/Schnappverschluss
snap cap, push-on cap
Schnappdeckelglas/
Schnappdeckelgläschen
snap-cap bottle,
snap-cap vial
Schnappriegel/Schnappschloss
latch
Schnappverbindung
snap-in joint; snap-on fastener
Schnauze/Mundstück spout
Schnecke (Extruder) screw
➢ **Antrieb** drive
➢ **Doppelschnecke**
double screw,
twin-screw
➢ **Dreistufenschnecke**
three-stage screw

➢ **Einstufenschnecke**
single-stage screw
➢ **Entgasungsschnecke**
devolatilizing screw
➢ **Fuß** root
➢ **Gang** flight
➢ **Ganghöhe (Steigung)**
lead
➢ **Gegendrallschnecke**
counter-rotating twin screw
➢ **Kanal**
channel
➢ **Kanalbreite**
channel width,
width of channel
➢ **Kanalhöhe**
channel height,
height of channel
➢ **Mehrstufenschnecke**
multi-stage screw
➢ **Recipro-Schnecke**
reciprocating screw
➢ **Schubschnecke**
reciprocating screw
➢ **Stegbreite**
land width
➢ **Zylinder**
cylinder, barrel
Schneckenantrieb
screw drive, worm drive
Schneckenantriebspumpe
progressing cavity pump
Schneckenbohrer/
Windenschneckenbohrer
(Bohreraufsatz)
gimlet bit
Schneckendrehzahl
screw speed,
worm gear
Schneckengetriebe
screw gear,
worm gear
Schneckengewinde
screw thread,
worm thread
Schneckenkolben
screw piston
Schneckenspritzgießen
screw injection molding

Schneckenstrangpresse
 screw extruder
Schneidbrenner cutting torch
Schneide (Grat: Messer etc.)
 edge, cutting edge (of blade etc.)
Schneidmühle
 cutting-grinding mill,
 shearing machine
Schneidwerkzeug
 cutting tool
Schnellfärbung *micros*
 quick-stain
Schnellgefrieren
 rapid freezing
Schnellkupplung
 (z.B. Schlauchverbinder)
 quick-disconnect fitting;
 self-sealing coupling
Schnellscan-Detektor
 fast-scanning detector (FSD),
 fast-scan analyzer
Schnellspannverschluss
 quick-release clamp (seal)
Schnellverbindung
 (Rohr/Glas/Schläuche etc.)
 quick-fit connection
Schnellverdampfer (GC)
 flash vaporizer
Schnitt cut; section
➤ **Dünnschnitt**
 thin section
➤ **Gefrierschnitt**
 frozen section
➤ **Hirnschnitt/Querschnitt**
 transverse section,
 cross section
➤ **Querschnitt** cross section
➤ **Sagittalschnitt**
 (parallel zur Mittelebene)
 sagittal section,
 median longisection
➤ **Schnellschnitt**
 quick section
➤ **Semidünnschnitt**
 semithin section
➤ **Serienschnitte** *micros/anat*
 serial sections
➤ **Ultradünnschnitt**
 ultrathin section

Schnittdicke
 thickness of section,
 section thickness
Schnittfläche/Schnittebene
 cutting face, cutting plane
schnittig/geschnitten/
 eingeschnitten
 cut, incised
Schnittstelle *electr* interface
Schnittverletzung *med*
 cut, incision
Schnittwunde *med*
 cut, incision; slash wound
Schnur string
Schockgefrieren
 shock freezing
Schockwelle/Stoßwelle
 shock wave
schonend gentle, mild; careful
Schöpfer/
 Schöpfgefäß/Schöpflöffel
 dipper, scoop
Schöpfkelle ladle
Schraubdeckel/Schraubkappe
 screw-cap, screwtop
Schraubdeckelgläschen
 screw-cap vial
Schraube screw;
 (Spirale/Helix) spiral, helix
➤ **Bügelmessschraube**
 outside micrometer
➤ **Daumenschraube**
 thumbscrew
➤ **Einstellschraube**
 adjustment screw;
 tuning screw
➤ **Feinjustierschraube/Feintrieb**
 micros fine adjustment knob
➤ **Flügelschraube**
 thumbscrew
➤ **Grobjustierschraube/Grobtrieb**
 micros coarse adjustment knob
➤ **Inbusschraube**
 socket screw,
 socket-head screw
➤ **Justierschraube/Justierknopf/**
 Triebknopf *micros*
 adjustment knob,
 focus adjustment knob

➤ **Mikrometerschraube** *micros*
micrometer screw,
fine-adjustment,
fine-adjustment knob
➤ **Rändelschraube**
knurled screw,
knurled thumbscrew
➤ **Stellschraube**
adjusting screw, setting screw,
adjustment knob, fixing screw
Schraubenbolzen/Bolzen bolt
Schraubflasche
screw-cap bottle
Schraubgewinde
screw thread
Schraubgewindeverschluss
threaded top
Schraubgläschen
screw-cap vial,
screw-cap jar
schraubig/spiralig/helical
spiraled, helical,
spirally twisted, contorted
Schraubkappe/
Schraubkappenverschluss
screw-cap, screw cap, screwtop
Schraubklemme
screw clam, pinch clamp
Schraubverschluss/
Schraubdeckel
screwtop (threaded top)
Schraubzwinge screw clamp
Schreiber
(Gerät zur Aufzeichnung)
recorder; plotter
Schrittmacher
pacemaker (siehe: Sinusknoten)
Schrumpffolie
shrink film, shrink wrap,
shrink foil, shrinking foil
Schrumpfung/Schwund
(Nachschrumpfung)
shrinkage
Schub aer thrust
Schubfestigkeit/Scherfestigkeit (Holz)
shear strength,
shearing strength
Schubkraft/Vortriebkraft
thrust, forward thrust

Schublehre
slide caliper,
caliper square
Schubschleuder
pusher centrifuge
Schubschnecke (Extruder)
reciprocating screw
Schubspannung/
Scherspannung
shear stress,
shearing stress
Schurwolle
(von lebenden Schafen)
shear wool/shorn wool
(fleece wool)
Schuss *text* filling; woof;
(Einspritzvorgang) shot
Schussfaden
filling thread
Schussgarn woof
Schussköper
filling twill
Schussmasse/Schussgewicht
(eingespritzte Materialmenge:
Spritzguss)
shot weight
Schussvolumen
shot volume; charge
Schüttdichte *polym*
bulk density (BD)
(powder density);
apparent density
Schüttelbad
shaking water bath,
water bath shaker
Schüttelflasche/Schüttelkolben
shaker bottle, shake flask
Schüttelwasserbad
shaking water bath,
water bath shaker
schütten
pour; (vollschütten) fill; (verschütten)
spill;
(ausschütten) pour out,
empty out
Schüttgewicht bulk weight
Schüttgut bulk goods
Schüttgutbehälter
bulk container

Schüttler shaker
➢ **Drehschüttler (rotierend)**
shaker with spinning/rotating motion
➢ **Federklammer (für Kolben)**
(four-prong) flask clamp
➢ **Inkubationsschüttler**
shaking incubator,
incubating shaker,
incubator shaker
➢ **Kreisschüttler/Rundschüttler**
circular shaker,
orbital shaker,
rotary shaker
➢ **Reziprokschüttler/**
Horizontalschüttler/
Hin- und Herschüttler (rütteln)
reciprocating shaker
(side-to-side motion)
➢ **Rundschüttler/Kreisschüttler**
circular shaker,
orbital shaker,
rotary shaker
➢ **Rüttler (hin-her/rauf-runter)**
rocker, rocking shaker
(side-to-side/up-down)
➢ **Taumelschüttler**
nutator, nutating mixer,
'belly dancer' (shaker with
gyroscopic, i.e., threedimensional
circular/orbital and rocking motion)
➢ **Überkopfmischer**
mixer/shaker with
spinning/rotating motion
(vertically rotating 360°)
➢ **Vortexmischer/**
Vortexschüttler/Vortexer
vortex shaker, vortex
➢ **Wippschüttler** rocking shaker
(see-saw motion)
Schüttsintern
powder sintering
Schüttung filling
Schüttvolumen
bulk volume
Schutz
protection; cover;
screen, shield
Schutzanstrich
protective coating

Schutzanzug (Ganzkörperanzug)
coverall (one-piece suit),
boilersuit, protective suit
Schutzbelag
protective covering
Schutzbrille
(einfach) safety spectacles;
(ringsum geschlossen) goggles, safety
goggles
Schutzcreme
(Gewebeschutzsalbe/
Arbeitsschutzsalbe)
barrier cream
Schutzgas
protective gas,
shielding gas (in welding)
Schutzglas/Sicherheitsglas
safety glass
Schutzgruppe (*chem* Synthese)
protective group,
protecting group
Schutzhandschuhe
protective gloves
Schutzhaube
protective hood
Schutzhelm
safety helmet;
hard hat
Schutzkittel/Schutzmantel
protective coat,
protective gown
Schutzkleidung
protective clothing
Schutzmaßnahme
protective/precautionary measure
Schutzring/Stoßschutz
(Prellschutz für Messzylinder)
bumper guard
Schutzsäule/Vorsäule
guard column, precolumn
Schutzscheibe/Schutzschirm/
Schutzschild
protective screen/shield,
workshield
Schutzversuch/Schutzexperiment
protection assay,
protection experiment
Schutzvorhang
protective curtain

Schutzvorrichtung
 guard,
 protective device
Schwalbenschwanzbrenner/
 Schlitzaufsatz für Brenner
 wing-tip (for burner),
 burner wing top
Schwalbenschwanzverbindung
 micros dovetail connection
Schwammgummi
 sponge rubber
Schwammstopfen
 sponge stopper
Schwanenhals
 gooseneck
Schwanenhalskolben
 swan-necked flask,
 S-necked flask,
 gooseneck flask
schwanken
 (fluktuieren) fluctuate;
 (variieren) variate
Schwankung
 (Fluktuation) fluctuation;
 (Variation) variation
Schwanz
 (z.B. des Fettmoleküls)
 tail
Schwanzbildung/
 Signalnachlauf
 chromat tailing
Schwebedichte/
 Schwimmdichte
 buoyant density
schweben (schwebend)
 float (floating),
 suspend (suspended)
Schwebeteilchen
 suspended particle
Schwebstoff(e)
 suspended substance,
 suspended matter
Schwefel (S) sulfur
Schwefelblüte
 flowers of sulfur
schwefelhaltig
 sulfurous,
 sulfur-containing
Schwefelkies pyrite

schwefeln (z.B. Fässer)
 sulfurize (e.g., vats)
Schwefeln/Schwefelung
 (z.B. Fässer)
 sulfuring (e.g. vats)
Schwefelsäure H$_2$SO$_4$
 sulfuric acid
Schwefelspender
 sulfur donor
Schwefelverbindung/
 schwefelhaltige Verbindung
 sulfur compound
Schwefelwasserstoff H$_2$S
 hydrogen sulfide
schweflig sulfurous
schweflige Säure/
 Schwefligsäure H$_2$SO$_3$
 sulfurous acid
Schweißbrenner/
 Schweißgerät
 blowpipe,
 welding torch
schweißen *polym* weld
Schweißen
 polym welding
➢ **autogenes Schweißen**
 autogenous welding
➢ **dielektrisches Schweißen**
 dielectric welding
➢ **Fächelschweißen**
 fan welding
➢ **Heizelementschweißen**
 (HE-Schweißen)
 heated tool welding
 (fusion welding)
➢ **Heizelementstumpfschweißen**
 (HS-Schweißen)
 heated tool butt welding
➢ **Heizkeilschweißen**
 heated wedge welding
➢ **Hochfrequenzschweißen**
 (HF-Schweißen)
 high-frequency dielectric welding
➢ **Impulsschweißen**
 impulse welding
➢ **Induktionsschweißen**
 induction welding
➢ **Lichtstrahlschweißen**
 light beam welding

➢ **Lösungsschweißen**
solution welding,
solvent welding (cementing)

➢ **Muffenschweißen**
sleeve welding

➢ **Reibungsschweißen**
friction welding,
spin welding

➢ **Rotationsreibschweißen**
spin welding

➢ **Sintern** sintering

➢ **Strahlungsschweißen**
radiation welding

➢ **Stumpfschweißen**
butt welding

➢ **Ultraschallschweißen**
ultrasonic welding

➢ **Vibrationsschweißen**
vibration welding

➢ **Warmgasschweißen/**
Heißgasschweißen
(HG-Schweißen)
hot gas welding

➢ **Warmschweißen**
thermal welding

Schweißgerät
welding tool/set/apparatus;
sealer

➢ **Folienschweißgerät**
wrapfoil heat sealer

Schweißmaschine *polym*
welding machine, welder

Schweißnaht weld seam;
polym weld line, weld mark,
knit line, flow line

Schweißraupe bead

➢ **Mehrfachraupe**
multiple bead

Schweißstab
welding rod,
filler rod

Schweißstoß/
Schweißverbindung
welding joint

➢ **Eckstoß** corner joint

➢ **gefalzter Überlappstoß/**
gefalzte Überlappungsverbindung
joggle-lap joint

➢ **Gehrungsstoß** mitered joint

➢ **Nut-und-Feder Stoß/**
Zapfenstoß
tongue-and-groove joint

➢ **Riemenstoß** strap joint

➢ **Stirnstoß** edge joint

➢ **Stumpfstoß** butt joint

➢ **Überlappstoß** lap joint

➢ **gekröpfter/verzahnter Überlappstoß**
joggle-lap joint

Schweißung welding

Schweißwalze welding roller

Schweißwulst flash (upset)

Schweißzone welding zone

Schwelbrennverfahren
thermal waste recycling technology

Schwelen/Schwelung
(Verschwelung)
smoldering, smouldering
(carbonization)

Schwelle (z.B. Reizschwelle/
Geschmacksschwelle etc.)
threshold

schwellen/anschwellen
(turgeszent)
swell (turgescent)

Schwelleneffekt
threshold effect

Schwellenkonzentration
threshold concentration

Schwellenmerkmal
threshold trait

Schwellenwert
threshold value,
threshold limit value (TLV)

Schwellung
swelling;
(Turgeszenz) turgescence

Schwellungsgrad turgidity

Schwellverhalten
(Hohlkörperblasen)
swelling

schwenken (Flüssigkeit in Kolben)
swirl

Schwerefeld
gravitational field

Schwerelosigkeit
weightlessness

schwerflüchtig nonvolatile

➢ **flüchtig** volatile

schwergewichtig *adj/adv*
heavyweight
Schwerkraft
gravity,
gravitational force
schwerlöslich
of low solubility
Schwermetall
heavy metal
Schwermetallbelastung
heavy metal contamination
Schwermetallvergiftung
heavy metal poisoning
Schwimmdichte/Schwebedichte
buoyant density
Schwimmer
(z.B. am Flüssigkeitsstandregler)
float
Schwimmerschalter
float switch
Schwimmhaut
web
(thin sheet: severe molding defect)
Schwimmständer/
Schwimmgestell/
Schwimmer (für Eiswanne)
floating rack
Schwindung shrinkage
schwindungsfrei/
schwundfrei
shrink-free
Schwingphase
swing phase,
suspension phase
Schwingung
oscillation, vibration
➢ **Deformationsschwingung (IR)**
deformation vibration,
bending vibration
➢ **Oberschwingung (IR)**
overtone
➢ **Streckschwingung (IR)**
stretching vibration
➢ **Wippschwingung (IR)**
wagging vibration
Schwingungsbewegung
vibrational motion
Schwingungsspektrum
vibrational spectrum

Schwitzen *n*
sweating, perspiration, hidrosis
➢ **Ausschwitzen** *polym*
exudation, bleed through
Schwitzwasser
condensation water
(condensed moisture)
Schwund/Schwindung
shrinkage
Sechskantstopfen
hex-head stopper,
hexagonal stopper
Sediment
sediment; *centrif* (Pellet) pellet
Sedimentations-
geschwindigkeitsanalyse
sedimentation analysis
Sedimentationskoeffizient
sedimentation coefficient
Segelleinen/Segeltuch
canvas
Segmentdichteverteilung
segmental density distribution
segmentieren segment
Segmentierung
segmentation
Segmentkette
freely jointed chain
Segment-Kette
jointed chain
Segmentpolymer
block polymer
Segmentrotation
segmental rotation
Segregation/Aufspaltung
segregation
segregieren/aufspalten
segregate
Sehfeld/Blickfeld/Gesichtsfeld
field of view, scope of view,
field of vision, range of vision,
visual field
Sehfeldblende/Gesichtsfeldblende
field stop (a field diaphragm)
➢ **Gesichtsfeldblende des Okulars/**
Okularblende
ocular diaphragm,
eyepiece diaphragm,
eyepiece field stop

Seide silk (fibroin/sericin)
➤ **Azetatseide/Azetatrayon**
acetate rayon
➤ **Kunstseide (Rayon)**
artificial silk, rayon
➤ **Viskoseseide/Viskoserayon**
viscose silk, viscose rayon
seiden/Seiden... silken
seidenartig/seidenhaarig/seidig
silky, sericeous, sericate
Seidenfaden silk suture
Seidengummi/
Seidenleim/Sericin
silk gum, sericin
Seidenlaus/Seidenflocke
fibrillation
Seife soap
➤ **ein Stück Seife**
a bar of soap
➤ **Flüssigseife**
liquid soap,
liquid detergent
➤ **Kernseife (fest)**
curd soap (domestic soap)
➤ **Schmierseife** soft soap
Seifenspender (Flüssigseife)
soap dispenser (liquid soap)
Seil rope
Seilklampe rope cleat
Seilrolle pulley
Seilwinde
winch (for rope/cable/chains etc.)
Seitenachse
lateral axis, lateral branch
Seitenarm/Tubus (Kolben etc.)
sidearm, tubulation
Seitenkette *chem* side chain
Seitenkettenpolymer
side-chain polymer
Seitenschneider
diagonal cutter, diagonal pliers,
diagonal cutting nippers
seitlich/lateral lateral
Sekantenmodul
secant modulus
Sekundenkleber
superglue, crazy glue
selbstabgleichend
self-balancing

selbstansaugend (Pumpe)
self-priming
Selbstassoziierung/
Selbstzusammenbau/
spontaner Zusammenbau
(molekulare Epigenese)
self-assembly
selbstbeschleunigend
self-accelerating, autoaccelerating
Selbstbeschleunigung
self-acceleration, autoacceleration
selbstdichtend self-sealing
selbsteinstellend self-adjusting
selbstentzündlich
spontaneously ignitable,
self-ignitable, autoignitable
Selbstentzündung
spontaneous ignition,
self-ignition, autoignition
Selbstenzündungstemperatur
spontaneous ignition temperature
(SIT)
selbsterhaltend self-sustaining
selbsterlöschend
self-extinguishing
Selbsthaftung (inherent) tack
selbsthärtend (Harze/Polymere)
self-curing
selbstklebend
self-adhesive,
self-adhering, gummed
selbstlöschend
self-extinguishing;
self-quenching
Selbstorganisation
self-organization
selbstregulierend/
selbsteinstellend
self-regulating,
self-adjusting
selbstreinigend
self-cleaning,
self-cleansing,
self-purifying
Selbstreinigung
self-cleansing,
self-purification
selbstschmierend
self-lubricating

Selbstschmierfähigkeit
self-lubricating ability
Selbstschmierung
self-lubrication
Selbstschutz self-protection
selbsttätig/automatisch
self-acting, automatic
selbsttragend
self-supporting, self-propagating;
(selbsttragende Reaktion)
self-propagating reaction
selbstverlaufend
(Harz/Kunststoffmasse etc.)
self-levelling
selbstverlöschend
self-extinguishing
selbstvernetzend
self-crosslinking
selbstverschließend
self-locking
selbstverstärkend
self-reinforcing
Selbstverstärkung
self-reinforcement
selbstverzehrend
self-consuming,
sacrificial
selbstvulkanisierend
self-vulcanizing
selbstzersetzend
self-decomposing,
autodecomposing
Selbstzersetzung
self-decomposition,
autodecomposition
selbstzündend
self-igniting
Selbstzusammenbau/
Spontanzusammenbau/
Selbstassoziierung/
spontaner Zusammenbau
(molekulare Epigenese)
self-assembly
selektieren/auslesen select
Selektionswert/
Selektionskoeffizient
selection coefficient,
coefficient of selection
Selektivität selectivity

Selen (Se) selenium
selten/rar scarce, rare
Seltenheit/Rarität
scarcity, rarity
Semidünnschnitt
semithin section
semi-interpenetrierendes Netzwerk
semi-interpenetrating network (SIPN)
semikristallin/teilcrystallin
semicrystalline
Senföl mustard oil
sengen singe
Sengen *n* singeing
sensibilisieren sensitize
Sensibilisierung
sensitization
Sensitivität/Empfindlichkeit
sensitivity
Separationsmittel (Formguss)
parting agent,
parting compound,
mold release agent
Septum (*pl* Septen)
septum (*pl* septa or septums)
sequentielle Reaktion/
Kettenreaktion
sequential reaction,
chain reaction
Sequenz sequence
Sequenzierungsautomat *gen*
sequencer
Sequenzpolymer
sequential polymer
Serienschnitte
serial sections
Serum (*pl* Seren)
serum (pl sera or serums)
Servierwagen
service cart, service trolley (*Br*)
Sesquiterpene (C$_{15}$)
sesquiterpenes
Sesselform (Cycloalkane) *chem*
chair conformation
sezernieren/
abgeben (Flüssigkeit)
secrete (excrete)
Sezierbesteck
dissection equipment
(dissecting set)

Shore-Härte
Shore hardness (SH)
Sialinsäure (Sialat)
sialic acid (sialate)
sicher *tech* safe;
(personal protection) secure
sicherer Umgang
safe handling
Sicherheit *tech* safety;
(personal protection) security
➤ **erhöhte Sicherheit**
increased safety
Sicherheitsbeauftragter
safety officer
➤ **biologischer
Sicherheitsbeauftragter/
Beauftragter für biol. Sicherheit**
biosafety officer
Sicherheitsbehälter
(Abfallbox zur Entsorgung von
Nadeln/Skalpellklingen/Glas etc.)
sharps collector;
(Sicherheitskanne)
safety vessel,
safety container,
safety can
Sicherheitsbeiwert
load factor
Sicherheitsbestimmungen
safety regulations
Sicherheitsdaten
safety data
Sicherheitsdatenblatt
safety data sheet;
U.S.: Material Safety Data Sheet
(MSDS)
Sicherheitsglas safety glass
Sicherheitsingenieur
safety engineer
Sicherheitskennzeichnung
safety labeling
**Sicherheitsmaßnahmen/
Sicherheitsmaßregeln**
security measures,
safety measures, containment
➤ **biologische S.**
biological containment
➤ **physikalische/technische S.**
physical containment

Sicherheitsmerkmal
safety feature
Sicherheitspersonal
security personnel,
security
**Sicherheitsraum/
Sicherheitsbereich/
Sicherheitslabor (S1-S4)**
biohazard containment (laboratory)
(classified into
biosafety containment classes)
Sicherheitsrichtlinien
safety guidelines
Sicherheitsrohr (Laborglas)
guard tube
Sicherheitsschrank
safety cabinet
Sicherheitsspielraum
margin of safety
Sicherheitsstufe (Laborstandard)
physical containment level;
(Risikostufe) risk class,
security level, safety level
➤ **Biologische S.** (Laborstandard)
biological containment level;
(Risikostufe) biosafety level
➤ **für Tierhaltungseinheit**
animal containment level
**Sicherheitsüberprüfung/
Sicherheitskontrolle**
safety check,
safety inspection
Sicherheitsvektor
containment vector
Sicherheitsventil
security valve,
security relief valve
Sicherheitsverhaltensmaßregeln
safety policy
**Sicherheitsvorkehrungen/
Sicherheitsvorbeugemaßnahmen/
Absicherungen**
safety precautions,
safety measures, safeguards
Sicherheitsvorrichtung
safety device
Sicherheitsvorschriften
safety instructions,
safety protocol, safety policy

Sicherheitswerkbank
clean bench, safety cabinet
➢ **biologische S.**
biosafety cabinet
➢ **mikrobiologische S. (MSW)**
microbiological safety cabinet
(MSC)
sichern/absichern secure
Sicherung
securing, safeguarding;
safety device;
electr fuse, circuit breaker
Sicherungskasten *electr*
fuse box,
fuse cabinet,
cutout box
Sicherungsringzange
snap-ring pliers,
circlip pliers
Sicht sight, view
sichtbar visible
➢ **unsichtbar**
invisible
Sichtfenster/Sichtscheibe
viewing window
➢ **verschiebbare S./Schiebefenster/**
Frontschieber (Abzug/Werkbank)
sash (> hood)
Sichtgerät
visualizer, visual indicator,
viewing unit, display unit
Sichtschutz/Visier
visor, vizor (*Br*),
face visor
Sieb sieve, sifter, strainer
➢ **Molekularsieb/**
Molekülsieb/
Molsieb
molecular sieve
Siebanalyse
sieve analysis,
screen analysis
Siebbodenkaskadenreaktor/
Lochbodenkaskadenreaktor
sieve plate reactor
Siebdurchgang/
Siebunterlauf/Unterkorn
sievings, screenings, siftings;
undersize

sieben sieve, sift, screen
➢ **abseihen** strain
Siebgut
sieve material, sieving material,
material to be sieved
Siebmaschine (Schüttler)
sieve shaker
Siebnummer
mesh size, mesh
Siebplatte
sieve plate,
perforated plate
Siebrückstand/
Sieböberlauf/Überkorn
sieve residue, screenings;
oversize
Siebtuch straining cloth;
(Mull/Gaze) cheesecloth
Siebung
screening, siftage,
size separation by screening
Siedebereich
boiling range
Siedegefäß
boiling flask
Siedekapillare *dest*
capillary air bleed,
boiling capillary,
air leak tube
sieden
(leicht kochen) simmer;
(kochen) boil
Sieden/Aufwallen
ebullition; boiling
siedend
(leicht kochend) simmering,
ebullient;
(kochend) boiling
➢ **höhersiedend** less volatile
(boiling/evaporating at higher temp.)
Siedepunkt
boiling point
Siedepunkterhöhung
boiling point elevation
Siedepunkterniedrigung
boiling point depression,
lowering of boiling point
Siederöhrchen
ebullition tube

Siedestab
bumping rod, bumping stick,
boiling rod, boiling stick
Siedestein/
Siedesteinchen
boiling stone,
boiling chip
Siedeverzug
(durch Überhitzung)
defervescence,
delay in boiling
(due to superheating)
Siegel seal
Signalband/Warnband
warning tape
Signal-Rausch-Verhältnis
signal-to-noise ratio
(S/N ratio)
Signalübertragung
signal transduction
Signalwandler
signal transducer
Signifikanzniveau/
Irrtumswahrscheinlichkeit
significance level,
level of significance (error level)
Signifikanztest *stat*
significance test,
test of significance
Silber (Ag) silver
Silicium/Silizium (Si) silicon
Siliciumchip silicon chip
Siliciumdioxid SiO₂
silica,
silicon dioxide
Siliciumplatte/
Siliciumplättchen/
Siliciumscheibe
silicon wafer
Silicon/Silikon
silicone (silicoketone)
Silicongummi/
Silikonkautschuk
silicone rubber
Siliconklebstoff
silicone adhesive
Siliconöl silicone oil
Silicon-Schmierfett
silicone grease

Silly Putty®
a siloxane polymer
Singulettzustand
singulet condition
Sinterglas
fritted glass
sintern sinter
Sintern sintering
➤ **Schüttsintern**
powder sintering
Siphon
siphon; siphon trap
SIP-Sterilisation
(ohne Zerlegung/Öffnung
der Bauteile)
sterilization in place (SIP)
Skala (*pl* **Skalen)** scale
Skalierbarkeit scalability
Skalierung scaling
Skalpell scalpel
Skalpellklinge
scalpel blade
SMC-Formmasse
(vorimprägnierte Glasfaser)
sheet molding compound
(SMC)
Sockelleiste
baseboard, washboard
Sodaauszug
soda extraction
Sofortmaßnahme
immediate measure
(instant action)
Sog/Zug (Wasserleitung)
tension, suction, pull
Sol *chem* sol
Solarenergie/Sonnenenergie
solar energy
Solarzelle
solar cell,
photovoltaic cell
Sole brine (salt water)
Soll (Plan/Leistung/Produktion)
target, quota
Sollfrequenz
nominal frequency
Soll-Leistung
nominal output,
rated output

Sollwert
nominal value, rated value,
desired value, set point
➢ **Istwert**
actual value,
effective value

Sollwertgeber
set-point adjuster,
setting device

Sollwertkorrektur
set-point correction

Solubilisierung/Solubilisation
solubilization

Solvatation/Solvatisierung
solvation

Solvatationskraft
solvating power

Solvathülle
solvation shell

Solvationenpaar
loose ion pair

solvatisieren solvate

solvatisierter Stoff
(Ion/Molekül) solvate

Solvens/Lösungsmittel
solvent; dissolver

Sonde (Mikrosonde)
probe, microprobe
➢ **mit Hilfe einer heterologen Sonde**
heterologous probing
➢ **Protonensonde**
proton microprobe

Sondergenehmigung
special license,
special permit

Sondermüll/Sonderabfall
hazardous waste

Sondermülldeponie
hazardous waste dump

Sondermüllentsorgung
hazardous waste disposal

Sondermüllentsorgungsanlage
hazardous waste treatment plant

Sondermüllverbrennungsanlage
hazardous waste incineration plant

Sonifikation/Beschallung/
Ultraschallbehandlung
sonification, sonication

Sonogramm sonogram

Sonographie/
Ultraschalldiagnose
sonography, ultrasound,
ultrasonography

Sorbens (pl Sorbentien)
sorbent

Sorbinsäure (Sorbat)
sorbic acid (sorbate)

Sorbit sorbitol

Sorte sort, type, kind,
variety, cultivar;
(Kunststoffe:
Einstellungen/Qualitäten)
grades

Sortenreinheit
purity of variety,
variety purity

sortieren sort

Spachtel
trowel;
(Schaber) scraper

Spachtelmesser/
Kittmesser
putty knife

spaltbar
cleavable, crackable;
nucl fissionable

Spaltbarkeit cleavage

Spalte
crevice, crack

spalten
cleave, break, open,
crack, split, break down;
nucl fission

Spaltprodukt *chem*
cleavage product,
breakdown product;
nucl fission product

Spaltrheometer
slit rheometer

Spaltung
cleavage, breakage,
opening, cracking,
splitting, breakdown;
(Furchung) cleavage;
nucl fission(ing)

Span sliver

Spanne (Mess~)
range

spannen
  stretch, tighten;
  (einspannen) clamp,
  fix into
Spannfutter (Bohrer)
  chuck,
  collet chuck
Spannschloss
  turnbuckle
Spannung/
  Potentialdifferenz
  potential difference,
  voltage;
  tech/mech stress
➢ **Hochspannung**
  high voltage
Spannungs-Dehnungs-Verhalten
  polym stress-strain behavior
Spannungsdoppelbrechung
  polym stress birefringence
Spannungsentlastung
  polym stress relief
Spannungsintensitätsfaktor
  polym stress intensity factor,
  fracture toughness
Spannungsklemme *chem*
  voltage clamp
Spannungskonzentrator *electr*
  stress concentrator
Spannungsmessgerät *electr*
  voltmeter
Spannungsprüfer
  (Schraubenzieher)
  neon screwdriver (*Br*),
  neon tester (*Br*),
  voltage tester screwdriver
Spannungsreihe
  (der Metalle)/
  Normalpotentiale *chem*
  standard electrode potentials
  (tabular series),
  standard reduction potentials,
  electrochemical series (of metals)
Spannungsrelaxation
  polym stress relaxation
Spannungsriss
  stress crack
Spannungsrissbildung
  crazing

Spannungsrisskorrosion
  (umweltbedingte)
  environmental stress cracking
Spannungstensor
  stress tensor
Spannungsverhärtung
  polym strain hardening
Spannungsweichmachung
  polym stress softening
Spannweite *stat* range
Spannzange (Kabelbinder)
  tensioning tool,
  tensioning gun
  (cable ties/wrap-it-ties)
Spanplatte
  flakeboard, chipboard
Sparflamme
  pilot flame, pilot light
Spatel spatula
➢ **Kolbenwischer/Gummiwischer**
  (zum mechanischen Loslösen
  von Kolbenrückständen)
  policeman, rubber policeman
  (rod with rubber or Teflon tip)
➢ **Löffelspatel**
  scoop, scoopula
➢ **Pulverspatel**
  powder spatula
➢ **Wägespatel**
  weighing spatula
Spätschaden
  delayed damage
Speicher (Lager) storage;
  (Lagerhaus) storehouse, warehouse;
  (Reservoir) reservoir, storage basin;
  comp memory
Speichermodul
  storage modulus
speichern/
  anreichern/akkumulieren
  store, save,
  accumulate
Speicherung
  storage
Speiseschnecke/
  Einzugsschnecke (Extruder)
  feed screw
Spektralfarben
  spectral colors

Spektrometrie
spectrometry
➢ **Elektronenstoß-Spektrometrie**
electron-impact spectrometry
(EIS)
➢ **Flugzeit-Massenspektrometrie
(FMS)**
time-of-flight mass spectrometry
(TOF-MS)
➢ **Ionen-Fallen-Spektrometrie**
ion trap spectrometry
➢ **Ionenstreuspektrometrie/
Ionenstreuungsspektrometrie
(ISS)**
ion-scattering spectrometry
(ISS)
➢ **Massenspektrometrie (MS)**
mass spectrometry (MS)
➢ **Photoelektronenspektrometrie**
photoelectron spectrometry
(PES)
➢ **Rutherford-
Rückstreuungs-Spektrometrie/
Rutherford-Rückstreu
Spektrometrie (RRS)**
Rutherford backscattering
spectrometry (RBS)
➢ **Vorwärts-Rückstoß-Spektrometrie
(VRS)**
forward-recoil spectrometry
(FRS/FRES)
Spektroskopie
spectroscopy
➢ **Atom-Absorptionsspektroskopie
(AAS)**
atomic absorption spectroscopy
(AAS)
➢ **Atom-Emissionsspektroskopie
(AES)**
atomic emission spectroscopy (AES)
➢ **Atom-Fluoreszenzspektroskopie
(AFS)**
atomic fluorescence spectroscopy
(AFS)
➢ **Auger-Elektronenspektroskopie
(AES)**
Auger electron spectroscopy (AES)
➢ **dielektrische Spektroskopie**
dielectric spectroscopy

➢ **Elektronen-Energieverlust-
Spektroskopie**
electron energy-loss spectroscopy
(EELS)
➢ **Elektronen-Spinresonanz-
Spektroskopie (ESR)/
elektronenparamagnetische
Resonanz (EPR)**
electron spin resonance spectroscopy
(ESR),
electron paramagnetic resonance
(EPR)
➢ **Flammenemissionsspektroskopie
(FES)**
flame atomic emission spectroscopy
(FES), flame photometry
➢ **Infrarot-Spektroskopie/
IR-Spektroskopie**
infrared spectroscopy
➢ **Kernspinresonanz-Spektroskopie/
kernmagnetische
Resonanzspektroskopie**
nuclear magnetic resonance
spectroscopy,
NMR spectroscopy
➢ **Massenspektroskopie (MS)**
mass spectroscopy (MS)
➢ **Mikrowellenspektroskopie**
microwave spectroscopy
➢ **photoakustische Spektroskopie
(PAS)/optoakustische S.**
photoacoustic spectroscopy (PAS)
➢ **Röntgenabsorptionsspektroskopie**
X-ray absorption spectroscopy
(XAS)
➢ **Röntgenemissionsspektroskopie**
X-ray emission spectroscopy
(XES)
➢ **Röntgenfluoreszenzspektroskopie
(RFS)**
X-ray fluorescence spectroscopy
(XFS)
➢ **Röntgenphotoelektronen-
spektroskopie (RPS)**
X-ray photoelectron spectroscopy
(XPS)
➢ **UV-Spektroskopie**
ultraviolet spectroscopy,
UV spectroscopy

Spektrum (*pl* Spektren)
spectrum
(*pl* spectra/spectrums)
➤ **Absorptionsspektrum**
absorption spectrum,
dark-line spectrum
➤ **Bandenspektrum/**
Molekülspektrum
(Viellinienspektrum)
band spectrum,
molecular spectrum
➤ **elektromagnetisches Spektrum**
electromagnetic spectrum
➤ **Flammenspektrum**
flame spectrum
➤ **Funkenspektrum**
spark spectrum
➤ **Lichtbogenspektrum**
arc spectrum
➤ **Linienspektrum/**
Atomspektrum
line spectrum
➤ **Rotationsspektrum**
rotational spectrum
➤ **Schwingungsspektrum**
vibrational spectrum
➤ **Umkehrspektrum**
reversal spectrum
Spender (für Flüssigseife etc.)
dispenser (liquid detergent etc.);
(Donor) donor
Sperrfilter cutoff filter;
micros selective filter,
barrier filter, stopping filter, selection
filter
Sperrflüssigkeit
barrier fluid
Sperrholz plywood
Sperrholzplatte
plywood board
Sperrigkeit bulkiness
Sperrrelais *electr*
interlocking relay
Sperrschicht
barrier layer
Sperrschichtpapier
barrier-coated paper
Sperrschichtpolymer
barrier polymer

Sperrventil/Kontrollventil
check valve,
non-return valve,
control valve
Spezialisierung specialization
spezifische Wärme
specific heat
spezifisches Gewicht
specific gravity
Spezifität specificity
spezifizieren specify
Sphärolit spherulite
Spiegelbild mirror image
Spiegelbild-Isomerie/
optische Isomerie
optical isomerism
Spindel/
Zapfen/Stift/Achse
pivot
Spinentkopplung (NMR)
spin decoupling
Spinnbarkeit
spinnability
Spinndüse
spinneret
Spinne/Eutervorlage/
Verteilervorlage *dest*
multi-limb vacuum receiver adapter,
cow receiver adapter, 'pig'
(receiving adapter for
three/four receiving flasks)
Spinnen *polym* spinning
➤ **Dispersionsspinnen**
dispersion spinning
➤ **Extruderspinnen**
extruder spinning
➤ **Faserspinnen**
fiber spinning
➤ **Gelspinnen** gel spinning
➤ **Kabelspinnen**
tow spinning
➤ **Lösungsspinnen**
solution spinning
➤ **Multifilamentspinnen/**
Mehrfadenspinnen
multifilament spinning
➤ **Nassspinnen**
wet spinning
➤ **ordnen** parallelizing

➤ **Polymerisationsspinnen**
polymerization spinning

➤ **Pressspinnen**
extrusion spinning

➤ **Schmelzspinnen**
melt spinning

➤ **Spulenspinnen**
bobbin spinning

➤ **Trockenspinnen**
dry spinning

➤ **verziehen** thinning

➤ **Zusammendrehen**
twisting

spinnen *vb* spin

Spinnextrusion
spinning extrusion

Spinnfaden strand

Spinnfaser
(Stapelfaser, *synth*)
staple fiber

Spinnkabel tow

Spinnkopf spinneret

Spinnlösung *polym*
spinning solution,
dope

Spinnroving spun roving

Spinnspule (Bobine)
bobbin

Spinnverfahren
spinning

Spin-Spin-Aufspaltung (NMR)
spin-spin splitting

Spinumkehr (NMR)
flipping

Spirale/Helix
spiral, helix

spiralig
spiral, spiraled,
twisted, helical

spiralig aufgewickelt
spirally coiled

Spiralwindung
spiral winding,
coiling

Spiritus spirit

Spiritusbrenner/Spirituslampe
alcohol burner

spitz acute, sharp,
pointed, sharp-pointed

spitz zulaufen
(spitz zulaufend)
taper (tapering/tapered),
attenuate

Spitze point, tip, spike;
(Gipfel/Scheitelpunkt/Höhepunkt)
apex, summit, peak

Spitzkolben
pear-shaped flask
(small/pointed)

Spitzpinzette
sharp-point tweezers,
sharp-pointed tweezers

spleißen *gen* splice

Spleißfaser
fibrillated fiber

Splitter splinter;
(Glassplitter) bits of broken glass

Splitterfäden/Spaltfäden
split fiber

splitterfrei (Glas)
shatterproof (safety glass)

Spontanzündung
spontaneous ignition

Spontanzusammenbau/
Selbstzusammenbau
self-assembly

Sporn spur

Spreitung spreading

Sprengkraft
explosive force,
explosive power

Sprengstoff (Explosivstoff)
explosive

➤ **brisanter S.**
high explosive

➤ **hochbrisanter S.**
high energy explosive (HEX)

➤ **Schießstoff/Schießmittel**
low explosive

➤ **verpuffender S.**
low explosive

Sprinkleranlage (Beregnungsanlage/
Berieselungsanlage: Feuerschutz)
fire sprinkler system

Spritzartikel *polym*
injection-molded part

Spritzbarkeit *polym*
extrudability

Spritzblasen/
 Spritzblasformen/
 Spritzgießblasen
 injection blow molding
Spritze
 syringe, hypodermic syringe;
 (Injektion) shot, injection;
 med hypodermic injection
➢ **Kanüle/Hohlnadel**
 needle, syringe needle
➢ **Luer T-Stück**
 Luer tee
➢ **Luerhülse**
 female Luer hub (lock)
➢ **Luerkern**
 male Luer hub (lock)
➢ **Luerlock/**
 Luerverschluss
 Luer lock
➢ **Luerspitze** Luer tip
➢ **Nadeladapter**
 syringe connector
➢ **Spritzenkolben/**
 Stempel/Schieber
 syringe piston,
 syringe plunger
spritzen
 (verspritzen/herumspritzen:
 auch versehentlich) splash, splatter;
 (injizieren) inject
Spritzenkolben/
 Stempel/Schieber
 syringe piston/plunger
Spritzennadel/
 Spritzenkanüle
 syringe needle,
 syringe cannula
Spritzenpumpe
 syringe pump
Spritzenvorsatzfilter/
 Spritzenfilter
 syringe filter
Spritzer (verspritzte Chemikalie)
 splash (chemical)
spritzfest splash-proof
Spritzflasche
 wash bottle,
 squirt bottle
Spritzfleck splash

Spritzform
 (Spritzgießform) injection mold;
 (Gussform/Strangpressform) die,
 mold (in: die casting)
spritzgießen
 injection mold
Spritzgießen/Spritzguss
 (Spritzgießverfahren)
 injection molding
➢ **Schneckenspritzgießen**
 screw injection molding
Spritzgießform
 injection mold
Spritzgießmaschine
 injection molding machine
Spritzgießmasse
 molding material
Spritzgießverfahren/
 Spritzgussverfahren
 injection molding process
➢ **Reaktionsspritzgießverfahren (RSG)**
 reaction injection molding (RIM)
Spritzgrat flash
Spritzguss
 injection mold,
 injection molding
Spritzgussteil
 injection molded piece/part
Spritzgusswerkzeug
 die (of injection molding machine)
Spritzkolben
 piston, plunger;
 injection ram
Spritzkopf/
 Extruderspritzkopf/
 Extruderkopf (Zylinderkopf) *polym*
 die, die head, extruder head
Spritzprägen
 compression injection molding
Spritzpressen/
 Spritzpressverfahren/
 Transferpressen *polym*
 transfer molding,
 resin transfer molding (RTM),
 plunger molding
Spritzpressform
 transfer mold
Spritzpressteil
 transfer molding

Spritzpresswerkzeug
transfer mold
Spritzquellung
die swell
Spritzschutzadapter/
Spritzschutzaufsatz/
Schaumbrecher-Aufsatz
(Rückschlagsicherung:
Reitmeyer-Aufsatz) *dest*
splash protector,
antisplash adapter,
splash-head adapter
Sprödbruch
brittle fracture
Sprödwerden/Versprödung
embrittlement
sprudeln bubble
Sprüh-Beschichten
spray-coating
Sprühdose/
Druckgasdose
spray can, aerosol can
sprühen spray
Sprühflasche
spray bottle
Sprühgerät/Zerstäuber
atomizer
Sprühkolonne *dest*
spray column
Sprühtrocknung
spray drying
(for granular beads)
Sprühverfahren
(Aufsprühen) *polym*
spray coating
Sprung (Glas/Keramik etc.)
crack
Spülbecken sink
Spülbürste
dishwashing brush
Spüle sink;
(Abtropfbrett) drainboard, dish board
Spule spool, coil
Spüleimer
dishwashing bucket,
dishpan
spülen/abspülen
wash; clean
➢ **ausspülen** rinse

Spülgas purge gas
Spülküche washup room
Spüllappen
dishwashing cloth,
dishcloth, dishrag
Spülmaschine
dishwasher,
dishwashing machine
Spülmaschinenreiniger
dishwasher detergent
Spülmittel detergent
➢ **Geschirrspülmittel**
dishwashing detergent
Spülschwamm dishwashing pad;
(Topfkratzer/Topfreiniger)
scouring pad, pot cleaner
Spültisch sink, sink unit
Spülventil (Inertgas)
T-purge (gas purge device)
Spülvorrichtung (z.B. Inertgas)
purge assembly, purge device
Spülwanne dishwashing tub
Spülwasser/Abwaschwasser
dishwater
Spundschlüssel (für Fässer)
plug wrench (bung removal)
Spur/Überrest
(meist *pl* Überreste)
trace, remainder
(meist *pl* remains)
Spurenanalyse
trace analysis
Spurenelement/
Mikroelement
trace element,
microelement,
micronutrient
sputtern/besputtern
(Vakuumzerstäubung)
sputter
Sputtern/
Besputtern/Besputterung
(Metallbedampfung)
sputtering
Stäbchen rod
stabil stable
➢ **instabil/nicht stabil**
unstable (instable)
Stabilisator stabilizer

stabilisieren stabilize
Stabilisierung stabilization
Stabilisierungsmittel
  stabilizer,
  stabilizing agent
Stab-Kugel-Modell/
  Kugel-Stab-Modell *chem*
  stick-and-ball model,
  ball-and-stick model
Stadium (*pl* Stadien) stage
Stahl steel
  ➤ **Edelstahl**
  high-grade steel,
  high-quality steel
  ➤ **rostfreier Stahl**
  stainless steel
Stahlbürste
  wire brush
Stahlflasche (Gasflasche)
  steel cylinder (gas cylinder)
Stammlösung
  stock solution
Standard standard; (Typus) type
Standardabweichung *stat*
  standard deviation,
  root-mean-square deviation
Standardbedingung
  standard condition
Standardfehler/
  mittlerer Fehler *stat*
  standard error
  (standard error of the means)
standardisieren/
  vereinheitlichen
  standardize
Standardisierung/
  Vereinheitlichung
  standardization
Standardlösung
  standard solution
Standardpotential/
  Normalpotential
  standard potential,
  standard electrode potential
Standardtisch *micros*
  plain stage
Standardverfahren
  standard procedure
Ständer stand, rack

Standflasche/
  Laborstandflasche
  lab bottle, laboratory bottle
Standort site, location;
  biol habitat, place of growth
Stange pole
Stanniol
  (Aluminiumfolie/Alufolie)
  tinfoil (aluminum foil)
Stanzer (Extruder)
  die cutter
Stapel stack
Stapelfaser
  staple fiber
Stapelkräfte
  stacking forces
stapeln stack
Stärke
  (Polysaccharid) starch
Starkionendifferenz
  strong ion difference (SID)
Starterion ionic initiator
Startzeit (Polyurethan
  Reaktionsspritzguss)
  creaming time
stationäre Phase
  stationary phase,
  stabilization phase
stationärer Zustand/
  gleichbleibender Zustand
  steady state
Statistik statistics
statistische Abweichung
  statistical deviation
statistische Auswertung
  statistical evaluation
statistische Verteilung
  statistical distribution
statistischer Fehler
  statistical error
Stativ/Bunsenstativ
  support stand, ring stand,
  retort stand, stand
Stativklemme
  support clamp
Stativplatte support base
Stativring
  ring (for support stand/ring stand)
Stativstab support rod

Staub dust
> **Feinstaub**
  mist, fine dust, fines
> **Grobstaub**
  coarse dust
> **Inertstaub**
  inert dust
staubdicht
  dustproof
Staubexplosion
  dust explosion
staubig dusty
Staubkorn
  dust particle
Staublunge/
  Staublungenerkrankung/
  Pneumokoniose
  pneumoconiosis
staubsaugen
  vacuum-clean,
  vacuum-sweep
Staubsauger
  vacuum cleaner,
  vacuum sweeper,
  vacuum
Staubschutz dust cover
Staubschutzmaske
  (Partikelfilter)
  dust mask, particulate respirator (U.S.
  safety levels
  N/R/P according to
  regulation 42 CFR 84)
Staubwischen dusting
stauchen compress
Stauchung compression
stauen congest; stop; store, stow;
  accumulate, pile up, build up
Staupunkt *dest* loading point
Stauraum storage, stowage
Staustelle/Stauscheibe/
  Kanalverengung
  (an Extruderdüse)
  die restriction
Stearinsäure/Octadecansäure
  (Stearat/Octadecanat)
  stearic acid, octadecanoic acid
  (stearate/octadecanate)
stechen
  sting, pierce, puncture

stechend/
  beizend/ätzend (Geruch)
  pungent
Stechheber
  thief, thief tube,
  sampling tube (pipet);
  plunging siphon
Steckdose
  outlet, socket, wall socket;
  receptacle;
  jack (*Br* mains electricity supply)
> **Mehrfachsteckdose**
  outlet strip
> **Stecker in Steckdose stecken**
  plug in (plug into the wall)
> **Wandsteckdose**
  wall outlet
Stecker *electr/tech*
  plug (male/female),
  jack (female),
  connector, coupler
> **Bananenstecker** *electr*
  banana plug
> **Flachstecker**
  flat plug
> **Mehrfachstecker/**
  Vielfachstecker (~steckdose)
  outlet strip
> **Netzstecker** power plug
> **S. einstecken/reinstecken**
  plug in, connect
> **S. herausziehen**
  unplug, disconnect
> **Zwischenstecker/Adapter**
  adapter
Steckschlüssel
  socket wrench,
  box spanner
Steckschlüsseleinsatz/
  Stecknuss/Nuss
  socket, chuck, nut
Steckverbindung/
  Steckvorrichtung *tech/electr*
  coupler, fitting;
  plug connection
> **Gleitverbindung**
  slip-joint connection
> **Hochdruck-Steckverbindung**
  compression fitting

Steg/
  Abquetschfläche
  (hervorstehende Kante nach Guss)
  land (of mold)
Stegbreite (Extruderschnecke)
  land width
Stehkolben/Siedegefäß
  Florence boiling flask,
  Florence flask
  (boiling flask with flat bottom)
Steifheitskonstante
  (elastische Steifheit/
  Voigt-Elastizitätskonstante)
  elastic stiffness tensor
Steifigkeit/Steife stiffness
Steifigkeitsmodul
  stiffness modulus
Steigrohr
  riser tube, riser pipe,
  riser, chimney; dip tube
Steinkohle bituminous coal,
  soft coal (*siehe unter:* Kohle)
Steinsalz (Halit)/
  Kochsalz/
  Natriumchlorid
  rock salt (halite),
  table salt,
  sodium chloride
Steinwolle
  rock wool
Stellantrieb/Stellmotor
  actuator
Stellglied
  controlling element,
  adjuster, actuator
Stellgröße
  adjustable variable
Stellschraube
  adjusting screw, setting screw,
  adjustment knob, fixing screw
Stempel
  (Extrusion/Gießen/Formen) punch;
  (Positiv-Werkzeug: Formwerkzeug)
  plug;
  (formgebend) force, plunger
Stereoisomer stereoisomer
Stereoisomerie
  stereoisomerism
Stereokautschuk stereo rubber

stereoselektiv
  stereoselective
Stereospezifität
  stereospecificity
steril
  (desinfiziert) sterile, disinfected;
  (unfruchtbar) sterile, infertile
sterile Werkbank
  sterile bench
Sterilfilter sterile filter
Sterilfiltration
  sterile filtration
Sterilisation/Sterilisierung
  sterilization, sterilizing
sterilisierbar
  sterilizable
Sterilisierbarkeit
  sterilizability
sterilisieren
  (keimfrei machen)
  sterilize, sanitize
Sterilität sterility
Sterin/Sterol sterol
sterisch/räumlich
  steric, sterical, spatial
sterische Hinderung/
  sterische Behinderung
  steric hindrance
Sternriss (im Glas)
  star-crack
Stetigförderer conveyor
  ➢ **Druckstetigförderer**
  pressure conveyor
Stetigkeit
  constancy,
  presence degree
Steuergerät
  control unit, control gear,
  controller
steuern control,
  (regulieren) regulate;
  (in eine Richtung lenken)
  steer, steering
Steuerung
  control, regulation; steering
Steuerungsmechanismus
  regulatory mechanism
Steuerungstechnik
  control engineering

Stichflamme
explosive flame, sudden flame
Stichprobe
sample, spot sample, aliquot
➢ **Teilstichprobe**
subsample
➢ **Zufallsstichprobe**
random sample,
sample taken at random
Stichprobenerhebung sampling
Stichprobenfunktion *stat*
sample function,
sample statistic
Stichprobenumfang *stat*
sample size
Stichverletzung (Nadel etc.) *med*
stick injury (needle)
stickig
stifling, stuffy
Stickstoff (N) nitrogen
➢ **Flüssigstickstoff**
liquid nitrogen
stickstoffhaltig/
stickstoffenthaltend/Stickstoff...
nitrogen-containing,
nitrogenous
Stickstoffverbindung
nitrogenous compound,
nitrogen-containing compound
Stift (Metall~) tack;
(Nadel) pin; (Nagel) nail;
electr (Stecker/Anschluss) pin,
(Kontakt) lead
Stilben (Diphenylethylen)
stilbene
Stöchiometrie
stoichiometry
stöchiometrisch
stoichiometric(al)
Stoff(e)
substance, matter; material;
(Gewebe) fabric, textile; cloth;
➢ **Wirkstoff** agent
Stoffaustausch
mass exchange,
substance exchange
Stofffluss
material flow,
chemical flow

Stoffhandschuhe
fabric gloves
Stoffmenge
amount of substance (quantity)
Stoffmengenanteil/Molenbruch
mole fraction
Stoffübergang/Massenübergang/
Stofftransport/Massentransport/
Massentransfer
mass transfer
Stoffübergangszahl/
Stofftransportkoeffizient/
Massentransferkoeffizient
mass transfer coefficient
Stoffwechsel/Metabolismus
metabolism
Stoffwechselprodukt/Metabolit
metabolite
Stopfbuchse
(Rührer: Wellendurchführung)
stuffing gland,
packing box seal
Stopfdichte *polym*
compacted bulk density;
(Tabletten) tablet/pellet density
Stopfen/Korken/Stöpsel
stopper, cork; bung (*Br*)
➢ **Achtkantstopfen**
octa-head stopper,
octagonal stopper
➢ **Gummistopfen/Gummistöpsel**
rubber stopper,
rubber bung (*Br*)
➢ **kalter Stopfen** *polym*
cold slug
➢ **Sechskantstopfen**
hex-head stopper,
hexagonal stopper
Stöpsel/Stopfen
stopper, bung (*Br*)
Störfall
incident, accident;
breakdown
Störgröße
disturbance value,
interference factor
Störung
disturbance, interference, disruption;
(Perturbation) perturbation

Stoß (Schweißnaht) joint
Stoßaktivierung
  collision activation
Stößel/Pistill (und Mörser)
  pestle (and mortar)
Stoßen
  (Sieden/Überhitzung/Siedeverzug)
  bumping
stoßen/umstoßen
  (umkippen/umwerfen) tip over;
  (dranstoßen) bump (into), knock
  (into); (mit dem Fuß/Bein/Körper)
  kick over (knock over)
Stoßverbindung butt joint
Strahl ray; beam; jet
➢ **Extrusionsstrahl**
  extrusion beam/jet
➢ **Lichtstrahl**
  beam of light
➢ **Röntgenstrahl**
  X-ray
➢ **Sonnenstrahl**
  ray (of sunshine),
  sunbeam
➢ **Wasserstrahl**
  jet of water
strahlen shine; radiate
Strahlendiagramm *opt*
  ray diagram
Strahlenschäden
  radiation hazards,
  radiation injury
Strahlenschutz
  radiation control,
  radiation protection,
  protection from radiation
Strahlenschutzplakette film badge
Strahlentherapie
  radiation therapy, radiotherapy
Strahlenvernetzung
  radiation crosslinking,
  radiation-induced crosslinking
Strahler
  (Licht) light, illuminator, beamer;
  (Wärme) radiator, heater;
➢ **Punktstrahler/Spot**
  spotlight, spot
Strahlreaktor *biot*
  jet reactor

Strahlung
  radiation
➢ **Ausstrahlung/**
  Emission/Ausstoss
  emission
➢ **Bestrahlung**
  irradiation
➢ **elektromagnetische Strahlung**
  electromagnetic radiation
➢ **Globalstrahlung**
  global radiation
➢ **Hintergrundstrahlung**
  background radiation
➢ **ionisierende Strahlung**
  ionizing radiation
➢ **Kernstrahlung**
  nuclear radiation
➢ **photosynthetisch aktive Strahlung**
  photosynthetically active radiation
  (PAR)
➢ **radioaktive Strahlung**
  radioactive radiation
➢ **Sonneneinstrahlung**
  insolation
➢ **Sonnenstrahlung**
  solar radiation
➢ **Streustrahlung**
  scattered radiation,
  diffuse radiation
➢ **Teilchenstrahlung**
  corpuscular radiation
➢ **Wärmestrahlung**
  thermal radiation
➢ **zulässige Strahlung**
  permissible radiation
Strahlungsenergie
  radiant energy
Strahlungsintensität
  radiation intensity
Strahlungsschweißen
  radiation welding
Strahlungsvermögen/
  Emissionsvermögen
  (Wärmeabstrahlvermögen)
  emissivity
Strahlungswärme radiant heat
Straintest
  (Dehnung unter konst. Last)
  strain test

Strang (*pl* Stränge)
cord; *gen* strand
Strangaufweitung (Extrudieren)
parison swell,
die swell, jet swell
stranggepresst *polym*
extruded, extrusion-molded
Stranggranulator
strand cutter (pelletizer)
Strangpresse/Extruder
extruder
strangpressen/extrudieren *polym*
extrude
Strangpressen/
Extrudieren/Extrusion *polym*
extrusion (extrusion molding)
Strangpresskolben
extrusion plunger
Streckblasformen/
Streckblasverfahren
stretch blow molding
strecken
(in die Länge ziehen) elongate,
extend;
(ausziehen/recken) draw down
(after extrusion)
Strecken elongation, extension;
polym (Ziehen/Verstrecken)
drawing
Streckform (Folien) *polym*
drape assist
Streckformen/Streckziehen/
Ziehformen *polym*
stretch forming, stretching;
(Folien) drape forming
Streckformverfahren *polym*
drape forming
Streckgrenze (Fließgrenze) *polym*
yield point,
elongation at yield
Streckmittel/Streckungsmittel/
Verschnittmittel *polym*
extender
Streckschwingung (IR)
stretching vibration
Streckspannung/
Fließspannung
('Yield-Spannung')
yield stress, yield strength

Streckung/Verlängerung
elongation, extension
Streckverhältnis/Ziehverhältnis
draw ratio
Streichen/Streichbeschichten
spread coating,
spreading
➤ **Deckstrich**
top coating
➤ **Grundstrich**
(Haftvermittlung)
anchor coating
➤ **Schlussstrich**
(Versiegelung)
finishing coating
Streichverfahren
(Auftrageverfahren) *polym*
spread coating
Stress/
Belastungszustand/
Spannung *phys*
stress
stressen/belasten stress
Stretchfolie
stretch film/foil
streuen/verstreuen/
ausstreuen/verteilen
scatter, spread,
distribute; sprinkle
Streufaktor
scattering factor
Streulicht
scattered light, stray light
Streulichtmessung/
Nephelometrie
nephelometry
Streulichtschirm *photo*
diffusing screen
Streustrahlung
scattered radiation,
diffuse radiation
Streuung (Lichtstreuung)
optical diffusion, dispersion,
dissipation, scattering (light);
(Ausbreitung) dispersal,
dissemination;
(Verstreuen/Verteilung)
scattering, spreading,
distribution

Streuungsverhalten *stat*
scedasticity,
heterogeneity of variances

Streuverlust *electr*
leakage

**stringente Bedingungen/
strenge Bedingungen**
stringent conditions

**Stringenz (von
Reaktionsbedingungen)**
stringency
(of reaction conditions)

Stroboskop
stroboscope, strobe,
strobe light

Strom
(Flüssigkeit) stream, flow;
(Volumen pro Zeit) flow rate

➤ **Elektrizität**
colloquial/general
electricity, power, juice;
(Ladung/Zeit) current

➤ **Stromstärke**
current, electric current,
amperage, amps

stromaufwärts upstream

Stromausfall
electricity failure,
power failure

Strombrecher
(z.B. an Rührer von Bioreaktoren)
baffle

strömen stream, flow

Stromgerät
power supply

Stromkabel
power cord, electric cord,
electrical cord, power cable,
electric cable

Stromkontakt
power lead

Stromkreis
electric circuit,
electrical circuit

Stromleiter
current carrier;
conductor

Strommessgerät/Amperemeter
(Stromstärke) ammeter

Stromquelle/Stromzufuhr *electr*
power supply

**Stromschlüssel
(Salzbrücke)** *electrolyt*
salt bridge

Strömung
(Flüssigkeit) current, flow;
electr (Strömung) flux

➤ **Couette-Strömung**
Couette flow

➤ **Druckströmung/Druckfluss/
Druckrückströmung/
Rückfluss**
pressure flow,
pressure back flow,
back flow

➤ **Kolbenströmung** ram flow

➤ **Konvektionsströmung/
Konvektionsstrom**
convection current

➤ **Konzentrationsströmung**
density current

➤ **laminare Strömung/
Schichtströmung**
laminar flow

➤ **Leckströmung**
leakage flow

➤ **Luftströmung (Luftstrom)**
air current, airflow,
current of air, air stream

➤ **Luftströmung/Luftgeschwindigkeit
(Sicherheitswerkbank)**
air speed

➤ **Massenströmung (Wasser)**
mass flow, bulk flow

➤ **Scherströmung/Scherfließen**
shear flow

➤ **Schichtströmung/
laminare Strömung**
laminar flow

➤ **Schleppströmung**
drag flow

➤ **turbulente Strömung**
turbulent flow

➤ **viscometrische Strömung**
viscometric flow

➤ **Wirbelstrom
(Vortex-Bewegung)**
eddy current

Strömungsmesser
current meter, flowmeter
Strömungsmuster
flow pattern
Strömungsrohr (Kolbenfluss)
continuous plug-flow reactor
Strömungswiderstand
flow resistance,
resistance to flow;
drag resistance
Stromversorgung
electric power supply,
power supply, mains (*Br*)
Stromzähler
electric meter
Strontium (Sr) strontium
strudeln whirl, swirl, eddy
Struktur structure;
(Textur/Faser/Fibrillen-
anordnung: Holz) grain
Strukturanalyse
structural analysis
Strukturaufklärung
structure elucidation
Strukturformel
structural formula
**Strukturschaum/
Integralschaum**
structural foam,
integral foam
(integral skin foam)
Stufe (einer Treppe) step, stair; (Leiter)
rung; (Niveau) level;
(Rang) rank, position;
chem stage, tray;
math degree, order, rank
Stufengradient
step gradient
**stufenlos
(regulierbar/regelbar/einstellbar
etc.)** variable (variably adjustable)
stufenlos regelbar
continually variable,
infinitely variable
stufenlos regulierbar
continuously adjustable,
variably adjustable
Stufenpolymerisation
stepwise polymerization

Stufenreaktion *polym*
stepwise reaction
Stufenschalter step switch
Stufenwachstum
step growth,
stepwise growth
Stufenwachstumspolymerisation
step-growth polymerization,
step-reaction polymerization
Stufenwiderstand
step resistance
Stufung
zonation;
grading, staggering
stumpf obtuse, blunt
Stumpfschweißen
butt welding
Stütze support, prop
stützen support, prop up
**Stutzen
(Anschlussstutzen/Rohrstutzen)**
nozzle, socket;
connecting piece, connector
➤ **Ansatzstutzen**
(Kolben) side tubulation, side arm;
(Schlauch) hose connection
➤ **Ausgussstutzen (Kanister)**
nozzle (attachable/detachable)
➤ **Beschickungsstutzen (Kolben)**
delivery tube (flask)
➤ **Gewindestutzen**
threaded socket
(connector/nozzle)
➤ **Hülse/Schliffhülse
('Futteral'/Einsteckstutzen)**
socket (female: ground-glass joint)
➤ **Olive (meist geriffelter
Ansatzstutzen: Schlauch/Kolben)**
barbed hose connection
(flask: side tubulation/side arm)
Styrol/Styren styrene
Styrolharz/Styrenharz
styrene resin
Styrolpolymere styrenics
Styropor® styrofoam
**Suberinsäure/
Korksäure/Octandisäure**
suberic acid, octanedioic acid
subletal sublethal

Sublimation sublimation
sublimieren sublimate
Substanzgemisch
  substance mixture
substituieren substitute
Substitution substitution
Substitutionsvektor
  replacement vector
Substrat substrate
  ➤ **Folgesubstrat**
    following substrate
  ➤ **Leitsubstrat**
    leading substrate
Substraterkennung
  substrate recognition
Substrathemmung/
  Substratüberschusshemmung
  substrate inhibition
Substratkonstante (K_S)
  substrate constant
Substratsättigung
  substrate saturation
Substratspezifität
  substrate specificity
Sulfanilsäure sulfanilic acid,
  p-aminobenzenesulfonic acid
Sulfat sulfate
Sulfierkolben sulfonation flask
Summe sum, total
Summenformel/
  Elementarformel/
  empirische F./Verhältnisformel
  empirical formula
Summenhäufigkeit/
  kumulative Häufigkeit *stat*
  cumulative frequency
Summenpotential
  gross potential
Summenregel sum rule
Sumpf
  (Rückstand in Dest.-Blase)
  dest bottoms
Superfilament superfil
Supersäure superacid
superspiralisiert/
  superhelikal/
  überspiralisiert
  supercoiled

superstark/verstärkt/
  Hochleistungs...
  heavy-duty,
  superior performance
Suppression/Unterdrückung
  suppression
supprimieren/
  unterdrücken/zurückdrängen
  suppress
suspendieren
  (schwebende Teilchen
  in Flüssigkeit) suspend
Suspension suspension;
  polym (Aufschlämmung) slurry
Suspensionstechnik
  (IR-Spektroskopie)
  mull technique
Symmetrie symmetry
Synthese synthesis
  ➤ **Biosynthese**
    biosynthesis
  ➤ **Chemosynthese**
    chemosynthesis
  ➤ **Halbsynthese**
    semisynthesis
  ➤ **Neusynthese/**
    de-novo Synthese
    de-novo-synthesis
synthesefaserverstärkter Kunststoff
  (SFK)
  synthetic fiber-reinforced plastic
  (SFRP)
Synthesezellstoff/
  Synthesepulpe
  synthetic wood pulp (SWP)
synthetisieren synthesize
Systematik systematics
systematisch systematic
systemisch systemic
Szintillationsgläschen
  scintillation vial
Szintillationszähler ('Blitz'zähler)
  scintillation counter,
  scintillometer
szintillieren/
  funkeln/Funken sprühen/
  glänzen
  scintillate

Tabletten *polym* pellets
Tafel-Extrusionsanlage
sheet extrusion line,
sheet train
Takt
cycle time, stroke, time
Taktgeber
clock, clock generator,
timing generator;
pulse generator;
synchronizer
Taktizität tacticity
Taktrate clock frequency
Taktung cycle timing
Taktzeit cycle time
tamponieren
tampon, plug, pack
Tangentenmodul
tangential modulus
Tangentialschnitt
tangential section
Tank/Kessel tank, vessel
Tannat (Gerbsäure)
tannate (tannic acid)
Tannin (Gerbstoff)
tannin (tanning agent)
Tara (Gewicht des Behälters/
der Verpackung)
tare
(weight of container/packaging)
tarieren tare (determine weight
of container/packaging in order
to substract from gross weight)
Tasche pocket;
(Vertiefung: Elektrophorese-Gel)
well, depression (at top of gel)
Tastatur
(groß) keyboard,
(klein) keypad
Taste
key, button, knob,
push-button
tasten feel, touch, palpate
Tastkopf *micros*
probe, probing head
Tauchbad
immersion bath
tauchfähig (Pumpe)
submersible

Tauchflächenreaktor
immersing surface reactor
Tauchgießen/
Tauchgussverfahren *polym*
dip molding, dipping
Tauchkanalreaktor
immersed slot reactor
Tauchpumpen-Wasserbad/
Einhängethermostat
immersion circulator
Tauchsieder
immersion heater, 'red rod' (*Br*)
Tauchstrahlreaktor
plunging jet reactor,
deep jet reactor,
immersing jet reactor
Tauchtank dip tank
Tauchverfahren (Giessen)
dip molding
Taumelbewegung, dreidimensionale
nutation, gyroscopic motion
(threedimensional
circular/orbital and rocking motion)
taumeln
tumble, sway, stagger; nutate
(gyroscopic motion), wobble
Taumelschüttler
nutator, nutating mixer,
'belly dancer' (shaker with
gyroscopic, i.e., threedimensional
circular/orbital and rocking motion)
tautomere Umlagerung
tautomeric shift
Tauwerk cordage
Technik
(einzelnes Verfahren/Arbeitsweise)
technique, technic
➤ **Technologie (Wissenschaft)**
technology
Technikfolgenabschätzung
technology assessment
technisch technic(al);
(Laborchemikalie) lab grade
technischer Assistent
(technische Assistentin)/
Laborassistent (Laborassistentin)/
Laborant (Laborantin) laboratory
technician, lab technician,
technical lab assistant

Technischer Überwachungsverein (TÜV)
technical inspection agency/authority, technical supervisory association

Techno-Kunststoffe/ technische Kunststoffe
technoplastics, technical plastics, engineering plastics

Technologie technology

technologisch technologic(al)

Teil
(des Ganzen) moiety, part, section;
(Anteil/Hälfte) moiety

Teilchen/Partikel particle

Teilchengröße particle size

teilen divide, fission, separate

Teilerhebung *stat* partial survey

Teilkorrelationskoeffizient *stat*
partial correlation coefficient

Teilmenge/Portion/Fraktion
portion, fraction

Teilmengenauswahl *stat*
subset selection

Teilreaktion
partial reaction;
(electrode potentials)
half-reaction

Teilstichprobe *stat*
subsample

Teilung
division, fission, separation

Teleskop-Effekt (beim Verstrecken)
polym necking

Teleskopzylinder
telescope cylinder

Tellermühle disk mill

Tellur (Te) tellurium

Temperatur temperature

➢ **Arbeitstemperatur**
operating temperature

➢ **Ceiling-Temperatur (Beginn der Depolymerisation)**
ceiling temperature

➢ **Durchbiegetemperatur bei Belastung** heat deflection temperature
(HDT), heat distortion point, deflection temperature under load (DTUL)

➢ **Durchbiegetemperatur bei Belastung** heat deflection temperature (HDUL)

➢ **Einfriertemperatur** T_F
freezing-in temperature

➢ **Erweichungstemperatur** T_E
softening temperature;
distortion temperature

➢ **Fließtemperatur**
flow temperature

➢ **Floor-Temperatur**
floor temperature

➢ **Glastemperatur/ Glasumwandlungstemperatur (Glasübergangstemperatur) (T_g)**
glass transition temperature

➢ **Härtungstemperatur**
curing temperature;
setting temperature

➢ **Klärtemperatur**
clearing temperature

➢ **Körpertemperatur**
body temperature

➢ **Lösungstemperatur**
solution temperature

➢ **obere kritische Lösungstemperatur**
upper critical solution temperature (UCST)

➢ **Phasenübergangstemperatur**
phase transition temperature

➢ **Präschmelztemperatur**
pre-melting temperature

➢ **Raumtemperatur**
room temperature,
ambient temperature

➢ **Recktemperatur/ Verstreckungstemperatur**
stretching temperature

➢ **Schmelzpunkt** melting point

➢ **Schmelztemperatur**
melting temperature

➢ **Siedepunkt** boiling point

➢ **Torsionssteifheitstemperatur**
torsional stiffness temperature (TST)

➢ **Umgebungstemperatur**
ambient temperature

➢ **untere kritische Lösungstemperatur**
lower critical solution temperature (LCST)

➤ **Verstreckungstemperatur/
Recktemperatur**
stretching temperature
➤ **Vorzugstemperatur**
cardinal temperature
➤ **Zündpunkt/Zündtemperatur**
ignition point,
kindling temperature,
flame temperature, flame point,
spontaneous-ignition temperature
(SIT)
temperaturabhängig
temperature-dependent
Temperaturempfindlichkeit
sensitivity to temperature
Temperaturfühler
temperature sensor
Temperaturgradient
temperature gradient
Temperaturregler
temperature controller
Temperaturschwankung
fluctuation of temperature
Temperglühofen
malleable annealing furnace
Temperierbecher
cooling beaker,
chilling beaker,
tempering beaker
(jacketed beaker)
temperieren
bring to a moderate temperature;
to have an agreeable temperature
tempern temper; *polym* anneal
**teratogen/
Missbildungen verursachend**
teratogenic
Terephthalsäure terephthalic acid
Terminus/Ende (Molekülende)
terminus
Terpen (*pl* Terpene) terpene(s)
➤ **Diterpene (C_{20})** diterpenes
➤ **Hemiterpene (C_5)** hemiterpenes
➤ **Monoterpene/Terpene (C_{10})**
monoterpenes, terpenes
➤ **Polyterpene** polyterpenes
➤ **Sesquiterpene (C_{15})**
sesquiterpenes
➤ **Triterpene (C_{30})** triterpenes

**Terpentin
(Exsudat von *Pinus* u. *Larix* spp.)**
turpentine (oleoresin, i.e., resin and
essential oils from *Pinus* and *Larix*
spp.)
➤ **Lärchen-Terpentin (*Larix europaea*)**
Venice turpentine,
larch turpentine
Terpentinharz (Kolophonium)
general: pitch (resin from conifers);
rosin, colophony
(resin after distilling turpentine)
Terpentinharzöl rosin oil
**Terpentinöl
(eingeschränkt: Terpentin)**
turpentine oil
(in a restricted sense: turpentine)
Test (Prüfung/Bestimmungsmethode)
test, examination, assay;
(Untersuchung) investigation
**Testkette
(Diffusion in der Schmelze)**
tracer
Testverfahren
test procedure,
testing procedure
**Tetrachlorkohlenstoff/
Tetrachlormethan**
carbon tetrachloride,
tetrachloromethane
tetraedrisch tetrahedral
Textil (*pl* Textilien) textile(s)
Textilfaser textile fiber
Textilstoff fabric
**Textilverbundstoff/
Faserverbundstoff**
bonded fabric
Textilveredlung
textile finishing
texturiert textured
Thermalruß
thermal black
Thermistor
thermistor,
thermal resistor
(heat-variable resistor)
**Thermoanalyse/
thermische Analyse**
thermal analysis

Thermochromie (Thermotropie)
thermochromism
Thermodynamik
thermodynamics
> **1./2. Hauptsatz**
(der Thermodynamik)
first/second law of thermodynamics
Thermoelement thermocouple
Thermoelement-Schutzrohr/
Thermohülse
thermowell
(for thermocouples)
Thermoelementsonde
thermocouple probe
Thermoformen/Warmformen
thermoforming
Thermogravimetrie (TG)
(=thermogravimetrische Analyse)
thermogravimetry (TG)
(=thermogravimetric analysis)
thermomechanische Analyse
thermomechanical analysis (TMA)
Thermometer thermometer
> **Bimetallthermometer**
bimetallic thermometer
> **Dampfdruckthermometer**
vapor pressure thermometer
> **Gasthermometer**
gas thermometer
> **Pyrometer/Hitzemessgerät**
pyrometer
> **Quarzthermometer**
quartz thermometer
> **Quecksilberthermometer**
mercury-in-glass thermometer
> **Rauschthermometer**
noise thermometer
Thermoregulation
thermoregulation
Thermoskanne/Thermosflasche
thermos
Thermospray
thermospray
Thermostat thermostat
Theta-Lösungsmittel
theta solvent
Theta-Zustand theta-state
Thixotropie thixotropy
Tiefenätzung deep etching

Tiefenschärfe/Schärfentiefe *opt*
depth of focus,
depth of field
Tieffeldverschiebung (NMR)
low-field shift
tiefkühlen/tiefgefrieren
deep-freeze
Tiefkühlfach
(des Kühlschranks)
deep-freeze compartment
Tiefkühltruhe
deep-freeze,
deep freezer (chest)
Tiefkühlung deep freeze
Tiefziehen
deep drawing
Tiefziehpresse
deep-draw press
Tiegel/Schmelztiegel
crucible
> **Filtertiegel**
filter crucible
> **Gooch-Tiegel**
Gooch crucible
Tiegeldreieck
crucible triangle
Tiegelofen
crucible furnace
Tiegelzange
crucible tongs
Tinktur tincture
Tisch table
> **Arbeitstisch**
worktable
> **Drehtisch** *micros*
rotating stage
> **höhenverstellbare Plattform (Labor)**
laboratory jack
> **Kreuztisch** *micros*
mechanical stage
> **Laborarbeitstisch**
lab bench
> **Labortisch/Labor-Werkbank**
laboratory/lab table,
laboratory/lab bench,
laboratory/lab workbench
> **Objekttisch** *micros*
stage, microscope stage
> **Spültisch** sink, sink unit

➢ **Standardtisch** *micros*
plain stage
➢ **Wägetisch**
weighing table
Tischzentrifuge
tabletop centrifuge,
benchtop centrifuge
Titan (Ti) titanium
Titer titer
Titration titration
➢ **amperometrische T./
Amperometrie**
amperometric titration
➢ **coulometrische T./
Coulometrie**
coulometric titration
➢ **Endpunktverdünnungsmethode
(Virustitration)**
end-point dilution technique
➢ **Fällungstitration**
precipitation titration
➢ **Fließinjektions-T.**
flow-injection titration
➢ **Leitfähigkeitstitration/
konduktometrische Titration/
Konduktometrie**
conductometric titration
➢ **Oszillometrie/
oszillometrische Titration/
Hochfrequenztitration**
oscillometry,
high-frequency titration
➢ **photometrische T.**
photometric titration
➢ **Redoxtitration**
redox titration
➢ **Rücktitration**
back titration
➢ **Säure-Basen-Titration/
Neutralisationstitration**
acid-base titration
➢ **Trübungstitration**
turbidimetric titration
Titrationskurve
titration curve
Titrationsmittel/Titrant
titrant
titrieren titrate
Tochterion daughter ion

tödlich/letal
deadly, lethal
Toleranzbereich
tolerance range
Toleranzgrenze
tolerance limit
**Toluol/Toluen
(Methylbenzol)** toluene
Tondreieck/Drahtdreieck
clay triangle,
pipe clay triangle
**Tönung/
Schattierung (Farbton)**
hue, shade, tint
Topfkratzer/Topfreiniger
scouring pad, pot cleaner
**Topfzeit/
Verarbeitungsdauer/
Gebrauchsdauer** *polym*
pot life
Torsion/Drehung
torsion
Torsionsbiegefestigkeit
torsional fatigue strength
Torsionsfestigkeit
torsional strength
**Torsionsmodul/
Schermodul**
torsion modulus,
shear modulus,
modulus of rigidity
**Torsionspendel/
Drehpendel**
torsion pendulum
Torsionssteifheitstemperatur
torsional stiffness temperature
(TST)
Torsionswinkel
torsional angle
Tortuositätsfaktor
tortuosity factor
Totenkopf (Giftzeichen)
skull and crossbones
Totraum
deadspace, headspace
Totvolumen (Spritze/GC)
dead volume,
deadspace volume,
holdup (volume)

Totzeit/
  Durchflusszeit (GC)
  holdup time
Towgarn tow
Toxikologie toxicology
Toxin/Gift toxin
toxisch/giftig
  toxic, poisonous
➤ **cytotoxisch/zellschädigend**
  cytotoxic
➤ **embryotoxisch**
  embryotoxic
➤ **fetotoxisch** fetotoxic
➤ **hepatotoxisch/**
  leberschädigend
  hepatotoxic
➤ **hochgiftig**
  highly toxic
➤ **mindergiftig**
  moderately toxic
➤ **neurotoxisch**
  neurotoxic
➤ **phytotoxisch/**
  pflanzenschädlich
  phytotoxic
➤ **sehr giftig**
  extremely toxic (T+)
Toxizität/Giftigkeit
  toxicity, poisonousness
Tragacanth/Tragant
  (*Astracantha gummifera*/Fabaceae)
  tragacanth
  (gum tragacanth),
  gum dragon
➤ **indischer Tragacanth/**
  indischer Tragant/
  Karaya-Gummi
  (*Sterculia urens*/Malvaceae,
  auch: Cochlospermum gossypium/
  Bixaceae)
  Indian tragacanth,
  karaya gum
träg/träge *chem* inert;
  (Reaktion/dickflüssig)
  sluggish
träge/schleppend sluggish
Träger
  carrier *(auch: chromat)*
Trägerarm *micros* arm

Trägerelektrophorese
  carrier electrophoresis
Trägergas/Schleppgas (GC)
  carrier gas (an inert gas)
Trägerharz (Konditionieren)
  binder resin
Trägermaterial/Trägersubstanz
  support
Trägermolekül
  carrier molecule
Trägerplatte platen
Trägerschicht
  support layer
Trägheit inertia;
  (Reaktion) sluggishness
Trägheitskraft
  inertial force
Trägheitsradius/
  Gyrationsradius/
  Trägheitshalbmesser
  radius of gyration
Traglast carrying capacity
Tränenreizstoff (Tränengas)
  lachrymator,
  lacrimator (tear gas)
tränken/einweichen (durchfeuchten)
  soak, drench, steep
Transferöse
  transfer loop
Transferpressen
  transfer molding,
  plunger molding
Transformatorenöl
  transformer oil
transformieren
  transform
Transparenzverstärker *polym*
  clarifier
Transport transport, transportation
➤ **Gefahrguttransport**
  transport of dangerous goods,
  transport of hazardous materials
➤ **Krankentransport**
  ambulance service
Transportband/Förderband
  conveyor belt
Transportkiste tote box
Transportwagen/Transportkarren
  bogie

Traubenzucker/
  Glukose/Glucose/Dextrose
  grape sugar, glucose, dextrose
Treibgas (z.B. für Sprühflaschen)
  propellant
Treibhauseffekt
  greenhouse effect
Treibmittel *tech/polym*
  blowing agent
  (foaming/sponging/aerating);
  polym (for bags) inflating agent; (z.B.
  in Druckflaschen) propellant
  (pressure can);
  (Gärmittel/Gärstoff)
  leavening, raising agent
Treibstoff/Kraftstoff fuel
Treibstoffalkohol/Gasohol
  gasohol
Trennblech/Quersteg/Flügel
  flight, vane
trennen separate; divide;
  (lösen/entkuppeln/auskuppeln)
  separate, disconnect
Trennfaktor/
  Separationsfaktor *analyt*
  separation factor
Trenngel
  separating gel (running gel)
Trenngrenze/
  Ausschlussgrenze
  (Teilchentrennung)
  cutoff
Trennkammer *chromat* (DC)
  developing chamber,
  developing tank (TLC)
Trennleistung
  separation efficiency
  (column efficiency)
Trennmethode
  separation method
Trennmittel *polym*
  release agent, releasing agent,
  separating agent,
  antisize
➢ **Werkzeugtrennmittel/**
  Formentrennmittel/
  Gleitmittel
  mold-releasing agent,
  mold lubricant

Trennsäule
  separating column,
  fractionating column
Trennschärfe *chromat*
  resolution,
  separation accuracy
Trennstufe *chromat* (HPLC)
  plate
Trennung separation
Trennungsgang *chem/analyt*
  analytical (separation) procedure
Trennverfahren/Trennmethode
  separation technique,
  separation procedure,
  separation method
Trennwirkungsgrad
  separation efficiency
Tribologie tribology
Trichter funnel
➢ **Analysentrichter**
  analytical funnel
➢ **Einfülltrichter**
  addition funnel
➢ **Filternutsche/Nutsche**
  (Büchner-Trichter)
  nutsch, nutsch filter, filter funnel,
  suction funnel, suction filter,
  vacuum filter (Buechner funnel)
➢ **Fülltrichter**
  filling funnel
➢ **Glastrichter**
  glass funnel
➢ **Heißwassertrichter**
  hot-water funnel
  (double-wall funnel)
➢ **Hirsch-Trichter**
  Hirsch funnel
➢ **Kurzhalstrichter/**
  Kurzstieltrichter
  short-stem funnel,
  short-stemmed funnel
➢ **Pulvertrichter**
  powder funnel
➢ **Scheidetrichter**
  separatory funnel
➢ **Tropftrichter**
  dropping funnel
➢ **Zulauftrichter**
  addition funnel

Trichterrohr
funnel tube

Triebkraft *phys/mech*
(Antrieb) propulsive force

Trimmblock *micros*
trimming block

Trinkwasser
drinking water

Trinokularaufsatz/
Tritubus *micros*
trinocular head

Tripelpunkt/
Dreiphasenpunkt
triple point

Trittschall
impact sound

Trittschalldämmung
impact sound insulation

trittschallgedämpft
impact sound-reduced

Trockenbatterie *electr*
dry cell,
dry cell battery

Trockendestillation
dry distillation

Trockeneis (CO_2)
dry ice

Trockenextrakt
dry extract

Trockenfestigkeit (Fasern)
dry strength

Trockengestell
drying rack

Trockengewicht
(*sensu stricto*: **Trockenmasse**)
dry weight
(*sensu stricto*: dry mass)

Trockengut
dry product,
dry substance

Trockenlauf/Probelauf
test run

trockenlaufen *chromat*
run dry

Trockenlegung
drainage

Trockenmasse/
Trockensubstanz
dry mass, dry matter

Trockenmittel/Sikkativ
siccative, desiccant,
drying agent,
dehydrating agent

Trockenofen drying oven

Trockenpistole/
Röhrentrockner
drying pistol

Trockenrohr/
Trockenröhrchen
drying tube

Trockenschrank
drying cabinet,
drying oven

Trockenspinnen
dry spinning

Trockensubstanz
dry matter

Trockenturm/
Trockensäule
drying tower,
drying column

trocknen dry

➢ **austrocknen**
desiccate

Trocknungsverlust
loss on drying

Trog/Wanne trough

Trogkneter
trough kneader

Trommel/Zylinder
drum, barrel

Trommelgießmaschine
drum casting machine

Trommelmischer
barrel mixer,
drum mixer

Trommelmühle
drum mill, tube mill,
barrel mill

Trommelzentrifuge
basket centrifuge,
bowl centrifuge

Tropfen *n* drop

tropfen *vb* drip

Tropfenfänger
drip catcher, drip catch;
splash trap, antisplash adapter
(distillation apparatus)

tropfenweise
dropwise,
drop by drop
Tropfflasche
drop bottle,
dropping bottle
Tropfglas/Tropfpipette
dropper
Tropfpunkt
dropping point,
drop point
Tropftrichter
dropping funnel
(addition funnel)
trüb (Flüssigkeit)
cloudy, turbid
Trübe/Trübheit/Trübung
(Flüssigkeit/Kunststoff)
cloudiness, turbidity;
haze
Trübungstitration
turbidimetric titration
tuberös
tuberous, tuberal
tubulär
tubular
Tubus *micros*
tube, body tube;
(Steckhülse für Okular)
draw tube

Tülle (ausgießen) nozzle, spout;
(Fassung) socket;
(Schlauchtülle)
hose connection gland
Tungöl (Holzöl,
Aleurites fordii/
Euphorbiaceae) tung oil
Tunnelmikroskopie
tunneling microscopy
Tüpfelplatte spot plate
Tüpfelprobe spot test
tupfen/abtupfen
dab, swab
Tupfer pad, gauze pad;
(Abstrichtupfer) swab; (Wattebausch)
cotton pledget
Turbidimetrie/
Trübungsmessung
turbidimetry
turbulente Strömung
turbulent flow
Turbulenzdiffusion/
Wirbeldiffusion
eddy diffusion
Turgor/
hydrostatischer Druck
turgor,
hydrostatic pressure
Turgordruck turgor pressure
Turmreaktor column reactor

übelriechend/stinkend
fetid, smelly, smelling bad,
malodorous, stinking
Überdauerung
persistance, survival
Überdrehung overwinding
Überdruck
positive pressure
Überdruckventil
pressure valve,
pressure relief valve;
safety valve
Überempfindlichkeit
hypersensitivity
Überfluss excess
überführen transfer
Überführung transfer
Überfunktion
overactivity, hyperactivity
Übergabe
handing over, delivery
Übergang/Entwicklungsübergang
transition,
developmental transition
Übergangskomplex
transition complex
Übergangskonstante
transition constant
Übergangsmetall
transition metal
Übergangsphase
transition phase
Übergangsstück (Laborglas)
adapter, connector
➤ **Expansionsstück**
expansion adapter,
transition piece
➤ **Reduzierstück**
reducing adapter,
reduction adapter
Übergangstemperatur
transition temperature
Übergangszustand
(Enzymkinetik)
transition state
Überhitzen/Überhitzung
overheating, superheating
Überkorn (Siebrückstand)
oversize

überkritisch (Gas/Flüssigkeit)
supercritical (gas/fluid)
Überlagerung superposition
Überlappschweißen
lap-welding
Überlappungskonzentration
overlap concentration
überlasten *tech/electr*
overload
Überlastung *tech/electr*
overload
Überlauf overflow, overrun;
(Abflusskanal) spillway
Überlaufgrat (Spritzgießen)
flashing
überprüfen
check, examine,
confirm, inspect,
review; verify, control
Überprüfung
check-up, examination,
inspection, reviewal;
verification, control
überragen
protrude, project,
stand/stick out, rise over
übersättigt supersaturated
überschreiten exceed
Überschuhe/Überziehschuhe
(Einweg~)
shoe covers,
shoe protectors (disposable)
Überschuss (Menge) excess
überschüssig in excess (of)
Überschussproduktion
surplus production
überschwingen (aufheizen)
overswing
Überspannung overpotential
Überspannungsfilter/
Überspannungsschutz
surge suppressor
überspiralisiert/
superspiralisiert/superhelikal
supercoiled
Überspiralisierung
supercoiling
Überstand *chem* supernatant
übersteuern overshoot

Übertrag
carryover, carry forward
übertragbar
transmissible,
communicable
Übertragbarkeit
transferability
übertragen *med/tech/electr*
transmit (e.g., a disease)
Überträger/
Überträgerstoff/Transmitter
transmitter; (Vektor) vector
Übertragung *phys/tech*
transmission, transfer
Übertragungsrate (im Datentransfer)
throughput rate,
transfer rate
überwachen
monitor, survey, supervise
Überwachung
monitoring, surveillance, supervision,
surveyance
Überwurfmutter/
Überwurfschraubkappe
(z.B. am Rotationsverdampfer)
swivel nut, coupling nut,
mounting nut, cap nut,
sleeve nut, coupling ring
Überzug coating
ubiquitär/weitverbreitet/
überall verbreitet
ubiquitous, widespread,
existing everywhere
Uhrglas/Uhrenglas
watch glass,
clock glass
Uhrmacherpinzette
watchmaker forceps,
jeweler's forceps
Ultradünnschnitt *micros*
ultrathin section
Ultrafiltration
ultrafiltration
Ultrakryomikrotom/
Ultragefriermikrotom
ultracryomicrotome
Ultramikrotom ultramicrotome
Ultraschall
ultrasound, ultrasonics

Ultraschalldiagnose/
Sonographie
ultrasound,
ultrasonography,
sonography
Ultraschallschweißen
ultrasonic welding
Ultrastruktur ultrastructure
Ultrazentrifugation
ultracentrifugation
Ultrazentrifuge ultracentrifuge
Umdrehungen pro Minute (UpM)
revolutions per minute (rpm)
Umesterung
transesterification
Umfang girth
Umformmaschine/
Warmformmaschine
forming machine
Umformverhalten
forming behavior
umfüllen (Chemikalie)
transfer (a chemical);
decant (in case of a liquid)
Umgang (Verhalten)
handling
Umgebung
surroundings, environs,
environment, vicinity
Umgebungsdruck
ambient pressure
Umgebungstemperatur
ambient temperature
Umkehr-Gaschromatographie
inverse gas chromatography (IGC)
Umkehrosmose/
Reversosmose
reverse osmosis
Umkehrphase/Reversphase
reversed phase,
reverse phase
Umkehrphasenchromatographie
reversed phase chromatography,
reverse-phase chromatography (RPC)
Umkehrpinzette/Klemmpinzette
reverse-action tweezers
(self-locking tweezers)
Umkehrpotential
reversal potential

Umkleide change area;
(mit Spinden) locker room
Umkleidekabine
changing room, changing cubicle;
(cleanroom/containment level:
gowning room)
umkleiden change, change cloths
Umkristallisation
recrystallization;
(fraktionierte K.)
fractional crystallization
umkristallisieren
recrystallize
umlagern/umordnen *chem*
rearrange
Umlagerung/Umordnung
rearrangement
➢ **tautomere Umlagerung**
tautomeric shift
Umlaufdüsen-Reaktor/
Düsenumlaufreaktor
nozzle loop reactor,
circulating nozzle reactor
Umlaufreaktor/
Umwälzreaktor/
Schlaufenreaktor
loop reactor,
circulating reactor,
recycle reactor
Umluft
forced air, recirculating air;
air circulation
Umluftofen forced-air oven
ummanteln (ummantelt)
jacket (jacketed)
Ummantelung cladding
umrechnen convert
Umrechnungstabelle
conversion table
Umriss contour, outline
Umsatz turnover
Umsatzgeschwindigkeit/
Umsatzrate
turnover rate,
rate of turnover
Umsatzzeit turnover period
umsetzen turn, convert, transfer,
process; *metabol* metabolize;
(verkaufen) sell, turn over

Umsetzung
transformation,
change, reaction
➢ **chemische Umsetzung**
chemical transformation,
chemical reaction,
chemical change
Umverpackung
overpacking
Umwälzkühler/
Kältethermostat/
Kühlthermostat
refrigerated circulating bath
Umwälzpumpe
circulation pump
Umwälzthermostat/
Badthermostat
circulating bath
umwandeln convert;
(transformieren) transform
Umwandlung
conversion;
(Transformation)
transformation
➢ **thermische Umwandlung**
thermal transition
Umwandlungs-Zeit-Kurve
conversion-time curve
Umwelt environment
Umweltanalyse
environmental analysis
Umweltanalytik
environmental analytics
Umweltaudit/
Öko-Audit
environmental audit
Umweltbedingungen
environmental conditions
Umweltbelastung
environmental burden, environmental
load
Umweltchemie
environmental chemistry
umweltgerecht
environmentally compatible
Umweltkapazität/
Grenze der ökologischen
Belastbarkeit
carrying capacity

Umweltkriminalität
environmental crime
Umweltmedizin
environmental medicine
Umweltmesstechnik
environmental monitoring technology
Umweltpolitik
environmental politics
Umweltrecht
environmental law
Umweltschutz
environmental protection;
pollution control
Umweltschutzpapier
recycled paper
Umweltsünder
person who litters or commits
an environmental crime
Umweltvarianz
environmental variance
Umweltverfahrenstechnik
environmental process engineering
Umweltverhältnisse
environmental conditions
Umweltverschmutzer
polluter
Umweltverschmutzung
environmental pollution
umweltverträglich
environmentally compatible,
environmentally friendly
Umweltverträglichkeit
environmental compatibility
Umweltverträglichkeitsprüfung (UVP)
environmental impact assessment
(EIA)
Umweltwissenschaft
environmental science
Umweltzerstörung
environmental degradation
unbedenklich
safe, without risk, unrisky
unbeweglich/
bewegungslos/fixiert
nonmotile, immotile,
immobile, motionless, fixed
undicht/leck
pervious, leaking, leaky
Undichtigkeit leak, leakiness

undurchlässig/
impermeabel
impervious, impenetrable;
impermeable
Undurchlässigkeit/
Impermeabilität
imperviousness,
impermeability
Uneinheitlichkeit
non-uniformity
unempfindlich
insensitive
Unfall accident
➢ **Arbeitsunfall**
occupational accident
➢ **Betriebsunfall**
industrial accident,
accident at work
➢ **größter anzunehmender Unfall**
worst-case accident
➢ **Zwischenfall** incident
Unfallgefahr
danger of accident
unfallträchtig
hazardous
Unfallverhütung
prevention of accidents
Unfallversicherung
accident insurance
ungefährlich
(sicher) not dangerous,
harmless (safe);
(nicht gesundheitsgefährdend)
nonhazardous
ungelöst undissolved
ungeordnet random
ungesättigt unsaturated
➢ **doppelt ungesättigt**
diunsaturated
➢ **einfach ungesättigt**
monounsaturated
➢ **mehrfach ungesättigt**
polyunsaturated
ungleich/
nicht identisch/anders
unequal, different
Ungleichgewicht
imbalance,
disequilibrium

ungleichmäßig
  irregular, nonuniform
unlöslich insoluble
Unlöslichkeit insolubility
unnatürlich unnatural
unpolar apolar
unregelmäßig/
  irregulär/anomal
  irregular, anomalous
Unregelmäßigkeit/Anomalie
  irregularity, anomaly
unreif unripe, immature
Unreife
  immaturity, immatureness
unscharf *micro/photo*
  not in focus,
  out of focus, blurred
Unschärfe *micro/photo*
  blurredness, blur,
  obscurity, unsharpness
unsicher/gefährlich
  unsafe
unspezifisch nonspecific
unteilbarer Faktor
  unit factor
unterbrechen interrupt
Unterbrecher/
  Trennschalter *electr*
  circuit breaker
Unterbrechung
  interruption, break
Unterdruck
  negative pressure
unterdrückbar
  suppressible
unterdrücken suppress
Unterdrückung
  suppression
Untereinheit subunit
Unterfunktion/Insuffizienz
  hypofunction,
  insufficiency
➢ **Überfunktion**
  hyperfunction,
  hyperactivity
untergliedern (untergliedert)
  subdivide(d)
Untergliederung
  subdivision

Unterkorn (Siebdurchgang)
  undersize
unterkühlen
  undercool,
  supercool
unterkühlte Flüssigkeit
  undercooled liquid,
  supercooled liquid
Unterkühlung
  undercooling,
  supercooling
unterlegen
  inferior,
  put underneath
Unterlegenheit
  inferiority; defeat
Unterlegscheibe
  washer
unterordnen
  subordinate, submit
Unterphase (flüssig-flüssig)
  lower phase
Unterscheidungsmerkmal
  differentiating characteristic
untersuchen/
  prüfen/testen/analysieren
  investigate, examine,
  test, assay, analyze; probe
Untersuchung/
  Prüfung/Test/Probe/Analyse
  investigation,
  examination (exam),
  study, search, test,
  trial, assay, analysis
➢ **medizinische/ärztliche**
  Untersuchung
  medical examination,
  medical exam, medical checkup,
  physical examination, physical
➢ **Wasseruntersuchung**
  water analysis
Untersuchungsgerät
  testing equipment/apparatus
Untersuchungslösung
  test solution,
  solution to be analyzed
Untersuchungsmedium/
  Prüfmedium/Testmedium
  assay medium

**unterteilt/
kompartimentiert**
divided, subdivided,
compartmentalized
Unterteilung
subdivision
Untertritt *text* godet
unterweisen
instruct, train, teach
Unterweisung
instruction(s), training,
teaching; briefing
unvermischbar
immiscible
Unvermischbarkeit
immiscibility
unverschmiert/schmutzfrei
smudge-free
unverschmutzt
uncontaminated
**unverträglich/
inkompatibel**
incompatible
**Unverträglichkeit/
Inkompatibilität**
incompatibility

**Unverträglichkeitreaktion/
Inkompatibilitätreaktion**
incompatibility reaction
unverzerrt/unverfälscht *math/stat*
unbiased
unverzweigt (Kette) *chem*
unbranched (chain)
Unvollkommenheit
imperfection
unvorsichtig
careless, incautious, unwary
Unwucht
unbalanced state
unwuchtig unbalanced
unzerbrechlich
unbreakable
Urform master, prototype,
original model
Urformen *polym*
molding, forming
Urin/Harn urine
ursprünglich
(originär) original, basic, simple,
primitive; (urtümlich) pristine
ursprungsgleich/homolog
homologous

Vakuum vacuum
Vakuumdestillation
vacuum distillation,
reduced-pressure distillation
Vakuumeindampfer
vacuum concentrator
Vakuumfalle
vacuum trap
vakuumfest
vacuum-proof
Vakuumfiltration
vacuum filtration,
suction filtration
Vakuumformen
vacuum forming
Vakuumofen
vacuum furnace
Vakuumpumpe
vacuum pump
Vakuumsaugverfahren *polym*
straight-vacuum forming
Vakuumverteiler (mit Hähnen)
vacuum manifold
Valenz
valence, valency
Valenzelektron
bonding electron
Valenzkraft valence force
Valenz-Kraftfeld-Methode
valence force-field (VFF) method
Valeriansäure/
Baldriansäure/Pentansäure
(Valeriat/Pentanat)
valeric acid, pentanoic acid
(valeriate/pentanoate)
Validierung validation
Variabilität/
Veränderlichkeit/
Wandelbarkeit
(*auch:* **Verschiedenartigkeit**)
variability
Variabilitätsrückgang
decay of variability
Varianz/
mittlere quadratische Abweichung/
mittleres Abweichungsquadrat *stat*
variance, mean square deviation
Varianzanalyse
analysis of variance (ANOVA)

Varianzheterogenität/
Heteroskedastizität *stat*
heteroscedasticity
Varianzhomogenität/
Varianzgleichheit/
Homoskedastizität *stat*
homoscedasticity
Variationsbreite *stat*
range of variation,
range of distribution
Variationskoeffizient *stat*
coefficient of variation
Vektor vector
Ventil valve, vent
➢ **Abschaltventil/**
Absperrventil
shut-off valve
➢ **Abzweigventil** *chromat*
split valve
➢ **Ausatemventil**
(an Atemschutzgerät)
exhalation valve
➢ **Ausgleichsventil**
relief valve
(pressure-maintaining valve)
➢ **Auslaufventil** plug valve
➢ **Begrenzungsventil**
limit valve
➢ **Dosierventil**
metering valve
➢ **Drosselventil**
throttle valve
➢ **Druckluftventil**
pneumatic valve
➢ **Druckminderventil/**
Druckminderungsventil/
Druckreduzierventil
pressure-relief valve
(gas regulator,
gas cylinder pressure regulator)
➢ **Druckregelventil**
pressure control valve
➢ **Einspritzventil**
injection valve, syringe port
➢ **Entlüftungsventil**
purge valve,
pressure-compensation valve
➢ **Fassventil (Entlüftung)**
drum vent

> **Flügelhahnventil**
> butterfly valve
> **hydraulisch vorgesteuert**
> pilot-operated
> **Kegelventil**
> cone valve,
> mushroom valve,
> pocketed valve
> **Kugelventil**
> ball valve
> **Lufteinlassventil**
> air inlet valve,
> air bleed
> **Magnetventil**
> **(Zylinderspule)**
> solenoid valve
> **Membranventil**
> diaphragm valve
> **Nadelventil**
> needle valve
> **Quetschventil**
> pinch valve
> **Reduzierventil/**
> **Druckminderventil/**
> **Druckminderungsventil/**
> **Druckreduzierventil**
> **(für Gasflaschen)**
> pressure-relief valve
> (gas regulator,
> gas cylinder pressure regulator)
> **Regelventil**
> control valve
> **Rückflusssperre/**
> **Rücklaufsperre/**
> **Rückstauventil**
> backflow prevention,
> backstop (valve)
> **Rückschlagventil**
> check valve,
> backstop valve
> **Saugventil**
> suction valve
> **Schieberventil**
> slide valve
> **Schlauchventil**
> **(Klemmventil)**
> (tubing) pinch valve
> **Schlussventil**
> cutoff valve

> **Sicherheitsventil**
> security valve,
> security relief valve
> **Sperrventil/**
> **Kontrollventil**
> check valve,
> control valve,
> non-return valve
> **Spülventil (Inertgas)**
> T-purge (gas purge device)
> **Überdruckventil**
> pressure valve,
> pressure relief valve
> **Verdrängerventil**
> positive-displacement valve
> **Zulaufventil/**
> **Beschickungsventil**
> delivery valve

Ventilation ventilation
Ventilator fan
ventilieren/
  belüften/entlüften/durchlüften/
  Rauch abziehen lassen
  ventilate, vent
Veränderlichkeit/
  Wandelbarkeit/
  Variabilität
  variability
verändern
  change, modify, vary
Veränderung
  change, modification, variation
verankern (befestigen)
  anchor (fasten/attach)
Verankerung
  anchorage
Verarbeitbarkeit
  processability;
  (Verformbarkeit) plasticity
verarbeiten
  process, processing, treat
Verarbeitung
  processing,
  treatment
Verarbeitungsdauer/
  Topfzeit
  pot life
Verarbeitungshilfe
  processing aid

Verarbeitungsschwindung
processing shrinkage

veraschen
incinerate,
reduce to ashes

Veraschung ashing

verätzen
(Chemikalien/Alkali/Säure)
(chemicals/alkali/acid) burn;
med cauterize

Verätzung
(Chemikalien/Alkali/Säure)
(chemicals/alkali/acid) burn,
caustic burn;
med cauterization

Verätzungsgefahr
caustic hazard

verbacken/
festgebacken/festgesteckt
(Schliff/Hahn)
jammed, seized-up,
stuck, 'frozen', caked

Verband
(Vereinigung) association,
union, federation, society;
med dressing, bandage

Verbandskasten
first-aid box,
first-aid kit

Verbandsschrank
first-aid cabinet

Verbandstisch
instrument table

Verbandszeug
bandaging material,
dressing material

verbinden
connect, bond, link; join;
med (einen Verband anlegen)
dress, bandage

Verbinder
(Adapter) fitting(s), adapter;
(Kupplung) coupling, coupler

verbindlich
obligatory, binding,
mandatory, compulsory

➤ **gefalzte Überlappungsverbindung/**
gefalzter Überlappstoß
joggle-lap joint

Verbindung
allg connection, bond, linkage;
joint; *chem* compound

➤ **chemische Verbindung**
(chemical) compound

➤ **energiereiche Verbindung**
high energy compound

➤ **topologische Verbindung**
topological bonding

Verbindungsmuffe
(Kupplung: Rohr/Schlauch etc.)
fittings, couplings, couplers

Verbindungsschnur *electr*
connecting cord

Verbindungsstück (von Bauteilen)
coupling, coupler

verblassen fade

Verbot prohibition, ban

➤ **Rauchverbot!** No Smoking!

verboten
forbidden, prohibited

➤ **strengstens verboten**
strictly forbidden,
strictly prohibited

➤ **Zutritt verboten!/**
Betreten verboten!
off-limits!, Do Not Enter!,
No Entrance!, No Trespassing!

Verbrauch
consumption, use, usage

Verbrauchsmaterial
consumable goods,
consumables

verbrennen
burn, combust,
incinerate

Verbrennung
combustion,
incineration;
med burn

➤ **chemische Verbrennung**
chemical burn

Verbrennungsofen
combustion furnace

Verbrennungsrohr (Glas)
incinerating tube

Verbrennungswärme
combustion heat,
heat of combustion

**Verbrühung/
  Verbrühungsverletzung**
  scald, scalding
Verbund *tech*
  composite; composite
  construction; compound
Verbundfaser
  bonded fiber
**Verbundfolie/
  Mehrschichtfolie**
  composite foil/film
Verbundglas
  laminated glass
Verbundplatte
  composite panel,
  composite board
Verbundsicherheitsglas
  laminated safety glass
**Verbundspritzgießverfahren/
  Sandwich-Spritzgießen**
  sandwich molding
Verbundwachsfolie
  barrier wrap
**Verbundwerkstoff/
  Kompositwerkstoff**
  composite material
➤ **Faser-V.**
  fiber composite material
➤ **faserverstärkter V.**
  fiber-reinforced composite material
➤ **Schicht-V.**
  laminated composite material
➤ **Teilchen-V.**
  particle-reinforced
  composite material
Verdachtsstoff *med*
  suspected toxin
verdampfen
  evaporate,
  vaporize
Verdampferkolben
  evaporating flask
Verdampfungs-Lichtstreudetektor
  evaporative light scattering detector
  (ELSD)
Verdampfungswärme
  heat of vaporization
Verdau (enzymatischer)
  digest (enzymatic)

verdichten
  compress, condense; compact;
  concentrate; thicken
Verdichtung
  compression, condensation
Verdichtungszone (Extruder)
  compression zone
verdicken thicken
Verdickung
  thickening;
  med swelling
**Verdickungsmittel/
  Verdickungszusatz**
  thickening agent
**Verdopplungszeit
  (Generationszeit)**
  doubling time
  (generation time)
verdrahten wire
Verdrahtung wiring
Verdrahtungsplatte
  wiring board (WB)
➤ **gedruckte V.**
  printed wiring board (PWB)
verdrängen displace
Verdrängerventil
  positive-displacement valve
Verdrängung
  displacement
**Verdrängungspumpe/
  Kolbenpumpe (HPLC)**
  displacement pump
Verdrängungsreaktion *biochem*
  displacement reaction
Verdrillen/Verdrillung
  twist, twisting;
  electr transposition
verdünnbar
  dilutable
verdünnen
  dilute, thin down
Verdünner thinner;
  (Verdünnungsmittel/
  Diluent/Diluens) diluent
verdünnte Lösung
  dilute solution
Verdünnung
  dilution, thinning down
Verdünnungsmittel dilutent

verdunsten
evaporate, vaporize
Verdunstung
evaporation, vaporization
Verdunstungsbrenner
evaporation burner
Verdunstungskälte/
Verdunstungsabkühlung
evaporative cooling
Verdunstungswärme
heat of vaporization
veredeln
refine, improve,
process, finish
Veredlung
refinement, improvement,
(secondary) processing, finishing
Veredlungsprozess
refinement process
Vereinbarung agreement
verengen/einschnüren
constrict
Verengung/
Enge/Einschnürung
constriction
verestern esterify
Veresterung
esterification
Verfahren
procedure, technique
Verfahrenstechnik
process engineering
Verfallsdatum
expiration date
verfaulen (verfault)/
zersetzen (zersetzt)
foul, rot (rotten),
decompose(d), decay(ed)
Verfestigung/Verfestigen
hardening, strengthening
Verfestigung durch Verformung/
Kaltverfestigung
strain hardening
verflochten
interwoven,
intertwined,
entangled
verflüchtigen
volatilize

Verflüchtigung
volatilization
verflüssigen
liquefy, liquify
Verflüssiger liquefier
Verflüssigung
liquefaction
Verformung/
Formänderung/
Deformation
deformation
Verformungsenergie/
Deformationsenergie
deformation energy
Verformungsgrenze/
Deformationsgrenze
deformation limit
Verformungswiderstand/
Deformationswiderstand
deformation resistance
vergällen/denaturieren
(z.B. Alkohol) denature
➢ **unvergällt**
pure (not denatured)
vergären/fermentieren
ferment
Vergärung/Fermentation
fermentation
Vergießen (Kunststoff)
casting
vergiften
poison, intoxicate
Vergiftung
(Intoxikation) poisoning,
intoxication
Vergiftungszentrale/
Entgiftungszentrale
poison control center
Vergleich
comparison; reference
Vergleichsgas (GC)
reference gas
Vergleichspräzision
reproducibility
Vergleichssubstanz
comparative substance
Vergossenes/
Übergelaufenes
spillage, spill

vergrößern
  magnify, enlarge
Vergrößerung
  magnification, enlargement
➤ **x-fache Vergrößerung**
  magnification at x diameters
Vergrößerungsglas
  magnifying glass,
  magnifier, lens
Vergussharz
  casting resin;
  embedding resin;
  potting resin
Vergussmasse
  sealing compound;
  embedding compound;
  insulating compound;
  potting compound;
  filling compound
Verhakung entanglement
Verhaltensregeln
  rules of conduct
Verhältnis
  (Quotient/Proportion) ratio,
  quotient, proportion;
  (Beziehung) relationship
Verhältnisskala/Ratioskala *stat*
  ratio scale
Verhärtung
  hardening
Verhütung
  (Verhinderung: Unfälle/Vorsorge)
  prevention (provision)
verjüngen/regenerieren
  rejuvenate, regenerate
Verjüngung/Regeneration
  rejuvenation, regeneration
Verkabelung *electr*
  wiring, electrical wiring;
  (Leitungen) circuitry
verkalken (verkalkt)
  calcify (calcified)
Verkalkung/
  Kalkeinlagerung/Kalzifizierung/
  Calcifikation
  calcification
verkappen cap
Verkernung
  medullation

verketten catenate; concatenate
Verkettung concatenation
Verkleinerung *photo*
  (size) reduction
verknüpfen
  bond, couple, tie; link
verkohlen char, carbonize
Verkohlung/Verkohlen
  charring, carbonization
Verlängerung elongation;
  (Ausdehnung) extension
Verlängerungskabel/
  Verlängerungsschnur *electr*
  extension cord (power cord)
Verlängerungsklemme
  extension clamp
Verlauf course;
  (Verlauf: z.B. einer Krankheit) course
  (of a disease), progress, development,
  trend;
  (einer Kurve) path, course, trend
verleimen
  glue together;
  (verkleben) stick together
verletzen injure
verletzlich vulnerable
Verletzung injury
Verlustfaktor
  loss factor
Verlustleistung
  power loss
Verlustmodul
  loss modulus
Verlustwinkel loss angle
Verlustzahl/Verlustziffer
  loss factor,
  dielectric loss index
Vermahlung
  grinding, milling
vermehren/
  fortpflanzen/reproduzieren
  propagate, reproduce
Vermehrung
  (Vervielfältigung/Multiplikation)
  mulplication;
  (Fortpflanzung/Reproduktion)
  propagation, reproduction;
  (Amplifikation/Vervielfältigung)
  amplification

vermischbar miscible
➢ **unvermischbar**
immiscible
Vermischbarkeit
miscibility
➢ **Unvermischbarkeit**
immiscibility
vermischen mix
Vermischung mix, mixing
vermitteln
mediate;
arrange between
Vermittler (Mediator)
mediator
➢ **Verträglichkeitsvermittler**
compatibilizer
vermodern/modern
rot, decay,
decompose, putrefy
vernachlässigbar negligible
Vernebler nebulizer
vernetzen
interconnect, network; interlace;
polym crosslink;
(härten) cure
vernetzend
crosslinking
➢ **selbst-vernetzend**
self-crosslinking
vernetzt
netted, interconnected,
meshy, reticulate; interlaced;
polym crosslinked;
(gehärtet) cured
Vernetzung
interconnection, mesh,
network, networking,
webbing, crosslinking;
(Vulkanisation) vulcanization;
(Härten) cure, curing
Vernetzungsdichte *polym*
crosslink density
Vernetzungsstelle/Netzstelle *polym*
junction
vernichten
destroy, eliminate
Vernichtung
destruction,
elimination

Verordnung
ordinance, decree
➢ **Arbeitsstättenverordnung (ArbStättV)**
Workplace Safety Ordinance,
Working Site Ordinance
➢ **Arbeitsstoffverordnung (AStoffV)**
Ordinance on
Occupational Substances
➢ **Gefahrgutverordnung (GefahrgutV)**
Hazardous Materials
Transportation Ordinance
➢ **Gefahrstoffverordnung (GefStoffV)**
Ordinance on Hazardous Substances
➢ **Smogverordnung**
German Smog Ordinance
➢ **Störfallverordnung (StörfallV)**
Statutory Order on
Hazardous Incidents,
Industrial Accidents Directive
➢ **Strahlenschutzverordnung (StSV)**
Radiation Protection Ordinance
➢ **Trinkwasserverordnung (TrinkwV)**
Drinking Water Ordinance,
Safe Drinking Water Ordinance
Verpackung packaging;
(mit Folie/Papier) wrapping
➢ **Blisterverpackung**
blister packaging
➢ **in vitro-Verpackung**
in vitro packaging
➢ **Skinverpackung**
skin packaging
Verpackungsflasche
packaging bottle
Verpackungsgläser
packaging glasses
Verpackungsklebeband
packaging tape
Verpackungsmittel
packaging material
verpuffen deflagrate
Verpuffung deflagration
Verputz (innen/außen)
finish
verriegeln
bolt, bar, interlock
Verriegelung
bolt(ing), barring, interlock

Versagen
failure; (Bruch) fracture
Versagenskurve
failure curve
Versauerung
acidification
Verschalung cladding
verschäumbar
foamable, expandable
Verschäumen foaming
Verschiebung shift
➢ **bathochrome Verschiebung**
bathochromic shift
➢ **chemische V.** *spectros*
chemical shift
➢ **Hochfeldverschiebung** *spectros*
high-field shift
➢ **Tieffeldverschiebung** *spectros*
low-field shift
Verschleiß
(Abnutzung) wear,
attrition, erosion;
(Abrieb) abrasion
verschleißen/abnutzen
wear (out)
verschleißfest
resistant to wear
Verschleißteile
expendable parts
Verschleppung
displacement;
(zeitlich) protraction,
delay, procrastination
➢ **Kreuzkontamination** *chromat*
carry-over,
cross-contamination;
➢ **Übertragung** *med*
transmission, spreading;
protraction (through neglect)
verschließbar
lockable; sealable
verschließen
lock; (mit Deckel) cap;
(mit Stopfen) stopper;
(zustopfen) plug
verschlossen
closed, sealed
➢ **hermetisch**
hermetically

Verschluss
lock; closure;
(Deckel) cap, lid, cover;
seal (air-tight)
➢ **selbstdichtender Verschluss**
self-sealing lock/cap/lid
Verschlusskappe
seal, cap, closure
**Verschlussklammer/
Verschlussclip
(Dialysierschlauch)**
clamping closure
(dialysis tubing)
Verschluss-Scheibe *electrophor*
gate (gel-casting)
**Verschlussstift
(von Spritzgießdüsen)**
gate pin
verschmelzen/fusionieren
fuse
Verschmelzung/Fusion
fusion
verschmoren scorch
verschmutzen
pollute, contaminate
verschmutzt
polluted,
contaminated
➢ **beschmutzt/fleckig** *allg*
dirty, stained (fleckig)
➢ **unverschmutzt**
unpolluted,
uncontaminated
Verschmutzung
pollution,
contamination
➢ **Lärmverschmutzung**
noise pollution
➢ **Luftverschmutzung**
air pollution
➢ **Umweltverschmutzung**
environmental pollution
➢ **Wasserverschmutzung**
water pollution
Verschmutzungsgrad
amount of pollution,
degree of contamination
Verschnitt/Blend
blend

verschütten spill;
  (ausschütten) pour out, empty out;
  (überlaufen) overflow, run over
Verschütten spill;
  (Ausschütten) pouring out,
  emptying out;
  (Überlaufen) overflow, run over
verseifen saponify
Verseifung
  saponification
Versetzung
  (Kristalldefekt)
  dislocation
verseuchen
  contaminate, poison, pollute;
  (mit Mikroorganismen/
  Ungeziefer etc.) infest
Verseuchung
  contamination, pollution;
  (mit Mikroorganismen/
  Ungeziefer etc.) infestation
Verseuchungsgefahr
  risk of contamination
Versiegelungsmasse
  sealant
  (sealing compound/material)
Versorgung *tech/mech/electr*
  supply
Versorgungsanschluss
  (Zubehörteil/Armatur)
  fixture
Versorgungseinrichtungen
  utilities
Versorgungsleitung
  supply line,
  utility line, service line
verspritzen
  splash, squirt, spatter
Versprödung/
  Sprödwerden
  embrittlement
verstärken
  polym reinforce;
  tech amplify, boost;
  metabol enhance
Verstärker
  polym reinforcing agent;
  tech amplifier;
  metabol enhancer

Verstärkerfolie
  (Autoradiographie)
  intensifying screen
  (autoradiography)
Verstärkerpumpe
  booster pump,
  back-up pump
verstärkter Kunststoff
  (siehe: faserverstärkter K.)
  reinforced plastic (RP)
Verstärkung
  polym reinforcement;
  techn/electr amplification
Verstärkungsstoff
  polym reinforcing agent;
  booster (substance)
versteifen (versteift)
  stiffen(ed)
Versteifung stiffening
verstellbar (einstellbar)
  adjustable; variable
verstellen
  adjust, regulate, move, shift;
  (falsch einstellen)
  set the wrong way;
  (herumdrehen an) tamper with
verstopft
  clogged, blocked
verstrahlt (radioaktiv)
  radioactively contaminated
Verstrecken/Recken
  stretching, drawing, tensioning
Verstreckungstemperatur/
  Recktemperatur
  stretching temperature
Verstreckungsverhältnis
  draw ratio, strain ratio
verstreuen
  (ausstreuen) spread, scatter,
  disseminate;
  (verstreut liegen) intersperse,
  disperse
Versuch
  experiment, test, trial;
  (Ansatz) attempt;
  (Bemühung) endeavor
  ➤ **Doppelblindversuch**
  double blind assay,
  double-blind study

> **Feldversuch/**
> **Freilanduntersuchung/**
> **Freilandversuch**
> field study,
> field investigation,
> field trial
> **Isotopenversuch**
> isotope assay
> **Schutzversuch/**
> **Schutzexperiment**
> protection assay,
> protection experiment
> **Tierversuch**
> animal experiment
> **Triplettbindungsversuch**
> triplet binding assay
> **Vorversuch**
> pretrial,
> preliminary experiment

versuchen
try, attempt;
(bemühen) endeavor

Versuchsanlage/Pilotanlage
pilot plant

Versuchsanordnung/
Versuchsaufbau
experiment setup,
experimental arrangement

Versuchsbedingungen
experimental conditions

Versuchsdurchführung
performing an experiment,
performance of an experiment

Versuchsreihe
experimental series, trial series

Versuchsverfahren
experimental procedure/protocol,
experimental method

verteilen
distribute; diffuse; spread

Verteiler
distributor; diffuser;
(Verzweigung: Krümmer/
Rohrverzweigung) manifold;
(Substanz auf eine Oberfläche)
spreader
> **Gasverteiler/Luftverteiler**
> **(Düse in Reaktor)**
> sparger

Verteilerrohr/
Verteilerstück
manifold

Verteilung *chem/stat*
distribution; (Zerstreuung)
dispersion, spreading
> **Affinitätsverteilung**
> affinity partitioning
> **bimodale Verteilung**
> bimodal distribution
> **Binomialverteilung**
> binomial distribution
> **freie/unabhängige Verteilung** *gen*
> independent assortment
> **Gauß-Verteilung/**
> **Normalverteilung/**
> **Gauß'sche Normalverteilung**
> Gaussian distribution
> (Gaussian curve/
> normal probability curve)
> **Gegenstromverteilung**
> countercurrent distribution
> **Häufigkeitsverteilung**
> frequency distribution
> (FD)
> **Lognormalverteilung/**
> **logarithmische Normalverteilung**
> lognormal distribution,
> logarithmic normal distribution,
> LN distribution
> **nicht-zufallsgemäße Verteilung**
> nonrandom disjunction
> **Normalverteilung**
> normal distribution
> **Poissonsche Verteilung/**
> **Poisson Verteilung**
> Poisson distribution
> **Randverteilung**
> marginal distribution
> **statistische Verteilung**
> statistical distribution
> **Varianzquotientenverteilung/**
> **F-Verteilung/**
> **Fisher-Verteilung**
> variance ratio distribution,
> F-distribution,
> Fisher distribution
> **wahrscheinlichste Verteilung**
> most probable distribution

Verteilungsfunktion *stat*
distribution function
➢ **Massen-V.**
mass-distribution function
➢ **Zahlen-V.**
number-distribution function
Verteilungsgesetz
partition law
Verteilungskoeffizient *chromat*
partition coefficient,
distribution constant
Verteilungsmuster
distribution pattern
vertikale Luftführung
(Vertikalflow-Biobench)
vertical air flow
(clean bench with
vertical air curtain)
Vertikalrotor *centrif*
vertical rotor
verträglich/
kompatibel/tolerant
compatible, tolerant
➢ **unverträglich/**
inkompatibel/intolerant
incompatible, intolerant
Verträglichkeit/
Kompatibilität/Toleranz
compatibility, tolerance
➢ **Unverträglichkeit/**
Inkompatibilität/Intoleranz
incompatibility, intolerance
Verträglichkeitsmacher/Vermittler
compatibilizer
Vertrauensintervall/
Konfidenzintervall
stat confidence interval
verunreinigen
contaminate, pollute
verunreinigt/
schmutzig/unsauber
impure, contaminated, polluted
Verunreinigung/
Kontamination
impurity, contamination
Vervielfältigung/
Vermehrung/Amplifikation
multiplication, duplication,
amplification

Verweilzeit/Verweildauer/
Aufenthaltszeit/Verweildauer
residence time;
(Retentionszeit) retention time
Verweilzeitverteilung (im Extruder)
residence time distribution
(RTD)
Verwendbarkeitsdauer/
Nutzungsdauer
working life
Verwendung use, usage
➢ **Weiterverwendung**
continued use/usage
➢ **Wiederverwendung** reuse
verwerfen *chem*
discard, dispose of
Verwerfung/
Werfen/Wölbung/Verziehen/
Verkrümmung
warp
verwerten utilize
Verwertung utilization
Verwindung (Fasern)
convolution
Verwitterung weathering
Verwitterungsbeständigkeit
durability,
weathering resistance
verzerrt/verfälscht *math/stat*
biased
verzögern
delay, retard
Verzögerung
delay, retardation
verzuckern
saccharify
Verzuckerung
saccharification
Verzug
warpage
verzweigen, sich
branch out, ramify
verzweigt
branched, ramified
➢ **unverzweigt**
unbranched;
unramified
verzweigtkettig *chem*
branched-chained

Verzweigung branching
> **Hyperverzweigung**
hyperbranching
> **Kurzketten-V.**
short-chain branching
> **Langketten-V.**
long-chain branching
Verzweigungsindex
branching index
Verzweigungspunkt
branching point
Verzweigungsstelle
branch site
Verzweigungsverhältnis
branching ratio
Vesikel *nt*/**Bläschen**
vesicle
vesikulär/bläschenartig
vesicular, bladderlike
Vibrationsbewegung
vibrating motion
Vibrationsenergie
vibrational energy,
vibration energy
Vibrationsschweißen
vibration welding
vibrieren vibrate
Vicat-Erweichungspunkt (VSP)
Vicat softening point
Vielfachmessgerät/
Universalmessgerät/
Multimeter *electr*
multimeter
Vielfachschale/Multischale *micb*
multiwell plate
Vielfachzucker/Polysaccharid
multiple sugar,
polysaccharide
Vielkanalgerät
multichannel instrument
vielschichtig/mehrschichtig
multilayered
Vierfuß (für Brenner) quadrupod
Vierkantflasche square bottle
Viertelswert/Quartil *stat* quartile
vierwertig *chem* tetravalent
Vigreux-Kolonne Vigreux column
virtuelles Bild *micros*
virtual image

viskoelastisch viscoelastic
Viskoelastizität
viscoelasticity
viskometrische Strömung
viscometric flow
viskos/viskös/zähflüssig/dickflüssig
viscous, viscid
(glutinous consistency)
Viskosefaser (CV) viscose fiber
Viskoseseide/Viskoserayon
viscose silk, viscose rayon, rayon
Viskoseverfahren
viscose process (xanthate process)
Viskosimeter/Viskometer
viscometer (viscosimeter)
> **Brookfield-Viskosimeter**
Brookfield viscometer
> **Couette-Rotationsviskosimeter**
Couette rotary viscometer
> **Dehnviskosimeter/**
Dehnungsviskosimeter
extensional viscometer
> **Kapillarviskosimeter**
capillary viscometer
> **Kegel-Platte-Viskosimeter**
cone-plate viscometer,
cone-and-plate viscometer
> **Kugelfallviskosimeter**
ball viscometer
> **Ostwald-Viskosimeter**
Ostwald viscometer
> **Rotationsviskosimeter**
rotational viscometer
> **Ubbelohde-Viskosimeter**
Ubbelohde viscometer (dilution v.)
Viskosität
(Dickflüssigkeit/Zähflüssigkeit)
viscosity,
viscousness
> **Dehnviskosität**
(Querviskosität)
extensional viscosity
> **Grenzviskositätszahl/**
grundmolare Viskosität
(Staudinger-Index)
limiting viscosity number,
intrinsic viscosity
> **inhärente Viskosität**
inherent viscosity

➢ **intrinsische Viskosität**
intrinsic viscosity (IV)
➢ **kinematische Viskosität**
kinematic viscosity
➢ **Newtonsche Viskosität**
Newtonian viscosity
➢ **Nullviskosität/**
ruhende Viskosität/
stationäre Viskosität
zero-shear viscosity,
viscosity at rest,
stationary viscosity
➢ **reduzierte Viskosität**
reduced viscosity
➢ **relative Viskosität**
relative viscosity
➢ **scheinbare Viskosität**
apparent viscosity
➢ **Scherviskosität**
shear viscosity
➢ **spezifische Viskosität**
specific viscosity
➢ **Strukturviskosität**
non-Newtonian viscosity
➢ **Volumenviskosität**
bulk viscosity
Viskositätskoeffizient/
Zähigkeitskoeffizient
coefficient of viscosity
Viskositätsverhältnis/
relative Viskosität
viscosity ratio,
relative viscosity
Viskositätszahl
viscosity number
Vliesstoff
nonwoven (non-woven),
nonwoven fabric, fleece
➢ **Glasfaservliesstoff**
glass nonwoven
Voigt-Kelvin-Element
Voigt-Kelvin element
Vollgummi
solid rubber
Vollpipette/
volumetrische Pipette
transfer pipet,
volumetric pipet
Voltammetrie voltammetry

➢ **cyclische Voltammetrie/**
Cyclovoltammetrie
cyclic voltammetry
➢ **lineare Voltammetrie**
linear scan voltammetry,
linear sweep voltammetry
➢ **Stripping-Analyse/**
Inversvoltammetrie
stripping analysis,
stripping voltammetry
Volumen volume
➢ **ausgeschlossenes Volumen**
excluded volume
➢ **besetztes Volumen**
occupied volume
➢ **freies Volumen** free volume
Volumenanteil
(Volumenbruch)
volume fraction
Volumenfließindex
melt volume index (MVI),
melt volume rate
Voluminosität (Bausch) *text*
bulkiness
Vorarbeiten
preparatory work
Vorbehandlung
pretreatment,
preparation
Vorbereitung preparation
➢ **Probenvorbereitung**
sample preparation
Vordruck/Eingangsdruck
(Hochdruck: Gasflasche)
initial pressure,
initial compression,
high pressure
Vorfilter prefilter
Vorfluter recipient; discharge;
(Gewässer: Abwassergraben etc.)
drainage ditch, outfall ditch,
receiving water
Vorformling/
Rohling (Extrusion) *polym*
parison,
preform
➢ **Prepreg**
(vorimprägnierter V.)
prepreg

Vorformwerkzeug
preforming die
Vorgarn
text roving; sliver
vorgereinigt
precleaned
Vorhersage/Prognose
prediction, prognosis
vorimprägniert
polym prepregged
Vorkehrung
precaution
Vorkehrungen treffen
take precautions
(precautionary measures)
Vorkommen
occurrence, presence
Vorkondensat
precondensate
Vorkonzentrat
preconcentrate
vorkühlen prechill
Vorkühler (Kälte)
precooler
Vorlage *dest*
distillation receiver adapter, receiving
flask adapter
Vorlagekolben
recovery flask, receiving flask,
receiver flask (collection vessel)
Vorlauf *dest*
forerun; forshot (alcohol)
Vorläufer/Präkursor
precursor
Vorläuferpolymer
precursor polymer
Vormischung
premix;
premixing
Vorpolymer
prepolymer
Vorprobe
preliminary test,
crude test
Vorrat stock, store,
supply (meist *pl* supplies), provisions,
reserve
vorreinigen
preclean, prepurify

Vorreinigung
precleaning,
prepurification
Vorrichtung
device
Vorsäule (HPLC)
guard column
Vorschaltdrossel
electr ballast, choke
Vorschaltgerät
electr ballast unit;
(Starter: Leuchtstoffröhren)
starter
Vorschrift(en)
(Anweisungen) instructions,
specifications, directions,
prescription;
(Regeln) policy, rule
Vorschub advance
Vorsicht
caution, cautiousness, care,
carefulness, precaution;
(Vorsicht!) caution! (careful!)
vorsichtig
cautious, careful
Vorsichtsmaßnahme/
Vorsichtsmaßregel
precaution,
precautionary measure,
safety warning
Vorsorge
provision
Vorsorgemaßnahme
provisional measure,
precautionary measure
Vorsorgeuntersuchung
preventive medical checkup
Vorstoß *lab/chem*
adapter
Vorstreckung
prestretching
Vortex/
Mixer/Mixette/
Küchenmaschine
vortex, mixer
Vortex-Bewegung
(Schüttler: kreisförmig-vibrierende
Bewegung)
vortex motion, whirlpool motion

**Vortexmischer/
Vortexschüttler/Vortexer
(für Reagenzgläser etc.)**
vortex shaker, vortex

Vortrieb/Anschub thrust

Vorverstärker
preamplifier

Vorversuch
pretrial, preliminary experiment

Vorwärmer
preheater

**Vorwärts-Rückstoß-Spektrometrie
(VRS)**
forward-recoil spectrometry
(FRS/FRES)

Vorzugsadsorption
preferential adsorption

Vorzugssolvatation
preferential solvation

Vorzugstemperatur
cardinal temperature

Vulkanasche
volcanic ash

Vulkanfiber
vulcanized fiber

Vulkanisat
vulcanized rubber

➢ **Kaltvulkanisat**
room temperature vulcanized rubber,
RTV rubber

Vulkanisation
vulcanizing, vulcanization;
(Härten) curing, cure

➢ **Anvulkanisation/Scorch**
scorch, scorching,
prevulcanization

➢ **Bleimantelvulkanisation**
lead press cure,
lead press technique

➢ **Dampfrohrvulkanisation**
steam pipe vulcanization

➢ **Flüssigkeitsbadvulkanisation
(LCM-Verfahren)**
liquid curing medium method
(LCM)

➢ **Heißluftvulkanisation**
hot-air vulcanizing

➢ **Heißvulkanisation**
heat vulcanizing (hot cure)

➢ **Kaltvulkanisation/
V. bei Raumtemperatur**
cold vulcanizing (cold cure),
room temperature vulcanizing
(RTV)

➢ **Ultra-Hoch-Frequenz-Vulkanisation
(UHF)**
ultrahigh-frequency vulcanizing

➢ **Wirbelbett-Vulkanisation**
fluidized-bed vulcanizing

Vulkanisationsaktivator
vulcanization activator,
vulcanization initiator

Vulkanisationsbeschleuniger
vulcanization accelerator

Vulkanisationschemikalien
vulcanizing agents

Vulkanisationsinhibitor
vulcanization inhibitor,
vulcanizing inhibitor

**Vulkanisationsverzögerer/
Antiscorcher**
vulcanizing retarder,
antiscorching agent,
antiscorcher

Vulkanisationsverzögerung
retardation of vulcanization

Vulkanisierofen
curing oven

Waage
  scale (weight), balance (mass)
➤ **Analysenwaage**
  analytical balance
➤ **Balkenwaage** beam balance
➤ **Federzugwaage/Federwaage**
  spring balance, spring scales
➤ **Feinwaage/Präzisionswaage**
  precision balance
➤ **Kontrollwaage**
  checkweighing scales
➤ **Laborwaage**
  laboratory balance
➤ **Quarz-Mikrowaage (QMW)**
  quartz microbalance (QMB)
➤ **Tafelwaage** pan balance
➤ **Tischwaage** bench scales
➤ **Wasserwaage** level
Waagschale
  scalepan, weigh tray,
  weighing tray, weighing dish
Wachs wax
➤ **Bienenwachs** beeswax
➤ **Plastilin** plasticine
wachsartig
  waxy, wax-like, ceraceous
Wachspapier wax paper
Wachstum growth
➤ **Kettenwachstum**
  chain growth
➤ **Stufenwachstum**
  step growth,
  stepwise growth
Wägebürette
  weight buret,
  weighing buret
Wägeglas weighing bottle
Wägelöffel weighing spoon
wägen/wiegen weigh
Wägepapier
  weighing paper
Wägeschiffchen
  weighing boat,
  weighing scoop
Wägespatel
  weighing spatula
Wägetisch
  weighing table
Wägung weighing

Wählscheibe/
  Einstellscheibe
  dial
wahrnehmen/empfinden (Reiz)
  perceive
Wahrnehmung/
  Empfindung/Perzeption (Reiz)
  perception
Wahrscheinlichkeit
  probability, likelihood
walken
  tumble, mill, drum;
  text full, mill, pile
Walrat
  spermaceti
Walratöl
  spermaceti oil, sperm oil
Walze/Rolle/Zylinder
  barrel, roll, cylinder
Walzendurchbiegung
  roll deflection
Walzenextruder
  (Planetwalzenextruder)
  planetary screw extruder,
  planetary gear extruder
Walzenspalt
  (Walzenabstand/Mittenabstand)
  roll gap;
  (Einzugskeil) roll nip
Walzenverfahren
  (Auftrageverfahren)
  polym roll coating
Wandeffekt wall effect
Wanderung/Migration
  chromat/electrophor
  migration
Wanderungsgeschwindigkeit/
  Migrationsgeschwindigkeit
  chromat/electrophor
  migration speed (velocity)
Wandler/Umwandler
  transducer, converter
Wanne
  tub; *electrophor* reservoir, tray
Wannenform *chem* (Cycloalkane)
  boat conformation
Ware(n)
  ware, articles,
  products, goods

Warenkontrolle
inspection,
checking of goods
Warenlager
stockroom, repository, warehouse
Warenprobe
sample, specimen
Warensendung
consignment of goods,
shipment of goods
Warenzeichen/Markenbezeichnung
brand name, trade name;
(eingetragenes Warenzeichen)
registered trademark
Wärme/Hitze
warmth, heat
➤ **Abwärme**
waste heat
➤ **Bildungswärme**
heat of formation
➤ **Erwärmung** warming
➤ **Lösungswärme**
heat of solution
➤ **Mischungswärme**
heat of mixing
➤ **Reaktionswärme/Wärmetönung**
heat of reaction
➤ **spezifische Wärme**
specific heat
➤ **Strahlungswärme**
radiant heat
➤ **Umwandlungswärme/**
latente Wärme
heat of transition,
latent heat
➤ **Verbrennungswärme**
heat of combustion
➤ **Verdunstungswärme**
heat of evaporation,
heat of vaporization
Wärmeabgabe
heat loss, heat output
Wärmeabstrahlung
heat dissipation
Wärmebehandlung
heat treatment
Wärmedurchgang
heat transmission,
heat transfer

Wärmedurchgangszahl (C)
thermal conductance
Wärmeeintrag heat input
Wärmeformbeständigkeit
deflection temperature
Wärmefreisetzungsrate
heat release rate (HRR)
wärmehärtend/
heißhärtend/thermohärtend
hot-curing, thermocuring
Wärmeisolierung
thermal insulation
Wärmekapazität
heat capacity, thermal capacity
Wärmeleitfähigkeit
heat conductivity,
thermal conductivity
Wärmeleitfähigkeitsdetektor/
Wärmeleitfähigkeitsmesszelle
(WLD) thermal conductivity detector
(TCD)
Wärmeofen
heating oven,
heating furnace (more intense)
Wärmepumpe heat pump
Wärmeregler
thermoregulator
Wärmeschrank incubator
Wärmeschrumpfen
heat-shrinking
Wärmestabilisator/
Thermostabilisator
heat stabilizer
Wärmestrahlung
thermal radiation
Wärmetauscher
heat exchanger
Wärmetönung
heat tone, heat tonality;
heat of reaction, heat effect
Wärmeträgeröl
thermal oil,
heat transfer oil
Wärmetransport
heat transport
Wärmeübergang
heat transfer
Wärmeübertragung
heat transmission

Wärmeverlust heat loss
Wärmezufuhr
  heat supply,
  addition of heat
Warmformen/Thermoformen
  thermoforming
Warmgasschweißen/
  Heißgasschweißen
  (HG-Schweißen)
  hot gas welding
Warmschweißen
  thermal welding
Warnband warning tape
warnen warn
warnend
  warning, precautionary
Warnetikett
  warning label
Warnruf/Alarm alarm
Warnschild
  danger sign, warning sign
Warntafel warning sign
Warnung warning, caution
Warnzeichen/Warnhinweis
  warning, warning sign,
  precaution sign
Wartezeit
  waiting time/period;
  (Verzögerung) delay
Wartung/Instandhaltung
  maintenance
Wartungsdienst
  maintenance service
wartungsfrei maintenance-free
Wartungsmonteur
  maintenance worker,
  maintenance man
Wartungspersonal
  maintenance personnel
Wartungsvertrag
  maintenance contract
waschbar/abwaschbar
  washable
Waschbecken wash basin
Wascheinrichtung
  washing facilities
Waschlösung/Waschlauge
  wash solution
Waschmittel detergent

Wasser water
➤ **Abwasser** wastewater
➤ **Bidest**
  double distilled water
➤ **Brauchwasser/Betriebswasser**
  (nicht trinkbares Wasser)
  process water, service water;
  (Industrie-B.) industrial water
  (nondrinkable water)
➤ **Brunnenwasser** well water
➤ **destilliertes Wasser**
  distilled water
➤ **entionisiertes Wasser**
  deionized water
➤ **gereinigtes Wasser/**
  aufgereinigtes Wasser/
  aufbereitetes Wasser
  purified water
➤ **Grundwasser**
  ground water
➤ **Haftwasser**
  film water,
  retained water
➤ **hartes Wasser** hard water
➤ **Kristallisationswasser**
  water of crystallization
➤ **Kristallwasser**
  crystal water,
  water of crystallization
➤ **Leitungswasser** tap water
➤ **Meerwasser**
  seawater, saltwater
➤ **Mineralwasser** mineral water
➤ **Quellwasser** springwater
➤ **salziges Wasser** saline water
➤ **Salzwasser** saltwater
➤ **schweres Wasser** D_2O
  heavy water
➤ **Selterswasser/Sprudel**
  soda water
➤ **Süßwasser** freshwater
➤ **trinkbares Wasser**
  potable water
➤ **Trinkwasser**
  drinking water,
  potable water
➤ **Warmwasser** hot water
➤ **weiches Wasser**
  soft water

Wasserabscheider
water separator,
water trap

**wasserabstoßend/
wasserabweisend**
water-repellent,
water-resistant

Wasseraktivität/Hydratur
water activity

**wasseranziehend/hygroskopisch
(Feuchtigkeit aufnehmend)**
hygroscopic

Wasseraufbereitung
water purification

Wasseraufbereitungsanlage
water purification plant/facility,
water treatment plant/facility

Wasseraufnahme
water uptake

Wasserbad water bath

Wasserdampf water vapor

Wasserdestillierapparat
water still

**wasserdicht/
wasserundurchlässig**
watertight, waterproof

**Wassereinlagerung/
Wasseranlagerung/
Hydratation**
hydration

Wasserenthärter
water softener

Wasserenthärtung
water softening

wasserentziehend/dehydrierend
dehydrating

Wasserentzug
dehydration

wasserfest
waterproof

wasserfrei
free from water;
moisture-free; anhydrous

Wassergefahrenklasse (WGK)
water hazard class

Wassergehalt
water content

Wasserglas M₂O×(SiO₂)ₓ
water glass, soluble glass

Wassergüte/Wasserqualität
water quality

Wasserhärte
water hardness

➤ **bleibende Härte/
permanente Härte**
permanent hardness

➤ **Gesamthärte**
total hardness

➤ **Karbonathärte/Carbonathärte/
vorübergehende Härte/
temporäre Härte**
carbonate hardness,
temporary hardness

Wasserhülle/Hydrationsschale *chem*
hydration shell

wasserlöslich water-soluble

Wasserlöslichkeit
water solubility

Wassermantel (Kühler)
water jacket

**Wasserpotential/
Hydratur/Saugkraft**
water potential

Wasserpumpe water pump

wasserreaktiv
water reactive

Wassersättigung
water saturation

Wassersättigungsdefizit
water saturation deficit
(WSD)

Wassersäule
water column,
column of water

Wasserschieber/Wasserabzieher
squeegee (for floors)

wasserspaltend/hydrolytisch
hydrolytic

Wasserspaltung/Hydrolyse
hydrolysis

Wasserstoff (H) hydrogen

**Wasserstoffbrücke/
Wasserstoffbrückenbindung**
hydrogen bond

Wasserstoffelektrode
hydrogen electrode

Wasserstoffion (Proton)
hydrogen ion (proton)

Wasserstoffperoxid
hydrogen peroxide
Wasserstrahl
jet of water
Wasserstrahlpumpe
water pump, filter pump,
vacuum filter pump
wasserundurchlässig
watertight, waterproof
Wasserundurchlässigkeit
watertightness,
waterproofness
wasserunlöslich
insoluble in water
Wasserunlöslichkeit
water-insolubility
Wasseruntersuchung/
 Wasseranalyse
water analysis
Wasserverbrauch
water consumption,
water usage
Wasserverlust
water loss
Wasserverschmutzung
water pollution
Wasserversorgung
water supply
Wasserwaage level
Wasserzufuhr
water supply
Wasserzulauf/
 Wasserzapfstelle
 (Wasserhahn)
water outlet
wässrig aqueous
Watte
absorbent cotton;
(Baumwolle) cotton
Wattebausch/
 Baumwoll-Tupfer
cotton ball,
cotton pad
Wattestopfen
cotton stopper
Wechselbeanspruchung
alternating stress, reversed stress
Wechselbelastung
alternating load/strain

Wechselfeld-Gelelektrophorese/
 Puls-Feld-Gelelektrophorese
pulsed field gel electrophoresis
(PFGE)
Wechselfestigkeit
fatigue strength
Wechselfestigkeitsprüfung
fatigue test
Wechselstrom
alternating current (AC)
Wechselvorlage
chromat fraction cutter;
('Spinne'/Eutervorlage/
Verteilervorlage) *dest*
multi-limb vacuum receiver adapter,
cow receiver adapter,
'pig' (receiving adapter
for three/four receiving flasks)
Wechselwirkung interaction
➢ **kurzreichende W.**
short-range interaction
➢ **langreichende W.**
long-range interaction
Wechselwirkungsparameter
interaction parameter
Wechselzahl k_{cat}
 (katalytische Aktivität)
turnover number
Wechselzeit
turnover time
wegführend/
 ausführend/ableitend
efferent
Wegwerf.../Einweg.../Einmal...
disposable
Weichfaser
soft fiber
weichmachen/plastifizieren
soften (esp. foods),
plasticize (plastics a.o.)
Weichmachen/Plastifizieren
softening (esp. foods),
plasticization (plastics a.o.)
Weichmacher/Plastifikator
softener (esp. in foods),
plasticizer (in plastics a.o.),
plasticizing agent
➢ **Polymerweichmacher**
polymer(ic) plasticizer

Weichmachung
plasticization; plastification
➢ **äußere W.** external p.
➢ **innere W.** internal p.
Weingeist
spirit of wine
(rectified spirit: alcohol)
Weinsäure/Weinsteinsäure (Tartrat)
tartaric acid (tartrate)
Weinstein/Tartarus
(Kaliumsalz der Weinsäure)
tartar
Weissbruch *polym*
stress whitening
Weissenberg-Effekt
(Lösungen)
rock climbing
weiterleiten
forward; refer; redirect;
(fortleiten) pass on, propagate
Weiterreißfestigkeit/
Weiterreißwiderstand
tear propagation resistance
Weiterreißkraft
tear propagation force
weiterverarbeiten/prozessieren
process, finish
Weiterverarbeitung/
Prozessierung
rocessing, finishing
Weithals ...
wide-mouthed, widemouthed,
wide-neck, widenecked
Weithalsfass
wide-mouth vat,
wide-neck vat
Weithalsflasche
wide-mouth flask,
wide-neck bottle
Weitwinkel *micros*
widefield
Weitwinkel-Röntgenstreuung (WWR)/
Röntgenweitwinkelstreuung
wide-angle X-ray scattering
(WAXS)
Welle shaft, spindle
Wellendichtung (Rotor)
shaft seal
Wellenlänge wavelength

Wellenzahl (IR)
wavenumber
Wellpappe
corrugated board
Wellplatte
corrugated panel
Werfen/
Verwerfung/Wölbung/
Verziehen/Verkrümmung
warp
Werk/Fabrik
factory, plant,
manufacturing plant
Werkbank (Labor-Werkbank)
bench, workbench (lab bench)
➢ **Fallstrombank**
vertical flow workstation/hood/unit
➢ **Handschuhkasten/**
Handschuhschutzkammer
glove box
➢ **Labor-Werkbank**
laboratory bench, lab bench
➢ **Querstrombank**
laminar flow workstation,
laminar flow hood,
laminar flow unit
➢ **Reinraumwerkbank**
clean-room bench
➢ **Sicherheitswerkbank**
clean bench
➢ **sterile Werkbank**
sterile bench
Werkstatt
workshop, 'shop'
Werkstoff material
Werkstoffbeanspruchung
material stress
Werkstoffermüdung
material fatigue
Werkstoffkunde/Materialkunde
material(s) science
Werkstoffprüfung
materials testing
Werkstück workpiece; work
Werkstückkasten/Teilekasten
tote tray
Werkzeug tools; (zur Formgebung
beim Spritzgießen etc.) mold;
(Pressstempel) die

Werkzeuganguss/ Angusssteg
gate

Werkzeugfüllung, ungenügende
short shot (useless/defect molding)

Werkzeughalter (Extruder)
die block

Werkzeugkasten tool box

Werkzeugtrennmittel/ Formentrennmittel/ Gleitmittel
releasing agent,
mold-releasing agent,
mold lubricant

Wertigkeit valency
- **dreiwertig** trivalent
- **einwertig** univalent
- **fünfwertig** pentavalent
- **vierwertig** tetravalent
- **zweiwertig**
  bivalent, divalent

Weste, kugelsichere
bulletproof vest

wetterbeständig
weatherproof

Whiskerharz whisker resin

whiskerverstärkter Kunststoff (WK)
whisker-reinforced plastic (WRP)
- **metallwhiskerverstärkter Kunststoff (MWK)**
  metal whisker-reinforced plastic (MWRP)

Wickelgerät/ Wickelanlage
winder

Widerstand
resistance; resistivity;
hydro/aer drag
- **Oberflächenwiderstand**
  surface resistivity
- **spezifischer Widerstand**
  resistivity

widerstandsfähig
resistive, resistant, hardy

Widerstandsfähigkeit
resistance, resistivity,
hardiness

Widerstandsheizung
resistive heating

Widerstandsthermometer
resistance thermometer

wiederaufladbar
rechargeable

Wiederbelebung/Reanimation
resuscitation
- **kardiopulmonale Reanimation**
  cardiopulmonary resuscitation (CPR)
- **Mund-zu-Mund Beatmung**
  mouth-to-mouth
  resuscitation/respiration

wiedergewinnen/ rückgewinnen/aufbereiten
retrieve, recover

Wiedergewinnung
retrieval, recovery

Wiederholbarkeit
repeatability

wiederverwenden reuse

Wiederverwendung reuse

wiederverwerten recycle

Wiederverwertung
recycling

wiegen weigh
- **abwiegen (eine Teilmenge)**
  weigh out
- **auswiegen (genau wiegen)**
  weigh out precisely
- **einwiegen (nach Tara)**
  weigh in (after setting tare)

Wildlederimitat
polysuede

willkürlich
allg arbitrary, random;
med/psych voluntary

Winde/Kurbel winch

winden wind, twist, coil

Windkessel
air chamber, air receiver,
air vessel, surge chamber

Windung (Spirale) twist, coil,
spiral (a series of loops);
- **Krümmung/Biegung**
  winding, contortion, turn, bend;
- **Bewegung**
  spiral movement, spiral coiling

Winkelbeschleunigung (rad/s^2)
angular acceleration
Winkelgeschwindigkeit (rad/s)
angular velocity
Winkelrohr/
Winkelstück/Krümmer
(Glas/Metall etc. zur Verbindung)
bend, elbow, elbow fitting,
ell, bent tube, angle connector
Winkelrotor *centrif*
angle rotor,
angle head rotor
Wippbewegung
see-saw motion,
rocking motion
Wippe/Schwinge/Rüttler
rocker
Wippschwingung (IR)
wagging vibration
Wirbel
whirl, swirl, spin;
eddy, vortex
Wirbeldiffusion
eddy diffusion
Wirbelschichtreaktor/
Wirbelbettreaktor
fluidized bed reactor
Wirbelsintern
(Auftrageverfahren: Sprühverfahren)
polym fluidized bed coating,
fluidized bed dip coating,
fluidized bed sintering
Wirbelstrom
eddy current
wirken act, work, be effective,
causing an effect, take effect
Wirksamkeit
effectiveness
Wirkschwelle
no adverse effect level
(NOAEL)
Wirkstoff/Wirksubstanz
active ingredient,
active principle,
active component
Wirkstofffreigabe
drug release
➢ **kontrollierte W.**
controlled drug release

Wirkstoffliefersystem/
Arzneistoffliefersystem/
Wirkstoffapplikationssystem/
Arzneistoffapplikationssystem
(in vivo Transport- und
Dosiersystem)
drug delivery system
Wirkung
effect, action
Wirkungsgrad
efficiency
Wirkungsspezifität
specificity of action
Wirkungsweise/Mechanismus
mode of action, mechanism
Wirtsgitter
host lattice
wischen wipe
Wischer wipe, wiper
➢ **Fensterwischer/Fensterabzieher**
squeegee (for windows)
➢ **Wasserschieber/Wasserabzieher**
squeegee (for floors)
Wischtuch/Wischlappen
cloth, wiping cloth, rag;
(Wischtücher) wipes
WLF-Gleichung
Williams-Landel-Ferry equation
(WFL)
Wölbung/
Koeffizient der Wölbung *stat*
kurtosis
Wölbung/
Verwerfung/Werfen/
Verziehen/Verkrümmung
warp
Wolfram (W) tungsten
Wolle wool
➢ **Baumwolle** cotton
➢ **Mungo (Kunstwolle/Reißwolle**
aus Tuchlumpen/gewalkten
Tuchen) mungo
➢ **Neuwolle**
(unverarbeitete Wolle)
virgin wool (new wool)
➢ **Reißwolle**
reprocessed wool,
reclaimed wool
(incl. shoddy and mungo)

➤ **Schurwolle
(von lebenden Schafen)**
shear wool/shorn wool
(fleece wool)
➤ **Shoddy/Shoddywolle
(Reißwolle aus Strickwaren/
Maschenwaren u.a.)** shoddy
Woulff'sche Flasche
Woulff bottle

Wundsalbe/Wundheilsalbe
healing ointment,
wound healing ointment
Würfelschneider *polym*
dicer, cube dicer
**Wurzelharz
(Kolophonium von
Kiefern-Baumstümpfen)**
wood rosin

Xanthangummi xanthan gum
Xanthogensäure xanthogenic acid,
  xanthic acid, xanthonic acid,
  ethoxydithiocarbonic acid
Xerogel xerogel
Xylit xylitol/xylite
Xylol/Xylen (Dimethylbenzol)
  xylene
Xylose xylose
Xylulose xylulose

Youngscher Modul/
Elastizitätsmodul/
Zugmodul
Young's modulus,
modulus of elasticity,
tensile modulus

zäh tough, rigid; tenacious;
(klebrig) tacky
Zähbruch
tough fracture,
ductile fracture
zähflüssig/
dickflüssig/viskos/viskös
viscous, viscid
Zähflüssigkeit/
Dickflüssigkeit/Viskosität
viscosity,
viscousness
Zähigkeit
toughness, rigidity;
polym (Festigkeit/relative
Reißfestigkeit)
tenacity (tensile strength)
Zahlenmittel number average
Zahlenmittel-Kettenlänge
(Polymerisationsgrad)
number-average chain length
(degree of polymerization)
Zählkammer
counting chamber
Zählplatte
counting plate
Zählung count
Zange plier, pliers;
(Labor: Haltezangen) tongs
➤ **Becherglaszange**
beaker clamp
➤ **Kolbenzange** flask tongs
➤ **Pumpenzange/**
Wasserpumpenzange
water pump pliers,
slip-joint adjustable
water pump pliers
➤ **Rohrzange**
pipe wrench,
griplock pliers (US),
channellock pliers (US)
➤ **Tiegelzange**
crucible tongs
Zapfen (Fass~) faucet
zapfen (Latex an Bäumen)
tap
Zapfhahn/Fasshahn
spigot
Zeiger pointer; indicator

Zeigerwerte
indicator value
zeitaufgelöst
time-resolved
Zeitfestigkeit/
Kriechfestigkeit/
Zeitstandfestigkeit/
Dauerstandfestigkeit
creep strength, creep resistance
Zeitstandbiegefestigkeit
flexural creep strength
Zeitstandverhalten
creep behavior
Zeitstandzugfestigkeit
tensile creep strength
Zeitstandzugfestigkeits-Prüfung
test of creep rupture strength
Zeit-Temperatur-Überlagerung
time-temperature superposition
Zellbildung/Nukleierung
(in Schaumstoffen)
nucleation
Zellgift/Zytotoxin/Cytotoxin
cytotoxin
Zellglas/Cellulosehydrat
(Regeneratcellulose)
cellulose film,
cellulose hydrate,
cellophane
Zellgummi/Moosgummi
cellular rubber,
expanded rubber
Zellobiose/Cellobiose
cellobiose
zellschädigend/
zytopathisch/cytopathisch
(zytotoxisch)
cytopathic (cytotoxic)
Zellstoff wood pulp
Zellstofffaser pulp fiber
Zellstoffgarn cellulose yarn
Zellstoffseide cellulose silk
Zellstoffwatte wood wool
zelltötend/zytozid cytocidal
Zellulose/Cellulose cellulose
Zentil/Perzentil/Prozentil *stat*
centile, percentile
zentralsymmetrisch
centrosymmetric(al)

zentrieren center
zentrifugal centrifugal
Zentrifugalextraktor
  centrifugal extractor
Zentrifugalkraft
  centrifugal force
Zentrifugation
  centrifugation
➢ **analytische Zentrifugation**
  analytical centrifugation
➢ **Dichtegradientenzentrifugation**
  density gradient centrifugation
➢ **Differentialzentrifugation/**
  differentielle Zentrifugation
  differential centrifugation
  ('pelleting')
➢ **isopyknische Zentrifugation**
  isopycnic centrifugation,
  isodensity centrifugation
➢ **präparative Zentrifugation**
  preparative centrifugation
➢ **Ultrazentrifugation**
  ultracentrifugation
➢ **Zonenzentrifugation**
  zonal centrifugation
Zentrifuge centrifuge
➢ **Hochgeschwindigkeitszentrifuge**
  high-speed centrifuge,
  high-performance centrifuge
➢ **Kammerzentrifuge**
  multichamber centrifuge,
  multicompartment centrifuge
➢ **Kühlzentrifuge**
  refrigerated centrifuge
➢ **Mikrozentrifuge**
  microfuge
➢ **Röhrenzentrifuge**
  tubular bowl centrifuge
➢ **Schälschleuder**
  knife-discharge centrifuge,
  scraper centrifuge
➢ **Siebkorbzentrifuge**
  screen basket centrifuge
➢ **Siebschleuder**
  screen centrifuge
➢ **Tischzentrifuge**
  tabletop centrifuge,
  benchtop centrifuge
  (multipurpose c.)

➢ **Trommelzentrifuge**
  basket centrifuge,
  bowl centrifuge
➢ **Ultrazentrifuge**
  ultracentrifuge
➢ **Vollmantelzentrifuge/**
  Vollwandzentrifuge
  solid-bowl centrifuge
Zentrifugenröhrchen
  centrifuge tube
Zentrifugenröhrchenständer
  centrifuge tube rack
zentrifugieren
  centrifuge, spin
zerbrechen
  break, shatter
zerbrechlich
  fragile;
  (Vorsicht, zerbrechlich!)
  Fragile! Handle with care!
Zerfall
  (Abbau/Zusammenbruch)
  breakdown;
  (Zersetzung/Verrottung/Verfaulen)
  decay, disintegration, decomposition
➢ **radioaktiver Zerfall**
  radioactive decay,
  radioactive disintegration
zerfallen
  decay, disintegrate,
  decompose, fall apart
Zerfaserungsmaschine/
  Stoffauflöser
  defibrator
  (separating into fibrous components)
Zerfließen/
  Zerschmelzen/Zergehen
  deliquescence
zerfließend/
  zerfließlich/
  zerschmelzend/
  zergehend
  deliquescent
zerkleinern
  reduce (to small pieces);
  break up
zermahlen
  (grob) grind, (fein) pulverize;
  (im Mörser) triturate

Zermahlen
  (grob) grinding;
  (fein: Pulverisierung) pulverization;
  (im Mörser) trituration
zermalmen
  crush; (zermahlen) grind
zerreiben rub, grind; (im Mörser)
  triturate
Zerreißfestigkeit/
  Reißfestigkeit/
  Zugfestigkeit (Holz)
  tensile strength
zersetzen
  disintegrate, decay,
  decompose, degrade
Zersetzer/Destruent/Reduzent
  decomposer
Zersetzung
  disintegration, decay,
  decomposition, degradation
Zersetzungsprodukt
  degradation product
Zersetzungstemperatur *chem*
  decomposition temperature,
  disintegration temperature
zerstäuben
  atomize; spray
Zerstäuber/Sprühgerät
  (z.B. für DC) atomizer, sprayer;
  (Wasserzerstäuber) humidifier,
  mist blower
Zerstäuberdüse
  spray nozzle
zerstreuen/dispergieren
  scatter, disperse
Zerstreuung/Dispergierung
  scattering, dispersion
Ziehen/Strecken *polym*
  drawing
Ziehklinge
  draw blade, (cabinet) scraper, (Rakel)
  drawing knife;
  spokeshave
  ➢ **Schabhobel**
  scraper
Ziehpressen/Tiefziehen
  swaging
Ziehverfahren *polym*
  drawing

Ziehverhältnis/
  Streckverhältnis
  draw ratio
Zimm-Plot/Zimm-Diagramm
  Zimm plot
Zimtaldehyd
  cinnamic aldehyde,
  cinnamaldehyde
Zimtalkohol
  cinnamic alcohol,
  cinnamyl alcohol
Zimtsäure/
  Cinnamonsäure (Cinnamat)
  cinnamic acid
Zink (Zn) zinc
Zinkblende
  zinc blende,
  blackjack
Zinn (Sn) tin
Zippverschluss
  zip-lip seal, zipper-top
Zippverschlussbeutel
  zip-lip bag,
  zipper-top bag
Zirconium (Zr) zirconium
Zirconiumdioxid ZrO_2
  zirconia
  (zirconium oxide/zirconium dioxide)
Zirkon $ZrSiO_4$ zircon
zirkular/zirkulär/
  kreisförmig/rund
  circular, round
Zirkularchromatographie
  circular chromatography
Zirkulardichroismus/
  Circulardichroismus
  circular dichroism
Zirkularisierung/
  Ringschluss
  circularization
zirkulieren circulate
zirkulierend/Zirkulations...
  circulating, circulatory
Zitronensäure/Citronensäure
  (Zitrat/Citrat)
  citric acid (citrate)
Zonenschmelze(n)
  zone melting,
  zone refining

Zonensedimentation
zone sedimentation,
zonal sedimentation,
band sedimentation
Zonierung zonation
Zubehör
accessories, supplies;
(Kleinteile an Geräten etc.)
fittings, fixing
Zubehörlager
supplies storage,
supplies 'shop', 'supplies'
Zuber tub
Zubereitung/Herstellung
preparation
züchten/kultivieren
grow, cultivate, breed;
raise, rear
Züchtung/Kultivierung
growing, cultivation,
breed, breeding;
raising, rearing
Zucker sugar
➢ **Aminozucker**
amino sugar
➢ **Blutzucker**
blood sugar
➢ **Doppelzucker/Disaccharid**
double sugar, disaccharide
➢ **Einfachzucker/**
einfacher Zucker/
Monosaccharid
single sugar, monosaccharide
➢ **Fruchtzucker/Fruktose**
fruit sugar, fructose
➢ **Holzzucker/Xylose**
wood sugar, xylose
➢ **Invertzucker**
invert sugar
➢ **Isomeratzucker/Isomerose**
high fructose corn syrup
➢ **Malzzucker/Maltose**
malt sugar, maltose
➢ **Milchzucker/Laktose**
milk sugar, lactose
➢ **Rohrzucker/Rübenzucker/**
Saccharose/Sukrose/Sucrose
cane sugar, beet sugar,
table sugar, sucrose

➢ **Rohzucker**
raw sugar, crude sugar
(unrefined sugar)
➢ **Rübenzucker/**
Saccharose/Sukrose/Sucrose
beet sugar,
table sugar, sucrose
➢ **Traubenzucker/**
Glukose/Glucose/Dextrose
grape sugar,
glucose, dextrose
➢ **Verzuckerung**
saccharification
➢ **Vielfachzucker/**
Polysaccharid
multiple sugar,
polysaccharide
zuckerbildend
sacchariferous,
saccharogenic
zuckerhaltig
sugar-containing
Zuckerrohrfaser
cane fiber
Zuckersäure/
Aldarsäure
saccharic acid,
aldaric acid
zuckerspaltend
saccharolytic
Zufall
chance; accident;
coincidence
zufällig
by chance, at random;
(aus Versehen) accidentally
Zufallsabweichung *stat*
random deviation
Zufallsauslese
random screening
Zufallsereignis
random event
Zufallsfehler *stat*
random error
Zufallskonformation/
ungeordnete Konformation
random walk conformation,
random coil conformation,
random flight conformation

Zufallsstichprobe/
Zufallsprobe *stat*
random sample,
sample taken at random
Zufallsvariable *stat*
random variable
Zufallsverteilung *stat*
random distribution
Zufallszahl *stat*
random number
Zufluss
influx, inflow; supply;
inlet; tributary, affluent
Zufuhr supply; influx
Zufuhröffnung
inlet opening
Zug *tech/mech*
strain, drag;
(Sog) tension, suction, pull
Zugang
access, admission,
admittance, entry
Zugdehnung
stress-strain
Zugfestigkeit/Zerreißfestigkeit/
Reißfestigkeit
tensile strength
Zugkraft, feinheitsbezogene
tenacity
Zugluft draft
Zugnachgiebigkeit
tensile compliance
Zugschlagzähigkeit
tensile impact strength
Zugspannung
tensile stress, engineering stress;
(Wasserkohäsion) water tension
Zugspannung bei 100% Dehnung
tensile strength (TS)
Zugwalze
puller, tension roll
Zulage
compensation,
bonus, extra pay
➢ **Gefahrenzulage**
hazard bonus
Zulassung/Lizenz/Erlaubnis
admission, licence, permit;
registration

Zulauf inlet, feed, feed inlet;
intake, supply; (process➢) inflow;
(eintretende Flüssigkeit) feed
(incoming fluid); (Eintrittsstelle einer
Flüssigkeit) inlet
Zulaufschlauch feed tube
Zulauftrichter
addition funnel
Zulaufventil/
Beschickungsventil
delivery valve
Zulaufverfahren/
Fedbatch-Verfahren
(semi-diskontinuierlich)
fed-batch process,
fed-batch procedure
Zuleitung feed, inlet
Zuleitungsrohr
inlet pipe
Zulieferung
supply, shipment
Zuluft
input air
Zumesszone/
Ausbringungszone/
Ausstoßzone/
Meteringzone (Extruder)
metering zone
Zunahme
gain, increase,
increment
Zündbarkeit
ignitability
zünden
ignite, fire, spark; start
Zünder
igniter, primer; fuse
Zündflamme
pilot flame, pilot light
(from a pilot burner)
Zündfunke
(ignition) spark
Zündpunkt/
Zündtemperatur/
Entzündungstemperatur
ignition point, kindling temperature,
flame temperature, flame point,
spontaneous-ignition temperature
(SIT)

Zündröhrchen/Glühröhrchen
ignition tube
Zündstein/
Feuerstein/Flintstein/Flint
flint, flint stone
Zündstoff/Brandstoff
incendiary
Zündung ignition
➢ **Fehlzündung**
misfire, misfiring,
backfiring
➢ **Frühzündung**
early ignition
➢ **Spätzündung**
late ignition
➢ **Spontanzündung**
spontaneous ignition
➢ **verzögerte Zündung/**
Zündverzug
delayed ignition
zunehmen
gain, increase;
gain weight
Zurrgurt
lashing strap
Zusammenbacken/
Verklumpen
caking
Zusammenbau/
Assemblierung
chem/gen assembly
➢ **spontaner Zusammenbau/**
Selbstassoziierung/
Selbstzusammenbau
self-assembly
Zusammenbruch/
Abbau/Zerfall
breakdown
Zusatz/Zusatzstoff/Additiv
additive
➢ **Lebensmittelzusatzstoff**
food additive
Zusatzpumpe
booster pump,
back-up pump
Zuschlag *metall*
addition
zusetzen/hinzufügen
add

zuspitzen (zugespitzt)
taper(ed)
Zustand
state, condition
➢ **gleichbleibender/**
stationärer Zustand
steady state
Zuständigkeit
responsibility;
competence, jurisdiction
Zustandsgleichung
equation of state
zustöpseln stopper
Zutritt/Zugang
access, admission,
admittance, entry
➢ **für Unbefugte verboten!**
off-limits to unauthorized personnel
➢ **nur für Befugte**
authorized personnel only
zutrittsberechtigt
have admission, have access,
having permitted access
Zutrittsbeschränkung
restricted access,
access control
Zutrittsverweigerung
denial of access
Zuwachs
increase, increment
Zweiblockcopolymer
diblock copolymer
zweihals... two-necked ...
Zweihalskolben
two-neck flask
Zweikomponentenkleber
two-component adhesive
Zweistoffgemisch
binary mixture
Zweistufenextruder
two-stage extruder
Zweistufenverfahren (Extruder)
double-shot
Zweisubstratreaktion/
Bisubstratreaktion
bisubstrate reaction
zweiteilig dimeric
Zweiwalzenmühle
two-roll mill

zweiwertig/
 bivalent/divalent *chem*
 bivalent, divalent
Zweiwertigkeit *chem*
 bivalence, divalence
zweizählig/dimer dimerous
Zwillingsfaserstoff
 biconstituent fiber
Zwinge clamp, vise, vice (*Br*)
Zwirn/Garn
 twine, twisted yarn
Zwischenfall
 incident (Unfall: accident)
Zwischenlager
 interim storage,
 temporary storage
Zwischenphase
 interphase
Zwischenprodukt/Zwischenform
 intermediate (product),
 intermediate form
Zwischenschicht interlayer
Zwischenstadium/Zwischenstufe
 intermediate state,
 intermediate stage
Zwischenstecker/Adapter
 adapter
Zwischenstufe/
 Übergangsform
 intergrade, intermediary form,
 transitory form, transient

Zwitterion
 zwitterion
Zwitterkontakt *electr*
 hermaphroditic contact
zyklisch/ringförmig
 (siehe: cyclisch)
 cyclic
Zyklisierung/
 Ringschluss
 (siehe: Cyclisierung) *chem*
 cyclization
Zyklus (siehe: Cyclus)
 cycle
Zylinder
 cylinder;
 (Hahn) barrel (stopcock barrel);
 (Trommel) drum, barrel
➢ **Extrusionszylinder**
 extruder barrel
➢ **Glaszylinder**
 glass cylinder
➢ **Messzylinder**
 graduated cylinder
➢ **Mischzylinder**
 volumetric flask
Zylinderglas/
 Becherglas
 beaker
zylindrisch/cylindrisch/
 walzenförmig
 cylindric, cylindrical

English – German

A-stage/single-stage (resol)
A-Zustand
ablative
ablativ, abtragend,
abschmelzend
abortive
rückgebildet, abortiv,
rudimentär, verkümmert
abrasion
Abrieb, Abreiben, Verschleiß;
Scheuern, Abschürfen,
Abschürfung, Abschaben
abrasion resistance
Abriebfestigkeit;
Scheuerfestigkeit
abrasive hardness
Ritzhärte
abrasivity Schleifschärfe
absorb (take up/soak up)
absorbieren, saugen, aufsaugen;
aufnehmen
**absorbance /absorbancy
(extinction: optical density)**
Absorbanz (Extinktion)
absorbance index/absorptivity
Absorptionsindex
absorbed dose (Gy)
Energiedosis
absorbed dose rate (Gy/s)
Energiedosisleistung
absorbency
Saugfähigkeit;
Absorptionsvermögen,
Absorptionsfähigkeit,
Aufnahmefähigkeit
absorbent *adj/adv*
absorbierend, absorptionsfähig,
saugfähig; aufnahmefähig
absorbent *n* **(absorbant)**
Absorptionsmittel,
Aufsaugmittel
**absorbent paper/bibulous paper
(for blotting dry)**
Saugpapier ('Löschpapier')
absorption Absorption;
(attenuation/stabilization)
Dämpfung
absorption coefficient
Absorptionskoeffizient

**absorption spectrum/
dark-line spectrum**
Absorptionsspektrum
absorptive
absorbierend,
aufsaugend
accelerating voltage (EM) *micros*
Beschleunigungsspannung
acceleration
Beschleunigung
acceleration of gravity
Erdbeschleunigung
acceleration phase
Beschleunigungsphase,
Anfahrphase
accelerator
Beschleuniger
(z.B. Vulkanisation)
**access/
admission/admittance/entry**
Zutritt, Zugang
accessories/supplies
Zubehör; (fittings/fixing)
Kleinteile an Geräten etc.
accident
Unfall
➢ **industrial accident/
accident at work**
Betriebsunfall
➢ **occupational accident**
Arbeitsunfall
accident insurance
Unfallversicherung
accidental release
störungsbedingter Austritt
(unerwartetes Entweichen
von Prozessstoffen)
accumulate/pile up/build up
stauen
accumulation
Anhäufung, Kumulation
**accumulator acid/
storage battery acid
(electrolyte)**
Akkusäure,
Akkumulatorsäure
**acetaldehyde/
acetic aldehyde/ethanal**
Acetaldehyd, Ethanal

acetate
(acetic acid/ethanoic acid)
Acetat, Azetat
(Essigsäure/Ethansäure)
acetate rayon
Azetatseide,
Azetatrayon
acetate staple fiber
Azetatfaser,
Azetatstapelfaser
acetic acid/
ethanoic acid (acetate)
Essigsäure, Ethansäure (Acetat)
acetic anhydride/
ethanoic anhydride/
acetic acid anhydride
Essigsäureanhydrid
acetoacetic acid (acetoacetate)/
acetylacetic acid/diacetic acid
Acetessigsäure (Acetacetat),
3-Oxobuttersäure
acetone/
dimethyl ketone/2-propanone
Aceton (Azeton),
Propan-2-on, 2-Propanon,
Dimethylketon
acetyl CoA/
acetyl coenzyme A
'aktivierte Essigsäure',
Acetyl-CoA
acid/acidic *adj/adv*
azid, acid, sauer
acid *n*
Säure
➢ **abietic acid**
Abietinsäure
➢ **accumulator acid/**
storage battery acid (electrolyte)
Akkusäure, Akkumulatorsäure
➢ **acetic acid/ethanoic acid (acetate)**
Essigsäure, Ethansäure (Acetat)
➢ **acetoacetic acid (acetoacetate)/**
acetylacetic acid/diacetic acid
Acetessigsäure (Acetacetat),
3-Oxobuttersäure
➢ ***N*-acetylmuramic acid**
N-Acetylmuraminsäure
➢ **aconitic acid (aconitate)**
Aconitsäure (Aconitat)

➢ **adenylic acid (adenylate)**
Adenylsäure (Adenylat)
➢ **adipic acid (adipate)**
Adipinsäure (Adipat)
➢ **alginic acid (alginate)**
Alginsäure (Alginat)
➢ **allantoic acid**
Allantoinsäure
➢ **amino acid**
Aminosäure
➢ **aquafortis**
(nitric acid used in metal etching)
Scheidewasser, Gelbbrennsäure
(konz. Salpetersäure)
➢ **arachic acid/**
arachidic acid/icosanic acid
Arachinsäure, Arachidinsäure,
Eicosansäure
➢ **arachidonic acid/**
icosatetraenoic acid
Arachidonsäure
➢ **ascorbic acid (ascorbate)**
Ascorbinsäure (Ascorbat)
➢ **asparagic acid/aspartic acid**
(aspartate)
Asparaginsäure (Aspartat)
➢ **auric acid** Goldsäure
➢ **azelaic acid/**
nonanedioic acid
Azelainsäure, Nonandisäure
➢ **behenic acid/docosanoic acid**
Behensäure, Docosansäure
➢ **benzoic acid (benzoate)**
Benzoesäure (Benzoat)
➢ **boric acid (borate)**
Borsäure (Borat)
➢ **butyric acid/butanoic acid**
(butyrate)
Buttersäure, Butansäure (Butyrat)
➢ **caffeic acid** Kaffeesäure
➢ **capric acid/decanoic acid**
(caprate/decanoate)
Caprinsäure, Decansäure
(Caprinat/Decanat)
➢ **caproic acid/capronic**
acid/hexanoic acid
(caproate/hexanoate)
Capronsäure, Hexansäure
(Capronat/Hexanat)

➢ **caprylic acid/octanoic acid (caprylate/octanoate)**
Caprylsäure, Octansäure
(Caprylat/Octanat)

➢ **carbonic acid (carbonate)**
Kohlensäure
(Karbonat/Carbonat)

➢ **carboxylic acids (carbonates)**
Carbonsäuren, Karbonsäuren
(Carbonate, Karbonate)

➢ **cerotic acid/ hexacosanoic acid**
Cerotinsäure,
Hexacosansäure

➢ **chinic acid/ kinic acid/quinic acid (quinate)**
Chinasäure

➢ **chinolic acid**
Chinolsäure

➢ **chloric acid HClO₃**
Chlorsäure

➢ **chlorous acid HClO₂**
chlorige Säure

➢ **cholic acid (cholate)**
Cholsäure (Cholat)

➢ **chorismic acid (chorismate)**
Chorisminsäure (Chorismat)

➢ **chromic-sulfuric acid mixture for cleaning purposes**
Chromschwefelsäure

➢ **cinnamic acid**
Cinnamonsäure,
Zimtsäure (Cinnamat)

➢ **citric acid (citrate)**
Zitronensäure, Citronensäure
(Zitrat/Citrat)

➢ **crotonic acid/α-butenic acid**
Crotonsäure, Transbutensäure

➢ **cysteic acid** Cysteinsäure

➢ **diprotic acid**
zweiwertige/zweiprotonige Säure

➢ **ellagic acid/gallogen**
Ellagsäure

➢ **erucic acid/ (Z)-13-docosenoic acid**
Erucasäure,
Δ^{13}-Docosensäure

➢ **fatty acid** Fettsäure

➢ **ferulic acid** Ferulasäure

➢ **fluorosulfonic acid**
Fluoroschwefelsäure,
Fluorsulfonsäure

➢ **folic acid (folate)/ pteroylglutamic acid**
Folsäure (Folat),
Pteroylglutaminsäure

➢ **formic acid (formate)**
Ameisensäure (Format)

➢ **fumaric acid (fumarate)**
Fumarsäure (Fumarat)

➢ **galacturonic acid**
Galakturonsäure

➢ **gallic acid (gallate)**
Gallussäure (Gallat)

➢ **gamma-aminobutyric acid (GABA)**
Aminobuttersäure,
γ-Aminobuttersäure (GABA)

➢ **gentisic acid**
Gentisinsäure

➢ **geranic acid**
Geraniumsäure

➢ **glacial acetic acid**
Eisessig

➢ **glucaric acid/saccharic acid**
Glucarsäure, Zuckersäure

➢ **gluconic acid (gluconate)/ dextronic acid**
Gluconsäure (Gluconat)

➢ **glucuronic acid (glucuronate)**
Glucuronsäure (Glukuronat)

➢ **glutamic acid (glutamate)/ 2-aminoglutaric acid**
Glutaminsäure (Glutamat),
2-Aminoglutarsäure

➢ **glutaric acid (glutarate)**
Glutarsäure (Glutarat)

➢ **glycolic acid (glycolate)**
Glykolsäure (Glykolat)

➢ **glycyrrhetinic acid**
Glycyrrhetinsäure

➢ **glyoxalic acid (glyoxalate)**
Glyoxalsäure (Glyoxalat)

➢ **glyoxylic acid (glyoxylate)**
Glyoxylsäure (Glyoxylat)

➢ **guanylic acid (guanylate)**
Guanylsäure (Guanylat)

➢ **gulonic acid (gulonate)**
Gulonsäure (Gulonat)

➢ **homogentisic acid**
Homogentisinsäure

➢ **humic acid**
Huminsäure

➢ **hyaluronic acid**
Hyaluronsäure

➢ **hydrochloric acid**
Salzsäure,
Chlorwasserstoffsäure

➢ **hydrofluoric acid/
phthoric acid**
Fluorwasserstoffsäure,
Flusssäure

➢ **hydrogen cyanide/
hydrocyanic acid/prussic acid**
Blausäure, Cyanwasserstoff

➢ **hydroiodic acid/
hydrogen iodide**
Iodwasserstoffsäure

➢ **ibotenic acid**
Ibotensäure

➢ **imino acid** Iminosäure

➢ **indolyl acetic acid/
indoleacetic acid (IAA)**
Indolessigsäure

➢ **isovaleric acid**
Isovaleriansäure

➢ **jasmonic acid**
Jasmonsäure

➢ **keto acid** Ketosäure

➢ **kojic acid** Kojisäure

➢ **lactic acid (lactate)**
Milchsäure (Laktat)

➢ **lauric acid/
decylacetic acid/
dodecanoic acid
(laurate/dodecanate)**
Laurinsäure, Dodecansäure
(Laurat, Dodecanat)

➢ **levulinic acid**
Lävulinsäure

➢ **lichen acid**
Flechtensäure

➢ **lignoceric acid/
tetracosanoic acid**
Lignocerinsäure,
Tetracosansäure

➢ **linolenic acid**
Linolensäure

➢ **linolic acid/linoleic acid**
Linolsäure

➢ **lipoic acid (lipoate)/
thioctic acid**
Liponsäure, Dithiooctansäure,
Thioctsäure, Thioctansäure
(Liponat)

➢ **lipoteichoic acid**
Lipoteichonsäure

➢ **litocholic acid**
Litocholsäure

➢ **lysergic acid**
Lysergsäure

➢ **macroacid** Makrosäure

➢ **magic acid (HSO₃F/SbF₅)**
magische Säure

➢ **maleic acid (maleate)**
Maleinsäure (Maleat)

➢ **malic acid (malate)**
Äpfelsäure (Malat)

➢ **malonic acid (malonate)**
Malonsäure (Malonat)

➢ **mandelic acid/
phenylglycolic acid/
amygdalic acid**
Mandelsäure,
Phenylglykolsäure

➢ **mannuronic acid**
Mannuronsäure

➢ **mevalonic acid (mevalonate)**
Mevalonsäure (Mevalonat)

➢ **monoprotic acid**
einwertige, einprotonige Säure

➢ **mucic acid**
Schleimsäure, Mucinsäure

➢ **muramic acid**
Muraminsäure

➢ **myristic acid/
tetradecanoic acid
(myristate/tetradecanate)**
Myristinsäure,
Tetradecansäure (Myristat)

➢ **neuraminic acid**
Neuraminsäure

➢ **nicotinic acid (nicotinate)/
niacin**
Nikotinsäure,
Nicotinsäure (Nikotinat)

➢ **nitric acid** Salpetersäure

➢ **nitrifying acid**
Nitriersäure
➢ **nitrous acid**
salpetrige Säure
➢ **nucleic acid**
Nukleinsäure, Nucleinsäure
➢ **orotic acid** Orotsäure
➢ **osmic acid** Osmiumsäure
➢ **oxalic acid (oxalate)**
Oxalsäure (Oxalat)
➢ **oxoglutaric acid (oxoglutarate)**
Oxoglutarsäure (Oxoglutarat)
➢ **pectic acid (pectate)**
Pektinsäure (Pektat)
➢ **perchloric acid**
Perchlorsäure
➢ **performic acid**
Perameisensäure
➢ **phosphatidic acid**
Phosphatidsäure
➢ **phosphoric acid (phosphate)**
Phosphorsäure (Phosphat)
➢ **phosphorous acid**
phosphorige Säure
➢ **phthalic acid** Phthalsäure
➢ **phytanic acid** Phytansäure
➢ **phytic acid** Phytinsäure
➢ **pickling acid** Beizsäure
➢ **picric acid (picrate)**
Pikrinsäure (Pikrat)
➢ **pimelic acid** Pimelinsäure
➢ **plasmenic acid**
Plasmensäure
➢ **polyacid** Polysäure
➢ **polybasic acid**
mehrbasige Säure
➢ **prephenic acid (prephenate)**
Prephensäure (Prephenat)
➢ **propionic acid (propionate)**
Propionsäure (Propionat) ·
➢ **prostanoic acid**
Prostansäure
➢ **protic acid**
Protonensäure (Brønstedt)
➢ **pyrethric acid** Pyrethrinsäure
➢ **pyruvic acid (pyruvate)**
Brenztraubensäure (Pyruvat)
➢ **retinic acid** Retinsäure

➢ **ricinic acid/ricinoleic acid**
Ricinolsäure
➢ **saccharic acid/aldaric acid (glucaric acid)**
Zuckersäure, Aldarsäure (Glucarsäure)
➢ **salicic acid (salicylate)**
Salicylsäure (Salicylat)
➢ **shikimic acid (shikimate)**
Shikimisäure (Shikimat)
➢ **sialic acid (sialate)**
Sialinsäure (Sialat)
➢ **silicic acid** Kieselsäure
➢ **sinapic acid** Sinapinsäure
➢ **soldering acid** Lötsäure
➢ **sorbic acid (sorbate)**
Sorbinsäure (Sorbat)
➢ **stearic acid/octadecanoic acid (stearate/octadecanate)**
Stearinsäure, Octadecansäure (Stearat/Octadecanat)
➢ **suberic acid/octanedioic acid**
Suberinsäure, Korksäure, Octandisäure
➢ **succinic acid/butanedioic acid (succinate)**
Bernsteinsäure, Butandisäure (Succinat)
➢ **sulfanilic acid/ _p_-aminobenzenesulfonic acid**
Sulfanilsäure
➢ **sulfuric acid** H_2SO_4
Schwefelsäure
➢ **sulfurous acid** H_2SO_3
schweflige Säure, Schwefligsäure
➢ **superacid** Supersäure
➢ **tannic acid (tannate)**
Gerbsäure (Tannat)
➢ **tartaric acid (tartrate)**
Weinsäure, Weinsteinsäure (Tartrat)
➢ **teichoic acid** Teichonsäure
➢ **teichuronic acid**
Teichuronsäure
➢ **terephthalic acid**
Terephthalsäure
➢ **uric acid (urate)**
Harnsäure (Urat)

➢ **uridylic acid**
Uridylsäure

➢ **urocanic acid (urocaninate)**
Urocaninsäure (Urocaninat),
Imidazol-4-acrylsäure

➢ **uronic acid (urate)**
Uronsäure (Urat)

➢ **usnic acid**
Usninsäure

➢ **valeric acid/pentanoic acid
(valeriate/pentanoate)**
Valeriansäure, Baldriansäure,
Pentansäure (Valeriat/Pentanat)

acid amide Säureamid

**acid bottle
(with pennyhead stopper)**
Säurenkappenflasche

acid burn Säureverätzung

acid egg Druckbirne

acid ester Säureester

**acid gloves/
acid-resistant gloves**
Säureschutzhandschuhe

acid storage cabinet
Säureschrank

acid treatment
Säurebehandlung

acid-base balance
Säure-Basen-Gleichgewicht

acid-base titration
Säure-Basen-Titration,
Neutralisationstitration

acid-fast säurefest

acid-fastness
Säurefestigkeit

acidic
sauer, säuerlich;
säurebildend, säurehaltig

acidification
Säuerung; Säurebildung;
Versauerung

acidify ansäuern

acidity
Acidität, Azidität,
Säuregrad, Säuregehalt

acid-proof/acid-fast
säurebeständig

aconitic acid (aconitate)
Aconitsäure (Aconitat)

**acoustical panel/
acoustical tile**
Schalldämmplatte

acridine dye
Acridinfarbstoff

acrylic acid
Acrylsäure,
Propensäure

acrylic fiber
Acrylfaser

acrylic glass
Acrylglas, Plexiglas

acrylic resin Acrylharz

act (work/be effective/causing
an effect/take effect) wirken;
(effect/contact/attack/interact)
einwirken

actinides (actinoids)
Actinide (Actinoide)

actinium (Ac)
Actinium

activate
aktivieren, in Gang setzen

activated carbon
Aktivkohle

active filler/reinforcing agent
aktiver/verstärkender Füllstoff
(Harzträger)

**active ingredient/
active principle/
active component**
Wirkstoff,
Wirksubstanz

**actual value/
effective value**
Istwert

➢ **nominal value/rated value/
desired value/set point**
Sollwert

actuator
Stellantrieb,
Stellmotor

**acute/
sharp/pointed/
sharp-pointed**
spitz

acyclic acyclisch

acylation/acidylation
Acylierung

adapter (fittings)
Adapter, Passstück, Manschette;
Zwischenstecker;
lab/chem (connector: glass)
Vorstoß, Übergangsstück
(Laborglas);
(for filter funnel) Filtervorstoß
➢ **anticlimb adapter** *dist*
Kriechschutzadapter
➢ **bend/bent adapter**
Krümmer (Laborglas)
➢ **expansion adapter**
Expansionsstück (Laborglas)
➢ **pipe-to-tubing adapter**
Schlauch-Rohr-Verbindungsstück
➢ **receiver adapter**
Destilliervorstoß
add zusetzen, hinzufügen
addition
Addition, Zusatz,
Hinzufügung
addition compound
(of two compounds)
Additionsverbindung
addition funnel
Einfülltrichter,
Zulauftrichter
addition polymerization
Additionspolymerisation
additive
Zusatz, Zusatzstoff, Additiv
➢ **chain cleavage additive**
Kettenabbrecher
➢ **food additive**
Lebensmittelzusatzstoff
➢ **plastic additive**
Kunststoffhilfsstoff,
Kunststoffzusatzstoff
➢ **polymerization additive**
Polymerisationshilfsmittel
➢ **slip additive**
(internal lubricant)
Gleitmittel, Slipmittel
additive compound
(saturation of multiple bonds)
Additionsverbindung
adduct Addukt
adenylic acid (adenylate)
Adenylsäure (Adenylat)

adhere/stick/cling
haften (kleben)
adherend
Fügeteil
adherend surface
Fügefläche
adhesion/
adhesive power
Adhäsion, Haftung,
Anheftung
adhesive *adj/adv*
haftend, klebend
adhesive *n*
(glue/gum/paste) Kleber,
Klebstoff, Leim;
(cement) Kitt, Kittsubstanz
➢ **bioadhesive**
Bioklebstoff
➢ **contact adhesive/**
contact bond adhesive
Kontaktkleber,
Kontaktklebstoff,
Haftkleber
➢ **filling adhesive**
Füllkitt
➢ **general-purpose adhesive**
Alleskleber
➢ **laminating adhesive**
Laminierkleber,
Kaschierklebstoff
➢ **melt adhesive**
Schmelzklebstoff
➢ **multiplecomponent adhesive**
Mehrkomponentenkleber
➢ **nonstructural adhesive**
Klebstoff für
minderbeanspruchte Verbindungen
➢ **plastic adhesive/**
plastic-bonding adhesive
Kunststoffkleber, -klebstoff
➢ **pressure-sensitive adhesive**
druckreaktiver Klebstoff
(Haftkleber/Kontaktkleber)
➢ **reactive adhesive/**
reaction adhesive/
reaction glue
Reaktionsklebstoffe
➢ **resin adhesive**
Harzkleber

➤ **room-temperature setting adhesive**
bei Raumtemperatur
verfestigender Klebstoff

➤ **self-adhesive/**
self-adhering/
gummed
selbstklebend

➤ **silicone adhesive**
Siliconklebstoff

➤ **solvent adhesive/**
solvent-based adhesive
Kleblack,
Lösemittelkleber,
Lösungsmittelkleber

➤ **solvent-activated adhesive**
lösemittelaktivierter Klebstoff

➤ **structural adhesive**
Konstruktionsklebstoff,
Montageleim, Baukleber

➤ **two-component adhesive**
Zweikomponentenkleber

adhesive bonding
Klebeverbindung

adhesive capacity/
bonding capacity
Bindungsvermögen,
Haftvermögen

adhesive failure
Adhäsionsbruch,
Klebebruch

adhesive film
Klebefolie (Klebefilm)

adhesive joint
Klebeverbindung

➤ **butt joint**
Stoßverbindung

➤ **joggle lap joint**
gefalzte Überlappungsverbindung,
gefalzter Überlappstoß

➤ **joggle-lap joint**
gekröpfter/verzahnter Überlappstoß

➤ **lap joint**
Überlappungsverbindung,
Überlappstoß

➤ **scarf joint/**
scarf butt joint
Schäftung,
Schaftverbindung,
Schaftstoß

➤ **strap joint**
Laschenverbindung,
Riemenstoß

➤ **tongue-and-groove joint**
Nut-und-Feder Stoß, Zapfenstoß

adhesive lacquer Klebelack

adhesive power/
bonding power
Klebekraft

adhesive primer
Haftgrundierung, Haftprimer

adhesive tape
Klebeband, Klebestreifen

adhesivity
Haftfähigkeit,
Adhäsionsvermögen,
Klebefähigkeit

adipic acid (adipate)
Adipinsäure (Adipat)

adjust (regulate/move/shift) einstellen,
regulieren, justieren; (focus:
fine/coarse) justieren, fokussieren
(Scharfeinstellung des Mikroskops:
fein/grob); (equalize) abgleichen

adjustable (variable)
einstellbar, verstellbar,
regulierbar, justierbar

adjustable variable Stellgröße

adjusting screw/
setting screw/
adjustment knob/fixing screw
Stellschraube

adjustment
Anpassung, Angleichung;
Einstellung, Regulierung;
(focus adjustment/focus: *fine/coarse*)
Justierung, Fokussierung
(Scharfeinstellung des Mikroskops:
fein/grob); **math/stat** Bereinigung

adjustment knob/
focus adjustment knob/
adjustment screw *micros*
Einstellknopf, Einstellschraube,
Justierschraube, Justierknopf;
Triebknopf

➤ **coarse adjustment knob**
Grobjustierschraube, Grobtrieb

➤ **fine adjustment knob**
Feinjustierschraube, Feintrieb

admission Zulassung, Lizenz,
Erlaubnis; Aufnahme
adsorbent
Adsorptionsmittel, Adsorbens,
adsorbierende Substanz
adsorption isotherm
Adsorptionsisotherme
adsorptive/adsorbate
Adsorptiv, Adsorbat,
Adsorpt
advance *micros* Vorschub
aerate
durchlüften, belüften
aeration
Belüftung, Durchlüftung,
Ventilation
aerobic aerob;
sauerstoffbedürftig
➤ **anaerobic**
anaerob
aerosol Aerosol
aerospace industry
Raumfahrtindustrie
afferent/rising
aufsteigend
affinity Affinität
affinity chromatography
Affinitätschromatographie
affinity partitioning
Affinitätsverteilung
affix/attach
fixieren, befestigen,
fest machen
after-ripening Nachreifen
aftertreatment
Nachbehandlung
agar diffusion test
Diffusionstest,
Agardiffusionstest
agar plate Agarplatte
agarose Agarose
agate mortar
Achatmörser
age altern
agent
Agens, Agenz (*pl* Agentien),
Wirkstoff
➤ **workplace agent**
Arbeitsstoff

aging/ageing Alterung
➤ **physical aging**
physikalische Alterung
➤ **chemical aging**
chemische Alterung
➤ **hydrolytic aging**
Hydrolysealterung
ag(e)ing process/
Alterungsprozeß
ag(e)ing resistance/
Alterungsbeständigkeit
ag(e)ing resistant/
nonag(e)ing
alterungsbeständig
ag(e)ing strain
Alterungsspannung
agitator vessel
Rührkessel, Rührbehälter
air *vb* (the room)/
ventilate/aerate
lüften, durchlüften (einen Raum)
air *n* Luft
➤ **compressed air/**
pressurized air
Druckluft, Pressluft
➤ **exclusion of air (air-tight)**
Luftausschluss,
Luftabschluss
➤ **forced air/**
recirculating air
(air circulation)
Umluft
➤ **hot air** Heißluft
➤ **input air** Zuluft
➤ **liquefaction of air**
Luftverflüssigung
➤ **liquid air** flüssige Luft
➤ **pressurized air**
Druckluft
air bath Luftbad
air bubble Luftblase
air capacity
Luftkapazität
air capillary
Luftkapillare
air chamber/
air receiver/
air vessel/surge chamber
Windkessel

air circulation
  Luftumwälzung,
  Luftzirkulation
air condenser Luftkühler
air cooler/air condenser
  Luftkühler
air current/
  airflow/
  current of air/
  air stream
  Luftstrom, Luftströmung
air curtain/air barrier
  Luftvorhang, Luftschranke
  (z.B. an Vertikalflow-Biobench)
air-cushion foil
  Luftpolster-Folie
air dryer
  Luftentfeuchter (Gerät)
air-drying
  Lufttrocknen
air duct/air conduit/airway
  Luftkanal,
  Lüftungskanal
air filter Luftfilter
air flow
  Luftführung
➢ vertical air flow
  (clean bench with
  vertical air curtain)
  vertikale Luftführung
  (Vertikalflow-Biobench)
air humidity/
  atmospheric moisture
  (absolute/relative)
  Luftfeuchtigkeit
  (absolute/relative)
air inlet valve/air bleed
  Lufteinlassventil
air jet Luftstrahl
air knife Luftrakel
air pollutant
  Luftschadstoff
air pollution
  Luftverschmutzung,
  Luftverunreinigung
air pressure Luftdruck
air reactive luftreaktiv
air recirculation
  Luftrückführung

air-sensitive
  luftempfindlich
air shaft/air duct/
  ventilating shaft/
  ventilating duct/
  vent shaft/vent duct
  Lüftungsschacht, Luftschacht
air speed
  Luftströmung,
  Luftgeschwindigkeit
  (Sicherheitswerkbank);
  air velocity
  (ausgedrückt als Vektor)
air supply Luftzufuhr
air threshold value/
  atmospheric threshold value
  Luftgrenzwert
air valve Luftventil
airborne luftgetragen
airborne dust
  Flugstaub;
  (flue dust) F. von Abgasen
airlift loop reactor
  Mammutschlaufenreaktor
airlift reactor/
  pneumatic reactor
  Airliftreaktor,
  Mammutpumpenreaktor,
  pneumatischer Reaktor
airlock Luftschleuse
airtight/airproof
  luftdicht
aisle/corridor
  Gang (Flur/Korridor)
alarm /alert Warnruf, Alarm
alarm signal
  Alarmsignal
alarm siren/air-raid siren
  Alarmsirene
alarm system
  Alarmanlage
albedo
  Rückstrahlvermögen,
  Albedo
alcohol
  Alkohol
➢ cinnamic alcohol/
  cinnamyl alcohol
  Zimtalkohol

➢ **ethyl alcohol/ethanol**
(grain alcohol/spirit of wine)
Ethylalkohol, Ethanol,
Äthanol (Weingeist)

➢ **isopropyl alcohol/**
isopropanol/
1-methyl ethanol
(rubbing alcohol)
Isopropylalkohol,
Propan-2-ol

➢ **methanol/methyl alcohol**
(wood alcohol)
Methylalkohol, Methanol
(Holzalkohol)

➢ ***n*-propyl alcohol/propanol**
Propylalkohol,
Propan-1-ol

➢ **sinapic alcohol**
Sinapinalkohol

alcohol burner
Spiritusbrenner,
Spirituslampe

aldehyde
Aldehyd

➢ **acetaldehyde/**
acetic aldehyde/ethanal
Acetaldehyd, Ethanal

➢ **anisic aldehyde/**
anisaldehyde
Anisaldehyd

➢ **cinnamic aldehyde/**
cinnamaldehyde
Zimtaldehyd

➢ **formaldehyde/methanal**
Formaldehyd, Methanal

➢ **glutaraldehyde/**
1,5-pentanedione
Glutaraldehyd,
Glutardialdehyd,
Pentandial

alert
Alarmzustand,
Alarmbereitschaft,
Alarmsignal, Warnung

alginic acid (alginate)
Alginsäure (Alginat)

aligned/eclipsed
gedeckt, verdeckt,
ekliptisch (180°)

aliquot
Aliquote, aliquoter Teil
(Stoffportion als
Bruchteil einer Gesamtmenge);
(sample/spot sample) Stichprobe

alkali burn
Alkaliverätzung,
Basenverätzung

alkaline/basic
basisch, alkalisch

alkaliproof
laugenbeständig,
alkalibeständig

alkaloids Alkaloide

alkyd resins
Alkydharze

all-purpose/
general-purpose/utility ...
Allzweck...,
Allgemeinzweck...,
Mehrzweck...

allantoic acid Allantoinsäure

allergen/sensitizer Allergen

allergic allergisch

alligator clip/
alligator connector clip
Krokodilklemme

Allihn condenser
Kugelkühler

allomerism Allomerie

alloy *n* Legierung

➢ **metal alloy**
Metalllegierung

➢ **polymer alloy/**
plastic alloy
Polymerlegierung,
Kunststofflegierung

alloy *vb* legieren

almond gum
(*Prunus dulcis*/Rosaceae)
Mandel-Gummi

alternating copolymer
alternierendes Copolymer

alternating current (AC)
Wechselstrom

alternating field gel electrophoresis
Wechselfeld-Gelelektrophorese

alum
Alaun, Aluminiumsulfat

alumina mortar
Aluminiumoxid-Mörser
aluminum/aluminium (Al)
Aluminium
aluminum foil
Aluminiumfolie, Alufolie
amber (a.o. *Pinites succinifera*)
Bernstein
amber glass Braunglas
ambient pressure
Umgebungsdruck
ambient temperature
Umgebungstemperatur
ambulance
Rettungswagen,
Sanitätswagen
amidation Amidierung
amide Amid
amination Aminierung
amine Amin
amino acid Aminosäure
amino resins
Aminoharze
amino sugar
Aminozucker
aminoacylation
Aminoacylierung
ammeter
Strommessgerät,
Amperemeter (Stromstärke)
ammonia Ammoniak
ammonium chloride
(sal ammoniac/salmiac)
Salmiak,
Ammoniumchlorid
ammonium hydroxide/
ammonia water
(ammonia solution)
Salmiakgeist,
Ammoniumhydroxid
(Ammoniaklösung)
amorphous
amorph;
formlos, gestaltlos;
ohne Kristallform,
nicht kristallin
amount of pollution/
degree of contamination
Verschmutzungsgrad

amperometric titration
amperometrische Titration,
Amperometrie
amplification
Verstärkung, Vervielfältigung,
Vermehrung, Amplifikation
amplifier/booster
Verstärker
amplify/boost verstärken
ampule/ampoule
Ampulle (Glasfläschchen)
Amritsar gum
(*Acacia modesta*/Fabaceae)
Amritsar-Gummi
anaerobic respiration
anaerobe Atmung
analog/analogue
Analogon (*pl* Analoga)
analog-to-digital converter (ADC)
Analog-Digital-Wandler
analogize analogisieren
analogous
analog, funktionsgleich
analogy Analogie
analysis (*pl* analyses)
Analyse
analysis of variance
(ANOVA)
Varianzanalyse
analyte
Analyt,
zu analysierender Stoff
analytic(al) analytisch
analytical balance
Analysenwaage
analytical chemistry
analytische Chemie
analytical funnel
Analysentrichter
analytical mill
Analysenmühle
analytical separation procedure
Trennungsgang
analyze analysieren
analyzer Analysator
anchimeric assistance
anchimere Beschleunigung
anchor *vb* (fasten/attach)
verankern (befestigen)

anchor coating
Grundstrich
(Haftvermittlung)
anchor impeller
Ankerrührer
anchorage Verankerung
anchoring group
Ankergruppe
angle rotor/
angle head rotor *centrif*
Winkelrotor
angular acceleration (rad/s^2)
Winkelbeschleunigung
angular aperture *micros*
Öffnungswinkel
angular momentum
Drehmoment; Drehimpuls
angular strain/angle strain
Winkelspannung
angular velocity (rad/s)
Winkelgeschwindigkeit
anhydrous
(free from water/moisture-free)
wasserfrei
animal containment level
Sicherheitsstufe für
Tierhaltungseinheit
animal experiment
Tierversuch
animal laboratory Tierlabor
anion exchanger
(strong: SAX/weak: WAX)
Anionenaustauscher
(starker/schwacher)
anionic polymerization
anionische Polymerisation
anisic aldehyde/
anisaldehyde
Anisaldehyd
anneal
tempern;
(glass) ausglühen
annealing furnace
Glühofen
annular/cyclic
ringförmig,
cyclisch (zyklisch)
anodization/anodic oxidation
Eloxierung

anodize/
anodically oxidize/
oxidize by anodization
(electrolytic oxidation)
eloxieren
Anschütz head
Anschütz-Aufsatz
antagonism
Antagonismus
anthracite/hard coal
Anthrazit, Kohlenblende
anthranilic acid/
2-aminobenzoic acid
Anthranilsäure,
2-Aminobenzoesäure
antiblocking agent (PVC)
Antiblockmittel
anticlimb adapter *dist*
Kriechschutzadapter
antifelting finish *text*
Filzfreiausrüstung
antifoam/
antifoaming agent/
defoamer/
defoaming agent/
defrother
Entschäumer,
Antischaummittel
antifoam controller
Schaumdämpfer,
Schaumverhütungsmittel (Gerät)
antifoaming agent/
defoamer/
foam inhibitor
Schaumhemmer,
Schaumdämpfer,
Schaumverhütungsmittel
antifogging agent
Antibeschlagmittel,
Beschlagverhinderungsmittel,
Klarsichtmittel
antiozidants/antiozonants
Antiozonantien,
Ozonschutzmittel
antiscorching agent
Antiscorcher,
Vulkanisationsverzögerer
anti-scratch kratzfest
antiseize Gleitmittel

anti-skinning agent
Hautverhinderungsmittel
antisplash adapter/
  splash-head *dest*
Schaumbrecher-Aufsatz,
Spritzschutz-Aufsatz
(Rückschlagsicherung)
antistat/antistatic/
  antistatic agent
Antistatikum
antistick coating
Antihaftbeschichtung
aperture/opening/orifice
Apertur (Blende),
Öffnung, Mündung
aperture protection factor
  (open bench)
Schutzfaktor für die Arbeitsöffnung
(Werkbank)
apex/peak
  (highest among
  other high points)/
  vertex/summit
Scheitelpunkt
apiezon grease
Apiezonfett
apolar unpolar
➢ **polar** polar
apothecary mortar
Apotheker-Mörser
apparent
anscheinend, scheinbar,
augenscheinlich
apparent density/
  gross density
Rohdichte,
Schüttdichte
apparent viscosity
scheinbare Viskosität
appearance
Erscheinung; Auftritt;
Erscheinungsbild,
Erscheinungsform
appearance energy (MS)
Auftrittsenergie
application
Antrag; Anwendung;
chromat Auftragung,
Auftrag, Applikation

application rod
Auftragestab,
Applikator
applied chemistry
angewandte Chemie
apply/deliver *chem*
auftragen, applizieren
apportioning/
  proportioning
Dosierung, Dosieren
(im Verhältnis/anteilig)
approach *n*
Zugang, Annäherung;
Verfahren; Ansatz;
Vorgehensweise;
(method) Methode
approach *vb* **(e.g., a value)**
erreichen, sich annähern,
näherkommen, annähern
(z.B. einen Wert)
approval
Genehmigung, Zulassung
➢ **subject to approval/**
  requiring permission/
  requiring authorization
genehmigungspflichtig
approximation *math*
Näherung
aqua regia
Königswasser
aquafortis
  (nitric acid used in metal etching)
Gelbbrennsäure,
Scheidewasser
(konz. Salpetersäure)
aqueous wässrig
aqueous solution
wässrige Lösung
arabinose
Arabinose,
Gummizucker
arachic acid/arachidic acid/
  icosanic acid
Arachinsäure,
Arachidinsäure,
Eicosansäure
arachidonic acid/
  icosatetraenoic acid
Arachidonsäure

aramids (aromatic polyamids)
Aramide
aramina
(***Urena labata*/Malvaceae**)
Urena
arbitrary/random
willkürlich
arborol Arborol
arc flame Bogenflamme
arc furnace
Lichtbogenofen
arc lamp Bogenlampe
arc resistance
Lichtbogenfestigkeit,
Lichtbogenbeständigkeit
arc spectrum
Lichtbogenspektrum
areometer Aräometer
(Densimeter/Senkwaage)
arithmetic mean *stat*
arithmetisches Mittel
arm Arm;
chem/biochem/immun Schenkel;
micros Trägerarm
aroma/
fragrance/(pleasant) odor
Aroma (Wohlgeruch)
aromatic aromatisch
aromatic polymerization
aromatische Polymerisation
aromaticity Aromatizität
arrangement
Regelung, Vereinbarung; (set-up:
experiment) Ansatz
(Versuchsansatz/Versuchsaufbau)
arrest
(stop/lock in place/position)
arretieren, feststellen;
(fixate) feststellen, fixieren
arsenic (As) Arsen
arsine Arsenwasserstoff,
Arsan, Monoarsan
artifact/artefact Artefakt
artificial künstlich
artificial colors/artificial coloring
künstliche Farbstoffe
artificial fiber/
man-made fiber/polyfiber
Chemiefaser

artificial light(ing)
künstliche Beleuchtung
artificial resin/
synthetic resin
Kunstharz,
Syntheseharz
artificial respiration
künstliche Beatmung
artificial silk/rayon
Kunstseide (Rayon)
artificial wood/
polymer wood
Kunstholz,
Polymerholz
asbestos Asbest
➢ **blue asbestos/**
crocidolite
Blauasbest, Krokydolith
➢ **white asbestos/**
chrysotile/
Canadian asbestos
Weißasbest, Chrysotil
asbestos board Asbestplatte
asbestos fiber-reinforced plastic
(AFRP)
asbestfaserverstärkter Kunststoff
(AFK)
asbestosis
Asbeststaublunge,
Bergflachslunge,
Asbestose
ascending aufsteigend
ascorbic acid (ascorbate)
Ascorbinsäure (Ascorbat)
ash Asche
ashing
Veraschung
ashless (quantitative filter)
aschefrei (quantitativer Filter)
asparagic acid/aspartic acid
(aspartate)
Asparaginsäure (Aspartat)
asparagine/aspartamic acid
Asparagin
aspect ratio
Achsenverhältnis;
polym Schlankheit,
Schlankheitsverhältnis
(Länge zu Durchmesser: Fasern)

asphyxiant
erstickend (chem.
Gefahrenbezeichnung)

aspirator pump/
vacuum pump
Saugpumpe,
Vakuumpumpe

Assam rubber/
Indian rubber
(*Ficus elastica*/Moraceae)
Assamgummi,
Indisches Gummi

assay (test/trial/examination/
exam/investigation)
Probe, Versuch,
Untersuchung, Test, Prüfung

➢ **isotope assay**
Isotopenversuch

assay medium
Untersuchungsmedium,
Prüfmedium, Testmedium

assembly
Zusammenbau,
Assemblierung

➢ **disassembly/dismantling/**
dismantlement/takedown
(of equipment)
Abbau (einer Apparatur);
(stripping) Demontage

➢ **molecule assembly**
Molekülverbund

➢ **purge assembly/**
purge device
Spülvorrichtung
(z.B. Inertgas)

➢ **self-assembly**
Selbstassoziierung,
Selbstzusammenbau,
Spontanzusammenbau,
spontaner Zusammenbau
(molekulare Epigenese)

assess erfassen, bewerten

assessment
Erfassung, Bewertung

atactic polymer
ataktisches Polymer

atmosphere Atmosphäre

atmospheric nitrogen
Luftstickstoff

atmospheric oxygen
Luftsauerstoff

atmospheric pressure
atmosphärischer Luftdruck

atom transfer radical polymerization
(ATRP)
Atom-Transfer-Radikal
Polymerisation

atomic atomar, Atom...

atomic absorption spectroscopy
(AAS)
Atom-Absorptionsspektroskopie
(AAS)

atomic bond Atombindung

atomic emission detector (AED)
Atomemissionsdetektor (AED)

atomic emission spectroscopy (AES)
Atom-Emissionsspektroskopie (AES)

atomic fluorescence spectroscopy
(AFS)
Atom-Fluoreszenzspektroskopie
(AFS)

atomic force microscopy (AFM)
Rasterkraftmikroskopie

atomic number Atomzahl

atomic weight
Atomgewicht

atomize/spray
zerstäuben, sprühen

atomizer/sprayer
Zerstäuber, Sprühgerät,
Atomisator (z.B. für DC)

attachment
Befestigung Anheftung;
(extension piece) Ansatzstück (Glas);
(fixture/cap/top)
Aufsatz (auf ein Gerät)

attack Angriff

➢ **nucleophilic attack**
nucleophiler Angriff

attempt Versuch

attenuate
attenuieren, abschwächen (die
Virulenz vermindern: mit
herabgesetzter Virulenz)

attenuation Attenuation,
Attenuierung, Abschwächung

attractant Attraktans (*pl* Attraktantien),
Lockmittel, Lockstoff

attrition mill Reibmühle
audit Audit, Prüfung
  (Sachverständigenprüfung)
audit procedure Prüfverfahren
auric Gold(III)...
auric acid Goldsäure
aurus Gold(I)...
austenitic austenitisch
authorization procedure
  Genehmigungsverfahren
authorized personnel only
  (Zutritt/Zugang) nur für Befugte
autoacceleration
  Selbstbeschleunigung
autocatalysis Autokatalyse
autoclavable
  autoklavierbar
autoclave *n* Autoklav
autoclave *vb*
  autoklavieren
autoclave bag
  Autoklavierbeutel
autoclave tape/
  autoclave indicator tape
  Autoklavier-Indikatorband
autogenous welding *polym*
  autogenes Schweißen

autohesion
  Autohäsion, Eigenklebrigkeit,
  Konfektionsklebrigkeit
autologous autolog
autolysis
  Autolyse
autoradiography/
  radioautography
  Autoradiographie
auto-shutoff
  automatische Abschaltung
  (elektronische Geräte)
auxiliary drug/adjuvant
  Hilfsstoff, Adjuvans
average (mean)
  Durchschnitt (Mittelmaß)
average yield
  Durchschnittsertrag
averaging
  Mittelwertbildung
azelaic acid/nonanedioic acid
  Azelainsäure, Nonandisäure
azeotropic azeotrop
azeotropic distillation
  Azeotropdestillation
azeotropic mixture
  azeotropes Gemisch

B-stage/resitol B-Zustand

back extraction/
  stripping
  Rückextraktion,
  Strippen

back pressure relief
  Rückdruckentlastung

back titration
  Rücktitration

backbiting reaction
  Backbiting Reaktion
  (intramolekulare
  Übertragungsreaktion/Ringschluss)

backbone (carbon backbone)
  Grundgerüst, Hauptkette
  (Kohlenstoffgrundgerüst)

backdraft preventer/
  backdraft protection
  Rückstauschutz

backflash Rückschlag

backflow preventer/
  backflow protection/
  backstop/non-return valve
  Rückströmsperre

backflow prevention/
  backstop (valve)
  Rückflusssperre,
  Rücklaufsperre,
  Rückstauventil

backflush/backflushing
  chromat Rückspülen,
  Rückspülung (der Säule)

background radiation
  Hintergrundstrahlung

backmixing
  Rückmischen, Rückmischung,
  Rückvermischung

backscatter
  Rückstreuung, Reflexion

backstop
  Rücklaufsperre

backstop valve/
  check valve
  (backflow prevention)
  Rückschlagventil, Rückflusssperre,
  Rücklaufsperre, Rückstauventil

badge
  Kennzeichen, Abzeichen,
  Marke, Banderole

badging
  (e.g., in hazardous goods transport)
  Bezettelung

baffle
  Prall..., Ablenk...; Strombrecher
  (z.B. an Rührer von Bioreaktoren)

baffle plate
  Prallblech, Prallplatte,
  Ablenkplatte (Strombrecher
  z.B. an Rührer von Bioreaktoren)

baffle-plate impact mill/
  impeller breaker
  Pralltellermühle

bagasse (from sugar cane)
  Bagasse

bagging
  Eintüten (in Tüten/Säcke einfüllen)

baghouse
  (fabric filter dust collector)
  Sackkammer, Sackraum
  (Staubabscheider)

bakelite Bakelit

baking
  Backen, Brennen, Einbrennen

baking soda/
  sodium hydrogencarbonate
  Natron,
  Natriumhydrogencarbonat,
  Natriumbicarbonat

baking varnish/baking enamel
  Einbrennlack, Einbrennemaille

balance *vb* **(balance out)**
  ausbalancieren

balance *n* Bilanz
  (Energiebilanz/Stoffwechselbilanz);
  (equilibrium) Gleichgewicht;
  (scales) Waage

➢ **acid-base balance**
  Säure-Basen-Gleichgewicht

➢ **analytical balance**
  Analysenwaage

➢ **beam balance**
  Balkenwaage

➢ **laboratory balance**
  Laborwaage

➢ **precision balance**
  Feinwaage, Präzisionswaage

➢ **quartz microbalance (QMB)**
  Quarz-Mikrowaage (QMW)

balanced equation
'eingerichtete' Gleichung
balata (gum)
(***Mimusops bidentata =***
***M. balata*/Sapotaceae)**
Balata
baling machine/baling press
Ballenpresse
ball Ball, Kugel;
(male: spherical joint) Schliffkugel
ball-and-socket joint/
spheroid joint
Kugelgelenk
ball-and-stick model/
stick-and-ball model (molecules)
Kugel-Stab-Modell,
Stab-Kugel-Modell
ball bearing Kugellager
ball indentation hardness
Kugeldruckhärte
ball-joint connection
Gelenkkupplung
ball mill/bead mill
Kugelmühle
ball valve Kugelventil
ball viscometer
Kugelfallviskosimeter
ballast/choke *electr*
Vorschaltdrossel
ballast group
Ballastgruppe (chem. Synthese)
ballast unit *electr*
Vorschaltgerät
balsam (oleoresin)
Balsam (Weichharze)
➤ **balsam of Peru**
(***Myroxylon balsamum pereirae*/**
Fabaceae)
Perubalsam
➤ **Canada balsam**
(***Abies balsamea*/Pinaceae)**
Kanadabalsam
➤ **copaiba balsam**
(***Copaifera officinalis*/Fabaceae)**
Kopaivabalsam
➤ **storax/Levant storax/styrax**
(***Liquidambar orientalis*/**
Hamamelidaceae)
Storax, Styrax

➤ **tolu balsam**
(***Myroxylon toluiferum*/Fabaceae)**
Tolubalsam
banana plug *electr*
Bananenstecker
Banbury mixer (internal mixer)
Banbury-Mischer
(Innenmischer mit Stempel)
band-aid (adhesive strip)/
sticking plaster/patch *med*
Pflaster, Heftpflaster (Streifen)
band broadening *chromat*
Bandenverbreiterung
band *electrophor/chromat*
Bande
band spectrum/
molecular spectrum
Bandenspektrum,
Molekülspektrum
(Viellinienspektrum)
bandaging material/
dressing material
Verbandszeug
banded/fasciate
gebändert, breit gestreift
bandwidth *phys*
Bandbreite
bar mold
Schieberwerkzeug
barbed/fluted/serrated
(e.g., tubing adapters)
geriffelt (z.B. Schlauchadapter)
barometer
Luftdruckmessgerät,
Barometer
barrel (drum/vat/tub/keg/tun) Fass;
(cask) Holzfass;
(cylinder) Walze, Rolle, Zylinder;
(extruder/stopcock barrel) Zylinder
barrel mixer/drum mixer
Trommelmischer
barrel opener Fassöffner
barrel pump/drum pump
Fasspumpe
barricade tape
Absperrband, Markierband
barrier /barricade
Absperrung, Barriere,
Sperre, Barrikade

barrier-coated paper
Sperrschichtpapier

barrier coating
Barriereschicht

barrier cream
Schutzcreme
(Gewebeschutzsalbe,
Arbeitsschutzsalbe)

barrier fluid
Sperrflüssigkeit

barrier layer
Sperrschicht, Grenzschicht,
Randschicht

barrier plastic
Sperrschicht-Kunststoff

barrier polymer
Sperrschichtpolymer

barrier property
Sperreigenschaft

barrier wrap
Verbundwachsfolie

base (foundation) Grundlage,
Unterlage, Basis; *chem* Base

base chemicals
(general reactants)
Basischemikalien,
Grundchemikalien

base lattice Basisgitter

base material
(starting material/raw material)
Grundstoff, Rohstoff;
(ground substance/matrix)
Grundsubstanz,
Grundgerüst, Matrix

base peak (MS)
Basispeak

base unit
Basiseinheit

baseboard/washboard
Sockelleiste

basic/alkaline
basisch, alkalisch

basic anhydride
Basenanhydrid

basic number/
characteristic number
Kennzahl

basic research
Grundlagenforschung

basicity
Basizität, Baseität

basket centrifuge/
bowl centrifuge
Trommelzentrifuge

basket weave *text*
Panama-Bindung

baster
Fettgießer (große 'Pipette'),
Ölabscheidepipette

batch Charge
(Produktionsmenge/-einheit:
in einem Arbeitsgang erzeugt),
Partie, Posten, Füllung,
Ladung, Los, Menge;
kleine Stückzahl

batch culture
Satzkultur,
diskontinuierliche Kultur,
Batch-Kultur

batch number
Chargen-Bezeichnung,
Chargen-B.

batch operation/
batch process
diskontinuierliche
Arbeitsweise/Verfahren,
Satzverfahren

batch reactor (BR)
Chargenreaktor,
Chargenkessel

bath Bad

➤ **circulating bath**
Umwälzthermostat,
Badthermostat

➤ **refrigerated circulating bath**
Kältethermostat,
Kühlthermostat,
Umwälzkühler

bathochromic
bathochrom,
farbvertiefend

bathochromic shift
bathochrome Verschiebung

bead *vb* (flange/seam/edge)
bördeln

bead *n* Kugel, Kügelchen, Perle;
(beaded rim/bead/flange)
Bördelrand

bead (welding)
Schweißraupe
➢ **multiple bead**
Mehrfachraupe
bead-bed reactor
Kugelbettreaktor
bead mill (shaking motion)
Schwing-Kugelmühle
bead polymerization
Perlpolymerisation
beaded rim
Bördelrand, Rollrand
(Glas: Ampullen etc.)
beaded rim bottle
Rollrandgläschen,
Rollrandflasche
beaker
Becherglas, Zylinderglas (ohne Griff)
beaker brush Becherglasbürste
beaker clamp
Becherglaszange/-klammer
beaker tongs Becherglaszange
beam *n* Strahl; Balken
beam balance Balkenwaage
beam of light Lichtstrahl, Lichtbündel
bearing(s) *tech*
Lager (Zapfen~/Wellen~/Achsen~),
Lagerung, Lagerschale
➢ **ball bearing**
Kugellager
(Achsenlager: Rührer etc.)
beeswax Bienenwachs
behenic acid/docosanoic acid
Behensäure, Docosansäure
bell-shaped curve (Gaussian curve)
Glockenkurve (Gauß'sche Kurve)
bellows Balg
bellows pump Balgpumpe
belt Band, Riemen
ben oil/benne oil Behenöl
bench /workbench (lab bench)
Werkbank
(Labor-Werkbank/Laborbank)
➢ **clean bench/safety cabinet**
Sicherheitswerkbank
➢ **cleanroom bench**
Reinraumwerkbank
➢ **sterile bench**
sterile Werkbank

bench scales Tischwaage
bench-scale/lab-scale *adj*
im Labormaßstab
benchtop
Arbeitsfläche (auf der Laborbank)
bend/bent adapter
Krümmer (Laborglas)
bending vibration/
deformation vibration
Deformationsschwingung
beneficial (useful) nützlich
benefit *n* **(positive/favorable use)**
Nutzen
benefit *vb* nützen
benign benigne, gutartig
benignity/benign nature
Benignität, Gutartigkeit
bent tube/angle connector
Winkelrohr, Winkelstück, Krümmer
(Glas/Metall etc. zur Verbindung)
benzene Benzol, Benzen
benzene ring
Benzolring, Benzenring
benzoic acid (benzoate)
Benzoesäure (Benzoat)
benzoin/
benjamin gum/gum Benjamin
(*Styrax benzoin*/Styracaceae)
Benzoeharz
berl saddle
(column packing) *dist*
Berlsattel (Füllkörper)
bevel
abkanten, abschrägen
beveled/bevelled
abgeschrägt,
abgekantet (Kanten)
beveled edge
abgeschrägte Kante
(Schweiß-/Klebeverbindungen)
biased *math/stat*
verzerrt, verfälscht
bibulous paper
(for blotting dry)
Löschpapier
bicomponent fiber/
bico fiber/composite
fiber/heterofil(s)
Bikomponentenfaser

biconstituent fiber
Zwillingsfaserstoff
bifunctional/dual-function
bifunktionell,
Doppelfunktions...
bilaminar filaments
Faserstoff mit bilateraler Struktur
bile salts Gallensalze
billet
Knüppel, Strang, Puppe;
Walzpuppe; Rohling
billet roll
Knüppelwalze
bimetallic thermometer
Bimetallthermometer
bimodal distribution/
two-mode distribution
bimodale Verteilung
binary mixture
Zweistoffgemisch
binder/
binding agent/
absorbent/absorbing agent
Bindemittel, Saugmaterial
(saugfähiger Stoff)
binder clip Halteklammer (Büro)
binder resin Trägerharz
(Konditionieren)
binding curve Bindungskurve
binding electron Bindungselektron
binding energy/bond energy
Bindungsenergie
Bingham body/plastic body
Bingham-Körper,
plastischer Körper
binoculars
Binokular
binodal Binodale
binomial distribution
Binomialverteilung
binomial formula
binomische Formel
bioadhesive Bioklebstoff
bioassay/biological assay
biologischer Test
bioavailability
Bioverfügbarkeit
biodegradability
biologische Abbaubarkeit

biodegradable
biologisch abbaubar
biodegradation
biologischer Abbau,
Biodegradation
bioengineering
Biotechnik,
biologische Verfahrenstechnik,
Bioingenieurwesen
biohazard
biologische Gefahr,
biologisches Risiko,
Biogefährdung
biohazard containment
(laboratory) (classified into
biosafety containment classes)
Sicherheitslabor, Sicherheitsraum,
Sicherheitsbereich (S1-S4)
biohazardous substance
biologischer Gefahrenstoff
biohazardous waste
Abfall mit biologischem
Gefährdungspotential
bioinorganic
bioanorganisch
biolistics/
microprojectile bombardment
Biolistik
biologic(al)/biotic
biologisch, biotisch
biological containment
biologische Sicherheitsmaßnahmen,
Sicherheitsmaßregeln
biological containment level
biologische Sicherheitsstufe
biological oxygen demand
(BOD)
biologischer Sauerstoffbedarf
(BSB)
bioluminescence
Biolumineszenz
biomass Biomasse
bioplastic Biokunststoff
biopolymer
(biological polymer)
Biopolymer
bioreactor
Bioreaktor
(Reaktortypen *siehe* Reaktor)

biosafety cabinet
biologische Sicherheitswerkbank
biosafety level
biologische
Sicherheitsstufe/Risikostufe
biosafety officer
biologischer Sicherheitsbeauftragter,
Beauftragter für biol. Sicherheit
bioscience
(meist *pl* biosciences)/
life science
(meist *pl* life sciences)
Biowissenschaft
biosynthesis Biosynthese
biosynthesize
biosynthetisieren
biosynthetic reaction
(anabolic reaction)
Biosynthesereaktion
biosynthetic(al) biosynthetisch
biotechnology
Biotechnologie
biotransformation/bioconversion
Biotransformation,
Biokonversion
bipolymer (*see also:* copolymer)
Bipolymer
birefringence/
double refraction
Doppelbrechung
birefringent/
double-refracting
doppelbrechend
bismuth (Bi)
Bismut (Wismut)
bisubstrate reaction
Zweisubstratreaktion,
Bisubstratreaktion
bit (of a tool: key) Maul (Öffnung am
Schraubenschlüssel);
(drill bit/drill: on a dental drill: bur)
Bohrer, Bohrspitze, Bohraufsatz
Bitinga rubber
(*Raphionacme utilis*/
Asclepiadaceae)
Bitingagummi
bitter almond oil
Bittermandelöl
bitterness Bitterkeit

bitters Bitterstoffe
bitumen (asphaltene)
Bitumen (Asphalten)
bituminous coal/soft coal
Steinkohle,
bituminöse Kohle
bivalence/divalence *chem*
Zweiwertigkeit
bivalent/divalent
zweiwertig,
bivalent, divalent
black Ruß
➤ **acetylene black**
Acetylen-Ruß
➤ **carbon black**
Industrieruß
➤ **channel black**
Kanalruß (Gasruß)
➤ **furnace black**
Flammruß, Ofenruß
➤ **inert black**
Inaktivruß, inaktiver Ruß
➤ **lampblack**
Lampenruß
➤ **thermal black**
Thermalruß
bladderlike/bladdery/vesicular
blasenartig, blasenförmig
blade
Klinge, Blatt, Schneide (Messer);
Spreite; (bucket) Turbinenschaufel
blade impeller/
flat-blade paddle impeller
Blattrührer
blade mixer Schaufelmischer
blank Blindwert; Lücke;
Rohling, Stanzteil, Fassonteil
blast drawing (fibers)
Düsenblasverfahren
bleach *n*
Bleiche (Bleichmittel)
bleach *vb*
bleichen, ausbleichen
(aktiv: weiss machen, aufhellen)
bleaching
Ausbleichen, Bleichen
bleed *vb* bluten;
(spotting: TLC)
durchschlagen, bluten

bleed through/exudation *polym*
Ausschwitzen
bleeding
Bluten; Ausblühen
blend *n*
Blend, Mischung, Verschnitt
➤ **fiber blend**
Mischfasergewebe
(Hybridgewebe)
➤ **polymer blend/polyblend**
(polymer alloy)
Kunststoff-Blend
(Polymerlegierung)
blend *vb* mischen, mixen;
vermischen, vermengen
blender (vortex)
Mixer, Mixgerät; Mixette,
Küchenmaschine (Vortex)
blind rivet Blindniete
blind rivet nut
Blindnietmutter
blister pack/blister packaging
Blisterverpackung
bloat blähen
blob *polym* Klümpchen
block arretieren, sperren, feststellen
block copolymer
Blockcopolymer
block holder *micros*
Blockhalter
block polymer
Segmentpolymer
block polymerization
Blockpolymerisation
blocked/clogged/choked
verstopft (z.B. Abfluss)
blocking point
Blockpunkt,
Blocktemperatur
blocking reagent
Blockierungsreagenz
blood Blut
blood count/hematogram
Blutbild, Blutstatus,
Hämatogramm
blood poisoning
Blutvergiftung, Sepsis
blood substitute Blut-Ersatz
blood sugar Blutzucker

blot blotten
(klecksen/
Flecken machen/beflecken)
blotting/blot transfer
Blotten, Blotting
blow forming/blow molding
Blasen, Blasformen
➤ **film blowing**
Folienblasen (dünn)
(Schlauchfolienblasen,
Schlauchfolienextrudieren)
➤ **sheet blowing**
Folienblasen (dick)
(Schlauchfolienblasen,
Schlauchfolienextrudieren)
blow head (extruder)
Blaskopf (am Extruder)
blow molding
Blasformen
blower/fan
Gebläse (Föhn)
blowing agent
(foaming/expanding/
sponging/aerating)
Blähmittel, Treibmittel
blown film
Blasfolie (Schlauchfolie)
blown film line
Blasfolienanlage
blow-out pipet
Ausblaspipette
blowpin Blasdorn
blowpipe assay/
blowpipe test
Lötrohrprobe
blowtorch
Gebläselampe
blue asbestos/crocidolite
Blauasbest, Krokydolith
blue gum
(*Eucalyptus globulus*/Myrtaceae)
Blaugummi
board/circuit board/
printed circuit board (PCB)
Platine
boat conformation
(cycloalkanes)
Wannenform,
Bootkonformation

bobbin
text Spule, Spinnspule (Bobine);
electr Spule, Induktionsrolle
bobbin spinning
text Spulenspinnen
body Körper
➢ **(female) fitting/female**
weibliche Kupplung, Körper
body temperature
Körpertemperatur
bogie Transportwagen,
Transportkarren
boil kochen, sieden
boiler scale/incrustation
Kesselstein
boiling kochend, siedend
boiling flask Siedegefäß
boiling point Siedepunkt
boiling point depression/
lowering of boiling point
Siedepunkterniedrigung
boiling point elevation
Siedepunkterhöhung
boiling range
Siedebereich
boiling stone/boiling chip
Siedestein,
Siedesteinchen
Bolivian rubber
(Sapium aucuparium/
Euphorbiaceae)
Bolivianisches Gummi
bolt *vb* (bar/interlock)
verriegeln
bolt *n*
Bolzen,
Schraubenbolzen
➢ **bolt(ing)/barring/interlock**
Verriegelung
bolt cutter
Bolzenschneider
bomb calorimeter
Kalorimeterbombe,
Bombenkalorimeter,
Verbrennungsbombe
bomb tube/
Carius tube/sealing tube
Bombenrohr, Schießrohr,
Einschlussrohr

bond *vb* (link) binden;
(couple/tie) verknüpfen
bond *n* (linkage)
Bindung
➢ **carbon bond**
Kohlenstoffbindung
➢ **chemical bond**
chemische Bindung
➢ **conjugated bond**
konjugierte Bindung
➢ **double bond**
Doppelbindung
➢ **heteropolar bond**
heteropolare Bindung
➢ **high energy bond**
energiereiche Bindung
➢ **homopolar bond/**
nonpolar bond
homopolare Bindung
➢ **hydrophilic bond**
hydrophile Bindung
➢ **hydrophobic bond**
hydrophobe Bindung
➢ **ionic bond**
Ionenbindung
➢ **multiple bond**
Mehrfachbindung
➢ **nonpolar bond**
unpolare Bindung
➢ **peptide bond/**
peptide linkage
Peptidbindung
➢ **single bond**
Einfachbindung
➢ **triple bond**
Dreifachbindung
bond angle
Bindungswinkel
bond paper/
stationery
Schreibpapier
bond strength/
bonding strength/
pull strength
Haftfestigkeit (Klebkraft),
Bindefähigkeit
bonded fabric
Faserverbundstoff,
Textilverbundstoff

bonded fiber
Verbundfaser

bonded glass joint
Glasverklebung

bonded joint
Klebeverbindung

bonded phase
gebundene Phase

bonded-phase chromatography
Festphasenchromatographie

bonding
(joining) Fügeverfahren;
(laminating) Kaschieren
(Textilien/Textil-Schaum)

**bonding capacity/
adhesive capacity**
Bindungsvermögen,
Haftvermögen

bonding electron
Valenzelektron

**bonding power/
bonding capacity**
Bindekraft

**bonding resin/
adhesive resin**
Klebharz

**bonding strength/
bond strength/
pull strength**
Haftfestigkeit (Klebkraft),
Bindefähigkeit

booster Verstärker;
(substance) Verstärkungsstoff

**booster pump/
accessory pump/
back-up pump**
Zusatzpumpe,
Hilfspumpe,
Verstärkerpumpe

borax/sodium tetraborate
Borax,
Natriumtetraborat decahydrat

boric acid (borate)
Borsäure (Borat)

**Borneo rubber
(*Willughbeia coriacea*/
Apocynaceae)**
Borneo-Gummi

boron (B) Bor

**boron fiber-reinforced plastic
(BFRP)**
borfaserverstärkter Kunststoff
(BFK)

borosilicate glass
Borosilikatglas

bottle Flasche

➢ **beaded rim bottle**
Rollrandgläschen,
Rollrandflasche

➢ **gas bottle/
gas cylinder/
compressed-gas cylinder**
Gasflasche

➢ **gas washing bottle**
Gaswaschflasche

➢ **lab bottle/
laboratory bottle**
Laborstandflasche,
Standflasche

➢ **packaging bottle**
Verpackungsflasche

➢ **roller bottle**
Rollerflasche

➢ **screw-cap bottle**
Schraubflasche

➢ **spray bottle**
Sprühflasche

➢ **square bottle**
Vierkantflasche

➢ **wide-mouthed bottle**
Weithalsflasche

➢ **Woulff bottle**
Woulff'sche Flasche

bottle brush
Flaschenbürste

**bottle cart (barrow)/
bottle pushcart/
cylinder trolley (*Br*)**
Flaschenwagen

**bottle shelf/
bottle rack**
Flaschenregal

bottleneck *stat*
Engpass,
Flaschenhals

bottom plate (mold)
Grundplatte,
Aufspannplatte

bottoms
(deposit: sediment/precipitate/
settlings/heel) Rückstand,
abgesetzte Teilchen, Bodenkörper;
dist Sumpf
(Rückstand in Dest.-Blase)

bouffant cap
Haarschutzhaube (für Labor)

bound polymer
gebundenes Polymer

boundary layer
Grenzschicht

bowl Schale

box Schachtel;
(crate) Kasten, Kiste

Bragg angle/glancing angle
Glanzwinkel

braiding *text*
Flechten, Flechterei

braker plate (extruder)
Lochplatte

branch out/ramify
sich verzweigen

branch site
Verzweigungsstelle

branched (ramified)
verzweigt

branched-chain polymer
verzweigtes Polymer

branched-chained
verzweigtkettig

branching Verzweigung
➤ **hyperbranching**
Hyperverzweigung

branching index
Verzweigungsindex

branching point
Verzweigungspunkt

branching ratio
Verzweigungsverhältnis

brand Marke (Ware/Handel)

brand name/trade name
Markenbezeichnung,
Warenzeichen

break/shatter zerbrechen

breakage Bruch

breakdown
Zusammenbruch,
Abbau, Zerfall

breakdown field strength
Durchschlagfeldstärke

breakdown voltage
Durchschlagspannung

breaker plate (extruder)
Brecher, Brechplatte,
Lochscheibe

breaking pressure (valve)
Öffnungsdruck (Ventil)

breath Atem
➤ **breathe in/inhale**
einatmen
➤ **breathe out/exhale**
ausatmen

breathe/respire
atmen

breathing (respiration)
Atmung

**breathing apparatus/
respirator**
Atemschutzgerät,
Atemgerät

**breathing protection/
respiratory protection**
Atemschutz

**breed/breeding/
cultivation/growing
(raising/rearing)**
Züchtung, Kultivierung

bright (luminous)
lichtstark

bright field *micros*
Hellfeld

**brightener/
brightening agent/
clearant/clearing agent
(optical brightener)**
Aufheller, Aufhellungsmittel
(optischer Aufheller)

brightfield microscopy
Hellfeld-Mikroskopie

brine (salt water)
Sole

Brinell hardness
Brinellhärte

bristle Borste

**British Standard Pipe (BSP)
(thread/fittings)**
Britisches Standard Gewinde

brittle
spröd, spröde, brüchig;
zerbrechlich

brittle failure/brittle fracture
sprödes Versagen,
Sprödbruch, Trennbruch

brittle polymer
sprödes Polymer

brittleness
Sprödigkeit, Brüchigkeit;
Zerbrechlichkeit

bromine (Br) Brom

Brookfield viscometer
Brookfield-Viskosimeter

brown paper/kraft
Packpapier

brush Bürste

➢ **funnel brush**
Trichterbürste

brush coating
Bürstenstreichverfahren
(Auftrageverfahren)

bubble *vb* sprudeln; brodeln

bubble *n* Gasblase,
Luftblase, Seifenblase;
(vesicle) Bläschen, Vesikel;
polym Lunker, Hohlraum,
Vakuole (Fehler)

➢ **small air bubble**
Luftbläschen

bubble column reactor
Blasensäulen-Reaktor

bubble counter/
bubbler/gas bubbler
Blasenzähler

bubble-shaped/bulliform
bläschenförmig

bubble tube
(slightly bowed glass tube/
vial in spirit level)
Libelle
(Glasröhrchen der Wasserwaage)

bucket (plastic)/pail (metal) Eimer

bucking circuit *electr*
Kompensationskreis,
Kompensationsschaltung

buckle knicken

buckling
Knickung, Knicken

buckling load Knicklast

buckling strength
Knickfestigkeit

Buechner funnel/
Buchner funnel
Büchner-Trichter
(Schlitzsiebnutsche)

buffer *vb* puffern

buffer *n* Puffer

buffer solution
Pufferlösung

buffer zone
Pufferzone

buffering Pufferung

buffering capacity
Pufferkapazität

building block/unit
Baustein, Bauelement

➢ **basic building block**
(*polym* monomeric unit)
Grundbaustein

building code/building regulations
Bauvorschriften

building evacuation plan
Gebäudeevakuierungsplan

bulb-to-bulb distillation
Kugelrohrdestillation

bulk
Umfang, Volumen,
Größe, Masse, Menge;
Großteil, Hauptteil; Mehrheit

bulk cargo
Bulkladung (Transport)

bulk container
Schüttgutbehälter

bulk density (BD)/
apparent density/
gross density (powder density)
Rohdichte, Schüttdichte

bulk diffusion
Massendiffusion,
Gesamtduffusion

bulk factor
Füllfaktor,
Verdichtungsgrad

bulk flow/mass flow
Massenströmung (Wasser)

bulk goods
Schüttgut, Massengut

bulk modulus/
  compression modulus
  Kompressionsmodul
bulk molding compound (BMC)
  BMC-Formmasse
bulk plastics/
  volume plastics
  Standardkunststoff,
  Massenkunststoff,
  Massenplast
  (Konsumkunststoffe)
bulk polymerization/
  mass polymerization
  Masse-Polymerisation,
  Substanzpolymerisation
bulk storage
  Schüttgutlagerung
bulk viscosity
  Volumenviskosität
bulk volume
  Schüttvolumen
bulkiness
  Sperrigkeit;
  Voluminosität (Bausch)
bulky
  sperrig (groß/dick),
  unhandlich;
  massig, wuchtig
bull horn
  Megaphon, Megafon
bulletproof glass
  Panzerglas
bulletproof vest
  kugelsichere Weste
bullous/
  with blisters/
  vesiculate
  blasig
bump tube
  Rückschlagschutz
bumper guard
  Schutzring, Stoßschutz
  (Prellschutz für Messzylinder)
bumping Stoßen
  (Sieden/Überhitzung/Siedeverzug)
bumping rod/
  bumping stick/
  boiling rod/boiling stick
  Siedestab

bundle/bunch/
  lashing/packaging
  (larger quantities of
  items fastened together)
  Gebinde
Bunsen burner/
  Bunsen flame burner
  Bunsenbrenner
buoyancy
  Auftrieb (in Wasser)
buoyant density
  Schwimmdichte,
  Schwebedichte
burden/load
  Last, Belastung
buret /burette (*Br*)
  Bürette
➢ **weight buret/**
  weighing buret
  Wägebürette
buret clamp
  Bürettenklemme
burn *n* (caustic burn:
  chemicals/alkali/acid)
  Verätzung
  (Chemikalien/Alkali/Säure);
  (burn wound) Brandverletzung,
  Brandwunde, Verbrennung
burn *vb* brennen;
  (chemicals/alkali/acid) verätzen
➢ **burn through/out**
  durchbrennen
burner/flame
  Brenner, Flamme
➢ **alcohol burner**
  Spiritusbrenner,
  Spirituslampe
➢ **Bunsen burner/flame burner**
  Bunsenbrenner
➢ **cartridge burner**
  Kartuschenbrenner
➢ **evaporation burner**
  Verdunstungsbrenner
➢ **gas burner**
  Gasbrenner, Gaskocher
➢ **wing-tip (for burner)/**
  burner wing top
  Schwalbenschwanzbrenner,
  Schlitzaufsatz für Brenner

burnt smell
Brandgeruch
bursting disk
Berstscheibe, Sprengscheibe,
Sprengring, Bruchplatte
bush/bushing Buchse;
(guide bushing)
Führungsbuchse
(Rührwelle etc.)
butt joint
Stoßverbindung
butt welding
Stumpfschweißen

butterfly valve
Flügelhahnventil
button Knopf, Regler
butyric acid/
butanoic acid (butyrate)
Buttersäure, Butansäure (Butyrat)
by chance/at random
zufällig;
(accidentally) aus Versehen
by-product/
residual product/
side product
Nebenprodukt

C-stage/resite C-Zustand
cable Kabel
cable connector
  Kabelverbinder
cable drum Kabeltrommel
cable lug Kabelöse, Kabelschuh;
  (terminal) Ringkabelschuh
cable sheathing
  Kabelmantel, Kabelumhüllung,
  Kabelummantelung
cable stripping knife
  Kabelmesser
cable tie/
  wrap-it tie/
  wrap-it tie cable
  Kabelbinder, Spannband
  ➢ **tensioning tool/**
  tensioning gun
  (cable ties/wrap-it-ties)
  Spannzange (Kabelbinder)
cadmium (Cd) Cadmium
cake *n*
  Klumpen, Kruste
  (fest verbackener Niederschlag)
cake *vb*
  klumpen, zusammenbacken
  (Präzipitat/Kruste:
  fest verbackender Niederschlag)
caking
  Zusammenbacken,
  Verklumpen;
  (sticking) Anbacken
calamitic calamitisch, kalamitisch
calamitic liquid crystal (LC)
  calamitisches Flüssigkristall
calcification
  Verkalkung, Kalkeinlagerung,
  Kalzifizierung, Calcifikation
calcify (calcified)
  verkalken (verkalkt)
calcination Kalzinierung
calcine kalzinieren
calcite Kalkspat
calcium (Ca) Kalzium, Calcium
calculate rechnen, berechnen
calculation Berechnung
calender coating
  Kalander-Beschichtung, Kalander-
  Auftrageverfahren, Aufkalandrieren

calender
  Kalander; Glättwerk
  (Walzenglättwerk/Glättmaschine)
calendering
  Kalandrieren; Glätten;
  Auswalzen
calibrate/adjust (size)
  eichen, kalibrieren
calibrating instrument/
  calibrator
  Eichgerät
calibrating mark
  Eichmarke
calibrating standard (measure)
  Eichmaß
calibration
  (adjustment/adjusting/
  standardization)
  Kalibrierung, Eichung
calibration curve Eichkurve
calibration gas
  Prüfgas (Kalibrierung)
caliper gage (gauge *Br***)**
  Messschieber
  (siehe: Schublehre)
caloric value Brennwert
calorie Kalorie
calorimeter Kalorimeter
  ➢ **bomb calorimeter**
  Kalorimeterbombe,
  Bombenkalorimeter,
  Verbrennungsbombe
  ➢ **scanning calorimeter**
  Raster-Kalorimeter
calorimetry
  Kalorimetrie,
  Brennwertbestimmung
  ➢ **differential scanning calorimetry**
  (DSC)
  Differentialkalorimetrie
  ➢ **power-compensated**
  differential scanning calorimetry
  (PCDSC)
  dynamische Differenz-
  Leistungs-Kalorimetrie (DDLK),
  Leistungskompensations-
  Differentialkalorimetrie
  ➢ **scanning calorimetry**
  Raster-Kalorimetrie

calotropis Akon
camber
Wölbung, Bauch, Ausbauchung,
Balligkeit, Krümmung;
(Walze) Bombage, Bombierung
cambric/batiste Batist
Canada balsam
(*Abies balsamea*/Pinaceae)
Kanadabalsam
cancer
(malignant neoplasm/carcinoma)
Krebs (malignes Karzinom)
cancer causing/
oncogenic/oncogenous
krebserzeugend,
onkogen, oncogen
cancer risk Krebsrisiko
cancer suspect agent/
suspected carcinogen
krebsverdächtige Substanz
cancerous krebsartig
cane fiber Zuckerrohrfaser
cane sugar/
beet sugar/
table sugar/sucrose
Rohrzucker, Rübenzucker,
Saccharose, Sukrose, Sucrose
cannula
(*pl* **cannulas or cannulae**)
Kanüle
canvas
Segelleinen, Segeltuch;
Plane
caoutchouc/rubber
(mainly *cis*-1,4-polyisoprene)
Kautschuk
cap *n* **(top/lid)** Kappe
(Verschluss/Deckel)
cap *vb* verkappen
cap crimper
Bördelkappen-Verschließzange,
Verschließzange für Bördelkappen
capacitance (C)
elektrische Kapazität
capacitative current
kapazitiver Strom
capacity
Kapazität, Fassungsvermögen;
(volume) Rauminhalt (Volumen)

capacity factor
Kapazitätsfaktor,
Verteilungsverhältnis
Cape gum
(*Acacia karroo*/Fabaceae)
Kapgummi
Cape York red gum
(*Eucalyptus brassiana*/Myrtaceae)
Cape York-Rotgummi
capillary
Kapillare,
Haargefäß
capillary air bleed/
boiling capillary/
air leak tube *dist*
Siedekapillare
capillary blotting
Diffusionsblotting
capillary breaking/
capillary fracture (fibers)
Kapillarbruch
capillary chromatography (CC)
Kapillarchromatographie
capillary column
Kapillarsäule
(Trennkapillare: GC)
capillary die/
capillary nozzle (extruder)
Kapillardüse
capillary electrophoresis (CE)
Kapillarelektrophorese
capillary pipet/capillary pipette
Kapillarpipette
capillary tube/capillary tubing
Kapillarrohr,
Kapillarröhrchen
capillary viscometer
Kapillarviskosimeter
capric acid/
decanoic acid
(caprate/decanoate)
Caprinsäure, Decansäure
(Caprinat/Decanat)
caproic acid/
capronic acid/
hexanoic acid
(caproate/hexanoate)
Capronsäure, Hexansäure
(Capronat/Hexanat)

caprylic acid/octanoic acid (caprylate/octanoate)
Caprylsäure, Octansäure (Caprylat/Octanat)
carbohydrate Kohlenhydrat
carbon (C) Kohlenstoff
carbon black (*see also*: black)
Industrieruß
carbon bond
Kohlenstoffbindung
carbon brush tech
Kohlebürste (Motor)
carbon compound
Kohlenstoffverbindung
carbon dioxide
Kohlendioxid
carbon fiber (CF)
Carbonfaser, Kohlenstofffaser
carbon fiber-reinforced plastic (CFRP)
kohlenstofffaserverstärkter Kunststoff (CFK)
carbon monoxide
Kohlenmonoxid
carbon source
Kohlenstoffquelle
carbon tetrachloride/ tetrachloromethane
Tetrachlorkohlenstoff, Tetrachlormethan
carbonate hardness/ temporary hardness
Karbonathärte, Carbonathärte, vorübergehende Härte, temporäre Härte
carbon fiber-reinforced carbon (CFC)
kohlenstofffaserverstärkter Kohlenstoff (KFK)
carbonic acid (carbonate)
Kohlensäure (Karbonat/Carbonat)
carbonization
Karbonisation, Verschwelung; *paleo/geol* (coalification) Inkohlung
carboxylic acids (carbonates)
Carbonsäuren, Karbonsäuren (Carbonate/Karbonate)
carboy/canister
Ballonflasche, Ballon, Kanister (Behälter)
carcinogen Karzinogen

carcinogenic (Xn)
krebserzeugend, karzinogen, carcinogen, kanzerogen
carcinoma Karzinom
card *text* kardieren
cardboard /paperboard/fiberboard
Karton, Kartonpapier (feste Pappe); (pasteboard) Pappe, Pappdeckel, Karton
cardboard box
Pappkarton
cardinal temperature
Vorzugstemperatur
careless/ incautious/unwary
unvorsichtig
cargo
Frachtgut, Ladung
cargo tank Frachtkessel
Carius furnace/ bomb furnace/ bomb oven/tube furnace
Schießofen
Carius tube/ bomb tube/sealing tube
Bombenrohr, Schießrohr, Einschlussrohr
carob gum/locust bean gum
Karobgummi, Johannisbrotkernmehl
carotinoids
Karotinoide, Carotinoide
carrageenan/carrageenin (Irish moss extract)
Carrageen, Carrageenan
carriage Schlitten
carrier Träger (auch: *chromat*); Schleppmittel (Gas/Flüssigkeit)
carrier electrophoresis
Trägerelektrophorese, Elektropherografie
carrier gas (an inert gas)
Trägergas, Schleppgas (GC)
carrier molecule
Trägermolekül
carry off/ drain/discharge
ableiten

**carry-over/
  cross-contamination**
  chromat Kreuzkontamination
cartilage Knorpel
cartilage forceps
  Knorpelpinzette
cartridge
  Kassette, Patrone,
  Kartusche, Patrone;
  Filterkerze
cartridge burner
  Kartuschenbrenner
case report form (CRF)
  Prüfprotokoll
casein Casein
casein plastic
  Caseinkunststoff
casein wood Caseinholz
**cashew gum/acajou gum
  (*Anacardium occidentale*/
  Anacardiaceae)**
  Kashew-Gummi
cast film Gießfolie
cast film extrusion
  Schmelzgießen
  (Chill-Roll-
  Extrusion/Flachfolienextrusion)
cast molding/casting
  Gießling, Gussteil
cast resin/casting resin
  Gießharz
casters/castors
  Rollfüße, Laufrollen,
  Rollen (Wagen)
casting
  Gießen, Gießverfahren, Guss;
  Gussstück, Gussteil,
  Formgussstück
➤ **centrifugal casting**
  Schleudergießen,
  Schleuderguss,
  Schleudergussverfahren
➤ **film casting/sheet casting
  (cast film extrusion)**
  Foliengießen
➤ **hollow casting/slush casting
  (hollow molding)**
  Hohlgießen,
  Hohlgussverfahren

➤ **monomer casting**
  Monomergussverfahren,
  Monomergießen
➤ **reaction casting**
  Reaktionsgießen,
  Reaktionsgießverfahren
➤ **rotational casting
  (rotational molding/rotomolding)**
  Rotationsgießen, Rotationsguss,
  Rotationsformen,
  Rotationsgussverfahren
➤ **solution casting**
  Lösungsgießen,
  Lösungsgussverfahren
casting compound
  Gießmasse
casting machine (cast extruder)
  Gießmaschine
**casting machine for sheetings
  (cast film extruder)**
  Foliengießmaschine
casting resin
  Gießharz; Vergussharz
castor oil/ricinus oil
  Rizinusöl
catalysis Katalyse
➤ **contact catalysis/
  surface catalysis**
  Kontaktkatalyse
➤ **heterogeneous catalysis**
  heterogene Katalyse
➤ **homogeneous catalysis**
  homogene Katalyse
➤ **phase-transfer catalysis (PTC)**
  Phasentransferkatalyse
  (heterogene K.)
➤ **photocatalysis**
  Photokatalyse
➤ **photochemical catalysis**
  photochemische Katalyse
catalyst Katalysator
➤ **cocatalyst**
  Cokatalysator
➤ **Ziegler-Natta catalyst**
  Ziegler-Natta Katalysator
catalyst performance
  Katalysatorleistung
catalyst poisoning
  Katalysatorvergiftung

catalyst support
Katalysatorträger,
Kontaktträger
catalytic (catalytical)
katalytisch
catalytic performance
katalytische Leistung
catalytic poison
Katalysatorgift, Katalytgift,
Kontaktgift (Katalyseinhibitor)
catalytic polymerization
katalytische Polymerisation
catalytical unit/
unit of enzyme activity (katal)
katalytische Einheit,
Einheit der Enzymaktivität (katal)
catalyze katalysieren
catena polymer (linear)
Kettenpolymer
catenane/concatenate
Catenan, Concatenat
catenate/concatenate
verketten
catenation
Catenation, Ringbildung;
Kettenbildung, Verkettung
cation Kation
cation exchange capacity (CAC)
Kationenaustauschkapazität
(KAK)
cation exchanger
(strong: SCX/weak: WCX)
Kationenaustauscher
(starker/schwacher)
cationic polymerization
kationische Polymerisation
cauliflower polymer
Blumenkohlpolymer
caustic (corrosive/mordant)
ätzend, beizend, korrosiv
caustic agent
Ätzmittel
caustic hazard
Verätzungsgefahr
caustic lime CaO
Branntkalk
caustic potash/
potassium hydroxide KOH
Ätzkali, Kaliumhydroxid

caustic soda/
sodium hydroxide NaOH
Ätznatron,
Natriumhydroxid
cauterization *med*
Verätzung
cauterize *med* verätzen
caution (cautiousness/care/
carefulness/precaution)
Vorsicht;
(danger!) Gefahr, Lebensgefahr!
cautious/careful
vorsichtig
cavity
(chamber/ventricle) Höhle, Kammer,
Ventrikel (kleine Körperhöhle);
(lumen/void/airspace)
Hohlraum, Höhlung, Lumen;
polym (mold/die) Kavität,
Hohlform, Gesenk (Formwerkzeug)
ceara rubber
(***Manihot* spp. esp. *M. glaziovii*/**
Euphorbiaceae)
Ceará-Gummi
ceiling temperature
Ceiling-Temperatur
(Beginn der Depolymerisation)
➤ **floor temperature**
Floor-Temperatur
cell Zelle; Elektrolysezelle,
Elektrolysierzelle;
elektrochemisches Element
➤ **half cell/half element**
(single-electrode system)
Halbelement (galvanisches),
Halbzelle
cell holder *analyt*
Küvettenhalter
cellobiose
Zellobiose, Cellobiose
cellophane Cellophan
cellular rubber/
expanded rubber/
foam rubber/
foamed rubber/sponge rubber
Moosgummi,
Zellgummi
celluloid
Celluloid, Zelluloid (Zellhorn)

cellulose Cellulose, Zellulose
➤ **native cellulose**
native Cellulose
cellulose acetate
Celluloseacetat,
Acetylcellulose
cellulose acetate rayon
Celluloseacetatseide,
Acetatseide
cellulose film/
cellulose hydrate/
cellophane
Zellglas, Cellulosehydrat
(Regeneratcellulose), Cellophan
cellulose nitrate
Cellulosenitrat
cellulose nitrate lacquer
Cellulosenitratlack,
Nitrolack
cellulose silk
Zellstoffseide
cellulose yarn
Zellstoffgarn
cellulosic fiber
Cellulosechemiefaser
cement (adhesive)
Kitt, Kittsubstanz
(Kleber/Klebstoff)
➤ **bonding cement** Klebkitt
➤ **multicomponent cement**
(multiple-component adhesive)
Mehrkomponentenkleber
cement solvent
Kleblöser
center *vb* zentrieren
center drill Zentrierbohrer
center punch (tool)
Körner
centile/percentile
Zentil,
Perzentil, Prozentil
centrifugal
zentrifugal
centrifugal casting/molding *polym*
Schleudergießen,
Schleuderguss,
Schleudergussverfahren
centrifugal extractor
Zentrifugalextraktor

centrifugal force
Zentrifugalkraft
centrifugal grinding mill
Zentrifugalmühle,
Fliehkraftmühle,
Rotormühle
centrifugal molding
Schleudergussverfahren,
Schleudergießen
centrifugal pump/
impeller pump
Zentrifugalpumpe,
Kreiselpumpe
centrifugation Zentrifugation
➤ **analytical centrifugation**
analytische Zentrifugation
➤ **density gradient centrifugation**
Dichtegradientenzentrifugation
➤ **differential centrifugation**
('pelleting')
Differentialzentrifugation,
differentielle Zentrifugation
➤ **equilibrium centrifugation/**
equilibrium centrifuging
Gleichgewichtszentrifugation
➤ **isopycnic centrifugation/**
isodensity centrifugation
isopyknische Zentrifugation
➤ **preparative centrifugation**
präparative Zentrifugation
➤ **ultracentrifugation**
Ultrazentrifugation
➤ **zonal centrifugation**
Zonenzentrifugation
centrifuge *vb* **(spin)**
zentrifugieren
centrifuge *n*
Zentrifuge
➤ **basket centrifuge/**
bowl centrifuge
Trommelzentrifuge
➤ **high-speed centrifuge/**
high-performance centrifuge
Hochgeschwindigkeitszentrifuge
➤ **knife-discharge centrifuge/**
scraper centrifuge
Schälschleuder
➤ **microfuge**
Mikrozentrifuge

➤ **multichamber centrifuge/**
multicompartment centrifuge
Kammerzentrifuge
➤ **pusher centrifuge**
Schubschleuder
➤ **refrigerated centrifuge**
Kühlzentrifuge
➤ **screen basket centrifuge**
Siebkorbzentrifuge
➤ **screen centrifuge**
Siebschleuder
➤ **solid-bowl centrifuge**
Vollmantelzentrifuge,
Vollwandzentrifuge
➤ **tabletop centrifuge/**
benchtop centrifuge
(multipurpose c.)
Tischzentrifuge
➤ **tubular bowl centrifuge**
Röhrenzentrifuge
➤ **ultracentrifuge**
Ultrazentrifuge
centrifuge tube
Zentrifugenröhrchen
centrifuge tube rack
Zentrifugenröhrchenständer
centrosymmetric(al)
zentralsymmetrisch
ceramic fiber
Keramikfaser
ceramic filter
Tonfilter
ceramic membrane
Keramikmembran
ceramics
Keramik
ceramoplastic
Keramikkunststoff
cerotic acid/hexacosanoic acid
Cerotinsäure, Hexacosansäure
cesium (Cs) Cäsium
cesium chloride gradient
Cäsiumchloridgradient
CFCs (chlorofluorocarbons/
chlorofluorinated hydrocarbons)
FCKW
(Fluorchlorkohlenwasserstoffe)
chain *vb*
anketten (Gasflaschen etc.)

chain *n* **(branched/unbranched)**
Kette (verzweigte/unverzweigte)
➤ **branched** verzweigt
➤ **daisy-chain**
mehrere Gegenstände
aneinander ketten
➤ **jointed chain/**
freely jointed chain
Segmentkette
➤ **long-chain** langkettig
➤ **main chain** Hauptkette
➤ **network chain** Netzkette
➤ **short-chain** kurzkettig
➤ **side chain** Seitenkette
➤ **unbranched** unverzweigt
chain branching
Kettenverzweigung
chain breaking
Kettenabbruch
chain carrier Kettenträger
(Radikalstelle/Ion)
chain clamp Kettenklammer
chain cleavage additive
Kettenabbrecher
chain entanglement
Kettenverhakung
chain extender
Kettenverlängerer
chain form/
open-chain form
Kettenform
chain formula/
open-chain formula
Kettenformel
chain growth/
chain propagation
Kettenwachstum
chain-growth polymerization/
chain-reaction polymerization
Kettenwachstumspolymerisation
chain initiation
Kettenstart, Initiation
chain initiator
Kettenstarter, Initiator
chain length Kettenlänge
➤ **number-average chain length**
(degree of polymerization)
Zahlenmittel-Kettenlänge
(Polymerisationsgrad)

chain link/
  chain unit/chain segment
  Kettenglied, Kettensegment
chain molecule
  Kettenmolekül
chain propagation reaction
  Kettenwachstumsreaktion
chain reaction
  Kettenreaktion
chain scission/chain cleavage
  Kettenspaltung
chain termination/chain breaking
  Kettenabbruch
chain terminator
  (chain-breaking antioxidant/
  primary antioxidant)
  Kettenabbrecher
chain transfer
  Kettentransfer,
  Kettenübertragung
chair conformation (cycloalkanes)
  Sesselform
chalcocite Cu_2S
  Kupferglanz
chalking (plastics)
  Kreiden, Abkreiden, Auskreiden;
  weiße Abscheidung
chamber/tank *electrophor*
  Kammer
chamfer *n*
  Fase, Anfasung, Abschrägung,
  Abschärfung, Schrägkante
chamfer *vb* anfasen
chamfering /chamfer
  Anfasung, Abkanten, Abschrägung,
  Abschärfung, Schrägkante, Fase
chamfering machine
  Anfasmaschine,
  Abschrägmaschine
chance/coincidence
  Zufall
change *n* **(modification/variation)**
  Veränderung
change *vb* (modify/vary) verändern;
  (change cloths) umkleiden
channel (extruder)
  Kanal
channel black
  Kanalruß (Gasruß)

channel height/
  height of channel
  (extruder shaft)
  Kanalhöhe
channel width/
  width of channel
  (extruder shaft)
  Kanalbreite
chaotropic agent
  chaotrope Substanz
chaotropic series
  chaotrope Reihe
char/carbonize
  verkohlen, ankohlen,
  verschwelen
characteristic value (descriptor)
  Kennwert
charcoal Holzkohle
charge *n* **(electric(al) charge)**
  Ladung (Elektrizitätsmenge)
charge separation *electr*
  Ladungstrennung
charge *vb* **(feed)**
  beschicken
charger Ladegerät
charge-transfer complex (CTC)
  Ladungsübertragungskomplex
charring/carbonization
  Verkohlung, Verkohlen
chase (mold)
  Klappenfutter,
  Backenfutter, Rahmen
check (examine/confirm/
  inspect/review/verify/control)
  überprüfen, nachprüfen,
  kontrollieren
check sum Prüfsumme
check valve
  (backstop valve) Rückschlagventil;
  (control valve/non-return valve)
  Sperrventil, Kontrollventil
check-up
  (examination/inspection/reviewal;
  verification/control)
  Überprüfung
checkweighing scales
  Kontrollwaage
cheesecloth (gauze)
  Mull (Gaze)

chelate *n*
Chelat, Komplex
chelate *vb*
komplexieren
chelating agent/chelator
Chelatbildner,
Komplexbildner
chelation/chelate formation
Chelatbildung,
Komplexbildung
chemical(s)
Chemikalie(n)
➢ **fine chemicals**
Feinchemikalien
➢ **new chemicals/substances**
Neustoffe
chemical accident
Chemieunfall
chemical bond
chemische Bindung
chemical burn
chemische Verbrennung
chemical cabinet/
  chemical safety cabinet
Chemikalienschrank
chemical compound
chemische Verbindung
chemical coupling
chemische Kopplung
chemical engineer
Chemieingenieur
chemical equation
chemische Gleichung,
Reaktionsgleichung
chemical fume hood/'hood'
Chemikalienabzug
chemical lab assistant
Chemielaborant
chemical oxygen demand (COD)
chemischer Sauerstoffbedarf
(CSB)
chemical-resistant
chemikalienfest
chemical shift *spectros*
chemische Verschiebung
chemical society
Chemiefachverband
chemical stockroom counter
Chemikalienausgabe

chemical transformation/
  chemical reaction/
  chemical change chemische
Umsetzung
chemical waste
Chemieabfälle
chemical worker
Chemiearbeiter;
(in industry) Chemikant
(chem. Facharbeiter)
chemically pure (CP)
chemisch rein
chemiosmosis
Chemiosmose
chemiosmotic hypothesis/theory
chemiosmotische Hypothese/Theorie
chemisorption
Chemisorption,
chemische Adsorption
chemistry Chemie
➢ **food chemistry**
Lebensmittelchemie
➢ **organic chemistry**
organische Chemie,
'Organik'
➢ **physical chemistry**
physikalische Chemie
➢ **plastics chemistry**
Kunststoffchemie
➢ **polymer chemistry**
Polymerchemie
chemoaffinity hypothesis
Chemoaffinitäts-Hypothese
chemostat Chemostat
chemosynthesis
Chemosynthese
chemotherapy
Chemotherapie
chest freezer
Kühltruhe, Gefriertruhe;
(upright freezer) Gefrierschrank
chew/masticate
kauen, zerkauen
chewing gum Kaugummi
chicle (gum)/chiku (sapodilla:
  ***Manilkara zapota*/Sapotaceae)**
Chicle
chief association
Hauptassoziation

chiller
Kühler; Kühlaggregat
➤ **refrigerated chiller**
with immersion probe
Eintauchkühler (mit Kühlsonde)
chilling damage/
chilling injury
Kälteschaden, Kälteschädigung
chilte rubber
(*Cnidoscolus elastica*/
Euphorbiaceae)
Chilte-Gummi
chimney/flue Rauchfang
Chinese gutta-percha
(*Eucommia ulmoides*/
Eucommiaceae)
Chinesisches Guttapercha
chinic acid/
kinic acid/quinic acid (quinate)
Chinasäure
chinolic acid Chinolsäure
chip *n*
Chip; Plättchen, Scheibchen;
Splitter, Span, Schnitzel
chip *vb*
anschlagen, Ecke abschlagen
chipboard (wood)
Holzspanplatte
chiral chiral
chiral chromatography
enantioselektive Chromatographie
chirality Chiralität
chisel
Beitel, Stechbeitel;
Meißel
chloric acid $HClO_3$ Chlorsäure
chlorinate chlorieren
chlorinated hydrocarbon
chlorierter Kohlenwasserstoff
chlorinated rubber
Chlorkautschuk
chlorination
Chlorierung
chlorine (Cl) Chlor
chlorine bleach
Chlorbleiche
chlorobenzene
Chlorbenzol,
Chlorobenzen

chlorofluorocarbons/
chlorofluorinated hydrocarbons
(CFCs)
Fluorchlorkohlenwasserstoffe
(FCKW)
chloroform/trichloromethane
Chloroform, Trichlormethan
chlorous acid $HClO_2$
chlorige Säure
cholesteric cholesterisch
cholesterol
Cholesterin, Cholesterol
cholic acid (cholate)
Cholsäure (Cholat)
chop hacken, zerschneiden
chopped glass fiber
Glas-Kurzfasern (geschnitten)
chopped-fiber mat/
chopped strand mat
Faserschnittmatte
chord modulus
Chordmodul
chorismic acid (chorismate)
Chorisminsäure (Chorismat)
chroma/saturation *text*
Buntheit, Buntkraft, Reinheit
chromaffin/
chromaffine/chromaffinic
chromaffin
chromatogram
Chromatogramm
chromatograph
Chromatograph
chromatography
Chromatographie
➤ **affinity chromatography**
Affinitätschromatographie
➤ **bonded-phase chromatography**
Festphasenchromatographie
➤ **capillary chromatography (CC)**
Kapillarchromatographie
➤ **chiral chromatography**
enantioselektive Chromatographie
➤ **circular chromatography/**
circular paper chromatography
Zirkularchromatographie,
Rundfilterchromatographie
➤ **column chromatography**
Säulenchromatographie

➢ **flash-chromatography**
Blitzchromatographie,
Flash-Chromatographie

➢ **gas chromatography**
Gaschromatographie

➢ **gas-liquid chromatography**
Gas-Flüssig-Chromatographie

➢ **gravity column chromatography**
Normaldruck-Säulenchromatographie

➢ **immunoaffinity chromatography**
Immunaffinitätschromatographie

➢ **inverse gas chromatography (IGC)**
Umkehr-Gaschromatographie

➢ **ion-exchange chromatography (IEX)**
Ionenaustauschchromatographie

➢ **ion-pair chromatography (IPC)**
Ionenpaarchromatographie (IPC)

➢ **liquid chromatography (LC)**
Flüssigkeitschromatographie

➢ **paper chromatography**
Papierchromatographie

➢ **partition chromatography/ liquid-liquid chromatography (LLC)**
Verteilungschromatographie,
Flüssig-flüssig-Chromatographie

➢ **preparative chromatography**
präparative Chromatographie

➢ **reversed phase chromatography/ reverse-phase chromatography (RPC)**
Umkehrphasenchromatographie

➢ **salting-out chromatography**
Aussalzchromatographie

➢ **size exclusion chromatography**
Ausschlusschromatographie,
Größenausschlusschromatographie (SEC)

➢ **thin-layer chromatography (TLC)**
Dünnschichtchromatographie (DC)

chromic(VI) acid H_2CrO_4
Chromsäure

chromic-sulfuric acid mixture for cleaning purposes
Chromschwefelsäure

chromium (Cr) Chrom

chromium mordant
Chrombeize

chronic/chronical chronisch

chuck/collet chuck
Spannfutter (Bohrer)

cinder wool Schlackenwolle

cinders/slag/dross/scoria
Schlacke

cinnamic acid
Cinnamonsäure, Zimtsäure (Cinnamat)

cinnamic alcohol/cinnamyl alcohol
Zimtalkohol

cinnamic aldehyde/ cinnamaldehyde
Zimtaldehyd

circuit
Schaltkreis, Schaltsystem;
(wiring) Schaltung, Schaltkreis

circuit breaker
Unterbrecher, Trennschalter

circuitry *electr*
Leitungen, Verkabelung

circular/round
zirkular, zirkulär,
kreisförmig, rund

circular chromatography/ circular paper chromatography
Zirkularchromatographie,
Rundfilterchromatographie

circular dichroism
Circulardichroismus,
Zirkulardichroismus

circular shaker/ orbital shaker/ rotary shaker
Kreisschüttler, Rundschüttler

circularization
Zirkularisierung, Ringschluss

circulate zirkulieren

circulating /circulatory
zirkulierend, Zirkulations...

circulating bath
Umwälzthermostat,
Badthermostat

➢ **refrigerated circulating bath**
Kältethermostat,
Kühlthermostat,
Umwälzkühler

circulating nozzle reactor
Umlaufdüsen-Reaktor
circulation pump
Umwälzpumpe
circulator
Thermostat, Wasserbad
➢ **immersion circulator**
Einhängethermostat,
Tauchpumpen-Wasserbad
cissing Scheckigkeit;
polym Fischauge, Blasenbildung
(Silikonkrater)
citric acid (citrate)
Zitronensäure, Citronensäure
(Zitrat/Citrat)
cladding
Ummantelung, Verschalung
clamp *vb* (fix/attach/mount)
einspannen
clamp *n* (clip)
Klammer, Klemme;
(vise/vice: *Br*) Zwinge
➢ **beaker clamp**
Becherglaszange
➢ **chain clamp**
Kettenklammer
➢ **compressor clamp/**
tube compressor clamp
Schlauchsperre
➢ **extension clamp**
Verlängerungsklemme
➢ **hemostatic forceps/artery clamp**
Gefäßklemme, Arterienklemme,
Venenklemme
➢ **hook clamp**
Hakenklemme (Stativ)
➢ **round jaw clamp**
Klemme mit runden Backen
➢ **voltage clamp**
Spannungsklemme
clamp connector
Einspannklemme
clamp holder/'boss'/clamp 'boss'
(rod clamp holder)
Kreuzklemme,
Doppelmuffe, Muffe (Stativ)
clamping closure (dialysis tubing)
Verschlussklammer, Verschlussclip
(Dialysierschlauch)

clamping frame (in thermoforming)
Spannrahmen, Streckrahmen
clarification/purification
Klärung (z.B. absetzen, entfernen von
Schwebstoffen aus einer Flüssigkeit)
clarifier *polym*
Transparenzverstärker,
Aufheller
clarify/
clear/straighten out/adjust
bereinigen
clarifying filtration
Klärfiltration
class frequency/cell frequency
Klassenhäufigkeit,
Besetzungszahl,
absolute Häufigkeit
classification
Klassifikation, Gliederung
classify klassifizieren
classifying/classification
Klassifizierung, Klassifikation
clay Ton
clay triangle/pipe clay triangle
Tondreieck, Drahtdreieck
clean (cleanse)
putzen, säubern;
(purify) reinigen, aufbereiten
clean *adv/adj* sauber
clean bench/safety cabinet
Sicherheitswerkbank
clean room/cleanroom
Reinraum, Reinstraum
clean up/tidy up
aufräumen, sauber machen;
(mop up: e.g., floor) aufputzen
cleanability
Reinigbarkeit,
Reinigungsmöglichkeit(en)
cleaner(s)/cleaning personnel
Reinigungskraft (Reinigungskräfte),
Reinigungspersonal
cleaning/cleansing
Reinigung, Putzen, Saubermachen
cleaning agent
Putzmittel
cleaning in place (CIP)
Reinigung ohne Zerlegung
von Bauteilen

cleaning pad/
  scrubber/sponge
  Putzschwamm
cleaning utensils
  Putzzeug
cleanliness Reinlichkeit
cleanroom
  Reinraum, Reinstraum
cleanroom bench
  Reinraumwerkbank
cleanroom gloves
  Reinraumhandschuhe
cleanse/clean up/tidy (up)
  reinigen, säubern
cleanser/cleaning agent
  Reinigungsmittel;
  (detergent) Detergens
cleansing tissue
  Reinigungstuch (Papier)
cleanup
  Säuberungsaktion
clear *vb* (clarify/purify)
  klären (z.B. absetzen/entfernen von
  Schwebstoffen aus einer Flüssigkeit)
clear glass Klarglas
cleared geklärt
clearing temperature
  Klärtemperatur
cleavable/
  crackable
  spaltbar
cleavage/
  breakage/opening/
  cracking/splitting/
  breakdown
  Spaltung;
  Spaltbarkeit
cleavage product/
  breakdown product
  Spaltprodukt
cleave/
  break/open/crack/
  split/break down
  spalten
clevis bracket
  Bügel, U-Klammer,
  Gabelkopf
cling wrap/cling foil
  Frischhaltefolie

clip/clamp/band clamp
  Schelle, Klemme
➤ **alligator clip/**
  alligator connector clip
  Krokodilklemme
➤ **joint clip/joint clamp/**
  ground-joint clip/
  ground-joint clamp
  Schliffklammer,
  Schliffklemme
  (Schliffsicherung)
clock/clock generator/
  timing generator
  Taktgeber
clock frequency
  Taktrate
clogged/blocked verstopft
closed/sealed verschlossen
close-packed
  dichtgepackt (z.B. Kristalle)
clot
  gerinnen, koagulieren
cloth tape
  Gewebeband,
  Textilband (einfach)
clothing/apparel
  Bekleidung, Kleidung
clotting
  Gerinnung, Koagulierung
cloud chamber *phys*
  Nebelkammer
cloudiness/turbidity
  Trübe, Trübheit, Trübung
  (Flüssigkeit/Kunststoff)
cloudy/turbid trüb (Flüssigkeit)
clump/lump *n*
  Klumpen; (cake) Kruste:
  fest verbackender Niederschlag
clump/lump *vb*
  klumpen, verklumpen,
  fest verbacken
clutch/
  coupling/coupler
  Kupplung
cluttered
  vollgestellt, zugestellt
  (Schränke/Abzug etc.)
coacervate
  Koazervat

coacervation
Koazervation
coagulability
Koagulierbarkeit,
Gerinnungsfähigkeit
coagulable
koagulierbar,
gerinnungsfähig,
gerinnbar
coagulate *n* **(coagulum)**
Koagulat
coagulate *vb*
koagulieren, gerinnen
coagulating agent/coagulator
Koagulierungsmittel,
Gerinnungsmittel
coagulation
Koagulieren, Koagulation,
Gerinnung
coagulative nucleation
Koagulations-Keimbildung
coarse adjustment /
coarse focus adjustment *micros*
Grobjustierung,
Grobeinstellung (Grobtrieb)
coarse adjustment knob *micros*
Grobjustierschraube,
Grobtrieb
coarse fiber Grobfaser
coarse-grain/
coarse-grained
grobkörnig, grobfaserig
coat
Mantel, Haut, Hülle, Überzug;
Anstrich; Beschichtung;
(gown) Kittel
➢ **laboratory coat/labcoat**
Laborkittel, Labormantel
➢ **protective coat/**
protective gown
Schutzkittel,
Schutzmantel
coat-hanger die (fishtail die)
Kleiderbügeldüse,
Kleiderbügelspritzkopf
(Fischschwanzdüse)
coated paper/
varnished paper
Lackpapier

coating
Überzug, Beschichtung;
Futter; Auftrageverfahren
➢ **air knife coating**
Luftrakeln,
Luftrakelstreichverfahren
➢ **antistick coating**
Antihaftbeschichtung
➢ **brush coating**
Bürstenstreichverfahren
(Auftrageverfahren)
➢ **calendar coating**
Kalander-Beschichtung,
Kalander-Auftrageverfahren,
Aufkalandrieren
➢ **dip coating**
Tauchbeschichtung
➢ **electrocoating**
elektrophoretische Lackierung
➢ **electrostatic coating**
elektrostatische Beschichtung
➢ **extrusion coating**
Extrusionsbeschichtung
➢ **fluidized bed coating/**
fluidized bed dip coating/
fluidized bed sintering
Wirbelsintern
(Auftrageverfahren: Sprühverfahren)
➢ **glossy coating**
Glanzbeschichtung
➢ **knife coating**
Rakeln, Rakelstreichverfahren
➢ **lamination coating**
Kaschieren (Beschichtung)
➢ **plastic coating**
Kunststoffbeschichtung,
Kunststoffüberzug;
Kunststoffauflage
➢ **powder coating**
Pulverbeschichtung
➢ **roll coating**
Walzenverfahren,
Walzenbeschichtung,
Walzenauftrag
➢ **rubber blanket coating**
Auftrageverfahren
mit Gummirakel
➢ **shrink coating**
Aufschrumpfen

> **spray-coating**
> Sprühbeschichtung, Sprühverfahren
> (Aufsprühen)

> **spread coating/spreading**
> Streichen, Streichbeschichten,
> Streichverfahren (Auftrageverfahren)

> **squeeze-roll coating**
> Quetschwalzenverfahren,
> Quetschwalzenbeschichtung,
> Quetschwalzenauftrag

> **top coating** Deckstrich

coating compound
Überzugsmasse, Überzugsstoff,
Beschichtungsmasse

coaxial cable Coaxialkabel

cobalt (Co) Kobalt, Cobalt

cocatalyst Cokatalysator

coconut oil Kokosöl

coefficient of association
Assoziationskoeffizient

coefficient of coincidence
Coinzidenzfaktor,
Koinzidenzfaktor

coefficient of expansion
Ausdehnungskoeffizient,
Ausdehnungszahl

coefficient of variation
Variationskoeffizient

coefficient of viscosity
Viskositätskoeffizient,
Zähigkeitskoeffizient

coextrusion
Koextrusion, Coextrusion,
Mehrschichtextrusion,
Vielschichtextrusion

cohesion Kohäsion, Bindekraft

cohesion energy density (CED)
Kohäsionsenergiedichte

cohesion failure
(fiber/adhesive joint)
Kohäsionsbruch
(Faser/Klebeverbindungen)

cohesion strength (fiber)
Kohäsionsfestigkeit

cohesive
kohäsiv

cohesive energy density (CED)
Kohäsionsenergiedichte,
kohäsive Energiedichte

coil *vb*
wickeln, aufrollen, winden;
(coil up) aufwinden, aufwickeln

coil *n*
Knäuel; Rolle

> **unperturbed coil**
> ungestörtes Knäuel

coil condenser/
coil distillate condenser/
coiled-tube condenser/
spiral condenser
Schlangenkühler;
(Dimroth type) Dimroth-Kühler

coil conformation/
loop conformation
Knäuelkonformation,
Schleifenkonformation

coil distillate condenser/
coil condenser/
coiled-tube condenser
Schlangenkühler

coiling Aufwinden

coin cell/button cell (button battery)
Knopfzelle (Batterie)

coir (coconut fiber)
Kokosfaser

cold adhesive
Kaltklebstoff, Kaltkleber

cold cure (cold vulcanizing)/
room temperature vulcanizing
(RTV)
Kalthärten,
Härten bei Raumtemperatur

cold-curing
kalthärtend

cold drawing/cold stretching
Kaltverstreckung

cold finger
(finger-type condenser)
Kühlfinger

cold flow
Kaltfluss,
kalter Fluss

cold hardening
Kaltaushärtung,
Kaltaushärten,
Kalthärten

cold hardiness
Kältetoleranz

cold molding
Kaltpressen,
Kaltpressverfahren

cold polymerization
Kaltpolymerisation,
Tieftemperaturpolymerisation

cold press molding/
cold liquid resin press molding
Formpressen, Kaltpressen

cold resistance
Kälteresistenz

cold-resistant gloves
Kälteschutzhandschuhe

cold room ('walk-in refrigerator')/
cold-storage room/
cold store/'freezer'
Kühlraum, Gefrierraum

cold rubber
Kaltkautschuk

cold-sensitive
kälteempfindlich,
kältesensitiv

cold shock Kälteschock

cold slug kalter Stopfen

cold spray
Kälte-Spray

cold sterilization
Kaltsterilisation

cold storage/deep freeze
Kühlraum,
Kühlkammer, Kühlhaus

cold-storage room/
cold store/'freezer'
Kühlraum, Gefrierraum

cold store Kühlhaus

cold trap/cryogenic trap
Kühlfalle

cold vulcanizing (cold cure)/
room temperature vulcanizing
(RTV)
Kaltvulkanisation,
V. bei Raumtemperatur

colinearity
Colinearität, Kolinearität

collagen Kollagen

collapsible core Faltkern

collapsing board
Flachlegeblech
(Folienextrudieren)

collector lens/
collecting lens/focusing lens
Kollektorlinse,
Sammellinse

colligative properties
kolligative Eigenschaften
(konzentrationsabhängig)

collimating lens
parallel-richtende Sammellinse

collimating slit Kollimationsblende,
Spaltblende

collimator Kollimator

collision Kollision, Stoß

collision activation
Stoßaktivierung

collodion Kollodium

collodion cotton
Kollodiumwolle .

colloid Kolloid

colloidal kolloidal

colophony/rosin (*Pinus* spp.)
Kolophonium

color change
Farbumschlag,
Farbänderung

color-matching
Farbanpassung

colorfast farbstabil

colorfastness
Farbstabilität

column Säule;
Kolonne, Turm (Bioreaktor)

column chromatography
Säulenchromatographie

column efficiency *chromat*
Säulenwirkungsgrad

column packing
Füllkörper
(für Destillierkolonnen),
Säulenfüllung, Säulenpackung

column reactor
Säulenreaktor,
Turmreaktor

co-mingling Vermischen

comb polymer
Kammpolymer

combinatorial entropy
Kombinationsentropie
(Konfigurationsentropie)

combust/incinerate/burn
verbrennen
combustibility/flammability
Brennbarkeit
combustible/flammable
brennbar
combustion (incineration)
Verbrennung
combustion furnace
Verbrennungsofen
combustion gases
Brandgase
combustion heat/
heat of combustion
Verbrennungswärme
combustion tube/ignition tube
Glühröhrchen
combustion tube test/
ignition tube test
Glührohrprobe
comminute
zerreiben, pulverisieren;
zerkleinern, zersplittern
comminuted rubber
pulverisiertes Gummi
comminution
Zerreibung, Pulverisierung;
Zerkleinerung, Zersplittern;
Abnutzung
commissioning/
certification
Abnahme (eines Labors
nach Fertigstellung)
commodity plastic
(bulk p./volume p.)
Standardkunststoff,
Massenkunststoff,
Massenplast
compacted bulk density
Stopfdichte
comparative substance
Vergleichssubstanz
comparison (reference)
Vergleich
compartmenta(liza)tion/
sectionalization/division
Fächerung,
Kompartimentierung,
Unterteilung

compatibility
Kompatibilität, Verträglichkeit;
(tolerance) Toleranz
compatibilizer Vermittler;
Verträglichkeitsmacher,
Verträglichkeitsvermittler;
Phasenvermittler
compatible
kompatibel, verträglich;
(tolerant) tolerant
➢ **incompatible/intolerant**
unverträglich,
inkompatibel, intolerant
compensation point
Kompensationspunkt
competitive
kompetitiv, konkurrierend
competitive inhibition
kompetitive Hemmung,
Konkurrenzhemmung
complex salt
Komplexsalz
complexing/
chelation/
chelate formation
Komplexbildung,
Chelatbildung
complexing agent/
chelating agent/chelator
Komplexbildner,
Chelatbildner
complexity Komplexität
compliance
Nachgiebigkeit, Komplianz
➢ **compression compliance**
Kompressionsnachgiebigkeit
➢ **shear compliance**
Schernachgiebigkeit
➢ **tensile compliance**
Zugnachgiebigkeit
component Bestandteil
composite Verbund
➢ **nanocomposite**
Nanocomposite
composite construction
Verbund
composite foil/film
Verbundfolie,
Mehrschichtfolie

composite material
Verbundwerkstoff,
Kompositwerkstoff
composite panel/
 composite board
Verbundplatte
composite yarn
Filamentmischgarn
compound Verbindung
➤ **chemical compound**
chemische Verbindung
➤ **high energy compound**
energiereiche Verbindung
compounding
Mischen, Vermischen;
polym Compoundieren,
Aufbereiten,
Formmassenaufbereitung
compress stauchen;
(condense/compact/
concentrate/thicken) verdichten
compressed/contracted
gestaucht,
zusammengezogen
compressed air/
 pressurized air
Druckluft, Pressluft
compressed air breathing apparatus
Pressluftatmer
compressed gas/
 pressurized gas Druckgas
compressibility
Komprimierbarkeit,
Komressibilität
➤ **incompressibility**
Inkompressibilität,
Nichtkomprimierbarkeit
compression
Kompression, Stauchung;
(condensation) Verdichtung
compression compliance
Kompressionsnachgiebigkeit
compression creep
Kompressionskriechen
compression fitting
Hochdruck-Steckverbindung
compression heat
Kompressionswärme,
Verdichtungswärme

compression injection molding
Spritzprägen
compression modulus
Kompressionsmodul
compression-molded plastic part
Kunststoffpressteil
compression molding (CM)
Kompressionsformen,
Kompressionsguss
(Warm-Druckpressen)
compression ratio
Kompressionsverhältnis,
Verdichtungsgrad
compression seal
Druckverschluss
compression zone (extruder)
Verdichtungszone
compressive strength
Druckfestigkeit, Stauchhärte
compressor clamp/
 tube compressor clamp
Schlauchsperre
computed tomography (CT)
Computertomographie
concatenate verketten
concatenation Verkettung
concentrate/accumulate/fortify
konzentrieren, anreichern
concentration Konzentration
➤ **inhibitory concentration**
Hemmkonzentration
➤ **limiting concentration**
Grenzkonzentration
➤ **median lethal concentration (LC$_{50}$)**
mittlere letale Konzentration (LC$_{50}$)
➤ **osmolarity/**
 osmotic concentration
Osmolarität,
osmotische Konzentration
concentration gradient
Konzentrationsgefälle,
Konzentrationsgradient
condensate Kondensat
condensation Kondensation
condensation polymerization/
 condensed polymerization
Kondensationspolymerisation,
kondensative Polymerisation,
kondensierende Polymerisation

condensation reaction/
  dehydration reaction
  Kondensationsreaktion,
  Dehydrierungsreaktion
condensation water
  (condensed moisture)
  Kondensationswasser,
  Schwitzwasser
condense
  kondensieren; verflüssigen;
  konzentrieren
condenser
  Kondensator; Kühler
➢ **Allihn condenser**
  Kugelkühler
➢ **coil condenser/**
  coil distillate condenser/
  coiled-tube condenser/
  spiral condenser
  Schlangenkühler;
  (Dimroth type) Dimroth-Kühler
➢ **jacketed coil condenser**
  Intensivkühler
➢ **Liebig condenser**
  Liebigkühler
➢ **reflux condenser**
  Rückflusskühler
➢ **suspended condenser/**
  cold finger
  Einhängekühler, Kühlfinger
condenser adjustment knob/
  substage adjustment knob *micros*
  Kondensortrieb
condenser diaphragm
  (iris diaphragm)
  Aperturblende,
  Kondensorblende (Irisblende)
condenser jacket Kühlmantel
condensing point
  Kondensationspunkt
condition *n*
  Bedingung, Zustand,
  Beschaffenheit
condition *vb* konditionieren
conditional lethal
  bedingt letal,
  konditional letal
conditioned medium
  konditioniertes Medium

conditioning
  Konditionieren,
  Konditionierung
conduct/
  transport/translocate/lead
  leiten (Elektrizität/Flüssigkeiten)
conductive
  leitfähig, leitend
➢ **nonconductive**
  nichtleitend
conductive polymer
  leitfähiges Polymer
conductivity
  Leitfähigkeit
➢ **ionic conductivity**
  Ionenleitfähigkeit
➢ **photoconductivity**
  Lichtleitfähigkeit
➢ **thermal conductivity**
  Wärmeleitfähigkeit
conductivity improver
  Leitfähigkeitsverbesserer
conductivity meter
  Leitfähigkeitsmessgerät
conductometric titration
  Leitfähigkeitstitration,
  konduktometrische Titration,
  Konduktometrie
conductor
  Stromleiter; *electr* Phase
➢ **nonconductor**
  Nichtleiter
conduit/pipe/duct/tube
  Rohrleitung
cone/
  ground cone/
  ground-glass cone
  (male: ground-glass joint)
  Schliffkern (Steckerteil)
cone adapter/
  screwthread adapter
  Kern~, Gewindeadapter
cone valve/
  mushroom valve/
  pocketed valve
  Kegelventil
cone-and-plate viscometer/
  cone-plate viscometer
  Kegel-Platte-Viskosimeter

confidence interval *stat*
Konfidenzintervall,
Vertrauensintervall,
Vertrauensbereich

confidence level *stat*
Konfidenzniveau,
Konfidenzwahrscheinlichkeit

confidence limit *stat*
Konfidenzgrenze,
Vertrauensgrenze,
Mutungsgrenze

configurational isomer
Konfigurations-Isomer,
Konfigurationsisomer

configurational isomerism
Konfigurations-Isomerie

configurational repeating unit
konfigurative Repetiereinheit

confirmatory data analysis
konfirmatorische Datenanalyse

confocal laser scanning microscopy
konfokale Laser-Scanning
Mikroskopie

conformation Konformation

➤ **boat conformation**
Wannenform,
Bootkonformation
(Cycloalkane)

➤ **chair conformation**
Sesselform (Cycloalkane)

➤ **loop conformation/**
coil conformation
Schleifenkonformation,
Knäuelkonformation

➤ **random walk conformation/**
random coil conformation/
random flight conformation
Zufallskonformation,
ungeordnete Konformation

➤ **relaxed**
relaxiert, entspannt

➤ **ring conformation**
Ringform

➤ **staggered**
gestaffelt (0°, 120°)

conformational energy
Konformationsenergie

conformational isomer
Konformations-Isomer

conformational isomerism
Konformations-Isomerie

conformer/
conformational isomer
Konformer,
Konformationsisomer

congenial
kongenial, verwandt,
gleichartig

congest
stauen, verstopfen

Congo rubber
(*Ficus lutea*/Moraceae)
Kongogummi

conical socket
Kegelhülse

conjugated bond
konjugierte Bindung

connect (bond/link) verbinden;
electr (hook up/wire to/
make contact) anschließen

connecting cord
electr Verbindungsschnur

connection
(bond/linkage) Verbindung;
electr Anschluss, Leitung

conserve/preserve (store/keep)
konservieren, präservieren,
haltbar machen, erhalten

consist
konsistieren, beschaffen sein

consistency
Konsistenz, Beschaffenheit

constancy/presence degree
Stetigkeit

constitutional formula
Konstitutionsformel

constitutional isomer
Konstitutions-Isomer

constitutional isomerism
Konstitutions-Isomerie

constitutional repeating unit
(CRU)
konstitutive Repetiereinheit (KRE)
(Strukturelement)

constitutional unit *polym*
konstitutive Einheit

constitutive name
Konstitutionsname

constrict
verengen, einschnüren
constriction
Verengung, Enge, Einschnürung
construction /
structure/body plan/anatomy
Aufbau (Struktur)
construction paper
Bastelpapier
consumer
Konsument, Verbraucher
consumption/use/usage
Verbrauch
contact
Kontakt, Berührung,
Kontakt (z.B. mit Chemikalien)
contact adhesive/
impact adhesive/
pressure-sensitive adhesive
Haftkleber, Kontaktkleber,
Kontaktklebstoff (durch Andrücken)
contact allergen Kontaktallergen
contact catalysis/
surface catalysis
Kontaktkatalyse
contact cooling Kontaktkühlung
contact hazard
Kontaktrisiko (Gefahr bei Berühren)
contact ion pair/tight ion pair
Kontaktionenpaar
contagious/infectious
ansteckend,
ansteckungsfähig, infektiös
contain eindämmen
container (large)/receptacle (small)
Behälter, Behältnis
containment Eindämmung
containment level Einschlussgrad
(physikalische/biologische Sicherheit)
➢ **biological containment level**
Biologische Sicherheit(smaßnahmen)
➢ **physical containment level**
Sicherheitsstufe (Laborstandard),
Laborsicherheitsstufe
containment vector
Sicherheitsvektor
contaminate (pollute) kontaminieren,
verunreinigen; belasten
(belastet/verschmutzt)

contamination
Kontamination, Verunreinigung;
Belastung (Verschmutzung)
continuity tester *electr*
Durchgangsprüfer
continuous plug-flow reactor
Strömungsrohr (Kolbenfluss)
continuous run/operation/duty
(long-term/
permanent run/operation)
Dauerbetrieb,
Dauerleistung,
Non-Stop-Betrieb
continuous use
Dauernutzung
contort drehen, verdrehen
contour /outline Umriss
contour length
(displacement length)
Konturlänge
contract *n* Vertrag
contract *vb*
kontrahieren,
zusammenziehen
contraction factor (g_s)
Kontraktionsfaktor
contra-rotating (screw)
gegenläufig (Doppelschnecke)
contrast staining/
differential staining
Kontrastfärbung,
Differentialfärbung
control *n*
Kontrolle, Regulierung, Steuerung
control *vb*
(check/inspect/supervise)
kontrollieren, überwachen,
beaufsichtigen
control element/control unit
Regelglied
control engineering
Steuerungstechnik
control knob/button
Regler (Schalter/Knopf)
control lever
Schalthebel
control panel
Bedienfeld;
(switchboard) Schalttafel

control system
Kontrollsystem;
(of a process) Regelstrecke
control technology
Regeltechnik,
Regelungstechnik
control unit/
control gear/controller
Regeleinheit, Steuereinheit,
Regelgerät, Steuergerät
control valve Regelventil
control voltage
Regelspannung
controlled area
Kontrollbereich,
kontrollierter Bereich
controlled drug release
kontrollierte Wirkstofffreigabe
controlled variable/
controlled condition
Regelgröße
controlling element/adjuster/actuator
Stellglied
controlling instrument/
control instrument/
monitoring instrument
Kontrollgerät
convection current
Konvektionsströmung,
Konvektionsstrom
convection oven
Konvektionsofen
➢ **gravity convection oven**
Konvektionsofen
mit natürlicher Luftumwälzung
conversion
Umwandlung; Umrechnung
conversion table
Umrechnungstabelle
conversion-time curve
Umwandlungs-Zeit-Kurve
convert
umwandeln; umrechnen
conveyor/conveying system
Förderer, Fördergerät,
Förderanlage, Fördersystem;
Stetigförderer
➢ **pressure conveyor**
Druckstetigförderer

conveyor belt
Transportband, Förderband
convolution
Verwindung (Fasern)
cook/boil kochen
cool /chill/refrigerate
kühlen
➢ **let cool**
erkalten (lassen)
➢ **supercool**
unterkühlen
cool down/get cooler
abkühlen
cool-down period/
cooling time
Abkühlzeit, Abkühlphase,
Fallzeit (Autoklav)
coolant
Kältemittel, Kühlflüssigkeit,
Kühlmittel;
(lubricant) Kühlschmierstoff,
Kühlschmiermittel
cooler Kühlbox
cooling beaker/
chilling beaker/
tempering beaker
(jacketed beaker)
Temperierbecher
cooling coil/condensing coil
Kühlschlange
cooling pack/cooling unit
Kühlakku, Kälteakku
cooling water
Kühlwasser
cooperate/collaborate
kooperieren,
zusammenarbeiten
cooperation/collaboration
Kooperation,
Zusammenarbeit
cooperative binding
kooperative Bindung
cooperativity
Kooperativität
coordinate koordinieren
coordination Koordination
coordination polymerization/
coordinative polymerization
Koordinationspolymerization

copal
   (*Daniellia oliveri*/Fabaceae)
   Kopal
➢ **Manila copal/**
   East Indian copal/
   bendang/bindang/
   damar minjak/batjan/batu gum
   (*Agathis dammara*/Araucariaceae)
   Manila-Kopal
copolymer Copolymer
➢ **alternating copolymer**
   alternierendes Copolymer
➢ **block copolymer**
   Blockcopolymer
➢ **graded copolymer/**
   tapered copolymer
   Gradientencopolymer
➢ **graft copolymer**
   Pfropfcopolymer
➢ **periodic copolymer**
   periodisches Copolymer
➢ **random copolymer**
   statistisches Copolymer
   mit Bernoulli-Statistik
➢ **segmented copolymer/**
   segment copolymer
   Segmentcopolymer,
   segmentiertes Copolymer
➢ **statistical copolymer**
   statistisches Copolymer
copolymerization
   Copolymerisation
copper (Cu) Kupfer
copper filings
   Kupferspäne, Kupferfeilspäne
copper grid Kupfernetz
copper grid mesh
   Kupferdrahtnetz
copper sulfate/
   copper vitriol/cupric sulfate
   Kupfersulfat, Kupfervitriol
coprecipitation
   Mitfällung
cord
   Leine, Schnur, Kordel,
   Strick, Strang, Seil
cordage Tauwerk
core *n* (center) Mark, Core, Kern,
   Zentrum; Kabelkern, Seele

core *vb* entkernen
cork-borer Korkbohrer
cork ring Korkring
corn oil Maisöl
corner frequency
   Grenzfrequenz
corona surface treatment
   Korona-Oberflächenbehandlung
corotating
   (twin screw extruder)
   gleichläufig, gleichsinnig
   (Doppelschneckenextruder)
corpuscular radiation
   Teilchenstrahlung
corrosion
   Korrosion
corrosionproof
   korrosionsbeständig
corrosive *adv/adj*
   korrosiv, korrodierend,
   zerfressend, angreifend,
   (C) ätzend
corrosive *n*
   Korrosionsmittel, Ätzmittel
corrosivity Korrosivität
corrugated board
   Wellpappe
corrugated panel
   Wellplatte
co-spinning Verspinnen
cost-benefit analysis
   Kosten-Nutzen-Analyse
cotton (absorbent cotton)
   Baumwolle (Watte)
cotton ball/cotton pad
   Wattebausch,
   Baumwoll-Tupfer
cotton fiber
   Baumwollfaser
cotton gloves
   Baumwollhandschuhe
cotton oil
   Baumwollsaatöl
cotton stopper
   Wattestopfen
Couette flow
   Couette-Strömung
Couette rheometer
   Couette-Rheometer

coulometric titration
coulometrische Titration,
Coulometrie

couma rubber
(**Couma spp./Apocynaceae**)
Couma-Gummi

counterbalance/
 counterpoise
Gegengewicht

countercurrent
Gegenstrom

countercurrent distribution
Gegenstromverteilung

countercurrent electrophoresis
Gegenstromelektrophorese,
Überwanderungselektrophorese

countercurrent extraction
Gegenstromextraktion

counterion/
 (*rarely:* **gegenion**)
Gegenion

counterpressure
Gegendruck

counterreaction
Gegenreaktion

counter-rotating twin screw
 (extruder)
Gegendrallschnecke

counterselection
Gegenselektion,
Gegenauslese

countershading
Gegenschattierung

counterstain *n*
 (counterstaining)
micros Gegenfärbung

countertop/benchtop
Arbeitsplatte, Arbeitsfläche
(Labor-/Werkbank),
Tischoberfläche (Labortisch)

counting chamber
Zählkammer

counting plate
Zählplatte

couple/join/link
koppeln, verbinden,
aneinander festmachen

coupled reaction
gekoppelte Reaktion

coupler/fitting
Steckverbindung,
Steckvorrichtung

coupling /coupler
Verbinder, Kupplung,
Verbindungsstück (von Bauteilen);
(linkage) Kopplung;
(bonding/anchoring)
Haftvermittlung

➢ **fixed coupling**
starre Kupplung

coupling agent/
 bonding agent/
 anchoring agent
Haftmittel,
Haftvermittler

coupling reaction
Kupplungsreaktion

covalent bond
kovalente Bindung

cover value
Deckungswert

coverage percentage/
 coverage level
Deckungsgrad

coverall
 (one-piece suit)/
 boilersuit/protective suit)
Schutzanzug
(Ganzkörperanzug),
Arbeitsschutzanzug

coverslip/
 coverglass
micros Deckglas

cow receiver adapter/
 multi-limb vacusum
 receiver adapter
 (receiving adapter for three/
 four receiving flasks)/
 'pig' *dist*
Eutervorlage,
Verteilervorlage,
'Spinne'

cow tree
 (**Brosimum utile** and
 B. galactodendron/Moraceae)
Milchbaum

co-wrapping
Umwinden

crack *n*
Spalt; Sprung
(Glas/Keramik etc.)
crack *vb*
(break down/open)
chem spalten, öffnen
crack arrest Rissstopp
crack arrester
Rissfänger, Rissstopper
crack formation
Rissbildung
crack growth
Risswachstum
crack nucleus
Risskeim
crack propagation
Rissausbreitung,
Rissaufweitung,
Rissfortpflanzung
crack tip Rissspitze
crack tip opening displacement
Rissöffnungsverschiebung
cracking/opening *chem*
Öffnen
➢ **flex cracking**
Biegerissbildung
crash helmet Sturzhelm
cratering
(film/plastic parts)
Kraterbildung
craze
(precursor to crack)
Craze, Pseudobruch, Haarriss
craze growth
Haarrisswachstum
crazed
haarrissig (mit Haarrissen)
crazing
(under tensile loading)
Craze-Bildung,
Spannungsrissbildung,
Haarrissbildung
creaming time
Startzeit (Polyurethan
Reaktionsspritzguss)
crease resistance/
wrinkle resistance/
resistance to creasing
Knitterfestigkeit

creep *n*
Kriechen, Fließen; Kriechdehnung
creep behavior
Kriechverhalten,
Fließverhalten,
Zeitstandverhalten
creep deformation
Kriechverformung
creep elongation
Kriechdehnung
creep experiment
Kriechversuch
creep failure
Kriechbruch
creep fracture
Kriechbruch; Zeitstandbruch
creep limit
Kriechgrenze, Fließgrenze
creep modulus
Kriechmodul
creep rate
Kriechgeschwindigkeit
creep resistance
Kriechfestigkeit,
Kriechwiderstand,
Zeitstandfestigkeit
creep rupture strength
Zeitstandzugfestigkeit
creep strain
Kriechdehnung
creep strength/
creep resistance
Zeitfestigkeit,
Zeitstandfestigkeit,
Kriechfestigkeit;
Dauerstandfestigkeit
creep stress
Kriechspannung,
Kriechbeanspruchung;,
Zeitstandbeanspruchung
creep test
Kriechprobe, Creep-Test
creep viscosity
Kriechviskosität,
Kriechzähigkeit
crêpe/crêpe rubber
Krepp, Crêpe,
Kreppgummi,
Kreppkautschuk

cresol
(methyl phenol/cresyl alcohol)
Kresol
crevice/crack Spalte
crimp *vb*
bördeln, kräuseln
crimp *n*
(crimping/rippling/wrinkling)
Kräuselung
crimp rigidity/
crimp stability/
crimp resistance
Kräuselbeständigkeit
crimp seal
Bördelkappe
(für Rollrandgläschen/
Rollrandflasche)
crimp-seal vial
Rollrandgläschen,
Rollrandflasche (mit
Bördelkappenverschluss)
crimped glass fiber
Kräuselglasfaser
crimper
Verschließzange
➢ **cap crimper**
Bördelkappen-Verschließzange,
Verschließzange für Bördelkappen
crimping pliers
Bördelzange
critical point
kritischer Punkt
critical point drying (CPD)
Kritisch-Punkt-Trocknung
cross-flow filtration
Kreuzstrom-Filtration,
Querstromfiltration
cross-matching
Kreuzprobe
cross-polarization
Querpolarisation
cross-propagation
Querwachstum
cross section
Querschnitt
cross-sectional area
Durchgangsquerschnitt
cross termination *polym*
Kreuzabbruch

crossbeam impeller
Kreuzbalkenrührer
crosslink *vb*
quervernetzen
crosslink *n* (crosslinking)
Quervernetzung
crosslink density
Vernetzungsdichte
crosslinkage
Quervernetzung
crosslinked polymer
vernetztes Polymer
crosslinker/
crosslinking agent
quervernetzendes Agens
crosslinking *adj/adv*
vernetzend
crosslinking *n*
Vernetzung
➢ **radiation crosslinking**
Strahlenvernetzung
➢ **self-crosslinking**
selbstvernetzend
crosslinking agent
Härter,
Vulkanisierungsmittel
crotonic acid/
α-butenic acid
Crotonsäure,
Transbutensäure
crown ether
Kronenether
crucible
Tiegel,
Schmelztiegel
➢ **filter crucible**
Filtertiegel
➢ **Gooch crucible**
Gooch-Tiegel
crucible furnace
Tiegelofen
crucible tongs
Tiegelzange
crucible triangle
Tiegeldreieck
crude (crudum/crd.) roh
crude extract
Rohextrakt
crude fiber Rohfaser

crude oil/petroleum
  Rohöl, Erdöl
crude product
  Rohprodukt
  (unaufgereinigt)
crumb rubber
  Krümelgummi
crumb structure
  Krümelstruktur
crumple/crease/wrinkle
  knittern
crush zerstoßen; zermalmen
crusher Mühle (grob)
cryoprotectant
  Gefrierschutzmittel,
  Frostschutzmittel
cryoprotection
  Gefrierschutz
cryoscopy Kryoskopie
cryosection/
  frozen section
  Gefrierschnitt
cryostat Kryostat
cryoultramicrotomy
  Kryo-Ultramikrotomie
crypt/cavity/cave
  Höhlung
crystal Kristall
➤ **calamitic liquid crystal (LC)**
  calamitisches Flüssigkristall
➤ **ideal crystal/**
  perfect crystal
  Idealkristall
➤ **juxtaposition twins**
  Ergänzungszwillinge
➤ **liquid crystal (LC)**
  Flüssigkristall
➤ **monocrystal**
  Einkristall
➤ **real crystal/**
  nonideal crystal/
  imperfect crystal
  Realkristall
➤ **small crystal/crystallite**
  Kriställchen
crystal bridge/
  interlamellar bridge
  (tie molecules)
  Kristallbrücke

crystal imperfection
  Kristallfehler
crystal lattice
  Kristallgitter
crystal structure/
  crystalline structure
  Kristallstruktur
crystal water/
  water of crystallization
  Kristallwasser
crystalline kristallin
➤ **amorphous**
  (non-crystalline)
  nicht kristallin
  (ohne Kristallform)
➤ **liquid crystalline**
  flüssigkristallin
➤ **polycrystalline**
  polykristallin
➤ **semicrystalline**
  semikristallin,
  teilcrystallin
crystalline polymer
  kristallines Polymer
crystallinity
  Kristallinität
crystallite
  Kristallit, Kriställchen
crystallizability
  Kristallierbarkeit
crystallization
  Kristallisation
➤ **fractional crystallization**
  fraktionierte Kristallisation
➤ **recrystallization**
  Umkristallisation
crystallization nucleus
  Kristallisationskern,
  Kristallisationskeim
crystallize
  kristallisieren
crystallography
  Kristallographie
cull
  (uninjected molding resin)
  polym Ausschuss; Abfall
cullet/
  glass cullet
  Bruchglas

cultivate kultivieren
culture *vb* kultivieren
culture bottle
  Kulturflasche
culture dish Kulturschale
culture flask Kulturkolben
culture tube
  Kulturröhrchen
cumulative effect
  Anreicherungseffekt,
  Gesamtwirkung
cumulative frequency
  Summenhäufigkeit,
  kumulative Häufigkeit
cumulative poison
  Summationsgift,
  kumulatives Gift
cuprammonium fiber
  Kuoxamseide
cupric ... Kupfer(II) ...
cupric oxide/
  black copper
  Kupfer(II)-oxid
cuprous ... Kupfer(I) ...
cuprous oxide Kupfer(I)-oxid
curd soap (domestic soap)
  Kernseife (feste Natronseife)
curdle/coagulate
  gerinnen, koagulieren
cure *vb*
  polym (vulcanize) härten,
  aushärten (vulkanisieren);
  med (heal) heilen
cure *n* **(curing)**
  polym Härten, Aushärten,
  Härtung, Aushärtung;
  med (healing) Heilung
➢ **air cure**
  Lufthärtung, Lufthärten
➢ **full cure**
  Durchhärtung, Durchhärten
➢ **hot-curing/thermocuring**
  Wärmehärten,
  Heißhärten, Thermohärten
➢ **radiation curing**
  Strahlungshärtung,
  Strahlungshärten
➢ **self-curing**
  Selbsthärtung, Selbsthärten

cure-in-place *polym*
  an Ort und Stelle aushärten
cure shrinkage
  Härtungsschrumpfung
cure time/curing time/
  setting time/setting period
  Härtungszeit
curing
  härtend, aushärtend
➢ **air-curing**
  lufthärtend
➢ **cold-curing**
  kalthärtend
➢ **hot-curing/heat-curing/**
  thermocuring
  wärmehärtend,
  heißhärtend,
  thermohärtend
➢ **moisture-curing**
  feuchtigkeitshärtend,
  nasshärtend
➢ **postcuring/**
  postvulcanization
  Nachvernetzung,
  Nachvulkanisation
➢ **rapid-curing/fast-curing**
  schnellhärtend
➢ **self-curing**
  selbsthärtend
curing agent
  Härter, Härtemittel, Vernetzer,
  Aushärtungskatalysator
curing oven Vulkanisierofen
curing temperature/
  setting temperature
  Härtungstemperatur
curing time/curing period/
  setting time/cure
  Aushärtezeit,
  Aushärtungszeit, Abbindezeit
current
  (flow) Strömung (Flüssigkeit);
  (electric current/amperage/amps:
  charge/time) Stromstärke
  (Strom, Elektrizität: Ladung/Zeit)
➢ **air current/**
  airflow/
  current of air/air stream
  Luftströmung (Luftstrom)

current carrier Stromleiter
current meter/
 flowmeter
 Strömungsmesser
curtain coating
 Vorhangbeschichtung
 (Lackgießbeschichtung)
cut *n* Schnitt;
 (incision) Einschnitt;
 Schnittverletzung
cut *vb* schneiden
cut-resistant gloves
 Schnittschutz-Handschuhe
cutoff
 Schluss, Ende; Trennung;
 Trenngrenze, Ausschlussgrenze
 (Teilchentrennung)
cutoff filter Sperrfilter
cutoff valve Schlussventil
cutting face/cutting plane
 Schnittfläche,
 Schnittebene
cutting mill/
 cutting-grinding mill/
 shearing machine
 Schneidmühle
cutting tool
 Schneidwerkzeug
cutting torch
 Schneidbrenner
cutting-grinding mill/
 shearing machine
 Schneidmühle
cuvette/
 spectrophotometer tube
 Küvette (für Spektrometer)
cycle Zyklus, Cyclus;
 Ring; Takt; Kreislauf
cycle time
 (running time) Laufzeit
 (Gerät: für eine 'Runde');
 (stroke/time) Takt

cycle timing Taktung
cyclic
 cyclisch, zyklisch, ringförmig
cyclic polymer
 Ringpolymer
cyclic voltammetry
 cyclische Voltammetrie,
 Cyclovoltammetrie
cyclization
 Cyclisierung, Ringschluss
cyclopolymerization
 Cyclopolymerisation,
 cyclisierende Polymerisation
cyclorubber
 Cyclokautschuk
cylinder
 Zylinder; Druckflasche
 ➢ **gas cylinder**
 Druckgasflasche
 ➢ **glass cylinder**
 Glaszylinder
cylinder pressure gauge
 Flaschendruckmanometer
cylindric/cylindrical
 zylindrisch, cylindrisch,
 walzenförmig
cysteic acid Cysteinsäure
cytocidal
 zelltötend, zytozid
cytolytic cytolytisch
cytopathic (cytotoxic)
 zellschädigend, zytopathisch,
 cytopathisch (zytotoxisch)
cytostatic agent/cytostatic
 Cytostatikum
 (meist *pl* Cytostatika)
cytotoxic
 cytotoxisch, zellschädigend
cytotoxicity
 Cytotoxizität
cytotoxin
 Zellgift, Zytotoxin, Cytotoxin

dab/swab tupfen, abtupfen
damage
Schaden; Schädigung
dammar
(*Shorea wiesneri*/Fabaceae)
Dammar
damp/dampen
dämpfen, abschwächen;
(deaden) schlucken (Schall)
damper
Dämpfer, Schieber;
Klappe; Befeuchter
damping
Dämpfung
(von Schwingungen/z.B. Waage)
dancer roll
Losrolle, Tänzerrolle
danger/hazard/risk/chance
Gefahr, Gefährdung, Risiko
➢ **out of danger/safe/secure**
außer Gefahr
➢ **public danger**
öffentliche
Gefahr/Gefährdung/Risiko
danger allowance/
hazard bonus Gefahrenzulage
danger area/danger zone
Gefahrenbereich,
Gefahrenzone
danger class/
category of risk/
class of risk
Gefahrenklasse
danger of accident
Unfallgefahr
danger of life/life threat
Lebensgefahr
danger sign/warning sign
Warnschild
danger zone
Gefahrenzone
dangerous (risky)
gefährlich, riskant
➢ **not dangerous/**
harmless (safe)
ungefährlich (sicher)
dangerous for the environment
(N = nuisant)
umweltgefährlich

dangerous goods/
hazardous materials
Gefahrgut, Gefahrgüter
(gefährliche Frachtgüter)
dangerous substance/
hazardous substance/
hazardous material
Gefahrstoff
darkfield microscopy
Dunkelfeld-Mikroskopie
darkroom
Dunkelkammer
dashpot *polym*
Dämpfer,
Dämpfervorrichtung
data acquisition
Datenerfassung,
Datenermittlung
data analysis
Datenanalyse
data processing
Datenverarbeitung
data sheet
Datenblatt, Merkblatt
(für Chemikalien etc.)
datalogger
Datenerfassungsgerät,
Messwertschreiber,
Registriergerät
daughter ion
Tochterion
dead volume/
deadspace volume/
holdup (volume)
Totvolumen (Spritze/GC)
deaden
dämpfen, abschwächen,
schlucken (Schall)
dead-end filtration
Kuchenfiltration
dead-end polymerization
'Sackgassen'-Polymerisation
deadline
Abgabetermin,
Ablieferungstermin,
Deadline
deadspace/
headspace
Totraum

deamidation/
  deamidization/
  desamidization
  Desamidierung
deamination/desamination
  Desaminierung
debond (disbond)
  auftrennen
  (Schweiß-/Klebnaht)
Deborah number
  Debora-Zahl
deburr
  bördeln, abgraten; entgraten
deburred edge/beaded rim
  Bördelrand (Reagenzglas/Kolben)
deburring
  Abgraten, Bördeln;
  Entgraten
decalcification
  Entkalkung,
  Dekalzifizierung
decanter
  Dekanter, Abklärflasche,
  Dekantiergefäß
decay *vb*
  (disintegrate/decompose/fall apart)
  zerfallen, zersetzen,
  verrotten, verfaulen
decay *n*
  (disintegration/decomposition)
  Zerfall, Zersetzung,
  Verrottung, Verfaulen
decay of variability
  Variabilitätsrückgang
decerating agent
  (for removing paraffin)
  micros Entparaffinierungsmittel
decoct
  abkochen, absieden;
  (digest: by heat/solvents)
  digerieren
decoction
  Abkochung,
  Absud, Dekokt
decoloration/bleaching
  Entfärbung
decomposer
  Zersetzer,
  Destruent, Reduzent

decomposition (breakdown)
  Zersetzung, Zerfall, Abbau,
  Verrottung, Verfaulen
  (Zusammenbruch)
decomposition temperature/
  disintegration temperature
  Zersetzungstemperatur
decompression
  Dekompression,
  Druckausgleich
decompression time
  Kompressionsentlastungszeit
decompression zone (extruder)
  Entspannungszone
decontaminate
  dekontaminieren, reinigen,
  entseuchen
decontamination
  Dekontamination,
  Dekontaminierung,
  Reinigung, Entseuchung
deconvolute (fibers)
  entwinden (Fasern)
decouple/uncouple/release
  entkoppeln
decoupling/uncoupling/release
  Entkopplung
dedifferentiation
  Dedifferenzierung,
  Entdifferenzierung
deep-draw press
  Tiefziehpresse
deep drawing Tiefziehen
deep etching
  Tiefenätzung
deep-freeze *vb*
  tiefkühlen, tiefgefrieren
deep-freeze *n*
  (deep freezer: chest)
  Tiefkühltruhe
deep-freeze compartment
  Tiefkühlfach (des Kühlschranks)
deep-freeze gloves
  Tiefkühlhandschuhe,
  Kryo-Handschuhe
deep freezer/
  deep-freeze/'cryo'
  Tiefkühltruhe, Gefriertruhe;
  Tiefkühlschrank

deep freezing/deep freeze
Tiefkühlung
defect in material/
 flaw in material
Materialfehler
defective schadhaft
defervescence/
 delay in boiling
 (due to superheating)
Siedeverzug
(durch Überhitzung)
defibrate
defibrieren, zerfasern
defibrator
(separating into fibrous components)
Zerfaserungsmaschine,
Stoffauflöser
deflagrate
verpuffen,
rasch abbrennen (lassen)
deflagration
Verpuffung
deflaking *text*
Entstippen
deflash
 (flash/flash-trim) *polym*
entgraten, abgraten,
entbutzen
deflasher/
 deflashing machine
Abgratmaschine,
Entgratmaschine
deflashing *polym*
Entgraten, Abgraten;
Butzenabschlag
deflate
entleeren, ablassen
(Gas/Luft ablassen/herauslassen)
deflation
Entleeren, Entleerung,
Ablassen (Gas/Luft)
deflect
ablenken, umleiten
deflection
Ablenkung, Umleitung
deflection temperature
Wärmeformbeständigkeit
deform (distort/strain)
deformieren, verformen

deformation
 (distortion/strain)
Deformation, Deformierung,
Verformung, Formänderung
deformation energy
Deformationsenergie,
Verformungsenergie
deformation limit
Deformationsgrenze,
Verformungsgrenze
deformation resistance
Deformationswiderstand,
Verformungswiderstand
deformation to fracture
Bruchverformung
deformation vibration/
 bending vibration (IR)
Deformationsschwingung
defrost
abtauen (Kühl~/Gefrierschrank)
degas/
 degasify/outgas/devolatilize
entgasen, ausgasen
degassing/gasing-out/
 devolatilization (extruder)
Entgasen, Entgasung
degradability/
 decomposability
Abbaubarkeit
➤ **biodegradability**
biologische Abbaubarkeit
➤ **enzymatic degradability**
enzymatische Abbaubarkeit
➤ **photodegradability**
Lichtabbaubarkeit
degradation/
 decomposition/
 breakdown Abbau
(Zersetzung/Zerfall/Zusammenbruch)
➤ **biodegradation**
Biodegradation,
biologischer Abbau
➤ **environmental degradation**
Umweltzerstörung
➤ **Hofmann degradation**
Hofmann-Abbau
➤ **photodegradation**
Lichtabbau,
photochemischer Abbau

➤ **thermal degradation**
Wärmeabbau,
Wärmezersetzung,
thermischer Abbau
degradation product
Abbauprodukt;
Zersetzungsprodukt
degrade/
decompose/break down
zersetzen
degrease
entfetten
degree of crystallization
Kristallisationsgrad
degree of cure
Härtungsgrad
degree of degeneracy
Entartungsgrad (IR)
degree of freedom (df) *stat*
Freiheitsgrad
degree of hardness (water)
Härtegrad
degree of orientation
Orientierungsgrad
degree of polymerization (DP)
Polymerisationsgrad
degum
entgummieren, degummieren
degumming
Entgummieren, Degummieren
dehumidifier
Entfeuchter (Gerät)
dehumidify entfeuchten
dehydrate
dehydratisieren, entwässern
dehydrating
dehydrierend,
wasserentziehend
dehydration
Dehydratation,
Entwässerung, Wasserentzug
dehydrogenate
dehydrieren, dehydrogenisieren,
Wasserstoff abspalten/entziehen
dehydrogenation
Dehydrierung,
Dehydrogenierung,
Wasserstoffabspaltung,
Wasserstoffentzug

deinitiator
(preventive antioxidant/
secondary antioxidant)
polym Desinitiator
deionize
entionisieren
deionized water
entionisiertes Wasser
deionizing
Entionisierung
delaminate delaminieren
(aufblättern/aufspalten)
delamination Delaminierung
(Aufblätterung/Aufspaltung)
delay *n* **(retardation)**
Verzögerung
delay *vb* **(retard)** verzögern
deliberate release
absichtliche Freisetzung
deliquescence
Zerfließen,
Zerschmelzen,
Zergehen
deliquescent
zerfließend, zerfließlich,
zerschmelzend, zergehend
delivery Lieferung, Auslieferung;
(handing in/dropoff) Abgabe,
Einreichung (Ergebnisse etc.);
Beschickung, Zuführung
delivery pressure/
discharge pressure
Lieferdruck
delivery tube (flask)
Beschickungsstutzen (Kolben)
delivery valve
Zulaufventil,
Beschickungsventil
demethylation
Demethylierung,
Desmethylierung
demister Entfeuchter
demold/eject
entformen
(aus der Form lösen)
demolding/ejection
Entformen,
Entformung
(aus der Form lösen)

**demount/
disassemble/dismantle/
strip/take apart**
demontieren

de-novo synthesis
Neusynthese,
de-novo-Synthese

den / denier
(fiber unit: 1 den = 1 g/9000 m)
Denier (1 den = 0.111 tex)

**denaturation/
denaturing**
Denaturierung

denature
vergällen,
denaturieren
(z.B. Alkohol)

denatured egg white
denaturiertes Eiweiß

denaturing gel
denaturierendes Gel

dendrimer
Dendrimer

dendritic growth
dendritisches Wachstum

**dendritic polymer
(star polymer)**
dendritisches Polymer
(Sternpolymer)

dendritic structure
Dendritstruktur,
dendritische Struktur

denial of access
Zutrittsverweigerung

denier
(fiber unit: 1 den = 1 g/9000 m)
Denier (1 den = 0.111 tex)

dense (mass per volume)
dicht (Masse pro Volumen)

density (mass per volume)
Dichte (Masse pro Volumen)

➤ **apparent density/
gross density**
Rohdichte, Schüttdichte

➤ **buoyant density**
Schwimmdichte,
Schwebedichte

➤ **cohesion energy density**
Kohäsionsenergiedichte

➤ **compacted bulk density**
Stopfdichte

➤ **crosslink density**
Vernetzungsdichte

➤ **foam density**
Schaumdichte

➤ **mass density**
Massendichte

➤ **number density (of entities)/
number concentration**
Partikeldichte, Teilchendichte

➤ **optical density/absorbance**
optische Dichte, Absorption

➤ **tablet density/pellet density**
Stopfdichte

➤ **vapor density**
Dampfdichte

density current
Konzentrationsströmung

density gradient
Dichtegradient

density gradient centrifugation
Dichtegradientenzentrifugation

**dephlegmation/
fractional distillation**
Dephlegmation,
fraktionierte Destillation,
fraktionierte Kondensation

dephosphorylate
dephosphorylieren

dephosphorylation
Dephosphorylierung

**deplete
(strip/downgrade)**
abreichern

**depletion
(stripping/downgrading)**
Abreicherung

depolarization
Depolarisation

depolarize
depolarisieren

depolymerization
Depolymerisation

**deposit/
sediment/precipitate**
Präzipitat, Niederschlag,
Sediment, Fällung

depression/basin Mulde

deprotection
Entschützen,
Entfernen von Schutzgruppen
deproteinized (DP)
entproteinisiert
depth of focus/
  depth of field
Schärfentiefe, Tiefenschärfe
depth of thread/
  depth of flight/flight
  (screw/extruder)
Gangtiefe (Schraube/Schnecke)
derivative Derivat
derivatization
Derivatisation
derivatize derivatisieren
desalinate entsalzen
desalination (desalting)
Entsalzen, Entsalzung
desalt entsalzen
descale
entkalken (ein Gerät ~),
Kesselstein entfernen
descending (TLC)
absteigend (DC)
description Beschreibung
deshielding (NMR)
Entschirmung
desiccate (dry up/dry out)
austrocknen, entwässern
desiccation
Austrocknung,
Entwässerung
desiccation avoidance
Austrocknungsvermeidung
desiccator Exsikkator
design Entwurf, Plan, Design
destroy/eliminate vernichten
destruction/elimination
Vernichtung
destructive distillation
Zersetzungsdestillation
destructive testing/
  destructive sampling
zerstörende Prüfung
(Probenahme unter Zerstörung
des Werkstoffes)
desulfurization/desulfuration
Entschwefelung

desulfurize/
  desulfur
entschwefeln
detach (separate/disconnect)
lösen
detect/prove nachweisen
detection/proof Nachweis
detection limit/
  limit of detection (LOD)
Nachweisgrenze
detection method
Nachweismethode
detector
Detektor, Nachweisgerät,
Suchgerät, Prüfgerät
➢ **atomic emission detector (AED)**
Atomemissionsdetektor (AED)
➢ **evaporative light scattering**
  detector (ELSD)
Verdampfungs-Lichtstreudetektor
➢ **fast-scanning detector (FSD)/**
  fast-scan analyzer
Schnellscan-Detektor
➢ **flame-ionization detector (FID)**
Flammenionisationsdetektor (FID)
➢ **flame-photometric detector (FPD)**
Flammenphotometrischer Detektor
(FPD)
➢ **infrared absorbance detector (IAD)**
Infrarot-Absorptionsdetektor
➢ **infrared detector (ID)**
Infrarotdetektor
➢ **ion trap detector (ITD)**
Ioneneinfangdetektor (MS)
➢ **photo-ionization detector (PID)**
Photoionisations-Detektor (PID)
➢ **thermoionic detector (TID)**
Thermoionischer Detektor (TID)
detector/sensor
Detektor, Fühler, Sensor
(*tech* z.B. Temperaturfühler);
Melder, Messfühler, Sensor
detent/fix
arretieren, feststellen
detergent
Detergens, Reinigungsmittel,
Spülmittel, Waschmittel
detoxification Entgiftung
detoxify entgiften

develop/emerge/unfold
entwickeln, entstehen
developer *photo*
Entwickler
developing chamber/
developing tank (TLC)
chromat Trennkammer (DC)
deviate from ...
abweichen von ...
deviatoric stress
Deviatorspannung
device Vorrichtung
devolatilization
(degassing/gasing-out: extruder)
Entgasen, Entgasung
devolatilizing screw (extruder)
Entgasungsschnecke
Dewar vessel/
Dewar flask
Dewargefäß
dewater
entwässern
(Entfernen von Wasser)
dewatering
Entwässern,
Entfernung von Wasser
diagonal cutter/
diagonal pliers/
diagonal cutting nippers
Seitenschneider
diagram (plot/graph)
Diagramm (auch: Kurve)
➢ **bar diagram/bar graph**
Stabdiagramm
➢ **histogram/strip diagram**
Histogramm,
Streifendiagramm
➢ **phase diagram**
Phasendiagramm
dial
Wählscheibe,
Einstellscheibe
dialysis Dialyse
dialyze dialysieren
diamond cutter
Diamantschleifer
diamond drill Diamantbohrer
diamond knife
Diamantmesser

diaphragm
Diaphragma, Blende
diaphragm aperture *micros*
Blendenöffnung
diaphragm gate (extrusion)
Scheibenanguss
diaphragm pressure regulator
Membrandruckminderer
diaphragm pump
Membranpumpe
diaphragm valve
Membranventil
diatomaceous earth
Kieselerde
diblock copolymer
Zweiblockcopolymer
dicer
Granulator (Würfel);
polym (cube dicer)
Würfelschneider
dichlorodiphenyldichloroethylene
(DDE)
Dichlordiphenyldichlorethylen
(DDE)
dichlorodiphenyltrichloroethane
(DDT)
Dichlordiphenyltrichlorethan
(DDT)
dichroism Dichroismus
➢ **circular dichroism**
Zirkulardichroismus,
Circulardichroismus
die *vb* prägen, formen
die *n* Düse (formgebende Düse am
Extruder); Werkzeug (Pressstempel);
(mold/mould (*Br*)/casting mold)
Gießform, Gussform;
(matrix) Gesenk (Matrize),
Spritzform, Strangpressform;
(of injection molding machine)
Spritzgusswerkzeug
➢ **annular nozzle**
Ringdüse
➢ **capillary die/capillary nozzle**
Kapillardüse
➢ **coat-hanger die (fishtail die)**
Kleiderbügeldüse,
Kleiderbügelspritzkopf
(Fischschwanzdüse)

➤ **cutting die**
Stanzwerkzeug

➤ **die head/**
extruder head
Spritzkopf, Extruderspritzkopf,
Extruderkopf (Zylinderkopf)

➤ **extrusion die/**
extruder die
Extrudierdüse, Extruderdüse,
Pressdüse

➤ **pelletizing die**
Granulierdüse

➤ **preforming die**
Vorformwerkzeug

➤ **press die**
Pressstempel, Pressform,
Prägestempel, Prägestock

➤ **profile die**
Profildüse, Profilkopf,
Profilspritzkopf

➤ **sheet die/flat-sheet die**
Breitschlitzdüse

➤ **slit die (slot die)**
Schlitzdüse

➤ **tubular die**
Ringdüse,
Ringschlitzdüse

die block
Werkzeughalter;
(Extruder) Düsenblock

die cutter Stanzer

die gap/die opening
(die lip slot)
Düsenspalt

die land
Führungskanal,
Mundstückbohrung

die lip slot
Düsenspalt

die mandrel
Düsendorn

die orifice
Düsenaustrittsöffnung

die plate
Formaufspannplatte

die relief/orifice relief
(of extruder die)
Austrittserweiterung
(an Extruderdüse)

die restriction
(of extruder die)
Staustelle, Stauscheibe,
Kanalverengung
(an Extruderdüse)

die ring Düsenring

die swell (Barus effect)
Spritzquellung

dielectric
dielektrisch, nichtleitend

dielectric constant/permittivity
Dielektrizitätskonstante,
Permittivität

dielectric spectroscopy
dielektrische Spektroskopie

dielectrics Dielektrika

diene rubber
Dienkautschuk

diestock
Gewindeschneidkluppe,
Gewindeschneideisen

dietary fiber
Ballaststoffe (dietätisch)

die-to-roll gap
Abstand zwischen
Spritzkopf und Walze

differential centrifugation
('pelleting')
Differentialzentrifugation,
differentielle Zentrifugation

differential diagnosis
Differentialdiagnose

differential equation
Differentialgleichung

differential interference
Differential-Interferenz (Nomarski)

differential pulse polarography
(DPP)
differentielle Pulspolarografie

differential scanning calorimetry
(DSC)
Differentialkalorimetrie

differential staining/
contrast staining
Differentialfärbung,
Kontrastfärbung

differential thermal analysis (DTA)
Differentialthermoanalyse,
Differenzthermoanalyse

differentiating characteristic
Unterscheidungsmerkmal
diffraction Beugung
diffraction pattern
Beugungsmuster
diffuse *vb*
diffundieren
diffuse flux
diffuser Fluss
diffuser Diffusor
diffusing screen *photo*
Streulichtschirm
diffusion coefficient
Diffusionskoeffizient
digest *n*
(enzymatic) Verdau
digestion
Verdauung; Abbau
➤ **enzymatic digestion**
enzymatischer Abbau
digitizer
Digitalisiergerät
dilatability
Ausdehnbarkeit (Dehnung)
dilatable
ausdehnbar, dehnbar, ausweitbar
dilatation/dilation
(dilatation strain/bulk strain)
Dilatation, Dehnung, Erweiterung,
Ausdehnung, Expansion
dilatational stress
Dehnspannung
dilate
ausdehnen, dehnen, ausweiten
dilation
Ausdehnung, Dehnung,
Ausweitung
diluent
Verdünner,
Verdünnungsmittel,
Diluent, Diluens
dilutable
verdünnbar
dilute *vb* (thin down)
verdünnen
dilute solution
verdünnte Lösung
dilutent
Verdünnungsmittel

dilution (thinning down)
Verdünnung
dilution rate
Durchflussrate
(Verdünnungsrate)
dilution rule
Mischregel
(Mischungskreuz)
dimensional stability
(resistance to deformation)
Formfestigkeit, Formbeständigkeit,
Formänderungsfestigkeit
dimensions (height/width/depth)
Abmessungen (Höhe/Breite/Tiefe)
dimeric
dimer, zweiteilig
dimerization
Dimerisierung
dimerize
dimerisieren
dimerous
dimer, zweizählig
diode array detection (DAD)
Diodenarray-Nachweis,
Diodenmatrixnachweis
dioptric
dioptrisch
dip coating
Tauchbeschichtung
dip molding/dipping
Tauchgussverfahren,
Tauchgießen,
Tauchverfahren (Giessen)
dip tank Tauchtank
dip tube Steigrohr
diphasic diphasisch
dipole moment
Dipolmoment
dipper/scoop
Schöpfer, Schöpfgefäß,
Schöpflöffel
diprotic acid
zweiwertige/zweiprotonige Säure
direct current (DC)
Gleichstrom
direct transfer electrophoresis/
direct blotting electrophoresis
Direkttransfer-Elektrophorese,
Blottingelektrophorese

directing force/
  reaction force/
  restoring force
  Rückstellkraft
direct-reading instrument
  Ablesegerät
dirt/filth Schmutz, Dreck
dirty/filthy
  schmutzig, dreckig;
  (stained) beschmutzt, fleckig
disadvantage Nachteil
disassemble
  (take equipment apart)
  abbauen (Apparatur,
  Experimentiergerät)
disassembly/
  dismantling/dismantlement/
  takedown (of equipment)
  Abbau (einer Apparatur);
  (stripping) Demontage
discard/dispose of
  chem verwerfen, entsorgen
discharge *n*
  electr Entladung;
  tech (outflow/efflux/draining off)
  Ausfluss, Abfluss; Ableitung
  (von Flüssigkeiten);
  med (secretion/flux) Ausfluss
discharge *vb*
  electr entladen;
  tech (drain/lead out/lead away/
  carry away) ausführen, wegführen,
  ableiten (Flüssigkeit)
discharge head Förderhöhe
discharge stroke (pump)
  Abgabepuls (Pumpe)
discoloration
  Farbverlust, Entfärbung
disconnect/disassemble
  auseinandernehmen
  (Glas-/Versuchsaufbau)
discotic (disk-like)
  diskotisch, scheibenartig
discotic LC
  discotisches Flüssigkristall
disease-causing/
  pathogenic
  krankheitserregend,
  pathogen

disentangle *polym*
  entflechten, entwirren
disentanglement
  Entflechtung, Entwirrung,
  Entwickelung; Herauslösung
disequilibrium/
  imbalance
  Ungleichgewicht
dishwasher/
  dishwashing machine
  Spülmaschine
dishwasher detergent
  Spülmaschinenreiniger
dishwashing brush
  Spülbürste
dishwashing bucket/
  dishpan
  Spüleimer
dishwashing detergent
  Geschirrspülmittel
dishwashing pad
  Spülschwamm
dishwashing tub
  Spülwanne
dishwater
  Abwaschwasser, Spülwasser
disinfect (disinfecting)
  desinfizieren (desinfizierend)
disinfectant
  Desinfektionsmittel
disinfection
  Desinfizierung, Desinfektion
disinhibition
  Enthemmung, Disinhibition
disintegrate/
  decay/decompose/degrade
  auflösen, aufspalten; zerkleinern,
  zertrümmern; zersetzen
disintegration/
  decay/
  decomposition/
  degradation
  Auflösung, Aufspaltung;
  Zerkleinerung, Zertrümmern;
  Zersetzung
disk/disc (*Br*) Scheibe
  ➢ **bursting disk**
  Berstscheibe, Sprengscheibe,
  Sprengring, Bruchplatte

disk atomizer
Scheibenversprüher

disk diaphragm
(annular aperture)
micros Ringblende

disk electrophoresis
Diskelektrophorese,
diskontinuierliche Elektrophorese

disk gate (extrusion)
Regenschirmanguss

disk mill Tellermühle

disk turbine impeller
Scheibenturbinenrührer

disk-like/discotic
scheibenartig, diskotisch

disk-shaped scheibenförmig

dislocation (crystal defect)
Versetzung

dispenser Ausgießer; Dosierspender;
Probengeber; (for liquid detergent
etc.) Spender (für Flüssigseife etc.)

dispenser pump/
dispensing pump
Dispenserpumpe

dispersal
Streuung, Ausbreitung, Zerstreuung

disperse
dispergieren; streuen, verstreuen,
ausbreiten, zerstreuen

dispersion
Dispergierung, Dispersion;
(spreading) Zerstreuung;
(colloid) Dispersion, Kolloid

dispersion coating
Dispersionsüberzug,
Dispersionsbeschichtung

dispersion force
Dispersionskraft

dispersion polymerization
Dispersionspolymerisation

dispersion spinning
Dispersionsspinnen

displace
verdrängen; verschleppen

displacement
Verdrängung; Verschleppung

displacement pump
Verdrängungspumpe,
Kolbenpumpe (HPLC)

displacement reaction
Verdrängungsreaktion

display *n*
(monitor) Bildschirm, Monitor;
(dial/scale/reading) Anzeige
(an einem Gerät)

display *vb* (show/read)
anzeigen

disposable
Einweg..., Einmal...,
Wegwerf...

disposable gloves/
single-use gloves
Einweghandschuhe,
Einmalhandschuhe

disposable syringe
Einwegspritze

disposal Entsorgung

➤ **improper disposal**
unsachgemäße Entsorgung

disposal firm
Entsorgungsfirma,
Entsorgungsunternehmen

dispose of/remove
entsorgen, entfernen

disproportionation
Disproportionierung

dissect
sezieren

dissecting dish/
dissecting pan
Präparierschale

dissecting instruments
(dissecting set)
Präparierbesteck

dissecting microscope
Präpariermikroskop

dissecting needle
(teasing needle/probe)
Seziernadel, Präpariernadel

dissection
Sezierung, Präparation

dissection equipment
(dissecting set)
Sezierbesteck

dissection tweezers/
dissecting forceps
Präparierpinzette, Sezierpinzette,
anatomische Pinzette

disseminate/
disperse/spread/release
ausstreuen
dissemination/
dispersal/spreading/releasing
Ausstreuung
dissipation factor
dielektrischer Verlustfaktor
dissociate dissoziieren
dissociation constant (K_i)
Dissoziationskonstante
dissociation rate
Dissoziationsgeschwindigkeit
dissolution Auflösung;
chem (disintegration/
decomposition/digestion) Aufschluss
dissolution rate
Auflösungsgeschwindigkeit
dissolve
lösen (in einem Lösungsmittel),
auflösen; (disintegrate/decompose/
break up/digest) aufschließen
distill/distil/still
destillieren
➢ **redistil(l)/rerun**
redestillieren, erneut destillieren,
wiederholt destillieren,
umdestillieren
(nochmal destillieren)
distilland/
material to be distilled
Destillationsgut
distillate Destillat
distillation Destillation
➢ **bulb-to-bulb distillation**
Kugelrohrdestillation
➢ **destructive distillation**
Zersetzungsdestillation
➢ **equilibrium distillation**
Gleichgewichtsdestillation
➢ **flash distillation**
Entspannungs-Destillation,
Flash-Destillation
➢ **reaction distillation**
Reaktionsdestillation
➢ **repeated distillation/**
cohobation
Redestillation,
mehrfache Destillation

➢ **short-path distillation/**
flash distillation
Kurzwegdestillation,
Molekulardestillation
➢ **simple distillation**
Gleichstromdestillation
➢ **spinning band distillation**
Drehband-Destillation
➢ **steam distillation**
Trägerdampfdestillation
➢ **straight-end distillation**
einfache, direkte Destillation
➢ **vacuum distillation/**
reduced-pressure distillation
Vakuumdestillation
distillation by steam entrainment
Schleppdampfdestillation
distillation receiver adapter/
receiving flask adapter
Vorlage
distillation residue
Destillierrückstand
distilled water
destilliertes Wasser
distilling apparatus/
still
Destilliergerät,
Destillationsapparatur
distilling column
Destillierkolonne
distilling flask/
destillation flask/
'pot'
Destillierkolben,
Destillationskolben;
(retort) Retorte
distribute verteilen
distribution Verteilung
➢ **lognormal distribution/**
logarithmic normal distribution/
LN distribution
Lognormalverteilung,
logarithmische Normalverteilung
➢ **marginal distribution** *stat*
Randverteilung
distribution function
Verteilungsfunktion
distribution pattern
Verteilungsmuster

disturbance (interference/disruption) Störung

disturbance value/ interference factor Störgröße

disulfide bond/ disulfide bridge/ disulfhydryl bridge Disulfidbindung, Disulfidbrücke

diterpenes (C_{20}) Diterpene

diunsaturated doppelt ungesättigt

diverge divergieren, abweichen

divergence Divergenz, Abweichung

diversity Diversität, Vielfalt, Vielfältigkeit, Vielgestaltigkeit, Mannigfaltigkeit

divide (compartmentalize) gliedern, einteilen; classify (klassifizieren); (fission/separate) teilen

division (compartmentalization) Gliederung, Einteilung; (fission/separation) Teilung

DNA (deoxyribonucleic acid) DNA, DNS (Desoxyribonucleinsäure/ Desoxyribonukleinsäure)

DNA footprint DNA-Fußabdruck, DNA-Footprint

DNA profiling/DNA fingerprinting DNA-Fingerprinting, genetischer Fingerabdruck

DNA sequencer DNA-Sequenzierungsautomat

doctor knife Abstreifmesser, Rakel

doff (a bobbin) *text* Abnahme

dominance variance Dominanzvarianz

donate spenden, überlassen, abgeben, liefern

donor Donor; Spender; Donator

dopant/ dope/doping agent Dotierungsmittel

dope *vb* dotieren

doping Dotieren

dorsal rückseitig, dorsal

dosage compensation Dosiskompensation

dosage effect Dosiseffekt

dose *vb* (give a dose)/ measure out/ meter/proportion dosieren

dose *n* (dosage) Dosis; (meter/proportion) Dosieren, Dosierung

➢ **lethal dose** letale Dosis, Letaldosis, tödliche Dosis

➢ **median effective dose (ED_{50})** mittlere effektive Dosis (ED_{50}), mittlere wirksame Dosis

➢ **median lethal dose (LD_{50})** mittlere letale Dosis (LD_{50})

➢ **overdose** Überdosis

➢ **single dose** Einzeldosis

dose equivalent Äquivalentdosis (Sv), Dosisäquivalent

dose-response curve Dosis-Wirkungskurve

dosing pump/ proportioning pump/ metering pump Dosierpumpe

dot blot/spot blot Rundlochplatte

double-acting doppeltwirkend

double-acting pump Druckpumpe, Saugpumpe, doppeltwirkende Pumpe

double blind assay/ double-blind study Doppelblindversuch

double bond
Doppelbindung
double-burner hot plate
Doppelkochplatte
double distilled water Bidest
double layer/bilayer
Doppelschicht
double salt Doppelsalz
double screw/twin-screw
Doppelschnecke
double-shot
Zweistufenverfahren
double strand Doppelstrang
double-strand polymer
Doppelstrangpolymer
double sugar/disaccharide
Doppelzucker, Disaccharid
double thread zweigängig
doubling (film)
Dublieren; Kaschieren (Folien)
doubling time (generation time)
Verdopplungszeit
(Generationszeit)
dovetail connection *micros*
Schwalbenschwanzverbindung
down regulation
Herabregulation
downpipe Fallrohr
downtime Auszeit
draft (*Br* draught)
Zugluft; Luftzug,
Durchzug (Luft)
drag conveyor
Schleppförderer
drag flow
Fließdruck, Hauptfluss,
Schleppströmung
drag force
Widerstand,
Widerstandskraft;
Schleppkräfte;
aero Rücktriebkraft
drag resistance
Strömungswiderstand
drain *n* Ablauf; (of the sink) Abguss
(an der Spüle);
(drainage) Entleeren, Entleerung
(Flüssigkeit); Dränung, Drainage;
Trockenlegung, Entwässerung

drain *vb*
(discharge) ablaufen lassen, ablassen;
entwässern, drainieren,
Flüssigkeit ablassen
➤ **pour s.th. down the drain**
in den Abguss schütten
drainboard
Abtropfbrett, Ablaufbrett
draincock (faucet/spigot)
Ablasshahn, Ablaufhahn
draining rack
Abtropfgestell
drape and vacuum forming
Vakuumstreckformverfahren
drape assist (film/foil)
Streckform (Folien)
drape forming
Streckformen, Streckziehen,
Ziehformen, Streckformverfahren
draw blade/(cabinet) scraper
Ziehklinge;
(drawing knife) Rakel
draw down (after extrusion)
ausziehen, recken, strecken
draw grid method
Ziehgitter-Vorstreckverfahren
draw off/
  suction off/siphon off/evacuate
absaugen (Flüssigkeit)
draw ratio/strain ratio
Streckverhältnis, Ziehverhältnis,
Verstreckungsverhältnis
draw resonance
cyclische Pulsation
(beim Schmelzbruch)
drawing
Strecken (Ziehen/Verstrecken);
Ziehverfahren
drift tube (TOF-MS)
Driftröhre
drill *n*
Bohrmaschine;
(drilling/bore) Bohrung
(Prozess/Vorgang); Alarm
➤ **emergency drill**
Probealarm, Probe-Notalarm
drill *vb* bohren
drinking water/potable water
Trinkwasser

drip *vb* tropfen

drip catcher/drip catch/
  splash trap/
  antisplash adapter
  (distillation apparatus)
  Reitmeyer-Aufsatz, Tropfenfänger,
  Rückschlagschutz
  (an Kühler/Rotationsverdampfer etc.)

drive *n* Antrieb

drive belt Antriebsriemen

drive shaft Antriebswelle

drive system/drive unit
  Antriebssystem

drop bottle/dropping bottle
  Tropfflasche

droplet nucleation
  Tröpfchen-Keimbildung

dropper/dropping pipet
  Tropfpipette, Tropfglas

dropping bottle/dropper vial
  Pipettenflasche

dropping electrode
  Tropfelektrode

dropping funnel (addition funnel)
  Tropftrichter

dropping mercury electrode (DME)
  Quecksilbertropfelektrode

dropping point/
  drop point
  Tropfpunkt

dropwise/drop by drop
  tropfenweise

drug/
  medicine/medication
  Arzneimittel

drug delivery system
  Wirkstoffliefersystem,
  Arzneistoffliefersystem,
  Wirkstoffapplikationssystem,
  Arzneistoffapplikationssystem
  (Transport- und Dosiersystem)

drug release
  Wirkstofffreigabe

drum /barrel
  Trommel, Zylinder

drum mill/
  tube mill/
  barrel mill
  Trommelmühle

drum rotor/
  drum-type rotor *centrif*
  Trommelrotor

drum vent
  Fassventil (Entlüftung)

drum wrench
  Fassschlüssel
  (zum Öffnen von Fässern)

dry *adv/adj* **(arid)** trocken

dry *vb* trocknen

dry blotting
  Trockenblotten

dry cell/dry cell battery
  electr Trockenbatterie

dry distillation
  Trockendestillation

dry extract
  Trockenextrakt

dry ice (CO_2) Trockeneis

dry mass/dry matter
  Trockenmasse,
  Trockensubstanz

dry matter
  Trockensubstanz

dry product/dry substance
  Trockengut

dry spinning Trockenspinnen

dry strength (fibers)
  Trockenfestigkeit

dry weight
  (*sensu stricto:* **dry mass**)
  Trockengewicht
  (*sensu stricto:* Trockenmasse)

drying cabinet/drying oven
  Trockenschrank

drying oil trocknendes Öl

drying oven Trockenofen

drying pistol
  Trockenpistole,
  Röhrentrockner

drying rack
  Trockengestell

drying tower/
  drying column
  Trockenturm,
  Trockensäule

drying tube
  Trockenrohr,
  Trockenröhrchen

dual cycle
  Doppelkreislauf
duct (passageway)
  Ausführgang,
  Ausführkanal
duct tape
  (polycoated cloth tape)
  Gewebeklebeband, Panzerband
  (Universalband/Vielzweckband)
ductile duktil
ductile fracture/
  tough fracture (ductile failure)
  duktiler Bruch, Zähbruch;
  Gleitbruch, Verschiebungsbruch
ductwork/
  airduct system
  Rohrleitungssystem (Lüftung)
dumbbell Hantel
dummy Attrappe (Leerpackung)
dunk tank
  Auffangbecken, Auffangbehälter
  (für Chemikalien)
durability
  Beständigkeit, Dauerhaftigkeit,
  Festigkeit, Haltbarkeit
durable
  beständig, dauerhaft,
  fest, stabil, haltbar
dust Staub
➢ **coarse dust** Grobstaub
➢ **fine dust** Feinstaub
➢ **inert dust** Inertstaub
dust cover
  Staubschutz

dust explosion
  Staubexplosion
dust mask (respirator)
  Grobstaubmaske
➢ **particulate respirator**
  (U.S. safety levels N/R/P
  according to regulation 42 CFR 84)
  Staubschutzmaske
  (partikelfilternde Masken)
  (DIN FFP)
dust-mist mask
  Feinstaubmaske
dust particle
  Staubkorn
dustproof staubdicht
dusty staubig
duty cycle
  Arbeitszyklus (Gerät)
dye *n*
  (colorant/pigment//dyestuff)
  Farbstoff, Pigment
dye *vb* (add color/add pigment) färben,
  einfärben; (stain) anfärben,
  kontrastieren
dyeability
  Einfärbbarkeit;
  (stainability) Anfärbbarkeit
dyeable
  einfärbbar;
  (stainable) anfärbbar
dyeing
  Einfärben; (staining) Anfärbung
dynamic testing
  dynamisches Testverfahren

ear muffs/
hearing protectors
Gehörschützer

earplugs
Ohrenstöpsel,
Gehörschutzstöpsel

East African gum
(***Acacia drepanolobium*/Fabaceae)**
Ostafrikanisches Gummi

East African rubber
(***Landolphia* spp./Apocynaceae)**
Ostafrikanisches Gummi

easy-care *text*
pflegeleicht

ebonite/
hard rubber/vulcanite
Ebonit, Hartgummi

ebullition
Sieden, Aufwallen

ebullition tube
Siederöhrchen

eczema
Ekzem

eddy (swirl)
Wirbel, Strudel

eddy current
Wirbelstrom
(Vortex-Bewegung)

eddy diffusion
Turbulenzdiffusion,
Wirbeldiffusion

edge/margin
Rand

➢ **cutting edge (of blade etc.)**
Schneide (Grat: Messer etc.)

edge trimming
Randbeschnitt

effect/action (impact)
Wirkung (Einwirkung)

effectiveness
Wirksamkeit

efferent
ausführend, wegführend,
ableitend (Flüssigkeit)

efficiency
Wirkungsgrad

efflorescence/
blooming *polym*
Ausblühen

effluent Ablauf
(herausfließende Flüssigkeit)

efflux Ausstrom

effusion (gas)
Ausströmen, Effusion

egest/excrete
ausscheiden
(Exkrete/Exkremente)

egestion/excretion
Ausscheidung (Exkretion)

ejection *polym*
Auswerfen (Spritzguss)

ejector (knock out)
Auswerfer,
Ausdrückvorrichtung
(Spritzguss)

ejector bush
Auswerferhülse

ejector pin/
knock-out pin
Drückstift, Ausdrückstift
(Kolbenspritzgießen)

ejector plate/
knock-out pin plate
Drückplatte, Ausdrückplatte
(Kolbenspritzgießen)

ejector rod/
knock-out
Ausdrückbolzen
(Kolbenspritzgießen)

elastic compliance tensor
Nachgiebigkeitskonstante
(Reuss-Elastizitätskonstante)

elastic deformation
elastische Deformation

elastic dumbbell
elastische Hantel

elastic stiffness tensor
Steifheitskonstante
(elastische Steifheit/
Voigt-Elastizitätskonstante)

elastic strain
elastische Beanspruchung

elasticity
Elastizität

elasticity limit/
yield strength
Elastizitätsgrenze,
Dehngrenze

elastomer
Elastomer (DDR: Elaste), Plastomer (Gummi/Weichgummi: leicht vernetzte Synthesekautschuke)
➤ **pourable elastomer**
Gießelastomer
➤ **thermoplastic elastomer (TPE) (non-network)**
thermoplastisches Elastomer, Elastoplast
elbow/elbow fitting/ell (lab glass/tube fittings)
Winkelrohr, Winkelstück, Krümmer (Glas/Metall etc. zur Verbindung)
electret
Elektret
electric appliance
Elektrogerät
electric capacitance (Farad)
elektrische Kapazität
electric circuit/electrical circuit
Stromkreis
electric conductance (Siemens)
elektrischer Leitwert
electric field poling
Feldpolung
electric meter Stromzähler
electric potential (Volt)
elektrische Potentialdifferenz, Spannung
electric power supply/ power supply/mains (Br)
Stromversorgung
electric resistance (Ohm)
elektrischer Widerstand
electric tape/ insulating tape/friction tape
Elektro-Isolierband
electrical appliance/ electrical device
Elektrogerät
electrical fixture(s)/ electricity outlet
elektrische(r) Anschluss
electricity (power/juice)
Elektrizität, Strom
electricity failure/ power failure
Stromausfall

electrification Aufladung
➤ **static electrification**
elektrostatische Aufladung
electro-endosmosis/ electro-osmotic flow (EOF)
Elektroosmose, Elektroendosmose
electrochemical polymerization
elektrochemische Polymerisation
electrocoating
elektrophoretische Lackierung
electrode
Elektrode
➤ **dropping electrode**
Tropfelektrode
➤ **dropping mercury electrode (DME)**
Quecksilbertropfelektrode
➤ **hydrogen electrode**
Wasserstoffelektrode
➤ **ion-selective electrode (ISE)**
ionenselektive Elektrode
➤ **reference electrode**
Bezugselektrode
electroencephalogram
Elektroencephalogramm (EEG)
electrogenic elektrogen
electroluminescence
Elektrolumineszenz
electrolysis Elektrolyse
➤ **molten-salt electrolysis**
Schmelzelektrolyse, Schmelzflusselektrolyse
electrolyte Elektrolyt
electrolytic separation
elektrolytische Dissoziation
electromagnetic radiation
elektromagnetische Strahlung
electromagnetic spectrum
elektromagnetisches Spektrum
electromotive force (emf/E.M.F.)
elektromotorische Kraft (EMK)
electron Elektron
➤ **binding electron**
Bindungselektron
➤ **bonding electron**
Valenzelektron
➤ **free electron**
freies Elektron

> **inner electron/**
> **inner-shell electron**
> Rumpfelektron
> **odd electron**
> ungepaartes Elektron,
> einsames Elektron
> **outer electron**
> Außenelektron
> **paired electron**
> gepaartes Elektron
> **single electron** Einzelelektron
> **valence electron/**
> **valency electron**
> Valenzelektron

electron acceptor
Elektronenakzeptor,
Elektronenraffer,
Elektronenempfänger

electron backscatter diffraction
(EBSD)
Elektronenrückstreuung

electron capture detector (ECD)
Elektroneneinfangdetektor
(Elektronenanlagerungs-
spektroskopie)

electron carrier
Elektronenüberträger

electron donor
Elektronenspender,
Elektronendonor

electron energy loss spectroscopy
(EELS)
Elektronen-Energieverlust-
Spektroskopie

electron-impact ionization (EI)
Elektronenstoß-Ionisation

electron-impact spectrometry (EIS)
Elektronenstoß-Spektrometrie

electron micrograph
elektronenmikroskopisches Bild,
elektronenmikroskopische Aufnahme

electron microprobe analysis
(EMPA)
Elektronenstrahl-
Mikrosondenanalyse (EMA)

electron microscopy (EM)
Elektronenmikroskopie

electron pair
Elektronenpaar

electron spectroscopy
for chemical analysis (ESCA) =
X-ray photoelectron spectroscopy
(XPS)
Röntgenphoto-
elektronenspektroskopie (RPS)

electron spin resonance (EPR)/
electron spin spectroscopy (ESR)/
electron paramagnetic resonance
(EPR)
Elektronen-Spinresonanz-
spektroskopie (ESR),
elektronenparamagnetische Resonanz

electron transfer
Elektronenübertragung

electroneutral (electrically silent)
elektroneutral

electronic elektronisch

electronic formula
Elektronenformel

electrophilic attack
elektrophiler Angriff

electrophoresis
Elektrophorese
> **alternating field gel electrophoresis**
> Wechselfeld-Gelelektrophorese
> **capillary electrophoresis (CE)**
> Kapillarelektrophorese
> **capillary zone electrophoresis**
> **(CZE)**
> Kapillar-Zonenelektrophorese
> **carrier electrophoresis**
> Trägerelektrophorese,
> Elektropherografie
> **countercurrent electrophoresis**
> Überwanderungselektrophorese,
> Gegenstromelektrophorese
> **direct transfer electrophoresis/**
> **direct blotting electrophoresis**
> Direkttransfer-Elektrophorese,
> Blottingelektrophorese
> **disk electrophoresis**
> Diskelektrophorese,
> diskontinuierliche Elektrophorese
> **free electrophoresis**
> **(carrier-free electrophoresis)**
> freie Elektrophorese
> **gel electrophoresis**
> Gelelektrophorese

➢ **isotachophoresis (ITP)**
Isotachophorese,
Gleichgeschwindigkeits-
Elektrophorese

➢ **pulsed field gel electrophoresis (PFGE)**
Puls-Feld-Gelelektrophorese,
Wechselfeld-Gelelektrophorese

➢ **temperature gradient gel electrophoresis**
Temperaturgradienten-
Gelelektrophorese

➢ **zone electrophoresis**
Zonenelektrophorese

electrophoretic mobility
elektrophoretische Mobilität

electroplating
elektroplatieren

electroporation
Elektroporation

electroprecipitation
Elektroabscheidung

electrospray
Elektrospray

electrowinning
elektrolytische Metallgewinnung
(Elektrometallurgie)

element Element

➢ **control element/control unit**
Regelglied

➢ **controlling element/ adjuster/actuator**
Stellglied

➢ **half-cell /half element (single-electrode system)**
Halbzelle,
galvanisches Halbelement

➢ **Maxwell element**
Maxwell-Körper

➢ **periodic table (of the elements)**
Periodensystem (der Elemente)

➢ **trace element/ microelement/micronutrient**
Spurenelement, Mikroelement

➢ **unit cell**
Einheitszelle
(nicht: Elementarzelle)

➢ **Voigt-Kelvin element**
Voigt-Kelvin-Element

elementary cell/ lattice unit (unit cell)
Elementarzelle

elimination
Elimination, Eliminierung

ell/ elbow/elbow fitting/ bend/bent tube/ angle connector
Krümmer (gebogenes Rohrstück),
Winkelrohr, Winkelstück
(Glas/Metall etc. zur Verbindung)

ellagic acid/gallogen Ellagsäure

elongate/extend
verlängern, ausdehnen, strecken
(in die Länge ziehen)

elongation/extension Verlängerung,
Ausdehnung, Streckung

elongation at break/ elongation-to-break/ extension at break/ elongation at rupture/ fracture elongation
Dehnung bei Bruch,
Dehnung bei Höchstzugkraft,
Bruchdehnung, Reißdehnung

elongation at yield
Dehnung bei Streckspannung

eluate *n* Eluat

eluate *vb* eluieren

elucidate aufklären
(Strukturen/Zusammenhänge)

elucidation
Aufklärung
(Strukturen/Zusammenhänge)

eluent/eluant
Elutionsmittel,
Eluens (Laufmittel)

eluotropic series
eluotrope Reihe
(Lösungsmittelreihe)

eluting strength (eluent strength)
Elutionskraft

elutriation
Elutriation,
Aufstromklassierung

embed einbetten

embedded specimen
Einbettungspräparat

embedding machine/
embedding center
micros Einbettautomat,
Einbettungsautomat
embedding Einbettung
embrittlement
Versprödung, Sprödwerden
embryotoxic embryotoxisch
emergency Notfall
emergency call
(emergency number)
Notruf (Notfallnummer)
emergency escape mask
Fluchtgerät, Selbstretter
(Atemschutzgerät)
emergency evacuation plan
Notfall-Evakuierungsplan,
Notfall-Fluchtplan
emergency evacuation route/
emergency escape route
Notfall-Fluchtweg
emergency exit Notausgang
emergency generator/
standby generator
Notstromaggregat
emergency level/alert level
Alarmstufe
emergency provisions
Notfallvorkehrungen
emergency response
Notfalleinsatz
emergency response plan (ERP)
Notfalleinsatzplan
emergency response team
Notfalleinsatztruppe
emergency room
Ambulanz, Notaufnahme
emergency service
Notdienst, Hilfsdienst
emergency shower/safety shower
Notdusche
➢ quick drench shower/
deluge shower
'Schnellflutdusche' (Notdusche)
emergency shutdown
Notabschaltung
emergency ward (clinic)
Notaufnahme, Unfallstation
(Krankenhaus)

emery Schmirgel
emery cloth
Schmirgelleinen
emission
Emission, Ausstoss, Ausstrahlung
emissivity
Strahlungsvermögen,
Emissionsvermögen
(Wärmeabstrahlvermögen)
emissivity coefficient
(absorptivity coefficient)
Emissionskoeffizient
emit
emittieren, aussenden;
ausstrahlen, verströmen,
ausstoßen
empirical formula
Summenformel, Elementarformel,
Verhältnisformel, empirische Formel
emulsifier/emulsifying agent
Emulgator
emulsify emulgieren
emulsion Emulsion
emulsion polymerization
Emulsionspolymerisation
enamel Emaille, Email
enamel organ
Schmelzorgan
enantiomere Enantiomer
enbalm
einbalsamieren
encapsulation
Einkapselung, Einkapseln;
Einbettung, Einbetten
encode/code
kodieren, codieren
encrusting krustenbildend
end group Endgruppe
end group analysis/
terminal residue analysis
(determination of endgroups)
Endgruppenbestimmung
end point/
point of neutrality
Äquivalenzpunkt (Titration)
end-point determination
Endpunktsbestimmung
endanger/imperil
gefährden

endangered/
  in danger/at risk
  gefährdet
endangerment/
  imperilment
  Gefährdung
endergonic
  endergon, energieverbrauchend
endothermic
  endotherm
endurance
  (persistence/hardiness/
  perseverance)
  Ausdauer, Dauerhaftigkeit,
  Dauerfestigkeit
endurance limit
  Dauerstandfestigkeitsgrenze,
  Dauerfestigkeit,
  Haltbarkeitsgrenze
energetics Energetik
energy Energie
energy balance/
  energy budget
  Energiebilanz
energy barrier
  Energiebarriere
energy charge
  Energieladung
energy flux/energy flow
  Energiefluss
energy minimization
  Energieminimierung
energy profile
  Energieprofil
energy requirement
  Energiebedarf
energy-rich energiereich
energy source
  Energiequelle
energy supply
  Energiezuführung
energy transfer
  Energieübergang,
  Energieübertragung,
  Energietransfer
engineering plastics/
  technical plastics
  Konstruktionskunststoffe,
  technische Kunststoffe

enhanced nucleation
  verstärkte Keimbildung
enrich/
  concentrate/
  accumulate/fortify
  anreichern
enrichment/
  concentration/
  accumulation/fortification
  Anreicherung
entanglement
  Verhakung, Verflechtung,
  Verwickelung
➤ **disentanglement**
  Entflechtung, Entwirrung,
  Entwickelung; Herauslösung
enthalpy Enthalpie
enthalpy of mixing
  Mischungsenthalpie
entrainer/
  separating agent *dist*
  Schleppmittel
entropy
  Entropie
➤ **combinatorial entropy**
  Kombinationsentropie
  (Konfigurationsentropie)
➤ **residual entropy**
  Restentropie
entry Eintrag
envelope/jacket
  Hülle (z.B. Wasser), Mantel
environment Umwelt
environmental analysis
  Umweltanalyse
environmental analytics
  Umweltanalytik
environmental audit
  Umweltaudit, Öko-Audit
environmental burden/
  environmental load
  Umweltbelastung
environmental compatibility
  Umweltverträglichkeit
environmental conditions
  Umweltbedingungen,
  Umweltverhältnisse
environmental crime
  Umweltkriminalität

environmental degradation
Umweltzerstörung
environmental factors
Umweltfaktoren
environmental impact assessment (EIA)
Umweltverträglichkeitsprüfung (UVP)
environmental law Umweltrecht
environmental monitoring technology
Umweltmesstechnik
environmental pollution
Umweltverschmutzung
environmental process engineering
Umweltverfahrenstechnik
environmental protection (nature protection/conservation/ preservation)
Naturschutz;
(pollution control) Umweltschutz
environmental science
Umweltwissenschaft
environmental stress cracking
Spannungsrisskorrosion (umweltbedingte)
environmentally compatible/ environmentally friendly
umweltgerecht, umweltverträglich
enzymatic degradability
enzymatische Abbaubarkeit
enzymatic inhibition/ repression of enzyme/ inhibition of enzyme
Enzymhemmung
enzymatic reaction
Enzymreaktion
enzymatic specificity/ enzyme specificity
Enzymspezifität
enzyme Enzym, Ferment
enzyme activity (*katal*)
Enzymaktivität
epidermal/cutaneous
epidermal, Haut.., die Haut betreffend
epiillumination/ incident illumination
Auflicht, Auflichtbeleuchtung

epimerization
Epimerisierung
epoxy resins
Epoxidharze
Epsom salts/ epsomite/ magnesium sulfate
Bittersalz, Magnesiumsulfat
equal/ same/identical
gleich, identisch (völlig gleich/ein und dasselbe)
equalization/ adjustment/balancing/balance/ alignment/tuning
Abgleich
equation of state (EOS)
Zustandsgleichung
equation of the xth order
Gleichung xten Grades
equilibration
Äquilibrierung
equilibrium
Gleichgewicht
➢ **biological equilibrium**
biologisches Gleichgewicht
➢ **disequilibrium (imbalance)**
Ungleichgewicht
➢ **ion equilibrium/ ionic steady state**
Ionengleichgewicht
➢ **steady-state equilibrium**
Fließgleichgewicht, dynamisches Gleichgewicht
equilibrium centrifugation/ equilibrium centrifuging
Gleichgewichtszentrifugation
equilibrium constant
Gleichgewichtskonstante
equilibrium dialysis
Gleichgewichtsdialyse
equilibrium distillation
Gleichgewichtsdestillation
equilibrium polymerization/ reversible polymerization
Gleichgewichtspolymerisation
equilibrium potential
Gleichgewichtspotential

equilibrium state
Gleichgewichtszustand
equip/apply/devise
ausrüsten
equipment (appliances/device)
Ausrüstung
➢ **ancillary unit of equipment**
Hilfseinrichtung
(Apparat der nicht direkt mit dem
Produkt in Berührung kommt)
➢ **testing equipment/apparatus**
Untersuchungsgerät
equipment probe
Gerätesonde
equipment room
Geräteraum
eradicate/eliminate/extirpate
ausrotten, ausmerzen
Erlenmeyer flask
Erlenmeyer Kolben
erroneous/mistaken/flawed
fehlerhaft, irrtümlich
error (mistake) Fehler, Irrtum
➢ **statistical error**
statistischer Fehler
➢ **systematic error/bias**
systematischer Fehler, Bias
error in measurement/
measuring mistake
Messfehler
erucic acid/
(Z)-13-docosenoic acid
Erucasäure, Δ^{13}-Docosensäure
escape hatch
Ausstiegsluke (Flucht)
escape n Entweichen ('passiv')
escape route/egress
Fluchtweg
escape shaft
Notschacht
(Flucht~/Rettungsschacht)
escape vb entweichen (Gas etc.)
Esmeralda rubber
(*Sapium jenmanii*/Euphorbiaceae)
Esmeraldagummi
ESR (electron spin resonance)
ESR (Elektronenspinresonanz)
essence Essenz
essential essentiell

essential amino acids
essentielle Aminosäure
essential oil/
ethereal oil
ätherisches Öl
esterification Veresterung
esterify verestern
estimate n
(estimation/assumption)
Schätzung, Annahme;
Schätzwert
estimate vb (assume)
schätzen, annehmen
etchant Beizmittel
etching
Ätzen, Ätzung
➢ **deep etching**
Tiefenätzung
ethanol/
ethyl alcohol/alcohol
Äthanol, Ethanol, Äthylalkohol,
Ethylalkohol, 'Alkohol'
ether Ether, Äther
➢ **crown ether** Kronenether
➢ **extract with ether/**
shake out with ether
ausäthern, ausethern
➢ **petroleum ether**
Petrolether, Petroläther
ether trap Etherfalle
ethereal oil/essential oil
ätherisches Öl
ethyl alcohol/ethanol
(grain alcohol/spirit of wine)
Ethylalkohol, Ethanol,
Äthanol (Weingeist)
ethylene Äthylen, Ethylen
etiology
Krankheitsursache, Ätiologie
eutectic point
eutektischer Punkt
evacuate/drain/discharge
entleeren, luftleer pumpen,
herauspumpen
evacuation plan Evakuierungsplan
evaluate/ analyze (e.g., results)
auswerten (z.B. von Ergebnissen)
evaluation/analysis (e.g., of results)
Auswertung (z.B. von Ergebnissen)

evaporate/vaporize
verdampfen, verdunsten,
abdampfen, abdunsten;
abrauchen, eindampfen
evaporating dish
Abdampfschale,
Eindampfschale
evaporating flask
Verdampferkolben
evaporation (vaporization)
Verdunstung,
Eindunsten
evaporation burner
Verdunstungsbrenner
evaporative cooling
Verdunstungskälte,
Verdunstungsabkühlung
**evaporative light scattering detector
(ELSD)**
Verdampfungs-Lichtstreudetektor
evaporator/concentrator
Evaporator
**evaporimeter/
evaporation gauge/
evaporation meter**
Evaporimeter,
Verdunstungsmesser
**evert/
evaginate/protrude/
turn inside out**
ausstülpen
evolution of gas
Gasentwicklung
evolved gas analysis (EGA)
Emissionsgasthermoanalyse
**examination material/
assay material/test material**
Probensubstanz,
Untersuchungsmaterial
exceed überschreiten
exception/special case
Ausnahme, Sonderfall
excess
Überfluss; Überschuss (Menge)
➢ **in excess (of)**
überschüssig
exchange *n* Austausch
exchange reaction
Austauschreaktion

exchangeability
Austauschbarkeit
exchangeable austauschbar
excise
herausschneiden, exzidieren
excision
Excision, Exzision,
Herausschneiden
excited state
erregter Zustand,
angeregter Zustand
exciter filter
Erregerfilter
(Fluoreszenzmikroskopie)
excluded volume
ausgeschlossenes Volumen
exclusion
Exclusion, Exklusion, Ausschluss
exclusion of air (air-tight)
Luftausschluss, Luftabschluss
excrete
ausscheiden, sezernieren,
abgeben (Flüssigkeit)
excretion
Exkret, Exkretion, Absonderung
exergonic
exergon,
energiefreisetzend
exhalation (expiration)
Ausatmung, Ausatmen,
Expiration, Exhalation
exhalation valve
Ausatemventil
(am Atemschutzgerät)
exhale/breathe out
ausatmen
exhaust *n* Abzug, Ablass, Ableitung;
Auspuff, Auspuffgase; (exhaust air/
waste air/extract air) Abluft
exhaust duct
Abluftschacht
exhaust fumes
Abgase
exhaust stack
Abzugschornstein
**exhaust system/
off-gas system**
Ablufteinrichtung,
Abluftsystem

**existing chemicals/
existing substances/
legacy materials**
Altstoffe
exit Ausgang;
(release) Austritt;
(egress) (Fluchtweg)
exit slit
Austrittsspalt
exit velocity (hood)
Ausströmgeschwindigkeit,
Austrittsgeschwindigkeit
(Sicherheitswerkbank)
exogenic/exogenous
exogen, von außen stammend
exothermic
exotherm, wärmeabgebend
expand
expandieren, erweitern,
ausdehnen; schäumen
expandability
Ausdehnbarkeit
(Erweiterung, Expansion)
expandable (foam)
schäumbar
expansion
Expansion, Erweiterung;
(dilation/dilatation) Dilatation,
Ausweitung
**expansion adapter/
transition piece (glass)**
Expansionsstück
expendable parts
Verschleißteile
experiment *n* **(test/trial)**
Versuch
➤ **performing an experiment/
performance of an experiment**
Versuchsdurchführung
experiment *vb*
experimentieren
experimental conditions
Versuchsbedingungen
**experimental procedure/
experimental method**
Versuchsverfahren
**experimental series/
trial series**
Versuchsreihe

**experimental setup/
experiment setup/
experimental arrangement**
Versuchsanordnung,
Versuchsaufbau
expert/specialist/authority
Sachverständiger, Sachkundiger,
Gutachter, Begutachter
expertise
Fachkenntnis, Sachkenntnis,
Expertenwissen; (expert opinion:
examination/inspection) Gutachten,
Sachverständigengutachten,
Expertise, Begutachtung
expiration date
Ablaufdatum, Verfallsdatum
expire
ablaufen, ungültig werden;
(exhale/breathe out) ausatmen
expired (outdated)
abgelaufen (Haltbarkeitsdatum)
explode explodieren
explorative data analysis
explorative Datenanalyse
explosion Explosion
➤ **dust explosion**
Staubexplosion
➤ **gas explosion**
Gasexplosion
explosion hazard
Explosionsgefahr
explosion limit
Explosionsgrenze
(untere=UEG/obere=OEG)
explosionproof
explosionsgeschützt,
explosionssicher
explosive *adv/adj*
explosiv;
(E) explosionsgefährlich
explosive *n*
Sprengstoff (Explosivstoff)
➤ **high energy explosive (HEX)**
hochbrisanter Sprengstoff
➤ **high explosive**
brisanter Sprengstoff
➤ **low explosive**
Schießstoff, Schießmittel,
verpuffender Sprengstoff

explosive flame/sudden flame
Stichflamme
explosive force/explosive power
Sprengkraft
expose
exponieren, aussetzen
(einem Schadstoff/einer Strahlung),
gefährden; (to light) belichten
(z.B. Film/Pflanzen)
➢ **to be exposed** (to chemicals)
ausgesetzt sein,
exponiert sein
exposure
Exposition, Ausgesetztsein,
Gefährdung (durch Chemikalien);
(to light) Belichtung
(z.B. Film/Pflanzen)
exposure level
Belastung
(Konzentration eines Schadstoffes)
exposure limit
Belastungsgrenze (Chemikalien)
exposure time/
duration of exposure/
contact time
Einwirkungsdauer,
Einwirkungszeit, Einwirkzeit
express exprimieren
extend
(expand/elongate)
dehnen, ausdehnen, verlängern
extender *polym*
Streckmittel,
Streckungsmittel,
Verschnittmittel
extensibility (expansivity)
Dehnbarkeit, Ausdehnbarkeit
(Verlängerung)
extensible/expandable
dehnbar, dehnungsfähig,
verlängerbar
extension (expansion/elongation)
Dehnung, Ausdehnung,
Verlängerung
extension clamp
Verlängerungsklemme
extension cord (power cord) *electr*
Verlängerungskabel,
Verlängerungsschnur

extensional viscometer
Dehnviskosimeter,
Dehnungsviskosimeter
extensional viscosity
Dehnviskosität (Querviskosität)
extensometer/
strain gauge/strain gage
Dehnungsmesser,
Dehnungsmessgerät
external (extrinsic)
äußerlich, von außen, extern
extinction coefficient/absorptivity
Extinktionskoeffizient
extinguish/put out löschen (Feuer)
extract *n* Auszug, Extrakt
extract *vb* extrahieren, herauslösen
extraction Extraktion
extraction flask
Extraktionskolben
extraction thimble
Extraktionshülse
extractive distillation
Extraktivdestillation,
extrahierende Destillation
extrapolate extrapolieren
(hochrechnen)
extreme danger
höchste Gefahr, Gefährdung, Risiko
extremely flammable (F+)
hochentzündlich
extremely toxic (T+)
sehr giftig
extrudability Spritzbarkeit
extrudate Extrudat
extrude
extrudieren (strangpressen)
extruded/extrusion-molded
extrudiert,
stranggepresst
extruder
Extruder, Strangpresse
➢ **compression zone**
Verdichtungszone
➢ **flight**
Gang (der Extruderschnecke)
➢ **grooved barrel extruder**
Nutenextruder
➢ **land width (of screw)**
Stegbreite (Extruderschnecke)

➢ **metering zone**
Zumesszone, Dosierzone,
Ausbringungszone,
Ausstoßzone, Meteringzone

➢ **pipe extruder**
Rohrextruder

➢ **planetary screw extruder/**
planetary gear extruder
Walzenextruder
(Planetwalzenextruder)

➢ **ram extruder/**
hydraulic extruder/stuffer
Kolbenextruder,
Kolbenstrangpresse,
hydraulische Strangpresse,
Ramextruder

➢ **single-screw extruder**
Einschnecken-Extruder

➢ **slot die/slit die**
Schlitzdüse

➢ **two-stage extruder**
Zweistufenextruder

extruder barrel
Extrusionszylinder

extruder head
Extruderkopf, Spritzkopf

➢ **oblique extruder head**
Schrägspritzkopf

extruder spinning
Extruderspinnen

extrusion
(extrusion molding)
Extrusion, Extrudieren,
Spritzen; Strangpressen

➢ **cast film extrusion**
Schmelzgießen
(Chill-Roll-Extrusion/
Flachfolienextrusion)

➢ **coextrusion**
Mehrschichtextrusion,
Vielschichtextrusion,
Koextrusion, Coextrusion

➢ **film extrusion**
Folienextrusion (dünn)

➢ **pipe extrusion**
Rohrextrusion

➢ **reactive extrusion (REX)**
Reaktions-Extrusion

➢ **sheet die extrusion**
Breitschlitzextrusion

➢ **sheet extrusion**
Folienextrusion (dick)

➢ **slit die extrusion**
Schlitzextrusion
(Breitschlitzextrusion)

➢ **solid-state extrusion**
Festphasenextrusion

➢ **spinning extrusion**
Spinnextrusion

extrusion beam/extrusion jet
Extrusionsstrahl

extrusion blow molding
Extrusionsblasen

extrusion die/extruder die
Extrudierdüse, Extruderdüse,
Pressdüse; Extrusionswerkzeug;
Fließpressmatrize

extrusion line (train)
Extrusionsanlage

➢ **blown film line**
Blasfolienanlage

➢ **pipe extrusion line/**
pipe train
Rohrextrusionsanlage

➢ **sheet extrusion line/**
sheet train
Tafel-Extrusionsanlage

extrusion plunger
Strangpresskolben

extrusion punch
Fließpressstempel

extrusion spinning
Pressspinnen

exudate/exudation/secretion
Exsudat, Absonderung, Abscheidung

exudation/bleed through *polym*
Ausschwitzen

exude/secrete/discharge
absondern, abscheiden
(Flüssigkeiten)

eye-wash (station/fountain)
Augendusche

fabric/textile (cloth/tissue)
Gewebe, Stoff, Textilstoff
➢ **bonded fabric**
Textilverbundstoff,
Faserverbundstoff
➢ **bonded fiber fabric**
Faservlies
➢ **glass nonwoven**
Glasfaservliesstoff
➢ **nonwoven fabric/fleece**
Vliesstoff
➢ **pole fabric** Polgewebe
➢ **rubberized fabric (rubber skin)**
Gummihaut
➢ **strapping fabric**
Bindevlies
➢ **woven glass filament fabric**
Glasfilamentgewebe
➢ **woven glass roving fabric/
roving cloth**
Glasrovinggewebe
fabric gloves
Stoffhandschuhe
fabricate
fabrizieren, anfertigen, herstellen;
zusammenbauen; erfinden, fälschen
fabricated data
gefälschte Daten
fabrication
Fabrikation, Anfertigung,
Herstellung; Zusammenbau;
(faking/falsification) 'Erfindung',
Fälschung
face mask Gesichtsmaske
face seal
Gleitringdichtung
face value
Nennwert, Nominalwert
face velocity
(not same as 'air speed'
at face of hood)
Lufteintrittsgeschwindigkeit,
Einströmgeschwindigkeit
(Sicherheitswerkbank)
faceshield
Gesichtsschutz, Gesichtsschirm
facies Fazies
factice/factis
Faktis, Ölkautschuk

factory/plant/manufacturing plant
Werk, Fabrik
facultative/optional
fakultativ
fade
verblassen, ausbleichen, bleichen
(passiv/z.B. Fluoreszenzfarbstoffe)
fading Ausbleichen, Bleichen
(passiv/z.B. Fluoreszenzfarbstoffe)
faience Fayence
failure Versagen, Störung; Ausfall;
Fehler, Defekt; (fracture) Bruch;
Riss; Schadenfall, Zwischenfall
➢ **adhesive failure**
Adhäsionsbruch, Klebebruch
➢ **brittle failure**
sprödes Versagen,
Sprödbruch, Trennbruch
➢ **cohesion failure/cohesive failure**
Kohäsionsbruch
➢ **creep failure**
Kriechbruch
➢ **ductile failure (tough failure)**
duktiler Bruch, Zähbruch
➢ **electricity failure/power failure**
Stromausfall
➢ **elongation at failure**
Bruchdehnung, Reißdehnung
➢ **fatigue failure**
Ermüdungsbruch
failure curve
Versagenskurve
failure load
Bruchlast, Bruchgrenze,
Bruchbelastung
falling dart test
Bolzenfallversuch
false alarm
falscher Alarm
false-positive (false-negative)
falschpositiv (falschnegativ)
fan/blower/ventilator
Lüfter, Ventilator
fast-atom bombardment (FAB)
Beschuss mit schnellen Atomen
(MS)
**fasten (to)/
connect (to/with)/link (up to)**
anschließen

**fast-scanning detector (FSD)/
fast-scan analyzer**
Schnellscan-Detektor
fat Fett
fat droplet
Fetttröpfchen
fat-soluble fettlöslich
fatigue *vb* (tiring/become tired)
ermüden
fatigue *n* (tiring)
Ermüdung
➤ **flex fatigue**
Biegeermüdung
➤ **material fatigue**
Materialermüdung,
Werstoffermüdung
fatigue failure
Ermüdungsbruch,
Dauerbruch
fatigue resistance
Ermüdungswiderstand,
Ermüdungsbeständigkeit
fatigue strength
Ermüdungsfestigkeit,
Dauerfestigkeit
fatty fettig; (adipose) fettartig,
fetthaltig, Fett...
fatty acid Fettsäure
➤ **monounsaturated fatty acid**
einfach ungesättigte Fettsäure
➤ **polyunsaturated fatty acid**
mehrfach ungesättigte Fettsäure
➤ **saturated fatty acid**
gesättigte Fettsäure
➤ **unsaturated fatty acid**
ungesättigte Fettsäure
faucet Wasserhahn;
Zapfen (Fass~);
Muffe (Röhrenleitung)
**fedbatch process/
fed-batch procedure**
Zulaufverfahren,
Fedbatch-Verfahren
(semi-diskontinuierlich)
**fedbatch reactor/
fed-batch reactor**
Fedbatch-Reaktor,
Fed-Batch-Reaktor,
Zulaufreaktor

feed *n* Speisung, Beschickung,
Zuführung; Beschickungsgut,
Ladung; (inlet) Zuleitung
feed *vb*
einspeisen,
beschicken,
zuführen
feed extruder
Speiseextruder
feed hopper (on extruder)
Fülltrichter
feed pump
Förderpumpe
feed rate Vorschub
feed screw (extruder)
Speiseschnecke,
Einzugsschnecke
feed tube
Zulaufschlauch
feed zone (extruder)
Einzugszone,
Beschickungszone,
Förderzone
feedback Rückkopplung
**feedback inhibition/
end-product inhibition**
negative Rückkopplung,
Rückkopplungshemmung,
Endprodukthemmung
feedback loop
Rückkopplungsschleife
**feedback system/
feedback control system**
Regelkreis
feeding
Beschickung, Einspeisung,
Zuführung
feel *n* *text* Griffigkeit (haptisch)
feel *vb*
(sense/perceive) empfinden,
fühlen, spüren;
(touch/palpate) tasten
feeler gage/feeler gauge (*Br*)
Fühlerlehre
felt Filz
felty/felt-like/tomentose
filzig
female Luer hub (lock)
Luerhülse

**female mold = cavity/impression
(matrix)** *polym*
Gesenk, Matrize (Formwerkzeuge)
ferment
gären, vergären, fermentieren
fermentation
Gärung, Vergärung, Fermentation
**fermentation chamber reactor/
compartment reactor/
cascade reactor/stirred tray**
Rührkammerreaktor reactor
fermentation tube/bubbler
Gärröhrchen,
Einhorn-Kölbchen
**fermenter/fermentor
(see also: reactor)**
Fermenter, Gärtank
ferrule *chromat*
Dichtkonus, Schneidring
**fetid/
smelly/smelling bad/
malodorous/stinking**
übelriechend, stinkend
fetotoxic fetotoxisch
fiber (s) Faser(n)
➤ **aramid (aromatic polyamide)**
Aramid
➤ **aramina
(***Urena labata***/Malvaceae)**
Urena
➤ **artificial fiber/
man-made fiber/
polyfiber**
Chemiefaser
➤ **asbestos** Asbest
➤ **bagasse (from sugar cane)**
Bagasse
➤ **bicomponent fiber/
bico fiber/
composite fiber/
heterofil(s)**
Bikomponentenfaser
➤ **biconstituent fiber**
Zwillingsfaserstoff
➤ **blue asbestos/crocidolite**
Blauasbest, Krokydolith
➤ **bonded fiber**
Verbundfaser
➤ **calotropis** Akon

➤ **cane fiber**
Zuckerrohrfaser
➤ **carbon fiber (CF)**
Carbonfaser,
Kohlenstofffaser
➤ **casein** Casein
➤ **ceramic fiber**
Keramikfaser
➤ **chopped glass fiber**
Glas-Kurzfasern (geschnitten)
➤ **coarse fiber**
Grobfaser
➤ **cotton fiber**
Baumwollfaser
➤ **crude fiber** Rohfaser
➤ **fibrillated fiber**
Spleißfaser
➤ **fineness** Feinheit
➤ **fique
(***Furcraea***ssp./Asparagaceae)**
Fique
➤ **flax** Flachs
➤ **graphite fiber** Grafitfaser
➤ **half-linen (HF)**
Halbleinen
➤ **hard fiber** Hartfaser
➤ **high modulus fiber**
Hochmodulfaser,
Hochnassmodulfaser
(HWM-Faser)
➤ **high-performance fiber**
Hochleistungsfaser
➤ **hollow fiber** Hohlfaser
➤ **hybrid fiber** Hybridfaser
➤ **Indian kapok
(***Bombax ceiba***/Malvaceae)**
Indischer Kapok,
Bombaxwolle
➤ **industrial fiber/
technical fiber**
Industriefaser,
technische Faser
➤ **leaf fibers**
Blattfasern
➤ **linen (LI)** Leinen
➤ **linters** Linters
➤ **manila hemp
(***Musa textilis***/Musaceae)**
Manilahanf, Abaka

➢ **Manila maguey/cantala**
(*Agave cantala*/Asparagaceae)
Manila Maguey

➢ **man-made fiber/**
manufactured fiber
Chemiefaser

➢ **Mauritius hemp**
(*Furcraea foetida*/Asparagaceae)
Mauritiushanf

➢ **metal fibers**
Metallfasern

➢ **microfiber** Mikrofaser

➢ **milled glass fiber**
Glas-Kurzfasern (gemahlen)

➢ **mineral fibers**
Mineralfasern

➢ **plant fiber (*UK*)/**
vegetable fiber (*US*)
Pflanzenfaser

➢ **polymer optical fiber (POF)**
optische Polymerfaser

➢ **polyolefin fiber**
Polyolefinfaser

➢ **protein fibers**
Proteinfasern

➢ **pulp fiber**
Zellstofffaser

➢ **ramie/China grass**
(*Boehmeria* spp./Urticaceae)
Ramie, Chinagras

➢ **sclerenchyma**
Sklerenchym

➢ **semisynthetic fiber**
Regeneratfaser

➢ **short fiber (chopped fiber)**
Kurzfaser

➢ **short glass fiber**
(chopped strands)
Kurzglasfaser

➢ **silk (fibroin/sericin)**
Seide

➢ **soft fiber**
Weichfaser

➢ **spandex fiber**
Elastan-Faser

➢ **split fiber**
Splitterfäden, Spaltfäden

➢ **stem fiber/bast fiber**
Bastfaser

➢ **stinging nettle**
(*Urtica dioica*/Urticaceae)
Brennnessel

➢ **sunn/san hemp**
(*Crotalaria juncea*/Fabaceae)
Sunn

➢ **synthetic fiber**
Kunstfaser, Synthesefaser

➢ **textile fiber**
Textilfaser

➢ **virgin fiber**
Primärfaser,
native Faser, Frischfaser

➢ **viscose fiber**
Viskosefaser (CV)

➢ **vulcanized fiber**
Vulkanfiber

➢ **whisker**
Fadenkristall, Haarkristall,
fadenförmiger Einkristall,
Whisker

➢ **zein fiber** Zeinfaser

fiber blend
Mischfasergewebe
(Hybridgewebe)

fiber bunching
Faserbündelung

fiber composite material
Faser-Verbundwerkstoff,
Faser-Kompositwerkstoff

fiber core
Faserseele, Faserkern

fiber distribution
Faserverteilung

fiber drawing
Faserziehen, Fadenziehen

fiber dust
Faserabrieb, Faserstaub

fiber extrusion
Faserextrusion

fiber-like
faserartig

fiber optic illumination
Kaltlichtbeleuchtung

fiber optics
Glasfaseroptik, Fiberglasoptik,
Faseroptik, Lichtleitertechnik

fiber orientation
Faserausrichtung

fiber paste
glasfaserarmierter Füllspachtel,
Faserspachtel
fiber-plastic composite
Faser-Kunststoff-Verbund (FKV),
Faser-Verbund-Kunststoff
fiber-reinforced
faserverstärkt
fiber-reinforced composite material
faserverstärkter Verbundwerkstoff,
Kompositwerkstoff
fiber-reinforced plastic (RP/FRP)
faserverstärkter Kunststoff (FK)
➢ **asbestos fiber-reinforced plastic (AFRP)**
asbestfaserverstärkter Kunststoff (AFK)
➢ **boron fiber-reinforced plastic (BFRP)**
borfaserverstärkter Kunststoff (BFK)
fiber reinforcement
Faserverstärkung
fiber sheet (fibrous web)
Faserbahn
fiber sheeting
endlos Faserbahn
fiber spinning Faserspinnen
fiber-spray gun molding/ spray-up molding/ spray-up technique
Faserspritzverfahren
fiber strand/fiber bunch
Faserstrang, Faserbündel
fiber structure/fibrous structure
Faserstruktur
fiberboard
Faserstoffplatte
fiberglass Fiberglas
fibrillated fiber
Spleißfaser
fibrillation
Fibrillieren, Spleißen;
text Seidenlaus, Seidenflocke
fibrous (stringy) faserig, fasrig;
faserförmig, gefasert
fibrous composite material
Faserverbundwerkstoff
fibrous quartz Faserquarz

field desorption (FD)
Felddesorption (FD)
field diaphragm
Kollektorblende,
Leuchtfeldblende, Feldblende
field-flow fractionation (FFF)
Feldfluss-Fraktionierung (FFF)
field inversion gel electrophoresis (FIGE)
Feldinversions-Gelelektrophorese
field ionization
Feldionisation
field stop (a field diaphragm)
Sehfeldblende,
Gesichtsfeldblende
field strength
Feldstärke
field study/ field investigation/field trial
Feldversuch,
Freilanduntersuchung,
Freilandversuch
figure/design
Maserung, Fladerung
filament
(thread) Faden; Elementarfaden;
polym/text Endlosfaden;
electr Glühwendel (z.B. Glühbirne)
➢ **glass filament**
Glasfilament (Glasseiden)
➢ **melt-spun filament**
schmelzgesponnener Elementarfaden
➢ **monofilament/monofil**
Einzelfaser
➢ **multifilament/multifil**
Multifilament (Mehrfaden)
➢ **polyfilament/polyfil**
Polyfilseide
➢ **superfilament/superfil**
Superfilament
filament tape
Filamentband
filament tension
Fadenspannung
filament winding *polym*
Fadenwickelverfahren
file Feile
filings Feilspäne

fill/weft/woof
(perpendicular to warp) *text*
Schuss, Einschuss Schussgarn
(querlaufende Fäden)
fill level
Füllstand
(z.B. Flüssigkeit eines Gefäßes)
filled polymer
gefülltes Polymer
filler
Füllmittel, Füllstoff;
Spachtel, Kitt
➤ **active filler/reinforcing agent**
aktiver/verstärkender Füllstoff
(Harzträger)
➤ **inactive filler/inert filler (extender)**
inaktives Füllmittel,
inaktiver Füllstoff (Extender)
➤ **plastic filler**
Kunststoffspachtel
filling
Füllung, Füllmasse, Schüttung;
text Schuss
filling adhesive Füllkitt
filling funnel Fülltrichter
filling material Füllmaterial
filling thread Schussfaden
filling twill Schussköper
film (< 0.25 mm) Film, Folie
film badge
Strahlenschutzplakette
film blowing
Folienblasen (dünn)
(Schlauchfolienblasen, S.extrudieren)
film bubble Folienschlauch
film casting/sheet casting
(cast film extrusion)
Foliengießen
film extruder/sheet extruder
Folienstrangpresse
film extrusion
Folienextrusion (dünn)
film former/film-forming agent
Filmbildner
film reactor Filmreaktor
film stretching/sheet stretching
Folienrecken
film train/sheet train
Folienherstellungsanlage

film water/retained water
Haftwasser
film wrap
(transparent film/foil)/
cling wrap
Klarsichtfolie
(Einwickelfolie, auch: Haushaltsfolie)
filter *vb* **(pass through)**
filtrieren, passieren;
(percolate/strain) kolieren
filter *n* Filter
➤ **ashless quantitative filter**
aschefreier quantitativer Filter
➤ **ceramic filter**
Tonfilter
➤ **exciter filter**
Erregerfilter
(Fluoreszenzmikroskopie)
➤ **folded filter/**
plaited filter/fluted filter
Faltenfilter
➤ **fritted glass filter**
Glasfritte
➤ **HEPA-filter**
(high-efficiency particulate
and aerosol air filter)
HOSCH-Filter
(Hochleistungsschwebstofffilter)
➤ **membrane filter**
Membranfilter
➤ **noise filter**
Rauschfilter
➤ **nutsch filter/nutsch/**
filter funnel/suction funnel/
suction filter/vacuum filter
(Buechner funnel)
Filternutsche, Nutsche
(Büchner-Trichter)
➤ **particle filter** Partikelfilter
➤ **polarizing filter/polarizer**
Polarisationsfilter,
'Pol-Filter', Polarisator
➤ **prefilter**
Vorfilter
➤ **ribbed filter/fluted filter**
Rippenfilter
➤ **rotary vacuum filter**
Vakuumdrehfilter,
Vakuumtrommeldrehfilter

➤ **round filter/**
filter paper disk/
'circles'
Rundfilter

➤ **selective filter/**
barrier filter/stopping filter/
selection filter
micros Sperrfilter

➤ **sterile filter**
Sterilfilter

➤ **syringe filter**
Spritzenvorsatzfilter,
Spritzenfilter

filter adapter
Filterstopfen;
(Guko) Filtermanschette, Guko

filter aid
Filterhilfsmittel

filter cake/
filtration residue/sludge
Filterkuchen,
Filterrückstand

filter cartridge
Filterkartusche
(an Atemschutzmaske)

filter crucible
Filtertiegel

filter disk method
Filterblättchenmethode

filter enrichment
Anreicherung durch Filter,
Filteranreicherung

filter flask/
filtering flask/vacuum flask
Filtrierkolben,
Filtrierflasche,
Saugflasche

filter holder *micros*
Filterträger

filter mask Filtermaske
filter paper Filterpapier
filter press Filterpresse
filter pump Filterpumpe
filter screen
Filterblende (Schirm)

filtering (filtration)
Filtrierung, Filtrieren

filtering pipet
Filterpipette

filtering rate
Filtrierrate, Filtrationsrate

filtrate *n* Filtrat
filtrate *vb* filtrieren

filtration
Filtrierung, Filtration

➤ **clarifying filtration**
Klärfiltration

➤ **cross-flow filtration**
Kreuzstrom-Filtration,
Querstromfiltration

➤ **dead-end filtration**
Kuchenfiltration

➤ **gravity filtration**
Schwerkraftfiltration
(gewöhnliche Filtration)

➤ **microfiltration**
Mikrofiltration

➤ **nanofiltration**
Nanofiltration

➤ **pressure filtration**
Druckfiltration

➤ **sterile filtration**
Sterilfiltration

➤ **suction filtration**
Saugfiltration

➤ **ultrafiltration**
Ultrafiltration

➤ **vacuum filtration/**
suction filtration
Vakuumfiltration

filtration residue/
filter cake/sludge
Filterrückstand,
Filterkuchen

fin (thin flash)
dünner Grat

findings/result Befund

fine adjustment
(fine focus adjustment)
Feinjustierung,
Feineinstellung

fine adjustment knob
Feinjustierschraube,
Feintrieb

fine chemicals
Feinchemikalien

fine dust/mist
Feinstaub (alveolengängig)

fine structure
Feinbau, Feinstruktur
fineness Feinheit
finger cot
Fingerling (Schutzkappe)
fingerprint Fingerabdruck
finish *n*
Oberflächenzustand/~beschaffenheit;
Beschichtungsschlussauftrag;
Appretur(mittel); Ausrüstung;
Deckanstrich; Verputz (innen/außen);
(finishes) Avivagen
finish *vb*
fertigstellen, zu Ende führen;
fertigbearbeiten; die Oberfläche
behandeln; lackieren;
text appretieren, ausrüsten
finishing
Endbearbeitung, Nachbearbeitung;
text Ausrüstung
finishing coating *text*
Schlussstrich (Versiegelung)
finishing paint
Deckfarbe, Decklack
fique (*Furcraea* ssp./Asparagaceae)
Fique
fire *vb* **(firing)**
feuern
fire *n*
Feuer; (blaze/burning) Brand
(siehe auch: Flamm...)
➢ **put out a fire/**
quench a fire
Feuer löschen
fire alarm
Feueralarm; Feuermelder
fire-alarm system
Feueralarmanlage
fire axe Brandaxt
fire blanket
Löschdecke, Feuerlöschdecke
fire brigade/fire department
Feuerwehr
fire classification
Brandarten
fire code
Feuerschutzvorschriften
fire drill
Feueralarmübung, Feuerwehrübung

fire-escape
Feuerleiter (Nottreppe)
fire extinguisher
Löschgerät, Feuerlöscher,
Feuerlöschgerät
fire-extinguishing agent
Löschmittel,
Feuerlöschmittel
fire fighting
Brandbekämpfung,
Feuerbekämpfung
fire foam
Feuerlöschschaum
fire hazard
Brandrisiko,
Feuergefahr
fire hose
Feuerwehrschlauch
fire polished feuerpoliert
fire protection/fire prevention
(fire control/fireproofing)
Feuerschutz, Brandschutz,
Brandverhütung
fire resistance class
Feuerwiderstandsklasse
fire-resistant
feuerbeständig
fire-retardant/flame-retardant
feuerhemmend,
flammenhemmend
fire risk/fire hazard
Brandgefahr
fire sprinkler system
Sprinkleranlage (Beregnungsanlage/
Berieselungsanlage: Feuerschutz)
fire wall/fire barrier
Brandmauer,
Feuerschutzwand
fireclay Schamotte
firefighter/fireman
Feuerwehrmann
fireproof/flameproof
feuerfest, feuersicher
fireproofing agent
(fire retardant)
Feuerschutzmittel
(zur Imprägnierung)
fireproofing curtain/fire curtain
Feuerschutzvorhang

firmness/stability
  Festigkeit;
  (toughness) Zähigkeit
first aid
  Erste Hilfe,
  Erstbehandlung, Nothilfe
first run/forerun *dist*
  Vorlauf
first-aid attendant/nurse
  Sanitäter
first-aid box/first-aid kit
  Verbandskasten
first-aid cabinet/
  medicine cabinet
  Erste-Hilfe-Kasten,
  Verbandsschrank,
  Medizinschrank,
  Medizinschränkchen
first-aid kit
  Erste-Hilfe-Kasten,
  Erste-Hilfe-Koffer,
  Sanitätskasten
first-aid supplies
  Erste-Hilfe Ausrüstung
first-aider Ersthelfer
Fischer projection/
  Fischer formula/
  Fischer projection formula
  Fischer-Projektion,
  Fischer-Formel,
  Fischer-Projektionsformel
fish hook *chem*
  Halbpfeil (in chem.
  Reaktionsgleichungen)
fission *nucl*
  spalten
fission product *nucl*
  Spaltprodukt
fission(ing) *nucl*
  Spaltung
fissionable *nucl*
  spaltbar
fissure
  Riss, Fissur,
  Furche, Einschnitt;
  (crevice) Spalte
fitted (well fitted)
  passend, gut passend
  (z.B. Verschluss/Stopfen etc.)

fitting(s) (adapter/coupler) Verbinder,
  Adapter; Passstück, Passteil(e),
  Zubehörteile (Kleinteile);
  (couplings/couplers)
  Verbindungsmuffe (Kupplung:
  Rohr/Schlauch etc.);
  (fixtures/mountings; instruments;
  connections) Armatur(en)
  (Hähne im Labor, an der Spüle etc.)
➢ **compression fitting**
  Hochdruck-Steckverbindung
fix
  fixieren (mit Fixativ härten);
  reparieren
fixation
  Fixierung, Fixieren
fixative
  Fixiermittel, Fixativ
fixed bed reactor/
  solid bed reactor
  Festbettreaktor (Bioreaktor)
fixed coupling
  starre Kupplung
fixed-angle rotor *centrif*
  Festwinkelrotor
fixing bolt Haltebolzen
fixture
  (mounting/support: holding)
  Halterung; Versorgungsanschluss
  (Zubehörteil/Armatur)
flakeboard
  Pressspan;
  (chipboard) Spanplatte
flame *n*
  Flamme (siehe auch: Feuer...)
flame *vb*
  abflammen,
  'flambieren' (sterilisieren)
flame arrestor
  Flammensperre,
  Flammenrückschlagsicherung
flame atomic emission spectroscopy
  (FES)/flame photometry
  Flammenemissionsspektroskopie
  (FES)
flame coloration
  Flammenfärbung
flame-ionization detector (FID)
  Flammenionisationsdetektor (FID)

flame-photometric detector (FPD)
Flammenphotometrischer Detektor (FPD)

flame-resistant
flammbeständig, flammwidrig

flame retardancy/fire retardancy
Flammschutzeigenschaft

flame retardant *n* (flame retarder/fire retardant)
Flammschutzmittel

flame-retardant *adv/adj*
flammwidrig, flammenhemmend, feuerhemmend; (selbsterlöschend) self-extinguishing

flame spectroscopy
Flammenspektroskopie

flame spectrum
Flammenspektrum

flame spraying *polym*
Flammspritzen (Auftrageverfahren: Sprühverfahren)

flame test
Leuchttest, Leuchtprobe

flameproof/flame-retardant
flammsicher, flammfest (schwer entflammbar)

flammability
Entflammbarkeit, Brennbarkeit, Entzündbarkeit

flammable
entflammbar, brennbar; (R10) entzündlich

➤ **extremely flammable (F+)**
hoch entzündlich

➤ **hardly flammable/ flame-resistant** schwer entzündlich

➤ **highly flammable**
leicht brennbar; (F) leicht entzündlich

flange *n* Flansch

flange *vb* flanschen

flange connection/ flange coupling/ flanged joint
Flanschverbindung

flare *n* (flaring off)
Abfackelung

flare *vb* (burn off) abfackeln

flare-up
Aufflackern, Auflodern, Aufflammen

flash *vb*
blitzen, aufblitzen; entflammen; plötzlich verdampfen/ausdampfen; blinken

➤ **deflash (flash-trim) *polym***
entgraten, abgraten, entbutzen

flash *n*
Austrieb (überfließende Formmasse), Grat, Butzen (Gussteile: Spritzhaut/ Spritzgrat/Austrieb) Spritzgrat; (upset: welding) Schweißwulst; (light/lightning/spark) Blitz, Lichtblitz; (flashlight) Blitzlicht

➤ **fin (thin flash)** dünner Grat

flash arrestor
Flammschutzfilter

flash chamber Butzenkammer

flash chromatography
Flash-Chromatographie, Blitzchromatographie

flash distillation
Entspannungs-Destillation, Flash-Destillation

flash evaporation
Entspannungsverdampfung, Stoßverdampfung, Blitzverdampfung, Schnellverdampfung

flash-free gratfrei

flash groove
Austriebsnute; Abquetschnute

flash photolysis
Blitzlichtphotolyse

flash point Flammpunkt

flash trimming
Butzenabtrennung

flash vaporizer (GC)
Schnellverdampfer

flashing
Gratbildung (Formteile), Überlaufgrat (Spritzgießen)

➤ **deflashing**
Entgraten, Abgraten; Butzenabschlag

flashlight Blitzlicht

flask Kolben
➢ **boiling flask**
Siedegefäß
➢ **culture flask**
Kulturkolben
➢ **delivery flask**
Beschickungskolben
➢ **Erlenmeyer flask**
Erlenmeyer Kolben
➢ **evaporating flask**
Verdampferkolben
➢ **extraction flask**
Extraktionskolben
➢ **Fernbach flask**
Fernbachkolben
➢ **filter flask/filtering flask/**
vacuum flask
Filtrierkolben,
Filtrierflasche, Saugflasche
➢ **Florence boiling flask/**
Florence flask
(boiling flask with flat bottom)
Stehkolben, Siedegefäß
➢ **ground-jointed flask**
Schliffkolben
➢ **Kjeldahl flask**
Birnenkolben, Kjeldahl-Kolben
➢ **narrow-mouthed flask/**
narrow-necked flask
Enghalskolben
➢ **pear-shaped flask (small/pointed)**
Spitzkolben
➢ **recovery flask/**
receiving flask/receiver flask
(collection vessel)
Vorlagekolben
➢ **rotary evaporator flask**
Rotationsverdampferkolben
➢ **round-bottomed flask/**
round-bottom flask/
boiling flask with round bottom
Rundkolben, Siedegefäß
➢ **saber flask/**
sickle flask/
sausage flask
Säbelkolben, Sichelkolben
➢ **Schlenk flask**
Schlenk-Kolben, Schlenkkolben
(Rundkolben mit seitlichem Hahn)

➢ **shake flask** Schüttelkolben
➢ **sidearm flask**
Seitenhalskolben
➢ **spinner flask** *micb*
Spinnerflasche, Mikroträger
➢ **swan-necked flask/**
S-necked flask/
gooseneck flask
Schwanenhalskolben
➢ **three-neck flask/**
three-necked flask
Dreihalskolben
➢ **tissue culture flask**
Gewebekulturflasche,
Zellkulturflasche
➢ **two-neck flask/**
two-necked flask
Zweihalskolben
➢ **volumetric flask**
Messkolben, Mischzylinder
➢ **wide-mouthed flask/**
wide-necked flask
Weithalskolben
flask brush Kolbenbürste
flask clamp (four-prong)
Kolbenklemme, Federklammer
(für Kolben: Schüttler/Mischer)
flask tongs Kolbenzange
flat bed gel/
horizontal gel
horizontal angeordnetes Plattengel
flat-blade impeller
Scheibenrührer, Impellerrührer
flat-flange ground joint/
flat-ground joint/
plane-ground joint
Planschliff (glatte Enden)
flat plug Flachstecker
flat-plug connector
Flachsteckverbinder
flat-plug socket
Flachsteckhülse
flattening agent (sheetings)
Antiblockmittel
flavor/taste (pleasant)
Aroma (Wohlgeschmack);
(flavoring) Geschmackstoff(e);
(aromatic substance) Aromastoff
flax Flachs

'flea'/
  stir bar/stirrer bar/
  stirring bar/bar magnet
  'Fisch', Rührfisch
  (Magnetstab, Magnetstäbchen,
  Magnetrührstab)

fleaker
  Becherglaskolben
  (spezielles Produkt von
  Corning/Pyrex mit Ausgussöffnung)

fleshy
  fleischig

flex crack resistance
  Biegerissfestigkeit

flex cracking
  Biegerissbildung

flex fatigue
  Biegeermüdung

flex life (flexing fatigue life)
  Dauerbiegefestigkeit

flexibility (pliability)
  Biegsamkeit

flexibilizer
  Flexibilisator,
  Schlagzähmacher

flexible (pliable)
  biegsam

flexural creep modulus
  Biegekriechmodul

flexural fatigue strength
  Biegewechselfestigkeit

flexural impact behavior
  Schlagbiegeverhalten

flexural modulus
  Biegemodul

flexural strength
  Biegefestigkeit

flexural stress
  Biegespannung

flexure
  Biegung

flight
  Flug;
  (vane) Trennblech, Quersteg, Flügel;
  (of extuder screw) Gang
  (der Extruderschnecke)

flint /flint stone
  Zündstein, Feuerstein,
  Flintstein, Flint

flint glass Flintglas

flipping (NMR)
  Spinumkehr

float *n* Schwimmer
  (z.B. am Flüssigkeitsstandregler)

float *vb* **(floating)/**
  suspend (suspended)
  schweben (schwebend)

float switch
  Schwimmerschalter

floating (of pigments)
  Ausschwimmen

floating rack (for ice bath)
  Schwimmständer,
  Schwimmgestell, Schwimmer
  (für Eiswanne)

flocculate
  ausflocken, flocken;
  koagulieren,
  sich zusammenballen

flocculation
  Ausflockung,
  Flockulation

flocking Flockung

flood/flush
  fluten; ausschwämmen

flooding (pigments)
  Ausblühen

floor (ground)
  Boden, Fußboden

floor covering Bodenbelag

floor drain
  Bodenabfluss, Bodenablauf

floor polish
  Fußbodenpflegemittel,
  Fußbodenpolitur

floor temperature
  Floor-Temperatur

floor tile
  Bodenfliese

floor wax
  Bodenwax,
  Fußbodenwachs,
  Bohnerwachs

flooring Bodenbelag

Florence boiling flask/
  Florence flask
  (boiling flask with flat bottom)
  Stehkolben, Siedegefäß

Flory-Huggins theory
Flory-Huggins Theorie
Flory's distribution
Flory-Verteilung
flow *vb* fließen
flow *n* **(flowing)** Fluss, Fließen
➤ **cold flow**
Kaltfluss, kalter Fluss
➤ **Couette flow**
Couette-Strömung
➤ **direction of flow**
Fließrichtung
➤ **drag flow**
Fließdruck, Hauptfluss,
Schleppströmung
➤ **electro-osmotic flow (EOF)/**
electro-endosmosis
Elektroosmose, Elektroendosmose
➤ **energy flow/energy flux**
Energiefluss
➤ **laminar flow**
laminare Strömung,
Schichtströmung
➤ **leakage flow**
Leckfluss, Leckströmung
➤ **mass flow/bulk flow**
Massenströmung (Wasser)
➤ **material flow/chemical flow**
Stofffluss
➤ **melt flow**
Schmelzefluss
➤ **membrane flow**
Membranfluss
➤ **Newtonian flow**
Newtonsches Fließen
➤ **plug flow**
Kolbenfluss, Pfropffließen
➤ **Poiseuille flow/**
pressure flow
Poiseuille-Strömung,
laminare Rohrströmung
➤ **ram flow**
Kolbenströmung
➤ **shear flow**
Scherfließen
➤ **turbulent flow**
turbulente Strömung
➤ **viscometric flow**
viskometrische Strömung

flow control valve
(metering valve/
proportioning valve)
Dosierventil
flow curve Fließkurve
flow exponent/
pseudoplasticity index
Fließexponent
flow injection Fließinjektion
flow injection analysis (FIA)
Fließinjektionanalyse (FIA)
flow-injection titration
Fließinjektions-Titration
flow molding
(flow-molding process/procedure:
intrusion molding)
Fließgießen,
Fließgussverfahren,
Intrusionsverfahren
flow pattern
Strömungsmuster
flow rate
(volume per time) Strom;
Durchflussrate
(Durchflussgeschwindigkeit);
Fließgeschwindigkeit;
(pump) Förderleistung,
Saugvermögen;
chromat (mobile-phase velocity)
Durchlaufgeschwindigkeit (Säule)
flow reactor
Durchflussreaktor (Bioreaktor)
flow regulator
Flussregler
flow resistance/
resistance to flow
Strömungswiderstand
flow temperature
Fließtemperatur
flowable/fluid
fließfähig
fluctuate
fluktuieren, schwanken
fluctuation
Fluktuation, Schwankung
fluctuation analysis/
noise analysis
Fluktuationsanalyse,
Rauschanalyse

fluctuation of temperature
Temperaturschwankung
fluctuation test
Fluktuationstest
flue/flue duct
Rauchabzug (Abzugskanal),
Rauchzug
flue gases/fumes
Rauchgase;
Abluft aus Feuerung mit
Schwebstoffen
fluence Flussrate
fluffy flockig, locker
fluid/liquid *adv/adj*
flüssig
fluid/liquid *n*
Flüssigkeit
fluid bed reactor
Fließbettreaktor
fluid extract
Flüssigextrakt,
flüssiger Extrakt, Fluidextrakt
fluidity
Fluidität, Fließfähigkeit
fluidized-bed coating/
  fluidized bed dip coating/
  fluidized bed sintering
Wirbelsintern
(Auftrageverfahren: Sprühverfahren)
fluidized-bed reactor/
  moving bed reactor
Fließbettreaktor,
Wirbelschichtreaktor,
Wirbelbettreaktor
fluidized-bed vulcanizing
Wirbelbett-Vulkanisation
fluoresce
fluoreszieren
fluorescence
Fluoreszenz
fluorescence analysis/
  fluorimetry
Fluoreszenzanalyse,
Fluorimetrie
fluorescence marker
Fluoreszenzsonde,
Fluoreszenzmarker
fluorescence quenching
Fluoreszenzlöschung

fluorescence spectroscopy
Fluoreszenzspektroskopie,
Spektrofluorimetrie
fluorescent
fluoreszierend
fluorescent dye
Leuchtfarbe (Farbstoff)
fluorescent tube
Leuchtstoffröhre,
Leuchtstofflampe
('Neonröhre')
fluoridation
Fluoridierung
fluorinate fluorieren
fluorinated hydrocarbon
Fluorkohlenwasserstoff
fluorine (F) Fluor
fluorosulfonic acid
Fluoroschwefelsäure,
Fluorsulfonsäure
flutings
  (e.g., tube connections)
Riffelung, Riefen
(z.B. Schlauchverbinder)
flux
Fluss (Licht/Energie;
Volumen pro Zeit pro Querschnitt);
electr Strömung
fluxing agent (flux)/
  fusion reagent
Flussmittel,
Schmelzmittel,
Zuschlag
fly ash
Filterstaub
flywheel Exzenter
foam *vb* **(lather)**
schäumen;
(foam onto a surface) aufschäumen
foam *n*
Schaum (*pl* Schäume);
(froth) feiner Schaum:
auf Flüssigkeit;
(lather) Seifenschaum
➢ **closed-cell foam/**
  unicellular foam
geschlossenzelliger Schaumstoff
➢ **hard foam/rigid foam**
Hartschaum

➢ **open-cell foam/
interconnecting-cell foam**
offenzelliger/offenporiger
Schaumstoff

➢ **soft foam/flexible foam**
Weichschaum

➢ **structural foam/integral foam**
Strukturschaum, Integralschaum

➢ **syntactic foam**
syntaktischer Schaum (Schaumstoffe)

foam baking
Schaumstofflaminieren,
Schaumstoffkaschieren

foam breaker Schaumbrecher

foam concrete Schaumbeton

foam core
Schaumkern,
Schaumstoffkern

foam density
Schaumdichte,
Schaumstoffverdichtungsgrad

**foam fire extinguisher/
foam extinguisher**
Schaumlöscher,
Schaumfeuerlöscher

foam injection molding
Schaumspritzgießen

foam lamination
Schaumstofflaminieren,
Schaumstoffkaschieren

foam molding
Schaumgießen,
Formschäumen

foam plaster
Schaumgips

foam pouring
Schaumgießen

foam regulator
Schaumregulator

**foam rubber/
plastic foam/foam**
Schaumgummi

foam spraying
Schaumsprühen

foamability
Schäumbarkeit

foamable/expandable
schäumbar, aufschäumbar,
verschäumbar

foamed latex rubber
Latexschaum(gummi)

foamed plastic/plastic foam
Poroplast,
Schaumstoff

foamer/foaming agent
Schäumer, Schaumbildner

foaming
Schäumen, Verschäumen

➢ **one-shot process (PU)**
Einstufenverfahren

➢ **spray foaming**
Schaumspritzen, Schaumsprühen
(Auftrageverfahren: Sprühverfahren)

➢ **two-shot process (PU)**
Zweistufenverfahren

foaming agent
Treibmittel, Blähmittel,
Schaummittel, Schaumbildner,
Schäumer

foaming-in
Hinterschäumung

focal length Brennweite

focal plane
Brennebene

focal point/focus
Brennpunkt

focus (focussing)
fokussieren,
scharf einstellen

➢ **in focus/sharp** scharf

➢ **not in focus/
out of focus/blurred**
unscharf

focussing
Fokussierung,
Scharfeinstellung

foil Folie

➢ **air-cushion foil**
Luftpolster-Folie

➢ **aluminum foil**
Aluminiumfolie, Alufolie

➢ **cling wrap/cling foil**
Frischhaltefolie

➢ **composite foil/film**
Verbundfolie,
Mehrschichtfolie

➢ **gold foil/gold leaf**
Blattgold

➢ **plastic foil/film**
Plastikfolie,
Kunststofffolie (dünn)
➢ **shrink foil/shrinking foil**
Schrumpffolie
(zum 'Einschweißen')
➢ **tinfoil (aluminum foil)**
Stanniol
(Aluminiumfolie/Alufolie)
fold (plication/wrinkle)
Falte
folded
(pleated/plicate/plicated)
faltig, gefaltet
folded filter/
plaited filter/fluted filter
Faltenfilter
folded micelle
Faltenmizelle,
Faltungsmizelle
folding Faltung
➢ **unfolding/**
deconvolution
Entfaltung,
Dekonvolution
folding rule
Gliedermaßstab
foliate (coat s.th. with foil)
folieren
foliated gypsum/
selenite/spectacle stone
Marienglas (Gips)
foliation Folierung
folic acid (folate)/
pteroylglutamic acid
Folsäure (Folat),
Pteroylglutaminsäure
food additive
Lebensmittelzusatzstoff
food chemistry
Lebensmittelchemie
food preservative
Lebensmittelkonservierungsstoff
foodstuff/nutrients
Lebensmittel
footprinting
Fußabdruckmethode
forbidden/prohibited
unerlaubt, verboten

force Kraft;
polym (plunger) Stempel
(formgebend)
➢ **dispersion force**
Dispersionskraft
➢ **tear propagation force**
Weiterreißkraft
➢ **valence force**
Valenzkraft
force at break/'breaking force'
Höchstzugkraft
force at rupture
Bruchkraft
force microscopy (FM)
Kraftmikroskopie
force open
gewaltsam öffnen
forced air/
recirculating air
(air circulation)
Umluft
forced-air oven
Umluftofen
forced-draft hood
Saugluftabzug
forceps
Pinzette, Zange, Klemme
(*siehe:* tweezers)
➢ **artery forceps/artery clamp**
(hemostat)
Arterienklemme
➢ **cover glass forceps**
Deckglaspinzette
➢ **membrane forceps**
Membranpinzette
➢ **sponge forceps**
Tupferklemme
➢ **watchmaker forceps/**
jeweler's forceps
Uhrmacherpinzette
foreign body
(contaminant/impurity)
Fremdkörper, Fremdstoff
forerun
(forshot: alcohol) *dist*
Vorlauf
forging Schmieden
form factor
Formfaktor

formaldehyde/methanal
Formaldehyd, Methanal
formic acid (formate)
Ameisensäure (Format)
forming/
forming procedures (molding)
Formen, Formung, Formverfahren
➢ **air-cushion forming/**
vacuum air-cushion forming
Vakuum-Luftkissenverfahren
➢ **air-slip forming**
Air-Slip Verfahren
➢ **blow forming**
Blasen, Blasformung
➢ **coining** Vollprägen
➢ **drape and vacuum forming**
Vakuumstreckformverfahren
➢ **drape forming**
Streckformen, Streckziehen,
Ziehformen, Streckformverfahren
➢ **draw grid forming**
Ziehgitter-Vorstreckverfahren
➢ **drop forming**
Dropform-Verfahren
➢ **embossing**
Prägen; Hohlprägen
➢ **plug-and-ring forming**
Tiefziehen
(mit Stempel und Ziehring)
➢ **plug-assist forming**
Vakuumsaugverfahren mit
Vorstreckstempel in Mehrfachform
➢ **pressure forming**
Drücken (Formstanzen)
➢ **shrink coating**
Aufschrumpfen
➢ **slip forming**
Tiefziehen mit gleitendem
Niederhalter
➢ **snap-back forming**
Snap-Back Verfahren,
Aufschrumpfen
➢ **straight-vacuum forming**
Vakuumsaugverfahren
➢ **thermoforming**
Warmformen, Thermoformen
➢ **twin-shell forming**
Twin-Shell Formverfahren,
Zweischalen-Formverfahren

➢ **vacuum deep drawing/**
deep draw vacuum forming
Tiefzieh-Saugverfahren
➢ **vacuum forming** Vakuumformen
forming behavior
Umformverhalten
forming machine
Umformmaschine,
Warmformmaschine
formula Formel; *pharm* Rezeptur
➢ **binomial formula**
binomische Formel
➢ **chain formula/**
open-chain formula
Kettenformel
➢ **constitutional formula**
Konstitutionsformel
➢ **electronic formula**
Elektronenformel
➢ **empirical formula**
Summenformel, Elementarformel,
Verhältnisformel,
empirische Formel
➢ **Haworth projection/**
Haworth formula
Haworth-Projektion,
Haworth-Formel
➢ **ionic formula**
Ionenformel
➢ **line formula**
Strichformel
➢ **molecular formula**
Molekularformel,
Molekülformel
➢ **projection formula**
Projektionsformel
➢ **ring formula**
Ringformel
➢ **sawhorse projection formula/**
andiron formula
Sägebock-Formel,
Sägebock-Projektion
➢ **stoichiometric formula**
stöchiometrische Formel
➢ **structural formula/**
atomic formula
Strukturformel
formulary
Formelsammlung

forward-recoil spectrometry (FRS/FRES)
Vorwärts-Rückstoß-Spektrometrie (VRS)

fossil fuels
fossile Brennstoffe

fraction
Fraktion; Teil, Anteil; Bruchteil

fraction collector
Fraktionssammler

fraction cutter
Wechselvorlage

fractional crystallization
fraktionierte Kristallisation

fractional precipitation
fraktionierte Fällung

fractionate fraktionieren

fractionating column
Fraktioniersäule

fractionation Fraktionierung
➢ **field-flow fractionation (FFF)**
Feldfluss-Fraktionierung (FFF)
➢ **precipitating fractionation**
Fällfraktionierung
➢ **temperature rising elution fractionation (TREF)**
Lösefraktionierung

fracture Bruch
➢ **brittle fracture/brittle failure**
Sprödbruch, Trennbruch, sprödes Versagen
➢ **capillary fracture/ capillary breaking (fibers)**
Kapillarbruch
➢ **deformation to fracture**
Bruchverformung
➢ **ductile fracture/tough fracture**
Zähbruch, duktiler Bruch
➢ **freeze-fracture/ freeze-fracturing/cryofracture** *micros* Gefrierbruch
➢ **melt fracture (elastic turbulence)**
Schmelzbruch, Schmelzebruch
➢ **resistance to fracture**
Bruchfestigkeit
➢ **tough fracture/ductile fracture**
Zähbruch, duktiler Bruch

fragile
zerbrechlich

fragment
Fragment, Bruchstück

fragment ion (MS)
Bruchstückion

fragmentation pattern
Fragmentierungsmuster

free electron
freies Elektron

free electrophoresis (carrier-free electrophoresis)
freie Elektrophorese

free-floating/ pendulous
frei schwebend

free radical
freies Radikal

free rotation
freie Rotation

free volume
freies Volumen

freeze
einfrieren, gefrieren; erstarren
➢ **quickfreeze**
schnellgefrieren

freeze-dry/lyophilize
gefriertrocknen, lyophilisieren

freeze-drying/ lyophilization
Gefriertrocknung, Lyophilisierung

freeze-etch gefrierätzen

freeze-etching
Gefrierätzung

freeze-fracture/ freeze-fracturing/ cryofracture *micros*
Gefrierbruch

freeze preservation/ cryopreservation
Gefrierkonservierung, Kryokonservierung

freeze storage
Gefrierlagerung

freezer compartment/ freezing compartment/freezer
Kühlfach, Gefrierfach (im Kühlschrank)

freezing
Gefrieren, Frieren, Einfrieren;
Erstarren

freezing microtome/cryomicrotome
Gefriermikrotom

freezing point
Gefrierpunkt

freezing point depression
Gefrierpunktserniedrigung

freezing-in temperature T_F
Einfriertemperatur

frequency
Frequenz (Hertz);
(of occurrence/abundance)
Häufigkeit, Frequenz

frequency distribution (FD)
Häufigkeitsverteilung

frequency histogram
Häufigkeitshistogramm

frequency ratio
relative Häufigkeit,
relative Frequenz

'fresh mass' (fresh weight)
'Frischmasse' (Frischgewicht)

freshwater Süßwasser

friction Reibung

**friction force microscopy (FFM)/
lateral force microscopy (LFM)**
Reibkraftmikroskopie

**friction welding/
spin welding**
Reibungsschweißen,
Reibschweißen

**frictional coefficient/
friction coefficeint**
Reibungskoeffizient

fringed micelle
Fransenmizelle

frit *n* Fritte

frit *vb* **(sinter)**
fritten (sintern)

fritted glass Sinterglas

fritted glass filter
Glasfritte

frock/lab coat
Laborkittel

fronting/bearding
Bartbildung, Signalvorlauf,
Bandenvorlauf

frosted matt

frostproof
frostsicher

frothing
Frothing, Schäumen (sehr fein)

fructose (fruit sugar)
Fruktose, Fructose
(Fruchtzucker)

fucose/6-deoxygalactose
Fukose, Fucose,
6-Desoxygalaktose

fuel Treibstoff, Kraftstoff

fuel equivalence
Brennäquivalent

fugacity Fugazität

full blast
voll aufdrehen (Wasserhahn etc.)

**full width at half-maximum (fwhm)/
half intensity width**
Halbwertsbreite

full-face respirator
Atemschutzvollmaske,
Gesichtsmaske

full-facepiece respirator
Vollsicht-Atemschutzmaske

full-mask (respirator)
Vollmaske

fumaric acid (fumarate)
Fumarsäure (Fumarat)

fume (fumes)
Rauch, Dämpfe
(meist schädlich)
➤ **exhaust fumes**
Abgase

fume extraction
Rauchabzug,
Raumentlüftung

fume hood
Abzug, Rauchabzug,
Dunstabzugshaube

fumed silica
Quarzstaub, Kieselpuder

fumigant
Ausräucherungsmittel

fumigate begasen

fumigation Begasung

fuming *adv/adj* **(e.g., acid)**
rauchend (z.B. Säure)

fuming *n* Abrauchen

function Funktion
functional group
funktionelle Gruppe
functional plastic
Funktionskunststoff
functional polymer
Funktionspolymer
functional unit/module
Funktionseinheit, Modul
functionality
Funktionalität
functionalization
Funktionalisieren
fungal infestation
Pilzbefall
funnel Trichter
➢ **analytical funnel**
Analysentrichter
➢ **filling funnel**
Fülltrichter
➢ **glass funnel**
Glastrichter
➢ **Hirsch funnel**
Hirsch-Trichter
➢ **hot-water funnel**
(double-wall funnel)
Heißwassertrichter
➢ **powder funnel**
Pulvertrichter
➢ **separatory funnel**
Scheidetrichter
➢ **short-stem funnel/**
short-stemmed funnel
Kurzhalstrichter,
Kurzstieltrichter
funnel brush Trichterbürste
funnel tube Trichterrohr
furan Furan
furnace
Ofen; Hochofen,
Schmelzofen; Heizkessel
➢ **annealing furnace**
Glühofen
➢ **arc furnace**
Lichtbogenofen
➢ **combustion furnace**
Verbrennungsofen

➢ **crucible furnace**
Tiegelofen
➢ **induction furnace/**
inductance furnace
Induktionsofen
➢ **muffle furnace/**
retort furnace
Muffelofen
➢ **reverberatory furnace**
Flammofen
➢ **roasting furnace/**
roasting oven/roaster
Röstofen
➢ **smelting furnace**
Schmelzofen
furnace black
Flammruß, Ofenruß
furnishings
(pieces of equipment/fixtures/
fittings/fitments)
Einrichtung (Möbel etc.),
Einrichtungsgegenstände
fuse *n*
Zünder; Zündschnur;
electr (circuit breaker) Sicherung
fuse *vb*
fusionieren, verschmelzen
fuse box/fuse cabinet/cutout box
Sicherungskasten
fused (fusible/molten)
schmelzflüssig
fused quartz
Quarzgut
(milchig-trübes Quarzglas)
fusel oil Fuselöl
fusible schmelzbar;
schmelzflüssig
fusible plug *electr*
Schmelzplombe
fusible wire *electr*
Schmelzdraht
fusion Fusion, Verschmelzung;
polym Gelieren, Gelatinieren
fusion point (melting point)
Fließpunkt (Schmelzpunkt)
fusion tube/melting tube
Abschmelzrohr

gage/gauge (*Br*)
Normalmaß, Eichmaß;
Umfang, Inhalt;
Maßstab, Norm;
Messgerät, Anzeiger, Messer;
Stärke, Dicke;
Abstand, Spurbreite
gage lathe/gauge lathe
Präzisionswerkbank
gage point/gauge point
Körner
gage ring/gauge ring *electr*
Passring
gain/increase *n* (increment)
Zunahme, Steigerung,
Vergrößerung
gain/increase *vb*
zunehmen, steigern,
vergrößern
gaiter
Gamasche (Schutzkleidung:
Bein/Fuß bis zum Knie)
galactosamine Galaktosamin
galactose Galaktose
galacturonic acid
Galakturonsäure
galbanum gum
(*Ferula galbaniflua* u.a./Apiaceae)
Galbanum, Gummigalbanum,
Galbanum-Gummi
galena PbS Bleiglanz
gallic acid (gallate)
Gallussäure (Gallat)
gap Lücke, Spalt
garbage Müll
garbage can/dustbin (*Br*)
Mülleimer
garbage chute/
waste chute
Müllschacht
garden hose
Gartenschlauch
gas Gas
➢ **carrier gas**
(an inert gas) (GC)
Trägergas, Schleppgas
➢ **compressed gas/**
pressurized gas
Druckgas

➢ **evolution of gas**
Gasentwicklung
➢ **flue gases/fumes**
Rauchgase
➢ **inert gas/rare gas**
Edelgas
➢ **irritant gas** Reizgas
➢ **laughing gas/nitrous oxide**
Lachgas
(Distickstoffoxid/Dinitrogenoxid)
➢ **liquid gas/liquefied gas**
Flüssiggas
➢ **natural gas** Erdgas
➢ **producer gas**
Generatorgas
➢ **protective gas/**
shielding gas
(in welding)
Schutzgas
➢ **purge gas**
Spülgas
➢ **reference gas (GC)**
Vergleichsgas
➢ **tracer gas/probe gas**
Prüfgas
➢ **water gas**
Wassergas
gas balance (dasymeter)
Gaswaage
gas bottle
(gas cylinder/
compressed-gas cylinder)
Gasflasche
gas bottle cart/
gas cylinder trolley (*Br*)
Gasflaschen-Transportkarren
gas bubble
Gasblase
gas burner
Gasbrenner,
Gaskocher
gas chromatography
Gaschromatographie
➢ **inverse gas chromatography**
(IGC)
Umkehr-Gaschromatographie
gas cleaning/
gas purification
Gasreinigung

gas cock/gas tap
Gashahn
gas collecting tube/
gas sampling bulb/
gas sampling tube
Gasprobenrohr,
Gassammelrohr,
Gasmaus
gas constant
Gaskonstante
gas counter
Gaszählrohr
gas cylinder
Druckgasflasche
gas detector/gas monitor
Gaswächter,
Gaswarngerät;
(gas leak detector)
Gasdetektor,
Gasspürgerät
gas-discharge tube
Gasentladungsröhre
gas exchange/
gaseous interchange/
exchange of gases
Gasaustausch
gas explosion
Gasexplosion
gas flowmeter
Gasdurchflusszähler,
Gasströmungsmesser
gas injection technique (GIT)
Gas-Injektions-Technik (GIT),
Gas-Innen-Drucktechnik (GID)
gas leak detector
Gasspürgerät
gas lighter
Gasanzünder
gas line
(natural gas line)
Gasleitung (Erdgasleitung)
gas-liquid chromatography
Gas-Flüssig-Chromatographie
gas mask Gasmaske
gas measuring bottle
Gasmessflasche
gas outlet
Gasaustritt, Gasausgang,
Gasabgang (aus Geräten)

gas-phase polymerization
Gasphasenpolymerisation
gas poisoning
Gasvergiftung
gas purifier
Gasreiniger
gas sampling bulb/
gas sampling tube
Gassammelrohr,
Gas-Probenrohr,
Gasmaus
gas scrubbing
Gaswäsche
gas separator
Gasabscheider
gas supply
Gaszufuhr
gas tap/gas cock
Gashahn
gas thermometer
Gasthermometer
gas washing bottle
Gaswaschflasche
gaseous
gasförmig
gaseous state
gasförmiger Zustand,
Gaszustand
gasket
Manschette, Dichtung,
Dichtungsmanschette,
Abdichtung
➢ **rubber gasket**
Gummidichtung(sring)
gasohol
Treibstoffalkohol,
Gasohol
gasoline/gas/petrol (*Br*)
Benzin
gasoline canister
Benzinkanister,
Kraftstoffkanister
gasproof gasdicht
gastight/impervious to gas
gasundurchlässig
gastightness/
imperviousness to gas/
gas impermeability
Gasundurchlässigkeit

gate (gating)
Angussöffnung, Angussbohrung,
Angusssteg, Werkzeuganguss;
(between sprue and mold)
Anschnitt (Steg), Anbindung;
(gel-casting) Verschluss-Scheibe
➤ **diaphragm gate**
Schirmanguss; Schirmanschnitt
➤ **film gate/flash gate**
Bandanguss; Bandanschnitt;
Filmanguss; Filmanschnitt
➤ **pinpoint gate**
Punktanguss; Punktanschnitt
➤ **side gate (edge gate)**
Seiten-Anguss; Seiten-Anschnitt
➤ **sprue gate (direct gating)**
Stangenanguss
➤ **tunnel gate (submarine gate)**
Tunnelanschnitt
gate cutter
Angussabschneider,
Angussabstanzer,
Abkneifzange
gate impeller Gitterrührer
gate pin
Verschlussstift
(von Spritzgießdüsen)
gated ion channel
Ionenschleuse
gating
Angusssystem;
Angusstechnik
gatty gum
(*Anogeissus latifolia*/
Combretaceae)
Ghattigummi
gauge (*Br*)/gage (*US*)
Normalmaß, Eichmaß;
Umfang, Inhalt; Maßstab, Norm;
Messgerät, Anzeiger, Messer;
Stärke, Dicke;
Abstand, Spurbreite
gauge lathe
Präzisionswerkbank
gauge point Körner
gauge ring *electr*
Passring
gauging
Messung; Eichung

Gaussian curve
(normal probability curve)
Gauß-Kurve, Gauß'sche Kurve
Gaussian distribution
Gauß-Verteilung,
Normalverteilung,
Gauß'sche Normalverteilung
gauze Gaze, Mull
gauze bandage
Gazebinde, Mullbinde
GC (gas chromatography)
GC (Gaschromatographie)
gear pump
Zahnradpumpe
Geiger counter
Geiger-Zähler
Geiger-Müller counter
Geiger-Müller-Zähler
gel *vb* gelieren
gel *n* Gel
➤ **flat bed gel/horizontal gel**
horizontal angeordnetes Plattengel
➤ **native gel**
natives Gel
gel caster *electrophor*
Gelgießstand,
Gelgießvorrichtung
gel chamber *electrophor*
Gelkammer
gel coat Gelschicht
gel comb *electrophor*
Gelkamm
gel effect/
Trommsdorff effect/
Norrish-Smith effect
Geleffekt
(Trommsdorff-Norrish-Smith)
gel electrophoresis
Gelelektrophorese
gel filtration/
molecular sieving chromatography/
gel permeation chromatography
Gelfiltration,
Molekularsiebchromatographie,
Gelpermeations-Chromatographie
gel point Gelpunkt
gel retention analysis/
band shift assay
Gelretentionsanalyse

gel retention assay/
electrophoretic mobility shift assay
(EMSA)
Gelretentionstest

gel-sol-transition
Gel-Sol-Übergang

gel spinning *polym* Gelspinnen

gel state
Gelzustand

gel tray
Gelträger, Geltablett

gelatin/gelatine
Gelatine

gelatinizing agent
Gelbildner

gelatinous/gel-like
gelartig, gallertartig, gelatinös

gelation Gelieren, Gelatinieren

gelling (fusion)
Gelieren, Gelatinieren (Gießen)

gelling agent
Geliermittel

gelling point
Gelierpunkt

geminal coupling (NMR)
geminale Kopplung

gene technology (*sensu lato*)
Gentechnologie, Gentechnik,
Genmanipulation

generate (develop)
bilden (entwickeln)
(z.B. Gase/Dämpfe)

generic name
Sammelbegriff, Sammelname

genetic engineering/
gene technology
Gentechnik, Gentechnologie,
Genmanipulation

gentle/mild schonend

geranic acid Geraniumsäure

geranyl acetate Geranylacetat

germ-free/sterile
keimfrei, steril

Gibbs phase rule
Gibbssches Phasengestz

gilding vergolden

gimlet bit Schneckenbohrer,
Windenschneckenbohrer
(Bohreraufsatz)

girdle/cingulum
Gürtel, Gurt, Cingulum

girth Umfang

glacial acetic acid
Eisessig

glancing angle/
Bragg angle
Glanzwinkel

glass Glas

➢ **acrylic glass**
Acrylglas

➢ **amber glass**
Braunglas

➢ **bits of broken glass**
Glassplitter

➢ **borosilicate glass**
Borosilikatglas

➢ **chip/chipping**
anschlagen,
Ecke abschlagen

➢ **flint glass** Flintglas

➢ **fritted glass** Sinterglas

➢ **laminated glass**
Schutzglas, Sicherheitsglas,
Schichtglas, Verbundglas

➢ **laminated safety glass**
Verbundsicherheitsglas

➢ **milk glass** Milchglas

➢ **quartz glass** Quarzglas

➢ **ribbed glass**
Rippenglas, geripptes Glas,
geriffeltes Glas

➢ **safety glass**
Schutzglas,
Sicherheitsglas

➢ **tempered glass/**
resistance glass
Hartglas

➢ **tempered safety glass**
Einscheibensicherheitsglas (ESG)

➢ **textile glass**
Textilglas,
textile Glasfaser

➢ **water glass/**
soluble glass
$M_2O×(SiO_2)_x$
Wasserglas

➢ **window glass**
Fensterglas

glass bat/wadding
Glaswatte
glass bead
Glasperle, Glaskügelchen
glass braid
Glasgeflecht
glass ceramics Glaskeramik
glass cutter
Glasschneider
glass cylinder
Glaszylinder
glass fiber (GF) (ISO)/
fiberglass
Glasfaser, Faserglas
➢ **chopped glass fiber**
Glas-Kurzfasern (geschnitten)
➢ **milled glass fiber**
Glas-Kurzfasern (gemahlen)
glass fiber-bonded non-woven
Glasfaserverbundstoff
glass fiber laminate
(fiberglass laminate)
Glasfaserlaminat,
Glasfaserschichtstoff
glass fiber laser/fiber laser
Glasfaserlaser
glass fiber mat/
fiberglass mat/
fiberglass matting
Glasfasermatte, Glasfaservlies
glass fiber-mat-reinforced
glasmattenverstärkt
glass fiber-mat-reinforced
thermoplastic
glasmattenverstärkter Thermoplast
(GMT)
glass fiber reinforcement/
fiberglass reinforcement
Glasfaserverstärkung
glass fiber-reinforced
glasfaserverstärkt
glass fiber-reinforced plastic
(GRP/GFRP)/
fiber reinforced plastic (FRP)
Glasfaserkunststoff,
glasfaserverstärkter Kunststoff
(GFK)
glass-fiber weave
Glasfasergewebe

glass filament
Glasfilament (Glasseiden)
glass filament yarn
Glasfilamentgarn
glass funnel
Glastrichter
glass homogenizer
(Potter-Elvehjem homogenizer;
Dounce homogenizer)
Glashomogenisator
('Potter'; Dounce)
glass marker
Glasschreiber, Glasmarker
glass mortar
Glasmörser
glass nonwoven
Glasfaservliesstoff
glass pestle
Glasstößel, Glaspistill
(Homogenisator)
glass pressure vessel
Druckbehälter (aus Glas)
glass-reinforced plastics (GRP)
glasverstärkte Kunststoffe
glass rod Glasstab
glass roving
Glasroving
glass scrap/
shattered glass/
broken glass
Glasbruch
glass staple fiber
Glasstapelfaser
glass staple fiber yarn/
glass-fiber yarn
Glasstapelfasergarn
glass stirring rod
Glasrührstab
glass stopcock
Glashahn
glass strand/strand
Glasspinnfaden
glass transition *polym*
Glasumwandlung,
Glasübergang
glass transition temperature (T_g)
Glastemperatur,
Glasumwandlungstemperatur
(Glasübergangstemperatur)

glass tube/glass tubing
Glasrohr, Glasröhre,
Glasröhrchen
glass-tube cutting pliers
Glasrohrschneider (Zange)
glass tubing cutter
Glasrohrschneider
glass vessel
Glasbehälter
glass wool Glaswolle
glassblower
Glasbläser
glassblower's workshop
('glass shop')
Glasbläserei
glassine paper/glassine
Pergamin
(durchsichtiges festes Papier)
glasslike/glassy/vitreous
glasartig, glasig
glassmaker
Glashersteller
glassware
Glasgeschirr;
(glasswork) Glaswaren,
Glassachen
glasswork/glazing
Glaserei (Handwerk)
glassy/
made out of glass/
vitreous
gläsern, aus Glas
glaze *vb* verglasen; glätten, polieren;
glasieren, mit Glasur überziehen;
(Farbe/Lack) lasieren;
(Papier) satinieren
glazed paper
Glanzpapier
(glanzbeschichtetes Papier),
Firnispapier, satiniertes Papier
glazier (one who sets glass)
Glaser
glazier's putty
Fensterkitt
glazier's workshop/glass shop
Glaserei (Werkstatt)
GLC
(gas-liquid chromatography)
GFC (Gas-Flüssig-Chromatographie)

gloss Glanz
glossy coating
Glanzbeschichtung
glove box/dry-box
Handschuhkasten,
Handschuhschutzkammer
glove liners
Handschuhinnenfutter
gloves
Handschuhe
➢ **acid gloves/**
acid-resistant gloves
Säureschutzhandschuhe
➢ **cleanroom gloves**
Reinraumhandschuhe
➢ **cold-resistant gloves**
Kälteschutzhandschuhe
➢ **cotton gloves**
Baumwollhandschuhe
➢ **cut-resistant gloves**
Schnittschutz-Handschuhe
➢ **deep-freeze gloves**
Tiefkühlhandschuhe,
Kryo-Handschuhe
➢ **heat defier gloves/**
heat-resistant gloves
Hitzehandschuhe
➢ **insulated gloves**
Isolierhandschuhe
➢ **oven gloves**
Hoch-Hitzehandschuhe,
Ofenhandschuhe
➢ **protective gloves/gauntlets**
Schutzhandschuhe
➢ **sleeve gauntlets**
Ärmelschoner, Stulpen
➢ **work gloves**
Arbeitshandschuhe
glow
glimmen
glow discharge
Glimmentladung
glowing wire
Glühdraht
glucaric acid/saccharic acid
Glucarsäure, Zuckersäure
gluconic acid (gluconate)/
dextronic acid
Gluconsäure (Gluconat)

glucosamine
Glukosamin, Glucosamin
glucose (grape sugar)
Glukose, Glucose
(Traubenzucker)
glucuronic acid (glucuronate)
Glucuronsäure (Glukuronat)
glue *n* Leim
(*see also:* adhesive)
➢ **blood albumin glue**
Serumalbuminkleber
➢ **superglue/crazy glue**
Sekundenkleber
➢ **wood glue**
Holzleim
glue *vb* leimen
➢ **glue together**
verleimen;
(stick together) verkleben
glue film/film adhesive
Klebfolie (Klebfilm)
glutamic acid (glutamate)/
2-aminoglutaric acid
Glutaminsäure (Glutamat),
2-Aminoglutarsäure
glutamine Glutamin
glutaraldehyde/
1,5-pentanedione
Glutaraldehyd,
Glutardialdehyd,
Pentandial
glutaric acid (glutarate)
Glutarsäure (Glutarat)
glutathione Glutathion
glyceraldehyde/
dihydroxypropanal
Glyzerinaldehyd,
Glycerinaldehyd
glycerol/glycerin/
1,2,3-propanetriol
Glyzerin, Glycerin,
Propantriol
glycine/glycocoll
Glycin, Glyzin, Glykokoll
glycocoll/glycine
Glykokoll, Glycin, Glyzin
glycol
(ethylene glycol/1,2-ethanediol)
Glykol, Glycol (Ethylenglykol)

glycol aldehyde/glycolal/
hydroxyaldehyde
Glykolaldehyd,
Hydroxyacetaldehyd
glycolic acid (glycolate)
Glykolsäure (Glykolat)
glycosidic bond/
glycosidic linkage
glykosidische Bindung
glycyrrhetinic acid
Glycyrrhetinsäure
glyoxalic acid (glyoxalate)
Glyoxalsäure (Glyoxalat)
glyoxylic acid (glyoxylate)
Glyoxylsäure (Glyoxylat)
godet
text Untertritt
goggles/
safety goggles
Schutzbrille,
Augenschutzbrille
(ringsum geschlossen)
gold (Au) Gold
➢ **gilding**
vergolden
gold foil/gold leaf
Blattgold
gold-labelling
Goldmarkierung
goniometer
Goniometer,
Winkelmesser
Gooch crucible
Gooch-Tiegel
Good Laboratory Practice
(GLP)
Gute Laborpraxis
Good Manufacturing Practice
(GMP)
Gute Industriepraxis
(Produktqualität)
Good Work Practices
(GWP)
Gute Arbeitspraxis
gooseneck
Schwanenhals
gradation
Abstufung, Staffelung;
Abtönung (von Farben)

grade *vb*
sortieren, einteilen, klassieren;
einstufen
grade *n polym*
Sorte (Kunststoffe:
Einstellungen/Qualitäten);
Güte, Klasse, Stufe, Qualität;
Körnung, Korngröße; Gradient
graded copolymer/
tapered copolymer
Gradientencopolymer
graded ethanol series
Alkoholreihe,
aufsteigende Äthanolreihe
gradient *chem*
Gefälle, Gradient
gradient gel electrophoresis
Gradienten-Gelelektrophorese
grading/staggering Stufung
graduated
graduiert,
mit einer Gradeinteilung versehen
graduated cylinder/
graduate
Messzylinder, Mensur
(Messbehälter:
z.B. auch Reagierkelch)
graduated pipet/
measuring pipet
Messpipette
graduation
Abstufung, Staffelung;
Graduierung, Gradeinteilung,
Gradstrich, Teilstrich;
Ringmarke (Laborglas etc.)
graft copolymer
Pfropfcopolymer
graft *vb*
anpolymerisieren, pfropfen
graft *n*
Pfropf, Pfropfung;
Transplantat
graft polymer
Pfropfpolymer
graft polymerization
Pfropfpolymerisation
grain
(granule/particle) Korn;
Körnung, Faserorientierung

grain-size class
Kornklasse
gram equivalent
Grammäquivalent
granular
granulär, gekörnt, körnig
granulate(s)
Granulat(e)
granulation
Körnigkeit, Granulieren, Körnen
granulator/pelletizer
Granulator, Granulierapparat,
(Grob)Mühle
granules/pellets *polym*
Granulat(e)
grape sugar/
glucose/dextrose
Traubenzucker,
Glukose, Glucose, Dextrose
graph (plot/chart/diagram)
graphische Darstellung
graph paper/
metric graph paper
Millimeterpapier
graphite Grafit
graphite fiber Grafitfaser
graphite furnace
Grafitofen
grasping claws/
clasper(s)/clasps
Haltezange, Klasper
grater
Reibe (Reibeisen), Raspel
gravimetry/
gravimetric analysis
Gewichtsanalyse,
Gravimetrie
gravitation
Gravitation, Schwerkraft,
Schwerefeld
gravitational field
Schwerefeld
gravity
(gravitational force)
Schwerkraft
➢ **acceleration of gravity**
Erdbeschleunigung
➢ **specific gravity**
spezifisches Gewicht

gravity column chromatography
Normaldruck-Säulenchromatographie
gravity filtration
Schwerkraftfiltration
(gewöhnliche Filtration)
grease *n* (lubricating grease)
Schmierfett, Schmiere
➢ **apiezon grease**
Apiezonfett
➢ **silicone grease**
Silikon-Schmierfett
grease *vb* schmieren, einfetten
green strength (rubber)
Rohfestigkeit,
Aufbaufestigkeit
(Kautschuke)
grid (screen/raster) Raster;
electr (power grid) Netz
(Verteilungs~);
micros Gitter (Netz/Gitternetz/
Probenträgernetz für EM)
grid method
Rastermethode
grid voltage
Gitterspannung
grind
(crush) mahlen, zermahlen (grob);
(pulverize) mahlen, zerkleinern
grinder/grinding machine
Mühle (mittel);
Schleifer, Schleifmaschine
grinding
Zermahlen (grob)
grinding balls
Mahlkugeln (Mühle)
grinding jar
Mahlbecher (Mühle)
grip (grasp/handle) Griff;
(handgrips) Griffe (z.B. Tragegriffe);
(nonskid/skidproof property)
Rutschfestigkeit
gripper(s)
Greifer, Greifzange
grommet Öse, Metallöse
groove
Kerbe, Falz, Fuge;
Nute, Rinne, Furche
gross potential
Summenpotential

gross weight Bruttogewicht
ground
electr Erde, Erdung;
geol Erde, Erdboden, Boden
ground fault
Erdfehler, Erdschluss
ground fault current
(leakage current)
Erdschlussstrom,
Fehlerstrom
ground-glass equipment
Schliffgerät
ground-glass joint/
tapered ground joint
(S.T. = standard taper)
Kegelschliff (N.S. = Normalschliff)
ground-glass stopper/
ground-in stopper/
ground stopper
Schliffstopfen
ground joint (ground-glass joint)
Schliff, Schliffverbindung,
Glasschliffverbindung
ground-jointed flask
Schliffkolben
ground state Grundzustand
ground water Grundwasser
grounded/earthed (*Br*) *electr*
geerdet
group Gruppe
➢ **anchoring group**
Ankergruppe
➢ **ballast group**
Ballastgruppe (*chem* Synthese)
➢ **end group** Endgruppe
➢ **functional group**
funktionelle Gruppe
➢ **headgroup**
Kopfgruppe
➢ **leaving group/**
coupling-off group
Austrittsgruppe,
Abgangsgruppe,
austretende Gruppe
➢ **protective group/**
protecting group
Schutzgruppe (chem Synthese)
➢ **neighboring group effect**
Nachbargruppeneffekt

group leader/
principal investigator (PI)
Gruppenleiter
(Forschung/Labor)
group reagent
Gruppenreagens
group-transfer polymerization
Gruppentransferpolymerisation
group-transfer reaction
Gruppentransferreaktion
grow
(thrive) wachsen;
(cultivate) züchten, kultivieren
growth
Wachstum
➤ **arithmetic growth**
arithmetisches Wachstum
➤ **chain growth/**
chain propagation
Kettenwachstum
➤ **crack growth**
Risswachstum
➤ **craze growth**
Haarrisswachstum
➤ **dendritic growth**
dendritisches Wachstum
➤ **step growth/**
stepwise growth
Stufenwachstum
guaiac
(*Guaiacum officinale* **and**
G. sanctum/**Zygophyllaceae**)
Guajak (Pockholz)
guaiac gum
Guajakharz
guanylic acid (guanylate)
Guanylsäure (Guanylat)
guar gum/
guar flour (cluster bean)
(*Cyamopsis tetragonoloba*/
Fabaceae)
Guar-Gummi,
Guarmehl
guar meal/
guar seed meal
Guar-Samen-Mehl
guard vb
bewachen, beschützen,
sichern

guard n
(custodian) Aufseher, Wächter;
(security guard)
Wächter, Wachmann;
(protective device)
Schutzvorrichtung; Führung
guard column/
precolumn (HPLC)
Schutzsäule, Vorsäule
guard tube
Sicherheitsrohr
(Laborglas)
guayule rubber
(*Parthenium argentatum*/
Asteraceae)
Goldruten-Gummi
guide n tech/mech
Führung,
Leitvorrichtung
guide pin/
leader pin
Führungssäule
(Kolbenspritzgießen)
guideline
Leitlinie, Richtlinie(n), Vorgabe
gulonic acid (gulonate)
Gulonsäure (Gulonat)
gum vb gummieren
gum n Gummi (**nt/pl** Gummen)
(Lebensmittel/Pflanzensaft/
Polysaccharidgummen etc.);
Gummiharz-Baum (*Eucalyptus* spp.);
(chewing gum) Kaugummi;
Klebstoff; Gummierung
➤ **almond gum**
(*Prunus dulcis*/**Rosaceae**)
Mandel-Gummi
➤ **Amritsar gum**
(*Acacia modesta*/**Fabaceae**)
Amritsar-Gummi
➤ **balata**
(*Mimusops bidentata* =
M. balata/**Sapotaceae**)
Balata
➤ **benzoin/**
benjamin gum/
gum Benjamin
(*Styrax benzoin*/**Styracaceae**)
Benzoeharz

- blue gum
(*Eucalyptus globulus*/
Myrtaceae)
Blaugummi
- Bolivian rubber
(*Sapium aucuparium*/
Euphorbiaceae)
Bolivianisches Gummi
- Cape gum
(*Acacia karroo*/Fabaceae)
Kapgummi
- Cape York red gum
(*Eucalyptus brassiana*/
Myrtaceae)
Cape York-Rotgummi
- carob gum/
locust bean gum
(*Ceratonia siliqua*/Fabaceae)
Karobgummi,
Johannisbrotkernmehl
- cashew gum/acajou gum
(*Anacardium occidentale*/
Anacardiaceae)
Kashew-Gummi
- chewing gum
Kaugummi
- chicle/chicle gum/
chiku (sapodilla:
Manilkara zapota/Sapotaceae)
Chicle
- East African gum
(*Acacia drepanolobium*/
Fabaceae)
Ostafrikanisches Gummi
- galbanum gum
(*Ferula galbaniflua* a.o./
Apiaceae)
Galbanum,
Gummigalbanum,
Galbanum-Gummi
- gutta-percha
(*Palaquium gutta* and
Payena spp./Sapotaceae)
Guttapercha
- ladanum/
gum labdanum/
droga de Jara
(*Cistus ladanifer*/Cistaceae)
Labdanum

- Manila copal/
East Indian copal/
bendang/bindang/
damar minjak/
batjan/batu gum
(*Agathis dammara*/
Araucariaceae)
Manila-Kopal
- mastic/
gum mastic/
Chios mastic
(*Pistacia lentiscus* var. *chia*/
Anacardiaceae)
Mastix
- Murray red gum/
river red gum/
river gum
(*Eucalyptus camaldulensis*/
Myrtaceae)
Murray-Rotgummi
- resinous gum/
gum resin
Gummiharz
- sorva gum/
leche caspi
(*Couma macrocarpa*/
Apocynaceae)
Sorva
- tamarind seed powder
Tamarindensamengummi
- tragacanth
(gum tragacanth)/
gum dragon
(*Astracantha gummifera*/
Fabaceae)
Tragacanth, Tragant
- Walle gum
(*Acacia pycnantha*/Fabaceae)
Walle-Gummi
- xanthan gum
Xanthangummi

gum arabic/acacia gum
(*Acacia senegal*/Fabaceae etc.)
Gummi arabicum,
Gummiarabikum,
Arabisches Gummi,
Acacia Gummi

gum base
Kaugummigrundstoff

gum mastic/Chios mastic
(*Pistacia lentiscus* var. *chia*/
Anacardiaceae)
Mastix
gum resin (resinous gum)
Gummiharz
➢ **asafetida**
(*Ferula assa-foetida*/
Apiaceae)
Asafoetida,
Teufelsdreck
➢ **gamboge**
(a.o. *Garcinia morella* and
G. hanburyi/Clusiaceae)
Gummigutt
➢ **myrrh**
(*Commiphora myrrha*/
Burseraceae)
Myrrhe
➢ **olibanum/
frankincense**
(*Boswellia* spp./Burseraceae)
Weihrauch
➢ **scammony**
(*Convolvulus scammonia*/
Convolvulaceae)
Skammoniaharz,
Skammoniumharz

**gum rosin/
pine resin**
Balsamharz
gumming
Gummierung;
(gummed surface)
klebende Fläche
**gummy/
gummous**
gummiartig,
klebrig; gummös
gutta-percha
(*Palaquium gutta*/
Sapotaceae)
Guttapercha
➢ **Chinese gutta-percha**
(*Eucommia ulmoides*/
Eucommiaceae)
Chinesisches Guttapercha
gutta sundek
(*Payena leerii*/Sapotaceae)
Gutta Sundek
gypsum (selenite)
$CaSO_4 \times 2H_2O$
Gips
gypsum board (ceiling)
Gipsplatte
(Deckenbeschalung)

halfa/esparta
(*Stipa tenacissima*/Poaceae)
Esparto

half-cell/half element
(single-electrode system)
Halbzelle,
galvanisches Halbelement

half-cell potential
Halbzellenpotential

half-drying oil
halbtrocknendes Öl

half-life
Halbwertszeit;
Halblebenszeit (Enzyme)

half-linen (HF)
Halbleinen

half-mask (respirator)
Halbmaske

half-reaction
(electrode potentials)
Teilreaktion

hammer mill
Hammermühle

hand lay-up molding/
contact molding/
impression molding
Handauflegeverfahren

hand mill
Handmühle

hand mold
Handwerkzeug,
Handform

hand-operated vacuum pump
manuelle Vakuumpumpe

hand pump
Handpumpe

handle
Griff, Schaft

handling
Handhabung, Hantieren,
Gebrauch, Umgang (Verhalten)

handsaw Handsäge

handtooled (e.g., glass)
handgearbeitet

hard board/
molded fiber board
Hartfaserplatte

hard coal/anthracite
Glanzkohle, Anthrazit

hard fiber Hartfaser

hard foam/rigid foam
Hartschaum

hard resin/
hardened resin
Hartharz (Resina)

hard rubber/
vulcanite/ebonite
Hartgummi, Ebonit

hard water
hartes Wasser

hard-drying oil
Harttrockenöl

harden
härten

hardening/
strengthening
Härten,
Verfestigung,
Verfestigen

hardness (toughness)
Härte

➢ **abrasive hardness**
Ritzhärte

➢ **ball indentation hardness**
Kugeldruckhärte

➢ **degree of hardness**
Härtegrad

➢ **international rubber hardness**
degree (IRHD)
Internationaler Gummihärtegrad

➢ **permanent hardness**
bleibende Härte,
permanente Härte

➢ **rebound hardness**
Rückprallhärte

➢ **total hardness**
Gesamthärte (Wasser)

Hardy-Weinberg law
(Hardy-Weinberg equilibrium)
Hardy-Weinberg-Gesetz
(Hardy-Weinberg-Gleichgewicht)

harmful
(causing damage/damaging)
schädlich;
(detrimental to one's health)
(Xn: nocent) gesundheitsschädlich

harmless/not harmful
unschädlich

hartshorn salt/
  ammonium carbonate
  Hirschhornsalz,
  Ammoniumcarbonat
Haworth projection/
  Haworth formula
  Haworth-Projektion,
  Haworth-Formel
hazard (source of danger)
  Gefahrenquelle
➤ **biohazard**
  biologische Gefahr,
  biologisches Risiko,
  Biogefährdung
➤ **contact hazard**
  Kontaktrisiko
  (Gefahr bei Berühren)
➤ **fire hazard**
  Brandrisiko,
  Feuergefahr
➤ **health hazard**
  Gesundheitsrisiko
➤ **occupational hazard**
  Berufsrisiko;
  Gefahr am Arbeitsplatz
hazard code
  Gefahrencode,
  Gefahrenkennziffer
hazard diamond
  Gefahrendiamant
hazard icon/
  hazard symbol/
  hazard sign/
  hazard warning symbol
  Gefahrensymbol,
  Gefahrenwarnsymbol
hazard label
  Gefahrzettel
hazard rating/
  hazard class/
  hazard level
  Gefahrenstufe,
  Gefahrenklasse,
  Risikostufe
hazard warning sign/
  hazard sign/
  warning sign/
  danger signal
  Gefahrenwarnzeichen

hazard warnings
  Gefahrenbezeichnungen,
  Gefährlichkeitsmerkmale
➤ **asphyxiant** erstickend
➤ **carcinogenic (Xn)**
  krebserzeugend,
  karzinogen, kanzerogen
➤ **corrosive (C)** ätzend
➤ **dangerous for the environment**
  (N = nuisant)
  umweltgefährlich
➤ **explosive (E)**
  explosionsgefährlich
➤ **extremely flammable (F+)**
  hochentzündlich
➤ **extremely toxic (T+)**
  sehr giftig
➤ **flammable (R10)**
  entzündlich
➤ **harmful/nocent (Xn)**
  gesundheitsschädlich
➤ **hazardous material**
  gefährlicher Stoff
➤ **highly flammable (F)**
  leicht entzündlich
➤ **irritant (Xi)** reizend
➤ **lachrymatory** tränend
  (Tränen hervorrufend)
➤ **moderately toxic**
  mindergiftig
➤ **mutagenic (T)**
  erbgutverändernd, mutagen
➤ **nocent/harmful (Xn)**
  gesundheitsschädlich
➤ **nuisant (N)/**
  dangerous for the environment
  umweltgefährlich
➤ **oncogenic** onkogen
➤ **oxidizing (O)/**
  pyrophoric
  brandfördernd
➤ **radioactive** radioaktiv
➤ **sensitizing**
  sensibilisierend
➤ **teratogenic** teratogen
➤ **toxic (T)** toxisch, giftig
➤ **toxic to reproduction (T)**
  fortpflanzungsgefährdend,
  reproduktionstoxisch

hazardous
gesundheitsgefährdend;
unfallträchtig
➢ **nonhazardous**
nicht gesundheitsgefährdend
hazardous goods
(cargo/freight)
Gefahrgut
hazardous material
gefährlicher Stoff
hazardous material class
Gefahrenstoffklasse
hazardous materials regulations
Gefahrenstoffverordnung;
(cargo/freight)
Gefahrgutbestimmungen
hazardous materials safety cabinet
Gefahrstoffschrank
hazardous waste
Problemabfall, Sondermüll,
Sonderabfall
hazardous waste disposal
Sondermüllentsorgung
hazardous waste dump
Sondermülldeponie
hazardous waste incineration plant
Sondermüllverbrennungsanlage
hazardous waste treatment plant
Sondermüllentsorgungsanlage
haze Trübe, Trübheit, Trübung
(Flüssigkeit/Kunststoff)
head Kopf (z.B. Fettmolekül)
head cover
Kopfbedeckung
head plate Kopfplatte
head-to-head (regioisomerism)
Kopf-Kopf
head-to-tail (regioisomerism)
Kopf-Schwanz
headgroup Kopfgruppe
headspace
Gasraum, Dampfraum,
Headspace
headspace gas chromatography
Dampfraum-Gaschromatographie
healing ointment/
wound healing ointment
Wundsalbe,
Wundheilsalbe

health Gesundheit;
(state of health/physical condition)
Gesundheitszustand
health care/medical welfare
Gesundheitsfürsorge
health certificate
Gesundheitszeugnis
(ärztliches Attest)
health education
Gesundheitserziehung
health hazard Gesundheitsrisiko
health-threatening
gesundheitsbedrohend
healthy gesund
hearing protection Gehörschutz
hearing threshold/
auditory threshold
Hörschwelle
heat *vb* heizen; erhitzen;
(warm/warm up) erwärmen
➢ **heat up** erhitzen
heat *n* Hitze
➢ **combustion heat/**
heat of combustion
Verbrennungswärme
➢ **compression heat**
Kompressionswärme,
Verdichtungswärme
➢ **radiant heat**
Strahlungswärme
➢ **specific heat**
spezifische Wärme
➢ **waste heat** Abwärme
heat aging/heat ageing
thermische Alterung
heat capacity/thermal capacity
Wärmekapazität
heat conductivity/
thermal conductivity
Wärmeleitfähigkeit
heat defier gloves/
heat-resistant gloves
Hitzehandschuhe
heat deflection temperature/
heat distortion under load (HDUL)/
heat distortion point/
deflection temperature under load
(DTUL)
Durchbiegetemperatur bei Belastung

heat dissipation
Wärmeabstrahlung

**heat distortion temperature/
heat deflection temperature (HDT)**
Formbeständigkeitstemperatur,
Formbeständigkeit in der Wärme

heat evolution
Hitzeentwicklung

heat exchanger
Wärmetauscher

**heat-flux differential scanning
calorimetry (HFDSC)**
dynamische Differenz-Wärmestrom-
Kalorimetrie (DDWK)

heat gun
Heißluftpistole

heat input Wärmeeintrag

heat loss
Wärmeverlust;
(heat output) Wärmeabgabe

heat of combustion
Verbrennungswärme

**heat of evaporation/
heat of vaporization**
Verdunstungswärme,
Verdampfungswärme

heat of formation
Bildungswärme

heat of mixing
Mischungswärme

heat of reaction
Reaktionswärme,
Wärmetönung

**heat of solution/
heat of dissolution**
Lösungswärme,
Lösungsenthalpie

**heat of transition/
latent heat**
Umwandlungswärme,
latente Wärme

**heat of vaporization/
heat of evaporation**
Verdampfungswärme,
Verdunstungswärme

heat pump
Wärmepumpe

heat release rate (HRR)
Wärmefreisetzungsrate

**heat-resistant/
heat-stable**
hitzebeständig, hitzestabil

heat sealing
Heißsiegeln, Heißkleben,
Heißverschweißen

heat shock
Hitzeschock

heat-shrinking
Wärmeschrumpfen

heat stabilizer
Wärmestabilisator,
Thermostabilisator

heat-stable/heat-resistant
hitzestabil, hitzebeständig

**heat supply/
addition of heat**
Wärmezufuhr

heat-tolerant
hitzeverträglich

**heat tone/heat tonality
(heat of reaction/heat effect)**
Wärmetönung

heat transfer
Wärmeübergang,
Wärmedurchgang

heat transmission
Wärmeübertragung

heat transport
Wärmetransport

**heat treatment/
baking**
Wärmebehandlung,
Hitzebehandlung,
Backen

heat value/heating value
Brennwert

heat vulcanizing (hot cure)
Heißvulkanisation

heater/heating system
Heizung

heating (warming)
Erwärmung, Erhitzung

➤ **overheating/superheating**
Überhitzen, Überhitzung

heating bath Heizbad

heating coil
Heizschlange,
Heizwendel

heating mantle
Heizhaube,
Heizmantel, Heizpilz
heating oven/
  heating furnace
  (more intense)
Wärmeofen
heating tape/heating cord
Heizband, Heizbandage
heating-up period
Aufheizperiode
heavy-duty/
  superior performance
superstark, verstärkt,
Hochleistungs...
heavy metal Schwermetall
heavy metal contamination
Schwermetallbelastung
heavy metal poisoning
Schwermetallvergiftung
heavy water D_2O
schweres Wasser
heavyweight
Schwergewicht..., schwergewichtig
helical ribbon impeller
Wendelrührer
helice (column packing) *dist*
Wendel
helix (*pl* helices or helixes)/
  spiral
Helix, Spirale (*pl* Helices)
helmet Helm
hemiacetal Halbacetal
hemicyclic
hemizyklisch,
hemicyclisch
hemiterpenes (C_5)
Hemiterpene
hemorrhagic
blutzersetzend,
hämorrhagisch
hemostatic forceps/
  artery clamp
Gefäßklemme,
Arterienklemme,
Venenklemme
hemp
  (*Cannabis sativa*/Cannabaceae)
Hanf

henequen
  (*Agave fourcroydes*/
  Asparagaceae)
Henequen (Silberagave)
HEPA-filter
  (high-efficiency particulate
  and aerosol air filter)
HOSCH-Filter
(Hochleistungsschwebstoffilter)
hepatotoxic
hepatotoxisch,
leberschädigend
hermaphroditic contact *electr*
Zwitterkontakt
hermetic(al) hermetisch
heterochain polymer
Heteroketten-Polymer
heterocyclic
heterozyklisch, heterocyclisch
heterogeneity
Heterogenität, Ungleichartigkeit,
Verschiedenartigkeit, Andersartigkeit
heterogeneous
  (consisting of dissimilar parts)
heterogen, ungleichartig,
verschiedenartig, andersartig
heterogeneous catalysis
heterogene Katalyse
heterogeneous nucleation
heterogene Keimbildung
heterogenous
  (of different origin)
heterogen,
unterschiedlicher Herkunft
heterogeny
Heterogenie,
unterschiedlicher Herkunft
heterologous heterolog
heterologous probing
mit Hilfe einer heterologen Sonde
heteropolar bond
heteropolare Bindung
heteropolymer
Heteropolymer
heteroscedasticity *stat*
Varianzheterogenität,
Heteroskedastizität
heterotactic polymer
heterotaktisches Polymer

hex-head stopper/
  hexagonal stopper
  Sechskantstopfen
high density lipoprotein (HDL)
  Lipoprotein hoher Dichte
high energy bond
  energiereiche Bindung
high energy compound
  energiereiche Verbindung
high energy explosive (HEX)
  hochbrisanter Sprengstoff
high explosive
  brisanter Sprengstoff
high fructose corn syrup
  Isomeratzucker, Isomerose
high modulus HM
  (carbon fiber) HM
high modulus fiber
  Hochmodulfaser,
  Hochnassmodulfaser
  (HWM-Faser)
high-molecular
  hochmolekular
high-performance
  hochleistungs...
high-performance fiber
  Hochleistungsfaser
high-performance plastic
  (specialty p.)
  Hochleistungskunststoff
high polymer
  Hochpolymer
high pressure
  Hochdruck
high-pressure
  liquid chromatography/
  high-performance liquid
  chromatography (HPLC)
  Hochdruckflüssigkeits-
  chromatographie,
  Hochleistungsflüssigkeits-
  chromatographie
high-pressure tubing
  Hochdruckschlauch;
  (high-pressure hose)
  H. mit größerem Durchmesser
high-resolution...
  hochauflösend,
  hochaufgelöst

high-speed centrifuge/
  high-performance centrifuge
  Hochgeschwindigkeitszentrifuge
high-speed stirrer
  Hochgeschwindigkeitsrührer
high strain and tenacity HST
  (carbon fiber) HST
high tenacity HT
  (carbon fiber) HT
high-throughput
  Hochdurchsatz
high voltage
  Hochspannung
high voltage electron microscopy
  (HVEM)
  Höchstspannungs-
  elektronenmikroskopie,
  Hochspannungs-
  elektronenmikroskopie
high-field shift (NMR)
  Hochfeldverschiebung
high-grade steel/
  high-quality steel
  Edelstahl
highly flammable
  leicht brennbar;
  (F) leicht entzündlich
highly ignitable
  hochentzündlich
highly pure
  (superpure/ultrapure)
  reinst
highly toxic hochgiftig
highly volatile/light
  leicht flüchtig
  (niedrig siedend)
hinge Scharnier, Schloss,
  Schlossleiste
hinged joint/
  swivel joint/
  articulated joint
  Gelenkverbindung
Hirsch funnel
  Hirsch-Trichter
histidine Histidin
histogram/
  strip diagram *stat*
  Histogramm,
  Streifendiagramm

Hofmeister series/
 lyotropic series
 Hofmeistersche Reihe,
 lyotrope Reihe
holding pressure
 (injection molding)
 Nachdruck
holdup/
 retention Retention
holdup time (GC)
 Totzeit, Durchflusszeit
hollow casting/
 hollow molding/
 slush casting
 Hohlgießen,
 Hohlgussverfahren
hollow fiber
 Hohlfaser
hollow impeller shaft
 Hohlwelle (Rührer)
hollow molding/hollow casting
 Hohlgussverfahren, Hohlgießen
hollow sphere Hohlkugel
hollow stirrer Hohlrührer
hollow stopper
 Hohlstopfen,
 Hohlglasstopfen
homochain polymer
 Homoketten-Polymer
homogeneity
 (with same kind of constituents)
 Homogenität,
 Einheitlichkeit,
 Gleichartigkeit
homogeneous
 (having same kind of constituents)
 homogen (einheitlich/gleichartig)
homogeneous catalysis
 homogene Katalyse
homogeneous continuous
 stirred-tank reactor (HCSTR)
 homogen kontinuierlicher
 Rührkesselreaktor
homogeneous nucleation
 homogene Keimbildung
homogenization
 Homogenisation,
 Homogenisierung
homogenize homogenisieren

homogenizer Homogenisator
homogenous
 (of same origin)
 homogen (gleicher Herkunft)
homogentisic acid
 Homogentisinsäure
homoiosmotic/
 homeosmotic
 homoiosmotisch
homologize
 homologisieren
homologous
 ursprungsgleich,
 homolog
homology
 Homologie
homopolar bond/
 nonpolar bond
 homopolare Bindung
homopolymer
 Homopolymer
homopolymerization
 Homopolymerisation
homoscedasticity *stat*
 Varianzhomogenität,
 Varianzgleichheit,
 Homoskedastizität
hood Kapuze; (bouffant cap)
 Haarschutzhaube (für Labor);
 (fume hood/fume cupboard: *Br*)
 Abzug, Dunstabzugshaube
 ➤ **forced-draft hood**
 Saugluftabzug
 ➤ **sash**
 Schiebefenster, Frontscheibe,
 Frontschieber, verschiebbare
 Sichtscheibe (Abzug/Werkbank)
hook clamp
 Hakenklemme (Stativ)
Hooke number
 Hooke-Zahl
Hookean bodies
 Hookesche Körper
hoop *n* Reifen, Band, Ring
hoop *vb*
 umgeben, umfassen
hoop stress
 Tangentialspannung,
 Umfangsspannung

hopper (feeder)
Einfülltrichter (am Extruder:
Massetrichter/Granulattrichter)

horizontal gel/flat bed gel
horizontal angeordnetes Plattengel

hose attachment socket/
hose connection gland
Schlauchtülle
(z.B. am Gasreduzierventil)

hose connection
Schlauchverbindung;
(barbed/male) Olive;
(flask) Schlauch-Ansatzstutzen

hose connection gland
Tülle, Schlauchtülle

host lattice
Wirtsgitter

hot-air gun
Heißluftgebläse,
Labortrockner, Föhn

hot-air vulcanizing
Heißluftvulkanisation

hot-curing (thermocuring)
heißhärtend, wärmehärtend,
thermohärtend

hot-curing agent (catalyst)
Heißhärter (Katalysator)

hot-gas welding
Warmgasschweißen,
Heißgasschweißen
(HG-Schweißen)

hot plate
Heizplatte (Kochplatte)

➤ **stirring hot plate**
Magnetrührer mit Heizplatte

hot press molding
Heißpressen, Warmpressen,
Warmformpressen

hot runner (molding)
Heißkanal,
Heißkanalverteiler (Gießen)

hot spraying
polym Heißstrahlsprühen
(Auftrageverfahren: Sprühverfahren)

hot-water funnel
(double-wall funnel)
Heißwassertrichter

housing (shell/case/casing)
Gehäuse

hue Farbton, Tönung,
Schattierung, Nuance

humidifier/
mist blower
Wasserzerstäuber

humidify/prewet
anfeuchten

humidity/dampness/moisture
Feuchtigkeit

husk/coat/cover
Hülle, Schale

hybrid fiber
Hybridfaser

hybridization incubator
Hybridisierungsinkubator

hybridization oven
Hybridisierungsofen

hydrate Hydrat

hydration (solvation)
Hydratation, Hydratisierung,
Solvation (Wassereinlagerung,
Wasseranlagerung)

hydration shell
Hydrathülle,
Wasserhülle,
Hydratationsschale

hydraulic oil
Hydrauliköl, Drucköl

hydric hydrisch

hydrocarbon
Kohlenwasserstoff

➤ **chlorinated hydrocarbon**
Chlorkohlenwasserstoff

➤ **fluorinated hydrocarbon**
Fluorkohlenwasserstoff

hydrochloric acid
Salzsäure,
Chlorwasserstoffsäure

hydrocolloid
Hydrokolloid

hydrofluoric acid/
phthoric acid
Fluorwasserstoffsäure,
Flusssäure

hydrogel Hydrogel

hydrogen (H) Wasserstoff

hydrogen bond
Wasserstoffbrücke,
Wasserstoffbrückenbindung

hydrogen cyanide/
hydrocyanic acid/
prussic acid
Blausäure,
Cyanwasserstoff
hydrogen electrode
Wasserstoffelektrode
hydrogen fluoride
Fluorwasserstoff, Fluoran,
Hydrogenfluorid
hydrogen ion (proton)
Wasserstoffion (Proton)
hydrogen peroxide
Wasserstoffperoxid
hydrogen sulfide H_2S
Schwefelwasserstoff
hydrogenate
hydrieren, hydrogenieren
hydrogenation
Hydrierung
(Wasserstoffanlagerung)
hydroiodic acid/
hydrogen iodide
Iodwasserstoffsäure
hydrology
Hydrologie
hydrolysis
Hydrolyse, Wasserspaltung
hydrolytic
hydrolytisch, wasserspaltend
hydrolytic ageing
Hydrolysealterung
hydrolytic polymerization
hydrolytische Polymerisation
hydrophilic
(water-attracting/water-soluble)
hydrophil
(wasseranziehend/wasserlöslich)
hydrophilic bond
hydrophile Bindung
hydrophilicity
(water-attraction/water-solubility)
Hydrophilie (Wasserlöslichkeit)
hydrophobic
(water-repelling/water-insoluble)
hydrophob (wasserabweisend/
wasserabstoßend/nicht wasserlöslich)

hydrophobic bond
hydrophobe Bindung
hydrophobicity
(water-insolubility)
Hydrophobie (Wasserabweisung/
Wasserunlöslichkeit)
hydrostatic pressure/
turgor
hydrostatischer Druck, Turgor
hydroxyapatite
Hydroxyapatit
hydroxylation
Hydroxylierung
hydroxyproline
Hydroxyprolin
hygiene Hygiene
➢ **industrial hygiene**
Arbeitshygiene
➢ **occupational hygiene**
Arbeitsplatzhygiene
hygienic hygienisch
hygienic conditions
Hygienebedingungen
hygrograph
Feuchtigkeitsschreiber,
Hygrograph
hygrometer
Luftfeuchtigkeitsmessgerät,
Feuchtigkeitsmesser,
Hygrometer
hygroscopic
wasseranziehend,
hygroskopisch (Feuchtigkeit
aufnehmend)
hyperbranched polymer (HBP)
hyperverzweigtes Polymer
hyperbranching
Hyperverzweigung
hyperchromicity/
hyperchromic effect/
hyperchromic shift
Hyperchromizität
hypersensitivity (allergy)
Überempfindlichkeit,
Hypersensibilität (Allergie)
hypodermic syringe
Injektionsspritze

ice Eis
➤ **crushed ice**
zerstoßenes Eis
ice bath/ice-bath Eisbad
ice bucket Eisbehälter
ideal crystal/
  perfect crystal
  Idealkristall
ideal lattice Idealgitter
identity by *state* (IBS)
  identisch aufgrund von Zufällen
idler/idle roll
  Spannrolle, Tragrolle;
  freilaufende Rolle/Walze
ignitability Zündbarkeit
ignitable entzündbar
➤ **highly ignitable**
  hochentzündlich
ignite
  (inflame) anbrennen,
  entzünden, entflammen;
  (fire/spark/start) zünden;
  (strike/start a fire) anzünden
igniter/primer Zünder
ignition Zündung
➤ **delayed ignition**
  verzögerte Zündung
➤ **early ignition** Frühzündung
➤ **late ignition** Spätzündung
➤ **loss on ignition/ignition loss**
  Glühverlust
➤ **spontaneous ignition**
  (self-ignition/autoignition)
  Selbstentzündung,
  Spontanzündung
ignition point/
  kindling temperature/
  flame temperature/
  flame point/spontaneous-ignition
  temperature (SIT)
  Zündpunkt, Zündtemperatur,
  Entzündungstemperatur
ignition tube
  Zündröhrchen,
  Glühröhrchen
illuminance
  Beleuchtungsstärke
illuminate beleuchten
illumination Beleuchtung

➤ **fiber optic illumination**
  Kaltlichtbeleuchtung
➤ **Koehler illumination**
  Köhlersche Beleuchtung
➤ **transillumination/**
  transmitted light illumination
  Durchlicht,
  Durchlichtbeleuchtung
imbalance/disequilibrium
  Ungleichgewicht
imidazole Imidazol
imino acid Iminosäure
imitation leather/
  artificial leather
  Kunstleder
immaturity/immatureness
  Unreife
immediate danger/
  imminent danger
  akute Gefahr
  (Gefährdung/Risiko)
immediate measure
  (instant action)
  Sofortmaßnahme
immersed slot reactor
  Tauchkanalreaktor
immersing surface reactor
  Tauchflächenreaktor
immersion bath
  Tauchbad
immersion circulator
  Tauchpumpen-Wasserbad,
  Einhängethermostat
immersion heater/
  'red rod' (*Br*)
  Tauchsieder
imminent danger
  drohende Gefahr
  (Gefährdung/Risiko)
immiscibility
  Unvermischbarkeit
immiscible unvermischbar
immission
  (injection/admission/introduction)
  Immission, Einwirkung
immobile/fixed/motionless
  immobil, fixiert, bewegungslos
immobility/motionlessness
  Immobilität, Bewegungslosigkeit

immobilization
Immobilisation;
Immobilisierung, Ruhigstellung,
Unbeweglichmachen

immobilize (to make immobile)
immobilisieren

immortal polymerization
unsterbliche Polymerisation

immunoaffinity chromatography
Immunaffinitätschromatographie

immunodiffusion
Gelpräzipitationstest,
Immunodiffusionstest

immunoelectron microscopy (IEM)
Immun-Elektronenmikroskopie

immunofluorescence chromatography
Immunfluoreszenzchromatographie

immunofluorescence microscopy
Immunfluoreszenzmikroskopie

immunolabeling
Immunmarkierung

**immunoradiometric assay
(IRMA)**
immunoradiometrischer Assay
(IRMA)

immurement technique
biotech Einschlussverfahren

impact
Aufprall, Zusammenprall;
Schlag, Stoß, Wucht;
Belastung, Druck;
heftige Einwirkung

impact mill
Prallmühle

impact-modified plastics
schlagzähe Kunststoffe
(schlagzäh ausgerüstet)

**impact modifier/
toughening agent**
Schlagzähmacher

impact molding
Schlagpressen,
Kaltschlagverfahren

**impact resilience/
rebound elasticity**
Rückprall-Elastizität

impact resistance
Schlagzähigkeit, Schlagfestigkeit

impact-resistant stoßfest

impact sound insulation
Trittschalldämmung

impact sound-reduced
trittschallgedämpft

impact strength
Schlagzähigkeit

impact test Aufschlagtest

impeller Rührwerk

➤ **disk turbine impeller**
Scheibenturbinenrührer

➤ **flat-blade impeller**
Scheibenrührer,
Impellerrührer

➤ **four flat-blade paddle impeller**
Kreuzblattrührer

➤ **marine screw impeller**
Schraubenrührer

➤ **multistage impulse
countercurrent impeller**
Mehrstufen-Impuls-Gegenstrom
(MIG) Rührer

➤ **pitch screw impeller**
Schraubenspindelrührer

➤ **profiled axial flow impeller**
Axialrührer mit profilierten Blättern

➤ **propeller impeller**
Propellerrührer

➤ **self-inducting impeller
with hollow impeller shaft**
selbstansaugender
Rührer mit Hohlwelle

➤ **stator-rotor impeller/
Rushton-turbine impeller**
Stator-Rotor-Rührsystem

➤ **turbine impeller**
Turbinenrührer

➤ **two-stage impeller**
zweistufiger Rührer

**impeller pump/
centrifugal pump**
Laufradpumpe,
Kreiselpumpe,
Zentrifugalpumpe

impeller shaft
Rührerwelle

**imperfection/
flaw**
Unvollkommenheit,
Defekt, Fehler

impermeability/
  imperviousness
  Impermeabilität,
  Undurchlässigkeit
impermeable/
  impenetrable/impervious
  undurchlässig, impermeabel
imperviousness/
  impermeability
  Undurchlässigkeit,
  Impermeabilität
implosion
  Implosion
impregnate
  imprägnieren,
  tränken, durchtränken
impregnating agent
  Imprägniermittel,
  Imprägnierungsmittel
impregnating resin
  Imprägnierharz,
  Tränkharz
impregnation (permeation)
  Imprägnierung,
  Tränkung
impregnation bath
  Tränkbad
impulse
  Impuls, Stoß, Anregung, Antrieb;
  electr Stromstoß
impulse welding
  Impulsschweißen
impure
  verunreinigt, schmutzig,
  unsauber
impurity/contamination
  Verunreinigung, Kontamination
inactive filler/inert filler (extender)
  inaktives Füllmittel,
  inaktiver Füllstoff (Extender)
incendiary
  Zündstoff,
  Brandstoff
incident Zwischenfall;
  (accident) Unfall;
  (breakdown) Störfall
incident illumination/
  epiillumination
  Auflicht, Auflichtbeleuchtung

incident light
  einfallendes Licht
incidental release
  Austritt bei üblichem Betrieb
incinerate
  (burn/combust) verbrennen;
  (reduce to ashes) veraschen,
  einäschern
incinerating tube
  Verbrennungsrohr (Glas)
incineration
  Verbrennung, Veraschung,
  Einäscherung, Verglühen
incineration dish
  Glühschälchen
incinerator
  Verbrennungsanlage,
  Verbrennungsofen
incision (cut) Einschnitt
inclination
  Neigung; Neigungswinkel;
  Schräge, geneigte Ebene
inclusion Einschluss;
  (intercalation) Einlagerung
inclusion compound
  (host-guest complex)
  Einschlussverbindung,
  Inklusionsverbindung
incoherent scattering/
  Compton scattering
  Compton Streuung
incompatibility
  Unverträglichkeit,
  Inkompatibilität
incompatible
  unverträglich,
  inkompatibel
incompressibility
  Inkompressibilität,
  Nichtkomprimierbarkeit
increase
  Zunahme, Steigerung,
  Vergrößerung, Vermehrung;
  (increment) Zuwachs
incubate (brood/breed)
  inkubieren
  (brüten/bebrüten)
incubator
  Brutschrank, Wärmeschrank

indene Inden
index number/
  index figure/
  guiding figure
  Richtwert, Richtzahl; (indicator)
  stat Kennzahl, Kennziffer
Indian kapok
  (*Bombax ceiba*/Sapotaceae)
  Bombaxwolle, Indischer Kapok
Indian tragacanth/karaya gum
  (*Sterculia urens*/Malvaceae)
  indischer Tragacanth,
  indischer Tragant,
  Karaya-Gummi
indican/
  indoxyl sulfate
  Indikan, Indoxylsulfat
indicator
  Indikator, Anzeiger;
  (recording instrument/monitor)
  Anzeigegerät
indicator value
  Zeigerwerte
indolyl acetic acid/
  indoleacetic acid
  (IAA)
  Indolessigsäure
induce
  induzieren, veranlassen,
  bewirken, auslösen, fördern
induced vomiting
  provoziertes Erbrechen
inducible induzierbar
induction
  Induktion, Auslösung,
  Herbeiführung
induction furnace/
  inductance furnace
  Induktionsofen
induction period/
  start-up period
  Induktionszeit,
  Anlaufperiode,
  Startperiode
induction valve/
  aspirator valve
  Ansaugventil
induction welding
  Induktionsschweißen

inductively coupled plasma (ICP)
  induktiv gekoppeltes Plasma
inductively coupled plasma mass
  spectrometry (ICP-MS)
  induktiv gekoppelte Plasma-MS
industrial accident/
  accident at work
  Betriebsunfall
industrial fiber/
  technical fiber
  Industriefaser,
  technische Faser
industrial gases/
  manufactured gases
  Industriegase,
  technische Gase
industrial hygiene
  Arbeitshygiene
industrial waste
  Industriemüll,
  Industrieabfall
industrial water
  Industrie-Brauchwasser
inert
  träg, träge,
  reaktionsträge
inert black
  Inaktivruß,
  inaktiver Ruß
inert dust Inertstaub
inert gas/rare gas
  Edelgas
inertia Trägheit
inertial force Trägheitskraft
inflame/ignite
  entzünden, entflammen,
  anbrennen
inflammable
  entflammbar
  (dampfförmige Stoffe)
inflammation Entzündung;
  (act of inflaming) Entflammung
  (Entzündung dampfförmiger
  entzündlicher Stoffe)
inflammed/inflammatory
  entzündlich
inflatant
  Blähmittel, Treibmittel
  (Polymerfolienverarbeitung)

inflate
aufblasen,
mit Luft/Gas füllen
inflating agent (for bags)
Treibmittel
influx/inflow
Einstrom, Einströmen,
Zustrom, Zufluss
infrared absorbance detector (IAD)
Infrarot-Absorptionsdetektor
infrared detector (ID)
Infrarotdetektor
infrared spectroscopy
Infrarot-Spektroskopie,
IR-Spektroskopie
ingot (zone melting)
Schmelzling
ingression
Einströmen
inhalable atembar
inhalation/inspiration
Einatmung, Einatmen,
Inspiration, Inhalation
inhale (breathe in)
inhalieren, einatmen
inherent viscosity
inhärente Viskosität
inhibit
inhibieren, hemmen
inhibition
Inhibition, Hemmung
inhibitor
(inhibitory substance)
Hemmstoff
inhibitory
hemmend,
inhibierend,
inhibitorisch
inhibitory concentration
Hemmkonzentration
inifer
(initiation and chain transfer)
Inifer
inifer polymerization
Iniferpolymerisation
iniferter
(initiation and
chain transfer and termination)
Iniferter

initial distribution *stat*
Ausgangsverteilung
initial pressure/
initial compression/
high pressure
Vordruck, Eingangsdruck
(Hochdruck: Gasflasche)
initial velocity (vector)/
initial rate
Anfangsgeschwindigkeit
(v_0: Enzymkinetik)
initial weight/
amount weighed/
weighed amount/
weighted quantity
Einwaage
initiate/actuate
initiieren, auslösen
initiation Initiierung
inject
injizieren, einspritzen;
(shoot) spritzen
injection
Injektion, Einspritzung;
(shot) Spritze
injection blow molding
Spritzblasen,
Spritzblasformen,
Spritzgießblasen
injection mold *n*
(injection molding)
Spritzguss;
Spritzgießform,
Spritzform
injection mold *vb*
spritzgießen
injection-molded part/piece
Spritzartikel,
Spritzgussteil
injection molding
Spritzgießen, Spritzguss
(Spritzgießverfahren)
injection molding machine
Spritzgießmaschine
injection molding process
Spritzgießverfahren,
Spritzgussverfahren
injection port/syringe port
Einspritzblock

injection ram (piston/plunger)
Spritzkolben
injection valve/
injection port/
syringe port
Einspritzventil (Einspritzblock)
injector Einspritzer
injure verletzen
injurious
schädlich; (i. to health)
gesundheitsschädlich
injury Verletzung
➢ **needle stick injury**
Nadel-Stichverletzung
➢ **occupational injury**
Berufsverletzung
➢ **radiation injury**
Strahlenverletzung,
Strahlenschaden,
Verstrahlung
inlet (incurrent aperture)
Einströmöffnung
inlet opening
Zufuhröffnung
inlet pipe Zuleitungsrohr
inlet system Einlasssystem
inlet valve Einlassventil
inlet velocity (hood)
Einströmgeschwindigkeit,
Eintrittsgeschwindigkeit
(Sicherheitswerkbank)
inoculate
inokulieren,
einimpfen, impfen
inoculating needle
Impfnadel
inoculating wire Impfdraht
inoculation
Impfung, Inokulation, Einimpfung;
(vaccination) Vakzination;
(immunization) Immunisierung
inoculum/vaccine
Impfstoff, Inokulum,
Inokulat, Vakzine
inorganic chemistry
anorganische Chemie
inositol Inosit, Inositol
input Eingabe, Eintrag; *electr* Eingang
input air Zuluft

insert *n* (inset) Einsatz;
Einlage (Gefäß etc.);
(leaflet/slip: package) Beipackzettel
insert *vb* (inserted)
inserieren (inseriert),
hineinstecken, einlegen,
einschieben
insertion polymerization
Polyinsertion
insertion reaction
Einschiebereaktion,
Einschiebungsreaktion,
Insertionsreaktion
insolation Sonneneinstrahlung
insolubility Unlöslichkeit
insoluble unlöslich
➢ **insoluble in water**
wasserunlöslich
inspection Inspektion;
Begehung, Besichtigung;
(checking of goods) Warenkontrolle
inspection (on-site inspection)
Inspektion (zur Begehung),
Besichtigung
(z.B. Geländebegehung)
inspection log
Inspektions-Logbuch
inspiration/inhalation
Inspiration, Einatmung,
Einatmen, Inhalation
inspire inspirieren, einatmen
install installieren; anschließen;
(set up) einrichten (Experiment etc.)
installation(s)
Installation(en), Installierung;
Einbau, Anschluss; Anlage,
Einrichtung, Betriebseinrichtung
instrument
(equipment/set/
apparatus/appliance)
Instrument, Gerät, Werkzeug,
Anlage, Apparat, techn. Vorrichtung
instrument display
Instrumentenanzeige
instrument reading
abgelesener Wert
instrument table Verbandstisch
instrumental error
Gerätefehler

instrumentation and control
   Mess- und Regeltechnik
insulate
   tech isolieren,
   abschirmen, dämmen
insulated gloves
   Isolierhandschuhe
insulating material
   Dämmstoff
insulating panel
   Dämmplatte
insulating tape
   (*see also:* **duct tape**)
   Isolierband;
   (electric tape/friction tape)
   Elektro-Isolierband
insulation
   Isolation, Abschirmung,
   Dämmung
intake pipe
   (induction pipe/suction pipe)
   Ansaugrohr
integral foam/
   integral skin foam/
   self-skinning foam
   Integralschaum,
   Integralschaumstoff
integral foam molding
   Schaumspritzgießen
integral skin
   verdichtete feste Aussenhaut/~schicht
integrated circuit
   integrierter Schaltkreis
intensifying screen (autoradiography)
   Verstärkerfolie (Autoradiographie)
interaction
   Interaktion, Wechselwirkung
interaction parameter
   Wechselwirkungsparameter
intercalation agent/
   intercalating agent
   interkalierendes Agens
interchange energy
   Austauschenergie
interchangeable (replaceable)
   austauschbar (ersetzbar),
   gegeneinander austauschbar
interconnect/network
   vernetzen

interconnection/
   mesh/network/networking/
   webbing/crosslinking
   Vernetzung
interdisciplinary research
   interdisziplinäre Forschung
interface
   Grenzfläche; Trennungsfläche;
   electr Schnittstelle;
   Nahtstelle
interfacial polymerization
   Grenzflächenpolymerisation
interfacial surface tension
   Grenzflächenspannung
interference assay
   Interferenzassay
interference microscopy
   Interferenz-Mikroskopie,
   Interferenzmikroskopie
intergrade
   (intermediary form/
   transitory form/transient)
   Zwischenstufe,
   Übergangsform
interim storage/
   temporary storage
   Zwischenlager
interlayer
   Zwischenschicht
interlock/fail safe circuit
   Riegel, Verriegelung
   (elektr. Sicherung)
interlocking relay *electr* Sperrrelais
intermediate (intermediate
   product/intermediate form)
   Zwischenprodukt,
   Zwischenstadium,
   Zwischenform
intermediate bulk container (IBC)
   Großpackmittel
intermediate density lipoprotein (IDL)
   Lipoprotein mittlerer Dichte
intermediate image *micros*
   Zwischenbild
intermediate modulus IM
intermediate state/
   intermediate stage
   Zwischenstadium,
   Zwischenstufe

intermeshing
ineinandergreifend,
ineinanderkämmend
intermolecular
intermolekular,
zwischenmolekular
intermolecular interactions
intermolekulare Wechselwirkungen
internal (intrinsic)
innerlich, von innen, intern
internal fittings
(built-in elements/
structural additions)
Einbauten
internal mixer Innenmischer
internal pressure Innendruck
internal thread/female thread
(tubes/pipes/fittings)
Innengewinde
international standards
internationaler Standard,
internationale Richtlinie(n)
International Unit (IU)/SI unit
(*Fr:* Système Internationale)
Internationale Maßeinheit,
SI Einheit
interpenetrating network (IPN)
Durchdringungsnetzwerk,
interpenetrierendes Netzwerk
interphase
Interphase,
Zwischenphase
interpolate
interpolieren; einfügen
interrelation/interrelationship
Wechselbeziehung
interrupt unterbrechen
interruption
Unterbrechung
intersperse/disperse
verstreuen,
verstreut liegen
interval
Intervall; Abstand
interval scale *stat*
Intervallskala
interwoven/
intertwined/entangled
verflochten

intisy rubber
(*Euphorbia intisy*/Euphorbiaceae)
Intisygummi
intrinsic conducting polymer (ICP)
intrinsisch leitfähiges Polymer
intrinsic viscosity (IV)
intrinsische Viskosität
intrusion Intrusion
intrusion molding
(flow-molding process)
Intrusionsverfahren,
Fließgussverfahren,
Fließgießen
intumescence
Anschwellen, Anschwellung,
Aufblähung; Aufschäumung
intumescent
anschwellend;
aufschäumend
intumescent agent
Schaumbildner (Flammschutz)
intumescent paint
Dämmschichtbildner
(Flammschutz)
invariant residue *math*
unveränderter Rest,
invarianter Rest
inventory (stock)
Inventar, Bestand
➤ **to make an inventory**
eine Bestandsaufnahme machen
inverse gas chromatography (IGC)
Umkehr-Gaschromatographie
invert sugar Invertzucker
inverted
invers, invertiert, umgekehrt
inverted microscope
Umkehrmikroskop,
Inversmikroskop
inverter *electr* Wechselrichter
investigate
(examine/test/try/assay/analyze)
untersuchen, prüfen, testen,
probieren, analysieren
investigation
(examination/exam)/study/
search/test/trial/assay/analysis)
Untersuchung, Prüfung,
Test, Probe, Analyse

iodination Iodierung
(mit Iod reagieren/substituieren)
iodine (I) Iod (*früher:* Jod)
iodine number/
  iodine value
  Iodzahl
iodization
  Iodierung
  (mit Iod/Iodsalzen versehen)
iodize
  iodieren
  (mit Iod/Iodsalzen versehen)
iodized salt Iodsalz
iodoacetic acid
  Iodessigsäure
ion Ion
➤ **counterion/**
  (*rarely:* **gegenion**)
  Gegenion
➤ **daughter ion**
  Tochterion
➤ **fragment ion (MS)**
  Bruchstückion
➤ **molecular ion (MS)**
  Molekülion
➤ **parent ion (MS)**
  Mutterion,
  Ausgangsion
➤ **radical ion**
  Radikalion
➤ **zwitterion**
  Zwitterion
ion associate
  Ionenassoziat
ion dose/
  exposure (C/kg)
  Ionendosis
ion dose rate/
  exposure rate (A/kg)
  Ionendosisleistung
ion equilibrium/
  ionic steady state
  Ionengleichgewicht
ion exchange
  Ionenaustausch
ion-exchange chromatography (IEX)
  Ionenaustauschchromatographie
ion-exchange resin
  Ionenaustauscherharz

ion exchanger
  Ionenaustauscher
➤ **anion exchanger**
  (strong: SAX/weak: WAX)
  Anionenaustauscher
  (starker/schwacher)
➤ **cation exchanger**
  (strong: SCX/weak: WCX)
  Kationenaustauscher
  (starker/schwacher)
ion pair Ionenpaar
ion-pair chromatography (IPC)
  Ionenpaarchromatographie (IPC)
ion pore Ionenpore
ion product Ionenprodukt
ion pump Ionenpumpe
ion-scattering spectrometry (ISS)
  Ionenstreuspektrometrie,
  Ionenstreuungsspektrometrie (ISS)
ion-selective electrode (ISE)
  ionenselektive Elektrode
ion source Ionenquelle
ion spray Ionenspray
ion transport
  Ionentransport
ion trap detector (ITD)
  Ioneneinfangdetektor (MS)
ion trap spectrometry
  Ionen-Fallen-Spektrometrie
ionic ionisch
ionic bond
  Ionenbindung
ionic conductivity
  Ionenleitfähigkeit
ionic coupling
  Ionenkopplung
ionic current/ion current
  Ionenstrom
ionic formula
  Ionenformel
ionic initiator Starterion
ionic polymerization
  ionische Polymerisation
ionic radius Ionenradius
ionic strength
  Ionenstärke
ionization Ionisation
ionization chamber
  Ionisationskammer

ionize ionisieren
ionizing radiation
ionisierende Strahlen,
ionisierende Strahlung
ionophore Ionophor
ionophoresis
Ionophorese,
Iontophorese
Iré rubber (Tongo lumps)
(***Ficus vogelii*/Moraceae**)
Iré-Gummi,
Saji-Gummi
iron (Fe) Eisen
irradiance/
fluence rate/
radiation intensity/
radiant-flux density
Bestrahlungsintensität,
Bestrahlungsdichte
irradiate bestrahlen
irradiation
Bestrahlung
irregular
irregulär, unregelmäßig;
(nonuniform) ungleichmäßig;
(anomalous) unregelmäßig,
irregulär, anomal
irregularity
Irregularität, Unregelmäßigkeit;
(anomaly) Anomalie;
(non-uniformity) Ungleichmäßigkeit
irreversible inhibition
irreversible Hemmung
irritant *n* Reizstoff
irritant (Xi) reizend
irritant gas Reizgas
irritate
irritieren, reizen (negativ)
irritation
Irritation;
(stimulus) Stimulus, Reiz;
(stimulation) Reizung, Stimulation
irritation of the mucosa
Schleimhautreizung
isoelectric focusing
isoelektrische Fokussierung,
Isoelektrofokussierung
isoelectric point
isoelektrischer Punkt

isolate
isolieren, darstellen,
rein darstellen;
(separate) abtrennen
isolator Isolator
isomer Isomer
➤ **configurational isomer**
Konfigurations-Isomer
➤ **conformational isomer**
Konformations-Isomer
➤ **constitutional isomer**
Konstitutions-Isomer
➤ **optical isomer**
Spiegelbild-Isomer,
optisches Isomer
➤ **regioisomer**
Regioisomer
➤ **rotamer**
Rotationsisomer, Rotamer
➤ **stereoisomer**
Stereoisomer
isomeric isomer
isomerism (isomery)
Isomerie
➤ ***cis/trans* isomerism**
cis/trans-Isomerie
(geometrische Isomerie)
➤ **configurational isomerism**
Konfigurations-Isomerie
➤ **conformational isomerism**
Konformations-Isomerie
➤ **constitutional isomerism**
Konstitutions-Isomerie
➤ **optical isomerism**
Spiegelbild-Isomerie,
optische Isomerie
➤ **regioisomerism**
Regioisomerie
➤ **stereoisomerism**
Stereoisomerie
isomerization
Isomerisation
isomerize
isomerisieren
isomerous
isomer,
gleichzählig
isoprene
Isopren

**isopropyl alcohol/
isopropanol/
1-methyl ethanol
(rubbing alcohol)**
Isopropylalkohol,
Propan-2-ol
**isopycnic centrifugation/
isodensity centrifugation**
isopyknische Zentrifugation
isosmotic isosmotisch
isotachophoresis (ITP)
Isotachophorese,
Gleichgeschwindigkeits-
Elektrophorese
isotactic polymer
isotaktisches Polymer
isotacticity (IC) Isotaktizität

isothiocyanic acid
Isothiocyansäure
isotope Isotop
➢ **unstable isotope/
radioisotope/
radioactive isotope**
instabiles Isotop, Radioisotop,
Radionuclid, radioaktives Isotop
isotope assay
Isotopenversuch
isotopic dilution
Isotopenverdünnung
isotropic
isotrop,
einfachbrechend
isovaleric acid
Isovaleriansäure

jack
Heber, Hebevorrichtung, Hebebock;
electr Klinke

jacket (insulation)
Mantel, Ummantelung,
Umhüllung, Hülle, Wicklung,
Umwicklung, Verkleidung;
Manschette, Tropfschutz

jacket *vb* (jacketed)
ummanteln, verkleiden
(ummantelt, verkleidet)

jacketed coil condenser
Intensivkühler

jacketing
Ummantelung, Verkleidung;
Mantelmaterial

jammed
(seized-up/stuck/'frozen'/caked)
verbacken, festgebacken,
festgesteckt (Schliff/Hahn)

jammed joint/
stuck joint/caked joint/
'frozen' joint
festgebackener Schliff

Japanese lacquer
Japanlack

jar Becher

➢ **grinding jar**
Mahlbecher (Mühle)

jasmonic acid Jasmonsäure

jaw crusher/jaw breaker
Backenbrecher

jelly Gelee;
(gelatin/gel) Gallerte, Gelatine

jelutong/
djelutong/pontianak
(*Dyera costulata*/Apocynaceae)
Jelutong

jet
Strahl; (nozzle) Düse

jet flame (jetting flame)
Stichflamme

jet loop reactor
Strahlschlaufenreaktor,
Strahl-Schlaufenreaktor

jet of water
Wasserstrahl

jet reactor
Strahlreaktor

jetting Ausstoßen
(Ausschleudern/Herausschießen)

joggle-lap joint
gefalzte Überlappungsverbindung,
gefalzter Überlappstoß

joint Verbindung; Fuge; Naht,
Nahtstelle; (articulation) Gelenk;
Verbindungsstück; (hinge) Scharnier;
(welding joint) Schweißstoß, Stoß

➢ **adhesive joint/**
adhesive bonding
Klebeverbindung

➢ **ball-and-socket joint/**
spheroid joint
Kugelgelenk

➢ **bonded glass joint**
Glasverklebung

➢ **bonded joint**
Klebeverbindung

➢ **butt joint** Stoßverbindung

➢ flanged joint/flange
connection/flange coupling
Flanschverbindung

➢ **flat-flange ground joint/**
flat-ground joint/
plane-ground joint
Planschliff (glatte Enden)

➢ **hinged joint/**
swivel joint/
articulated joint
Gelenkverbindung

➢ **jammed joint/**
stuck joint/
caked joint/
'frozen' joint
festgebackener Schliff

➢ **joggle lap joint**
gefalzte Überlappungsverbindung,
gefalzter Überlappstoß

➢ **lap joint**
Überlappungsverbindung,
Überlappstoß

➢ **male/female joint**
Plus~/Minus-Verbindung
(Rohrverbindungen etc.)

➢ **plane-ground joint**
(flat-flange ground joint/
flat-ground joint)
Planschliffverbindung

➢ **scarf joint**
  Schäftung,
  Schaftverbindung, Schaftstoß
➢ **snap-in joint**
  Schnappverbindung
➢ **spherical ground joint**
  Kugelschliff
➢ **strap joint**
  Laschenverbindung,
  Riemenstoß
➢ **tapered joint/tapered ground joint**
  (S.T.=standard taper)
  Kegelschliffverbindung,
  Kegelschliff
  (N.S.=Normalschliff)

joint clip/joint clamp/
  ground-joint clip/
  ground-joint clamp
  Schliffklammer,
  Schliffklemme
  (Schliffsicherung)
joint surface Fügefläche
jointed chain
  Segment-Kette

journal
  Achsenlager, Achslager,
  Zapfenlager
  (z.B. beim Kugellager)
journal box
  Lagerbüchse (Kugellager)
jug (container)
  Krug, Kanne, Kännchen;
  (pitcher) ... mit Griff
jumper cable/coupling cable
  Überbrückungskabel,
  Starterkabel
junction *polym*
  Netzstelle,
  Vernetzungsstelle
jute
  (*Corchorus capsularis*/Tiliaceae)
  Jute
juxtapose
  nebeneinanderstellen
juxtaposition
  Nebeneinanderstellen
juxtaposition twins (crystals)
  Ergänzungszwillinge

kapok/silk cotton
  (*Ceiba pentandra*/Malvaceae)
  Kapok
karaya gum/
  Indian tragacanth
  (*Sterculia urens*/Malvaceae)
  Karayagummi,
  Indischer Tragant
kauri (Baumkopal:
  Agathis australis/Araucariaceae)
  Kauri
kenaf (hibiscus)
  (*Hibiscus cannabinus*/Malvaceae)
  Kenaf
  (Combofaser/Gambofaser)
keratinize (cornify)
  keratinisieren (verhornen)
kerogen
  Kerogen
kerosene
  Kerosin
keto acid
  Ketosäure
ketoaldehyde/
  aldehyde ketone
  Ketoaldehyd
ketone Keton
➤ **acetone/**
  dimethyl ketone/
  2-propanone
  Aceton (Azeton),
  Propan-2-on, 2-Propanon,
  Dimethylketon
ketone body
  (acetone body)
  Ketonkörper
key Schlüssel;
  (button/knob/push-button) Taste,
  Knopf, Griff; (plug) Küken;
  (stopcock key/plug) Hahnküken
khair gum
  (*Acacia catechu*/Fabaceae)
  Gerberakaziengummi
kieselguhr (loose/porous diatomite/
  diatomaceous/infusorial earth)
  Kieselgur
killed rubber
  totplastizierter Kautschuk,
  totmastizierter Kautschuk

kindling temperature
  (flame temperature/
  ignition point/flame point/
  spontaneous-ignition
  temperature SIT)
  Zündpunkt, Zündtemperatur,
  Entzündungstemperatur
kinematic viscosity
  kinematische Viskosität
kinetics (zero-/first-/second-order...)
  Kinetik
  (nullter/erster/zweiter... Ordnung)
➤ **reaction kinetics** Reaktionskinetik
➤ **reassociation kinetics**
  Reassoziationskinetik
Kipp generator
  Kippscher Apparat, 'Kipp',
  Gasentwickler
kitchen tissue
  (kitchen paper towels)
  Haushaltsrolle, Küchenrolle,
  Tücherrolle, Küchentücher,
  Haushaltstücher
Kjeldahl flask
  Kjeldahl-Kolben,
  Birnenkolben
knead kneten
kneader/
  kneading machine *polym*
  Kneter,
  Knetmaschine, Knetwerk
knife Messer; Rakel
➤ **blade** Klinge
➤ **cable stripping knife** Kabelmesser
➤ **putty knife** Spachtelmesser,
  Kittmesser
knife coater
  Rakelstreichmaschine
knife coating
  Rakeln,
  Rakelstreichverfahren
knife holder *micros* Messerhalter
knife switch *electr*
  Messerschalter
knife-discharge centrifuge/
  scraper centrifuge
  Schälschleuder
knife-over-roll coating *polym*
  Auftrageverfahren mit Walzenrakel

knit line/
  flow line/
  weld line/
  weld mark
  Bindenaht, Schweißnaht;
  Fuge
knits *text* Gewirke
knock-out (mold)
  Ausheber, Ausdrücker
knock-out pin
  Drückstift
knot *vb* **(tie)** knüpfen
knurled nut
  Rändelmutter
knurled screw/
  knurled thumbscrew
  Rändelschraube
Koehler illumination *micros*
  Köhlersche Beleuchtung

Kofler hot-block
  Kofler'scher Heizblock
kojic acid Kojisäure
kok-saghyz rubber
  (*Taraxacum bicorne/*
  Asteraceae)
  Koksaghyz-Gummi
kraft paper
  starkes Packpapier
krim-saghyz rubber
  (*Taraxacum megalorhizon/*
  Asteraceae)
  Krimsaghyz-Gummi
Kuhn length
  Kuhn-Länge
kurtosis
  Häufungsgrad, Häufigkeitsgrad;
  stat Wölbung,
  Koeffizient der Wölbung

lab (*also see:* laboratory)
Labor (*pl* Labors),
Laboratorium (*pl* Laboratorien)
lab bench
Laborarbeitstisch
lab bottle/laboratory bottle
Standflasche,
Laborstandflasche
lab diary/
lab manual/log book
Labortagebuch
lab etiquette
Laboretikette,
Laborgepflogenheiten,
Laborbenimmregeln,
Labor'knigge'
lab scale/laboratory scale
Labormaßstab
lab stool
Laborhocker
label
Markierung, Marke; Kennzeichen;
(tag) Etikett, Beschriftungsetikett
labeling (labelling)
Markieren, Markierung,
Kennzeichnung; Beschriftung;
(tagging) Etikettierung
labeling requirement
Kennzeichnungspflicht
laboratory (lab)
Labor (*pl* Labors),
Laboratorium (*pl* Laboratorien)
➤ **research laboratory**
Forschungslabor
laboratory aide/lab aide
Laborgehilfe
laboratory apron/lab apron
Laborschürze
laboratory balance/
lab balance/
laboratory scales/
lab scales
Laborwaage
laboratory bench/lab bench
Labor-Werkbank,
Laborarbeitstisch
laboratory bottle/lab bottle
Laborstandflasche,
Standflasche

laboratory brush/lab brush
Laborbürste
laboratory cart/lab pushcart
(*Br* trolley)
Laborwagen,
Laborschiebewagen
laboratory chemical/lab chemical
Laborchemikalie
laboratory cleanup/lab cleanup
Laborreinigung
laboratory coat/labcoat
Laborkittel, Labormantel
laboratory conditions/
lab conditions
Laborbedingungen
laboratory counter/lab counter
Laborbank
laboratory diagnostics/
lab diagnostics
Labordiagnostik
laboratory diary
Labortagebuch
laboratory equipment/
lab equipment
Laborgerät
laboratory experiment/
lab experiment/
laboratory test/lab test
Laborversuch, Labortest
laboratory facilities/lab facilities
Laboreinrichtung,
Laborausstattung
laboratory head/lab head
Laborleiter
laboratory jack/lab-jack
Hebestativ, Hebebühne (fürs Labor);
höhenverstellbare Plattform
laboratory manual
Laborhandbuch; Labortagebuch
laboratory notebook/lab notebook
Laborjournal, Protokollheft
laboratory notes/lab notes/
laboratory documentation/
lab documentation
Laboraufzeichnungen
laboratory personnel/lab personnel
Laborpersonal
laboratory procedure/lab procedure
Laborverfahren

laboratory protection plate
Laborschutzplatte
(Keramikplatte)
laboratory protocol/
lab protocol
Laborprotokoll
laboratory reagent/
lab reagent/
bench reagent
Laborreagens
laboratory report/lab report
Laborbericht
laboratory safety/
lab safety
Laborsicherheit
laboratory safety officer
Laborsicherheitsbeauftragter
laboratory scale/lab scale
Labormaßstab
laboratory space/lab space/
laboratory working space
Laborplatz,
Laborarbeitsplatz
laboratory standard/lab standard
Laborstandard
laboratory table/
laboratory bench/
laboratory workbench
Labortisch, Labor-Werkbank
laboratory technician/
lab technician/
technical lab assistant
technischer Assistent
(technische Assistentin),
Laborassistent (Laborassistentin),
Laborant (Laborantin)
laboratory technique/lab technique
Labortechnik
laboratory tray/lab tray
Laborschale
laboratory worker/lab worker
Laborant(in), Laborarbeiter
laboratory-scale/lab-scale
labortechnisch, im Labormaßstab
laborious mühselig, schwer, arbeitsam
labware/
laboratory supplies/
lab supplies
Laborbedarf

lac Rohschellack
➤ **shellac** Schellack
lachrymator/
lacrimator (tear gas)
Augenreizstoff,
Tränenreizstoff (Tränengas)
lachrymatory
tränend
(Tränen hervorrufend)
lacking/missing/wanting
fehlend
lacquer *vb* **(varnish)**
lackieren
lacquer *n*
(solution forming film after
evaporation of solvent)
Lack, Firnis, Farblack;
(varnish) Lasur
➤ **Burmese lacquer**
Burmalack
➤ **cellulose lacquer**
Celluloselack
➤ **cellulose nitrate lacquer**
Nitrolack,
Cellulosenitratlack
➤ **collodion** Kollodium
➤ **Japanese lacquer/**
Chinese lacquer
(***Rhus verniciflua*/Anacardiaceae**)
Japanlack, Chinalack,
Lacksumach
➤ **resin lacquer/resin varnish**
Harzlack
lacquer coating/lacquer finish
(enameling)
Lackierung; Lackschicht,
Lacküberzug
lacquer remover/
paint remover/
varnish remover/
paint stripper
Lackentferner
lacquering by electrodeposition
elektrostatische Lackierung
lactamide
Laktamid, Lactamid,
Milchsäureamid
lactic acid (lactate)
Milchsäure (Laktat)

lactic acid fermentation/
  lactic fermentation
  Laktatgärung,
  Milchsäuregärung
lactose (milk sugar)
  Laktose, Lactose (Milchzucker)
ladder polymer
  Leiterpolymer
Lagos rubber/
  Lagos silk rubber
  (*Funtumia elastica/*
  Apocynaceae)
  Lagosgummi,
  Kickxia-Gummi
lamellar structure
  Lamellenstruktur
laminar cleavage
  Blätterbruch
laminar flow
  (lamellar flow/streamline flow)
  laminare Strömung,
  Schichtströmung
laminar flow workstation/
  laminar flow hood/
  laminar flow unit
  Querstrombank
laminate *n*
  (laminated plastic/composite)
  Laminat
laminate *vb*
  laminieren; kaschieren
laminated board/
  laminated panel
  Schichtstoff,
  Schichtstoffplatte
laminated composite material
  Schicht-Verbundwerkstoff,
  Schicht-Kompositwerkstoff
laminated glass
  Schichtglas, Verbundglas,
  Schutzglas, Sicherheitsglas
laminated paper
  Hartpapier
laminated plastic
  Kunststofflaminat
  (Schichtstoff/Schichtstoffplatte
  aus Plastik)
laminated pressboard
  Schichtstoffpressplatte

laminated safety glass
  Verbundsicherheitsglas
laminating
  Laminieren; Kaschieren
  (Verbundwerkstoffe)
  ➢ **bonding (joining)**
  Fügeverfahren
  ➢ **doubling**
  Dublieren
  ➢ **hand lay-up**
  Handlaminieren
  (Handlaminierverfahren)
  ➢ **quilting**
  Steppen
laminating adhesive
  Laminierkleber,
  Kaschierklebstoff
laminating film
  Kaschierfolie
laminating resin
  Laminierharz,
  Schichtstoffharz
lamination coating
  Kaschieren (Beschichtung)
lampblack
  Lampenruß
land (of mold)
  Abquetschfläche, Steg
  (hervorstehende Kante nach Guss)
land width
  (of extruder screw)
  Stegbreite
landfill Deponie;
  (sanitary landfill)
  Müllgrube (geordnet)
lanthanides (lanthanoids)
  Lanthanide (Lanthanoide)
lanthanum (La) Lanthan
lap-joint flange
  Bördelflansch
lap-welding
  Überlappschweißen
large scale
  Großmaßstab
lashing strap
  Zurrgurt
latch
  Schnappriegel,
  Schnappschloss

latency Latenz
latency period/latent period
  (incubation period)
  Latenzzeit (Inkubationszeit)
latent
  latent, verborgen,
  unsichtbar, versteckt
latent phase/
  incubation phase/
  establishment phase/
  lag phase
  Latenzphase, Adaptationsphase,
  Anlaufphase, Inkubationsphase,
  lag-Phase
lateral
  lateral, seitlich
lateral axis/lateral branch
  Seitenachse
latex
  (*pl* latices/latexes)
  Latex (*m/pl* Lattices/Latizes);
  Milchsaft, Kautschukmilch
➤ **Assam rubber/Indian rubber**
  (*Ficus elastica*/Moraceae)
  Assamgummi,
  Indisches Gummi
➤ **Bitinga rubber**
  (*Raphionacme utilis*/
  Asclepiadaceae)
  Bitingagummi
➤ **Bolivian rubber**
  (*Sapium aucuparium*/
  Euphorbiaceae)
  Bolivianisches Gummi
➤ **Borneo rubber**
  (*Willughbeia coriacea*/
  Apocynaceae)
  Borneo-Gummi
➤ **caoutchouc (*also see there*)**
  (mainly *cis*-1,4-polyisoprene)
  Kautschuk
➤ **ceara rubber**
  (*Manihot* spp. esp. *M. glaziovii*/
  Euphorbiaceae)
  Ceará-Gummi
➤ **chicle/chicle gum/**
  chiku (sapodilla:
  ***Manilkara zapota*/Sapotaceae)**
  Chicle

➤ **chilte rubber**
  (*Cnidoscolus elastica*/
  Euphorbiaceae)
  Chilte-Gummi
➤ **Congo rubber**
  (*Ficus lutea*/Moraceae)
  Kongogummi
➤ **coquirana balata**
  (*Ecclinusa balata*/Sapotaceae)
  Coquirana-Balata
➤ **couma rubber**
  (*Couma* spp./Apocynaceae)
  Couma-Gummi
➤ **cow tree**
  (*Brosimum utile* and
  ***B. galactodendron*/Moraceae)**
  Milchbaum
➤ **East African rubber**
  (*Landolphia* spp./Apocynaceae)
  Ostafrikanisches Gummi
➤ **Esmeralda rubber**
  (*Sapium jenmanii*/Euphorbiaceae)
  Esmeraldagummi
➤ **guayule rubber**
  (*Parthenium argentatum*/
  Asteraceae)
  Goldruten-Gummi
➤ **gutta-percha**
  (*Palaquium gutta* and
  ***Payena* spp./Sapotaceae)**
  Guttapercha
➤ **gutta sundek**
  (*Payena leerii*/Sapotaceae)
  Gutta Sundek
➤ **Indian tragacanth/**
  karaya gum
  (*Sterculia urens*/Malvaceae)
  indischer Tragacanth,
  indischer Tragant,
  Karaya-Gummi
➤ **Iré rubber**
  (Tongo lumps)
  (*Ficus vogelii*/Moraceae)
  Iré-Gummi,
  Saji-Gummi
➤ **jelutong/**
  djelutong/pontianak
  (*Dyera costulata*/Apocynaceae)
  Jelutong

➤ **karaya gum/**
Indian tragacanth
(*Sterculia urens*/Malvaceae)
indischer Tragacanth,
indischer Tragant,
Karaya-Gummi

➤ **kok-saghyz rubber**
(*Taraxacum bicorne*/Asteraceae)
Koksaghyz-Gummi

➤ **krim-saghyz rubber**
(*Taraxacum*
megalorhizon/Asteraceae)
Krimsaghyz-Gummi

➤ **Lagos rubber/**
Lagos silk rubber
(*Funtumia elastica*/Apocynaceae)
Lagosgummi,
Kickxia-Gummi

➤ **latex-sprayed rubber**
Sprühkautschuk

➤ **maçaranduba**
(*Mimusops elata*/Fabaceae)
Massaranduba

➤ **mangabeira rubber**
(*Hancornia speciosa*/Apocynaceae)
Mangabeira-Gummi

➤ **Manicoba rubber**
(*Manihot glaziovii*/Euphorbiaceae)
Manicoba-Gummi

➤ **natural rubber (NR)/**
Indian rubber/caoutchouc
Naturkautschuk,
natürliches Gummi

➤ **Panamá rubber**
(*Castilla elastica*/Moraceae)
Panamagummi

➤ **para rubber**
(*Hevea brasiliensis*/Euphorbiaceae)
Parakautschuk

➤ **Rangoon rubber**
(*Urceola maingayi*/Apocynaceae)
Rangoongummi

➤ **sorva gum/**
leche caspi
(*Couma macrocarpa*/Apocynaceae)
Sorva

➤ **tirucalli rubber**
(*Euphorbia tirucalli*/Euphorbiaceae)
Tirucalli-Gummi

➤ **Tongking rubber**
(*Streblus tongkinensis*/Moraceae)
Tongking-Gummi

➤ **Ulé rubber/uli rubber**
(*Castilla ulei*/Moraceae)
Uleigummi

latex compounding
Latexmischen

latex foam Latexschaum

latex foam rubber
Latexschaumgummi,
Schaumgummi

latex paint
Latexfarbe

latex tube/
lactifer/lacticifer
Milchsaftröhre,
Milchröhre

latex-sprayed rubber
Sprühkautschuk

lath/plank Latte (aus Holz)

lathe
Drehbank,
Drehmaschine

lattice Gitter

➤ **base lattice** Basisgitter
➤ **ideal lattice** Idealgitter
➤ **plane lattice** Plangitter
➤ **point lattice** Punktgitter
➤ **real lattice** Realgitter
➤ **space lattice** Raumgitter
➤ **super lattice** Supergitter

lattice energy
Gitterenergie

lattice sampling/grid sampling *stat*
Gitterstichprobenverfahren

lattice site
Gitterplatz

laughing gas/nitrous oxide
Lachgas,
Distickstoffoxid,
Dinitrogenoxid

lauric acid/
decylacetic acid/
dodecanoic acid
(laurate/dodecanate)
Laurinsäure, Dodecansäure
(Laurat/Dodecanat)

law (act/statute) Gesetz

law of conservation of energy
Energieerhaltungssatz
law of conservation of matter
Massenerhaltungssatz
law of mass action
Massenwirkungsgesetz
layer/
story/stratum/sheet
Schicht
LD$_{50}$ (median lethal dose)
LD$_{50}$ (mittlere letale Dosis)
LDL (low density lipoprotein)
LDL (Lipoproteinfraktion
niedriger Dichte)
leachate
Lauge (Bodenauslaugung)
leaching Auswaschung
lead
Stift, Kontakt;
Ganghöhe (Steigung);
electr Kontakt,
(pigtail lead) Anschlussleitung
lead (Pb) Blei
lead citrate Bleicitrat
lead dioxide/
brown lead oxide/
lead superoxide PbO$_2$
Bleioxid
lead oxide (yellow)/
lead suboxide Pb$_2$O
Bleioxid
lead ring (for Erlenmeyer)
Gewichtsring, Stabilisierungsring,
Beschwerungsring,
Bleiring (für Erlenmeyerkolben)
leading substrate
Leitsubstrat
leaf fiber Blattfaser
leak *n* (leakage)
Leck, Leckage;
(leakiness) Undichtigkeit
leak *vb*
(not closing tightly)
undicht sein; (leak out/bleed)
auslaufen (Flüssigkeit)
leak rate Leckagerate
leakage
Leck, Auslauf, Austritt, Leckage;
electr Streuverlust

leakage current (creepage)
Kriechstrom
leakage current circuit breaker/
surge protector (fuse)
FI-Schalter
(Fehlerstromschutzschalter)
leakage flow
Leckfluss, Leckströmung
leakiness Undichtigkeit
leaking/leaky
undicht, leck (läuft aus)
leakproof/leaktight
(sealed tight)
leckfrei, lecksicher, dicht
leaky
undicht, leck (läuft aus)
leather Leder
➢ **imitation leather/**
artificial leather
Kunstleder
leaving group/
coupling-off group
Austrittsgruppe,
Abgangsgruppe,
austretende Gruppe
leaving molecule
Abgangsmolekül
length constant
Längskonstante
leno weave *text*
Dreherbindung
➢ **mock leno weave**
Scheindreherbindung
lens (also: lense)
Linse;
(magnifying glass) Lupe,
Vergrößerungsglas
lens tissue/
lens paper *micros*
Linsenpapier,
Linsenreinigungspapier
lesion
Läsion, Schädigung,
Verletzung, Störung
less volatile/
heavy
(boiling/evaporating
at higher temp.)
schwer flüchtig (höhersiedend)

lethal/deadly
letal, tödlich
lethal dose
letale Dosis, Letaldosis,
tödliche Dosis
lethality Letalität
levan Lävan
leveling
nivellieren, einebnen,
planieren, gleichmachen
leverage mechanism
Hebelmechanismus
liberate (release/set free)
freisetzen
(Wärme/Energie/Gase etc.)
Liebig condenser
Liebigkühler
life Leben; Dauer, Zeit
➢ **service life**
Laufzeit (Gerät/Lebenszeit)
➢ **working life**
Nutzungsdauer
life cycle assessment/
life cycle analysis (LCA)
Ökobilanz
life span Lebensdauer
life-threatening
lebensgefährlich
lifetime
Lebenszeit; Funktionsdauer
lift *n*
Heben, Hochhalten;
Hub, Hubhöhe,
Förderhöhe, Steighöhe;
Aufzug, Fahrstuhl;
(buoyancy) Auftrieb
ligament Ligament, Band
ligand Ligand
ligation Ligation, Verknüpfung
light
Licht;
(illuminator/beamer)
Strahler (Licht)
➢ **plane-polarized light**
linear polarisiertes Licht
➢ **polarized light**
polarisiertes Licht
➢ **scattered light/stray light**
Streulicht

light aging/light ageing
Lichtalterung
light barrier Lichtschranke
light bulb/lightbulb/
incandescent lamp
Glühbirne, Glühlampe
light fastness
Lichtechtheit,
Lichtbeständigkeit
light microscope
(compound microscope)
Lichtmikroskop
light microscopy
Lichtmikroskopie
light permeability
Lichtdurchlässigkeit
light scattering Lichtstreuung
➢ **dynamic light scattering**
dynamische Lichtstreuung
➢ **static light scattering**
statische Lichtstreuung
light-sensitive/
photosensitive/
sensitive to light
lichtempfindlich (leicht reagierend)
light sensitivity/
sensitivity to light/
photosensitivity
Lichtempfindlichkeit
light source Lichtquelle
light stabilizer/
light-stability agent
Lichtschutzmittel
light stimulus Lichtreiz
lightweight
Leichtgewicht..., leichtgewichtig
lignification Lignifizierung
lignin Lignin
lignite Lignit,
Weichbraunkohle und
Mattbraunkohle
lignoceric acid/
tetracosanoic acid
Lignocerinsäure,
Tetracosansäure
ligroin/petroleum spirit
Ligroin
likelihood function
Wahrscheinlichkeitsfunktion

lime *vb* **(calcify)** kalken
lime *n* Kalk
➤ **caustic lime CaO**
Branntkalk
➤ **slaked lime Ca(OH)$_2$**
Ätzkalk, Löschkalk,
gelöschter Kalk
➤ **soda lime** Natronkalk
limestone Kalkstein
limestone deposit Kalkablagerung
liminal value Grenzwert,
Schwellenwert
liming Kalkung
limit of detection (LOD)/
detection limit
Bestimmungsgrenze,
Nachweisgrenze
limit of resolution *opt*
Auflösungsgrenze
limit valve/limiting valve
Begrenzungsventil
limited capacity control system
(LCCS)
limitiertes Kapazitätskontrollsystem
limiting concentration
Grenzkonzentration
limiting factor
begrenzender Faktor,
limitierender Faktor,
Grenzfaktor
limiting oxygen index (LOI) *polym*
Sauerstoffindex (Entzündbarkeit)
limiting value/limit
Grenzwert,
Schwellenwert
limiting valve
Begrenzungsventil
limiting viscosity number/
intrinsic viscosity
Grenzviskositätszahl,
grundmolare Viskosität
(Staudinger-Index)
limy/limey/calcareous
kalkig, kalkartig,
kalkhaltig
line *vb*
(coat/cover/laminate)
beschichten, überziehen, füttern
line formula Strichformel

line spectrum
Linienspektrum,
Atomspektrum
linear polymer
lineares Polymer
linear scan voltammetry/
linear sweep voltammetry
lineare Voltammetrie
linen (LI) Leinen
lining
(coat/coating/
covering/lamination)
Futter, Futterstoff,
Fütterung, Auskleidung;
Beschichtung, Isolationsschicht
link (up to)
verbinden, anschließen;
verketten, verknüpfen;
zusammenfügen
linolenic acid Linolensäure
linolic acid/linoleic acid
Linolsäure
linseed oil Leinöl
linseed oil varnish
Leinölfirnis
lint Lint; Fussel(n)
linters Linters
lip seal/
lip-type seal/lip gasket
Lippendichtung
(Wellendurchführung)
lipid Lipid
lipid bilayer
Lipiddoppelschicht (biol. Membran)
lipofection Lipofektion
lipoic acid (lipoate)/thioctic acid
Liponsäure, Dithiooctansäure,
Thioctsäure, Thioctansäure (Liponat)
lipophilic lipophil
liquefaction Verflüssigung
liquefaction of air
Luftverflüssigung
liquefied natural gas (LNG)
Flüssiggas
(verflüssigtes Erdgas)
liquefier
Verflüssiger
liquefy/liquify
verflüssigen

liquid *adv/adj* flüssig, liquid
liquid *n* Flüssigkeit
liquid air flüssige Luft
liquid chromatography (LC)
Flüssigkeitschromatographie
liquid crystal (LC)
Flüssigkristall
➤ **calamitic liquid crystal**
calamitisches Flüssigkristall
➤ **cholesteric liquid crystal**
cholesterisches Flüssigkristall
➤ **discotic liquid crystal**
discotisches Flüssigkristall
➤ **lyotropic liquid crystal**
lyotropisches Flüssigkristall
➤ **mesogen**
mesogen
➤ **nematic**
fadenförmig,
nematisch
➤ **smectic**
smektisch
➤ **thermotropic liquid crystal**
thermotropisches Flüssigkristall
liquid crystal display
Flüssigkristallanzeige
liquid crystalline polymer
flüssigkristallines Polymer
**liquid curing medium method
(LCM)**
Flüssigkeitsbadvulkanisation
(LCM-Verfahren)
liquid gas/liquefied gas
Flüssiggas
liquid nitrogen
Flüssigstickstoff,
flüssiger Stickstoff
liquid oxygen
Flüssigsauerstoff,
flüssiger Sauerstoff
**liquid soap/
liquid detergent**
Flüssigseife
liquid state
flüssiger Zustand
liquidus temperature
Liquidustemperatur
liquify/liquefy
verflüssigen

**litharge/massicot/
lead protooxide/lead oxide
(yellow monoxide) PbO**
Bleioxid
litmus Lackmus
litmus paper Lackmuspapier
litocholic acid Litocholsäure
**litter bin/
trash can/waste container**
Abfallbehälter
load factor
Lastfaktor,
Belastungsfaktor
load *n*
Last, Belastung, Beladung,
Traglast, Beanspruchung
load *vb*
füllen, auffüllen, beladen,
belasten, beanspruchen
loadable belastbar
loading
Füllen, Beschicken;
(strain) Belastung, Beanspruchung
loading agent
Füllstoff (auch:
Füllmaterial/Verpackung)
loading point
dist Staupunkt
lock-and-key principle
Schlüssel-Schloss-Prinzip,
Schloss-Schlüssel-Prinzip
locking bolt/locking pin
Arretierbolzen
locking mechanism
Arretiervorrichtung
locking screw
Arretierschraube
**locust bean gum/
carob gum**
(*Ceratonia siliqua*/Fabaceae)
Johannisbrotsamengummi
lod score
('logarithm of the odds ratio')
Lod-Wert
log off ausloggen
log on einloggen
log paper
Logarithmuspapier,
Logarithmenpapier

logarithmic phase (log-phase)
logarithmische Phase
logbook
Arbeitstagebuch
lognormal distribution/
logarithmic normal distribution/
LN distribution
Lognormalverteilung,
logarithmische Normalverteilung
lone pair (of electrons)
freies Elektronenpaar,
einsames Elektronenpaar,
nichtbindendes Elektronenpaar
long-chain
langkettig
long-chain branching
Langketten-Verzweigung
long-distance heat(ing)
Fernwärme
long-lived/
long-living langlebig
long-range interaction
langreichende Wechselwirkung
long-term experiment
Langzeitversuch
long-term run/operation
Dauerbetrieb, Dauerleistung,
Non-Stop-Betrieb
longevity
Langlebigkeit
longisection/
longitudinal section/
long section
Längsschnitt
loop Schlaufe
loop conformation/
coil conformation
Schleifenkonformation,
Knäuelkonformation
loop reactor/
circulating reactor/
recycle reactor
Umlaufreaktor,
Umwälzreaktor,
Schlaufenreaktor
loose ion pair
Solvationenpaar
loss angle
Verlustwinkel

loss factor/
dielectric loss index
Verlustfaktor,
Verlustzahl,
Verlustziffer
loss modulus
Verlustmodul
loss of pressure/
pressure drop
Druckverlust
loss on drying
Trocknungsverlust
loss on ignition/
ignition loss
Glühverlust
lost-cure technique
Schmelzkern-Verfahren
lot Posten, Partie (Waren);
(unit) Charge
(Produktionsmenge/-einheit)
low density lipoprotein (LDL)
Lipoprotein niedriger Dichte
low explosive
Schießstoff, Schießmittel,
verpuffender Sprengstoff
low-field shift (NMR)
Tieffeldverschiebung
low-fog plastics
Kunststoff mit geringem
Fogging-Effekt
low-molecular
niedermolekular
low-noise geräuscharm
low pressure
Niederdruck
low-resolution ...
niedrig aufgelöst
low-shrinkage schrumpfarm
low-voltage lamp/
illuminator (spotlight)
Niedervoltleuchte
lower critical solution temperature
(LCST)
untere kritische Lösungstemperatur
lower phase
Unterphase (flüssig-flüssig)
LSE (least squares estimation)
MSQ-Schätzung
(Methode der kleinsten Quadrate)

lubricant/
  lubricating agent/
  lube
  Schmiermittel, Schmierstoff,
  Schmiere, Gleitmittel;
  (for ground joints) Schliff-Fett
lubricate/
  grease/oil
  schmieren
lubricating oil/
  lube oil
  Schmieröl
lubrication (oiling)
  Schmierung, Einfetten,
  Einschmieren
Luer female hub (lock)/
  female Luer hub
  Luerhülse
Luer lock
  Luerlock,
  Luerverschluss
Luer male hub (lock)/
  male Luer hub
  Luerkern
Luer tee
  Luer T-Stück
Luer tip Luerspitze
lug
  electr Kabelschuh, Ansatz, Öhr
lukewarm lauwarm
lumber industry/
  timber industry
  Holzwirtschaft
luminescence
  Lumineszenz
luminescent screen
  Leuchtschirm

luminiferous
  leuchtend, Licht erzeugend
luminophore
  (phosphor)
  Leuchtstoff,
  Luminophor ('Phosphor')
luminosity
  Leuchtkraft;
  (light intensity) Lichtstärke,
  Lichtintensität
luminous
  leuchtend, strahlend, Leucht...
luminous flux
  Lichtstrom (Lumen)
luminous paint
  Leuchtfarbe
luster terminal
  (insulating screw joint)
  Lüsterklemme
lute
  Kitt, Dichtungskitt,
  Dichtungsmasse;
  Gummiring (Flaschen etc.)
lye (alkaline solution) Lauge
lyogel Lyogel
lyophilization/freeze-drying
  Lyophilisierung,
  Gefriertrocknung
lyotropic liquid crystal
  lyotropisches Flüssigkristall
lyotropic series/
  Hofmeister series
  lyotrope Reihe,
  Hofmeistersche Reihe
lysate Lysat
lyse lysieren
lysis Lyse

maçaranduba
(*Mimusops elata*/Fabaceae)
Massaranduba
macerate mazerieren
maceration Mazeration
machinability
Bearbeitbarkeit,
Verarbeitungsfähigkeit,
Verarbeitbarkeit
machinable
bearbeitbar,
verarbeitungsfähig,
verarbeitbar
macroacid Makrosäure
macroanion Makroanion
macrobase Makrobase
macrocation Makrokation
macrohomogenisation
Makrohomogenisierung
macroion Makroion
macromolecule
Makromolekül
macronutrients
Kernnährelemente
macroporous großporig
macroradical Makroradikal
macroreticular großmaschig
macroreticular resin/
macroporous resin
Ionenaustauscherharz
mit Kanalstruktur
macroscopic makroskopisch
Madagascar rubber
(*Cryptostegia/Landolphia/*
Marsdenia/Mascarenhasia spp.)
Madagaskar-Gummi
magic acid (HSO_3F/SbF_5)
magische Säure
magic angle spinning (MAS: NMR)
Rotation um den magischen Winkel
magnesia/mangesium oxide
Magnesia, Magnesiumoxid
magnesium (Mg) Magnesium
magnetic field Magnetfeld
magnetic flux
magnetischer Fluss
magnetic inductance
Eigeninduktivität,
magnetischer Leitwert (Henry)

magnetic resonance imaging (MRI)/
nuclear magnetic resonance
imaging
Kernspintomographie (KST),
Magnetresonanztomographie (MRT)
magnetic stirrer Magnetrührer
magnification (enlargement)
Vergrößerung
magnification at x diameters
x-fache Vergrößerung
magnify (enlarge) vergrößern
maguey/century plant
(*Agave americana*/Asparagaceae)
Maguey
main band Hauptbande
main-chain liquid crystalline polymer
(MCLCP)
flüssigkristallines
Hauptketten-Polymer
mains (*Br*)
Stromleitung,
Hauptstromleitung
mains cable (*Br*)/
power cable
Netzkabel
mains connection (*Br*)/
power supply
(electric hookup)
Netzanschluss
maintenance (servicing)
Wartung,
Instandhaltung
maintenance coefficient (m)
Erhaltungskoeffizient
maintenance contract
Wartungsvertrag
maintenance costs
Instandhaltungskosten
maintenance energy
Erhaltungsenergie
maintenance-free
wartungsfrei
maintenance personnel
Wartungspersonal
maintenance service
Wartungsdienst
male (insert)
männlich;
Stecker, Kupplung

male mold/plug *polym*
Stempel, Patrize
(Formwerkzeuge)
maleic acid (maleate)
Maleinsäure (Maleat)
malfunction
(functional disorder)
Funktionsstörung;
Dysfunktion
malic acid (malate)
Äpfelsäure (Malat)
malignancy/malignant nature
Malignität, Bösartigkeit
malignant
bösartig, maligne
➢ **benign**
gutartig, benigne
malleable annealing furnace
Temperglühofen
malleable iron/
malleable cast iron/
wrought iron
Tempereisen, Temperguss
malonic acid (malonate)
Malonsäure (Malonat)
maltose (malt sugar)
Maltose (Malzzucker)
mandatory report/
mandatory registration/
compulsory registration/
obligation to register
Meldepflicht,
Anmeldepflicht
mandelic acid/
phenylglycolic acid/
amygdalic acid
Mandelsäure,
Phenylglykolsäure
mandrel
Pinole, Dorn;
polym Kern (Herstellung
von Hohlartikeln: entfernbar)
mangabeira rubber
(*Hancornia speciosa*/Apocynaceae)
Mangabeira-Gummi
manganese (Mn) Mangan
manganese dioxide
Braunstein,
Manganoxid

Manicoba rubber
(*Manihot glaziovii*/Euphorbiaceae)
Manicoba-Gummi
manifold
Verteiler, Verzweigung
(Krümmer/Rohrverzweigung),
Verteilerrohr, Verteilerstück
Manila hemp
(*Musa textilis*/Musaceae)
Manilahanf, Abaka
Manila maguey/cantala
(*Agave cantala*/Asparagaceae)
Manila Maguey
man-made
(artificial/synthetic)
naturfern,
künstlich, synthetisch
man-made fiber/
manufactured fiber
Chemiefaser
mannitol Mannit
mannuronic acid
Mannuronsäure
manual (handbook/guide) Leitfaden,
Handbuch; (instructions) Anleitung
(Gebrauchsanweisung)
manual operation
Handbedienung (Gerät)
manufacture (manufacturing/
preparation/production)
Herstellung, Fertigung,
Erzeugung, Produktion;
(ready-made/industrial)
Konfektionierung
manufacturer
(producer) Hersteller, Produzent;
(manufacturing company/firm)
Herstellerfirma
manufacturer's specifications
Herstellerangaben
manufacturing process/procedure
Herstellungsverfahren
mar resistance
Kratzfestigkeit
marble melting
Kugelschmelzverfahren
(Glasfilamente)
marine screw impeller
Schraubenrührer

mark *n* **(label/caption/legend)**
Markierung, Kennzeichnung,
Beschriftung
mark *vb* **(label)**
markieren,
kennzeichnen,
beschriften
marker
Marker, Markierstift;
(genetic/radioactive) Marker,
Markersubstanz
(genetischer/radioaktiver)
marking/labeling
Kennzeichnung
Marsh test
Marshsche Probe
mask
Maske; Mundschutz;
➢ **dust mask (respirator)**
Grobstaubmaske
➢ **dust-mist mask**
Feinstaubmaske
➢ **emergency escape mask**
Fluchtgerät, Selbstretter
(Atemschutzgerät)
➢ **face mask/protection mask**
Gesichtsmaske,
Atemschutzmaske
➢ **filter mask**
Filtermaske
➢ **full-face respirator**
Atemschutzvollmaske,
Gesichtsmaske
➢ **full-facepiece respirator**
Vollsicht-Atemschutzmaske
➢ **full-mask (respirator)**
Vollmaske
➢ **gas mask**
Gasmaske
➢ **half-mask (respirator)**
Halbmaske
➢ **mist mask/mist respirator mask**
Feinstaubmaske
➢ **particulate respirator**
(U.S. safety levels N/R/P
according to regulation 42 CFR 84)
Staubschutzmaske
(Partikelfilternde Masken)
(DIN FFP)

➢ **protection mask/**
face mask/
respirator mask/respirator
Atemmaske,
Atemschutzmaske
➢ **surgical mask**
Operationsmaske,
chirurgische Schutzmaske
masking tape
Kreppband, Maler-Krepp
mass
Masse; (bulk) Fülle
➢ **biomass**
Biomasse
➢ **dry mass/dry matter**
Trockenmasse,
Trockensubstanz
➢ **molar mass ('molar weight')**
Molmasse,
molare Masse
('Molgewicht')
➢ **molecular mass**
('molecular weight')
Molekülmasse
('Molekulargewicht')
➢ **nominal mass**
Nennmasse, Nominalmasse
➢ **number average molar mass (M_n)**
zahlenmittlere Molmasse
(Zahlenmittel des
Molekulargewichts)
➢ **weight average molar mass (M_w)**
Durchschnitts-Molmasse
(gewichtsmittlere
Molmasse/ Gewichtsmittel
des Molekulargewichts)
mass action constant
Massenwirkungskonstante
mass density
(mass concentration)
Massendichte
mass-distribution function
Massen-Verteilungsfunktion
mass exchange/
substance exchange
Stoffaustausch
mass filter Massenfilter
mass flow/bulk flow
Massenströmung (Wasser)

mass fraction (weight fraction)
Massenanteil (Massenbruch)
mass-selective detector
massenselektiver Detektor
mass spectrometer/mass spec
Massenspektrometer
mass spectrometry (MS)
Massenspektrometrie (MS)
➤ **inductively coupled**
plasma mass spectrometry
ICP-MS
(induktiv gekoppelte Plasma-MS)
➤ **secondary ion mass spectrometry**
(SIMS)
Sekundärionen-Massenspektrometrie
mass-to-charge ratio (*m/z*) (MS)
Masse-Ladungsverhältnis
mass transfer
Stoffübergang, Massenübergang,
Stofftransport, Massentransport,
Massentransfer
mass transfer coefficient
Stoffübergangszahl,
Stofftransportkoeffizient,
Massentransferkoeffizient
mastic/gum mastic/
Chios mastic
(*Pistacia lentiscus* var. *chia*/
Anacardiaceae)
Mastix
masticate
mastizieren, kneten;
kauen, zerkauen; zerkleinern
mastication
Mastizieren, Mastikation;
Kauen, Zerkauen; Zerkleinern
masticator
Mastikator, Mastiziermaschine,
Kneter, Knetmaschine;
Mahlmaschine; Mastiziermittel
masticatory *med/pharm*
Kaumasse, Kaumittel
mat
Matte; Geflecht
material
Material, Werkstoff
material fatigue
Materialermüdung,
Werstoffermüdung

material flow/
chemical flow
Stofffluss
Material Safety Data Sheet
(MSDS)
Sicherheitsdatenblatt (Merkblatt)
material science/
materials science
Materialkunde,
Werkstoffkunde
material shortage
Materialmangel
material stress
Werkstoffbeanspruchung
materials technology/
materials engineering
Materialtechnik
materials testing
Materialprüfung,
Werkstoffprüfung
➤ **nondestructive testing (NDT)**
zerstörungsfreie Prüfung
matrix (*pl* matrices)
Matrix
(*pl* Matrizes/Matrizen)
maturation (ripening)
Reifung
mature *adv/adj* (ripe) reif
mature *vb* (ripen) reifen
maturity (ripeness) Reife
➤ **immaturity/immatureness**
Unreife
Mauritius hemp
(*Furcraea foetida*/Asparagaceae)
Mauritiushanf
maximum permissible workplace
concentration/
maximum permissible exposure
MAK-Wert
(maximale
Arbeitsplatz-Konzentration)
maximum rate
Maximalgeschwindigkeit
(V_{max} Enzymkinetik/Wachstum)
maximum tolerated dose
(MTD)
maximal verträgliche Dosis
maximum yield
Höchsterträge

Maxwell element
Maxwell-Körper
mealy/farinaceous mehlig
mean (average)
Mittel, Durchschnittswert
(siehe auch: Mittelwert)
➢ **adjusted mean**
bereinigter Mittelwert,
korrigierter Mittelwert
mean value/mean/arithmetic
mean/average *stat*
Mittelwert, Mittel,
arithmetisches Mittel,
Durchschnittswert
mean-field theory
mittlere Kraftfeld-Theorie,
Mean-Field-Theorie (Flory-Huggins)
measurable messbar
measure *n* Maß
measure *vb*
messen, abmessen
measured value
Messwert
measurement
(test/testing/reading/recording)
Messung, Messen, Maß
➢ **accuracy/**
precision of measurement/
measurement precision
Messgenauigkeit
measurement result/
result of measurement/
experimental result
Messergebnis
measuring apparatus/
measuring instrument
Messgerät
measuring cup
Messbecher
measuring gas/sample gas
Messgas
measuring procedure
Messverfahren
measuring scoop
Messschaufel
measuring unit/
measuring device
Messglied (Größe)
mechanic *n* Mechaniker

mechanical pulp
Holzstoff (mechan. H./Pulpe)
mechanical stage *micros*
Kreuztisch
median effective dose (ED$_{50}$)
mittlere effektive Dosis (ED$_{50}$),
mittlere wirksame Dosis
median lethal concentration (LC$_{50}$)
mittlere letale Konzentration (LC$_{50}$)
median lethal dose (LD$_{50}$)
mittlere letale Dosis (LD$_{50}$)
median longitudinal plane
Sagittalebene
(parallel zur Mittellinie)
median value *stat*
Medianwert, Zentralwert
medical examination/
medical exam/
medical checkup/
physical examination/
physical
medizinische Untersuchung,
ärztliche Untersuchung
medical gloves
medizinische Handschuhe,
OP-Handschuhe
medical supplies
Medizinalbedarf,
Sanitätsbedarf
medicine
Medizin; (medication/drug)
Arznei, Arzneimittel, Medizin
medium-pressure liquid
chromatography (MPLC)
Mitteldruckflüssigkeits-
chromatographie
medulla/pith/core Mark
medullation
Verkernung
melamine-formaldehyde resin (MF)
Melamin-Formaldehyd Harz
melt *n* Schmelze
melt *vb* **(plasticate)**
schmelzen, aufschmelzen
melt adhesive
Schmelzklebstoff
melt extruder/
hot melt extruder
Schmelzeextruder

melt flow Schmelzefluss
melt flow index (MFI)/
　melt index/
　melt flow rate (MFR)
　Schmelzindex
melt fracture (elastic turbulence)
　Schmelzbruch,
　Schmelzebruch
melt index/melt flow index (MFI)/
　melt flow rate (MFR)
　Schmelzindex
melt spinning
　Schmelzspinnen
　(Erspinnen aus der Schmelze)
melt volume index (MVI)/
　melt volume rate
　Volumenfließindex
melted
　geschmolzen
melting curve
　Schmelzkurve
melting furnace/
　smelting furnace
　Schmelzofen
melting point
　Schmelzpunkt
melting temperature
　Schmelztemperatur
melt-spun
　schmelzgesponnen
melt-spun filament
　schmelzgesponnener Elementarfaden
membrane
　Membran
➢ **ceramic membrane**
　Keramikmembran
➢ **mucous membrane/mucosa**
　Schleimhaut,
　Schleimhautepithel
membrane-bound
　membrangebunden
membrane capacitance
　Membrankapazität
membrane chromatography (MC)
　Membranchromatographie
membrane conductance
　Membranleitfähigkeit
membrane filter
　Membranfilter

membrane flow
　Membranfluss
membrane flux
　Membrandurchfluss
membrane forceps
　Membranpinzette
membrane length constant
　(space constant)
　Membranlängskonstante
　(Raumkonstante)
membrane reactor
　Membranreaktor
membraneous membranös
meniscus Meniskus
mercerization
　Merzerisieren,
　Merzerisierung, Merzerisation
mercerize *text*
　merzerisieren, laugen
mercuric /mercury(II) ...
　Quecksilber-(II), zweiwertiges Q.
mercuric chloride/sublimate/
　mercury dichloride/
　corrosive mercury chloride
　Quecksilber-(II)-chlorid, Sublimat
mercurous /mercury(I) ...
　Quecksilber-(I),
　einwertiges Q.
mercurous chloride/
　calomel/
　mercury subchloride
　Quecksilber-(I)-chlorid,
　Kalomel
mercury (Hg) Quecksilber
mercury-in-glass thermometer
　Quecksilberthermometer
mercury poisoning
　Quecksilbervergiftung,
　Merkurialismus
mercury trap/
　mercury well
　Quecksilberfalle
mercury vapor lamp
　Quecksilberdampflampe
mers Mere
mesh Masche (Netz/Sieb),
　Drahtgeflecht; Gitterstoff;
　Maschenweite
mesh screen Maschensieb

mesh size/mesh
Siebnummer
meshy maschig
mesitylene
(1,3,5-trimethylbenzene)
Mesityle
(1,3,5-Trimethylbenzol)
mesogen mesogen
mesomerism Mesomerie
mesomorphic/
mesomorphous
mesomorph
mesomorphy
Mesomorphie
mesophase Mesophase
➢ **nematic**
fadenförmig,
nematisch
➢ **rod-like/calamitic**
stäbchenartig,
kalamitisch
➢ **smectic** smektisch
metabolism
Stoffwechsel,
Metabolismus
metabolite
Stoffwechselprodukt,
Metabolit
metal Metall
➢ **heavy metal** Schwermetall
metal alloy Metalllegierung
metal deposition
chem Metallabscheidung;
micros Metallaufdampfung
metal fiber-reinforced plastic
(MFRP)
metallfaserverstärkter Kunststoff
(MFK)
metal fibers
Metallfasern
metal recovery
Metallrückgewinnung
metal science (metallurgy)
Metallkunde (Metallurgie)
metal whisker-reinforced plastic
(MWRP)
metallwhiskerverstärkter Kunststoff
(MWK)
metallic metallisch

metallic bond
metallische Bindung
metallic luster/lustre
Lüster, Metallglanz
metallization
Metallbelag
metallizing (TEM)
Metallbeschattung
metallurgy
(science and technology of metals)
Metallurgie, Hüttenkunde
metathesis
Metathese
➢ **ring-opening metathesis (ROM)**
ringöffnende Metathese
metathesis polymerization
Metathesepolymerisation
meter
Zähler, Messinstrument,
Messgerät, Messer
metering valve Dosierventil
metering zone
Zumesszone, Dosierzone,
Ausbringungszone,
Ausstoßzone, Meteringzone
methane Methan
methanol/methyl alcohol
(wood alcohol)
Methylalkohol, Methanol
(Holzalkohol)
methylate methylieren
methylation
Methylierung, Methylieren
metric scale metrische Skala
metrological messtechnisch
metrology
(measuring techniques)
Messtechnik
mevalonic acid (mevalonate)
Mevalonsäure (Mevalonat)
mica Glimmer
micellation
Micellierung
micelle Mizelle, Micelle
➢ **folded micelle**
Faltenmizelle,
Faltungsmizelle
➢ **fringed micelle**
Fransenmizelle

Michaelis constant/
  Michaelis-Menten constant
  Michaeliskonstante,
  Halbsättigungskonstante (K_M)
Michaelis-Menten equation
  Michaelis-Menten-Gleichung
micro-environment
  Mikroumwelt
micro-forceps
  Mikropinzette
micro scale Mikromaßstab
microbiological safety cabinet
  (MSC)
  mikrobiologische
  Sicherheitswerkbank (MSW)
microcarrier Mikroträger
microdissection forceps/
  microdissecting forceps
  anatomische Mikropinzette,
  Splitterpinzette
microfiber Mikrofaser
microfiltration
  Mikrofiltration
microfuge
  Mikrozentrifuge
micrograph/
  microscopic picture/
  microscopic image
  mikroskopische Aufnahme,
  mikroskopisches Bild
microhomogenisation
  Mikrohomogenisierung
micromanipulation
  Mikromanipulation
micromanipulator
  Mikromanipulator
micrometer
  Messschraube
➤ **outside micrometer**
  Bügelmessschraube
micrometer screw/
  fine-adjustment/
  fine-adjustment knob
  Mikrometerschraube
micropipet Mikropipette;
  (pipettor) Mikroliterpipette
  (Kolbenhubpipette)
micropipet tip
  Mikropipettenspitze

microprobe Mikrosonde
microprocedure
  Mikroverfahren
microscope
  Mikroskop
➤ **compound microscope**
  zusammengesetztes Mikroskop
➤ **confocal microscope**
  Konfokalmikroskop
➤ **course microscope**
  Kursmikroskop
➤ **inverted microscope**
  Umkehrmikroskop,
  Inversmikroskop
➤ **light microscope**
  (compound microscope)
  Lichtmikroskop
➤ **phase contrast microscope**
  Phasenkontrastmikroskop
➤ **polarizing microscope**
  Polarisationsmikroskop
➤ **scanning electron microscope**
  (SEM)
  Rasterelektronenmikroskop
  (REM)
➤ **stereo microscope**
  Stereomikroskop
microscope accessories
  Mikroskopzubehör
microscope depression slide/
  concavity slide/
  cavity slide
  Objektträger
  (mit Vertiefung)
microscope illuminator
  Mikroskopierleuchte
microscopic/
  microscopical
  mikroskopisch
microscopic image/
  microscopic picture/
  micrograph
  mikroskopisches Bild,
  mikroskopische Aufnahme
microscopic mount/
  microscopical preparation
  mikroskopisches Präparat
microscopic procedure
  Mikroskopierverfahren

microscopy Mikroskopie
➤ **atomic force microscopy (AFM)**
Rasterkraftmikroskopie
➤ **brightfield microscopy**
Hellfeld-Mikroskopie
➤ **confocal microscopy**
konfokale Mikroskopie,
Konfokalmikroskopie
➤ **force microscopy (FM)**
Kraftmikroskopie
➤ **friction force microscopy (FFM)/**
lateral force microscopy (LFM)
Reibkraftmikroskopie
➤ **high voltage electron microscopy**
(HVEM)
Höchstspannungs-
elektronenmikroskopie,
Hochspannungs-
elektronenmikroskopie
➤ **immunofluorescence microscopy**
Immunfluoreszenzmikroskopie
➤ **interference microscopy**
Interferenz-Mikroskopie,
Interferenzmikroskopie
➤ **phase contrast microscopy**
Phasenkontrastmikroskopie
➤ **polarizing microscopy**
Polarisationsmikroskopie
➤ **scanning electron microscopy**
(SEM)
Rasterelektronenmikroskopie
(REM)
➤ **scanning tunneling microscopy**
(STM)
Rastertunnelmikroskopie (RTM)
➤ **transmission electron microscopy**
(TEM)
Transmissions-
elektronenmikroskopie,
Durchstrahlungs-
elektronenmikroskopie
microscopy accessories
Mikroskopierzubehör
microtome Mikrotom
➤ **freezing microtome/**
cryomicrotome
Gefriermikrotom
➤ **rotary microtome**
Rotationsmikrotom

➤ **sliding microtome**
Schlittenmikrotom
➤ **ultramicrotome**
Ultramikrotom
microtome blade
Mikrotommesser
microtome chuck
Mikrotom-Präparatehalter,
Objekthalter (Spannkopf)
microtomy Mikrotomie
microtubule Mikroröhre
microwave oven
Mikrowellenofen,
Mikrowellengerät
microwave spectroscopy
Mikrowellenspektroskopie
microwave synthesis
Mikrowellen-Synthese
migration *chromat/electrophor*
Wanderung, Migration
migration speed (velocity)
chromat/electrophor
Wanderungsgeschwindigkeit,
Migrationsgeschwindigkeit
milk glass Milchglas
milk sugar (lactose)
Milchzucker (Laktose)
milkiness Milchigkeit
milkweed rubber
(*Asclepias* **spp./Apocynaceae**)
Asclepias-Gummi
milky/opaque
milchig, opak
mill *vb* **(route)** fräsen
mill *n*
Mühle;
(Holz/Metall/Plastik) Fräsen
➤ **analytical mill**
Analysenmühle
➤ **attrition mill**
Reibmühle
➤ **ball mill/bead mill**
Kugelmühle
➤ **bead mill (shaking motion)**
Schwing-Kugelmühle
➤ **centrifugal grinding mill**
Zentrifugalmühle,
Fliehkraftmühle,
Rotormühle

➤ **coffee mill/coffee grinder**
Kaffeemühle
➤ **cutting mill/**
cutting-grinding mill/
shearing machine
Schneidmühle
➤ **disk mill** Tellermühle
➤ **drum mill/tube mill/**
barrel mill
Trommelmühle
➤ **grinding jar**
Mahlbecher (Mühle)
➤ **hammer mill**
Hammermühle
➤ **hand mill** Handmühle
➤ **impact mill** Prallmühle
➤ **mixer mill** Mischmühle
➤ **mortar grinder mill**
Mörsermühle
➤ **plate mill/disk mill/**
disk attrition mill
Scheibenmühle
➤ **pulverizer**
Mühle (fein),
Pulverisiermühle
➤ **two-roll mill**
Zweiwalzenmühle
milled glass fiber
Glas-Kurzfasern (gemahlen)
mineral(s)
Mineral (*pl* Mineralien);
Mineralstoffe
mineral fertilizer/
inorganic fertilizer
Mineraldünger
mineral fibers Mineralfasern
mineral oil Mineralöl
mineral water Mineralwasser
mineral wool (mineral cotton)
Mineralfasern
(speziell: Schlackenfasern)
mineralization
Mineralisation,
Mineralisierung
minimum ignition energy
Mindestzündenergie
miniprep/minipreparation
Miniprep,
Minipräparation

mipor rubber/
microporous rubber
Mikropor-Gummi
mirror image Spiegelbild
miscibility
Mischbarkeit,
Vermischbarkeit
➤ **immiscibility**
Unvermischbarkeit
miscible
mischbar, vermischbar
➤ **immiscible** unvermischbar
misfire/backfire
fehlzünden
mist leichter Nebel (fein)
➤ **fine dust/fines** Feinstaub
mist mask/
mist respirator mask
Feinstaubmaske
misty leicht nebelig
miter box
Gehrungsschneidlade
mix *n* **(mixing)**
Mischung;
(mixing) Vermischung
mix *vb* mischen, vermischen
mixed-bed filter/
mixed-bed ion exchanger
Mischbettfilter,
Mischbettionenaustauscher
mixer Mixer, Mischer
➤ **Banbury mixer (internal mixer)**
Banbury-Mischer
(Innenmischer mit Stempel)
➤ **barrel mixer/drum mixer**
Trommelmischer
➤ **blade mixer**
Schaufelmischer
➤ **blender/vortex**
Mixette, Küchenmaschine (Vortex)
➤ **internal mixer**
Innenmischer
➤ **mixer with spinning/**
rotating motion
(vertically rotating 360°)
Überkopfmischer
➤ **roller wheel mixer** Drehmischer
➤ **tumbling mixer/tumbler**
Fallmischer

mixer mill Mischmühle
mixing
Mischen, Durchmischung
mixing drum Mischtrommel
mixing ratio
Mischungsverhältnis
mixotropic series
mixotrope Reihe
mixture
Gemenge, Mischung
➢ **binary mixture**
Zweistoffgemisch
mobility shift experiment
Gelretardationsexperiment
mock leno weave
Scheindreherbindung
mock-up *n*
Attrappe, Nachbildung, Model
mode of action/mechanism
Wirkungsweise, Mechanismus
modeling clay
Modellierknete
moderately concentrated/
semidilute
mäßig konzentriert
moderately toxic
mindergiftig
modified polymer
modifiziertes Polymer
modifier Modifikator
module (*pl* **modules)** *tech/mech*
Modul *n* (*pl* Module)
(Funktionseinheit/Baueinheit/
Schaltungseinheit)
modulus (*pl* **moduli)** *math/phys*
Modul *m* (*pl* Moduln),
(Verhältniszahl/Materialkonstante)
➢ **bulk modulus/**
compression modulus
Kompressionsmodul
➢ **chord modulus**
Chordmodul
➢ **elastic modulus/**
tensile modulus/
Young's modulus/
modulus of elasticity
Elastizitätsmodul,
Zugmodul,
Youngscher Modul

➢ **flexural creep modulus**
Biegekriechmodul
➢ **flexural modulus**
Biegemodul
➢ **loss modulus**
Verlustmodul
➢ **secant modulus**
Sekantenmodul
➢ **shear loss modulus/**
90°, out-of-phase modulus/
viscous modulus
Scherverlustmodul
➢ **shear modulus**
(torsion modulus/
modulus of rigidity)
Schermodul
(Torsionsmodul)
➢ **shear storage modulus/**
in-phase modulus/
elastic modulus
Scherspeichermodul
➢ **stiffness modulus**
Steifigkeitsmodul
➢ **storage modulus**
Speichermodul
➢ **tangential modulus**
Tangentenmodul
➢ **tensile modulus/**
Young's modulus/
elastic modulus/
modulus of elasticity
Elastizitätsmodul,
Zugmodul,
Youngscher Modul
Mohr's salt/
ammonium iron(II)
sulfate hexahydrate
(ferrous ammonium sulfate)
Mohrsches Salz
moiety Teil (Anteil/Hälfte);
(part/section) Teil (des Ganzen)
moisten/humidify/dampen
befeuchten;
benetzen
moistening/
humidification/dampening
Befeuchtung; Benetzung
moistness/dampness
Feuchte

moisture
Feuchtigkeit, Feuchte
moisture capacity/
water-holding capacity
Wasserkapazität,
Wasserhaltevermögen
moisture-proof
feuchtigkeitsundurchlässig
molar heat capacity
Molwärme,
molare Wärmekapazität
molar mass
('molar weight') (in g/mol)
Molmasse,
molare Masse ('Molgewicht')
➢ **mass-average molar mass (M_w)**
Durchschnitts-Molmasse
(gewichtsmittlere Molmasse)
➢ **non-uniform**
with respect to molar mass
molekularuneinheitlich
➢ **number-average molar mass (M_n)**
zahlenmittlere Molmasse
➢ **relative molar mass (M_r)**
relative Molmasse (M_r)
molar volume
Molvolumen,
molares Volumen
mold *vb* (*Br* mould)
formen, pressen, gießen
mold *n* (*Br* mould)
Werkzeug, Formwerkzeug; Gesenk;
Gießform, Gussform; Pressform
(zur Formgebung)
➢ **bar mold**
Schieberwerkzeug
➢ **demold/eject**
entformen (aus der Form lösen)
➢ **female mold =**
cavity/impression (matrix)
Gesenk, Matrize
➢ **hand mold**
Handwerkzeug, Handform
➢ **injection mold *n***
(injection molding)
Spritzguss;
Spritzgießform, Spritzform
➢ **male mold = plug**
Stempel

mold release agent
(parting agent/parting compound)
Separationsmittel (Formguss),
Formtrennmittel
moldability
Formbarkeit, Verformbarkeit,
Plastizität, Pressbarkeit
moldable
formbar, verformbar, verpressbar
molded article/molded part
Formartikel, Formkörper,
Formteil; Pressteil
molded goods
Formartikel,
Formteile,
Pressteile
molding Urformen
(Gießen, Gießverfahren,
Blasen, Blasverfahren);
(molded piece) Pressling
➢ **blow molding**
Blasverfahren, Blasformen
➢ **cast molding/casting**
Gießling, Gussteil
➢ **centrifugal molding**
Schleudergussverfahren,
Schleudergießen
➢ **cold molding/**
cold press molding/
cold liquid resin press molding
Kaltpressen,
Kaltpressverfahren
(Formpressen)
➢ **compression injection molding**
Spritzprägen
➢ **compression molding (CM)**
Kompressionsformen,
Kompressionsguss
(Warm-Druckpressen)
➢ **demolding/ejection**
Entformen, Entformung
(aus der Form lösen)
➢ **dip molding/dipping**
Tauchgießen,
Tauchgussverfahren
➢ **fiber-spray gun molding/**
spray-up molding/
spray-up technique
Faserspritzverfahren

➤ **flow molding**
(flow-molding process/procedure:
intrusion molding)
Fließgießen,
Fließgussverfahren,
Intrusionsverfahren

➤ **foam injection molding**
Schaumspritzgießen

➤ **foam molding**
Formschäumen

➤ **hand lay-up molding**
(hand layup)/
contact molding
(contact layup)/
impression molding
Handauflegeverfahren

➤ **hollow molding/**
hollow casting
Hohlgussverfahren, Hohlgießen

➤ **hot molding/**
hot press molding
Heißpressen, Warmpressen,
Warmformpressen

➤ **impact molding**
Schlagpressen,
Kaltschlagverfahren

➤ **injection blow molding**
Spritzblasen,
Spritzblasformen,
Spritzgießblasen

➤ **injection molding**
Spritzgießen, Spritzguss

➤ **intrusion molding**
(flow-molding process)
Intrusionsverfahren,
Fließgussverfahren,
Fließgießen

➤ **monomer molding/casting**
Monomergießen,
Monomergussverfahren

➤ **plastic molding**
Kunststoffformen,
Kunststoffformteil

➤ **plunger molding/**
transfer molding
Pressspritzen,
Pressspritzverfahren,
Transferpressen;
Spritzpressteil

➤ **press molding**
Pressen,
Formpressen,
Schichtpressen

➤ **reaction injection molding (RIM)**
Reaktionsspritzguss,
Reaktionsspritzgießverfahren
(RSG)

➤ **reaction molding**
Reaktionsgießen,
Reaktionsgießverfahren

➤ **resin transfer molding (RTM)/**
transfer molding/
plunger molding
Spritzpressen,
Spritzpressverfahren,
Transferpressen

➤ **rotational molding/**
rotomolding
Rotationsgießen,
Rotationsguss,
Rotationsformen,
Rotationsgussverfahren

➤ **sandwich foam process/**
foam sandwich molding
Sandwich-Schäumverfahren,
Sandwich-
Schaumspritzgießverfahren

➤ **sandwich molding**
Sandwich-Spritzgießen,
Verbundspritzgießverfahren

➤ **screw injection molding**
Schneckenspritzgießen

➤ **slush molding**
Schalengießverfahren

➤ **solution molding/**
solution casting
Lösungsgießen,
Lösungsgussverfahren

➤ **spray-up molding/**
fiber-spray gun molding
Faserspritzen
(Auftrageverfahren: Sprühverfahren)

➤ **transfer molding/**
plunger molding
Pressspritzen,
Pressspritzverfahren,
Transferpressen;
Spritzpressteil

molding compound
Formmasse, Pressmasse,
Spritzgussmasse, Abgussmasse
➢ **bulk molding compound (BMC)**
BMC-Formmasse
➢ **plastic molding compound**
Kunststoffmasse,
Kunststoffformmasse
➢ **sheet molding compound (SMC)**
SMC-Formmasse
(vorimprägnierte Glasfaser)
➢ **thick molding compound (TMC)**
TMC-Formmasse
molding cycle
Formcyclus
(Presscyclus/Spritzcyclus)
**molding material
(compression-molding compounds)**
Spritzgießmasse;
Formmasse, Pressmasse
molding process (*see also:* molding)
Gießverfahren,
Gussverfahren
molding resin Pressharz
molding shrinkage
Formschrumpf;
Formschwindmaß
molding temperature
Umformtemperatur,
Verformungstemperatur;
Urformtemperatur
mole (*abbr.* mol) Mol
**mole fraction
(amount fraction/number fraction)**
Molenbruch,
Stoffmengenanteil
molecular formula
Molekularformel,
Molekülformel
molecular ion (MS) Molekülion
molecular leak
Molekularleck
**molecular mass
('molecular weight')**
Molekülmasse
('Molekulargewicht')
➢ **absolute molecular mass**
absolute Molekülmasse (M_f),
Molekülgewicht

➢ **number-average
molecular mass (M_n)**
zahlenmittlere Molekülmasse
(Zahlenmittel des
Molekulargewichts)
➢ **relative molecular mass (M_r)**
Molekulargewicht,
relative Molekülmasse (M_r)
(relative Molmasse, Molgewicht,
Äquivalentgewicht, Formelgewicht)
➢ **weight-average
molecular mass (M_w)**
Durchschnitts-Molekülmasse
(gewichtsmittleres Mittel
des Molekulargewichts)
molecular peak
Molekülpeak
molecular ray
Molekularstrahl,
Molekülstrahl
molecular sieve
Molekularsieb,
Molekülsieb, Molsieb
**molecular sieving chromatography/
gel permeation chromatography/
gel filtration**
Molekularsiebchromatographie,
Gelpermeationschromatographie,
Gelfiltration
**molecular weight
(relative molecular mass; *see:*
molecular mass *and* molar mass)**
Molekulargewicht, Molgewicht,
Äquivalentgewicht, Formelgewicht
molecular-weight distribution
Molekulargewichtsverteilung,
Molmassenverteilung
molecule Molekül
➢ **carrier molecule**
Trägermolekül
➢ **leaving molecule**
Abgangsmolekül
➢ **macromolecule**
Makromolekül
➢ **parent molecule/
parent compound (backbone)**
Grundkörper (Strukturformel)
➢ **tagged molecule**
markiertes Molekül

molecule assembly
Molekülverbund
molten
geschmolzen,
schmelzflüssig
molten salt/salt melt
Salzschmelze,
geschmolzenes Salz
molten-salt electrolysis
Schmelzelektrolyse,
Schmelzflusselektrolyse
molybdenum (Mo) Molybdän
monitor *vb*
(survey/supervise/control)
überwachen;
abhören, mithören;
kontrollieren
monitoring
(surveillance/
supervision/surveyance)
Überwachung
monitoring camera
Überwachungskamera
monitoring protocol
Arbeitsvorschrift/Arbeitsanweisung
für die Überwachung
monobasic einbasig
monocrystal Einkristall
monofil yarn Monofil
monofilament Einzelfaser
monolith/chip
Monolith, Chip
(integrierte Schaltung/Schaltkreis)
monolithic floor
monolithischer Fußboden
(Labor: Stein/Beton aus einem Guß)
monolithic integrated circuit
Halbleiterblockschaltung
monomer anion
Monomeranion
monomer cation
Monomerkation
monomer molding/casting
Monomergussverfahren,
Monomergießen
monomer(ic) unit
Monomereinheit
monoprotic acid
einwertige/einprotonige Säure

monounsaturated
einfach ungesättigt
monounsaturated fatty acid
einfach ungesättigte Fettsäure
mordant
Beize,
Beizenfärbungsmittel
mortar
Mörser, Reibschale
➤ **agate mortar**
Achatmörser
➤ **alumina mortar**
Aluminiumoxid-Mörser
➤ **apothecary mortar**
Apotheker-Mörser
➤ **glass mortar** Glasmörser
➤ **porcelain mortar**
Porzellanmörser
mortar grinder mill
Mörsermühle
mother board
Hauptplatine
mother liquor
Mutterlauge
motion Bewegung
➤ **rocking motion**
(side-to-side/up-down)
Rüttelbewegung
(schnell hin und her/rauf-runter)
➤ **spinning/rotating motion**
Drehbewegung (rotierend)
motion sensor/movement detector
Bewegungsmelder,
Bewegungssensor
mount
Präparat (Objektträger);
Einbettung
➤ **microscopic mount/**
microscopical preparation
mikroskopisches Präparat
mountant/
mounting medium
Einbettungsmittel,
Einschlussmittel
mouth (opening/orifice)
Mund, Öffnung; Mündung;
Eingang, Zugang
mouth wash
Mundspülung

mucic acid
Schleimsäure, Mucinsäure
mucilage
Schleim (speziell pflanzlich)
mucous membrane/
mucosa
Schleimhaut,
Schleimhautepithel
mucus/slime/ooze
Schleim
muff
Muffe, Flanschstück
muffle furnace/
retort furnace
Muffelofen
mull (IR/Raman)
Aufschlämmung
mull technique (IR spectroscopy)
Suspensionstechnik
multichamber centrifuge/
multicompartment centrifuge
Kammerzentrifuge
multichannel instrument
Vielkanalgerät
multichannel pump
Mehrkanal-Pumpe
multicomponent adhesive
(or cement)
Mehrkomponentenkleber
multienzyme complex/
multienzyme system
Multienzymkomplex,
Multienzymsystem,
Enzymkette
multifilament spinning
Multifilamentspinnen,
Mehrfadenspinnen
multilayer *adv/adj*
mehrschichtig
multilayer film
Mehrschichtfolie
multilayered
vielschichtig,
mehrschichtig

multimeter *electr*
Multimeter,
Vielfachmessgerät,
Universalmessgerät
multiple bond
Mehrfachbindung
multiple sugar/polysaccharide
Vielfachzucker, Polysaccharid
multiplet signal (NMR)
Multiplett-Signal
multistage screw
Mehrstufenschnecke
multiwell plate
Vielfachschale,
Multischale
municipal solid waste (MSW)
kommunaler Müll
muramic acid
Muraminsäure
muslin
Musselin
mustard oil
Senföl
mutability
Mutabilität, Mutierbarkeit,
Mutationsfähigkeit
mutagen
Mutagen,
mutagene Substanz
mutagenic (T) mutagen,
erbgutverändernd;
mutationsauslösend
mutagenicity
Mutagenität
mutarotation
Mutarotation
mutate mutieren
mutation Mutation
mutation rate Mutationsrate
myristic acid/
tetradecanoic acid
(myristate/tetradecanate)
Myristinsäure,
Tetradecansäure (Myristat)

nanocomposite
Nanocomposite
nanofiltration
Nanofiltration
nanoparticle
Nanopartikel
nanotechnology
Nanotechnologie
nanotube
Nanoröhre,
Nanoröhrchen
naphthalene
Naphthalin
narrow-mouthed
(narrowmouthed/
narrow-neck/narrownecked)
Enghals ...
narrow-mouthed bottle
Enghalsflasche
narrow-mouthed flask/
narrow-necked flask
Enghalskolben
nascent naszierend
National Pipe Taper (NPT)
U.S. Rohrgewindestandard
native (not denatured)
nativ (nicht-denaturiert)
natural natürlich
➢ **near-natural**
naturnah
natural balance
Naturhaushalt
(natürliches Gleichgewicht)
natural colors/natural coloring
natürliche Farbstoffe
natural gas
Erdgas
natural product
Naturstoff
natural product chemistry
Naturstoffchemie
natural rubber (NR)/
Indian rubber/
caoutchouc
Naturkautschuk,
natürliches Gummi
nausea (sickness/illness)
Übelkeit, Übelsein
neat/pure rein, pur

neatness (in cleaning-up)
Sauberkeit, Reinheit,
Ordentlichkeit, Aufräumen
nebulizer
Vernebler, Nebelgerät
neck Hals; *micros* Tubusträger
necking *polym*
Halsbildung,
Teleskop-Effekt
(beim Verstrecken)
needle Nadel
➢ **cemented needle**
(syringe needle)
geklebte Nadel
(Injektionsnadel)
➢ **hypodermic needle**
Nadel (Kanüle/Hohlnadel: Spritze)
➢ **removable needle**
abnehmbare Nadel/Injektionsnadel
➢ **syringe needle/syringe cannula**
Kanüle, Hohlnadel,
Injektionsnadel,
Spritzennadel, Spritzenkanüle
needle valve
Nadelventil,
Nadelreduzierventil
(Gasflasche/Hähne)
negative pressure
Unterdruck
negative staining/
negative contrasting
Negativkontrastierung
neighboring group effect
Nachbargruppeneffekt
nematic
nematisch, fadenförmig
nephelometry
Nephelometrie,
Streulichtmessung
nerve (rubbery quality:
firmness/strength/elasticity)
Nerv (Qualität der physikal.
Eigenschaften von Frischgummi:
Festigkeit/Stärke/Elastizität)
net weight
Nettogewicht
netted
(interconnected/meshy/reticulate)
vernetzt

network
Netzwerk
➢ **interpenetrating network (IPN)**
Durchdringungsnetzwerk,
interpenetrierendes Netzwerk
➢ **power network**
Netz (Versorgungs~)
➢ **semi-interpenetrating network (SIPN)**
Semi-interpenetrierendes Netzwerk
network chain
Netzkette
network polymer/
lattice polymer
Netzpolymer,
Gitterpolymer
neurotoxic
neurotoxisch
neutron activation analysis (NAA)
Neutronenaktivierungsanalyse (NAA)
neutron diffraction
Neutronenbeugung,
Neutronendiffraktometrie
neutron reflectometry
Neutronenreflektometrie
neutron scattering
Neutronenstreuung
Newman projection
Newman-Projektion
(Darstellung von
Konformations-Isomeren)
Newtonian flow
Newtonsches Fließen
Newtonian fluid/liquid
Newtonsche Flüssigkeit
Newtonian viscosity
Newtonsche Viskosität
nick
Schlitz, Kerbe, Bruchstelle
nickel (Ni) Nickel
nicotinic acid (nicotinate)/
niacin
Nikotinsäure, Nicotinsäure
(Nikotinat)
nip roll
(blow film line)
Abquetschwalze,
Abzugswalze
nitrate Nitrat

nitration/nitrification
Nitrierung
nitric acid Salpetersäure
nitrification
Nitrifikation,
Nitrifizierung
nitrify nitrieren
nitrifying acid
Nitriersäure
nitrile rubber
Nitrilkautschuk
(Butadien-Acrylnitril)
nitrite Nitrit
nitrobenzene
Nitrobenzol
nitrocotton/guncotton (12.4–13% N)
Schießbaumwolle
nitrogen (N) Stickstoff
➢ **liquid nitrogen**
Flüssigstickstoff,
flüssiger Stickstoff
nitrogen-containing/
nitrogenous
stickstoffhaltig,
stickstoffenthaltend,
Stickstoff...
nitrogenous base
stickstoffhaltige Base, 'Base'
(Purine/Pyrimidine)
nitrogenous compound/
nitrogen-containing compound
Stickstoffverbindung
nitroglycerin/
glycerol trinitrate
Nitroglycerin,
Glycerintrinitrat
nitrous acid
salpetrige Säure
NLO (nonlinear optics)
NLO (nichtlineare Optik)
NLO devices
NLO-Materialien
NOAEL
(no adverse effect level)
Wirkschwelle
NOEL
(no observed effect level)
höchste Dosis
ohne beobachtete Wirkung

noise analysis/
 fluctuation analysis
 Rauschanalyse,
 Fluktuationsanalyse
noise filter
 Rauschfilter
noise level
 Geräuschpegel,
 Lärmpegel
noise protection
 Lärmschutz
noise thermometer
 Rauschthermometer
nominal frequency
 Sollfrequenz
nominal mass
 Nennmasse,
 Nominalmasse
nominal output/rated output
 Soll-Leistung
nominal scale
 Nominalskala
nominal value/
 rated value/
 desired value/
 set point
 Sollwert
nominal volume
 Nennvolumen
nonbreakable/
 unbreakable/
 crashproof
 bruchsicher
noncombustible/
 nonflammable
 nicht brennbar
noncompetitive inhibition
 nichtkompetitive Hemmung
nonconductive/
 nonconducting/
 non-conducting
 nichtleitend
nonconductor
 Nichtleiter
nondestructive testing (NDT)
 zerstörungsfreie Prüfung
nondrip
 (e.g., latex paint)
 nichttropfend

nondrying
 nichttrocknend
nondrying oil
 nichttrocknendes Öl
nonessential
 nichtessentiell
nonferrous metal
 Buntmetall
nonflammable/
 incombustible
 nicht entzündlich,
 nicht brennbar
nonhazardous
 ungefährlich,
 nicht gesundheitsgefährdend
noninflammable/
 incombustible
 nicht entflammbar,
 nicht brennbar
nonlinear optics (NLO)
 nichtlineare Optik
nonmotile/
 immotile/immobile/
 motionless/fixed
 unbeweglich,
 bewegungslos,
 fixiert
non-Newtonian fluid/liquid
 nicht-Newtonsche Flüssigkeit
non-Newtonian viscosity
 Strukturviskosität
nonrandom disjunction
 nicht-zufallsgemäße Verteilung
nonskid/
 nonslip/
 skid-proof
 griffig, rutschfest;
 nicht-rutschend,
 Antirutsch ...
nonsmoking rauchfrei
nonspecific unspezifisch
nonstructural adhesive
 Klebstoff für
 minderbeanspruchte Verbindungen
non-uniform
 ('polydisperse')
 uneinheitlich
non-uniformity
 Uneinheitlichkeit

nonvolatile
nicht flüchtig,
schwerflüchtig

nonwoven (non-woven)/
nonwoven fabric/
fleece
Vliesstoff

➤ **bonded fiber fabric**
Faservlies

➤ **glass nonwoven**
Glasfaservliesstoff

norm (standard)
Norm (Standard)

norm of reaction
Reaktionsnorm

normal distribution
Normalverteilung

nosepiece/
nosepiece turret *micros*
Revolver,
Objektivrevolver

notch Kerbe

notched (nicked)
kerbig, gekerbt

notched impact strength/
notch-impact strength
(impact strength, notched: ISN)
Kerbschlagzähigkeit

nozzle (socket/connecting
piece/connector) Stutzen
(Anschlussstutzen/Rohrstutzen);
(spout) Tülle (ausgießen)

➤ **pin gate nozzle**
Punktangussdüse

➤ **spray nozzle** Zerstäuberdüse

nozzle loop reactor/
circulating nozzle reactor
Umlaufdüsen-Reaktor,
Düsenumlaufreaktor

nuclear magnetic resonance (NMR)
kernmagnetische Resonanz,
Kernspinresonanz

nuclear magnetic resonance
spectroscopy
(NMR spectroscopy)
Kernspinresonanz-Spektroskopie,
kernmagnetische
Resonanzspektroskopie

nuclear physics Kernphysik

nuclear radiation
Kernstrahlung

nuclear reaction analysis (NRA)
Kernreaktionsanalyse,
Nuklearreaktionsanalyse

nuclear waste
Atommüll

nucleating agent
Keimbildner,
Nukleierungsmittel

nucleation
Keimbildung;
Zellbildung, Nukleierung
(in Schaumstoffen)

➤ **coagulative nucleation**
Koagulations-Keimbildung

➤ **droplet nucleation**
Tröpfchen-Keimbildung

➤ **enhanced nucleation**
verstärkte Keimbildung

➤ **heterogeneous nucleation**
heterogene Keimbildung

➤ **homogeneous nucleation**
homogene Keimbildung

nucleic acid
Nucleinsäure, Nukleinsäure

nucleophilic attack
nukleophiler Angriff

nucleus
Nucleus, Nukleus;
Kern; Zellkern; Keim

number average
Zahlenmittel

number average molecular mass (M_n)
zahlenmittlere Molmasse
(Zahlenmittel des
Molekulargewichts)

number density (of entities)/
number concentration
Partikeldichte,
Teilchendichte

number fraction/
amount fraction/
mole fraction
Stoffmengenanteil,
Molenbruch

number of plates/
plate number
dist/chromat Bodenzahl

**number of revolutions
(rpm=revolutions per minute)**
Drehzahl
(UpM=Umdrehungen pro Minute)
**number-average chain length
(degree of polymerization)**
Zahlenmittel-Kettenlänge
(Polymerisationsgrad)
number-distribution function
Zahlen-Verteilungsfunktion
nut (and bolt)
Mutter (und Schraube)
**nutate
(gyroscopic motion)/wobble**
taumeln
**nutation/gyroscopic motion
(threedimensional
circular/orbital and rocking motion)**
dreidimensionale Taumelbewegung

**nutator/nutating mixer/
'belly dancer'**
(shaker with gyroscopic, i.e.,
threedimensional circular,
orbital rocking motion)
Taumelschüttler
nutrient
Nahrung, Nährstoff
nutrient salt
Nährsalz
**nutsch/nutsch filter/
filter funnel/suction funnel/
suction filter/vacuum filter
(Buechner funnel)**
Filternutsche,
Nutsche
(Büchner-Trichter)
nylon rope trick
Nylonfadentrick

objective *micros* Objektiv
oblique extruder head
  Schrägspritzkopf
obliteration (desolation)
  Verödung
observance/compliance
  Einhaltung (Vorschrift)
obtuse/blunt stumpf
occlusion
  Okklusion, Einschluss;
  Aufsaugen, Einsaugung
occupational accident
  Arbeitsunfall
occupational disease
  Berufskrankheit
occupational hazard
  Berufsrisiko;
  Gefahr am Arbeitsplatz
occupational hygiene
  Arbeitsplatzhygiene
occupational injury
  Berufsverletzung
occupational medicine
  Arbeitsmedizin
occupational protection/
  workplace protection/
  safety provisions (for workers)
  Arbeitsschutz
occupational safety
  (workplace safety)
  Arbeitsplatzsicherheit
occupational safety code
  Arbeitsplatzsicherheitsvorschriften
occupied volume
  besetztes Volumen
occurrence/presence Vorkommen
octa-head stopper/
  octagonal stopper
  Achtkantstopfen
ocular (eyepiece) Okular
odd electron
  ungepaartes Elektron,
  einsames Elektron
odor threshold/olfactory threshold
  Riechschwelle,
  Geruchsschwellenwert
odorless/scentless
  geruchlos
off-center exzentrisch

off-limits!
  (Do Not Enter!/No Entrance!/
  No Trespassing!)
  Zutritt verboten!,
  Betreten verboten!
off-limits to unauthorized personnel
  (Zutritt/Zugang) für Unbefugte
  verboten!
offset adapter
  Adapter/Übergangsstück
  mit seitlichem Versatz
offset strain
  abgesetzte Dehnung
offset yield point/
  offset yield strength
  Dehngrenze, techn. Streckgrenze
offset yield stress/
  proof stress
  Dehnspannung
oil Öl
➤ **crude oil/petroleum** Erdöl
➤ **drying oil** trocknendes Öl
➤ **fusel oil** Fuselöl
➤ **half-drying oil**
  halbtrocknendes Öl
➤ **hard-drying oil** Harttrockenöl
➤ **hydraulic oil**
  Hydrauliköl, Drucköl
➤ **linseed oil** Leinöl
➤ **lubricating oil/lube oil**
  Schmieröl
➤ **mineral oil** Mineralöl
➤ **mustard oil** Senföl
➤ **non-drying oil**
  nicht trocknendes Öl
➤ **olive oil** Olivenöl
➤ **semidrying oil**
  langsam trockenendes Öl,
  teiltrocknendes Öl
➤ **silicone oil** Silikonöl
➤ **thermal oil/heat transfer oil**
  Wärmeträgeröl
➤ **transformer oil**
  Transformatorenöl
➤ **tung oil**
  (*Aleurites fordii***/Euphorbiaceae)**
  Tungöl (Holzöl)
➤ **turpentine oil** Terpentinöl
➤ **waste oil/used oil** Altöl

oil bath Ölbad
oil-extended (OE)
  ölverstreckt (Kautschuk)
oil lacquer Öllack
oil paint Ölfarbe
oil varnish Ölfirnis
oiliness
  Fettigkeit,
  fettig-ölige Beschaffenheit
oilskin(s) Ölzeug
oily ölig
olefin rubber
  Olefinkautschuk
oleic acid/
  (Z)-9-octadecenoic acid (oleate)
  Ölsäure,
  Δ^9-Octadecensäure (Oleat)
oleoresins
  (resin and essential oils)
  Oleoharze
➤ **Canada balsam**
  (*Abies balsamea*/Pinaceae)
  Kanadabalsam
➤ **copaiba balsam**
  (*Copaifera officinalis*/Fabaceae)
  Kopaivabalsam
➤ **storax/Levant storax/styrax**
  (*Liquidambar orientalis*/
  Hamamelidaceae)
  Storax, Styrax
➤ **turpentine**
  (from *Pinus* and *Larix* spp.)
  Terpentin
  (Exsudat von *Pinus* u. *Larix* spp.)
olfactory epithelium/
  nasal mucosa
  Nasenschleimhaut
olfactory sense
  Geruchssinn,
  olfaktorischer Sinn
oligomer Oligomer
oligomerous
  oligomer
oligonucleotide
  Oligonucleotid,
  Oligonukleotid
oligosaccharide
  Oligosaccharid
olive oil Olivenöl

oncogenic/oncogenous
  onkogen, oncogen,
  krebserzeugend
oncogenicity
  Onkogenität
oncology Onkologie
oncotic pressure
  onkotischer Druck,
  kolloidosmotischer Druck
one-pot reaction
  Eintopfreaktion,
  Einstufenreaktion
onset/start (of a reaction)
  Einsetzen,
  Beginn (einer Reaktion)
ooze *vb*
  (slow exudation of liquid)
  langsam auslaufen
opacity
  Opazität, Trübung,
  (Licht)Undurchsichtigkeit
opacifier
  Trübungsmittel
opalesce
  schillern
opaque
  opak, trüb,
  undurchsichtig
open öffnen
➤ **force open**
  gewaltsam öffnen
open-cell foam
  offenporiger Schaumstoff
open-chain (noncyclic)
  offenkettig
open tubular column
  Kapillarsäule (offene)
opening
  (aperture/orifice/mouth/entrance)
  Öffnung, Mund, Mündung
operating conditions (Geräte)/
  working conditions (Personen)
  Arbeitsbedingungen
operating instructions (manual)
  Betriebsvorschrift;
  Bedienungsanleitung,
  Gebrauchsanleitung (Handbuch)
operating pressure
  Betriebsdruck

operating procedure
Arbeitsverfahren;
Funktionsweise;
Arbeitsanweisung
➤ **standard operating procedure (SOP)**
Standard-Arbeitsanweisung
operating range (Geräte)/ work area/working range (Personen)
Arbeitsbereich
operating temperature
Arbeitstemperatur
operational permission
Betriebserlaubnis
operations worker
Arbeiter, Handwerker
operator
Maschinist, Bediener,
Durchführender
optical density/ absorbance
optische Dichte, Absorption
optical diffusion (dispersion/dissipation/ scattering: light)
Streuung (Lichtstreuung)
optical fiber Lichtleitfaser
optical fiber cable/ glass fiber cable
Lichtleitfaserkabel,
Glasfaserkabel
optical isomer
Spiegelbild-Isomer,
optisches Isomer
optical isomerism
Spiegelbild-Isomerie,
optische Isomerie
optical polymer
optisches Polymer
optical pyrometer
Pyropter,
optisches Pyrometer
optical refraction
optische Brechung,
Refraktion,
Lichtbrechung
optical resolution
Auflösung (optische Auflösung)

optical rotatory dispersion (ORD)
optische Rotationsdispersion
optical specificity
optische Spezifität
optics Optik
optoelectronics
Optoelektronik, Elektrooptik
orange peel (shark skin: surface roughness)
Orangenschale;
polym Apfelsinenschalenhaut
orange peel effect
Apfelsinenschaleneffekt;
Spritznarben (Lackierung)
order
Ordnung; Auftrag, Bestellung;
(rank) Stufe
ordinal scale *stat* Ordinalskala
ordinance/decree
Verordnung
organic organisch
organic chemistry
organische Chemie,
'Organik'
organic matter
organische Substanz,
organisches Material
organosilicon compounds
Organosiliziumverbindungen
orientation
Ausrichtung, Orientierung
(Moleküle)
orientation (orientational behavior)
Orientierung,
Orientierungsverhalten
orientation hardening
Ausrichtungshärtung,
Orientierungshärten
orifice Öffnung; Düse
original/ basic/simple/primitive
ursprünglich, originär
orotic acid Orotsäure
Orsat rubber expansion bag
Orsatblase
oscillation/vibration
Oszillation, Schwingung
oscillator (IR)
Oszillator

oscillometry/
  high-frequency titration
  Oszillometrie,
  oszillometrische Titration,
  Hochfrequenztitration
osmic acid Osmiumsäure
osmium tetraoxide/osmium tetraoxide
  Osmiumtetroxid
osmolality
  Osmolalität
osmolarity
  (osmotic concentration)
  Osmolarität
  (osmotische Konzentration)
osmometry Osmometrie
➢ **vapor phase osmometry/**
  vapor pressure osmometry
  (VPO)
  Dampfdruckosmometrie
osmosis Osmose
➢ **reverse osmosis**
  Reversosmose,
  Umkehrosmose
osmotic pressure
  osmotischer Druck
osmotic shock
  osmotischer Schock
outlet Auslauf, Austritt
  (Zulauf von Flüssigkeit/Gas),
  Ausfluss (Austrittstelle
  einer Flüssigkeit)
outlet pressure
  Hinterdruck
outlier *stat* Ausreißer
output
  Ausstoß, Durchsatz ('Leistung');
  Ausgabe; *electr* Ausgang
output rate
  Durchsatzleistung,
  Durchsatzrate
oven (furnace) Ofen
➢ **curing oven**
  Vulkanisierofen
➢ **drying oven** Trockenofen
➢ **forced-air oven** Umluftofen
➢ **heating oven/**
  heating furnace
  (more intense)
  Wärmeofen

➢ **microwave oven**
  Mikrowellenofen,
  Mikrowellengerät
➢ **roasting furnace/**
  roasting oven/roaster
  Röstofen
oven drying/
  kiln drying/kilning
  Ofentrocknung
oven gloves
  Hoch-Hitzehandschuhe,
  Ofenhandschuhe
overactivity/hyperactivity
  Überfunktion
overall Arbeitskittel, Overall
overcuring
  Überhärtung,
  Übervernetzung,
  Übervulkanisation
overdose Überdosis
overflow/overrun
  Überfließen, Überschwemmung;
  Überschuss; (spillway) Überlauf
overheating/superheating
  Überhitzen, Überhitzung
overlap concentration
  Überlappungskonzentration
overload *n*
  Überlastung; Überbelastung,
  Überbeanspruchung
overload *vb*
  überlasten, überbelasten,
  überbeanspruchen
overmasticate
  übermastizieren, totwalzen
overpacking
  Umverpackung
overpotential
  Überspannung
oversaturate übersättigen
overshoot
  übersteuern
oversize
  Überkorn (Siebrückstand)
oversprays
  (spinning oil/lubricant)
  Schmälzmittel
  (Gleitfähigmachung/
  Umhüllung von Glasfasern)

overswing
Überschwingen (aufheizen)
overtone (IR)
Oberschwingung
overwinding
Überdrehung
oxalic acid (oxalate)
Oxalsäure (Oxalat)
oxalosuccinic acid
  (oxalosuccinate)
Oxalbernsteinsäure
(Oxalsuccinat)
oxidation Oxidation
oxidation-reduction reaction/
  oxidoreduction
Redoxreaktion
oxidative oxidativ
oxidize oxidieren
oxidizing
oxidierend;
(pyrophoric) brandfördernd (O)
oxidizing agent/
  oxidant/oxidizer
Oxidationsmittel
oxidoreduction/
  oxidation-reduction reaction
Redoxreaktion
oxoacid Oxosäure
oxoglutaric acid (oxoglutarate)
Oxoglutarsäure (Oxoglutarat)

oxygen (O)
Oxygen, Sauerstoff
➤ **atmospheric oxygen**
Luftsauerstoff
➤ **biological oxygen demand (BOD)**
biologischer Sauerstoffbedarf (BSB)
➤ **chemical oxygen demand (COD)**
chemischer Sauerstoffbedarf (CSB)
➤ **limiting oxygen index (LOI)** *polym*
Sauerstoffindex (Entzündbarkeit)
➤ **liquid oxygen**
Flüssigsauerstoff
oxygen ag(e)ing
Sauerstoffalterung
oxygen debt
Sauerstoffschuld,
Sauerstoffverlust,
Sauerstoffdefizit
oxygen demand
Sauerstoffbedarf
oxygen partial pressure
Sauerstoffpartialdruck
oxygen transfer rate (OTR)
Sauerstofftransferrate
oxyhydrogen (gas)/
  detonating gas ($2{\times}H_2 + O_2$)
Knallgas
ozone Ozon
ozonization Ozonisierung
ozonolysis Ozonolyse

3P-rule
(property = polymer + processing)
EPV-Regel
(Eigenschaft =Polymer+Verarbeitung)
pack/package Abpackung
packaging Verpackung
➢ **blister packaging**
Blisterverpackung
➢ **in vitro packaging**
in vitro-Verpackung
➢ **skin packaging**
Skinverpackung
packaging bottle
Verpackungsflasche
packaging glasses
Verpackungsgläser
packaging material
Packmaterial,
Verpackungsmittel
packaging tape
Verpackungsklebeband
packed bed reactor
Füllkörperreaktor,
Packbettreaktor
packed distillation column
Füllkörperkolonne
packing
Verpacken, Verpackung;
Dichtung, Abdichtung;
Dichtungsmaterial;
Füllung, Füllmaterial
packing box (seal)
Stopfbüchse (Dichtung)
packing nut
Dichtungsmutter
packing sleeve
Dichtungsmuffe
pad (gauze pad) Tupfer;
(swab/pledget [cotton]/tampon)
Bausch, Wattebausch,
Tupfer, Tampon
paddle (vane)
Radschaufel
paddle stirrer/paddle impeller
Schaufelrührer,
Paddelrührer
paddle wheel
(bucket wheel/blade wheel)
Schaufelrad, Laufrad

paddle wheel reactor
Schlaufenradreaktor
paint Farbe, Lack, Tünche
paint brush Malpinsel
pale bleich, blass, fahl
palladium (Pd) Palladium
palm oil Palmöl
palmitic acid/hexadecanoic acid
(palmate/hexadecanate)
Palmitinsäure, Hexadecansäure
(Palmat/Hexadecanat)
palmitoleic acid/
(Z)-9-hexadecenoic acid
Palmitoleinsäure,
Δ^9-Hexadecensäure
pan balance Tafelwaage
Panamá rubber
(*Castilla elastica*/Moraceae)
Panamagummi
pantoic acid Pantoinsäure
pantothenic acid (pantothenate)
Pantothensäure (Pantothenat)
paper Papier
➢ **absorbent paper/bibulous paper**
(for blotting dry)
Saugpapier ('Löschpapier')
➢ **barrier-coated paper**
Sperrschichtpapier
➢ **bibulous paper (for blotting dry)**
Löschpapier
➢ **bond paper/stationery**
Schreibpapier
➢ **brown paper/kraft**
Packpapier
➢ **filter paper** Filterpapier
➢ **glassine paper/glassine**
Pergamin
(durchsichtiges festes Papier)
➢ **glazed paper**
Glanzpapier
(glanzbeschichtetes Papier),
Firnispapier, satiniertes Papier
➢ **graph paper/metric graph paper**
Millimeterpapier
➢ **kraft paper**
starkes Packpapier
➢ **laminated paper** Hartpapier
➢ **litmus paper**
Lackmuspapier

> **log paper**
Logarithmuspapier,
Logarithmenpapier
> **parchment paper**
Pergamentpapier
> **photographic paper**
Fotopapier
> **recycled paper**
Umweltschutzpapier
> **synthetic paper**
künstliches Papier,
Synthesepapier
> **waste paper** Altpapier
> **wax paper** Wachspapier
> **weighing paper**
Wägepapier
> **wrapping paper**
Einpackpapier
paper chromatography
Papierchromatographie
paper electrophoresis
Papierelektrophorese
para rubber
(*Hevea brasiliensis*/Euphorbiaceae)
Parakautschuk
parallelizing ordnen
parameter
Parameter;
math (dimensionless group/quantity/
number) Kenngröße, Parameter
parent compound/
parent molecule
(backbone)
Grundkörper
(Strukturformel)
parent ion (MS)
Mutterion,
Ausgangsion
parent material/
raw material
Ausgangsmaterial
parent substance
Muttersubstanz
parison /preform (extrusion)
Vorformling, Rohling;
Blasrohling, Blasschlauch
parison swell/
die swell/jet swell
Strangaufweitung

parquet polymer/
layer polymer/
phyllo polymer
Parkettpolymer, Flächenpolymer,
Schichtpolymer, Schichtebenen-P.
partial
unvollständig, partial, Teil...
partial correlation coefficient *stat*
Teilkorrelationskoeffizient
partial load
Teillast, Teilbelastung
partial pressure Partialdruck
partial reaction Teilreaktion
partial survey *stat*
Teilerhebung
particle Partikel, Teilchen
particle filter Partikelfilter
particle physics
Teilchenphysik
particle-reinforced composite material
Teilchen-Verbundwerkstoff,
Kompositwerkstoff
particle size
Teilchengröße;
(grain size) Korngröße
particulate respirator
Partikelfilter Atemschutzmaske
particulate rubber
Krümelkautschuk
parting agent/
parting compound/
mold release agent
Separationsmittel (Formguss)
partition chromatography/
liquid-liquid chromatography (LLC)
Verteilungschromatographie,
Flüssig-flüssig-Chr.
partition coefficient/
distribution constant
Verteilungskoeffizient
partition law
Verteilungsgesetz
passage
(opening/outlet/port/conduit/duct)
Durchlass; Passage; *electr*
(throughput) Durchgang
paste Kleister
Pasteur effect Pasteur-Effekt
Pasteur pipet Pasteurpipette

patch *n* Flicken
patching
  Patching, Verklumpung
path difference *opt*
  Gangunterschied
pathogenic
  (causing or capable
  of causing disease)
  pathogen, krankheitserregend
pathological
  (altered or caused by disease)
  pathologisch, krankhaft
pattern
  (design) Muster, Musterung,
  Zeichnung;
  (sample/model) Vorlage/Modell
peak value/maximum (value)
  Scheitelwert,
  Höchstwert, Maximum
peanut oil Erdnussöl
pear-shaped flask (small/pointed)
  Spitzkolben
pectic acid (pectate)
  Pektinsäure (Pektat)
peel
  schälen, lösen,
  abziehen, abheben,
  abschälen
peel off
  abpellen, abschälen,ablösen
peel resistance
  Ablösefestigkeit,
  Schälfestigkeit,
  Schälwiderstand
peel test
  Ablöseversuch,
  Schälversuch
peg Stift, Dübel
pellet
  Pellet; Kügelchen, Körnchen;
  Pille, Mikrodragée, Granulatkorn;
  spectr Pressling, Tablette
pelletize
  pelletisieren, granulieren;
  zu Pellets formen; körnen
pelletizing die (extruder)
  Granulierdüse
penetrating power
  Eindringvermögen

penetration hardness/
  impression depth hardness
  Eindringtiefehärte
penicillanic acid Penicillansäure
pentavalent fünfwertig
peptide bond/peptide linkage
  Peptidbindung
peptizer (chemical plasticizer)
  Peptisator, Plastikator
peptone water Peptonwasser
percentage
  Prozentsatz,
  prozentualer Anteil
perchloric acid Perchlorsäure
percolate
  (flow through) durchfließen;
  (seep through) durchsickern
percolation
  (flowing through/flux) Durchfluss;
  (seepage) Durchsickern
perforate(d) perforieren
  (perforiert/löcherig)
performance audit
  Leistungsaudit,
  Leistungsprüfung,
  Tauglichkeitsprüfung
performance criteria
  Leistungskriterien (Geräte etc.)
performance factor
  Gütefaktor
performance range
  Leistungsbereich
performance value/
  performance coefficient
  Leistungszahl
performic acid Perameisensäure
periodic acid-Schiff stain (PAS stain)
  Periodsäure, Schiff-Reagens
  (PAS-Anfärbung)
periodic copolymer
  periodisches Copolymer
periodic table (of the elements)
  Periodensystem (der Elemente)
periodic(al) periodisch
periodicity
  Periodizität
peristaltic pump
  peristaltische Pumpe
perlite Perlit, Perlstein

permanent marker (water-resistant)/sharpie
wischfester, wasserfester Markierstift

permanent mount/slide *micros*
Dauerpräparat

permeability
Permeabilität, Durchlässigkeit

> **impermeability/ imperviousness**
Impermeabilität, Undurchlässigkeit

> **semipermeability**
Halbdurchlässigkeit, Semipermeabilität

permeable/pervious
permeabel, durchlässig

> **impermeable/ impenetrable/ impervious**
impermeabel, undurchlässig

> **semipermeable**
halbdurchlässig, semipermeabel

permeation
Permeation, Durchdringung

permissible exposure limit (PEL)
zulässige/erlaubte Belastungsgrenze

permissible radiation
zulässige Strahlung

permissible workplace exposure
zulässige/maximale Arbeitsplatzkonzentration

permission Erlaubnis

permissivity/ permissive conditions
Permissivität

permit *n*
Zulassung, Lizenz, Erlaubnis

> **requiring official permit/ permit required**
genehmigungsbedürftig

permittivity
Permittivität; Dielektrizitätskonstante

> **relative permittivity (ε)**
relative Permittivität

permselectivity
Permselektivität (Ionenaustausch nur in einer Richtung)

permutation
Permutation, Umlagerung, Umordnung

Pernambuco rubber (*Hancornia speciosa*/Apocynaceae)
Pernambuco-Gummi

persist
persistieren, verharren, ausdauern

persistence
Persistenz, Beharrlichkeit, Ausdauer; (survival) Überdauerung, Überleben

persistence length
Persistenzlänge

perturbation
Perturbation, Störung

perturbed gestört

perturbed coil
gestörtes Knäuel

Peruvian balsam/ balsam of Peru
Perubalsam

pervaporation
Pervaporation (Verdunstung durch Membranen)

pervious/permeable
durchlässig, permeabel; undicht

perviousness/permeability
Durchlässigkeit, Permeabilität

pestle (and mortar)
Stößel, Pistill (und Mörser)

petroleum (crude oil) Erdöl

petroleum ether
Petrolether, Petroläther

petroleum jelly/ vaseline
Petrolatum, Vaseline

phantom polymer
Phantompolymer, Exotenpolymer

pharmaceutical pharmazeutisch

pharmacology Pharmakologie

pharmacy
Pharmazie,
Arzneilehre, Arzneikunde
phase (layer)
Phase (nicht mischbare Flüssigkeiten)
phase boundary Phasengrenze
phase contrast
Phasenkontrast
phase contrast microscopy
Phasenkontrastmikroskopie
phase diagram
Phasendiagramm
phase ring/phase annulus
Phasenring
phase shifting
Phasenverschiebung
phase-transfer catalysis (PTC)
Phasentransferkatalyse
(heterogene K.)
phase-transfer polymerization
Phasentransferpolymerisation
phase transition
Phasenübergang
phase transition temperature
Phasenübergangstemperatur
phase variation
Phasenveränderung
phenol-formaldehyde resin (PF)/
  phenolic resin (Bakelite)
Phenol-Formaldehyd Harz,
Phenolharz (Bakelit)
phenolic resins
Phenol-Harze
phenolic rubbers
Phenoplaste
phosgene Phosgen
phosphate Phosphat
phosphatidic acid Phosphatidsäure
phosphodiester bond
Phosphodiesterbindung
phosphoric acid (phosphate)
Phosphorsäure (Phosphat)
phosphorous *adj/adv*
phosphorhaltig,
phosphorig, Phosphor...
phosphorous acid
phosphorige Säure
phosphorus (P) *n* Phosphor
photo cell Photoelement

photoacoustic spectroscopy
  (PAS)
photoakustische Spektroskopie
(PAS), optoakustische S.
photoallergenic
photoallergen
photobleaching
Lichtbleichung
photocatalysis
Photokatalyse
photochemical catalysis
photochemische Katalyse
photoconductive polymer
lichtleitfähiges Polymer
photoconductivity
Lichtleitfähigkeit
photoconductor/
  optical waveguide/
  optic fiber waveguide
Lichtleiter
photodegradability
Lichtabbaubarkeit
photodegradation
Lichtabbau,
photochemischer Abbau
photoelectron spectrometry (PES)
Photoelektronenspektrometrie
photographic laboratory
Fotolabor
photographic paper Fotopapier
photographic plate Fotoplatte
photo-ionization detector (PID)
Photoionisations-Detektor (PID)
photoirradiation
Lichtbestrahlung
photolithography
  (photooptic lithography)
Photolithographie (lichtoptische L.)
photometric titration
fotometrische Titration
photomultipier
Fotovervielfacher
photonic polymer
lichtaktives Polymer
photonics Photonik
photooptical
lichtoptisch, fotooptisch
photoperception
Lichtwahrnehmung

photopolymerization
Photopolymerisation
photoresist/photoresistor
Fotowiderstand
photosensibilization
Photosensibilisierung
photostability
Lichtbeständigkeit
photostable/light-fast/nonfading
lichtbeständig, lichtecht
photosynthesis
Photosynthese, Fotosynthese
photosynthesize
photosynthetisieren,
fotosynthetisieren
photosynthetic
photosynthetisch,
fotosynthetisch
photosynthetic photon flux (PPF)
Photonenstromdichte
photosynthetically active radiation (PAR)
photosynthetisch aktive Strahlung
phthalic acid Phthalsäure
phthoric acid/hydrofluoric acid
Flusssäure,
Fluorwasserstoffsäure
physical aging/physical ageing
physikalische Alterung
physical chemistry
physikalische Chemie
physical containment
physikalische/technische
Sicherheit(smaßnahmen)
physical containment level
Sicherheitsstufe (Laborstandard),
Laborsicherheitsstufe
physician's white coat/ white coat
Medizinerkittel
physics Physik
➤ **polymer physics**
Polymerphysik
➤ **theoretical physics**
theoretische Physik
phytotoxic
pflanzenschädlich,
phytotoxisch
pickling acid Beizsäure

pickling/dipping (metal etching)
Gelbbrennen
picric acid (picrate)
Pikrinsäure (Pikrat)
pictograph (for hazard labels)
Bilddiagramm, Begriffszeichen
pig (cow receiver adapter/ multi-limb vacuum receiver adapter: receiving adapter for three/four receiving flasks) *dist*
Eutervorlage,
Verteilervorlage, 'Spinne'
pig (outermost container of lead for radioactive materials)
Bleiblock
pigment
Pigment, Farbe, Farbstoff
pigmentation
Pigmentierung, Färbung;
Pigmentierung
pilot flame/pilot light (from a pilot burner)
Sparflamme;
auch: Zündflamme
pilot-operated (valve)
hydraulisch vorgesteuert (Ventil)
pilot plant
Versuchsanlage, Pilotanlage
pilot scale
Pilotmaßstab,
Pilotanlagen-Größe
pilot wire *electr*
Messader, Prüfader, Prüfdraht;
Steuerleitung; Hilfsleiter
pin Nadel; *electr* Stift
(Stecker/Anschluss);
(dowel/wall plug) Dübel
pin gate (pinpoint gating)
Punktanguss
pin gate nozzle
Punktangussdüse
pinch
kneifen, klemmen, quetschen
➤ **pinch off/tip**
pinzieren, entspitzen
pinch clamp
Schraubklemme
pinch valve
Quetschventil

pinch valve/
  tubing pinch valve
  Schlauchventil (Klemmventil)
pinchcock Quetschhahn
pinchcock clamp
  Schlauchklemme
pinewood chip/chip of pinewood
  Kienspan
pipe (tube) Rohr, Röhre;
  (pipes/plumbing) Rohre,
  Rohrleitungen
pipe clamp/pipe clip
  Rohrschelle
pipe cleaner
  Pfeifenreiniger,
  Pfeifenputzer
pipe extruder Rohrextruder
pipe extrusion Rohrextrusion
pipe extrusion line/pipe train
  Rohrextrusionsanlage
pipe fitting(s)/fittings
  Rohrverbinder,
  Rohrverbindung(en)
pipe-to-tubing adapter
  Schlauch-Rohr-Verbindungsstück
pipet *vb* pipettieren
pipet *n* **(pipette** *Br***)/pipettor**
  Pipette
➤ **blow-out pipet**
  Ausblaspipette
➤ **capillary pipet/capillary pipette**
  Kapillarpipette
➤ **filtering pipet** Filterpipette
➤ **graduated pipet**
  Messpipette
➤ **micropipet**
  Mikropipette;
  (pipettor) Mikroliterpipette
  (Kolbenhubpipette)
➤ **Pasteur pipet**
  Pasteurpipette
➤ **piston-type pipet**
  Saugkolbenpipette
➤ **serological pipet**
  serologische Pipette
➤ **suction pipet (patch pipet)**
  Saugpipette
➤ **transfer pipet/volumetric pipet**
  Vollpipette, volumetrische Pipette

pipet aid/
  pipetting aid/
  pipet helper
  Pipettierhilfe
pipet ball Pipettierball
➤ **safety pipet filler/**
  safety pipet ball
  Peleusball (Pipettierball)
pipet brush
  Pipettenbürste
pipet bulb/rubber bulb
  Saugball, Pipettierball,
  Pipettierbällchen
pipet filler/pipet aspirator
  Pipettensauger
➤ **safety pipet filler/**
  safety pipet ball
  Peleusball (Pipettierball)
pipet pump
  Pipettierpumpe
pipet rack/pipet support
  Pipettenständer
pipet tip
  Pipettenspitze
pipeting nipple/
  rubber nipple/teat (*Br***)**
  Pipettierhütchen,
  Pipettenhütchen,
  Gummihütchen
pipette *see* pipet
pipettor/micropipet
  Pipette, Mikropipette
pipettor stand
  Ständer für Mikropipetten,
  Mikropipettenständer
piston /plunger (e.g., of syringe)
  Kolben (Stempel/Schieber:
  Spritze/Pumpe etc.)
piston pump/
  reciprocating pump
  Kolbenpumpe
piston-type pipet
  Saugkolbenpipette
pitch
  Neigung, Gefälle; Höhe;
  Grad, Stufe; Ganghöhe; Pech;
  (resin from conifers) Terpentinharz
pitch screw impeller
  Schraubenspindelrührer

pitched blade impeller/
  pitched-blade fan impeller/
  pitched-blade paddle impeller/
  inclined paddle impeller
  Schrägblattrührer
pitcher
  Becherglas, Zylinderglas;
  Krug (mit Griff)
pivot
  Spindel, Zapfen, Stift, Achse;
  Drehpunkt, Drehzapfen, Drehbolzen
pivoted
  drehbar (um eine Achse),
  gelagert
pixel
  Bildpunkt, Rasterpunkt
placard Anschlagzettel
  (Gefahrgutkennzeichnung etc.);
  Kennzeichen für Fahrzeuge/Container
plain weave *text*
  Leinwand-Bindung,
  Leinwandbindung,
  Nesselbindung
plane (flat/level surface)
  Ebene, ebene Fläche
➢ **focal plane** Brennebene
plane-ground joint
  (flat-flange ground joint/
  flat-ground joint)
  Planschliffverbindung
plane lattice Plangitter
plane mirror/plano-mirror
  Planspiegel
plane-polarized light
  linear polarisiertes Licht
planetary screw extruder/
  planetary gear extruder
  Walzenextruder
  (Planetwalzenextruder)
plano-concave mirror
  Plan-Hohlspiegel,
  Plankonkav
plant chemical/phytochemical
  Pflanzeninhaltsstoff
plant fibre (*UK*)/
  vegetable fiber (*US*)
  Pflanzenfaser
plant pigment
  Pflanzenfarbstoff

plaque
  Hof, Lysehof,
  Aufklärungshof, Plaque
plasma polymerization
  Plasmapolymerisation
plaster
  Mörtel, Verputz;
  Tünche; Pflaster
plaster cast Gipsverband
plaster of Paris (POP)
  Gips (für Gipsverband)
plaster splint Gipsschiene
plastic *adj/adv*
  Kunststoff..., Plastik...;
  (moldable/workable) formbar
plastic *n*
  (synthetic material/polymer)
  Kunststoff (Plastik/Plaste)
➢ **ablative plastic**
  ablativer Kunststoff
➢ **bioplastic** Biokunststoff
➢ **ceramoplastic**
  Keramikkunststoff
➢ **commodity plastic/**
  bulk p./volume p.
  Standardkunststoff,
  Massenkunststoff,
  Massenplast
➢ **crosslinked plastic**
  vernetzter Kunststoff
➢ **functional plastic**
  Funktionskunststoff
➢ **glass-reinforced plastics (GRP)**
  glasverstärkte Kunststoffe
➢ **high-performance plastic**
  (specialty p.)
  Hochleistungskunststoff
➢ **impact-modified plastics**
  schlagzähe Kunststoffe
  (schlagzäh ausgerüstete)
➢ **low-fog plastics**
  Kunststoffe mit geringem
  Fogging-Effekt
➢ **metal fiber-reinforced plastic**
  (MFRP)
  metallfaserverstärkter Kunststoff
  (MFK)
➢ **reaction plastic**
  Reaktionskunststoff

➢ **reinforced plastics (RP)**
verstärkte Kunststoffe
(*siehe:* faserverstärkte K.)

➢ **self-reinforcing plastic**
selbstverstärkender Kunststoff

➢ **synthetic fiber-reinforced plastic (SFRP)**
synthesefaserverstärkter Kunststoff (SFK)

➢ **technical plastics/ engineering plastics**
technische Kunststoffe

➢ **testing of plastics**
Kunststoffprüfung

plastic additive
Kunststoffhilfsstoff, Kunststoffzusatzstoff

plastic adhesive/ plastic-bonding adhesive
Kunststoffkleber, -klebstoff

plastic alloy
Kunststofflegierung

plastic bag
Kunststoffbeutel, Plastiktasche

plastic binder Plastzement

plastic cladding
Kunststoffbeplankung

plastic-coated (plasticized)
kunststoffbeschichtet (Überzug)

plastic-coated paper/ resin-coated paper (RC paper)
kunststoffbeschichtetes Papier

plastic coating
Kunststoffbeschichtung, Kunststoffüberzug; Kunststoffauflage

plastic composite film
Kunststoffverbundfolie

plastic container
Kunststoffbehälter

plastic-encapsulated
kunststoffverkappt

plastic encapsulation
Kunststoffeinkapselung

plastic filler
Kunststoffspachtel

plastic film (< 0.25 mm)
Plastikfilm, Plastikfolie

plastic film welder/ plastic sheeting welder
Kunststofffolienschweißgerät

plastic foil/film
Plastikfolie, Kunststofffolie (dünn)

plastic glue/ synthetic resin glue
Kunststoffleim

plastic-insulated kunststoffisoliert

plastic insulation
Kunststoffisolierung

plastic liner (liner sheet)
Kunststoffdichtungsbahn (z.B. Abdichtung für Teiche/Deponien etc.)

plastic lining
Kunststoffauskleidung

plastic material
Kunststoffwerkstoff

plastic molding
Kunststoffformen, Kunststoffformteil

plastic molding compound
Kunststoffmasse, Kunststoffformmasse

plastic oversheath
Kunststoffaußenhülle

plastic packaging
Kunststoffverpackung

plastic semiproduct/ semifinished plastic
Kunststoffhalbzeug

plastic-sheathed
kunststoffummantelt

plastic sheet (➢ 0.25 mm)
Plastikfolie, Kunststofffolie (fest/stark)

plastic solder
Kunststofflot, Plastiklot

plastic waste
Kunststoffabfälle, Kunststoffschrott

plastic wrap
Kunststoffumhüllung (Folie); (household) Plastikfolie (Frischhaltefolie)

plasticating agent
Plastifiziermittel, Plastifikator

**plasticating extruder/
  compounding extruder**
Plastifizierextruder
plasticating time
Plastifizierzeit
plasticator
Plastikator, Plastifikator,
Plastifiziermaschine;
Mastikator, Mastiziermaschine;
Mastiziermittel
plasticine Plastilin
**plasticity
  (moldability/deformability)**
Plastizität, Formbarkeit,
Verformbarkeit,
Formänderungsvermögen,
Verformungsfähigkeit,
Deformationsfähigkeit
plasticity retention index (PRI)
Plastizitäts-Retentionsindex
plasticization/plastification
Weichmachung
➤ **external p.**
äußere Weichmachung
plasticizer
Weichmacher
➤ **polymer(ic) plasticizer**
Polymerweichmacher
plasticizing
Plastizierung
plasticizing capacity (kg/h)
Plastizierleistung
**plastics chemistry/
  polymer chemistry**
Kunststoffchemie
plastics engineering
Kunststofftechnik
plastics industry
Kunststoffindustrie
plastics processing
Kunststoffverarbeitung
plastics processing industry
kunststoffverarbeitende Industrie
**plastification/
  plasticization/
  plastication**
Plastifizierung, Plastifizieren,
Plastifikation, Weichmachen,
Erweichen

plastify/plasticize/plasticate
plastifizieren, plastisch machen
(weichmachen/erweichen)
**plastifying
  (softening by contact heat)**
Erweichen (Kontaktwärme)
plastination
Plastination
➤ **whole mount plastination**
Ganzkörperplastination
plastisizing screw
Plastifizierschnecke
plastisol Plastisol
plate Teller;
chromat (HPLC) Trennstufe;
dist/chromat Boden
**plate mill/disk mill/
  disk attrition mill**
Scheibenmühle
plate-out (on surface of mold)
Beschlagbildung, Ausblühen
(auf Oberfläche des Formwerkzeugs)
platen
Schlitten, Platte, Walze;
Trägerplatte; Aufspannplatte;
Formträgerplatte
platinum (Pt) Platin
plenum (*pl* plena)
Luftkammer
(Schacht: z.B. Abzug)
**pliers/nippers (*Br*)/
  cutting pliers/pincers**
Beißzange,
Kneifzange
plot *vb*
planen, entwerfen;
auftragen, 'plotten';
aufzeichnen, registrieren
plotter
Plotter, Kurvenzeichner,
Kurvenschreiber
plug Stöpsel;
Stempel (Formwerkzeuge);
electr/tech (jack/connector/coupler)
Stecker
➤ **flat plug**
Flachstecker
➤ **power plug**
Netzstecker

plug connection
Steckverbindung,
Steckvorrichtung
plug flow
Kolbenfluss,
Pfropffließen
plug-flow reactor (PFR)
Pfropfenströmungsreaktor,
Kolbenströmungsreaktor
plug valve
Auslaufventil
plug wrench (bung removal)
Spundschlüssel (für Fässer)
plumbing system
Rohrleitungssystem (Wasser)
plunger
Tauchkörper;
Anpassstück;
Stichleitung
plunger injection
Kolbeninjektion
plunging jet reactor/
deep jet reactor/
immersing jet reactor
Tauchstrahlreaktor
plunging siphon
Stechheber
ply Lage, Schicht, Falte
➢ **multi-ply**
viellagig, mehrfach;
mehrfach gewebt
➢ **two-ply**
zweilagig, zweifach;
doppelt/zweifach gewebt
ply *vb*
biegen, falten;
(fiber) duplieren, dublieren,
fachen, in Strähnen legen
plywood board
Sperrholzplatte
pneumatic valve
Druckluftventil
pneumoconiosis
Staublunge,
Staublungenerkrankung,
Pneumokoniose
point defect (crystal)
Punktfehler,
Punktdefekt

point lattice
Punktgitter
point welding
Punktschweißen
Poiseuille flow/
pressure flow
Poiseuille-Strömung,
laminare Rohrströmung
poison *n* **(toxin)**
Gift (Toxin)
poison *vb* **(intoxicate)**
vergiften
poison cabinet
Giftschrank
poison control center/
poison control clinic
Vergiftungszentrale,
Entgiftungszentrale,
Entgiftungsklinik
poison information center
Giftinformationszentrale
poisoning (intoxication)
Vergiftung (Intoxikation)
poisonous (toxic)
giftig (toxisch)
poisonous materials/
poisonous substances
Giftstoffe
poisonousness/toxicity
Giftigkeit, Toxizität
Poisson distribution
Poissonsche Verteilung,
Poisson Verteilung
polarity Polarität
polarized light
polarisiertes Licht
polarizing filter/
polarizer
Polarisationsfilter,
'Pol-Filter', Polarisator
polarizing microscopy
Polarisationsmikroskopie
pole Stange; *phys* (poling) Polen
(bei elektr. Feld oberhalb T_g)
pole fabric *text*
Polgewebe
poled polymer
(for NLO devices)
gepoltes Polymer

policeman/
rubber policeman
(scraper rod with rubber
or Teflon tip)
Gummischaber, Gummiwischer,
Kolbenwischer
(zum Loslösen von festgebackenen
Rückständen im Kolben)
policy/rule
Vorschrift(en), Regeln
polish polieren
polishing Polieren
pollutant
(harmful substance/contaminant)
Schadstoff, Schmutzstoffe
pollute (contaminate)
verschmutzen, verunreinigen,
belasten; beflecken
polluter Umweltverschmutzer
pollution (contamination)
Verschmutzung,
Verunreinigung (Kontamination)
➤ **air pollution**
Luftverschmutzung
➤ **environmental pollution**
Umweltverschmutzung
➤ **noise pollution**
Lärmverschmutzung
➤ **water pollution**
Wasserverschmutzung
pollution control
Umweltschutz
pollution level
Schadstoffbelastung
polyacid Polysäure
polyacrylamide
Polyacrylamid
polyaddition
(addition polymerization)
Polyaddition
polyadenylation *gen*
Polyadenylierung
polyanion Polyanion
polybase Polybase
polybasic mehrbasig
polybasic acid
mehrbasige Säure
polycarbonate
Polycarbonat

polycation Polykation
polycondensation
(condensation polymerization)
Polykondensation
polycrystalline
polykristallin
polycyclic polycyclisch
polydispersity index (PDI)
Polydispersitätsindex (PDI)
polyelectrolyte
(polysalt/polyion)
Polyelektrolyt
polyester Polyester
polyester surface coating resin
Lackpolyester
polyesterification
Polyesterbildung
polyethylene/polythene (*Br*)
Polyethylen
polyfilament Polyfilseide
polyion Polyion
polymer Polymer (Polymerisat)
➤ **amorphous** amorph
➤ **atactic polymer**
ataktisches Polymer
➤ **barrier polymer**
Sperrschichtpolymer
➤ **biopolymer (biological polymer)**
Biopolymer
➤ **bipolymer**
(*see also:* copolymer)
Bipolymer
➤ **block polymer**
Blockpolymer
➤ **bound polymer**
gebundenes Polymer
➤ **branched-chain polymer**
verzweigtes Polymer
➤ **brittle polymer**
sprödes Polymer
➤ **catena polymer (linear)**
Kettenpolymer
➤ **cauliflower polymer**
Blumenkohlpolymer
➤ **comb polymer**
Kammpolymer
➤ **conductive polymer**
leitfähiges Polymer
➤ **copolymer** Copolymer

➤ **crosslinked polymer**
vernetztes Polymer
➤ **crystalline polymer**
kristallines Polymer
➤ **cyclic polymer**
Ringpolymer
➤ **dendritic polymer
(star polymer)**
dendritisches Polymer
(Sternpolymer)
➤ **ditactic polymer**
ditaktisches Polymer
➤ **double-strand polymer**
Doppelstrangpolymer
➤ **ductile** duktil
➤ **filled polymer**
gefülltes Polymer
➤ **foamed polymer**
geschäumtes Polymer
➤ **functional polymer**
Funktionspolymer
➤ **graft polymer**
Pfropfpolymer
➤ **heterochain polymer**
Heteroketten-Polymer
➤ **heteropolymer**
Heteropolymer
➤ **heterotactic polymer**
heterotaktisches Polymer
➤ **high polymer** Hochpolymer
➤ **homochain polymer**
Homoketten-Polymer
➤ **homopolymer** Homopolymer
➤ **hyperbranched polymer (HBP)**
hyperverzweigtes Polymer
➤ **inorganic polymer**
anorganisches Polymer
➤ **intrinsic conducting polymer (ICP)**
intrinsisch leitfähiges Polymer
➤ **isotactic polymer**
isotaktisches Polymer
➤ **ladder polymer** Leiterpolymer
➤ **linear polymer**
lineares Polymer
➤ **liquid crystalline polymer**
flüssigkristallines Polymer
➤ **living** lebend
➤ **modified polymer**
modifiziertes Polymer

➤ **monotaktisches Polymer**
monotactic polymer
➤ **network polymer/
lattice polymer**
Netzpolymer,
Gitterpolymer
➤ **optical polymer**
optisches Polymer
➤ **parquet polymer/
layer polymer/
phyllo polymer**
Parkettpolymer,
Flächenpolymer,
Schichtpolymer,
Schichtebenen-Polymer
➤ **phantom polymer**
Phantompolymer,
Exotenpolymer
➤ **photoconductive polymer**
lichtleitfähiges Polymer
➤ **photonic polymer**
lichtaktives Polymer
➤ **phyllo polymer/
parquet polymer/
layer polymer**
Parkettpolymer,
Flächenpolymer,
Schichtpolymer,
Schichtebenen-Polymer
➤ **poled polymer
(for NLO devices)**
gepoltes Polymer
➤ **precursor polymer**
Vorläuferpolymer
➤ **prepolymer**
Vorpolymer,
Präpolymer
➤ **reinforced polymer**
verstärktes Polymer
➤ **rigid polymer**
steifes Polymer
➤ **self-reinforcing polymer**
selbstverstärkendes Polymer
➤ **semiladder polymer/
step-ladder polymer**
Halb-Leiterpolymer
➤ **semirigid** halbsteif
➤ **sequential polymer**
Sequenzpolymer

➢ **sheet polymer**
Folienpolymer
➢ **side-chain liquid crystalline polymer (SCLCP)**
flüssigkristallines Seitenketten-Polymer
➢ **side-chain polymer**
Seitenkettenpolymer
➢ **sleeping polymer**
schlafendes Polymer
➢ **soft polymer/ non-rigid polymer**
weiches Polymer
➢ **star polymer (dendritic polymer)**
Sternpolymer (dendritisches Polymer)
➢ **stereoregular polymer**
stereoreguläres Polymer
➢ **strong polymer**
festes Polymer
➢ **structural polymer**
Strukturpolymer
➢ **styrenics**
Styrolpolymere
➢ **syndiotactic polymer**
syndiotaktisches Polymer
➢ **tactic polymer**
taktisches Polymer
➢ **unsaturated polymer**
ungesättigtes Polymer

polymer alloy/plastic alloy
Polymerlegierung, Kunststofflegierung
polymer backbone
Polymergerüst
polymer blend/ polyblend (polymer alloy)
Kunststoff-Blend (Polymerlegierung)
polymer chain
Polymerkette
polymer chemistry
Polymerchemie
polymer chip(s)
Polymerschnitzel
polymer coil
Polymerknäuel

polymer fiber Polymerfaser
polymer melt
Polymerschmelze
polymer optical fiber (POF)
optische Polymerfaser
polymer optical waveguide
Kunststoff-Lichtwellenleiter
polymer physics
Polymerphysik
polymer plasticizer
Polymerweichmacher
polymer tube
Röhrenpolymer
polymerase chain reaction (PCR)
Polymerasekettenreaktion (PCR)
polymeric material
Polymerwerkstoff
polymeric plasticizer
Polymerweichmacher
polymeride fiber
Polymerisatfaser
polymerization
Polymerisation, Polyreaktion; Kunststoffsyntheseverfahren
➢ **addition polymerization**
Additionspolymerisation
➢ **anionic polymerization**
anionische Polymerisation
➢ **aromatic polymerization**
aromatische Polymerisation
➢ **atom transfer radical polymerization (ATRP)**
Atom-Transfer-Radikal Polymerisation
➢ **bead polymerization**
Perlpolymerisation
➢ **block polymerization**
Blockpolymerisation
➢ **bulk polymerization/mass polymerization**
Substanzpolymerisation, Masse-Polymerisation
➢ **catalytic polymerization**
katalytische Polymerisation
➢ **cationic polymerization**
kationische Polymerisation
➢ **chain-growth polymerization/ chain-reaction polymerization**
Kettenwachstumspolymerisation

> **cold polymerization**
> Kaltpolymerisation,
> Tieftemperaturpolymerisation
> **condensation polymerization/
> condensed polymerization**
> Kondensationspolymerisation,
> kondensative P.,
> kondensierende P.
> **coordination polymerization**
> Koordinationspolymerisation,
> koordinative Polymerisation
> **copolymerization**
> Copolymerisation
> **cyclopolymerization**
> Cyclopolymerisation,
> cyclisierende Polymerisation
> **dead-end polymerization**
> 'Sackgassen'-Polymerisation
> **degree of polymerization (DP)**
> Polymerisationsgrad
> **depolymerization**
> Depolymerisation
> **dispersion polymerization**
> Dispersionspolymerisation
> **electrochemical polymerization**
> elektrochemische Polymerisation
> **emulsion polymerization**
> Emulsionspolymerisation
> **equilibrium polymerization/
> reversible polymerization**
> Gleichgewichtspolymerisation
> **gas-phase polymerization**
> Gasphasenpolymerisation
> **graft polymerization**
> Pfropfpolymerisation
> **group-transfer polymerization**
> Gruppentransferpolymerisation
> **homopolymerization**
> Homopolymerisation
> **hydrolytic polymerization**
> hydrolytische Polymerisation
> **immortal polymerization**
> unsterbliche Polymerisation
> **inifer polymerization**
> Iniferpolymerisation
> **insertion polymerization**
> Polyinsertion
> **interfacial polymerization**
> Grenzflächenpolymerisation

> **ionic polymerization**
> ionische Polymerisation
> **isomerization polymerization**
> Isomerisations-Polymerisation
> **living polymerization**
> lebende Polymerisation
> **matrix polymerization/
> template polymerization**
> Matrixpolymerisation
> (Template-Effekt)
> **metathesis polymerization**
> Metathesepolymerisation
> **phase-transfer polymerization**
> Phasentransferpolymerisation
> **photopolymerization**
> Photopolymerisation
> **plasma polymerization**
> Plasma-Polymerisation
> **popcorn polymerization**
> Popcorn-Polymerisation
> **postpolymerization**
> Nachpolymerisation
> **precipitation polymerization/
> precipitative polymerization**
> Fällungspolymerisation
> **pressureless polymerization**
> drucklose Polymerisation
> **quasiliving polymerization**
> quasilebende Polymerisation
> **radiation polymerization/
> radiation-induced polymerization/
> radiolytic polymerization**
> Strahlenpolymerisation
> **radical polymerization**
> radikalische Polymerisation
> **radical-chain polymerization**
> Radikalkettenpolymerisation
> **reversible polymerization/
> equilibrium polymerization**
> Gleichgewichts-
> polymerisation
> **ring-opening polymerization**
> Ringöffnungspolymerisation
> **runaway polymerization**
> unkontrollierte Polymerisation,
> Kettenreaktions-Polymerisation
> (Durchgehreaktion)
> **self-polymerization**
> Autopolymerisation

➤ **solid-state polymerization**
Festphasenpolymerisation
➤ **solvent polymerization**
Lösungspolymerisation
➤ **spontaneous polymerization**
spontane Polymerisation
➤ **step-growth polymerization/**
step-reaction polymerization
Stufenwachstumspolymerisation
➤ **stepwise polymerization/**
step polymerization
Stufenpolymerisation
➤ **suspension polymerization**
Suspensionspolymerisation
➤ **terpolymerization**
Terpolymerisation
➤ **thermic polymerization**
thermische Polymerisation
polymerization additive
Polymerisationshilfsmittel
polymerization product/
polymerizate
Polymerisationsprodukt,
Polymerisat
polymerization rate
Polymerisationsgeschwindigkeit
polymerization recipe
Polymerisationsansatz
polymerization spinning
Polymerisationsspinnen
polymerization termination
Polymerisationsabbruch
polymerize polymerisieren
polymerize to completion
(run to completion)
auspolymerisieren
polymerizing conditions
Polymerisationsbedingungen
polymorphism Polymorphie
polyol Polyalkohol, Polyol
polyolefin (polyhydric)
Polyolefin, Polyalken (Polyalkylen)
polyolefin fiber
Polyolefinfaser
polyradical Polyradikal
polysaccharide (multiple sugar)
Polysaccharid (Mehrfachzucker)
➤ **structural polysaccharide**
Strukturpolysaccharid

polysalt
(polyelectrolyte complex/
polyion complex)
Polyelektrolyt
polysoap Polymertensid
polysuede
Wildlederimitat
polysulfide rubber
Polysulfid-Kautschuk
polyterpene(s)
Polyterpen(e)
polyterpene resins
Polyterpenharze
polyunsaturated
mehrfach ungesättigt
polyunsaturated fatty acid
mehrfach ungesättigte Fettsäure
pool/combine/accumulate
poolen, vereinigen,
zusammenbringen
popcorn polymerization
Popcorn-Polymerisation
porcelain dish
Porzellanschale
porcelain enamel
Emaille, Email
porcelain mortar
Porzellanmörser
pore size/mesh size
Porenweite (Filter/Gitter etc.)
poromeric Poromer
poromerics Poromere
porosity
Porosität, Durchlässigkeit
porous
porös, porig, durchlässig
port Eingang (Anschluss: Gerät)
portion/fraction
Teilmenge, Portion, Fraktion
portioning
Portionierung
positive-displacement pump
Direktverdrängerpumpe
positive-displacement valve
Verdrängerventil
positive pressure Überdruck
positron emission tomography (PET)
Positronenemissionstomographie
(PET)

post cure (postcuring)
 Nachhärten
post-cure nachhärten
postcuring/postvulcanization
 Nachvernetzung,
 Nachvulkanisation
postpolymerization
 Nachpolymerisation
postprocessing (PP)
 Nachverarbeitung
posttreatment examination/
 follow-up (exam)/
 reexamination after treatment
 Nachuntersuchung
pot cleaner (scouring pad)
 Topfkratzer, Topfreiniger
pot life
 Topfzeit, Verarbeitungsdauer,
 Gebrauchsdauer
potash (potassium carbonate)
 Pottasche (Kaliumcarbonat)
potassium (K) Kalium
potassium cyanide
 Kaliumcyanid,
 Cyankali, Zyankali
potassium hydroxide solution
 Kalilauge,
 Kaliumhydroxidlösung
potassium permanganate
 Kaliumpermanganat
potential *adv/adj* potentiell
potential *n* Potential
potential barrier
 Potentialschwelle
potential difference/
 voltage
 Potentialdifferenz,
 Spannung
Potter-Elvehjem homogenizer
 (glass homogenizer)
 'Potter' (Glashomogenisator)
pour schütten; gießen
pour out (empty out) ausschütten,
 ausgießen; (pour off/decant)
 abgießen, dekantieren (ablassen)
pourable elastomer
 Gießelastomer
pouring Gießen
pouring ring Ausgießring

pouring spout
 Gießschnauze (an Gefäß)
powder Pulver, Puder
powder coating
 Pulverbeschichten
powder funnel Pulvertrichter
powder spatula Pulverspatel
power *n* Leistung; Elektrizität, Strom
power *vb*
 betreiben, antreiben, versorgen;
 mit Strom versorgen
➢ **power down**
 ausschalten, abschalten;
 herunterfahren
➢ **power up**
 einschalten, anschalten;
 hochfahren
power-compensated differential
 scanning calorimetry (PCDSC)
 dynamische Differenz-Leistungs-
 Kalorimetrie (DDLK),
 Leistungskompensations-
 Differentialkalorimetrie
power control
 Leistungsregelung
power cord
 (electric cord/electrical cord/
 power cable/electric cable)
 Stromkabel
power grid
 Verteilungsnetz, Versorgungsnetz,
 elektrisches 'Netz'
power input
 Aufnahmeleistung
power law
 Potenzgesetz,
 Potenzfließgesetz
power lead Stromkontakt
power loss
 Verlustleistung
power output/
 rated power output
 Nennleistung,
 Nominalleistung
power plug
 Netzstecker
power supply
 Stromquelle, Stromzufuhr;
 Stromgerät

power supply unit
Netzgerät,
Netzteil, Stromgerät
power switch Netzschalter
precaution/
  precautionary measure/
  safety warning
  Vorkehrung,
  Vorsichtsmaßnahme,
  Vorsichtsmaßregel
> **take precautions**
  (precautionary measures)
  Vorkehrungen treffen
precautionary measure
  (protective measure)
  Schutzmaßnahme,
  Vorsichtsmaßnahme (Vorkehrung)
prechill vorkühlen
precious metal Edelmetall
precipitant/precipitating agent
  Fällungsmittel
precipitate *n*
  Präzipitat, Fällung, Ausfällung
precipitate *vb*
  fällen, ausfällen, präzipitieren;
  ausscheiden (Kristalle)
precipitating fractionation
  Fällfraktionierung
precipitation
  Ausfällung, Ausfällen,
  Fällung, Fällen, Präzipitation;
  Niederschlag (Sediment/Präzipitat)
> **fractional precipitation**
  fraktionierte Fällung
precipitation polymerization/
  precipitative polymerization
  Fällungspolymerisation
precipitation titration
  Fällungstitration
precision (exactness/accuracy)
  Präzision, Genauigkeit
precision balance
  Feinwaage,
  Präzisionswaage
precleaned vorgereinigt
precleaning Vorreinigung
precoat vorbeschichten
precoated plate
  chromat Fertigplatte

precompounded
  vorimprägniert, vorbeharzt
preconcentrate
  Vorkonzentrat
precondensate
  Vorkondensat
precooler
  Vorkühler (Kälte)
precursor
  Präkursor, Vorläufer
precursor polymer
  Vorläuferpolymer
prediction
  Voraussage,
  Vorhersage
predictive model
  Voraussagemodell
preferential adsorption
  Vorzugsadsorption
preferential solvation
  Vorzugssolvatation
prefilter Vorfilter
preforming die
  Vorformwerkzeug
preheater
  Vorwärmer
preheating time/
  rise time
  Anheizzeit,
  Steigzeit (Autoklav)
preliminary test/
  crude test
  Vorprobe, Vorversuch
pre-melting temperature
  Präschmelztemperatur
premixing Vormischen
preparation
  Vorbereitung;
  Zubereitung, Herstellung;
  (preserved specimen) Präparat
preparation process/procedure
  (manufacturing process/procedure)
  Herstellungsverfahren,
  Vorbereitungsverfahren
preparative präparativ
preparative centrifugation
  präparative Zentrifugation
preparative chromatography
  präparative Chromatographie

preparatory treatment
Vorbehandlung
preparatory work Vorarbeiten
prepare
präparieren, vorbereiten, richten;
anfertigen, herstellen, zubereiten
prepolymer
Vorpolymer,
Präpolymer
prepreg
(preimpregnated fiber)/
preform Prepreg
(Monomer-imprägniertes
Glasfasergewebe),
vorimprägnierter
Vorformling/Rohling,
harzvorimprägniertes Halbzeug
prepregged *polym*
vorimprägniert
prepurify vorreinigen
prescored ampule/ampoule
vorgeritzte Spießampulle
prescribed work procedure/
prescribed operating procedure
Arbeitsanweisung,
Arbeitsvorschrift
prescription
Vorschrift, Verordnung;
(order) Anweisung
preservation
Bewahrung, Erhaltung,
Preservierung, Konservierung;
(storage) Aufbewahrung
preservative
Konservierungsstoff
preserve/keep/maintain
bewahren, erhalten, preservieren
press *n*
Presse;
Druckmaschine
press *vb*
pressen, zusammendrücken;
ausdrücken
press molding
Pressen, Schichtpressen
pressed piece/
pressed article/
pressed item
Pressling

pressure
Druck (*pl* Drücke)
➢ **air pressure** Luftdruck
➢ **ambient pressure**
Umgebungsdruck
➢ **atmospheric pressure**
atmosphärischer Luftdruck
➢ **breaking pressure**
Öffnungsdruck (Ventil)
➢ **counterpressure**
Gegendruck
➢ **high pressure** Hochdruck
➢ **hydrostatic pressure**
hydrostatischer Druck
➢ **initial pressure/**
initial compression/
high pressure
Vordruck, Eingangsdruck
(Hochdruck: Gasflasche)
➢ **internal pressure** Innendruck
➢ **loss of pressure (pressure drop)**
Druckverlust
➢ **low pressure** Niederdruck
➢ **negative pressure** Unterdruck
➢ **oncotic pressure**
onkotischer Druck,
kolloidosmotischer Druck
➢ **operating pressure**
Betriebsdruck
➢ **osmotic pressure**
osmotischer Druck
➢ **outlet pressure** Hinterdruck
➢ **oxygen partial pressure**
Sauerstoffpartialdruck
➢ **partial pressure** Partialdruck
➢ **positive pressure** Überdruck
➢ **reduced pressure**
erniedrigter Druck
➢ **selective pressure/**
selection pressure
Selektionsdruck
➢ **standard pressure**
Normaldruck, Normdruck
➢ **supply pressure (HPLC)**
Eingangsdruck
➢ **turgor pressure** Turgordruck
➢ **vapor pressure** Dampfdruck
➢ **working pressure**
(delivery pressure) Arbeitsdruck

pressure bag process
Drucksackverfahren (Pressen)
pressure bandage/
  compression dressing med
Druckverband
pressure control valve
Druckregelventil
pressure conveyor
Druckstetigförderer
pressure cycle reactor
Druckumlaufreaktor
pressure drop Druckabfall
pressure equalization
Druckausgleich
pressure filtration
Druckfiltration
pressure flow/
  pressure back flow/
  back flow
Druckströmung, Druckfluss,
Druckrückströmung, Rückfluss;
polym (Poiseuille flow)
Poiseuille-Strömung,
laminare Rohrströmung
pressure flow-drag flow ratio
Drosselquotient
pressure-flow theory/hypothesis
Druckstromtheorie,
Druckstromhypothese
pressure fluctuation
Druckschwankung
pressure gauge/
  pressure gage/gauge/gage
Druckmesser, Manometer
pressure head
Staudruck, Druckhöhe;
Fließdruck, Druckgefälle;
Förderhöhe
pressure protection device
Druckentlastungseinrichtung
pressure regulator
Druckregler,
Druckminderer (Gasflasche)
pressure relief valve
  (gas regulator/
  gas cylinder pressure regulator)
Reduzierventil, Druckminderventil,
Druckreduzierventil (für Gasflaschen),
Gasdruckreduzierventil

pressure resistant druckfest
pressure rise/
  pressure increase
Druckanstieg
pressure-sensitive
druckempfindlich
pressure-sensitive adhesive
Haftkleber, Kontaktkleber,
druckreaktiver Klebstoff
pressure-swing adsorption (PSA)
Druck-Umkehr-Adsorption
(Gastrennung)
pressure-tight druckdicht
pressure transducer
Druckumwandler
pressure tubing
Druckschlauch
pressure valve/
  pressure relief valve
  (safety valve)
Druckventil, Überdruckventil
pressure vessel
Druckbehälter
pressureless polymerization
drucklose Polymerisation
pressurize
unter Druck setzen
pressurized air Druckluft
pressurizer
Druckerzeuger; Druckanlage
prestrain Vorbeanspruchung
prestress Vorspannung
prestretch/prestretching
Vorstreckung
pretreatment (preparation)
Vorbehandlung
pretrial (preliminary experiment)
Vorversuch
prevalence/prevalency
Prävalenz
prevention Prävention;
(provision) Verhütung
(Verhinderung: Unfälle/Vorsorge)
prevention of accidents
Unfallverhütung
preventive medical checkup
Vorsorgeuntersuchung
preventive medicine
Präventivmedizin

prevulcanization
Anvulkanisation, Anvulkanisieren,
Vorvulkanisieren, Vorvernetzung
primary product (initial product)
Ausgangsprodukt
primary structure
Primärstruktur
prime *vb* vorbereiten;
(Farbe) grundieren;
(pump) vorpumpen, anlassen
(auch: selbstansaugend)
primer Zündvorrichtung; Primer,
Grundierung, Grundiermittel,
Grundiermasse, Spachtelmasse
➢ **adhesive primer**
Haftgrundierung, Haftprimer
➢ **application of primer (paint)**
Grundieren
➢ **apply primer** grundieren
primer coat
Grundierschicht
printed circuit board (PCB)
Leiterplatte, Platine
printed wiring (circuit)
gedruckte Schaltung/Schaltkreis
printed wiring board (PWB)
gedruckte Verdrahtungsplatte
pristine
ursprünglich (urtümlich)
probability/likelihood
Wahrscheinlichkeit
probe *vb*
prüfen, testen,
untersuchen, analysieren
probe *n* Sonde, Fühler;
(microprobe) Mikrosonde
➢ **probing head** Tastkopf
➢ **proton microprobe**
Protonensonde
probe gas/tracer gas Prüfgas
procedure/technique Verfahren
process (processing/treat) verarbeiten;
(finish) weiterverarbeiten,
prozessieren; aufbereiten
process control
Prozesssteuerung,
Prozess-Kontrolle
process engineering
Verfahrenstechnik

process water/
service water/
industrial water
(nondrinkable water)
Betriebswasser, Brauchwasser
(nicht trinkbares Wasser)
processability
Verarbeitbarkeit
processing
(treatment) Prozessierung,
Verarbeitung;
(finishing) Weiterverarbeitung;
Aufbereitung
processing aid(s)
Verarbeitungshilfe,
Fabrikationshilfsmittel
processing shrinkage
Verarbeitungsschwindung
procuring/
procurement/supply
Beschaffung
produce *vb*
(manufacture/make)
produzieren, erzeugen, herstellen
producer
Produzent, Erzeuger, Hersteller
producer gas
Generatorgas
product
Produkt; Erzeugnis, Ware;
Ergebnis, Resultat
product inhibition
Produkthemmung
product liability Produkthaftung
product-moment correlation
coefficient
Maßkorrelationskoeffizient,
Produkt-Moment-
Korrelationskoeffizient
product purity
Produktreinheit
production costs/
manufacturing costs
Herstellungskosten
productivity Produktivität
profile (pattern) Profil
profile die
Profildüse, Profilkopf,
Profilspritzkopf (Extruder)

profile fiber Profilfaser
prognosis
Vorhersage, Prognose
progressing cavity pump
Schneckenantriebspumpe
prohibition/ban Verbot
project *opt*
projizieren, abbilden
projection formula
Projektionsformel
proof *n* **(check)** *chem*
Probe, Versuch,
Untersuchung, Test, Prüfung
proof pressure
Prüfdruck
proof pressure test
Dichtheitsprüfung unter Druck
proof stress
Dehngrenze;
Prüfbeanspruchung
propagate (reproduce)
fortpflanzen, vermehren,
reproduzieren;
propagieren (*polym* wachsen)
➢ **self-propagate**
(self-propagating reaction)
selbsttragend
(selbsttragende Reaktion)
propagation
Propagation, Fortpflanzungsreaktion
(*polym* Wachstum);
(reproduction) Fortpflanzung,
Vermehrung, Reproduktion
➢ **cross-propagation**
Querwachstum
➢ **self-propagation**
Selbstwachstum
propellant (pressure can)
Treibmittel, Treibgas (z.B. in
Sprühflaschen/Druckflaschen)
propeller impeller
Propellerrührer
prophylactic
prophylaktisch
prophylaxis Prophylaxe
propionic acid (propionate)
Propionsäure (Propionat)
propionic aldehyde/
propionaldehyde Propionaldehyd

proportional truncation *stat*
proportionaler Schwellenwert
proportionality limit
Proportionalitätsgrenze
propositus
Proband, Propositus
propulsion
Antrieb, Trieb,
Voranbringen (Fortbewegung)
propulsive force
Antriebskraft, Triebkraft
*n***-propyl alcohol/propanol**
Propylalkohol, Propan-1-ol
protect (protected)
schützen (geschützt)
protection (cover/screen/shield)
Schutz
➢ **deprotection**
Entschützen,
Entfernen von Schutzgruppen
protection assay/
protection experiment
Schutzversuch,
Schutzexperiment
protection mask/
face mask/
respirator mask/
respirator
Atemmaske,
Atemschutzmaske
protective clothing
Schutzkleidung
protective coat/
protective gown
Schutzkittel, Schutzmantel
protective coating
Schutzanstrich
protective covering
Schutzbelag
protective curtain
Schutzvorhang
protective gas/
shielding gas
(in welding)
Schutzgas
protective gloves
Schutzhandschuhe
protective group/protecting group
Schutzgruppe (*chem* Synthese)

protective hood Schutzhaube
protective measure/
  precautionary measure
  Schutzmaßnahme
protective screen/
  shield (workshield)
  Schutzscheibe,
  Schutzschirm,
  Schutzschild
protein Protein, Eiweiß
protein engineering
  gezielte Konstruktion von Proteinen
protein fibers Proteinfasern
protein synthesis
  Proteinsynthese
proteinaceous
  proteinartig, proteinhaltig,
  Protein...,
  aus Eiweiß bestehend, Eiweiß...
proteolytic
  proteolytisch, eiweißspaltend
protic acid Protonensäure (Brønstedt)
protocol (record/minutes)
  Protokoll, Aufzeichnungen;
  Sitzungsbericht;
  genormte Verfahrensvorschrift
proton gradient
  Protonengradient
proton microprobe
  Protonensonde
proton motive force
  protonenmotorische Kraft
proton pump Protonenpumpe
proton shift (NMR)
  Protonenverschiebung
proton trap Protonenfalle
protraction
  (delay/procrastination:
  through neglect)
  Verschleppung
protrude
  (project/stand out/
  stick out/rise over)
  herausragen,
  überragen, hervorstehen
provision Vorsorge
provisional measure/
  precautionary measure
  Vorsorgemaßnahme

provisions (furnishings/equipment/
  outfit/supplies)
  Ausstattung; *jur* Bestimmungen
prussiat
  Blutlaugensalz,
  Kaliumhexacyanoferrat
psychrometer/
  wet-and-dry-bulb hygrometer
  Psychrometer
  (ein Luftfeuchtigkeitsmessgerät)
PTT (protein truncation test)
  PTT (Nachweis verkürzter Proteine)
public danger
  öffentliche Gefahr
puller/tension roll Zugwalze
pulley Flaschenzug, Seilrolle
pullulan Pullulan
pulp Pulpe, Zellstoff
➢ **mechanical pulp**
  Holzstoff (mechan. H./Pulpe)
➢ **rayon pulp**
  Kunstfaserzellstoff
➢ **synthetic wood pulp (SWP)**
  Synthesezellstoff,
  Synthesepulpe
➢ **virgin pulp**
  Primärfaserstoff,
  Frischfaserstoff
➢ **wood pulp**
  Holzschliff, Zellstoff
pulp fiber
  Zellstofffaser
pulpwood Papierholz
pulsate/throb/beat
  pulsieren
pulsation Pulsation
pulse
  Puls; Pulsieren;
  electr Stromstoß, Impuls
pulse current *electr*
  Impulsstrom, Stoßstrom
pulse generator Taktgeber
pulse labeling/pulse chase
  Pulsmarkierung
pulse polarography Pulspolarografie
pulsed field gel electrophoresis
  (PFGE)
  Wechselfeld-Gelelektrophorese,
  Puls-Feld-Gelelektrophorese

pultrusion
Profilziehen, Pultrusion
pulver/powder
Pulver, Puder
pulverization
Pulverisierung;
Zerstäubung
pulverize
pulverisieren, fein zermahlen;
zerstäuben
pulverizer
Mühle (fein), Pulverisiermühle,
Zerkleinerer; Zerstäuber
pump Pumpe
➢ **aspirator pump/vacuum pump**
Absaugpumpe,
Saugpumpe
➢ **barrel pump/drum pump**
Fasspumpe
➢ **centrifugal pump/**
impeller pump
Zentrifugalpumpe,
Kreiselpumpe
➢ **circulation pump**
Umwälzpumpe
➢ **diaphragm pump**
Membranpumpe
➢ **dispenser pump/**
dispensing pump
Dispenserpumpe
➢ **displacement pump**
Verdrängungspumpe,
Kolbenpumpe (HPLC)
➢ **dosing pump/**
proportioning pump/
metering pump
Dosierpumpe
➢ **double-acting pump**
Druckpumpe, Saugpumpe,
doppeltwirkende Pumpe
➢ **feed pump**
Förderpumpe
➢ **filter pump**
Filterpumpe
➢ **gear pump**
Zahnradpumpe
➢ **hand pump** Handpumpe
➢ **hand-operated vacuum pump**
manuelle Vakuumpumpe

➢ **heat pump**
Wärmepumpe
➢ **hose pump**
Schlauchpumpe
➢ **impeller pump/centrifugal pump**
Laufradpumpe,
Kreiselpumpe,
Zentrifugalpumpe
➢ **ion pump** Ionenpumpe
➢ **multichannel pump**
Mehrkanal-Pumpe
➢ **peristaltic pump**
peristaltische Pumpe
➢ **pipet pump** Pipettierpumpe
➢ **piston pump/**
reciprocating pump
Kolbenpumpe
➢ **positive displacement pump**
Direktverdrängerpumpe
➢ **prime** selbstansaugend
➢ **progressing cavity pump**
Schneckenantriebspumpe
➢ **proton pump**
Protonenpumpe
➢ **rotary piston pump**
Drehkolbenpumpe
➢ **rotary vane pump**
Drehschieberpumpe
➢ **squeeze-bulb pump**
(hand pump for barrels)
Quetschpumpe
(Handpumpe für Fässer)
➢ **suction head**
Ansaughöhe
➢ **suction lift**
Ansaugtiefe
➢ **suction pump/**
aspirator pump/
vacuum pump
Saugpumpe,
Vakuumpumpe
➢ **suction stroke**
Ansaugpuls
➢ **syringe pump**
Spritzenpumpe
➢ **total static head**
Gesamtförderhöhe
➢ **tubing pump**
Schlauchpumpe

> **vacuum pump**
Vakuumpumpe
> **vane**-type pump
Propellerpumpe
> **water pump**
(filter pump/vacuum filter pump)
Wasserstrahlpumpe,
Wasserpumpe
> **wobble-plate pump/**
rotary swash plate pump
Taumelscheibenpumpe
pump drive
Pumpenantrieb
pump head Pumpenkopf
pump oil Pumpenöl
punch
Stempel (Extrusion/Gießen/Formen);
Stanzwerkzeug; Patrize; Lochstanze
punching
Stanzen; Lochstanzen
puncture *n* Einstich, Loch;
Durchschlag, Durchstoß;
(needle biopsy) Punktion
puncture *vb*
ein Loch stechen, durchstechen,
durchschlagen, platzen;
(tap) punktieren
puncture resistance *tech/mech*
Durchstoßfestigkeit
puncture strength/
dielectric strength *electr*
Durchschlagfestigkeit,
dielektrische Festigkeit
pungency
Schärfe; stechender Geruch
pungent
scharf, stechend,
beizend, ätzend (Geruch)
pure rein (ohne Zusatz);
reinst (purissimum/puriss.)
> **highly pure**
(superpure/ultrapure)
reinst
> **not denatured** unvergällt
pure substance
Reinstoff, Reinsubstanz
purge *n* Reinigung, Säuberung,
Befreiung; Klärung, Klärflasche

purge assembly/purge device
Spülvorrichtung (z.B. Inertgas)
purge gas Spülgas
purge valve/
pressure-compensation valve/
venting valve
Entlüftungsventil
purification
Reinigung, Aufreinigung;
Reindarstellung
purification procedure/
purification technique
Reinigungsverfahren
(Aufreinigung)
purified water
gereinigtes Wasser,
aufgereinigtes Wasser,
aufbereitetes Wasser
purify reinigen, aufreinigen
purity Sauberkeit;
Reinheit (ohne Zusätze)
purity grades/chemical grades
chemische Reinheitsgrade
purity of variety/variety purity
Sortenreinheit
pushbutton
Bedienknopf, Drucktaste
pusher centrifuge
Schubschleuder
putty Kitt (Fensterkitt etc.)
putty knife
Spachtelmesser, Kittmesser
pyridine Pyridin
pyrite FeS_2
Eisenkies, Schwefelkies
pyrolysis/thermolysis
Pyrolyse, Thermolyse
pyrometer
Pyrometer, Hitzemessgerät
> **optical pyrometer**
Pyropter,
optisches Pyrometer
pyrometry Pyrometrie
pyroxylin (11.2–12.4% N)
Schießbaumwolle
pyrrole Pyrrol
pyruvic acid (pyruvate)
Brenztraubensäure (Pyruvat)

quadratic mean
Quadratmittel (Mittelwert)

quadrupod (for burner)
Vierfuß (für Brenner)

quality (property)
Qualität, Beschaffenheit,
Eigenschaft

quality assessment
Qualitätsbeurteilung,
Qualitätsbewertung

quality assurance (QA)
Qualitätssicherung

quality control (QC)
Qualitätskontrolle,
Qualitätsprüfung,
Qualitätsüberwachung

quality factor
Qualitätsfaktor,
Bewertungsfaktor

quality indicator
Qualitätskennzeichen

quality manual
Qualitätssicherungshandbuch
(EU-CEN)

quantification/quantitation
Quantifizierung

quantify/quantitate
quantifizieren

quantitative ratio/
relative proportions
Mengenverhältnis

quantity Quantität;
(amount/number) Menge (Anzahl),
Größe

quantity to be measured
Messgröße

quantization
Quantisierung;
Quantelung

quantum Quant

quarternary structure (proteins)
Quartärstruktur

quartile *stat*
Quartil, Viertelswert

quartz glass Quarzglas

quartz microbalance (QMB)
Quarz-Mikrowaage (QMW)

quartz thermometer
Quarzthermometer

quasiliving polymerization
quasilebende Polymerisation

quench *polym*
abschrecken

quenching gas Löschgas

quick drench shower/
deluge shower
'Schnellflutdusche'
(Notdusche)

quick section
Schnellschnitt

quick-disconnect fitting
Schnellkupplung

quick-fit connection
Schnellverbindung
(Rohr/Glas/Schläuche etc.)

quick-release clamp (seal)
Schnellspannklemme,
Schnellspannverschluss

quick-stain *micros*
Schnellfärbung

quickfreeze
schnellgefrieren

quiescent
ruhend, untätig; unerdrückt;
ruhig, still

quill (bobbin/spool)
text Hülse, Buchse; Spule;
tech/mech (hollow shaft) Hohlwelle

quilting Steppen;
Kaschieren (mit Füllmaterial)

R phrases (Risk phrases)
R-Sätze (Gefahrenhinweise)
race (of ball bearing)
Laufring (eines Kugellagers)
racemate
Racemat,
racemische Verbindung
racemization Racemisierung
radial polymer/star polymer
Sternpolymer
radiant strahlend
radiant energy
Strahlungsenergie
radiant heat
Strahlungswärme
radiate
strahlen, ausstrahlen, leuchten
radiation Strahlung
➤ **background radiation**
Hintergrundstrahlung
➤ **corpuscular radiation**
Teilchenstrahlung
➤ **electromagnetic radiation**
elektromagnetische Strahlung
➤ **global radiation**
Globalstrahlung
➤ **ionizing radiation**
ionisierende Strahlen,
ionisierende Strahlung
➤ **nuclear radiation**
Kernstrahlung
➤ **photosynthetically active radiation (PAR)**
photosynthetisch aktive Strahlung
➤ **polarized radiation**
polarisierte Strahlung
➤ **radioactive radiation**
radioaktive Strahlung
➤ **scattered radiation/ diffuse radiation**
Streustrahlung
➤ **solar radiation**
Sonnenstrahlung
➤ **thermal radiation**
Wärmestrahlung
radiation control/ radiation protection/ protection from radiation
Strahlenschutz

radiation crosslinking/ radiation-induced crosslinking
Strahlenvernetzung
radiation dosage/ irradiation dosage
Bestrahlungsdosis
radiation grafting
strahlenchemische Pfropfung
radiation hazards/radiation injury
Strahlenschäden
radiation incident
Strahlenvorfall
radiation intensity
Strahlungsintensität
radiation level
Strahlenbelastung
radiation polymerization/ radiation-induced polymerization
Strahlenpolymerisation
radiation protection
Strahlenschutz
radiation sickness
Strahlenkrankheit
radiation therapy/radiotherapy
Strahlentherapie,
Bestrahlungstherapie
radiator (heater)
Heizkörper, Strahler (Wärme);
(eines Motors) Kühler
radical Radikal
➤ **free radical**
freies Radikal
radical ion Radikalion
radical polymerization
radikalische Polymerisation
radical scavenger
Radikalfänger
radical trap Radikalfalle
radical-chain polymerization
Radikalkettenpolymerisation
radioactive (nuclear disintegration)
radioactiv (Atomzerfall)
radioactive decay/ radioactive disintegration
radioaktiver Zerfall
radioactive marker
radioaktiver Marker
radioactive radiation
radioaktive Strahlung

radioactive waste/
 nuclear waste
 radioaktive Abfälle
radioactively contaminated
 atomar/radioaktiv verstrahlt,
 atomar/radioaktiv verseucht
radioactivity Radioaktivität
radiocarbon method
 Radiokarbonmethode,
 Radiokohlenstoffmethode,
 Radiokohlenstoffdatierung
radiolabeling/radiolabelling
 radioaktive Markierung
radiolytic polymerization/
 radiation-induced polymerization/
 radiation polymerization
 Strahlenpolymerisation
radionuclide
 Radionuklid, Radionuclid
radius of gyration
 Trägheitsradius, Gyrationsradius,
 Trägheitshalbmesser
rag/cloth (cleaning)
 Putztuch, Putzlappen
rags
 Hadern (Stoffreste/Lumpen)
ram extruder/
 hydraulic extruder/
 stuffer
 Kolbenextruder,
 Kolbenstrangpresse,
 hydraulische Strangpresse,
 Ramextruder
ram flow Kolbenströmung
ramie/China grass
 (*Boehmeria* spp./Urticaceae)
 Ramie, Chinagras
rancid ranzig
random zufällig, wahllos,
 willkürlich, ungeordnet
random coil
 statistisches Knäuel
random copolymer
 statistisches Copolymer
 mit Bernoulli-Statistik
random deviation *stat*
 Zufallsabweichung
random distribution *stat*
 Zufallsverteilung

random error
 zufälliger Fehler,
 Zufallsfehler
random event
 Zufallsereignis
random sample/
 sample taken at random
 Zufallsstichprobe, Zufallsprobe
random screening
 Zufallsauslese
random variable
 Zufallsvariable, Zufallsgröße
random walk conformation/
 random coil conformation/
 random flight conformation
 Zufallskonformation,
 ungeordnete Konformation
randomization Randomisierung
randomize randomisieren
randomizer *polym*
 Isomerisierungsmittel
randomly distributed
 zufallsverteilt,
 statistisch verteilt
random-walk statistics
 Irrflug-Statistik
range Bereich; Messbereich;
 Gebiet, Abstand; Spielraum;
 Reichweite (Strahlung);
 Spanne (Mess~); *stat* Spannweite
range of measurement
 Messbereich
range of saturation/
 zone of saturation
 Sättigungsbereich,
 Sättigungszone
range of variation/
 range of distribution
 Variationsbreite
Rangoon rubber
 (*Urceola maingayi*/Apocynaceae)
 Rangoongummi
rank *vb* **(classify)**
 einordnen, einstufen, klassifizieren
rank correlation coefficient
 Rangkorrelationskoeffizient
rank statistics/
 rank order statistics
 Rangmaßzahlen

Raoult's law
Raoultsches Gesetz
rapid freezing
Schnellgefrieren
rapid-hardening
schnellbindend, schnellhärtend
Raschig ring (column packing)
Raschig-Ring (Glasring)
rash (skin rash/skin eruptions)
Ausschlag, Hautausschlag
ratchet Knarre;
(ratchet wrench) Ratsche, Rätsch
ratchet clamp
Ratschen-Klemme,
Ratschen-Absperrklemme
(Schlauchklemme)
rate constant (enzyme kinetics)
Geschwindigkeitskonstante
rate-determining step/reaction
geschwindigkeitsbestimmende(r)
Schritt/Reaktion
rate-limiting step/reaction
geschwindigkeitsbegrenzende(r)
Schritt/Reaktion
rated output (rated amperage output)
Nennstrom, Nominalstrom;
(rated power output) Nennleistung,
Nominalleistung
ratio (quotient/proportion/relation)
Verhältnis, Quotient, Proportion
raw (crude) roh
raw material/resource
Rohstoff
raw rubber Rohkautschuk
raw sewage Rohabwasser
raw sugar/crude sugar
(unrefined sugar)
Rohzucker
ray (beam/jet) Strahl;
(of sunshine/sunbeam) Sonnenstrahl
ray diagram
Strahlendiagramm
Rayleigh scattering
Rayleigh-Streuung
rayon
Kunstseide,
Celluloseregeneratseide
➤ **acetate rayon**
Azetatseide, Azetatrayon

rayon pulp
Kunstfaserzellstoff
react reagieren
➤ **let react**
reagieren lassen
reactance/relative impedance
Reaktanz,
Blindwiderstand
reactant
Reaktand, Reaktionsteilnehmer,
Ausgangsstoff
reaction
Reaktion; Umsetzung
➤ **biosynthetic reaction**
(anabolic reaction)
Biosynthesereaktion
➤ **bisubstrate reaction**
Zweisubstratreaktion,
Bisubstratreaktion
➤ **chain reaction**
Kettenreaktion
➤ **condensation reaction/**
dehydration reaction
Kondensationsreaktion,
Dehydrierungsreaktion
➤ **counterreaction**
Gegenreaktion
➤ **coupled reaction**
gekoppelte Reaktion
➤ **coupling reaction**
Kupplungsreaktion
➤ **displacement reaction**
Verdrängungsreaktion
➤ **enzymatic reaction**
Enzymreaktion
➤ **exchange reaction**
Austauschreaktion
➤ **insertion reaction**
Einschiebereaktion,
Einschiebungsreaktion,
Insertionsreaktion
➤ **one-pot reaction**
Eintopfreaktion
➤ **rate-determining reaction**
geschwindigkeitsbestimmende
Reaktion
➤ **rate-limiting reaction**
geschwindigkeitsbegrenzende
Reaktion

➢ **redox reaction/
reduction-oxidation reaction/
oxidation-reduction reaction**
Redoxreaktion
➢ **runaway reaction**
Durchgeh-Reaktion
➢ **sequential reaction/
chain reaction**
sequentielle Reaktion,
Kettenreaktion
➢ **side reaction**
Nebenreaktion
➢ **stepwise reaction** *polym*
Stufenreaktion
➢ **vigorous reaction/
violent reaction**
heftige Reaktion
reaction adhesive
Reaktionsklebstoff
reaction casting
Reaktionsgießen,
Reaktionsgießverfahren
reaction distillation
Reaktionsdestillation
reaction foaming
Reaktionsschaumstoffgießen
reaction injection molding (RIM)
Reaktionsspritzguss (RSG),
Reaktionsspritzgießverfahren
reaction intermediate
Reaktionszwischenprodukt
reaction kinetics
Reaktionskinetik
**reaction molding/
reaction casting**
Reaktionsgießen,
Reaktionsgießverfahren
reaction pathway
Reaktionskette
reaction plastic
Reaktionskunststoff
reaction rate
Reaktionsgeschwindigkeit,
Reaktionsrate
**reaction sequence/
reaction pathway**
Reaktionsfolge
reaction vessel
Reaktionsgefäß

**reactive adhesive/
reaction adhesive/
reaction glue**
Reaktionsklebstoffe
reactive extrusion (REX)
Reaktions-Extrusion
reactive force
Gegenkraft, Rückwirkungskraft
reactivity ratio
Reaktionsgrad
(Copolymerisationsparameter)
reactor Reaktor
➢ **bead-bed reactor**
Kugelbettreaktor (Bioreaktor)
➢ **bioreactor** Bioreaktor
➢ **bubble column reactor**
Blasensäulen-Reaktor
➢ **column reactor**
Säulenreaktor, Turmreaktor
➢ **continuous plug-flow reactor**
Strömungsrohr (Kolbenfluss)
➢ **fedbatch reactor/
fed-batch reactor**
Zulaufreaktor, Fedbatch-Reaktor,
Fed-Batch-Reaktor
➢ **film reactor** Filmreaktor
➢ **fixed bed reactor/
solid bed reactor**
Festbettreaktor (Bioreaktor)
➢ **immersed slot reactor**
Tauchkanalreaktor
➢ **immersing surface reactor**
Tauchflächenreaktor
➢ **jet reactor**
Strahlreaktor
➢ **loop reactor/
circulating reactor/
recycle reactor**
Umlaufreaktor, Umwälzreaktor,
Schlaufenreaktor
➢ **membrane reactor**
Membranreaktor
➢ **nozzle loop reactor/
circulating nozzle reactor**
Umlaufdüsen-Reaktor,
Düsenumlaufreaktor
➢ **packed bed reactor**
Packbettreaktor,
Füllkörperreaktor

➢ **paddle wheel reactor**
  Schlaufenradreaktor
➢ **plug-flow reactor (PFR)**
  Pfropfenströmungsreaktor,
  Kolbenströmungsreaktor
➢ **plunging jet reactor/**
  deep jet reactor/
  immersing jet reactor
  Tauchstrahlreaktor
➢ **pressure cycle reactor**
  Druckumlaufreaktor
➢ **sieve plate reactor**
  Siebbodenkaskadenreaktor,
  Lochbodenkaskadenreaktor
➢ **solid phase reactor**
  Festphasenreaktor
➢ **tray reactor**
  Gärtassenreaktor
➢ **trickling filter reactor**
  Tropfkörperreaktor,
  Rieselfilmreaktor
➢ **tubular reactor**
  Rohrreaktor, Röhrenreaktor,
  Tubularreaktor
➢ **tubular-flow reactor**
  Strömungsrohrreaktor
read (record)
  lesen, ablesen, messen
read in (scan)
  einlesen (Daten)
read out (data)
  (Daten) auslesen
readability (scales/balance)
  Ablesbarkeit (Waage)
readable
  lesbar, ablesbar
reading (meter/equipment)
  Ablesung,
  Ablesen
reading accuracy
  Ablesegenauigkeit
reading error/
  false reading
  Ablesefehler
readout
  Ablesung, Ablesen
  (Gerät/Messwerte)
ready-to-use
  gebrauchsfertig

ready-to-use solution/
  test solution
  Gebrauchslösung,
  gebrauchsfertige Lösung,
  Fertiglösung
reagent *n* Reagenz
  (jetzt: Reagens/*pl* Reagentien);
  (reagent-grade/analytical reagent
  AR/analytical grade reagent)
  pro Analysis (pro analysi = p.a.)
reagent bottle
  Reagenzienflasche
reagent grade
  analysenrein,
  zur Analyse
reagent solution
  Reagenzlösung
real crystal/
  nonideal crystal/
  imperfect crystal
  Realkristall
real image reelles Bild
real lattice Realgitter
real time Echtzeit
reaming
  Schlieren, Streifenbildung,
  Schlierenbildung
rearrange
  umlagern, umordnen
rearrangement
  Umlagerung, Umordnung
reassociation kinetics
  Reassoziationskinetik
rebound *vb*
  zurückprallen,
  rückfedern, abprallen
rebound hardness
  Rückprallhärte
receiver
  Empfänger, Empfangsgerät; Hörer;
  Behälter, Gefäß; Auffanggefäß
➢ **receiving vessel/**
  collection vessel
  Auffanggefäß
receiver adapter
  Destilliervorstoß
receptive empfänglich
receptor
  Rezeptor, Empfänger

recharge
wiederaufladen, auffüllen,
wiederauffüllen, nachladen
rechargeable
wiederaufladbar
reciprocating screw (extruder)
Recipro-Schnecke,
Schubschnecke
reciprocating shaker
(side-to-side motion)
Reziprokschüttler,
Horizontalschüttler,
Hin- und Herschüttler (rütteln)
reclaim
zurückgewinnen, rückgewinnen,
regenerieren, zurückerhalten
reclaim/
reclaimed rubber/
regenerated rubber
Regeneratgummi
recoil (return motion)
Rückstoß, Rückprall, Abprall
recoil radiation
Rückstoßstrahlung
recombine rekombinieren
reconstitute rekonstituieren
reconstitution
Rekonstitution
record *n* Aufzeichnung(en)
record *vb* **(register)**
aufnehmen, aufschreiben,
registrieren
recorder (plotter)
Schreiber
(Gerät zur Aufzeichnung)
recordkeeping
Protokollierung,
Verwahrung/Verwaltung
von Aufzeichnung(en)
recover erholen, wiedergewinnen,
rückgewinnen, zurückbekommen;
aufbereiten
recovery Erholung;
(reclamation) Rückgewinnung,
Wiedererlangung
recovery flask/
receiving flask/
receiver flask (collection vessel)
Vorlagekolben

recrystallization
Umkristallisation,
Rekristallisation
recrystallize
umkristallisieren, rekristallisieren
rectification
Rektifikation; Gleichrichtung
rectifier
Rektifizierapparat, Rektifiziersäule;
Gleichrichter
rectify
rektifizieren, destillieren;
gleichrichten; korrigieren,
eichen, richtig stellen
recycle
recyceln, wiederverwerten
recycled paper
Umweltschutzpapier
recycling
Recycling, Wiederverwertung
recycling plant/
waste recycling plant
Müllverwertungsanlage
redistil/redistill/rerun
redestillieren, erneut destillieren,
wiederholt destillieren,
umdestillieren (nochmal destillieren)
redox couple
Redoxpaar
redox potential
Redoxpotential
redox reaction/
reduction-oxidation reaction/
oxidation-reduction reaction
Redoxreaktion
redox titration
Redoxtitration
reduce reduzieren;
(to small pieces) zerkleinern;
(concentrate) einengen,
konzentrieren;
(lower) erniedrigen, herabsetzen
reduce by evaporation
(evaporate completely)
eindampfen (vollständig)
reduced pressure
erniedrigter Druck
reduced viscosity
reduzierte Viskosität

reducer/
  reducing adapter/
  reduction adapter
  Reduzierstück
  (Laborglas/Schlauch)
reducing agent
  Reduktionsmittel
reduction
  Reduktion; Verkleinerung
redundancy
  Redundanz; Überfluss;
  Überflüssigkeit;
  (unnötige) Wiederholung
reference electrode
  Bezugselektrode
reference gas Vergleichsgas (GC)
reference point/index mark
  Ablesemarke
reference temperature
  Bezugstemperatur
reference value
  Bezugswert
refill
  wiederauffüllen,
  nachfüllen, auffüllen
refillable nachfüllbar
refine (improve/process/finish)
  veredeln
refinement
  (improvement/processing/finishing)
  Veredlung
refinement process
  Veredlungsprozess
reflux *n*
  Rücklauf, Rückfluss, Reflux
reflux *vb*
  unter Rückfluss kochen/erhitzen
reflux condenser
  Rückflusskühler
refracting angle
  Brechungswinkel
refraction
  Refraktion, Brechung;
  Refraktionsvermögen
refractive lichtbrechend
refractive index/
  index of refraction
  Brechungsindex,
  Brechungskoeffizient, Brechzahl

refractivity
  Brechungsvermögen
refractometer
  Refraktometer
refrigerant
  Kältemittel,
  Kühlflüssigkeit,
  Kühlmittel
refrigerate
  kühlen, kühl stellen,
  in den Kühlschrank stellen
refrigerated centrifuge
  Kühlzentrifuge
refrigerated circulating bath
  Kältethermostat,
  Kühlthermostat,
  Umwälzkühler
refrigerator (fridge)
  Kühlschrank
regenerate
  (regrow/grow back/reestablish)
  regenerieren, nachwachsen
regenerated cellulose
  Regeneratcellulose,
  regenerierte Cellulose
regeneration
  Regenerierung, Regeneration
regioisomerism
  Regioisomerie
➢ **tail-to-tail**
  Schwanz-Schwanz
➢ **weak link** Lockerstelle
regression analysis
  Regressionsanalyse
regression to the mean
  Regression zum Mittelwert
regressive
  regressiv, zurückbildend,
  zurückentwickelnd
regrind (from waste polymer)
  Regenerat
regulate/control
  regeln, regulieren,
  steuern, kontrollieren
regulator
  Regler, Schalter, Knopf;
  polym Reglersubstanz, Regler
regulatory agency
  Regulierungsbehörde

regulatory mechanism
Regulationsmechanismus,
Steuerungsmechanismus
regulatory procedure
Regelungsprozess
rehydrate
rehydrieren
rehydration
Rehydratation,
Rehydratisierung
reinforce verstärken
reinforced plastics (RP)
verstärkte Kunststoffe
(siehe: faserverstärkte K.)
reinforced polymer
verstärktes Polymer
reinforcement Verstärkung
reinforcing agent
Verstärkungsstoff
reject *n* **(molding)**
Ausschuss, Abfall
rejuvenate/regenerate
verjüngen, regenerieren
relative molecular mass (M_r)
relative Molmasse,
relative Molekülmasse,
relatives Molekulargewicht
relative permittivity (ε)
relative Permittivität,
Dielektrizitätskonstante
relative viscosity
relative Viskosität
relax
relaxieren,
entspannen, lockern
relaxation
Relaxation,
Entspannung, Lockerung
relaxation time
Relaxationszeit
relaxed (conformation)
relaxiert, entspannt
relay *electr* Relais
release *n*
Freisetzung, Entweichen;
Abgabe; Auslösung
release *vb*
auslösen; freisetzen;
entweichen lassen

release agent/
releasing agent/
separating agent/antisize *polym*
Trennmittel,
Gleitmittel
➤ **mold-releasing agent/**
mold lubricant
Werkzeugtrennmittel,
Formentrennmittel,
Gleitmittel
releaser Auslöser
relief valve
(pressure-maintaining valve)
Ausgleichsventil
remote control
Fernbedienung
removable needle
(syringe needle)
abnehmbare Nadel
(Injektionsnadel)
removal
Beseitigung, Entfernung;
(withdrawal/ taking out) Entnahme
remove beseitigen, entfernen;
(withdraw/take out) entnehmen
renaturation/renaturing
Renaturierung
renature renaturieren
repair (fix/mend/restore)
reparieren, instand setzen,
wiederherstellen
repair/restoration
Reparatur, Instandsetzung,
Wiederherstellung
repeat *n* **(repetition)**
Wiederholung
repeatability
Wiederholbarkeit
repeated distillation/
cohobation
Redestillation,
mehrfache Destillation
repeating unit/repeat unit
Repetiereinheit,
Wiederholungseinheit
(Strukturelement)
repellent *adj/adv*
(*also:* **repellant**)
abstoßend

repellent force/
  repelling force/
  repulsion force
  Abstoßungskraft
replace
  ersetzen, austauschen,
  auswechseln; vertreten
replaceable
  ersetzbar, austauschbar,
  auswechselbar
replacement
  Ersatz, Austausch;
  Ersetzen, Austauschen
replacement parts (spare parts)
  Ersatzteile
replacement vector
  Substitutionsvektor
replenish
  nachfüllen,
  wiederbefüllen
reportable (by law)/
  subject to registration
  meldepflichtig
repress/
  control/suppress/subdue
  reprimieren,
  unterdrücken, hemmen
repression/
  control/suppression
  Reprimierung,
  Unterdrückung, Hemmung
reprocess
  wieder aufbereiten
reprocessed wool/
  reclaimed wool
  (incl. shoddy and mungo)
  Reißwolle
reproduce
  reproduzieren, wiederholen;
  kopieren, nachmachen;
  wiedergeben
reproducibility
  Reproduzierbarkeit;
  Vergleichspräzision
reptation Reptation
repugnant substance
  unangenehmer/abweisender
  Geruchsstoff
repulsion Abstoßung

repulsion conformation
  Repulsionskonformation
rescue/help
  Rettung, Bergung, Befreiung
rescue service/
  lifesaving service
  Rettungsdienst
research
  Forschung, Untersuchung,
  Erforschung
research laboratory
  Forschungslabor
researcher/
  research scientist/
  research worker/
  investigator Forscher
reserve material/
  storage material/
  food reserve
  Reservestoff
reservoir/storage basin
  Speicher, Reservoir
reset
  zurücksetzen
residence time
  Verweilzeit, Verweildauer,
  Aufenthaltszeit, Verweildauer
residence time distribution
  (RTD)
  Verweilzeitverteilung
  (im Extruder)
residual dampness/
  residual humidity
  Restfeuchte
residual entropy
  Restentropie
residual product/
  side product/by-product
  Nebenprodukt
residue (bottoms/heel)
  Rest, Rückstand;
  abgesetzte Teilchen
resilience
  (rebound elasticity)
  Rückprallelastizität,
  Rückprallvermögen
resilient
  (elastic/rebounding)
  federnd, elastisch

resin
(raw materials
for plastics fabrication)
Harz (im Engl. *sensu lato:*
Rohmaterial für Rohstoffe für
Kunststoffe/Lacke etc.),
ungeformte Kunststoffmasse
(vor Ausrüstung)
('Harz', Kunstharz-Rohstoff)
➢ **alkyd resins**
Alkydharze
➢ **amino resins/aminoplasts**
Aminoharze
➢ **artificial resin/**
synthetic resin
Kunstharz,
Syntheseharz
➢ **benzoin/**
benjamin gum/
gum Benjamin
(*Styrax benzoin*/Styracaceae)
Benzoeharz
➢ **B-stage/resitol**
B-Zustand
➢ **cast resin/casting resin**
Gießharz
➢ **colophony** (*Pinus* spp.)
Kolophonium
➢ **copal**
(*Daniellia oliveri*/Fabaceae)
Kopal
➢ **C-stage/resite** C-Zustand
➢ **dammar**
(*Shorea wiesneri*/Fabaceae)
Dammar
➢ **galbanum gum**
(*Ferula galbaniflua* u.a./Apiaceae)
Galbanum,
Gummigalbanum,
Galbanum-Gummi
➢ **gamboge**
(a.o. *Garcinia morella* and
G. hanburyi/Clusiaceae)
Gummigutt
➢ **hard resin/**
hardened resin
Hartharz (Resina)
➢ **ion-exchange resin**
Ionenaustauscherharz

➢ **jalap**
(a.o. *Ipomoea*
purga/Convolvulaceae)
Jalape (Purgierwinde)
➢ **Japanese lacquer/**
Chinese lacquer
(*Rhus verniciflua*/Anacardiaceae)
Japanlack,
Chinalack,
Lacksumach
➢ **lac**
Rohschellack
➢ **ladanum/gum labdanum/**
droga de Jara
(*Cistus ladanifer*/Cistaceae)
Labdanum
➢ **laminating resin**
Laminierharz,
Schichtstoffharz
➢ **low-shrinkage** schrumpfarm
➢ **Manila copal/East Indian**
copal/bendang/bindang/damar
minjak/batjan/batu gum
(*Agathis dammara*/Araucariaceae)
Manila-Kopal
➢ **mastix**
(*Pistacia lentiscus*/Anacardiaceae)
Mastix
➢ **melamine-formaldehyde resin (MF)**
Melamin-Formaldehyd Harz
➢ **natural resins**
Naturharze
➢ **copal** Kopal
➢ **kauri**
(*Agathis australis*/Araucariaceae)
Kauri (Baumkopal)
➢ **mastix** Mastix
➢ **sandarac/gum juniper**
(*Tetraclinis articulata* and
Callitris spp./Cupressaceae)
Sandarak
➢ **shellac (from:** *Laccifer lacca*)
Schellak
➢ **oil-reactive** ölreaktiv
➢ **oil-soluble** öllöslich
➢ **oleoresins** Oleoharze
➢ **phenol-formaldehyde resins (PF)**
Phenol-Formaldehyd-Harze
➢ **phenolic resins** Phenolharze

➢ **pitch (resin from conifers)**
Terpentinharz
➢ **polyterpene resins**
Polyterpenharze
➢ **sal/sal dammar**
(***Shorea robusta*/Dipterocarpaceae)**
Salharz
➢ **soft resin**
Weichharz
➢ **styrene resin**
Styrolharz, Styrenharz
➢ **thermosetting resin**
Reaktionsharz (Präpolymer)
➢ **urea-formaldehyde resins (UF)**
Harnstoff-Formaldehyd-Harze
resin acids
Harzsäuren,
Resinolsäuren
resin adhesive Harzkleber
resin cure
Harzvernetzung
resin ester/
ester gum/
resiante
Harzester, Resine
resin hardener Harzhärter
resin-impregnated/
impregged
Harz imprägniert,
harzimprägniert;
kunstharzimprägniert
resin lacquer/
resin varnish
Harzlack
resin oil Harzöl
resin oil varnish Harzölfirnis
resin rubber Harzgummi
resin transfer molding (RTM)/
transfer molding/
plunger molding
Spritzpressen,
Spritzpressverfahren,
Transferpressen
resin vulcanization/
resin cure
Harzvulkanisation
resinate *vb*
harzen,
mit Harz imprägnieren

resiniferous
harzhaltig;
harzabsondernd
resinify
mit Harz behandeln,
harzig machen;
(Öl) harzig werden
resinol/resole Resinol
resinous
harzig, Harz...
resinous coating
Harzüberzug
resinous gum/gum resin
Gummiharz
resist
Abdeckung, Isolierung,
Schutzschicht; Schutzlack,
Deckmittel; *electr* Resist
resist coating
Abdeckschicht,
Schutzschicht
resistance
Resistenz, Beständigkeit;
Widerstand;
(resistivity/hardiness)
Widerstandsfähigkeit
resistance temperature detector
(RTD)
Widerstands-Temperatur-Detektor
resistance thermometer
Widerstandsthermometer
resistance to acids
Säurebeständigkeit
resistance to fracture
Bruchfestigkeit
resistance to peeling
Abziehwiderstand
resistance to wear
Verschleißfestigkeit
resistant beständig, resistent
resistant to wear
verschleißfest
resistive (resistant/hardy)
widerstandsfähig
resistive heating
Widerstandsheizung
resistivity spezifischer Widerstand;
Durchgangswiderstand;
(hardiness) Widerstandsfähigkeit

resite Resit
resitole Resitol
resol (a single-stage resin)
Resol
resolution/separation accuracy
chromat Trennschärfe
resolve *opt* auflösen
resolving power *opt*
Auflösungsvermögen
resonance/echo/reverberation
Schall (Widerhall)
resorb
resorbieren, aufsaugen
resorbent
resorbierend, aufsaugend
resorption
Resorption, Aufsaugung
resource
Rohstoff, Ressource;
Rohstoffquelle
respirator/
breathing apparatus
Atemschutzgerät, Atemgerät;
Beatmungsgerät
➢ **full-face respirator**
Atemschutzvollmaske,
Gesichtsmaske
➢ **full-facepiece respirator**
Vollsicht-Atemschutzmaske
➢ **half-mask (respirator)**
Halbmaske
➢ **mist respirator mask**
Feinstaubmaske
➢ **particulate respirator**
(U.S. safety levels N/R/P according
to regulation 42 CFR 84)
Staubschutzmaske
(partikelfilternde Masken)
(DIN FFP)
respiratory poison
Atmungsgift
respiratory protection/
breathing protection
Atemschutz
respiratory system
Atemwege
respiratory toxin/fumigants
Atemgifte,
Fumigantien

respiratory tract burn
(alkali/acids: caustic burn
of the respiratory tract)
Atemwegsverätzung
response time
Anlaufzeit, Reaktionszeit,
Ansprechzeit
(z.B. Messgerät etc.)
rest *n*
Rest; (residue) Rückstand
restitute
restituieren,
wiederherstellen
restitution
Restitution,
Wiederherstellung
restock
auffüllen, aufstocken,
nachfüllen (Vorräte/Lager)
restricted access/
access control
Zutrittsbeschränkung
restriction enzyme
Restriktionsenzym
resuscitation
Wiederbelebung, Reanimation
➢ **attempt at resuscitation**
Wiederbelebungsversuch
resuspend
wiederaufschlämmen
retaining ring
Sprengring,
Überwurfring
retainment capacity/
retainability/
retention efficiency
Rückhaltevermögen
retardation
Verzögerung,
Verlangsamung
retentate (filtration residue/
filter cake/sludge)
Filterrückstand,
Filterkuchen
retention factor
chromat Retentionsfaktor
retention time
Retentionszeit, Verweildauer,
Aufenthaltszeit

reticular
 netzförmig, netzartig
reticular structure
 Netzstruktur
retinal/retinene Retinal
retrieval/recovery
 Wiedergewinnung
retrieve/recover
 wiedergewinnen,
 rückgewinnen, aufbereiten
retrosynthesis
 Retrosynthese
retting
 rösten, rötten (Flachsrösten)
re-uptake
 Wiederaufnahme
reusable ...
 wiederverwendbar,
 Mehrweg...
reuse *n*
 Wiederverwendung
reuse *vb* wiederverwenden
reverberatory furnace
 Flammofen
reversal potential
 Umkehrpotential
reversal spectrum
 Umkehrspektrum
reverse osmosis
 Reversosmose,
 Umkehrosmose
reverse-action tweezers
 (self-locking tweezers)
 Klemmpinzette,
 Umkehrpinzette
reversed phase/reverse phase
 Reversphase,
 Umkehrphase
reversed phase chromatography/
 reverse-phase chromatography
 (RPC)
 Umkehrphasenchromatographie
reversibility
 Reversibilität,
 Umkehrbarkeit
reversible
 reversibel, umkehrbar
reversible inhibition
 reversible Hemmung

reversible polymerization/
 equilibrium polymerization
 Gleichgewichtspolymerisation
reversion
 Reversion, Umkehrung
revolutions per minute (rpm)/
 number of revolutions
 Umdrehungen pro Minute (UpM)
RF-value
 (retention factor/ratio of fronts)
 RF-Wert
rheological behavior
 Fließverhalten,
 rheologisches Verhalten
rheology
 Rheologie, Fließkunde
rheometer
 Rheometer
➢ **Couette rheometer**
 Couette-Rheometer
➢ **slit rheometer**
 Spaltrheometer
rheopexy Rheopexie
ribbed filter/fluted filter
 Rippenfilter
ribbed glass
 Rippenglas, geripptes Glas,
 geriffeltes Glas
ribbed panel
 Rippenplatte
ribbed smoked sheet (RSS)
 gerippte Räucherkautschukplatte
right-handed/dextral
 rechtshändig; rechtsgängig
rigid
 starr, biegesteif
rigid plastic
 starr-plastisch
rigid polymer
 steifes Polymer
rigidity
 Steifheit, Starrheit,
 Starre, Steifigkeit,
 Biegefestigkeit
rim/edge
 Rand (z.B. eines Gefäßes)
rime/
 hoarfrost/white frost
 Reif, Raureif

ring (for support stand/ring stand)
  Stativring
ring cleavage
  Ringspaltung
ring closure/
  ring formation/
  cyclization
  Ringschluss (Ringbildung)
ring form/ring conformation
  Ringform
ring formula Ringformel
ring-opening metathesis
  ringöffnende Metathese
ring-opening polymerization
  Ringöffnungspolymerisation
ring structure Ringstruktur
rinse
  ausspülen, ausschwenken,
  nachspülen
riser tube/
  riser pipe/riser/
  chimney
  Steigrohr
risk/danger
  Risiko (*pl* Risiken), Gefahr
➢ **cancer risk**
  Krebsrisiko
➢ **recurrence risk**
  Wiederholungsrisiko
risk assessment
  Risikoabschätzung
risk of contamination
  Verseuchungsgefahr
roast
  rösten;
  (calcine) ausglühen
roasting furnace/
  roasting oven/
  roaster
  Röstofen
rock climbing
  Weissenberg-Effekt (Lösungen)
rock salt (halite)/
  common salt/
  table salt/
  sodium chloride (NaCl)
  Steinsalz (Halit),
  Kochsalz, Tafelsalz,
  Natriumchlorid

rock wool Steinwolle
rocker (rocking shaker)
  Wippe, Schwinge,
  Rüttler
rocking motion
  (side-to-side/up-down)
  Rüttelbewegung
  (schnell hin und her/rauf-runter)
rocking shaker
  (see-saw motion)
  Wippschüttler
rod Stab, Stange, Stäbchen
rod clevis Bügelschaft
rod-like (calamitic)
  stäbchenartig
  (kalamitisch)
roll *n* Galette
roll *vb* rollen
roll coating
  Walzenverfahren,
  Walzenbeschichtung,
  Walzenauftrag
roll gap/roll nip
  Walzenspalt (Walzenabstand/
  Mittenabstand/Einzugskeil)
roller
  Drehwalze (Roller-Apparatur)
roller bottle Rollerflasche
roller wheel mixer
  Drehmischer
room temperature
  (ambient temperature)
  Raumtemperatur
room temperature vulcanized rubber
  (RTV rubber)
  Kaltvulkanisat
root (extruder screw)
  Fuß (Extruderschnecke)
rope Seil, Strick, Strang
rope cleat Seilklampe
rosin
  Terpentinharz
rosin oil
  Terpentinharzöl
rot (decay/decompose/disintegrate)
  faulen, verfaulen;
  (putrefy) modern, vermodern
rotamer
  Rotationsisomer, Rotamer

rotary evaporator/
   rotary film evaporator (*Br*)/
   'rovap'
   Rotationsverdampfer
rotary evaporator flask
   Rotationsverdampferkolben
rotary microtome
   Rotationsmikrotom
rotary-piston meter
   Drehkolbenzähler
rotary-piston pump
   Drehkolbenpumpe
rotary vacuum filter
   Vakuumdrehfilter,
   Vakuumtrommeldrehfilter
rotary vane pump
   Drehschieberpumpe
rotating stage
   micros Drehtisch
rotation
   Rotation, Umdrehung,
   Drehbewegung
rotation speed adjustment
   Drehzahlregelung
rotational barrier
   Rotationsbarriere
rotational casting/
   rotational molding/
   rotomolding
   Rotationsgießen, Rotationsguss,
   Rotationsformen,
   Rotationsgussverfahren
rotational motion
   Rotationsbewegung
rotational sense/
   sense of rotation
   Rotationssinn, Drehsinn
rotational spectrum
   Rotationsspektrum
rotational viscometer
   Rotationsviskosimeter
rotor Rotor
   ➢ **angle rotor/**
   angle head rotor
   Winkelrotor
   ➢ **swing-out rotor/**
   swinging-bucket rotor/
   swing-bucket rotor
   Ausschwingrotor

rotor-stator impeller/
   Rushton-turbine impeller
   Rotor-Stator-Rührsystem
rotting/
   decaying/putrefying/decomposing
   faulend, verfaulend, moderig
roughening
   Aufrauen, Aufrauhen
round-bottomed flask/
   round-bottom flask/
   boiling flask with round bottom
   Rundkolben, Siedegefäß
round filter/
   filter paper disk/
   'circles'
   Rundfilter
round jaw clamp
   Klemme mit runden Backen
roving
   Roving, Glasfaserstrang
   (parallele Spinnfäden)
   ➢ **spun roving**
   Spinnroving
rubber
   Gummi (***m/pl*** Gummis),
   Kautschuk
   ➢ **Assam rubber/Indian rubber**
   (***Ficus elastica*/Moraceae)**
   Assamgummi,
   Indisches Gummi
   ➢ **Bitinga rubber**
   (***Raphionacme utilis*/**
   Asclepiadaceae)
   Bitingagummi
   ➢ **Bolivian rubber**
   (***Sapium aucuparium*/**
   Euphorbiaceae)
   Bolivianisches Gummi
   ➢ **Borneo rubber**
   (***Willughbeia coriacea*/**
   Apocynaceae)
   Borneo-Gummi
   ➢ **caoutchouc**
   (mainly *cis*-1,4-polyisoprene)
   Kautschuk
   ➢ **ceara rubber**
   (***Manihot* spp. esp. *M. glaziovii*/**
   Euphorbiaceae)
   Ceará-Gummi

➢ **cellular rubber/
expanded rubber**
Zellgummi, Moosgummi

➢ **chilte rubber
(*Cnidoscolus elastica/
Euphorbiaceae*)**
Chilte-Gummi

➢ **chlorinated rubber**
Chlorkautschuk

➢ **cold rubber**
Kaltkautschuk

➢ **comminuted rubber**
pulverisiertes Gummi

➢ **Congo rubber
(*Ficus lutea/Moraceae*)**
Kongogummi

➢ **couma rubber
(*Couma* spp./Apocynaceae)**
Couma-Gummi

➢ **cow tree
(*Brosimum utile* and
B. galactodendron/Moraceae)**
Milchbaum

➢ **crepe**
Kreppgummi,
Kreppkautschuk

➢ **crumb rubber**
Krümelgummi

➢ **cyclorubber**
Cyclokautschuk

➢ **diene rubber**
Dienkautschuk

➢ **East African rubber
(*Landolphia* spp./Apocynaceae)**
Ostafrikanisches Gummi

➢ **Esmeralda rubber
(*Sapium jenmanii/Euphorbiaceae*)**
Esmeraldagummi

➢ **foam rubber/foamed rubber/
plastic foam/foam**
Schaumgummi

➢ **general-purpose rubber**
Allzweck-Kautschuk

➢ **guayule rubber
(*Parthenium argentatum/
Asteraceae*)**
Goldruten-Gummi

➢ **hard rubber/vulcanite/ebonite**
Hartgummi

➢ **Iré rubber (Tongo lumps)
(*Ficus vogelii/Moraceae*)**
Iré-Gummi,
Saji-Gummi

➢ **killed rubber**
totplastizierter Kautschuk,
totmastizierter Kautschuk

➢ **kok-saghyz rubber
(*Taraxacum bicorne/Asteraceae*)**
Koksaghyz-Gummi

➢ **krim-saghyz rubber
(*Taraxacum
megalorhizon/Asteraceae*)**
Krimsaghyz-Gummi

➢ **Lagos rubber/
Lagos silk rubber
(*Funtumia elastica/Apocynaceae*)**
Lagosgummi,
Kickxia-Gummi

➢ **latex-sprayed rubber**
Sprühkautschuk

➢ **mangabeira rubber
(*Hancornia speciosa/Apocynaceae*)**
Mangabeira-Gummi

➢ **Manicoba rubber
(*Manihot glaziovii/Euphorbiaceae*)**
Manicoba-Gummi

➢ **mipor rubber/
microporous rubber**
Mikropor-Gummi

➢ **natural rubber (NR)/
Indian rubber/
caoutchouc**
Naturkautschuk,
natürliches Gummi

➢ **nitrile rubber**
Nitrilkautschuk
(Butadien-Acrylnitril)

➢ **Panamá rubber
(*Castilla elastica/Moraceae*)**
Panamagummi

➢ **para rubber
(*Hevea brasiliensis/
Euphorbiaceae*)**
Parakautschuk

➢ **particulate rubber**
Krümelkautschuk

➢ **phenolic rubbers**
Phenoplaste

➤ **polysulfide rubber**
Polysulfid-Kautschuk

➤ **Rangoon rubber**
(*Urceola maingayi*/
Apocynaceae)
Rangoongummi

➤ **raw rubber**
Rohkautschuk

➤ **reclaimed rubber/**
regenerated rubber
Regeneratgummi

➤ **resin rubber**
Harzgummi

➤ **ribbed smoked sheet (RSS)**
gerippte Räucherkautschukplatte

➤ **scrap rubber**
Altgummi

➤ **silicone rubber**
Silicongummi,
Silikonkautschuk

➤ **smoked sheet**
Räucherkautschuk, Smoked Sheet
(geräucherte Rohkautschukplatte)

➤ **solid rubber**
Vollgummi

➤ **specialty rubber**
Spezial-Kautschuk

➤ **sponge rubber (open cell)**
Schwammgummi

➤ **stereo rubber**
Stereokautschuk

➤ **synthetic rubber (SR)/**
artificial rubber (elastomer)
Synthesekautschuk (Elastomer),
Kunstkautschuk,
synthetisches Gummi

➤ **tirucalli rubber**
(*Euphorbia tirucalli*/
Euphorbiaceae)
Tirucalli-Gummi

➤ **Tongking rubber**
(*Streblus tongkinensis*/
Moraceae)
Tongking-Gummi

➤ **Ulé rubber/uli rubber**
(*Castilla ulei*/Moraceae)
Uleigummi

rubber bag
Gummisack

rubber band/
elastic (*Br*)
Gummiband, Gummi

rubber blanket coating
Auftrageverfahren mit Gummirakel

rubber boots
Gummistiefel

rubber elasticity
Gummi-Elastizität

rubber gasket
Gummidichtung(sring)

rubber mallet
Gummihammer

rubber nipple
(pipeting nipple)
Gummihütchen
(Pipettierhütchen)

rubber plant
(*Ficus elastica*/Moraceae)
Gummibaum

rubber ring
(e.g., flask support)
Gummiring

rubber septum
Gummiseptum

rubber sleeve
Gummimanschette
(für Laborglas)

rubber stopper/
rubber bung (*Br*)
Gummistopfen,
Gummistöpsel

rubber tire
Gummireifen

rubber tube
Gummischlauch

rubber tubing
Gummischlauch;
Gunmmischlauchleitung

rubber washer
Gummidichtungsring,
Gummidichtungsscheibe,
Gummi-Unterlegscheibe

rubberized fabric
(rubber skin)
Gummihaut

rubberlike
kautschukartig,
gummiartig

rubbery gummiartig
rubbery state gummiartiger Zustand
Ruggli-Ziegler dilution principle
Ruggli-Zieglersches
Verdünnungsprinzip
run dry
leerlaufen, trockenlaufen
runaway (reaction/reactor)
Durchgehen
runaway reaction Durchgeh-Reaktion
rung Stufe (einer Leiter)
runner
(feed system for injection molding)
Verteiler, Angussverteiler,
Angusskanal, Angusstunnel,
Verteilerrohr (Spritzgießen)
➤ **hot runner (molding)**
Heißkanal,
Heißkanalverteiler (Gießen)

running gel/
separating gel
Trenngel
rust *n* Rost
rust inhibitor/
antirust agent/
anticorrosive agent
Rostschutzmittel
rust remover/
rust-removing agent
Rostentferner, Rostlöser,
Rostentfernungsmittel,
Entrostungsmittel
Rutherford backscattering
spectrometry (RBS)
Rutherford-Rückstreuungs-
Spektrometrie,
Rutherford-Rückstreu-Spektrometrie
(RRS)

S phrases
 (Safety phrases)
 S-Sätze (Sicherheitsratschläge)
saber flask/
 sickle flask/
 sausage flask
 Säbelkolben, Sichelkolben
saccharic acid/aldaric acid
 (glucaric acid)
 Zuckersäure, Aldarsäure
 (Glucarsäure)
sacchariferous/saccharogenic
 zuckerbildend
saccharification
 Verzuckerung
saccharify
 verzuckern
saccharimeter
 Saccharimeter
saccharolytic
 zuckerspaltend
sacrificial layer/coating
 Opferschicht
saddle (berl saddles) *dist*
 Sattelkörper (Berlsättel)
safe *adj/adv* sicher;
 (without risk/unrisky) unbedenklich
safe handling
 sicherer Umgang
safety Sicherheit
 ➢ **increased safety**
 erhöhte Sicherheit
safety cabinet
 Sicherheitsschrank;
 (clean bench) Sicherheitswerkbank
safety check/
 safety inspection
 Sicherheitsüberprüfung,
 Sicherheitskontrolle
safety cutter
 Sicherheitsmesser
safety data
 Sicherheitsdaten
safety data sheet
 Sicherheitsdatenblatt
 (U.S.: Material Safety Data Sheet –
 MSDS)
safety device
 Sicherheitsvorrichtung

safety engineer
 Sicherheitsingenieur
safety feature
 Sicherheitsmerkmal
safety glass (laminated glass)
 Schutzglas,
 Sicherheitsglas
safety guidelines
 Sicherheitsrichtlinien
safety helmet
 (hard hat/hardhat)
 Schutzhelm
safety instructions/
 safety protocol/
 safety policy Sicherheitsvorschriften
safety labeling
 Sicherheitskennzeichnung
safety measures (safeguards)
 Sicherheitsvorkehrungen,
 Absicherungen
safety of operation
 Betriebssicherheit
safety officer
 Sicherheitsbeauftragter
safety pipet filler/
 safety pipet ball
 Peleusball (Pipettierball)
safety policy
 Sicherheitsverhaltensmaßregeln
safety precautions/
 safety measures/
 safeguards Sicherheitsvorkehrungen,
 Sicherheitsvorbeugemaßnahmen,
 Absicherungen
safety regulations
 Sicherheitsbestimmungen
safety spectacles
 Schutzbrille (einfach)
safety valve
 Sicherheitsventil
safety vessel/
 safety container/
 safety can
 Sicherheitsbehälter;
 Sicherheitskanne
sagittal section/
 median longisection
 Sagittalschnitt
 (parallel zur Mittelebene)

sal/sal dammar
  (*Shorea robusta*/Dipterocarpaceae)
  Salharz
salicic acid (salicylate)
  Salicylsäure (Salicylat)
saline Kochsalzlösung;
  (physiological saline solution)
  physiologische Kochsalzlösung
saline water salziges Wasser
salinity/saltiness
  Salinität, Salzgehalt, Salzigkeit
salt *vb* salzen
➤ **salt in** einsalzen
➤ **salt out** aussalzen
salt *n* Salz
➤ **bile salts** Gallensalze
➤ **complex salt**
  Komplexsalz
➤ **hartshorn salt/**
  ammonium carbonate
  Hirschhornsalz,
  Ammoniumcarbonat
➤ **iodized salt**
  Iodsalz
➤ **Mohr's salt/ammonium iron(II)**
  sulfate hexahydrate
  (ferrous ammonium sulfate)
  Mohrsches Salz
➤ **sea salt** Meersalz
➤ **table salt/common salt NaCl**
  Kochsalz
salt beads Salzperlen
salt bridge (ion pair)
  Salzbrücke,
  Stromschlüssel (Ionenpaar)
saltiness
  Salzigkeit
salting in
  Einsalzen, Einsalzung
salting out
  Aussalzen, Aussalzung
salting-out chromatography
  Aussalzchromatographie
saltpeter Salpeter
saltwater Salzwasser
salty/saline salzig
Salvador henequen
  (*Agave letonae*/Asparagaceae)
  Letona

sample
  Muster, Probe (Teilmenge eines zu
  untersuchenden Stoffes);
  (specimen) Probe, Warenprobe;
  (spot sample/aliquot) Stichprobe
➤ **subsample**
  Teilstichprobe
sample concentrator
  Probenkonzentrator
sample custody
  Probenverwaltung
sample function/
  sample statistic
  Stichprobenfunktion
sample preparation
  Probenvorbereitung
sample size *stat*
  Fallzahl;
  Stichprobenumfang
sample-taking/
  taking a sample
  Probennahme, Probeentnahme
sample vial/
  specimen vial
  Probefläschchen,
  Probegläschen
sampler Probenehmer,
  Probenentnahmegerät
sampling
  Probe, Probieren;
  Auswahlverfahren; Prüfung,
  Erhebung; Stichprobenerhebung
sampling device
  Probennahmevorrichtung
sandarac/gum juniper
  (*Tetraclinis articulata* and
  Callitris spp./Cupressaceae)
  Sandarak
sandblasting
  Sandstrahlen
sandblasting apparatus
  Sandstrahlgebläse
sandpaper/emery paper (*Br*)
  Schmirgelpapier
sandwich foam process/
  foam sandwich molding
  Sandwich-Schäumverfahren,
  Sandwich-
  Schaumspritzgießverfahren

sandwich molding
  Sandwich-Spritzgießen,
  Verbundspritzgießverfahren
sandwich panel
  Sandwich-Platte
sanitary facilities/
  sanitary installations
  sanitäre Einrichtungen
sanitary measure
  Hygienemaßnahme
sanitary supplies
  (sanitary equipment/
  plumbing supplies/equipment)
  Sanitärzubehör
sanitize
  keimfrei machen,
  sterilisieren
saponification
  Verseifung
saponify verseifen
sash (*see also:* **hood**)
  Schiebefenster, Frontscheibe,
  Frontschieber, verschiebbare
  Sichtscheibe (Abzug/Werkbank)
sateen
  Baumwollsatin
satellite band
  Satellitenbande
satin (satin weave)
  Satin
satin weave *text*
  Atlas-Bindung
  (Glasfaser-Satin)
saturate (saturated)
  sättigen (gesättigt)
➢ **diunsaturated**
  doppelt ungesättigt
➢ **monounsaturated**
  einfach ungesättigt
➢ **polyunsaturated**
  mehrfach ungesättigt
➢ **supersaturated**
  übersättigt
➢ **unsaturated**
  ungesättigt
saturated fatty acid
  gesättigte Fettsäure
saturated solution
  gesättigte Lösung

saturation Sättigung
➢ **unsaturation**
  ungesättigter Zustand
saw Säge
sawdust Sägemehl
sawhorse projection/
  andiron formula
  Sägebock-Formel,
  Sägebock-Projektion
  (Darstellung von
  Konformations-Isomeren)
scaffold
  Gerüst, Gestell
scaffolding/
  framework/stroma/reticulum
  Gerüst
scalability Skalierbarkeit
scald/scalding
  Verbrühung,
  Verbrühungsverletzung
scale
  Skala (*pl* Skalen), Maßstab;
  (balance) Waage
scale-up/scaling up
  Maßstabsvergrößerung
scalepan/
  weigh tray/
  weighing tray/
  weighing dish
  Waagschale
scaling Skalierung
scalpel Skalpell
scalpel blade
  Skalpellklinge
scammony
  (*Convolvulus scammonia*/
  Convolvulaceae)
  Skammoniaharz
scan *vb* (**screen**)
  absuchen, kritisch prüfen;
  rastern, scannen, abtasten
scanning calorimetry
  Raster-Kalorimetrie
scanning electron microscopy (SEM)
  Rasterelektronenmikroskopie (REM)
scanning force microscopy (SFM)
  Rasterkraftmikroskopie (RKM)
scanning tunneling microscopy (STM)
  Rastertunnelmikroskopie (RTM)

scar/
 cicatrix/cicatrice
 Narbe, Wundnarbe,
 Cicatricula
scatter
 (disperse) zerstreuen, dispergieren;
 (spread/distribute/sprinkle) streuen,
 verstreuen, ausstreuen, verteilen
scattered light/stray light
 Streulicht
scattered radiation/
 diffuse radiation
 Streustrahlung
scattering
 (dispersion) Zerstreuung,
 Dispergierung;
 (spreading/distribution) Streuung,
 Verstreuen, Verteilung
➤ **incoherent scattering/**
 Compton scattering
 Compton Streuung
scattering factor
 Streufaktor
scedasticity/
 heterogeneity of variances *stat*
 Streuungsverhalten
scent Geruch, Wohlgeruch, Duft;
 (odiferous substances) Duftstoffe
Schlenk flask
 Schlenk-Kolben, Schlenkkolben
 (Rundkolben mit seitlichem Hahn)
Schlenk tube
 Schlenk-Rohr, Schlenkrohr
 (mit seitlichem Hahn)
scintillate
 szintillieren, funkeln,
 Funken sprühen, glänzen
scintillation
 Szintillation,
 Lichtblitz
scintillation counter/
 scintillometer
 Szintillationszähler ('Blitz'zähler)
scintillation vial
 Szintillationsgläschen
scission Schnitt, Spaltung
➤ **incision**
 Schnitt, Einschnitt
scissors Schere

scoop
 Schöpfkelle,
 Schöpfer, Schaufel; Löffel
➤ **measuring scoop**
 Messschaufel
scoopula
 Löffelspatel
scorch/scorching
 (prevulcanization)
 Vorvernetzung,
 Anspringen einer Vernetzung,
 Anvulkanisation
scorch *vb*
 versengen, verbrennen, anbrennen;
 verschmoren, durchschmoren;
 polym anvulkanisieren, vorvernetzen
scour
 scheuern, schrubben;
 säubern, polieren
scrap
 Abfall, Ausschuss,
 Produktionsrückstände,
 Schrott, Bruch
scrap rubber
 Altgummi;
 Gummiabfälle,
 Vulkanisatabfälle
scrape
 schaben, kratzen
scraper
 Schaber, Kratzer
 (Gerät zum Abkratzen/Schabeisen);
 Schabhobel;
 (wiper blade/spreading knife/
 coating knife/doctor knife/
 doctor blade) Rakel, Rakelmesser,
 Schabeisen, Abstreichmesser
scraps/shavings
 Krümel
scratch kratzen
scratch hardness/
 scratch resistance
 Kratzfestigkeit
scratchproof
 kratzbeständig, kratzfest
screen *n*
 Schirm, Schutzschirm;
 (wire-screen/grate) Gitter;
 (projection) Leinwand (Projektions~)

screen *vb*
abschirmen, beschirmen,
verdecken, tarnen;
sichten; (size) sieben,
klassieren (nach Korngröße)
screen basket centrifuge
Siebkorbzentrifuge
screen centrifuge
Siebschleuder
screen pack (extruder)
Filterplatte
screening
Durchmustern, Durchtesten;
(siftage/size separation by screening)
Siebung
screening length/
correlation length (ξ)
Abschirmlänge,
Korrelationslänge
screening test
Suchtest
screw Schraube;
(extruder) Schnecke
➢ **adjusting screw/**
adjustment screw/
tuning screw/
setting screw/adjustment knob/
fixing screw
Stellschraube,
Einstellschraube
➢ **counter-rotating twin screw**
(extruder) Gegendrallschnecke
➢ **devolatilizing screw (extruder)**
Entgasungsschnecke
➢ **knurled screw/**
knurled thumbscrew
Rändelschraube
➢ **multi-stage screw (extruder)**
Mehrstufenschnecke
➢ **reciprocating screw (extruder)**
Recipro-Schnecke,
Schubschnecke
➢ **single-stage screw (extruder)**
Einstufenschnecke
➢ **socket screw/**
socket-head screw
Inbusschraube
➢ **three-stage screw (extruder)**
Dreistufenschnecke

screw-base socket
Gewindefassung
screw-cap/
screw cap/screwtop
Schraubkappe,
Schraubdeckel,
Schraubkappenverschluss
screw-cap bottle
Schraubflasche
screw-cap vial/
screw-cap jar
Schraubgläschen,
Schraubdeckelgläschen,
Probefläschchen/Probegläschen mit
Schraubverschluss
screw clamp/
pinch clamp
Schraubklemme;
Schraubzwinge
screw compression pinchcock
Schraub-Quetschhahn
screw drive/
worm drive (extruder)
Schneckenantrieb
screw extruder
Schneckenstrangpresse
screw gear/worm gear
Schneckengetriebe
screw impeller
Schneckenrührer
screw injection molding
Schneckenspritzgießen
screw piston
Schneckenkolben
screw speed/worm gear
Schneckendrehzahl
screw thread/
worm thread
Schraubgewinde,
Schneckengewinde
screwtop (threaded top)
Schraubverschluss,
Schraubdeckel
scrub/scour
scheuern, schrubben
scrubbing brush/
scrub brush
Scheuerbürste,
Schrubbbürste

sea salt Meersalz
seal versiegeln, plombieren;
fest verschließen; (seal off: make
tight/make leakproof/insulate)
abdichten; abriegeln
seal *n* Siegel, Verschluss; Dichtung;
(sealing) Abdichtung;
(cap/closure) Verschlusskappe
➢ **compression seal**
Druckverschluss
➢ **crimp seal**
Bördelkappe (für
Rollrandgläschen/Rollrandflasche)
➢ **lip seal/**
lip-type seal/lip gasket
Lippendichtung
(Wellendurchführung)
➢ **face seal**
Gleitringdichtung
➢ **quick-release seal (clamp)**
Schnellspannklemme,
Schnellspannverschluss
➢ **shaft seal**
Wellendichtung (Rotor)
➢ **stirrer seal**
Rührverschluss
➢ **zip seal/zip-lip/**
zip-lip seal/
zipper-top
Zippverschluss,
Druckleistenverschluss
sealability Abdichtbarkeit
sealable verschließbar
sealant (sealing compound/material)
Dichtungsmasse, Dichtungsmittel,
Dichtungsmaterial, Dichtstoff,
Dichtmasse, Abdichtmasse,
Versiegelungsmasse
sealer
Verschließvorrichtung,
Verschließgerät, Schweißgerät;
Absperrgrund
➢ **wrapfoil heat sealer**
Folienschweißgerät
sealing apparatus/machine
(welding apparatus)
Einschweißgerät,
Schweißgerät
sealing tape Dichtungsband

sealless
dichtungsfrei, ohne Dichtung
(Pumpe)
seam
(border/edge/fringe) Saum, Rand;
(suture/raphe) Fuge, Naht,
Verwachsungslinie
seam sealant/
joint filler
Fugendichtungsmasse
seamless nahtlos, fugenlos
season *vb* altern, reifen; ablagern
season cracking
Alterungsriss, Aufreißen
seasoning
Alterung, Altern, Reifung;
Ablagerung
seawater/saltwater
Meerwasser
secant modulus
Sekantenmodul
secondary ion mass spectrometry
(SIMS)
Sekundärionen-Massenspektrometrie
secrete ausscheiden;
(excrete) sezernieren,
abgeben (Flüssigkeit)
secretion
Sekretion, Freisetzung,
Ausscheidung; Sekret
secretory sekretorisch
section
Schnitt, Abschnitt, Teil
➢ **cross section**
Querschnitt
➢ **frozen section**
Gefrierschnitt
➢ **semithin section**
Semidünnschnitt
➢ **serial sections**
Serienschnitte
➢ **thin section/**
microsection
Dünnschnitt
➢ **ultrathin section**
Ultradünnschnitt
section modulus
Widerstandsmoment,
Rückkehrmoment

secure *adj/adv*
  (personal protection)
  sicher; geschützt, in Sicherheit
secure *vb*
  sichern, absichern
securing/safeguarding
  Sicherung, Befestigung
security (personal protection)
  Sicherheit; Garantie, Gewähr
security measures/
  safety measures/containment
  Sicherheitsmaßnahmen,
  Sicherheitsmaßregeln
security personnel/security
  Sicherheitspersonal
security valve/
  security relief valve
  Sicherheitsventil
sediment (deposit/precipitate)
  Sediment, Präzipitat,
  Niederschlag, Fällung
sedimentation
  Sedimentation, Absetzen, Ausfällen;
  Ablagerung
sedimentation analysis
  Sedimentations-
  geschwindigkeitsanalyse
sedimentation coefficient
  Sedimentationskoeffizient
see-saw motion/
  rocking motion
  Schaukelbewegung,
  Wippbewegung
seeding technique *polym*
  Saattechnik
seep through durchsickern
seepage
  Versickern, Einsickern,
  Durchsickern
seepage water
  Sickerwasser
segment *vb*
  segmentieren
segmental density distribution
  Segmentdichteverteilung
segmental diffusion
  Kettensegmentdiffusion
segmental rotation
  Segmentrotation

segmentation
  Segmentierung
segmented copolymer/
  segment copolymer
  Segmentcopolymer,
  segmentiertes Copolymer
segregate segregieren, aufspalten;
  (separate out/reseparate) entmischen
segregated continuous stirred-tank
  reactor (SCSTR)
  segregierter kontinuierlicher
  Rührkesselreaktor
  (Durchflusskessel)
segregation
  Segregation, Aufspaltung;
  (separation/reseparation)
  Entmischung
select
  selektieren, auswählen, auslesen
selection
  Selektion, Auslese, Auswahl
selection coefficient/
  coefficient of selection
  Selektionswert,
  Selektionskoeffizient
selective
  selektiv, auswählend
selective filter/
  barrier filter/
  stopping filter/
  selection filter *micros*
  Sperrfilter
selective pressure/
  selection pressure
  Selektionsdruck
selectivity
  Selektivität, Unterscheidung;
  Trennschärfe
selenium (Se) Selen
self-accelerating/
  autoaccelerating
  selbstbeschleunigend
self-acting/automatic
  selbsttätig, automatisch
self-adhesive/
  self-adhering/gummed
  selbstklebend
self-adjusting
  selbsteinstellend

self-assembly
Selbstassoziierung,
Selbstzusammenbau,
Spontanzusammenbau,
spontaner Zusammenbau
(molekulare Epigenese)

self-avoiding walk (SAW)
kreuzungsfreie Wanderung

self-balancing
selbstabgleichend

self-cleaning
(self-cleansing/self-purifying)
selbstreinigend

self-cleansing (self-purification)
Selbstreinigung

self-consuming/sacrificial
selbstverzehrend

self-contained
in sich geschlossen, selbständig,
autonom, kompakt, unabhängig

self-crosslinking
selbstvernetzend

self-curing selbsthärtend
(Harze/Polymere)

self-decomposing/
autodecomposing
selbstzersetzend

self-extinguishing
selbstlöschend, selbsterlöschend,
selbstverlöschend

self-igniting selbstzündend

self-levelling selbstverlaufend
(Harz/Kunststoffmasse etc.)

self-locking
selbstverschließend

self-lubricating
selbstschmierend

self-lubricating ability
Selbstschmierfähigkeit

self-organization
Selbstorganisation

self-polymerization
Autopolymerisation

self-priming
selbstansaugend (Pumpe)

self-propagate
(self-propagating reaction)
selbsttragend
(selbsttragende Reaktion)

self-propagation
Selbstwachstum

self-protection Selbstschutz

self-quenching selbstlöschend

self-regulating/
self-adjusting
selbstregulierend,
selbsteinstellend

self-reinforcement
Selbstverstärkung

self-reinforcing
selbstverstärkend

self-reinforcing plastic
selbstverstärkender Kunststoff

self-sealing selbstdichtend

self-sealing lock/cap/lid
selbstdichtender Verschluss

self-supporting
selbsttragend

self-sustaining
selbsterhaltend

self-vulcanizing
selbstvulkanisierend

semi-interpenetrating network (SIPN)
semi-interpenetrierendes Netzwerk

semiconductor Halbleiter

semiconductor wafer
Halbleiterscheibe

semicrystalline
semikristallin,
teilcrystallin

semidilute solution
halbverdünnte Lösung

semidry
halbtrocken

semidrying oil
langsam trockenendes Öl,
teiltrocknendes Öl

semifinished goods/
semifinished product
Halbzeug

semigloss halbmatt

semiladder polymer/
step-ladder polymer
Halb-Leiterpolymer

semimetals
Halbmetalle

semimicro batch
Halbmikroansatz

semimicro procedure/method
Halbmikroverfahren,
Halbmikromethode
semimicro scale
Halbmikromaßstab
semipermeability
Halbdurchlässigkeit,
Semipermeabilität
semipermeable
halbdurchlässig,
semipermeabel
semiprecious metal
Halbedelmetall
semirigid
halbsteif
semisynthesis
Halbsynthese
semisynthetic
halbsynthetisch
semisynthetic fiber
Regeneratfaser
semithin section
Semidünnschnitt
sensibility/sensitiveness
Empfindbarkeit
sensitive
sensitiv,
leicht reagierend,
empfindlich
sensitivity
Sensitivität,
Empfindlichkeit
sensitivity to temperature
Temperaturempfindlichkeit
sensitization
Sensibilisierung (Allergisierung)
sensitize sensibilisieren
sensitizing
sensibilisierend
(Gefahrenbezeichnung)
sensor (detector) Fühler,
Sensor, Detektor
(*tech*: z.B. Temperaturfühler);
(probe) Messfühler
sensory sensorisch
separate
scheiden, trennen, abtrennen, ablösen;
(fractionate) auftrennen,
trennen, fraktionieren

separating column/
fractionating column
Trennsäule
separating gel (running gel)
Trenngel
separation Scheidung, Trennung;
(partition) Abtrennung;
Ablösung, Ablösen;
(fractionation) Auftrennung,
Trennung, Fraktionierung
separation accuracy
chromat Trennschärfe
separation efficiency
(column efficiency)
Trennleistung,
Trennwirkungsgrad
separation factor
Trennfaktor,
Separationsfaktor
separation method
Trennmethode
separation technique/
separation procedure/
separation method
Trennverfahren,
Trennmethode
separator (precipitator/settler/
trap/catcher/collector)
Abscheider
separatory funnel
Scheidetrichter
septum (*pl* septa or septums)
Septum (*pl* Septen),
Scheidewand, Membran
septum-inlet adapter
Septum-Adapter
sequela(e)
Folge, Folgeerscheinung,
Folgezustand
➢ **late sequelae** Spätfolgen
sequence
Sequenz; Aufeinanderfolge, Folge,
Reihe, Reihenfolge, Serie
sequence of operation
Arbeitsablauf
sequencer (apparatus)
Sequenzierungsautomat
sequential
aufeinander folgend

sequential polymer
Sequenzpolymer
sequential reaction/
 chain reaction
sequentielle Reaktion,
Kettenreaktion
serial sections *micros*
Serienschnitte
sericin (silk gum)
Sericin (Seidengummi/Seidenleim)
serological pipet
serologische Pipette
serum (*pl* sera or serums)
Serum (*pl* Seren)
service
Dienst, Dienstleistung, Arbeit;
Betrieb, Bedienung, Wartung,
Kundendienst
service fixtures/service outlets
Versorgungsanschlüsse
(Wasser/Strom/Gas)
service hatch
Durchreiche
service life
 (of a machine/equipment)
Laufzeit (Gerät), Lebenszeit
service regulations/
 job regulations/
 official regulations
Dienstvorschrift
serviceability
Brauchbarkeit,
gute Verwendbarkeit;
Betriebsfähigkeit
servicing
Wartung, Pflege
sesquiterpenes (C_{15})
Sesquiterpene
set *n* Satz, Garnitur;
(instrument/Apparatus) Gerät,
Anlage, Apparat
set *vb* (turn solid) abbinden
(fest/steif werden);
(freeze) erstarren;
(curdle/coagulate) gerinnen,
koagulieren
set point
Sollwert;
Bezugspunkt, Festpunkt

set-point adjuster/
 setting device
Sollwertgeber;
Stelleinrichtung
set-point correction
Sollwertkorrektur
setting temperature
Härtungstemperatur
setting time (autoclave)
Ausgleichszeit,
thermisches Nachhinken
setting up (assemble the equipment)
aufbauen (Experiment)
settings (adjustment)
Einstellungen (eines Geräts)
settle out absetzen, ausfallen
settling tank
Klärbecken, Absetzbecken
setup (of an experiment)
Aufbau (eines Experiments)
sewage Abwasser
➢ **raw sewage**
Rohabwasser
sewage system/sewer
Kanalisation
sewage treatment
Abwasseraufbereitung
sewage treatment plant
Klärwerk, Kläranlage (Abwasser)
sewer gas
Faulschlammgas
shading Beschattung
shadow
Schatten
(eines bestimmten Gegenstandes)
shadowcasting
 (rotary shadowing in TEM)
Beschattung
(Schrägbedampfung bei TEM)
shaft (spindle) Schaft, Welle
shaft seal (of stirrer/impeller)
Wellendichtung (Rotor)
shake
schütteln;
(vibrate) rütteln
➢ **shake out**
ausschütteln
shake flask
Schüttelkolben

shaker Schüttler
➢ **circular shaker/
orbital shaker/
rotary shaker**
Rundschüttler,
Kreisschüttler
➢ **incubating shaker/
incubator shaker/
shaking incubator**
Inkubationsschüttler
➢ **reciprocating shaker
(side-to-side motion)**
Reziprokschüttler,
Horizontalschüttler,
Hin- und Herschüttler
➢ **rocking shaker
(see-saw motion)** Wippschüttler
➢ **s. with spinning, rotating motion
(vertically rotating 360°)**
Überkopfmischer,
Drehschüttler (rotierend)
➢ **vortex shaker/vortex**
Vortexmischer,
Vortexschüttler, Vortexer
shaker bottle/shake flask
Schüttelflasche,
Schüttelkolben
shaking Schütteln
**shaking incubator/
incubating shaker/
incubator shaker**
Inkubationsschüttler
shaking out
Ausschütteln,
Ausschüttelung
shaking screen
Rüttelsieb
**shaking water bath/
water bath shaker**
Schüttelbad,
Schüttelwasserbad
shakle Schäkel
shape (form/appearance/contour)
Gestalt
shaping Formgebung
**shark skin
(orange peel: surface roughness)**
Haifischhaut
(Apfelsinenschalenhaut)

sharp scharf, spitz;
(pungent/acrid) beißend
(Geruch/Geschmack)
sharpen
schärfen (Messer/Scheren)
**sharpening stone/
grindstone/honing stone**
Schleifstein, Abziehstein
sharpness (focus) *micros/opt*
Schärfe
**sharp-point tweezers/
sharp-pointed tweezers/
fine-tip tweezers**
Spitzpinzette
sharps
scharfe Gegenstände
(scharfkantig/spitz)
sharps collector
Sicherheitsbehälter
(Abfallbox zur Entsorgung von
Nadeln/Skalpellklingen/Glas etc.)
shatterproof (safety glass)
splitterfrei (Glas), bruchsicher
shatterproof glass
Sicherheitsglas
sheaf/bundle
Garbe (Licht/Funke etc.)
shear *n*
Scherung, Schub
shear *vb* verschieben,
einer Scherung aussetzen,
einer Schubwirkung aussetzen;
(cut/clip) scheren, schneiden,
abschneiden
shear action
Scherwirkung,
Schubwirkung
**shear bands/
deformation bands** *polym*
Scherbänder
shear compliance
Schernachgiebigkeit,
reziproker Schubmodul
shear crack
Scherriss
shear deformation
Scherdeformation,
Scherverformung,
Schubdeformation

shear flow
Scherfließen,
Scherströmung
shear force
Scherkraft; Schubkraft
shear gradient
Schergefälle,
Schergradient
shear loss modulus
(90°, out-of-phase modulus/
viscous modulus)
Scherverlustmodul
shear modulus
(torsion modulus/
modulus of rigidity)
Schermodul (Torsionsmodul)
shear rate/
rate of shear
Scherrate, Schergeschwindigkeit
shear storage modulus/
in-phase modulus/
elastic modulus
Scherspeichermodul
shear strain
Scherbeanspruchung,
Scherverformung,
Schubbeanspruchung
shear strength/shearing strength
Scherfestigkeit,
Schubfestigkeit
shear stress/shearing stress
(shear force per unit area)
Scherspannung,
Schubspannung
shear thickening/
dilatancy
Scherverzähung (Fließverfestigung),
Dilatanz
shear thinning/
pseudoplasticity
Scherverdünnung
shear viscosity
Scherviskosität
shear yielding
Scherfluss, Scherstreckung
(Abgleiten von Polymerketten
bei Beanspruchung)
shearing
Scheren, Scherung

shearing action
Scherwirkung,
Schubwirkung,
Schubeffekt
sheath
Scheide, Umhüllung
sheathed
scheidenförmig, umhüllt
sheet
Bogen, Blatt, (dünne) Platte;
Schicht; ($>$ 0.25 mm) Folie
sheet blowing
Folienblasen (dick)
(Schlauchfolienblasen, S.extrudieren)
sheet die/
flat-sheet die (extruder)
Breitschlitzdüse
sheet die extrusion
Breitschlitzextrusion
sheet extrusion
Folienextrusion (dick)
sheet extrusion line/
sheet train
Tafel-Extrusionsanlage
sheet metal
Blech
sheet molding compound (SMC)
SMC-Formmasse
(vorimprägnierte Glasfaser)
sheet of glass (pane)
Glasplatte,
Glasscheibe
sheet polymer
Folienpolymer
sheet rubber
Sheetkautschuk,
Plattenkautschuk
sheeting(s)
Folie (endlos Bahn);
Bahnenmaterial, Folienbahn
shell
Schale; Muschel
shellac (from: *Laccifer lacca*)
Schellack
shield *n* (screen: protective ~)
Schild, Abschirmung,
Schutz (Schutzschild)
shield *vb* (from radiation)
abschirmen (von Strahlung)

shielding (from radiation)
Abschirmung (von Strahlung)
shift Verschiebung
➢ **bathochromic shift**
bathochrome Verschiebung
➢ **chemical shift** spectros
chemische Verschiebung
➢ **high-field shift (NMR)**
Hochfeldverschiebung
➢ **low-field shift (NMR)**
Tieffeldverschiebung
➢ **phase shifting**
Phasenverschiebung
➢ **proton shift (NMR)**
Protonenverschiebung
➢ **tautomeric shift**
tautomere Umlagerung
shikimic acid (shikimate)
Shikimisäure (Shikimat)
shim *tech*
Ausgleichsring,
Ausgleichsscheibe
shish-kebab structure
Schaschlik-Struktur
shive *text* Schäbe
shock absorption
Stoßdämpfung
shock freezing
Schockgefrieren
shock pressure resistant
druckstoßfest
shock volatilization
Schockverdampfung
shock wave
Schockwelle,
Stoßwelle, Druckwelle
shockproof
stoßfest, stoßsicher
shoddy
Shoddy, Shoddywolle
(Reißwolle aus Strickwaren/
Maschenwaren u.a.); Regenerat,
Regeneratgummi
shoe covers/shoe protectors
(disposable)
Überschuhe,
Überziehschuhe (Einweg~)
Shore hardness (SH)
Shore-Härte

short (incompletely filled-out
condition in a molding)
nicht ausgepresstes Gießteil
short-chain
kurzkettig
short-chain branching
Kurzketten-Verzweigung
short-circuit
kurzschließen
short fiber
(chopped fiber)
Kurzfaser
short glass fiber
(chopped strands)
Kurzglasfaser
short-path distillation/
flash distillation
Kurzwegdestillation,
Molekulardestillation
short-range interaction
kurzreichende Wechselwirkung
short-stem funnel/
short-stemmed funnel
Kurzhalstrichter,
Kurzstieltrichter
shot (injection molding)
Schuss (Einspritzvorgang)
➢ **short shot**
(useless/defect molding)
ungenügende Werkzeugfüllung
shot volume
Schussvolumen
shot weight (injection molding)
Schussmasse, Schussgewicht
(eingespritzte Materialmenge:
Spritzguss)
shower Dusche
➢ **quick drench shower/**
deluge shower
'Schnellflutdusche'
(Notdusche)
shred
zerfetzen, zerreißen,
in Fetzen reißen
shredder
Reißwolf; Aktenwolf;
Schneidemaschine
shrink schwinden, schrumpfen;
einlaufen (Textilien/Stoffe)

shrink coating
Aufschrumpfen
shrink film/shrink wrap/
shrink foil/
shrinking foil
Schrumpffolie
(zum 'Einschweißen')
shrink-free
schwindungsfrei,
schwundfrei
shrinkage
Schrumpfung, Schwund;
Abnahme, Einlaufen;
Nachschrumpfung
shrinkage cavity/
shrinkhole
Lunker, Hohlraum,
Vakuole (Fehler)
shrinkproof
schrumpffest, schrumpffrei
shutdown
Abschaltung, Abstellen
shutoff
Abschaltung, Absperrung
➢ **auto-shutoff**
automatische Abschaltung
(elektronische Geräte)
shutoff nozzle (extruder)
Verschlussdüse,
Absperrventil
shutoff valve
Abschaltventil,
Absperrventil
shuttle vector/
bifunctional vector
Schaukelvektor,
bifunktionaler Vektor
sialic acid (sialate)
Sialinsäure (Sialat)
siccative/
desiccant/
drying agent/
dehydrating agent
Trockenmittel,
Sikkativ
side chain *n* (of a molecule)
Seitenkette
side-chain *adv/adj*
Seitenkette

side-chain liquid crystalline polymer
(SCLCP)
flüssigkristalline
Seitenketten-Polymer
side-chain polymer
Seitenkettenpolymer
side effect(s)
Nebenwirkung(en)
side product
Begleitprodukt;
(by-product/residual product)
Nebenprodukt
side reaction Nebenreaktion
side tubulation/
side arm (of flask)
Ansatzstutzen
(Olive an Kolben)
sidearm (tubulation)
Seitenarm, Tubus (Kolben etc.)
sidearm flask
Seitenhalskolben
sieve *vb* (sift/screen) sieben
sieve *n* (sifter/strainer) Sieb
➢ **molecular sieve**
Molekularsieb,
Molekülsieb, Molsieb
sieve *vb* (sift/screen) sieben
sieve analysis/
screen analysis
Siebanalyse
sieve material/
sieving material/
material to be sieved
Siebgut
sieve plate (perforated plate)
Siebplatte
sieve plate reactor
Siebbodenkaskadenreaktor,
Lochbodenkaskadenreaktor
sieve residue/oversize
Siebrückstand,
Siebüberlauf,
Überkorn
sieve shaker
Siebmaschine (Schüttler)
sievings/screenings/
siftings/undersize
Siebdurchgang,
Siebunterlauf, Unterkorn

sift sieben
**siftage (size separation
  by screening)**
  Siebung
siftings
  Siebdurchgang
signal substance
  Signalstoff
signal transducer
  Signalwandler
signal transduction
  Signalübertragung
**signal-to-noise ratio
  (S/N ratio)**
  Signal-Rausch-Verhältnis;
  Rauschspannungsabstand
**significance level/
  level of significance (error level)**
  Signifikanzniveau,
  Irrtumswahrscheinlichkeit
**significance test/
  test of significance** *stat*
  Signifikanztest
silica (silicon dioxide) SiO_2
  Siliciumdioxid
silica gel
  Kieselgel,
  Silicagel
siliceous
  kieselsäurehaltig
silicic acid H_4SiO_4
  Kieselsäure
silicon (Si) Silicium, Silizium
silicon chip
  Siliciumchip
silicon wafer
  Siliciumplatte,
  Siliciumplättchen,
  Siliciumscheibe
silicone (silicon ketone/silicoketone)
  Silicon (Siliciumketon),
  Poly(organylsiloxan)
silicone adhesive
  Siliconklebstoff
silicone grease
  Silicon-Schmierfett,
  Siliconfett
silicone oil Siliconöl
silicone resin Siliconharz

silicone rubber
  Silicongummi,
  Siliconkautschuk
silk (fibroin/sericin)
  Seide;
  Seidenstoff, Seidengewebe
➢ **artificial silk/rayon**
  Kunstseide (Rayon)
➢ **raw silk** Rohseide
➢ **viscose silk/
  viscose rayon/rayon**
  Viskoseseide, Viskoserayon
**silk gum/
  sericin**
  Seidengummi, Seidenleim,
  Sericin
silk suture Seidenfaden
silken seiden, Seiden...
silkworm (SE)
  Maulbeerspinner (Ms)
**silky/
  sericeous/
  sericate**
  seidenartig,
  seidenhaarig, seidig
silver (Ag) Silber
simmer (boil gently)
  leicht kochen,
  köcheln (auf kleiner Flamme)
**simmering/
  ebullient**
  leicht kochend,
  siedend
simple distillation
  Gleichstromdestillation
singe sengen
singeing Sengen
single-burner hot plate
  Einfachkochplatte
single dose
  Einzeldosis
single electron
  Einzelelektron
single-necked ...
  einhals ...
single-screw extruder
  Einschnecken-Extruder
single-stage screw
  Einstufenschnecke

**single sugar/
monosaccharide**
Einfachzucker,
einfacher Zucker,
Monosaccharid
single thread eingängig
single-use (disposable)
Einmal..., Einweg...,
Wegwerf...
**single-use gloves/
disposable gloves**
Einmalhandschuhe
single-way cock
Einweghahn
singulet condition
Singulettzustand
sink
Spülbecken, Spüle,
Abflussbecken, Ausguss;
(importer of assimilates) Senke,
Verbrauchsort (von Assimilaten);
(sink unit) Spültisch
sinter sintern
sintering Sintern
siphon Siphon, Saugheber
sisal
(*Agava sisalana*/Asparagaceae)
Sisal
size (dressing: sizing material) *text*
Schlichte, Schlichtemittel;
Schmälzmittel (Gleitfähigmachung/
Umhüllung von Glasfasern)
size exclusion chromatography
Größenausschlusschromatographie,
Ausschlusschromatographie (SEC)
size *vb* abmessen;
(cut into discreet length: tubing)
ablängen; *tech* leimen, grundieren;
(Stoff) appretieren, schlichten
skew versetzt
(alles zwischen
gedeckt und gestaffelt)
skid rutschen
skid-proof (non-skid)
nicht-rutschend,
Antirutsch...
**skim off/
scoop off/scoop up**
abschöpfen

skimming agent
Abschäummittel
skimming device
Abschäumer,
Abschöpfgerät
skimmings Skimmings
skin care Hautpflege
skin care product
Hautpflegemittel
skin-dry *polym*
angetrocknet
skin-irritant hautreizend
skin irritation Hautreizung
skin ointment Hautsalbe
skinning
Hautbildung (Oberflächen)
skive aufspalten
skull and crossbones
Totenkopf (Giftzeichen)
slab gel *electrophor*
hochkant angeordnetes Plattengel
slag Schlacke
slaked lime Ca(OH)$_2$
Ätzkalk, Löschkalk,
gelöschter Kalk
slash wound
Schnittwunde
sleeping polymer
schlafendes Polymer
sleeve (joint sleeve)
Manschette für Schliffverbindungen
sleeve gauntlets
Ärmelschoner,
Stulpen
slice Scheibe, dünne Platte
slide *micros* Objektträger
➤ **frosted-end slide**
Mattrand-Objektträger
slide valve Schieberventil
sliding microtome
Schlittenmikrotom
sliding plate
Schieberplatte (Spritzgießen)
slimy (mucilaginous/glutinous)
schleimig
slip *n* Gleiten, Rutschen;
Gleitfähigkeit, Schlupf, Slip
slip *vb* gleiten, rutschen;
abrutschen, ausrutschen

slip additive (internal lubricant)
Gleitmittel, Slipmittel
slip agent
Gleitmittel, Schmiermittel, Slipmittel;
(slip depressant: abherent for
polyolefins; antiblocking agent)
Antiblockmittel
slip depressant
Antiblockmittel
slip flow
Gleitströmung, Schlüpfströmung,
viskose Strömung
slip-joint connection
Gleitverbindung
slip plane (crystal slip)
Gleitebene,
Gleitfläche
slip point
Fließschmelzpunkt
slip resistance
Rutschfestigkeit;
Gleitwiderstand
slip resistant
(nonskid/skid-proof/antiskid)
rutschfest, rutschsicher
slip stream
Seitenstrom, Abstrom
slippery rutschig
slit die (slot die: extruder) Schlitzdüse
slit die extrusion Schlitzextrusion
(Breitschlitzextrusion)
slit rheometer Spaltrheometer
sliver Span; *text* Vorgarn;
(top) Faserbänder (aus Stapelfasern)
slot blot Schlitzlochplatte
slot die (slit die: extruder)
Schlitzdüse
slow-growing (crystals)
langsam wachsend
sludge gas/sewage gas (methane)
Faulgas, Klärgas
sluggish träg, träge, schleppend
(reagierend/dickflüssig)
sluggishness Trägheit (Reaktion),
Dickflüssigkeit
sluice *n* Schleuse
sluice *vb* **(channel)** schleusen
slurry Aufschlämmung,
Schlamm, Suspension

slurry-packing technique
chromat Einschlämmtechnik
slush molding
Schalengießverfahren
small-angle light scattering (SALS)
Kleinwinkelstreuung
small-angle neutron scattering
(SANS)
Neutronenkleinwinkelstreuung
small-angle X-ray scattering
(SAXS)
Röntgenkleinwinkelstreuung
small scale
Kleinmaßstab
small-scale application
Kleinanwendung
smectic smektisch
smell (odor/scent)
Geruch, Duft
smell *vb* riechen
smellable
(perceptible
to one's sense of smell)
riechbar
smelting furnace Schmelzofen
smock/gown Arbeitskittel
smoke Rauch (sichtbar), Qualm
➢ **clouds of smoke/fumes**
Rauchschwaden
smoke barrier
Rauchschranke,
Rauchschutzwand
smoke detector
Rauchmelder
smoke gas
Rauchgase (sichtbarer Qualm)
smoke generation
(development of smoke)
Rauchentwicklung
smoke poisoning Rauchvergiftung
smoked sheet (rubber)
Räucherkautschuk, Smoked Sheet
(geräucherte Rohkautschukplatte)
smoking/forming soot/sooty
rußend, rußig
smoldering/smouldering
Schwelen, Schwelung
smother the flames
Flammen ersticken

smudge-free
unverschmiert, schmutzfrei
snagging entgraten
(durch Handschleifen)
snap cap (push-on cap)
Schnappdeckel,
Schnappverschluss
snap-cap bottle/snap-cap vial
Schnappdeckelglas,
Schnappdeckelgläschen
snap-in joint
Schnappverbindung
snow/crushed ice
Eisschnee (fürs Eisbad)
soak tränken, durchtränken,
einweichen (durchfeuchten);
einwirken lassen
(in einer Flüssigkeit);
(steep) quellen (Wasseraufnahme)
soak up
(absorb/take up/suck up) aufsaugen,
absorbieren;
(drench/steep) tränken, einweichen,
einweichen lassen (durchfeuchten)
soaking up/absorption
Aufsaugen, Absorption
soap Seife
➤ **bar of soap** Stück Seife
➤ **soft soap** Schmierseife
soap dispenser (liquid soap)
Seifenspender (Flüssigseife)
socket (chuck/nut) Nuss, Stecknuss,
Steckschlüsseleinsatz;
(ferrule) Hülse, Ring;
(receptacle) Tülle;
electr Fassung, Steckbuchse
➤ **female (spherical joint)**
Schliffpfanne
➤ **ground socket/**
ground-glass socket
(female: ground-glass joint)
Schliffhülse ('Futteral',
Einsteckstutzen)
➤ **threaded socket (connector/nozzle)**
Gewindestutzen
socket screw/socket-head screw
Inbusschraube
socket wrench/box spanner
Stiftschlüssel, Steckschlüssel

soda
Soda, kohlensaures Natrium
soda cellulose/
alkali cellulose
Natroncellulose,
Alkalicellulose
soda extraction Sodaauszug
soda lime Natronkalk
soda-lime glass/
alkali-lime glass (crown glass)
Kalk-Soda-Glas (Kronglas)
soda water
Selterswasser, Sodawasser, Sprudel
sodium (Na) Natrium
sodium dodecyl sulfate (SDS)
Natriumdodecylsulfat
sodium hydroxide NaOH
Natriumhydroxid
sodium hydroxide solution
Natronlauge,
Natriumhydroxidlösung
sodium hypochlorite NaOCl
Natriumhypochlorit
soft fiber Weichfaser
soft foam/
flexible foam
Weichschaum
soft polymer/
non-rigid polymer
weiches Polymer
soft resin
Weichharz
soft soap Schmierseife
soft water weiches Wasser
soften (esp. foods)/
plasticize (plastics a.o.)
weich machen, erweichen,
plastifizieren; enthärten;
(plastify) aufweichen
softener Weichmacher,
Weichspülmittel, Weichspüler;
Enthärtungsmittel, Enthärter;
(plasticizer: in plastics a.o./
plasticizing agent) Plastifikator
softening Weichmachen;
(plasticization: plastics a.o.)
Plastifizieren
softening point
Erweichungspunkt

softening temperature T_E
  Erweichungstemperatur
soggy
  augeweicht, durchnässt,
  durchweicht
soil (ground/earth)
  Erdreich, Erdboden, Erde
sol Sol
solar cell/photovoltaic cell
  Solarzelle
solar energy
  Solarenergie, Sonnenenergie
solar radiation Sonnenstrahlung
solder *n*
  Lot, Lötmittel, Lötmetall
solder *vb* löten
soldering acid Lötsäure
soldering fluid/
  soldering liquid
  Lötwasser
soldering flux/solder flux
  Lötflussmittel
soldering gun Lötpistole
soldering iron Lötkolben
soldering lug Lötöse
soldering wire Lötdraht
solenoid valve
  Magnetventil (Zylinderspule)
solid (solid matter)
  Feststoff
solid-bowl centrifuge
  Vollmantelzentrifuge,
  Vollwandzentrifuge
solid phase (bonded phase)
  Festphase
solid phase reactor
  Festphasenreaktor
solid rubber Vollgummi
solid state
  fester Zustand
solid-state extrusion
  Festphasenextrusion
solid-state polymerization
  Festphasenpolymerisation
solid-state reaction
  Festkörperreaktion
solidify
  fest werden (lassen),
  erstarren

solubility Löslichkeit
➤ **insolubility**
  Unlöslichkeit
➤ **of low solubility**
  schwerlöslich
solubility product
  Löslichkeitsprodukt
solubilization
  Solubilisierung, Solubilisation,
  Löslichkeitsvermittlung
solubilizer/solutizer
  Lösungsvermittler,
  Löslichkeitsvermittler
soluble löslich
➤ **easily soluble/**
  readily soluble
  leichtlöslich
➤ **insoluble** unlöslich
➤ **of low solubility**
  schwerlöslich
➤ **sparingly soluble/**
  barely soluble
  kaum löslich, wenig löslich
solute gelöster Stoff
solute potential
  Löslichkeitspotential
solution Lösung
➤ **aqueous solution**
  wässrige Lösung
➤ **buffer solution**
  Pufferlösung
➤ **dilute solution**
  verdünnte Lösung
➤ **Fehling's solution**
  Fehlingsche Lösung
➤ **ready-to-use solution/**
  test solution
  Gebrauchslösung,
  gebrauchsfertige Lösung,
  Fertiglösung
➤ **reagent solution**
  Reagenzlösung
➤ **Ringer's solution**
  Ringerlösung,
  Ringer-Lösung
➤ **saline**
  Kochsalzlösung
➤ **saturated solution**
  gesättigte Lösung

➢ **spinning solution/
  dope**
  Spinnlösung,
  Erspinnlösung
➢ **standard solution**
  Standardlösung
➢ **stock solution**
  Stammlösung,
  Vorratslösung
➢ **test solution/
  solution to be analyzed**
  Untersuchungslösung
➢ **volumetric solution
  (a standard analytical solution)**
  Maßlösung
➢ **wash solution**
  Waschlösung,
  Waschlauge
solution mold/solution cast
  Lösungsguss
solution molding/solution casting
  Lösungsgießen,
  Lösungsgussverfahren
solution spinning
  Lösungsspinnen
solution temperature
  Lösungstemperatur
solution welding/solvent welding
  Lösungsschweißen
solvable löslich, lösbar
solvate *n*
  solvatisierter Stoff
  (Ion/Molekül)
solvate *vb* solvatisieren
solvating power
  Solvatationskraft
solvation
  Solvatation,
  Solvatisierung
solvation shell
  Solvathülle
solvent
  Lösungsmittel, Lösemittel;
  (mobile phase) *chromat* Fließmittel;
  (dissolver) Solvens, Lösungsmittel
➢ **mobile solvent/
  eluent/eluant (mobile phase)**
  Laufmittel, Elutionsmittel,
  Fließmittel, Eluent (mobile Phase)

solvent-based adhesive
  Kleblack,
  Lösemittelkleber,
  Lösungsmittelkleber
solvent front
  Lösemittelfront, Lösungsmittelfront;
  Fließmittelfront, Laufmittelfront
solvent polymerization
  Lösungspolymerisation
solvent recovery
  Lösemittelrückgewinnung,
  Lösungsmittelrückgewinnung
solvent resistance
  Lösemittelbeständigkeit
sonicate
  beschallen,
  mit Schallwellen behandeln
**sonification/
  sonication**
  Sonifikation, Sonikation,
  Beschallung,
  Ultraschallbehandlung
sonogram
  Sonogramm
**sonography/
  ultrasound/ultrasonography**
  Sonographie,
  Ultraschalldiagnose
soot (black)
  Ruß
sorbent
  Sorbens (*pl* Sorbentien),
  Absorbens, absorbierender Stoff,
  Absorptionsmittel, Sorptionsmittel
sorbic acid (sorbate)
  Sorbinsäure (Sorbat)
sorbitol Sorbit
sort sortieren, ordnen; sichten
sort out
  aussortieren
**sorva gum/
  leche caspi
  (*Couma macrocarpa*/Apocynaceae)**
  Sorva
sound-absorbing material
  Schallschluckstoff
sound-absorbing materials
  schallabsorbierende Werkstoffe,
  schallschluckende Materialien

sound damping/
  sound attenuation
  Schalldämpfung
  (Abschwächung)
sound insulation
  Schallisolierung
sound-proof
  schallundurchlässig
sound proofing (deadening)
  Schalldämmung,
  Schallisolation
space heating
  Raumheizung
space lattice Raumgitter
space restrictions
  Platzbeschränkung,
  Platznot (z.B. im Labor)
space-filling model *chem*
  Kalottenmodell
spacer
  Abstandhalter, Abstandshalter,
  Distanzstück, Platzhalter
spaghetti tubing
  dünner Isolierschlauch
spandex fiber
  Elastan-Faser
spare parts/
  replacement parts
  Ersatzteile
sparger
  Sprenger, Wassersprenggerät;
  Gasverteiler, Luftverteiler
  (Düse in Reaktor);
  (in reactors) Anschwänzapparat,
  Anschwänzvorrichtung
  (Fermentation)
sparingly soluble/
  barely soluble
  kaum löslich,
  wenig löslich
spark Funke;
  (ignition) Zündfunke;
  Entladung
spark spectrum
  Funkenspektrum
spat (protective cloth/
  leather gaiter covering
  instep and angle)
  Gamasche (Schuh~)

spathulate/spatulate
  spatelförmig
spatula Spatel; Spachtel
➢ **powder spatula**
  Pulverspatel
➢ **weighing spatula**
  Wägespatel
special license/
  special permit
  Sondergenehmigung
specialty rubber
  Spezial-Kautschuk
specific
  spezifisch, speziell, bestimmt
➢ **nonspecific**
  unspezifisch, unbestimmt
specific gravity
  spezifisches Gewicht
specific gravity bottle
  Pyknometerflasche
specific heat
  spezifische Wärme
specifications/specs
  Spezifizierung, Spezifikation,
  technische Beschreibung
specificity Spezifität
specify
  spezifizieren, einzeln angeben,
  einzeln benennen;
  bestimmen, festsetzen
specimen (sample)
  Exemplar, Probe;
  Muster (Vorlage/Modell);
  Warenprobe
specimen jar
  Probefläschchen,
  (größeres) Probegläschen;
  Sammelglas, Sammelgefäß
specimen tweezers
  Probennahmepinzette
speckled/
  patched/spotted/spotty
  fleckig
spectacle eyepiece/
  high-eyepoint ocular *micros*
  Brillenträgerokular
spectacles (pair of s.) Brille
spectral colors
  Spektralfarben

spectrometry Spektrometrie
➤ **electron-impact spectrometry (EIS)**
Elektronenstoß-Spektrometrie
➤ **forward-recoil spectrometry (FRS/FRES)**
Vorwärts-Rückstoß-Spektrometrie (VRS)
➤ **ion trap spectrometry**
Ionen-Fallen-Spektrometrie
➤ **ion-scattering spectrometry (ISS)**
Ionenstreuspektrometrie, Ionenstreuungsspektrometrie (ISS)
➤ **mass spectrometry (MS)**
Massenspektrometrie (MS)
➤ **photoelectron spectrometry (PES)**
Photoelektronenspektrometrie
➤ **secondary ion mass spectrometry (SIMS)**
Sekundärionen-Massenspektrometrie
➤ **time-of-flight mass spectrometry (TOF-MS)**
Flugzeit-Massenspektrometrie (FMS)
spectroscopy
Spektroskopie
➤ **atomic absorption spectroscopy (AAS)**
Atom-Absorptionsspektroskopie (AAS)
➤ **atomic emission spectroscopy (AES)**
Atom-Emissionsspektroskopie (AES)
➤ **atomic fluorescence spectroscopy (AFS)**
Atom-Fluoreszenzspektroskopie (AFS)
➤ **Auger electron spectroscopy (AES)**
Auger-Elektronenspektroskopie (AES)
➤ **dielectric spectroscopy**
dielektrische Spektroskopie
➤ **electron energy-loss spectroscopy (EELS)**
Elektronen-Energieverlust-Spektroskopie

➤ **electron spectroscopy for chemical analysis (ESCA) = X-ray photoelectron spectroscopy (XPS)**
Röntgenphotoelektronen-spektroskopie (RPS)
➤ **extended X-ray absorption fine structure spectroscopy (EXAFS)**
Röntgenabsorptions-feinstrukturspektroskopie
➤ **flame atomic emission spectroscopy (FES)/ flame photometry**
Flammenemissionsspektroskopie (FES)
➤ **infrared spectroscopy**
Infrarot-Spektroskopie, IR-Spektroskopie
➤ **mass spectroscopy (MS)**
Massenspektroskopie (MS)
➤ **microwave spectroscopy**
Mikrowellenspektroskopie
➤ **photoacoustic spectroscopy (PAS)**
photoakustische Spektroskopie (PAS), optoakustische Spektroskopie
➤ **ultraviolet spectroscopy/ UV spectroscopy**
UV-Spektroskopie
➤ **X-ray absorption near-edge spectroscopy (XANES)**
Röntgenabsorptions-kantenspektroskopie
➤ **X-ray absorption spectroscopy (XAS)**
Röntgenabsorptionsspektroskopie
➤ **X-ray emission spectroscopy (XES)**
Röntgenemissionsspektroskopie
➤ **X-ray fluorescence spectroscopy (XFS)**
Röntgenfluoreszenzspektroskopie (RFS)
➤ **X-ray photoelectron spectroscopy (XPS) = electron spectroscopy for chemical analysis (ESCA)**
Röntgenphotoelektronen-spektroskopie (RPS)

spectrum (*pl* spectra/spectrums)
Spektrum (*pl* Spektren)
> **absorption spectrum/ dark-line spectrum**
Absorptionsspektrum
> **arc spectrum**
Lichtbogenspektrum
> **rotational spectrum**
Rotationsspektrum
> **vibrational spectrum**
Schwingungsspektrum
speed (rate)
Geschwindigkeit;
(vector: velocity)
spermaceti oil/sperm oil
Walratöl
spherical ground joint
Kugelschliff
spherulite Sphärolit
spigot (plug of a cask) Zapfen;
(faucet) Hahn, Zapfhahn, Fasshahn
(Leitungen/Behälter/Kanister)
spill containment pillow
Saugkissen (zum Aufsaugen von
verschütteten Chemikalien)
spill *n*
Verschütten, Ausschütten,
Überlaufen; Pfütze
spill *vb* verschütten
spillage/spill
Vergossene(s), Übergelaufene(s)
spin *vb* spinnen, schleudern;
(centrifuge) zentrifugieren
spin-coating Aufschleudern
spin decoupling (NMR)
Spinentkopplung
spin finish
Präparation, Finish
spin-spin splitting (NMR)
Spin-Spin-Aufspaltung
spin welding
Rotationsreibschweißen
spin welding apparatus
Drehsiegelapparat
spinnability
Spinnbarkeit
spinner
Schleuder;
(centrifuge) Zentrifuge

spinner flask *micb*
Spinnerflasche, Mikroträger
spinneret
Spinndüse, Spinnkopf
spinning
Spinnen, Erspinnen;
Spinnverfahren
> **bobbin spinning *text***
Spulenspinnen
> **co-spinning** Verspinnen
> **dispersion spinning**
Dispersionsspinnen
> **dry spinning**
Trockenspinnen
> **extruder spinning**
Extruderspinnen
> **extrusion spinning**
Pressspinnen
> **fiber spinning**
Faserspinnen
> **gel spinning**
Gelspinnen
> **magic angle spinning (MAS)**
Rotation um den magischen Winkel
(NMR)
> **melt spinning**
Schmelzspinnen
(Erspinnen aus der Schmelze)
> **multifilament spinning**
Multifilamentspinnen,
Mehrfadenspinnen
> **polymerization spinning**
Polymerisationsspinnen
> **solution spinning**
Lösungsspinnen
> **tow spinning**
Kabelspinnen
> **wet spinning**
Nassspinnen
spinning band column
Drehbandkolonne
spinning band distillation
Drehband-Destillation
spinning extrusion
Spinnextrusion
spinning solution/ dope
Spinnlösung,
Erspinnlösung

spiral *n* (coil) Spirale, Gewinde;
(helix) Helix, Schraube, Spirale
spiral (spiraled/twisted/helical)
spiralig, schraubig, helical
spiral movement/spiral coiling
Krümmung,
Biegung (Bewegung)
spiral winding/coiling
Spiralwindung
spirally coiled
spiralig aufgewickelt
spirit Spiritus
spirit of wine
(rectified spirit: alcohol)
Weingeist
spirocyclic spirocyclisch
splash *n* **(chemical)**
Spritzen;
Spritzer (verspritzte Chemikalie);
Spritzfleck
splash *vb* **(splatter/squirt)**
spritzen, verspritzen,
herumspritzen (auch versehentlich)
splash protector/
antisplash adapter/
splash-head adapter
Spritzschutzadapter,
Spritzschutzaufsatz,
Schaumbrecher-Aufsatz
(Rückschlagsicherung:
Reitmeyer-Aufsatz)
splash-proof spritzfest
splice spleißen
splint Schiene
splinter Splitter;
(bits of broken glass) Glassplitter
split *vb*
spalten, aufspalten; zerlegen
split *n* Spaltung; Abzweig
split fiber
Splitterfäden, Spaltfäden
split valve Abzweigventil
splitting
Aufspaltung;
Zerlegung, Zerlegen
sponge forceps
Tupferklemme
sponge rubber (open cell)
Schwammgummi

sponge stopper
Schwammstopfen
spontaneous decomposition/
autodecomposition
Selbstzersetzung
spontaneous ignition
(self-ignition/autoignition)
Selbstentzündung,
Spontanzündung
spontaneous ignition temperature
(SIT)
Selbstenzündungstemperatur
spontaneous inflammation
Selbstentzündung
spontaneous polymerization
spontane Polymerisation
spontaneously flammable/
self-igniting
selbstentzündlich,
selbstentzündend
spontaneously ignitable/
self-ignitable/
autoignitable
selbstentzündlich
spool/coil Spule
spot (stain) Fleck
spot plate Tüpfelplatte
spot remover/
stain remover
Fleckenentferner
spot test Tüpfelprobe
spotted/mottled gefleckt
spout Schnauze, Mundstück;
Ausguss (Ansatz zum
Ausgießen einer Flüssigkeit);
(nozzle/lip/pouring lip)
Ausgießschnauze
spray sprühen
spray bottle Sprühflasche
spray can/aerosol can
Sprühdose, Druckgasdose
spray-coating
Sprüh-Beschichten,
Sprühverfahren (Aufsprühen)
spray column *dist*
Sprühkolonne
spray drying
(for granular beads)
Sprühtrocknung

spray foaming
Schaumspritzen
(Auftrageverfahren: Sprühverfahren)
spray nozzle Zerstäuberdüse
spray-up molding/
   fiber-spray gun molding
Faserspritzen
(Auftrageverfahren: Sprühverfahren)
spread (scatter/disseminate)
streuen, ausstreuen, verstreuen;
verstreichen, gleichmäßig auf einer
Fläche verteilen
spread coating (spreading)
Streichen, Streichbeschichten,
Streichverfahren (Auftrageverfahren)
spread-plate method/technique
Spatelplattenverfahren
spreading
Ausbreitung, Propagation;
Spreitung
spring balance/spring scales
Federzugwaage, Federwaage
spring force
Federkraft
spring hook/snap hook
Karabinerhaken
springwater Quellwasser
sprinkle
besprühen;
berieseln, besprengen
sprinkler/
   sprinkler irrigation system
Beregnungsanlage,
Berieselungsanlage,
Sprinkler
sprue (gate/gating)
Anguss, Angusskegel
sprue bush
Angussbuchse
spun roving
Spinnroving
spur Sporn
sputter (EM)
sputtern, besputtern
(Vakuumzerstäubung)
sputtering (EM)
Sputtern, Besputtern,
Besputterung, Kathodenzerstäubung
(Metallbedampfung)

sputtering unit/appliance (EM)
Besputterungsanlage
square bottle
Vierkantflasche
squash (mount) *micros*
Quetschpräparat
squeegee
Abstreicher, Rakel (Gummi),
Abzieher, Gummiwischer
squeeze (pinch) quetschen
squeeze roller
   (nip or pinch rolls)
Quetschwalze (Folienextrudieren)
squeeze-bulb pump
   (hand pump for barrels)
Quetschpumpe
(Handpumpe für Fässer)
St. Andrew's cross
Andreaskreuz
(Gefahrenzeichen)
stabilization Stabilisierung
stabilize stabilisieren
stabilizer
Stabilisator;
(stabilizing agent)
Stabilisierungsmittel
stable stabil
➤ **dimensionally stable**
   (resistant to deformation)
formbeständig
stack *n* Stapel
stack *vb* stapeln
stacked (stack)
gestapelt (stapeln)
stacking forces
Stapelkräfte
stacking gel Sammelgel
stage
Stadium (pl Stadien); Stufe;
Bühne; *micros* Tisch
➤ **mechanical stage**
Kreuztisch
➤ **microscope stage**
Objekttisch
➤ **rotating stage** *micros*
Drehtisch
staggered gestaffelt (0°/120°)
stagnancy
Stagnation, Stillstand

stain *vb* färben, einfärben;
kontrastieren; (bleed) abfärben;
(wood) beizen
stain *n* **(staining)**
Färben, Färbung, Einfärbung;
Kontrastierung; Beizen
stainability Färbbarkeit
staining dish/
staining jar/staining tray
Färbeglas, Färbetrog,
Färbewanne, Färbekasten
staining method/technique
Färbemethode, Färbetechnik
stainless steel
rostfreier Stahl
stamping Prägen
stand/rack Ständer
standard Standard, Normalwert;
(type) Typus
standard conditions
Standardbedingungen
standard deviation/
root-mean-square deviation
Standardabweichung
standard electrode potentials
(tabular series)/
standard reduction potentials/
electrochemical series (of metals)
Spannungsreihe (der Metalle),
Normalpotentiale
standard error
(standard error of the means)
Standardfehler,
mittlerer Fehler
standard hydrogen electrode
Normalwasserstoffelektrode
standard measure
Normalmaß
standard operating procedure
(SOP)
Standard-Arbeitsanweisung
standard potential/
standard electrode potential
Standardpotential,
Normalpotential
standard pressure
Normaldruck, Normdruck
standard procedure
Standardverfahren

standard solution
Standardlösung
standard taper (S.T.)
Normalschliff (NS)
standard temperature
Normtemperatur (0°C)
standardization
Standardisierung, Vereinheitlichung,
Normung, Normierung
standardize normen (normieren),
standardisieren, vereinheitlichen;
(gage/gauge) standardisieren, eichen,
kalibrieren (Maße/Gewichte)
standardized standardisiert
standard-taper glassware
Normschliffglas (Kegelschliff)
standby Bereitschaft (Gerät);
Not..., Hilfs..., Reserve..., Ersatz...
standby mode
Bereitschaftsstellung,
Wartebetrieb, Wartestellung
standby unit Notaggregat
staple fiber Stapelfaser
(kurzgeschnittene Chemiefasern);
Spinnfaser
star-crack (in glass)
Sternriss
star polymer
Sternpolymer
starburst polymer
Dendrimer
(Kaskadenmolekül)
starch Stärke
start (prepare/mix/make/set up)
ansetzen (z.B. eine Lösung)
starting material/
basic material/base material/
source material/primary material
Ausgangsstoff;
(preparation) Präparat
state of aggregation/
physical state
Aggregatzustand
static *n* **(static charge)**
statische Elektrizität,
Ladung
static current Ruhestrom
static electricity
statische Elektrizität

static friction
Haftreibung

stationary phase/adsorbent
stationäre Phase

statistic (statistic value)
Kennzahl,
statistische Maßzahl

statistical copolymer
statistisches Copolymer

statistical deviation
statistische Abweichung

statistical distribution
statistische Verteilung

statistical error
statistischer Fehler

statistical evaluation
statistische Auswertung

statistics Statistik

stator-rotor impeller/
Rushton-turbine impeller
Stator-Rotor-Rührsystem

steady state
stationärer Zustand,
gleichbleibender Zustand

steady-state equilibrium
Fließgleichgewicht,
dynamisches Gleichgewicht

steam bath Dampfbad

steam distillation
Trägerdampfdestillation

steam pipe vulcanization
Dampfrohrvulkanisation

stearic acid/octadecanoic acid
(stearate/octadecanate)
Stearinsäure, Octadecansäure
(Stearat/Octadecanat)

steel Stahl

➤ **high-grade steel/**
high-quality steel
Edelstahl

➤ **stainless steel**
rostfreier Stahl

steel cylinder (gas cylinder)
Stahlflasche (Gasflasche)

steer/steering
steuern,
in eine Richtung lenken

stem fiber/bast fiber
Bastfaser

stencil
Schablone (Zeichenschablone
für Formeln etc.)

step gradient
Stufengradient

step growth/
stepwise growth
Stufenwachstum

step-growth polymerization/
step-reaction polymerization
Stufenwachstumspolymerisation

step resistance
Stufenwiderstand

step switch
Stufenschalter

stepper
Schrittmotor,
Schrittantriebsmotor,
Steppermotor

stepwise polymerization/
step polymerization
Stufenpolymerisation

stepwise reaction *polym*
Stufenreaktion

stereo microscope
Stereomikroskop

stereo rubber
Stereokautschuk

stereoisomer
Stereoisomer

stereoisomerism
Stereoisomerie

stereoregular polymer
stereoreguläres Polymer

stereorepeating unit
Stereorepetiereinheit

stereoselective
stereoselektiv

stereospecificity
Stereospezifität

steric/sterical/spacial
sterisch, räumlich

steric hindrance
sterische Hinderung,
sterische Behinderung

sterile bench
sterile Werkbank

sterile filter
Sterilfilter

sterile filtration
Sterilfiltration
sterility Sterilität
sterilizability
Sterilisierbarkeit
sterilizable
sterilisierbar
sterilization (sterilizing)
Sterilisation, Sterilisierung
sterilization in place (SIP)
SIP-Sterilisation (ohne Zerlegung/
Öffnung der Bauteile)
sterilize/sanitize
sterilisieren,
keimfrei machen
sterol Sterin, Sterol
stick /adhere kleben
stick injury (needle)
Stichverletzung (Nadel etc.)
stick-and-ball model/
ball-and-stick model
Stab-Kugel-Modell,
Kugel-Stab-Modell
stickiness/tack
Klebrigkeit
sticky (glutinous/viscid)
klebrig (glutinös)
stiffen
versteifen, verstärken;
starr machen; verdicken
(Flüssigkeiten)
stiffening
Versteifung, Verstärkung
stiffness
Steifigkeit, Steife
stiffness modulus
Steifigkeitsmodul
stifling/stuffy
stickig
stilbene
Stilben (Diphenylethylen)
still *n dist*
Destillierapparat;
Destillierkolben
still pot/boiler/
distillation boiler flask/
reboiler
Destillierblase, Blase
(Destillierrundkolben)

stillhead (distillation head)
Destillieraufsatz;
Destillierbrücke
sting *vb*
stechen, beißen, brennen
stinging nettle
(*Urtica dioica*/Urticaceae)
Brennnessel
stir rühren, umrühren;
(agitate) schütteln,
aufrühren, aufwühlen;
(swirl) umwirbeln,
herumwirbeln
stir bar/
stirrer bar/stirring bar/
bar magnet/'flea'
Magnetstab, Magnetstäbchen,
Magnetrührstab,
'Fisch', Rühr'fisch'
stirred cascade reactor (SCR)
Rührkaskadenreaktor
stirred loop reactor
Rührschlaufenreaktor,
Umwurfreaktor
stirred-tank reactor (STR)
Rührkesselreaktor
stirrer (impeller/agitator/mixer)
Rührer, Rührwerk;
(mixer) Rührgerät, Mixer
➢ **hollow stirrer**
Hohlrührer
➢ **magnetic stirrer**
Magnetrührer
stirrer bearing
Lagerhülse (Glasaussatz),
Rührerlager (Rührwelle)
stirrer blade Rührerblatt
stirrer gland Rührhülse
stirrer seal
Rührverschluss
stirrer shaft
Rührerschaft,
Rührerwelle, Rührwelle
stirring bar/
stirrer bar/stir bar/'flea'
Rührstäbchen, Rührstab,
Magnetrührstab,
Magnetrührstäbchen, Rührfisch,
'Fisch'

stirring bar extractor/
 stirring bar retriever/
 'flea' extractor
 Rührstäbchenentferner,
 Rührstabentferner,
 Magnetrührstabentferner,
 Magnetstabentferner
 (zum 'Angeln' von Magnetstäbchen)
stirring hot plate
 Magnetrührer mit Heizplatte
stirring rod
 Rührstab (Glasstab)
stock/store/
 supply (meist *pl* supplies)/
 provisions/reserve
 Vorrat; Lager; Lagerbestand
➢ **number/quantity**
 Bestand (Menge/Quantität)
➢ **on stock/available**
 lieferbar
➢ **out of stock**
 nicht lieferbar
stock solution
 Stammlösung,
 Vorratslösung
stockkeeping/
 storekeeping (warehousing)
 Lagerhaltung
stockroom
 (storage room/repository/
 warehouse)
 Lagerraum, Warenlager
stockroom manager
 Lagerverwalter
stoichiometric(al)
 stöchiometrisch
stoichiometric formula
 stöchiometrische Formel
stoichiometry
 Stöchiometrie
stop/limit/detent
 Anschlag, Arretierung
 (Endpunkt/Sperre/Stop)
stop lever/
 arresting lever/
 locking lever/
 blocking lever/
 catch/safety catch
 Arretierhebel

stopcock
 Absperrhahn, Sperrhahn
➢ **glass stopcock** Glashahn
stopper *vb*
 zustöpseln,
 mit Stöpsel verschließen
stopper/
 cork (*Br* bung)
 Stopfen,
 Stöpsel (Korken)
➢ **hex-head stopper/**
 hexagonal stopper
 Sechskantstopfen
➢ **octa-head stopper/**
 octagonal stopper
 Achtkantstopfen
➢ **rubber stopper/**
 rubber bung (*Br*)
 Gummistopfen,
 Gummistöpsel
storability/
 durability/shelf life
 Haltbarkeit
storable/
 durable/lasting
 haltbar
storage Lager;
 Speicherung, Aufbewahrung;
 (warehousing) Lagerung
 (Waren/Gerät/Chemikalien);
 (stowage) Stauraum
storage capacity
 Lagerkapazität
storage container
 Sammelbehälter,
 Sammelgefäß
storage modulus Speichermodul
storage tank
 Lagertank, Speichertank
storax/Levant storax/styrax
 (*Liquidambar orientalis/*
 Hamamelidaceae)
 Storax, Styrax
store *vb*
 (keep/save/preserve) aufbewahren;
 (save/accumulate) speichern,
 anreichern, akkumulieren
storehouse/warehouse
 Lagerhaus, Speicher

storeroom/storage room
Abstellraum,
Abstellkammer
stoving *polym* Einbrennen
STP (s.t.p./NTP)
(standard temperature/pressure)
Normzustand
(Normtemperatur 0°C und
Normdruck 1 bar)
straight-end distillation
einfache/direkte Destillation
straight-vacuum forming
Vakuumsaugverfahren
strain *vb*
belasten, dehnen, spannen;
deformieren, verformen, verziehen;
(filter) abseihen
strain *n* Belastungsursache;
Verdehnung; (drag) Zug
➤ **aging strain/ageing strain**
Alterungsspannung
➤ **angular strain/angle strain**
Winkeldehnung,
Winkelbeanspruchung
➤ **elastic strain**
elastische Beanspruchung
➤ **offset strain**
abgesetzte Dehnung
➤ **prestrain**
Vorbeanspruchung
➤ **shear strain**
Scherbeanspruchung,
Scherverformung,
Schubbeanspruchung
➤ **stress-strain** Zugdehnung
➤ **tensile strain (ε)/**
engineering strain/
Cauchy elongation (Δl/l)
berechnete Dehnung,
Nenndehnung (Cauchy-D.)
➤ **true strain**
wahre Dehnung (Hencky-D.)
strain hardening
Kaltverfestigung,
Verfestigung durch Verformung;
Spannungsverhärtung,
Verfestigung durch Verformung
strain-stress relation
Dehnungs-Spannungs-Beziehung

strain test
Straintest
(Dehnung unter konst. Last)
strain viscosity/
extensional viscosity
Dehnviskosität
strained ring
gespannter Ring
(einer zyklischen Verbindung)
straining cloth Siebtuch
strand Strang (*pl* Stränge);
Spinnfaden
strand cutter (pelletizer)
Stranggranulator
strap Gurt, Band, Riemen
strapping fabric Bindevlies
stratification
(state of being stratified: layering)
Schichtung; (act/process of
stratifying) Schichtenbildung
streak/
ream/striation
Schliere
➤ **free from streaks/**
free from reams
schlierenfrei
streak formation/
streaking/striation
Schlierenbildung
streaky/streaked schlierig
stream *n* **(flow)**
Strom (Flüssigkeit)
stream *vb* **(flow)** strömen
stress *vb* stressen, belasten
stress *n*
Stress, Belastungszustand; Spannung;
(strain/load) Beanspruchung
(*siehe auch:* Belastung)
➤ **deviatoric stress**
Deviatorspannung
➤ **dilatational stress**
Dehnspannung
➤ **flexural stress**
Biegespannung
➤ **hoop stress**
Tangentialspannung,
Umfangsspannung
➤ **material stress**
Werkstoffbeanspruchung

➢ **offset yield stress/**
  proof stress
  Dehnspannung
➢ **prestress**
  Vorspannung
➢ **proof stress**
  Dehngrenze;
  Prüfbeanspruchung
➢ **shear stress/shearing stress**
  (shear force per unit area)
  Scherspannung,
  Schubspannung
➢ **strain-stress**
  Dehnungs-Spannung
➢ **tensile stress (σ)/**
  engineering stress
  (force/cross-section area)
  Zugspannung
➢ **water stress**
  Wasserstress
➢ **yield stress/yield strength**
  Streckspannung,
  Fließspannung
  ('Yield-Spannung')
stress birefringence
  Spannungsdoppelbrechung
stress concentrator
  Spannungskonzentrator
stress crack Spannungsriss
stress intensity factor/
  fracture toughness
  Spannungsintensitätsfaktor
stress relaxation
  Spannungsrelaxation
stress relief
  Spannungsentlastung
stress softening
  Spannungsweichmachung
stress-strain Zugdehnung
stress-strain behavior
  Spannungs-Dehnungs-Verhalten
stress tensor
  Spannungstensor
stress whitening
  Weissbruch
stressed belastet
➢ **unstressed** unbelastet
stretch
  strecken, spannen, dehnen

stretch blow molding
  Streckblasformen,
  Streckblasverfahren
stretch film
  Dehnfolie, Stretchfolie
stretch film wrapping/
  stretch wrapping
  Dehnfolienverpackung
stretch forming/
  stretching
  Streckformen, Streckziehen,
  Ziehformen
stretching
  Strecken, Streckung, Spannen,
  Ziehen, Dehnen, Recken
➢ **prestretching**
  Vorstreckung
stretching temperature
  Verstreckungstemperatur,
  Recktemperatur
stretching vibration (IR)
  Streckschwingung
striker (to ignite gas)
  Anzünder (Gas)
string
  Schnur, Bindfaden,
  Band, Kordel
stringency
  (of reaction conditions)
  Stringenz (von
  Reaktionsbedingungen)
stringent conditions
  stringente Bedingungen,
  strenge Bedingungen
stripping analysis/
  stripping voltammetry
  Stripping-Analyse,
  Inversvoltammetrie
stripping column *dist*
  Abtriebsäule,
  Abtreibkolonne
stripping section *dist*
  Abtriebsteil
  (Unterteil der Säule)
stroke
  Schlag; Hub, Kolbenhub;
  Hubhöhe; Takt
strong ion difference (SID)
  Starkionendifferenz

strontium (Sr) Strontium

structural analysis
Strukturanalyse

**structural foam/
integral foam**
Strukturschaum,
Integralschaum

**structural formula/
atomic formula**
Strukturformel

structural material
Konstruktionswerkstoff

structural polymer
Strukturpolymer

structural polysaccharide
Strukturpolysaccharid

structure (constitution)
Struktur

structure elucidation
Strukturaufklärung

**stuffer (US)/
ram extruder**
Kolbenstrangpresse

**stuffing gland/
packing box seal**
Stopfbuchse
(Rührer: Wellendurchführung)

**stupefacient adv/adj
(stupefying/narcotic/anesthetic)**
betäubend, narkotisch,
anästhetisch

**stupefacient n
(narcotic/narcotizing agent/
anesthetic/anesthetic agent)**
Betäubungsmittel,
Narkosemittel,
Anästhetikum

**stupefaction/
narcosis/anesthesia**
Betäubung, Narkose,
Anästhesie

**stupefy/
narcotize/anesthetize**
betäuben, narkotisieren,
anästhesieren

**styrax/storax/Levant storax
(Liquidambar orientalis/
Hamamelidaceae)**
Storax, Styrax

styrene Styrol, Styren

styrene resin
Styrolharz, Styrenharz

styrenics
Styrolpolymere

styrofoam Styropor®

subbituminous coal
Glanzbraunkohle,
subbituminöse Kohle

subdivide
untergliedern, unterteilen

subdivision
Untergliederung,
Unterteilung

suberic acid/octanedioic acid
Suberinsäure, Korksäure,
Octandisäure

sublethal subletal

sublimate sublimieren

sublimation Sublimation

submerged/submersed
untergetaucht, submers

submersible (pump)
tauchfähig

subordinate/submit
unterordnen

subsample stat
Teilstichprobe

subset selection stat
Teilmengenauswahl

substance Substanz

➢ **amount of substance (quantity)**
Stoffmenge

substance mixture
Substanzgemisch

**substitute n
(replacement)** Ersatz

substitute vb
substituieren;
(substitute A for B)
A anstelle von B einsetzen,
B ersetzen durch A

substitute name
Ersatzname

substitute substance
Ersatzstoff

substitution
Substitution;
Einsetzung, Ersatz

substrate
  chem Substrat;
  micb Nährboden
➢ **following substrate**
  Folgesubstrat
➢ **leading substrate**
  Leitsubstrat
substrate constant (K_S)
  Substratkonstante
substrate inhibition
  Substrathemmung,
  Substratüberschusshemmung
substrate recognition
  Substraterkennung
substrate saturation
  Substratsättigung
substrate specificity
  Substratspezifität
subunit Untereinheit, Komponente
succinic acid/
  butanedioic acid (succinate)
  Bernsteinsäure,
  Butandisäure (Succinat)
suck-back Einsaugen
  (Rückschlag:Wasserstrahlpumpe etc.)
sucrose
  (beet sugar/cane sugar)
  Saccharose, Sucrose
  (Rübenzucker/Rohrzucker)
suction *vb*
  saugen; absaugen, aufsaugen
suction *n*
  Saugen, Sog;
  Absaugen, Aufsaugen
suction-cup feet Saugfüßchen
suction disk
  Saugnapf, Saugscheibe
suction filtration
  Saugfiltration
suction flask/
  filter flask/
  filtering flask/
  vacuum flask/
  aspirator bottle
  Saugflasche,
  Filtrierflasche
suction force Saugkraft
suction head
  Ansaughöhe

suction lift Ansaugtiefe
suction pipet (patch pipet)
  Saugpipette
suction pump/
  aspirator pump/
  vacuum pump
  Saugpumpe,
  Vakuumpumpe
suction stroke (pump)
  Ansaugpuls
suction tension
  Saugspannung
suction valve
  Saugventil
suds
  Seifenschaum,
  Seifenwasser
suffocate ersticken
suffocation Ersticken
sugar Zucker
➢ **amino sugar** Aminozucker
➢ **cane sugar/**
  beet sugar/
  table sugar/sucrose
  Rohrzucker, Rübenzucker,
  Saccharose, Sukrose, Sucrose
➢ **double sugar/**
  disaccharide
  Doppelzucker,
  Disaccharid
➢ **grape sugar/**
  glucose/dextrose
  Traubenzucker,
  Glukose, Glucose,
  Dextrose
➢ **invert sugar**
  Invertzucker
➢ **malt sugar/maltose**
  Malzzucker, Maltose
➢ **milk sugar/lactose**
  Milchzucker, Laktose
➢ **multiple sugar/**
  polysaccharide
  Vielfachzucker,
  Polysaccharid
➢ **raw sugar/**
  crude sugar
  (unrefined sugar)
  Rohzucker

> **single sugar/**
> **monosaccharide**
> Einfachzucker,
> einfacher Zucker,
> Monosaccharid

> **wood sugar/**
> **xylose**
> Holzzucker,
> Xylose

sugar-containing
zuckerhaltig

suicide inhibition
Suizidhemmung

suicide substrate
Selbstmord-Substrat

sulfanilic acid/
p-aminobenzenesulfonic acid
Sulfanilsäure

sulfate Sulfat

sulfite Sulfit

sulfonation flask
Sulfierkolben

sulfur (S) Schwefel

> **flowers of sulfur**
> Schwefelblüte

sulfur compound
Schwefelverbindung,
schwefelhaltige Verbindung

sulfur donor
Schwefelspender

sulfuric acid H_2SO_4
Schwefelsäure

sulfuring
Schwefeln,
Schwefelung

sulfurize schwefeln

sulfurous
(sulfur-containing)
schweflig,
schwefelhaltig

sulfurous acid H_2SO_3
schweflige Säure,
Schwefligsäure

sum rule
Summenregel

sump
Sammelbehälter, Sammelgefäß;
(cesspit/cesspool/soakaway **Br**)
Senkgrube, Sickergrube

sunn/san hemp
(*Crotalaria juncea*/Fabaceae)
Sunn

super lattice
Supergitter

superacid
Supersäure

supercoiled
superspiralisiert,
superhelikal,
überspiralisiert

supercoiling
Überspiralisierung

supercool
unterkühlen

supercooling
Unterkühlung

supercritical (gas/fluid)
überkritisch (Gas/Flüssigkeit)

supercritical fluid chromatography
(SFC)
überkritische Fluidchromatographie,
superkritische Fluid-
Chromatographie,
Chromatographie mit
überkritischen Phasen

superfil Superfilament

superglue/
crazy glue
Sekundenkleber, Blitzkleber

superior
höher, höher stehend, besser;
(dominant) überlegen,
vorherrschend, dominant

superiority/
dominance
Überlegenheit,
Dominanz

supernatant
Überstand

superposition
Überlagerung

supersaturated
übersättigt

supervision/control
Aufsicht, Kontrolle

supplies storage/
supplies 'shop'/'supplies'
Zubehörlager

supply *n*
Versorgung; (influx) Zufuhr;
(shipment/delivery/consignment)
Lieferung, Zulieferung
supply *vb*
liefern;
(feed/pipe in/let in) zuleiten
supply line/
utility line/
service line
Versorgungsleitung
supply pressure (HPLC)
Eingangsdruck
supplying/
feeding/inlet
Zuleitung
support *vb*
stützen, unterstützen,
tragen, helfen
support *n*
Stütze, Träger;
Unterstützung; Stativ;
Trägermaterial,
Trägersubstanz
support base
Stativplatte
support clamp
Stativklemme
support layer
Trägerschicht
support rod Stativstab
support stand/
ring stand/
retort stand/stand
Stativ, Bunsenstativ
suppress
supprimieren,
unterdrücken,
zurückdrängen
suppressible
supprimierbar,
unterdrückbar
suppression
Suppression,
Unterdrückung
surface Oberfläche
➤ **on the surface/**
superficial
oberflächlich

surface active
grenzflächenaktiv,
oberflächenaktiv
surface finish
Oberflächengüte,
Oberflächenfinish
surface finishing
Oberflächenvered(e)lung
surface fracture energy/
critical strain release rate
Oberflächenbruchenergie
surface labeling
Oberflächenmarkierung
surface runoff
Oberflächenabfluss
surface tension
Oberflächenspannung,
Grenzflächenspannung
surface-to-volume ratio
Oberflächen-Volumen-Verhältnis
surface treatment
Oberflächenbehandlung
surfactant
(surface-active substance)
oberflächenaktive Substanz,
oberflächenwirksamer Stoff,
Entspannungsmittel, Tensid
surficial *adv/adj*
oberflächlich, auf der Oberfläche,
Oberflächen...
surge *vb*
plötzlich ansteigen,
emporschnellen
surge *n*
Woge, Welle; Stoß;
electr Spannungsstoß, Einschaltstoß
surge suppressor/
surge protector
Überspannungsfilter,
Überspannungsschutz
surgical mask
Operationsmaske,
chirurgische Schutzmaske
surplus production
Überschussproduktion
surroundings/
environs/
environment
Umgebung

suspected toxin
Verdachtsstoff
suspend
suspendieren
(schwebende Teilchen in Flüssigkeit);
(slurry) aufschlämmen
suspended condenser/
cold finger
Einhängekühler,
Kühlfinger
suspended particle
Schwebeteilchen
suspended substance/
suspended matter
Schwebstoff(e)
suspension (slurry)
Suspension,
Aufschlämmung
suspension polymerization
Suspensionspolymerisation
sustained yield
Nachhaltigkeit,
nachhaltiger Ertrag
suture needle
chirurgische Nadel
swaging
Ziehpressen, Tiefziehen
swan-necked flask/
S-necked flask/
gooseneck flask
Schwanenhalskolben
sweep
kehren, fegen;
absuchen;
scannen, abtasten
swell (turgescent)
schwellen,
anschwellen (turgeszent)
swelling
Schwellen, Schwellung,
Schwellverhalten
(Hohlkörperblasen)
swing-out rotor/
swinging-bucket rotor/
swing-bucket rotor
Ausschwingrotor
swing phase/
suspension phase
Schwingphase

swirl
schwenken (Flüssigkeit in Kolben),
wirbeln
switch
Schalter; Weiche;
Umstellung, Wechsel
switch lever *electr*
Schalthebel
switchback model
(folded-chain lamellas)
'Schaltbrettmodell' eigentlich:
Rückfalt-Modell (Faltenmizelle)
switchboard
Schaltanlage,
Schalttafel
swivel
sich drehen, schwenken;
drehbar, schwenkbar
swivel head (ball of a joint)
Gelenkkopf
swivel nut/
coupling nut/
mounting nut/
cap nut/
sleeve nut/
coupling ring
Überwurfmutter,
Überwurfschraubkappe
(z.B. am Rotationsverdampfer)
symmetry Symmetrie
synchronizer/Zeitgeber
Taktgeber,
Zeitgeber
syndiotactic polymer
syndiotaktisches Polymer
synthesis
Synthese, Darstellung
➢ **biosynthesis**
Biosynthese
➢ **chemosynthesis**
Chemosynthese
➢ **de-novo-synthesis**
Neusynthese,
de-novo Synthese
➢ **semisynthesis**
Halbsynthese
synthesize
synthetisieren, künstlich herstellen;
(prepare) herstellen, darstellen

synthetic synthetisch;
(having same chemical
structure as the natural equivalent)
naturidentisch
synthetic fiber
Kunstfaser,
Synthesefaser
**synthetic fiber-reinforced plastic
(SFRP)**
synthesefaserverstärkter Kunststoff
(SFK)
synthetic paint resin
Lackkunstharz
synthetic resin
Kunstharz
**synthetic-resin adhesive/
synthetic-resin glue**
Kunstharzkleber,
Kunstharzleim
**synthetic-resin varnish
(synthetic enamel)**
Kunstharzlack
**synthetic rubber (SR)/
artificial rubber
(elastomer)**
Synthesekautschuk (Elastomer),
Kunstkautschuk,
synthetisches Gummi
synthetic wood pulp (SWP)
Synthesezellstoff,
Synthesepulpe

**syringe
(hypodermic syringe)**
Spritze
syringe connector
Nadeladapter
syringe filter
Spritzenvorsatzfilter,
Spritzenfilter
**syringe needle/
syringe cannula**
Injektionsnadel,
Spritzennadel,
Spritzenkanüle
**syringe piston/
syringe plunger**
Spritzenkolben,
Stempel, Schieber
syringe pump
Spritzenpumpe
systematic
systematisch
**systematic error/
bias**
systematischer Fehler,
Bias
systematics
Systematik
systemic
systemisch
systems analysis
Systemanalyse

T-purge (gas purge device)
Spülventil (Inertgas)
table Tisch; Tabelle, Tafel
➢ **laboratory table/**
laboratory bench/
laboratory workbench
Labortisch,
Labor-Werkbank
➢ **weighing table** Wägetisch
➢ **worktable** Arbeitstisch
table salt/common salt
Kochsalz (NaCl)
tablet density/pellet density
Stopfdichte
tabletop centrifuge/
benchtop centrifuge
(multipurpose centrifuge)
Tischzentrifuge
tack *vb*
heften, kleben,
aneinander heften/fügen, verbinden
tack *n*
Nagel, Nadel, Metallstift;
Klebrigkeit, Klebkraft;
(autohesion) Eigenklebrigkeit,
Konfektionsklebrigkeit, Autohäsion;
(inherent) Selbsthaftung
tack-free (not sticky)
nicht klebrig
tack welding
Heftschweißen
tackifier
Klebrigmacher,
Klebrigmacherharz
tacky/sticky klebrig (zäh)
tactic polymer
taktisches Polymer
tacticity Taktizität
tag etikettieren, markieren,
beschildern (kennzeichnen);
anfügen, anhängen
tagged molecule
markiertes Molekül
tail (e.g., of a molecule)
Schwanz (z.B. des Fettmoleküls)
tailing(s)/tails *dist/chromat*
Nachlauf, Ablauf;
Schwanzbildung, Signalnachlauf
tail-to-tail Schwanz-Schwanz

take up/take in (ingest)
aufnehmen, einnehmen,
zu sich nehmen
talha gum/talh gum/
Suakin gum/talca gum
(***Acacia stenocarpa* and**
***Acacia seyal*/Fabaceae)**
Suakingummi (Talh)
tall oil Tallöl
tamarind seed powder
Tamarindensamengummi
tamper with
verstellen (herumdrehen an)
tampon/
plug/pack *vb*
tamponieren
tan *vb*
gerben, beizen; bräunen
tangential modulus
Tangentenmodul
tangential section
Tangentialschnitt;
Sehnenschnitt
tank/vessel
Tank, Kessel,
großer (Wasser)Behälter,
Becken, Zisterne
tank car/tank truck
(Schiene: rail tank car)
Kesselwagen
(Chemikalientransport)
tannate (tannic acid)
Tannat (Gerbsäure)
tannic acid (tannate)
Gerbsäure (Tannat)
tanniferous gerbsäurehaltig,
gerbstoffhaltig
tannin (tanning agent)
Tannin (Gerbstoff)
tanning Gerben
tanning agent/tannin
Gerbstoff
tap *n* Zapfen, Spund, Hahn;
Ausgießhahn; (tool for forming an
internal screw thread) Gewindebohrer
tap *vb*
zapfen, anzapfen (Latex an Bäumen)
tap grease Hahnfett
tap water Leitungswasser

tape Band
(Klebeband/Messband etc.)
➢ **adhesive tape**
Klebeband, Klebestreifen
➢ **autoclave tape/**
autoclave indicator tape
Autoklavier-Indikatorband
➢ **barricade tape**
Absperrband,
Markierband
➢ **cloth tape**
Gewebeband,
Textilband (einfach)
➢ **duct tape**
(polycoated cloth tape)
Panzerband, Gewebeklebeband,
Duct Gewebeklebeband,
Universalband, Vielzweckband
➢ **filament tape**
Filamentband
➢ **insulating tape/duct tape**
Isolierband;
(electric tape/friction tape)
Elektro-Isolierband
➢ **masking tape**
Kreppband
➢ **packaging tape**
Verpackungsklebeband
➢ **sealing tape**
Dichtungsband
➢ **Teflon tape** Teflonband
➢ **thread seal tape**
Gewindeabdichtungsband
➢ **thread sealant tape**
Gewindedichtungsband
➢ **warning tape**
Signalband, Warnband
tape rule/tape measure
Bandmaß,
Messband
taper (tapering/tapered)
zuspitzen (konisch machen),
spitz zulaufen, sich verjüngen
tapered copolymer/
graded copolymer
Gradientencopolymer
tapered joint
Kegelschliff,
Kegelschliffverbindung

tare *vb*
(determine weight of container/
packaging as to substract from
gross weight: set reading to zero)
tarieren, austarieren
(Waage: Gewicht des Behälters/
Verpackung auf Null stellen)
tare *n*
(weight of container/packaging)
Tara (Gewicht des Behälters/
der Verpackung)
target Ziel, Soll
(Plan/Leistung/Produktion);
(quota) Quote
tarnish
matt machen, trüben, mattieren,
anlaufen, blind machen, beschlagen
tartar Weinstein, Tartarus
(Kaliumsalz der Weinsäure);
Zahnstein
tartaric acid (tartrate)
Weinsäure,
Weinsteinsäure (Tartrat)
tau-saghyz rubber
(*Scorzonera tausaghyz*/Asteraceae)
Tausaghyz-Gummi
taut straff, gespannt, stramm
➢ **clamp taut** *vb polym*
straff einspannen
taut wire Zugdraht
tautomeric shift
tautomere Umlagerung
tear *vb*
reißen, zerren;
einreißen; zerreißen; tränen
tear propagation force
Weiterreißkraft
tear propagation resistance
Weiterreißfestigkeit,
Weiterreißwiderstand
tear resistance
Reißfestigkeit, Einreißfestigkeit,
Zerreißfestigkeit; Weiterreißfestigkeit
tear strength
Einreißfestigkeit,
Zerreißfestigkeit
tear test
Reißversuch, Einreißversuch,
Zerreißversuch; Weiterreißversuch

tearproof zerreißfest
technical technisch
technical lab assistant/
  laboratory technician/
  lab technician
  Laborassistent(in),
  technische(r) Assistent(in)
technical plastics/
  engineering plastics
  technische Kunststoffe
technique/technic
  Technik (einzelnes
  Verfahren/Arbeitsweise)
technologic(al) technologisch
technology
  Technik, Technologie
  (Wissenschaft)
technology assessment
  Technikfolgenabschätzung
technoplastics/
  technical plastics/
  engineering plastics
  Techno-Kunststoffe,
  technische Kunststoffe
Teflon tape Teflonband
teke-saghyz rubber
  (***Scorzonera acanthoclada/***
  Asteraceae)
  Tekesaghyz-Gummi
telescope cylinder
  Teleskopzylinder
tellurium (Te) Tellur
temper
  tempern, härten (von Stahl);
  verspannen, vorspannen (Glas)
temperate (moderate)
  gemäßigt
temperature Temperatur
➢ **ambient temperature**
  Umgebungstemperatur
➢ **body temperature**
  Körpertemperatur
➢ **boiling point**
  Siedepunkt
➢ **bring to a moderate temperature/**
  to have an agreeable temperature
  temperieren
➢ **cardinal temperature**
  Vorzugstemperatur

➢ **ceiling temperature**
  Ceiling-Temperatur
  (Beginn der Depolymerisation),
  Gipfeltemperatur
➢ **clearing temperature**
  Klärtemperatur
➢ **curing temperature/**
  setting temperature
  Härtungstemperatur
➢ **decomposition temperature/**
  disintegration temperature
  Zersetzungstemperatur
➢ **deflection temperature**
  Wärmeformbeständigkeit
➢ **disintegration temperature**
  Zersetzungstemperatur
➢ **floor temperature**
  Floor-Temperatur
➢ **flow temperature**
  Fließtemperatur
➢ **fluctuation of temperature**
  Temperaturschwankung
➢ **freezing-in temperature** T_F
  Einfriertemperatur
➢ **glass transition temperature** (T_g)
  Glasübergangstemperatur
  (Glastemperatur,
  Glasumwandlungstemperatur)
➢ **heat deflection temperature/**
  heat distortion under load (HDUL)/
  heat distortion point/
  deflection temperature under load
  (DTUL)
  Durchbiegetemperatur
  bei Belastung
➢ **heat distortion temperature/**
  heat deflection temperature (HDT)
  Formbeständigkeitstemperatur,
  Formbeständigkeit in der Wärme
➢ **kindling temperature/**
  flame temperature/
  ignition point/
  flame point/
  spontaneous-ignition temperature
  (SIT)
  Zündpunkt, Zündtemperatur,
  Entzündungstemperatur
➢ **liquidus temperature**
  Liquidustemperatur

➢ **lower critical solution temperature (LCST)**
untere kritische Lösungstemperatur

➢ **melting temperature**
Schmelztemperatur

➢ **molding temperature**
Umformtemperatur,
Verformungstemperatur;
Urformtemperatur

➢ **operating temperature**
Arbeitstemperatur

➢ **phase transition temperature**
Phasenübergangstemperatur

➢ **pre-melting temperature**
Präschmelztemperatur

➢ **reference temperature**
Bezugstemperatur

➢ **resistance temperature detector (RTD)**
Widerstands-Temperatur-Detektor

➢ **room temperature (ambient temperature)**
Raumtemperatur

➢ **sensitivity to temperature**
Temperaturempfindlichkeit

➢ **setting temperature**
Härtungstemperatur

➢ **softening temperature** T_E
Erweichungstemperatur

➢ **solution temperature**
Lösungstemperatur

➢ **spontaneous ignition temperature (SIT)**
Selbstenzündungstemperatur

➢ **standard temperature**
Normtemperatur (0°C)

➢ **stretching temperature**
Verstreckungstemperatur,
Recktemperatur

➢ **torsional stiffness temperature (TST)**
Torsionssteifheitstemperatur

➢ **transition temperature**
Übergangstemperatur

➢ **upper critical solution temperature (UCST)**
obere kritische Lösungstemperatur

temperature controller
Temperaturregler

temperature-dependent
temperaturabhängig

temperature gradient
Temperaturgradient

temperature gradient gel electrophoresis
Temperaturgradienten-Gelelektrophorese

temperature rising elution fractionation (TREF)
Lösefraktionierung

temperature sensor
Temperaturfühler

temperature time (curing time under temperature)
Abbindezeit während Temperatureinwirkung

tempered *tech* gehärtet

tempered glass/ resistance glass
Hartglas

tempered safety glass
Einscheibensicherheitsglas (ESG)

tempering Härten

template
Matrize; Schablone

temporary hardness
vorübergehende Härte

tenacious zäh; hartnäckig;
klebrig; reißfest, zugfest

tenacity (tensile strength)
Zähigkeit; Festigkeit;
Klebrigkeit;
(relative) Reißfestigkeit,
Zugfestigkeit;
feinheitsbezogene Zugkraft

tender/fragile
empfindlich,
zerbrechlich

tensile compliance
Zugnachgiebigkeit

tensile impact strength
Zugschlagzähigkeit

tensile modulus $(\sigma/\varepsilon)/$ **Young's modulus/ elastic modulus/ modulus of elasticity**
Elastizitätsmodul, Zugmodul,
Youngscher Modul

**tensile strain (ε)/
engineering strain/
Cauchy elongation ($\Delta l/l$)**
berechnete Dehnung,
Nenndehnung (Cauchy-D.)
**tensile strength (TS)
(ability to resist stretching)**
Zugfestigkeit,
Zerreißfestigkeit,
Reißfestigkeit;
Zugspannung bei 100% Dehnung
**tensile stress (σ)/
engineering stress
(force/cross-section area)**
Zugspannung
tension
Zug, Spannung;
Spannkraft, Zugkraft; Druck;
(suction/pull) Sog, Zug
(Wasserleitung)
tensioning
Strecken, Spannen,
Anspannen, Ziehen
**tensioning tool/tensioning gun
(cable ties/wrap-it-ties)**
Spannzange (Kabelbinder)
teratogenic
teratogen,
Missbildungen verursachend
terephthalic acid Terephthalsäure
terminal/terminate
end..., letzt;
begrenzend, endständig
terminology
Terminologie, Fachsprache,
Fachterminologie,
Fachbezeichnungen
terminus
Terminus, Ende (Molekülende)
terpenes Terpen(e)
➤ **diterpenes (C_{20})** Diterpene
➤ **hemiterpenes (C_5)**
Hemiterpene
➤ **monoterpenes/terpenes (C_{10})**
Monoterpene, Terpene
➤ **polyterpenes** Polyterpene
➤ **sesquiterpenes (C_{15})**
Sesquiterpene
➤ **triterpenes (C_{30})** Triterpene

terpenoids Terpenoide
terpolymerization
Terpolymerisation
test *vb* testen, prüfen, messen
test *n* **(examination/assay)**
Test
(Prüfung/Bestimmungsmethode)
test data Prüfdaten
test gas
Prüfgas (zu prüfendes Gas)
**test procedure/
testing procedure**
Testverfahren
test report Prüfbericht
**test results
(of an investigation)**
Ermittlungsergebnisse
test run
Trockenlauf, Probelauf
**test solution
(solution to be analyzed)**
Untersuchungslösung
test specimen
Probekörper, Prüfkörper,
Prüfling
**test tube
(glass tube/assay tube)**
Reagensglas
test-tube brush
Reagensglasbürste
test-tube holder
Reagensglashalter
test-tube rack
Reagensglasständer,
Reagensglasgestell
testability Prüfbarkeit
**tester/testing device/
checking instrument**
Prüfgerät, Prüfer,
Testvorrichtung;
Nachweisgerät
testing
Prüfung, Prüfen,
Untersuchung;
Testverfahren
➤ **dynamic testing**
dynamisches Testverfahren
➤ **nondestructive testing (NDT)**
zerstörungsfreie Prüfung

testing device
Prüfgerät, Prüfmittel
testing equipment/apparatus
Untersuchungsgerät
testing laboratory
Prüflabor
testing of plastics
Kunststoffprüfung
testing procedure
(audit procedure)
Prüfverfahren
tether
binden, anbinden,
zusammenbinden
tetrahedral
tetraedrisch, vierflächig
tetravalent
vierwertig
tex (fiber unit: 1 tex = 1g/km)
Tex (1 tex = 9 den)
textile (s) Textil (*pl* Textilien)
textile fiber Textilfaser
textile finishing
Textilveredlung
textile glass
Textilglas,
textile Glasfaser
textured texturiert
thaw auftauen
thawing Auftauen
theoretic/theoretical theoretisch
theoretical physics
theoretische Physik
theoretical plates *dist/chromat*
theoretische Böden
theory Theorie
thermal analysis
Thermoanalyse,
thermische Analyse
thermal black
Thermalruß
thermal conductance (C)
Wärmedurchgangszahl
thermal conductivity
Wärmeleitfähigkeit
thermal conductivity detector (TCD)
Wärmeleitfähigkeitsdetektor,
Wärmeleitfähigkeitsmesszelle
(WLD)

thermal degradation
Wärmeabbau,
Wärmezersetzung,
thermischer Abbau
thermal efficiency
Wärmewirkungsgrad,
thermischer Wirkungsgrad
thermal oil/
heat transfer oil
Wärmeträgeröl
thermal radiation
Wärmestrahlung
thermal transition
thermische Umwandlung
thermic polymerization
thermische Polymerisation
thermistor/
thermal resistor
(heat-variable resistor)
Thermistor
thermochromism
Thermochromie
(Thermotropie)
thermocouple
Thermoelement
thermocouple probe
Thermoelementsonde
thermocuring/hot-curing
wärmehärtend,
heißhärtend,
thermohärtend
thermodynamics
Thermodynamik
➤ **law of thermodynamics**
(first/second)
Hauptsatz (1./2.Hauptsatz der
Thermodynamik)
thermoforming
Warmformen,
Thermoformen
thermogravimetry (TG)
(= thermogravimetric analysis)
Thermogravimetrie (TG)
(= thermogravimetrische Analyse)
thermoionic detector (TID)
Thermoionischer Detektor (TID)
thermomechanical analysis
(TMA)
thermomechanische Analyse

thermometer Thermometer
- **bimetallic thermometer**
  Bimetallthermometer
- **gas thermometer**
  Gasthermometer
- **mercury-in-glass thermometer**
  Quecksilberthermometer
- **noise thermometer**
  Rauschthermometer
- **quartz thermometer**
  Quarzthermometer
- **vapor pressure thermometer**
  Dampfdruckthermometer

thermoplastic Thermoplast

thermoplastic elastomer (TPE)
(non-network)
  thermoplastisches Elastomer,
  Elastoplast

thermoregulation
  Thermoregulation

thermoregulator
  Wärmeregler

thermos
  Thermoskanne,
  Thermosflasche

thermosets
  Duroplaste
  (Duromere, Thermodure)

thermosetting resins
(reaction polymers)
  Reaktionsharze (Präpolymer)

thermospray Thermospray

thermostat Thermostat

thermotropic LC
  thermotropisches Flüssigkristall

thermowell
(for thermocouples)
  Thermoelement-Schutzrohr,
  Thermohülse

theta-solvent
  Theta-Lösungsmittel

theta-state Theta-Zustand

thicken
  eindicken, verdicken;
  verdichten, verstärken

thickener/thickening agent
  Dickungsmittel,
  Verdickungsmittel,
  Eindicker

thickening
  Eindickung, Verdickung;
  Eindickmittel

thickening agent
  Eindickungsmittel,
  Verdickungsmittel,
  Verdickungszusatz

thief/thief tube/
sampling tube (pipet)
  Stechheber

thimble Fingerhut, Kausche

thin *vb* ausdünnen; verziehen

thin-layer chromatography (TLC)
  Dünnschichtchromatographie (DC)

thinner
  Verdünner, Verdünnungsmittel

thinning
  Ausdünnen, Ausdünnung

thiocarbonic acids
  Thiocarbonsäuren

thiourea Thioharnstoff

thistle tube funnel/
thistle top funnel tube
  Glockentrichter
  (Fülltrichter für Dialyse)

thixotropy Thixotropie

thread Faden; Gewinde
  (Schrauben/Bolzen etc.)
- **British Standard Pipe (BSP)**
  thread/fittings
  Britisches Standard-Gewinde
- **double thread**
  zweigängig
- **external thread/male thread**
  Außengewinde
- **internal thread/female thread**
  Innengewinde
- **National Pipe Thread/**
  National Pipe Taper (NPT)
  NPT-Gewinde,
  U.S. Rohrgewindestandard (in Zoll)
- **single thread**
  eingängig
- **triple thread** dreigängig
- **Unified Fine Thread (UNF)**
  UNF-Feingewinde

thread pitch/pitch
  Gangsteigung
  (Schraube/Schnecke)

thread seal tape/
  thread sealant tape
  Gewindeabdichtungsband,
  Gewindedichtungsband
threaded socket
  (connector/nozzle)
  Gewindestutzen
threaded top
  Schraubgewindeverschluss
threading
  Gewindeschneiden
three-dimensional structure/
  spatial structure
  Raumstruktur,
  räumliche Struktur
three-finger clamp
  Dreifinger-Klemme
three-neck flask/
  three-necked flask
  Dreihalskolben
three-prong ... Dreizack...
three-stage screw
  Dreistufenschnecke
three-way cock/
  T-cock/three-way tap
  Dreiweghahn,
  Dreiwegehahn
three-way connection
  Dreiwegverbindung
threshold
  Schwelle (z.B. Reizschwelle/
  Geschmacksschwelle etc.)
threshold concentration
  Schwellenkonzentration
threshold effect
  Schwelleneffekt
threshold limit value (TLV)
  (U.S.: by ACGIH)
  maximale Arbeitsplatzkonzentration
  (nicht identisch mit MAK: DFG)
threshold value
  Schwellenwert
throttle *n* **(choke)** Drossel
throttle *vb*
  (choke/slow down/dampen)
  drosseln, herunterfahren, dämpfen
throttle valve
  Drosselventil;
  (damper) Drosselklappe

throughput
  Durchsatz, Durchsatzmenge;
  electr Durchgang
throughput rate/transfer rate
  (output rate) Durchsatzleistung,
  Durchsatzrate; Übertragungsrate
  (im Datentransfer)
thrust Schub, Vortrieb, Anschub;
  (forward thrust) Schubkraft,
  Vortriebkraft
thumbscrew
  Daumenschraube,
  Flügelschraube
tight dicht, fest, eng;
  unbeweglich, festsitzend;
  (tightly closed/sealed tight) fest
  verschlossen
tightness Dichtigkeit
tile Fliese, Kachel
tiled gefliest
  (mit Fliesen ausgelegt), gekachelt
tiled floor/tiling
  Fliesenfußboden
timber Holz; Bauholz, Nutzholz
timber industry
  holzverarbeitende Industrie
time-of-flight mass spectrometry
  (TOF-MS)
  Flugzeit-Massenspektrometrie
  (FMS)
time-resolved zeitaufgelöst
time-temperature superposition
  Zeit-Temperatur-Überlagerung
timer
  Zeitschaltuhr,
  Zeitschalter, Schaltuhr
tin (Sn) Zinn;
  Weißblech; (*Br*) Blechdose
tinctorial strength Farbkraft
tincture Tinktur
tinfoil (aluminum foil)
  Stanniol
  (Aluminiumfolie/Alufolie)
tint Farbe, Farbton,
  Tönung, Schattierung
tip over stoßen, umstoßen
  (umkippen/umwerfen)
tire *n* Reifen; Autoreifen
tire tread Reifenprofil

tirucalli rubber
 (*Euphorbia tirucalli/*
 Euphorbiaceae)
 Tirucalli-Gummi
tissue
 Gewebe, Stoff; Taschentuch
tissue forceps
 Gewebepinzette
tissue paper
 (wrapping paper)
 Seidenpapier
titanium (Ti) Titan
titer Titer
titrant
 Titrationsmittel, Titrant
titrate titrieren
titration Titration
➤ **acid-base titration**
 Säure-Basen-Titration,
 Neutralisationstitration
➤ **amperometric titration**
 amperometrische Titration,
 Amperometrie
➤ **back titration** Rücktitration
➤ **conductometric titration**
 Leitfähigkeitstitration,
 konduktometrische Titration,
 Konduktometrie
➤ **coulometric titration**
 coulometrische Titration,
 Coulometrie
➤ **flow-injection titration**
 Fließinjektions-Titration
➤ **oscillometry/**
 high-frequency titration
 Oszillometrie,
 oszillometrische Titration,
 Hochfrequenztitration
➤ **precipitation titration**
 Fällungstitration
➤ **turbidimetric titration**
 Trübungstitration
titration curve
 Titrationskurve
TLC (thin layer chromatography)
 DC (Dünnschichtchromatographie)
toggle switch/rocker
 Kippschalter,
 Hebelschalter

tolerance Toleranz,
 Widerstandsfähigkeit;
 Verträglichkeit; Fehlergrenze,
 zulässige Abweichung, Spielraum
tolerance dose
 Toleranzdosis,
 zulässige Dosis
tolerance limit Toleranzgrenze
tolerance range Toleranzbereich
tolu balsam
 (*Myroxylon toluiferum/*Fabaceae)
 Tolubalsam
toluene Toluol, Toluen (Methylbenzol)
Tongking rubber
 (*Streblus tongkinensis/*Moraceae)
 Tongking-Gummi
tongs
 Zange, Haltezange (Labor)
➤ **beaker tongs**
 Becherglaszange
➤ **crucible tongs**
 Tiegelzange
➤ **flask tongs**
 Kolbenzange
tongue-and-groove
 Spundung,
 Nut-und-Feder (Zapfenstoß)
tonicity Spannkraft
tool box/tool kit Werkzeugkasten
tools Werkzeug
top coating Deckstrich
top up/off
 bis zum Rand auffüllen
topological bonding
 topologische Verbindung
torpedo (extruder)
 Torpedo, Verdrängungskörper,
 Pinole; Schmelzverdrängungseinsatz
torque Drehmoment
torque wrench
 (torque amplifier handle)
 Drehmomentschlüssel
torsion Torsion, Drehung
torsion pendulum/
 torsional pendulum
 Torsionspendel,
 Drehpendel
torsional angle
 Torsionswinkel

torsional braid analysis
Dämpfung auf Träger
(dyn.-mechan. Analyse)

torsional fatigue strength
Torsionsbiegefestigkeit

torsional stiffness temperature (TST)
Torsionssteifheitstemperatur

tortuosity factor
Tortuositätsfaktor

total dose Gesamtdosis

total hardness
Gesamthärte (Wasser)

total magnification/
 overall magnification *micros*
Gesamtvergrößerung

total static head (pump)
Gesamtförderhöhe

tote box Transportkiste

tote tray
Werkstückkasten, Teilekasten

touch/contact berühren

touchstone Probierstein

tough/rigid
zäh, hart, widerstandsfähig

tough fracture/ductile fracture
Zähbruch, duktiler Bruch

toughened gehärtet
(durch spezielle härtende Zusätze)

toughness/rigidity
Zähigkeit, Härte, Robustheit

tourniquet
Binde, Aderpresse,
Abschnürbinde, Tourniquet

tow *n* Kabel (aus Filamenten),
Spinnkabel; Towgarn;
text Hede, Werg

tow spinning Kabelspinnen

toxic (poisonous)
toxisch; (T) giftig

➢ **cytotoxic**
cytotoxisch, zellschädigend

➢ **extremely toxic (T+)**
sehr giftig

➢ **fetotoxic** fetotoxisch

➢ **hepatotoxic**
leberschädigend, hepatotoxisch

➢ **highly toxic** hochgiftig

➢ **moderately toxic** mindergiftig

➢ **neurotoxic** neurotoxisch

➢ **phytotoxic**
phytotoxisch, pflanzenschädlich

toxic agent Giftstoff

toxic to reproduction (T)
fortpflanzungsgefährdend,
reproduktionstoxisch

toxic waste/poisonous waste
Giftmüll

toxicity/poisonousness
Toxizität, Giftigkeit

toxicology Toxikologie

toxin Toxin, Gift

➢ **suspected toxin**
Verdachtsstoff

trace *n* **(remainder/remains)**
Spur, Überrest (meist *pl* Überreste)

trace *vb* **(locate/find out/discover)**
ermitteln (finden)

trace analysis
Spurenanalyse

trace element/
 microelement/micronutrient
Spurenelement, Mikroelement

traceability
Rückführbarkeit,
Rückverfolgbarkeit

tracer Tracer; Indikator; Leit...;
Testkette (Diffusion in der Schmelze)

tracer gas/probe gas
Prüfgas

tracer nuclide Leitnuklid

tracing paper Pauspapier

trackability
Rückverfolgbarkeit

tracking dye *electrophor* Farbmarker

tracking index/
 tracking resistance *polym*
Kriechstromfestigkeit

tracking resistance
Kriechstromfestigkeit

tractability
Bearbeitbarkeit

tragacanth
 (gum tragacanth)/gum dragon
 (*Astracantha gummifera*/Fabaceae)
Tragacanth, Tragant

train Zug, Kolonne;
Reihe; Kette; Strang

transducer/converter
Wandler, Umwandler
transect (cut through)
durchschneiden
transection Durchschnitt (schneiden)
transesterification Umesterung
transfer *n*
Transfer, Übertragung, Überführung
transfer *vb*
transferieren, übertragen;
überführen; umfüllen (Chemikalie)
transfer cull
Eingussstutzen
transfer grafting
Transferpfropfen
transfer loop Transferöse
transfer mold
Spritzpressform,
Spritzpresswerkzeug
transfer molding/
plunger molding
Spritzpressen, Pressspritzen,
Pressspritzverfahren,
Transferpressen;
Spritzpressteil
transfer pipet/
volumetric pipet
Vollpipette,
volumetrische Pipette
transferability Übertragbarkeit
transform
transformieren, umwandeln
transformation
Transformation, Umwandlung;
(change/reaction) Umsetzung
transformation series
Transformationsreihe
transformer oil
Transformatorenöl
transillumination
(transmitted light illumination)
Durchlicht, Durchlichtbeleuchtung
transite board (lab bench)
Asbestzementplatte (Labortisch)
transition Übergang
transition complex
Übergangskomplex
transition constant
Übergangskonstante

transition metal
Übergangsmetall,
Nebengruppenmetall
transition-metal catalyst
Übergangsmetall-Katalysator
transition phase
Übergangsphase
transition state
Übergangszustand
(Enzymkinetik)
transition temperature
Übergangstemperatur
translucent
(transparent) lichtdurchlässig;
(pellucid) durchscheinend
transmission
(transfer) Übertragung;
(of gearing) Getriebe (Motor)
transmission electron microscopy
(TEM)
Transmissions-
elektronenmikroskopie,
Durchstrahlungs-
elektronenmikroskopie
transmit übertragen
transmitter
Transmitter, Überträger,
Überträgerstoff
transport *vb* transportieren
transport *n*
(transportation/shipment)
Transport, Beförderung
transport of dangerous goods/
transport of hazardous materials
Gefahrguttransport
transport vehicle
Transportfahrzeug
transverse section/cross section
Hirnschnitt, Querschnitt
trap Falle; *electr* Sperrkreis
trash Müll, Abfall
➤ **household trash**
Haushaltsmüll,
Haushaltsabfälle
trash bag/waste bag
Müllbeutel, Müllsack
trash can/
waste container/litter bin
Müllbehälter, Abfallbehälter

tray Schale, Flachbehälter;
   Tablett
tray reactor Gärtassenreaktor
treated behandelt
trial Versuch, Probe, Prüfung
trial run
   ('experimental experiment')
   Probelauf
triangle Dreieck
  ➢ **clay triangle/**
   pipe clay triangle
   Tondreieck, Drahtdreieck
tribology Tribologie
trickle rieseln, tröpfeln
trickling filter reactor
   Rieselfilmreaktor,
   Tropfkörperreaktor
trigger *vb* **(elicitate)**
   auslösen (z.B. eine Reaktion)
trigger *n*
   Auslöser (z.B. einer Reaktion);
   Drücker; Zünder
trigger threshold
   Auslöseschwelle
triggering (elicitation)
   Auslösung (Reaktion)
trim abkanten (abschrägen:
   Metal/Pinzetten/Kanülen/Glas etc.);
   anspitzen
trimming Abgarten, Abkanten
trimming block *micros*
   Trimmblock
trinocular head *micros*
   Trinokularaufsatz, Tritubus
triple bond Dreifachbindung
triple point Tripelpunkt,
   Dreiphasenpunkt
triple thread dreigängig
triplet binding assay
   Triplettbindungsversuch
triturate reiben,
   zerreiben,
   (im Mörser) zermahlen
trituration Zerreiben,
   (im Mörser) Zermahlen
trivalency Dreiwertigkeit
trivalent dreiwertig
troubleshooting
   Fehlersuche

trough Trog, Wanne; Mulde
trough kneader
   Trogkneter
trough-shaped
   muldenförmig,
   wannenförmig
trowel Kelle, Spachtel
true strain
   wahre Dehnung (Hencky-D.)
trueness
   (quality control)
   Richtigkeit (Qualitätskontrolle)
tub
   Wanne, Zuber,
   Fass, Waschbottich
tube
   Tube; (hose/tubing) Schlauch;
   Rohr, Röhre, Röhrchen
  ➢ **capillary tube/capillary tubing**
   Kapillarrohr,
   Kapillarröhrchen
  ➢ **centrifuge tube**
   Zentrifugenröhrchen
  ➢ **dip tube** Steigrohr
  ➢ **drift tube (TOF-MS)**
   Driftröhre
  ➢ **drying tube**
   Trockenrohr,
   Trockenröhrchen
  ➢ **ebullition tube**
   Siederöhrchen
  ➢ **feed tube**
   Zulaufschlauch
  ➢ **fermentation tube/bubbler**
   Gärröhrchen, Einhorn-Kölbchen
  ➢ **ignition tube** Zündröhrchen,
   Glühröhrchen
  ➢ **rubber tube** Gummischlauch
  ➢ **test tube**
   (glass tube/assay tube)
   Reagensglas
tube brush
   (test tube brush)/
   bottle brush
   (beaker/jar/cylinder brush)
   Flaschenbürste
tube clip
   Schlauchschelle
tube furnace Rohrofen

tubing
  Rohr, Schlauch,
  Röhrenmaterial,
  Rohrleitung, Rohrstück
tubing adapter
  Schlauchadapter
tubing attachment socket/
  tubing connection gland
  Schlauchtülle
  (z.B. am Gasreduzierventil)
tubing clamp/
  pinch clamp/
  pinchcock clamp/
  hose clamp/
  hose connector clamp
  Schlauchklemme,
  Quetschhahn
  (Schlauchschelle:
  Installationen zur
  Schlauchbefestigung)
tubing closure (dialysis)
  Schlauchverschlussklemme
tubing connection/
  tube coupling
  Schlauchkupplung
tubing connector
  (for connecting tubes)/
  tube coupling/fittings
  Schlauchverbinder,
  Schlauchverbindung(en)
tubing pinch valve/
  pinch valve
  Schlauchventil
  (Klemmventil)
tubing pump
  Schlauchpumpe
tubular
  tubulär, röhrenförmig
tubular bowl centrifuge
  Röhrenzentrifuge
tubular die (extruder)
  Ringdüse,
  Ringschlitzdüse
tubular film/'bubble'
  Schlauchfolie, Blasfolie
tubular-flow reactor
  Strömungsrohrreaktor
tubular loop reactor
  Rohrschlaufenreaktor

tubular plunger
  Ringkolben
tubular reactor
  Rohrreaktor, Röhrenreaktor,
  Tubularreaktor
tumble/sway/stagger taumeln
tumbler Kipphebel;
  (tumbling mixer) Fallmischer
tumbler switch/knife switch
  Kipphebelschalter
tumbling mixer/tumbler
  Fallmischer
tumefacient
  anschwellend,
  eine Schwellung verursachend
tumor
  Tumor, Wucherung, Geschwulst
tung oil
  (*Aleurites fordii*/**Euphorbiaceae**)
  Tungöl (Holzöl)
tungsten (W) Wolfram
tunneling microscopy
  Tunnelmikroskopie
turbid trüb, trübe
turbidimetric titration
  Trübungstitration
turbidimetry
  Turbidimetrie,
  Trübungsmessung
turbine impeller
  Turbinenrührer
turbulent flow
  turbulente Strömung
turgescent
  prall, schwellend, turgeszent
turgid/swollen (swell)
  geschwollen (schwellen)
turgidity
  Geschwollenheit, Turgidität;
  Schwellungsgrad
turgor (hydrostatic pressure)
  Turgor, hydrostatischer Druck
turgor pressure Turgordruck
turn off/shut off/switch off
  abschalten, ausschalten
  (z.B. Computer: herunterfahren)
turn on/switch on/power up
  anschalten, einschalten
  (z.B. Computer: hochfahren)

turning (lathe)
Drehen (Drehbank)
turnover Umsatz
turnover number k_{cat}
Wechselzahl
(katalytische Aktivität)
turnover period
Umsatzzeit
turnover rate/
rate of turnover
Umsatzgeschwindigkeit,
Umsatzrate
turntable Drehplatte (Mikrowelle);
Plattenteller
turpentine
(oleoresin: resin and essential oils
from *Pinus* & *Larix* spp.)
Terpentin
(Exsudat von *Pinus* u. *Larix* spp.)
➢ **Venice turpentine/**
larch turpentine
(*Larix europaea*)
Lärchen-Terpentin
tweezers (*syn.* pincers/tongs;
***see also:* forceps)**
Pinzette
➢ **dissection tweezers/**
dissecting forceps
Präparierpinzette,
Sezierpinzette,
anatomische Pinzette
➢ **high-precision tweezers**
Präzisionspinzette
➢ **reverse-action tweezers**
(self-locking tweezers)
Umkehrpinzette,
Klemmpinzette
➢ **specimen tweezers**
Probennahmepinzette

twill *text* Köper
twill weave *text*
Köper-Bindung,
Köperbindung
twin electrons
Elektronenpaar
twin-screw extruder/
twin-worm extruder
Zweischnecken-Extruder,
Doppelschnecken-Extruder,
Bitruder
twine (twisted yarn) Zwirn
(starker/gewickelter Bindfaden);
Wickelung, Windung, Knäuel
twist (twisting)
Drehung, Verdrehung;
Biegung, Krümmung;
Drall; Verdrillen, Verdrillung,
Zusammendrehen;
(coil/spiral: a series of loops)
Spirale, Windung, Torsion
twist-grip
Drehgriff
two-component adhesive
Zweikomponentenkleber
two-neck adapter (multiple)
Zweihalsaufsatz
two-neck flask/
two-necked flask
Zweihalskolben
two-necked ... zweihals...
two-roll extruder
Zweiwalzenextruder
two-roll mill
Zweiwalzenmühle
two-stage extruder
Zweistufenextruder
two-stage impeller
zweistufiger Rührer

Ulé rubber/uli rubber
  (*Castilla ulei*/Moraceae)
  Uleigummi
ultracentrifugation
  Ultrazentrifugation
ultracentrifuge
  Ultrazentrifuge
ultracryomicrotome
  Ultrakryomikrotom,
  Ultragefriermikrotom
ultrafiltration Ultrafiltration
ultrahigh-frequency vulcanizing
  Ultra-Hoch-Frequenz-Vulkanisation
  (UHF)
ultramicrotome
  Ultramikrotom
ultrasonic
  Ultraschall betreffend,
  Ultraschall...
ultrasonic welding
  Ultraschallfügen,
  Ultraschallschweißen
ultrasound (ultrasonics)
  Ultraschall
➢ **ultrasonography/sonography**
  Ultraschalldiagnose,
  Sonographie
ultrastructure Ultrastruktur
ultrathin section
  Ultradünnschnitt
ultraviolet spectroscopy/
  UV spectroscopy
  UV-Spektroskopie
unbalance/unbalanced state
  Unwucht
unbalanced unwuchtig
unbiased *math/stat*
  unverzerrt,
  unverfälscht
unblock (drain)
  frei machen (z.B. Abfluss)
unbond
  ablösen
unbonding
  Ablösen
unbranched (chain)
  unverzweigt (Kette)
unbreakable
  unzerbrechlich

uncharged (neutral)
  ungeladen,
  ladungsfrei (neutral)
uncontaminated
  unverschmutzt
uncontrolled unkontrolliert
uncoupler/
  uncoupling agent
  Entkoppler
uncrazed ohne Haarrisse
undamped ungedämpft
undercool unterkühlen
undercooled liquid/
  supercooled liquid
  unterkühlte Flüssigkeit
undercooling
  Unterkühlung
undersaturation
  Untersättigung,
  Sättigungsdefizit
undersize (sieving)
  Unterkorn (Siebdurchgang)
undetectable
  nicht feststellbar,
  nicht nachweisbar
undissolved ungelöst
undivided (not divided)
  ungeteilt
unequal (different/nonidentical)
  ungleich, nicht identisch, anders
unfolding/deconvolution
  Entfaltung,
  Dekonvolution
unhealthy
  (detrimental to one's health)
  ungesund;
  (harmful) gesundheitswidrig
Unified Fine Thread (UNF)
  UNF-Feingewinde
uniform ('monodisperse')
  einheitlich,
  gleichförmig
uniformity
  Uniformität,
  Einheitlichkeit,
  Gleichförmigkeit,
  Gleichmäßigkeit
unilateral
  einseitig, unilateral

unit (measure) Einheit (Maßeinheit);
(branch) Bereich, Abteilung
➢ **ballast unit** *electr*
Vorschaltgerät
➢ **base unit**
Basiseinheit
➢ **building unit/**
building block
Baustein, Bauelement
➢ **catalytical unit/**
unit of enzyme activity (*katal*)
katalytische Einheit,
Einheit der Enzymaktivität (*katal*)
➢ **chain unit/**
chain link/chain segment
Kettenglied,
Kettensegment
➢ **configurational repeating unit**
konfigurative Repetiereinheit
➢ **constitutional repeating unit**
(CRU)
konstitutive Repetiereinheit
(Strukturelement) (KRE)
➢ **constitutional unit *polym***
konstitutive Einheit
➢ **control unit/**
control gear/controller
Regelglied, Regelgerät,
Steuergerät
➢ **drive unit/drive system**
Antriebssystem
➢ **functional unit/module**
Funktionseinheit, Modul
➢ **International Unit (IU)/**
SI unit
(*Fr:* Système Internationale)
Internationale Maßeinheit,
SI Einheit
➢ **laboratory unit/lab unit**
Laboreinheit
➢ **lattice unit (unit cell)**
Elementarzelle
➢ **measuring unit/**
measuring device
Messglied (Größe)
➢ **monomer(ic) unit**
Monomereinheit
➢ **power supply unit**
Netzgerät, Netzteil

➢ **repeat(ing) unit**
Repetiereinheit,
Wiederholungseinheit
➢ **standby unit**
Notaggregat
➢ **stereorepeating unit**
Stereorepetiereinheit
➢ **subunit**
Untereinheit
unit cell
Einheitszelle
(nicht: Elementarzelle)
unit factor
unteilbarer Faktor
unit operation
Grundoperation
(Verfahrenstechnik)
unit process
Grundverfahren
(Verfahrenstechnik)
univalence
Einwertigkeit,
Univalenz
univalent/
monovalent
einwertig, univalent,
monovalent
unnatural unnatürlich
unperturbed coil
ungestörtes Knäuel
unplasticized compound
polym Hartgranulat
unpleasant smell
unangenehmer Geruch
unplug/
disconnect
ausstöpseln,
Stecker herausziehen
unpolluted/
uncontaminated
unverschmutzt
unpolymerized
nicht polymerisiert
unprovable
nicht nachweisbar,
unbeweisbar
unreacted
nicht umgesetzt,
nicht reagiert, unreagiert

unreactive
nicht reagierend,
reaktionslos
unripe (immature)
unreif
unsafe
unsicher, gefährlich
unsaturated
ungesättigt
➢ **diunsaturated**
doppelt ungesättigt
➢ **polyunsaturated**
mehrfach ungesättigt
unsaturated fatty acid
ungesättigte Fettsäure
unsaturation
ungesättigter Zustand
unstable (instable)
instabil, nicht stabil
unstable isotope/
radioisotope/
radioactive isotope
instabiles Isotop,
Radioisotop, Radionuclid,
radioaktives Isotop
unstressed unbelastet
untreated unbehandelt
up-regulation
Heraufregulation
upper critical solution temperature
(UCST)
obere kritische Lösungstemperatur
upper phase (liquid-liquid)
Oberphase (flüssig-flüssig)
upperside/upper surface
Oberseite
upright freezer
Gefrierschrank

upstream stromaufwärts
uptake/intake
Aufnahme, Einnahme
urea (ureide)
Harnstoff (Ureid)
urea-formaldehyde resin (UF)
Harnstoff-Formaldehyd Harz
uric acid (urate)
Harnsäure (Urat)
uridylic acid Uridylsäure
urine Urin, Harn
urocanic acid
(urocaninate)
Urocaninsäure (Urocaninat),
Imidazol-4-acrylsäure
uronic acid (urate)
Uronsäure (Urat)
use/usage
Verwendung, Nutzen
➢ **continued use/usage**
Weiterverwendung
user-friendly (easy to use)
benutzerfreundlich;
anwenderfreundlich;
bedienungsfreundlich
utilities
Versorgungseinrichtungen;
(public utilities) öffentliche
Versorgung(sunternehmen):
Gas/Wasser/Strom
utility pliers
Mehrzweckzange
utilization/use
Nutzung, Verwendung;
Verwertung
utilize/use
nutzen, verwenden;
verwerten

vacuum Vakuum, Luftleere
vacuum adapter
Vakuumvorstoß
vacuum-clean staubsaugen
vacuum cleaner/
vacuum sweeper/vacuum
Staubsauger
vacuum concentrator/
speedy vac
Vakuumeindampfer,
Vakuum- Evaporator
vacuum distillation/
reduced-pressure distillation
Vakuumdestillation
vacuum filtration/
suction filtration
Vakuumfiltration
vacuum-filtration adapter
Vakuumfiltrationsvorstoß
vacuum forming
Vakuumformen
vacuum furnace
Vakuumofen
vacuum manifold
Vakuumverteiler
(mit Hähnen)
vacuum-metallize
micros aufdampfen,
bedampfen
vacuum-proof
vakuumfest
vacuum pump
Vakuumpumpe
vacuum trap Vakuumfalle
valence/valency
Valenz, Wertigkeit
➢ **bivalent/divalent**
zweiwertig,
bivalent, divalent
➢ **pentavalent** fünfwertig
➢ **polyvalent**
mehrwertig, polyvalent
➢ **tetravalent** vierwertig
➢ **trivalent** dreiwertig
➢ **univalent/monovalent**
einwertig, univalent,
monovalent
➢ **zero-valent/nonvalent**
nullwertig

valence electron/
valency electron
Valenzelektron
valence force Valenzkraft
valence force-field (VFF) method
Valenz-Kraftfeld-Methode
validate
validieren, bestätigen,
gültig erklären
validation
Validierung, Bestätigung,
Gültigkeit; Gültigkeitserklärung
valley printing/spanishing
Prägedruck
value Wert, Zahl
➢ **approximate value**
Richtwert, Näherungszahl
➢ **caloric value**
Brennwert
➢ **characteristic value**
(descriptor)
Kennwert
➢ **cover value**
Deckungswert
➢ **disturbance value/**
interference factor
Störgröße
➢ **face value**
Nennwert, Nominalwert
➢ **heat value/heating value**
Brennwert
➢ **indicator value**
Zeigerwerte
➢ **liminal value**
Grenzwert,
Schwellenwert
➢ **limiting value (limit)**
Grenzwert,
Schwellenwert
➢ **mean value**
(mean/arithmetic mean/average)
stat Mittelwert, Mittel,
arithmetisches Mittel,
Durchschnittswert
➢ **measured value**
Messwert
➢ **median value**
stat Medianwert,
Zentralwert

➢ **modal value**
 stat Modalwert
➢ **nominal value/rated value/**
 desired value/set point
 Sollwert
➢ **peak value**
 (maximum/maximum value)
 Scheitelwert,
 Höchstwert, Maximum
➢ **performance value**
 (performance coefficient)
 Leistungszahl
➢ **reference value**
 Bezugswert
➢ **threshold limit value (TLV)**
 (U.S.: by ACGIH)
 maximale Arbeitsplatzkonzentration
 (nicht identisch mit MAK: DFG)
valve Ventil
➢ **air inlet valve/**
 air bleed
 Lufteinlassventil
➢ **ball valve** Kugelventil
➢ **butterfly valve**
 Flügelhahnventil
➢ **cone valve/**
 mushroom valve/
 pocketed valve
 Kegelventil
➢ **cutoff valve**
 Schlussventil
➢ **delivery valve**
 Zulaufventil,
 Beschickungsventil
➢ **diaphragm valve**
 Membranventil
➢ **exhalation valve**
 Ausatemventil
 (an Atemschutzgerät)
➢ **injection valve/syringe port**
 Einspritzventil
➢ **limit valve**
 Begrenzungsventil
➢ **metering valve**
 Dosierventil
➢ **needle valve**
 Nadelventil,
 Nadelreduzierventil
 (Gasflasche/Hähne)

➢ **pinch valve**
 Quetschventil
➢ **plug valve**
 Auslaufventil
➢ **pneumatic valve**
 Druckluftventil
➢ **positive-displacement valve**
 Verdrängerventil
➢ **pressure control valve**
 Druckregelventil
➢ **pressure valve/**
 pressure relief valve
 (safety valve)
 Überdruckventil
➢ **purge valve/**
 pressure-compensation valve/
 venting valve
 Entlüftungsventil
➢ **relief valve**
 (pressure-maintaining valve)
 Ausgleichsventil
➢ **security valve/**
 security relief valve
 Sicherheitsventil
➢ **shut-off valve**
 Abschaltventil,
 Absperrventil
➢ **slide valve**
 Schieberventil
➢ **solenoid valve**
 Magnetventil (Zylinderspule)
➢ **split valve** Abzweigventil
➢ **suction valve**
 Saugventil
➢ **T-purge (gas purge device)**
 Spülventil (Inertgas)
➢ **throttle valve**
 Drosselventil;
 (damper) Drosselklappe
➢ **tubing pinch valve/**
 pinch valve
 Schlauchventil (Klemmventil)
vane
 Flügel, Schaufel
 (Propeller/Rotor)
vane-type pump
 Propellerpumpe
vapor Dampf
vapor bath Dampfbad

vapor blasting
Bedampfung, Bedampfen,
Aufdampfen
vapor cooling
Verdunstungskühlung,
Siedekühlung
vapor density Dampfdichte
**vapor permeation
(evapomeation)**
Dampfdurchlass
**vapor phase osmometry/
vapor pressure osmometry
(VPO)**
Dampfdruckosmometrie
vapor pressure Dampfdruck
vapor pressure thermometer
Dampfdruckthermometer
vaporization
Verdampfung, Verdampfen,
Verdunstung, Verdunsten;
Eindampfung
vaporization apparatus
Bedampfungsanlage
vaporize
verdampfen, verdunsten;
eindampfen; zerstäuben
vaporizer (water vaporizer)
Dampfentwickler,
Wasserdampfentwickler,
Verdampfungsapparat;
Zerstäuber
vaporproof/vaportight
dampfdicht, dampffest
variability
Variabilität, Veränderlichkeit,
Wandelbarkeit
(auch: Verschiedenartigkeit)
variable (variably adjustable)
stufenlos
(regulierbar/regelbar/einstellbar etc.)
variable pitch screw impeller
Schraubenspindelrührer mit
unterschiedlicher Steigung
variable residue *math*
variabler Rest
variance (mean square deviation)
stat Varianz,
mittlere quadratische Abweichung,
mittleres Abweichungsquadrat

**variance ratio distribution/
F-distribution/Fisher distribution**
Fisher-Verteilung, F-Verteilung,
Varianzquotientenverteilung
variate variieren, schwanken
variation
Variation, Schwankung
varnish
Firnis (Klarlack),
Lackfirnis, Lasur
➤ **baking varnish/
baking enamel**
Einbrennlack,
Einbrennemaille
➤ **linseed oil varnish**
Leinölfirnis
➤ **oil varnish** Ölfirnis
➤ **resin lacquer/resin varnish**
Harzlack
➤ **resin oil varnish**
Harzölfirnis
➤ **synthetic-resin varnish
(synthetic enamel)**
Kunstharzlack
varnish oil
Lacköl, Firnisöl
varnish remover
Lackentferner
**varnished paper
(coated paper)**
Lackpapier
vat/tub Bottich
vegetable oil
Pflanzenöl (diätetisch)
veined/venulous
geädert
**Velcro/Velcro fastener/
hook and loop fastener**
Klettverschluss
(Haken und Flausch)
veneer Furnier
**Venice turpentine/
larch turpentine
(*Larix europaea*/Pinaceae)**
Lärchen-Terpentin
vent *vb* (degas) entlüften
vent *n*
Abzug, Belüftung;
Abzugsöffnung, Luftschlitz

vent zone
Entgasungszone (Extruder)
ventilate/vent/air
ventilieren, belüften, entlüften,
durchlüften, Rauch abziehen lassen
ventilating pipe/vent pipe
Lüftungsrohr
ventilation
Ventilation, Lüftung;
(air extraction) Entlüftung;
(aeration) Entlüftung
ventilation system/vent
Lüftungsanlage
verification
Bestätigung, Vergewisserung;
Überprüfung, Kontrolle
➤ **in-process verification**
Inprozesskontrolle
verification assay
Bestätigungsprüfung
verify (check/control)
bestätigen, vergewissern;
überprüfen, kontrollieren
vernier Nonius; Feineinsteller
vertical air flow
(clean bench with
vertical air curtain)
vertikale Luftführung
(Vertikalflow-Biobench)
vertical flow workstation (hood/unit)
Fallstrombank
vertical rotor *centrif*
Vertikalrotor
vesicating/vesicant
blasentreibend, blasenziehend
vesicle Vesikel *nt*, Bläschen
vesicular/bladderlike
vesikulär, bläschenartig
vessel
Gefäß; (container) Behälter
➤ **agitator vessel**
Rührkessel, Rührbehälter
➤ **Dewar vessel/Dewar flask**
Dewargefäß
➤ **glass pressure vessel**
Druckbehälter (aus Glas)
➤ **glass vessel** Glasbehälter
➤ **pressure vessel**
Druckbehälter

➤ **reaction vessel**
Reaktionsgefäß
➤ **receiving vessel/**
collection vessel
Auffanggefäß
➤ **safety vessel/**
safety container/
safety can
Sicherheitsbehälter;
Sicherheitskanne
vial Gläschen, Glasfläschchen,
Phiole; (tube) Röhrchen
➤ **crimp-seal vial**
Rollrandgläschen,
Rollrandflasche (mit
Bördelkappenverschluss)
➤ **sample vial/**
specimen vial
Probefläschchen,
Probegläschen
➤ **scintillation vial**
Szintillationsgläschen
➤ **screw-cap vial**
Schraubgläschen,
Schraubdeckelgläschen
➤ **snap-cap vial**
Schnappdeckelglas,
Schnappdeckelgläschen
vibrate vibrieren
vibrating mill (shaking motion)
Schwingmühle
vibrating motion
Vibrationsbewegung
vibration
Vibration, Schwingung
➤ **deformation vibration/**
bending vibration (IR)
Deformationsschwingung
➤ **stretching vibration (IR)**
Streckschwingung
➤ **wagging vibration (IR)**
Wippschwingung
vibration welding
Vibrationsschweißen
vibrational energy/
vibration energy
Vibrationsenergie
vibrational motion
Schwingungsbewegung

vibrational spectrum
Schwingungsspektrum
Vicat softening point (VSP)
Vicat-Erweichungspunkt
viewing panel
Beobachtungsfenster
viewing window
Sichtfenster, Sichtscheibe
vigorous heftig (Reaktion etc.)
vigorous reaction/violent reaction
heftige Reaktion
Vigreux column
Vigreux-Kolonne
violation
Missachtung,
Vergehen (einer Vorschrift)
virgin fiber
Primärfaser,
native Faser, Frischfaser
virgin material
Reinstoff, Originalrohstoff,
Ausgangsstoff
(unvermischtes Ausgangsmaterial),
frisch hergestelltes Material,
Neumaterial, Neuware;
thermoplastisches Frischmaterial
virgin polymer
Kunststoffneuware
virgin pulp
Primärfaserstoff,
Frischfaserstoff
virgin wool (new wool)
Neuwolle
(unverarbeitete Wolle)
virial coefficeint
Virialkoeffizient
virtual image virtuelles Bild
viscoelastic viskoelastisch
viscoelasticity
Viskoelastizität
viscometer (viscosimeter)
Viskosimeter,
Viskometer
➤ **ball viscometer**
Kugelfallviskosimeter
➤ **Brookfield viscometer**
Brookfield-Viskosimeter
➤ **capillary viscometer**
Kapillarviskosimeter

➤ **cone-plate viscometer/**
cone-and-plate viscometer
Kegel-Platte-Viskosimeter
➤ **Couette rotary viscometer**
Couette-Rotationsviskosimeter
➤ **extensional viscometer**
Dehnviskosimeter,
Dehnungsviskosimeter
➤ **Ostwald viscometer**
Ostwald-Viskosimeter
➤ **rotational viscometer**
Rotationsviskosimeter
➤ **Ubbelohde viscometer**
(dilution v.)
Ubbelohde-Viskosimeter
viscometric flow
viskometrische Strömung
viscose fiber
Viskosefaser (CV)
viscose process
(xanthate process)
Viskoseverfahren
viscose silk/
viscose rayon/rayon
Viskoseseide,
Viskoserayon
viscosity
(viscousness)
Viskosität
(Dickflüssigkeit/Zähflüssigkeit)
➤ **apparent viscosity**
scheinbare Viskosität
➤ **bulk viscosity**
Volumenviskosität
➤ **coefficient of viscosity**
Viskositätskoeffizient,
Zähigkeitskoeffizient
➤ **creep viscosity**
Kriechviskosität,
Kriechzähigkeit
➤ **extensional viscosity**
Dehnviskosität
(Querviskosität)
➤ **inherent viscosity**
inhärente Viskosität
➤ **intrinsic viscosity (IV)**
intrinsische Viskosität
➤ **kinematic viscosity**
kinematische Viskosität

➢ **limiting viscosity number/
intrinsic viscosity**
Grenzviskositätszahl,
grundmolare Viskosität
(Staudinger-Index)

➢ **Newtonian viscosity**
Newtonsche Viskosität

➢ **non-Newtonian viscosity**
Strukturviskosität

➢ **reduced viscosity**
reduzierte Viskosität

➢ **relative viscosity**
relative Viskosität

➢ **shear viscosity**
Scherviskosität

➢ **specific viscosity**
spezifische Viskosität

➢ **strain viscosity/extensional
viscosity** Dehnviskosität

➢ **zero-shear viscosity/
viscosity at rest/
stationary viscosity**
Nullviskosität, ruhende V.,
stationäre Viskosität

viscosity number
Viskositätszahl

**viscosity ratio/
relative viscosity**
Viskositätsverhältnis,
relative Viskosität

**viscous/viscid
(glutinous consistency)**
viskos, viskös,
zähflüssig, dickflüssig

**visor/vizor (*Br*)/
face visor**
Schirm, Blende (Sicht~);
Sichtschutz, Visier;
(face visor) Gesichtsschutz,
Sichtschutz

**visualizer/
visual indicator/
viewing unit/
display unit**
Sichtgerät

vital red Brilliantrot
vitrification Glasbildung
void-free lunkerfrei, blasenfrei,
vakuolenfrei

Voigt-Kelvin element
Voigt-Kelvin-Element
volatile flüchtig
➢ **highly volatile/light**
leicht flüchtig
(niedrig siedend)
➢ **less volatile/heavy
(boiling/evaporating at
higher temperature)**
höhersiedend
(schwer flüchtig)
➢ **nonvolatile**
nicht flüchtig;
schwerflüchtig
volatility
Flüchtigkeit
(von Gasen: Neigung zu verdunsten)
volatilization
Verflüchtigung
(Verdampfung/Verdunstung)
volatilize
verflüchtigen
(verdampfen/verdunsten)
volcanic ash Vulkanasche
voltage Spannung
➢ **high voltage**
Hochspannung
➢ **low voltage**
Niedrigspannung
voltage clamp
Spannungsklemme
voltammetry
Voltammetrie
➢ **cyclic voltammetry (CV)**
cyclische Voltammetrie,
Cyclovoltammetrie
➢ **linear scan voltammetry/
linear sweep voltammetry**
lineare Voltammetrie
➢ **stripping analysis/
stripping voltammetry**
Stripping-Analyse,
Inversvoltammetrie
voltmeter
Spannungsmessgerät
volume
Volumen, Rauminhalt;
Masse, große Menge;
(loudness) Lautstärke

volume fraction
Volumenanteil, Volumenbruch
volume resistivity
spezifischer Durchgangswiderstand
volumetric analysis
Maßanalyse, Volumetrie,
volumetrische Analyse
volumetric flask
Messkolben, Mischzylinder
volumetric solution
(a standard analytical solution)
Maßlösung
vomit brechen, erbrechen,
sich übergeben (bei Übelkeit)
vomiting Erbrechen
vortex (*pl* vortices)
Wirbel, Strudel; (mixer) Vortex,
Mixer, Mixette, Küchenmaschine
vortex motion/whirlpool motion
Vortex-Bewegung,
kreisförmig-vibrierende Bewegung
vortex shaker/vortex
Vortexmischer, Vortexschüttler,
Vortexer (für Reagensgläser)
voucher specimen Belegexemplar
vulcanization/vulcanizing
Vulkanisieren, Vulkanisation
➤ **hot-air vulcanizing**
Heißluftvulkanisation
➤ **postvulcanization/postcuring**
Nachvernetzung,
Nachvulkanisation

➤ **prevulcanization**
Anvulkanisation, Anvulkanisieren,
Vorvulkanisieren, Vorvernetzung
➤ **resin vulcanization/cure**
Harzvulkanisation
➤ **retardation of vulcanization**
Vulkanisationsverzögerung
➤ **steam pipe vulcanization**
Dampfrohrvulkanisation
➤ **ultrahigh-frequency vulcanizing**
Ultra-Hoch-Frequenz-Vulkanisation
(UHF)
vulcanization accelerator
Vulkanisationsbeschleuniger
vulcanization activator/
vulcanization initiator
Vulkanisationsaktivator
vulcanization inhibitor/
vulcanizing inhibitor
Vulkanisationsinhibitor
vulcanize vulkanisieren
vulcanized fiber
Vulkanfiber
vulcanized rubber Vulkanisat
vulcanizing (vulcanization)
Vulkanisieren, Vulkanisation
vulcanizing agents
Vulkanisationsmittel,
Vulkanisationschemikalien
vulcanizing retarder/
antiscorcher
Vulkanisationsverzögerer

wad Pfropf, Pfropfen;
 Wattebausch
wafer
 Platte, Plättchen,
 Scheibe (z.B. Halbleiter)
wagging vibration (IR)
 Wippschwingung
waiting time/waiting period
 Wartezeit, Karenzzeit
walk-in hood
 begehbarer Abzug,
 Dunstabzugshaube
wall effect
 Wandeffekt
Walle gum
 (*Acacia pycnantha*/Fabaceae)
 Walle-Gummi
warehouse
 Lager, Lagerraum,
 Warenlager (Gebäude)
warehousing/storage
 Lagerung
 (Waren/Gerät/Chemikalien)
warming
 Erwärmung;
 (heating) Erhitzung
warning (caution) Warnung
warning label Warnetikett
warning sign/
 precaution sign
 Warntafel, Warnzeichen,
 Warnhinweis
warning tape
 Signalband, Warnband
warp
 Verwerfung, Werfen, Wölbung,
 Verziehen, Verkrümmung
warp and weft
 text Kette und Schuss
warp thread *text* Kettfaden
warp twill *text* Kettköper
warpage
 Verzug, Verziehen,
 Krümmen, Verkrümmung,
 Werfen, Verwerfung
warranty
 Garantie (Hersteller~), Haftung
wash (clean)
 waschen; spülen, abspülen

wash bottle/squirt bottle
 Spritzflasche
wash out/
 rinse out/flush out
 auswaschen; (elute) eluieren
wash solution
 Waschlösung,
 Waschlauge
washable
 waschbar, abwaschbar
washdown
 Ganzwäsche
washer
 Dichtungsring,
 Dichtungsscheibe,
 Unterlegscheibe
washing facilities
 Wascheinrichtung
waste
 (trash/rubbish/refuse/garbage)
 Müll, Abfall
➢ **chemical waste**
 Chemieabfälle
➢ **clinical waste**
 Klinikmüll
➢ **hazardous waste**
 Sonderabfall,
 Sondermüll
➢ **household waste**
 Haushaltsmüll,
 Haushaltsabfälle
➢ **industrial waste**
 Industriemüll,
 Industrieabfall
➢ **nuclear waste**
 Atommüll
➢ **radioactive waste/**
 nuclear waste
 radioaktive Abfälle
➢ **toxic waste/**
 poisonous waste
 Giftmüll
waste avoidance
 Müllvermeidung
waste collection Müllabfuhr
waste container/
 garbage can/dustbin (*Br*)
 Mülltonne;
 (litter bin/trash can) Abfallbehälter

waste disposal
Abfallentsorgung,
Abfallbeseitigung
waste disposal site/
  waste dump
Mülldeponie, Müllplatz,
Müllabladeplatz, Müllkippe
waste heat Abwärme
waste incineration plant/
  incinerator
Müllverbrennungsanlage
waste oil/used oil Altöl
waste paper Altpapier
waste plastic
Kunststoffabfall
waste pretreatment
Abfallvorbehandlung
waste recycling
Müllwiederverwertung
waste recycling plant
Müllverwertungsanlage
waste removal (waste disposal)
Entsorgung
waste separation
Mülltrennung,
Abfalltrennung
waste treatment
Abfallbehandlung;
Abfallverwertung
wastewater/sewage Abwasser
wastewater purification plant
Kläranlage (industriell)
watch glass/clock glass
Uhrglas, Uhrenglas
watchmaker forceps/
  jeweler's forceps
Uhrmacherpinzette
water Wasser
➢ **bound water**
gebundenes Wasser
➢ **capillary water**
Kapillarwasser
➢ **cooling water**
Kühlwasser
➢ **crystal water/**
  water of crystallization
Kristallwasser
➢ **deionized water**
entionisiertes Wasser

➢ **distilled water**
destilliertes Wasser
➢ **double distilled water** Bidest
➢ **drinking water** Trinkwasser
➢ **film water/retained water**
Haftwasser
➢ **hard water** hartes Wasser
➢ **heavy water** D_2O
schweres Wasser
➢ **jet of water** Wasserstrahl
➢ **mineral water**
Mineralwasser
➢ **potable water**
trinkbares Wasser
➢ **purified water**
gereinigtes Wasser,
aufgereinigtes Wasser,
aufbereitetes Wasser
➢ **saltwater** Salzwasser
➢ **seawater/saltwater**
Meerwasser
➢ **soda water**
Selterswasser, Sprudel
➢ **soft water** weiches Wasser
➢ **springwater** Quellwasser
➢ **tap water** Leitungswasser
➢ **wastewater** Abwasser
water activity
Wasseraktivität, Hydratur
water analysis
Wasseruntersuchung,
Wasseranalyse
water bath Wasserbad
water column (column of water)
Wassersäule
water consumption/water usage
Wasserverbrauch
water content
Wassergehalt
water distillation
Wasserdestillation
water flow Wasserströmung
water gas Wassergas
water glass/
  soluble glass $M_2O \times (SiO_2)_x$
Wasserglas
water hardness Wasserhärte
water hazard class
Wassergefahrenklasse (WGK)

water jacket
Wassermantel (Kühler)
water loss Wasserverlust
water of crystallization
Kristallisationswasser
water of hydration
Hydratwasser
water outlet
Wasserzulauf,
Wasserzapfstelle (Wasserhahn)
water pollution
Wasserverschmutzung
water potential
Wasserpotential,
Hydratur, Saugkraft
water pump
(filter pump/vacuum filter pump)
Wasserstrahlpumpe,
Wasserpumpe
water purification
Wasseraufbereitung
water purification plant/facility
(water treatment plant/facility)
Wasseraufbereitungsanlage
water quality Wassergüte,
Wasserqualität
water reactive wasserreaktiv
water regime
Wasserhaushalt,
Wasserregime
water-repellent/water-resistant
wasserabstoßend,
wasserabweisend
water sample Wasserprobe
water saturation
Wassersättigung
water saturation deficit (WSD)
Wassersättigungsdefizit
water separator/water trap
Wasserabscheider
water softener Wasserenthärter
water softening
Wasserenthärtung
water solubility
Wasserlöslichkeit
water-soluble wasserlöslich
water still
Wasserdestillierapparat
water stress Wasserstress

water supply
Wasserversorgung,
Wasserzufuhr
water tension
Zugspannung (Wasserkohäsion);
(water suction) Wassersog
water uptake
Wasseraufnahme
water vapor (steam)
Wasserdampf
water-conducting
wasserleitend
water-insolubility
Wasserunlöslichkeit
waterlogged
vollgesogen (mit Wasser)
waterlogging Vernässung
waterproof/water repellent
wasserabweisend
watertight
wasserfest, wasserdicht,
wasserundurchlässig
wave guide
Hohlleiter
(z.B. an Mikrowelle)
wavelength Wellenlänge
wavenumber (IR)
Wellenzahl
wax Wachs
➤ **beeswax**
Bienenwachs
➤ **paraffin wax**
Paraffinwachs
➤ **synthetic wax**
Synthesewachs
wax mold Wachsform
waxy (wax-like/ceraceous)
wachsartig
weak link Lockerstelle
wear *vb* **(wear out)**
verschleißen, abnutzen,
verbrauchen; abtragen
wear *n* **(attrition/erosion)**
Verschleiß, Abnutzung
weathering
Verwitterung;
Bewitterung, Bewittern
weatherproof
wetterbeständig, wetterfest

weave Bindung; Webart
➤ **basket weave**
　Panama-Bindung
➤ **glass-fiber weave**
　Glasfasergewebe
➤ **leno weave**
　Dreherbindung
➤ **mock leno weave**
　Scheindreherbindung
➤ **plain weave**
　Leinwand-Bindung,
　Leinwandbindung,
　Nesselbindung
➤ **satin weave**
　Atlas-Bindung
　(Glasfaser-Satin)
➤ **twill weave**
　Köper-Bindung,
　Köperbindung
weaving Weben
web Bahn (endlos); Netz; Aussteifung;
　Gewebe; (thin sheet: severe molding
　defect) Schwimmhaut
webbing Vernetzung
wedge/peg Keil
weft/woof/fill
　(perpendicular to warp)
　Schuss, Einschuss, Schussgarn
　(querlaufende Fäden)
weigh wägen, wiegen
weigh in (after setting tare)
　einwiegen, einwägen (nach Tara)
weigh out
　abwiegen (eine Teilmenge)
weigh out precisely
　auswiegen (genau wiegen)
weighing Wägung
weighing boat/
　weighing scoop '
　Wägeschiffchen
weighing bottle Wägeglas
weighing paper
　Wägepapier
weighing spatula
　Wägespatel
weighing spoon
　Maßlöffel, Wägelöffel
weighing table
　Wägetisch

weight
　Gewicht; Last;
　Belastung
　(Traglast, Last: Gewicht)
➤ **atomic weight**
　Atomgewicht
➤ **dry weight**
　(*sensu stricto:* dry mass)
　Trockengewicht
　(*sensu stricto:* Trockenmasse)
➤ **gross weight**
　Bruttogewicht
➤ **net weight** Nettogewicht
➤ **own weight/dead weight/**
　permanent weight
　Eigengewicht
➤ **service weight/**
　unladen weight
　Eigengewicht
weight average molecular mass (M_w)
　Durchschnitts-Molmasse
　(gewichtsmittlere Molmasse/
　Gewichtsmittel des
　Molekulargewichts)
weight buret/
　weighing buret
　Wägebürette
weight fraction
　Gewichtsbruch
　(Verhältnis)
weightlessness
　Schwerelosigkeit
weld
　schweißen, verschweißen,
　einschweißen
weld line
　(weld mark/knit line/flow line)
　Bindenaht, Schweißnaht;
　Fuge
weld seam
　Schweißnaht
weldability
　Schweißbarkeit
weldable
　schweißbar
weldable plastic
　schweißbarer Kunststoff
welded joint
　Schweißverbindung

welding
Schweißen, Schweißung;
Schweißnaht, Schweißstelle
➢ **autogenous welding**
autogenes Schweißen
➢ **bead** Schweißraupe
➢ **butt welding**
Stumpfschweißen
➢ **dielectric welding**
dielektrisches Schweißen
➢ **fan welding**
Fächelschweißen
➢ **flash/upset** Schweißwulst
➢ **friction welding/**
spin welding
Reibungsschweißen,
Reibschweißen
➢ **heated tool butt welding**
Heizelementstumpfschweißen
(HS-Schweißen)
➢ **heated tool welding/**
fusion welding
Heizelementschweißen
(HE-Schweißen)
➢ **heated wedge welding**
Heizkeilschweißen
➢ **high-frequency dielectric welding**
Hochfrequenzschweißen
(HF-Schweißen)
➢ **hot-gas welding**
Warmgasschweißen,
Heißgasschweißen
(HG-Schweißen)
➢ **impulse welding**
Impulsschweißen
➢ **induction welding**
Induktionsschweißen
➢ **infrared welding**
Infrarotschweißen
➢ **knit line/flow line/**
weld line/weld mark
Bindenaht, Schweißnaht;
Fuge
➢ **laser welding**
Laserschweißen
➢ **light beam welding**
Lichtstrahlschweißen
➢ **pressure welding**
Pressschweißen

➢ **radiation welding**
Strahlungsschweißen
➢ **resistance wire welding**
Heizdrahtschweißen,
Widerstandsdrahtschweißen
➢ **seam welding**
Überlappschweißen
➢ **sleeve welding**
Muffenschweißen
➢ **solution welding/**
solvent welding
(cementing)
Lösungsschweißen
➢ **spin welding/**
friction welding
Reibschweißen,
Rotationsreibschweißen
➢ **tack welding**
Heftschweißen
➢ **thermal welding**
Warmschweißen
➢ **ultrasonic welding**
Ultraschallschweißen
➢ **vibration welding**
Vibrationsschweißen
welding joint
Schweißstoß, Stoß
➢ **butt joint** Stumpfstoß
➢ **corner joint** Eckstoß
➢ **edge joint** Stirnstoß
➢ **joggle-lap joint**
gefalzte Überlappungsverbindung,
gefalzter Überlappstoß
➢ **lap joint** Überlappstoß
➢ **mitered joint**
Gehrungsstoß
➢ **strap joint** Riemenstoß
➢ **tongue-and-groove joint**
Nut-und-Feder Stoß,
Zapfenstoß
welding machine/welder
Schweißmaschine
welding rod/filler rod
Schweißstab
welding roller
Schweißwalze
welding torch/blowpipe
Schweißbrenner,
Schweißgerät

welding zone
Schweißzone
well Brunnen, Quelle;
(depression at top of gel) Tasche
(Vertiefung: Elektrophorese-Gel);
Rinne
well plate Lochplatte
welt (weal) Quaddel
wet (moisten)
nass machen,
befeuchten, benetzen
wet spinning Nassspinnen
wet strength
Nassfestigkeit (Fasern)
wettability Benetzbarkeit
wettable benetzbar
wetting agent
(wetter/surfactant/spreader)
Benetzungsmittel;
Entspannungsmittel
(oberflächenaktive Substanz)
whirl *n* (eddy/vortex) Wirbel
whirl *vb* (swirl/eddy) strudeln
whisker
Fadenkristall, Haarkristall,
fadenförmiger Einkristall,
Whisker
whisker resin
Whiskerharz
white asbestos/
chrysotile/
Canadian asbestos
Weißasbest, Chrysotil
whole-body exposure
Ganzkörperbestrahlung
whole mount Totalpräparat
whole mount plastination
Ganzkörperplastination
wick Docht
wide-angle X-ray scattering (WAXS)
Röntgenweitwinkelstreuung,
Weitwinkel-Röntgenstreuung
(WWR)
wide-mouthed
(widemouthed/
wide-neck/widenecked)
Weithals ...
wide-mouthed bottle
Weithalsflasche

wide-mouthed flask/
wide-necked flask
Weithalskolben
wide-mouthed vat/
wide-neck vat
Weithalsfass
widefield *photo/micros*
Weitwinkel
Williams-Landel-Ferry equation
(WFL)
WLF-Gleichung
winch
Winde, Kurbel;
(rope winch) Seilwinde
wind (twist/coil)
winden, wickeln
winder
Wickelgerät, Wickelanlage
winding/
contortion/turn/bend
Windung, Krümmung,
Biegung
winding machine
Wickelmaschine
window glass Fensterglas
window pane Fensterscheibe
wing nut Flügelmutter
wing-tip (for burner)/
burner wing top
Schwalbenschwanzbrenner,
Schlitzaufsatz für Brenner
wipe *n* (wiper)
Wischer; Wischtuch
wipe *vb* wischen;
(wipe off/wipe clean) abwischen;
(wipe up/mop up: the floor)
aufwischen
wiper blade
Abstreifer,
Schaber (Mischer)
wipes Wischtücher
wire *vb*
verdrahten; verkabeln
wire *n* Draht; Kabel
wire brush
Drahtbürste, Stahlbürste
wire gauze/
wire gauze screen
Drahtnetz

wire sheathing
Drahtummantelung,
Kabelummantelung
wire stripper Abisolierzange
wiring
Verdrahtung, Verkabelung
wiring board (WB)
Verdrahtungsplatte
wobble-plate pump/
rotary swash plate pump
Taumelscheibenpumpe
wood glue Holzleim
wood pulp
Holzschliff, Zellstoff
wood rosin
(colophonium from tree stumps)
Wurzelharz
(Kolophonium von
Kiefern-Baumstümpfen)
wood spirit/wood alcohol/
pyroligneous spirit/
pyroligneous alcohol
(chiefly: methanol)
Holzgeist
wood sugar/xylose
Holzzucker, Xylose
wood tar Holzteer
wood vinegar/pyroligneous acid
Holzessig
wood-wool
Zellstoffwatte,
Holzwolle
woof
text Gewebe;
Einschuss, Schuss, Schussgarn
(querlaufende Fäden)
wool Wolle
➤ **cinder wool**
Schlackenwolle
➤ **glass wool** Glaswolle
➤ **mungo** Mungo
(Kunstwolle/Reißwolle aus
Tuchlumpen/gewalkten Tuchen)
➤ **reprocessed wool/**
reclaimed wool
(incl. shoddy and mungo)
Reißwolle
➤ **rock wool**
Steinwolle

➤ **shear wool/**
shorn wool
(fleece wool)
Schurwolle
(von lebenden Schafen)
➤ **shoddy**
Shoddy, Shoddywolle
(Reißwolle aus Strickwaren/
Maschenwaren u.a.);
Regenerat, Regeneratgummi
➤ **virgin wool (new wool)**
Neuwolle
(unverarbeitete Wolle)
wool alcohols
Wollwachsalkohole
work gloves
Arbeitshandschuhe
work of expansion
Ausdehnungsarbeit
work procedure
Arbeitsmethode;
Arbeitsvorgang
work surface/
working surface/
working area
Arbeitsfläche
work up *n*
(working up/processing/
down-stream processing)
Aufarbeitung
work up *vb* **(process)**
aufarbeiten
workers' protective clothing
Arbeitsschutzkleidung
working aperture
Arbeitsöffnung
working distance
(objective-coverslip) *micros*
Arbeitsabstand
working guideline
Arbeitsrichtlinie
working life
Verwendbarkeitsdauer,
Nutzungsdauer
working order/
operating condition
Funktionszustand
working pressure/delivery pressure
Arbeitsdruck: mit Druckausgleich

working procedure
Arbeitsmethode;
Arbeitsvorgang, Arbeitsverfahren
➢ **step in a working procedure**
Arbeitsschritt
working space
Arbeitsraum
(im Inneren der Werkbank)
working temperature/
service temperature
Gebrauchstemperatur
➢**continuous working temperature/**
long-term service temperature
Dauergebrauchstemperatur
workload
Arbeitspensum
workpiece
Werkstück, Teil, Stück
workplace Arbeitsplatz (Ort)
workplace agent Arbeitsstoff
workplace safety regulations
Arbeitsschutzverordnung
workshop/'shop' Werkstatt
workspace
Arbeitsbereich (räumlich)
worm gear
Schneckengetriebe (DIN)
worm thread
Schneckengewinde

worst-case accident
größter anzunehmender Unfall
worst-case scenario
schlimmster anzunehmender Fall
worsted yarn
Kammgarn
Woulff bottle
Woulff'sche Flasche
woven *n* Gewebe
woven glass filament fabric
Glasfilamentgewebe
woven glass roving fabric/
roving cloth
Glasrovinggewebe
wrap *n*
Folie, Einwickelpapier
wrap-it tie(s)/
wrap-it tie cable/cable tie(s)
Kabelbinder, Spannband
wrapfoil heat sealer
Folienschweißgerät
wrapping
Verpackung(smaterial)
(mit Folie/Papier)
wrapping paper
Einpackpapier
wrench/spanner (*Br*)
Schraubenschlüssel,
Schraubschlüssel

xanthan gum Xanthangummi
xanthogenic acid/
 xanthic acid/
 xanthonic acid/
 ethoxydithiocarbonic acid
 Xanthogensäure
xerogel Xerogel
X-ray
 Röntgenstrahl;
 Röntgenaufnahme, Röntgenbild;
 vb röntgen,
 eine Röntgenaufnahme machen,
 bestrahlen
➢ **small-angle X-ray scattering (SAXS)**
 Röntgenkleinwinkelstreuung
➢ **wide-angle X-ray scattering (WAXS)**
 Röntgenweitwinkelstreuung,
 Weitwinkel-Röntgenstreuung
 (WWR)
X-ray absorption spectroscopy (XAS)
 Röntgenabsorptionsspektroskopie
X-ray crystallography
 Röntgenkristallographie
X-ray diffraction
 Röntgenbeugung
X-ray diffraction method
 Röntgenbeugungsmethode

X-ray diffraction pattern
 Röntgenbeugungsdiagramm,
 Röntgenbeugungsaufnahme,
 Röntgendiagramm,
 Röntgenbeugungsmuster
X-ray emission spectroscopy (XES)
 Röntgenemissionsspektroskopie
X-ray fluorescence spectroscopy
 (XFS)
 Röntgenfluoreszenzspektroskopie
 (RFS)
X-ray microanalysis
 Röntgenstrahl-Mikroanalyse
X-ray microscopy
 Röntgenmikroskopie
X-ray photoelectron spectroscopy
 (XPS)
 Röntgenphotoelektronen-
 spektroskopie (RPS)
X-ray structural analysis/
 X-ray structure analysis
 Röntgenstrukturanalyse
xylene Xylol, Xylen
 (Dimethylbenzol)
xylitol/xylite Xylit
xylose Xylose
xylulose Xylulose

yarn Garn
- ➢ **blended yarn**
  Mischgarn
- ➢ **cellulose yarn**
  Zellstoffgarn
- ➢ **composite yarn**
  Filamentmischgarn
- ➢ **glass filament yarn**
  Glasfilamentgarn
- ➢ **glass staple fiber yarn/**
  glass-fiber yarn
  Glasstapelfasergarn
- ➢ **monofil yarn**
  Monofil-Garn
- ➢ **multifil yarn**
  Multifil-Garn
- ➢ **tow** Kabel
- ➢ **twisted yarn/twine**
  Zwirn
- ➢ **worsted yarn**
  Kammgarn

yield *vb*
abgeben, ergeben, hervorbringen;
nachgeben (einer Kraft)

yield *n*
Ertrag, Ausbeute, Ergiebigkeit;
Gewinn, Ergebnis;
Nachgeben; Fließen

yield coefficient (Y)
Ertragskoeffizient,
Ausbeutekoeffizient,
ökonomischer Koeffizient

yield increase
Ertragssteigerung

yield level/
quality class
Ertragsklasse,
Ertragsniveau,
Bonität

yield load
Fließdruck

yield point/
elongation at yield
Fließgrenze, Fließpunkt,
Streckgrenze ('Yield-Punkt')

yield range
Fließbereich

yield reduction
Ertragsminderung

yield resistance
Fließwiderstand

yield stress/yield strength
Streckspannung,
Fließspannung
('Yield-Spannung')

yielding/
flowing/creep *polym*
Fließen
(belastete Kunststoffe)

Young's modulus/
modulus of elasticity/
tensile modulus
Youngscher Modul,
Elastizitätsmodul,
Zugmodul

ytterbium (Yb)
Ytterbium

yttrium (Y) Yttrium

zein fiber Zeinfaser
Zeitgeber/synchronizer
Zeitgeber
zero *n* Null
zero *vb*
auf Null stellen
zero adjustment/null balance
Nullabgleich
zero-order
(first-order, second-order..)
nullte (erste, zweite..) Ordnung
zero-point adjustment/
zero-point setting
Nullpunktseinstellung
zero reading Null-Anzeige
zero-shear viscosity/
viscosity at rest/
stationary viscosity
Nullviskosität,
ruhende Viskosität,
stationäre Viskosität
zero-valent/
nonvalent
nullwertig
Ziegler-Natta catalyst
Ziegler-Natta Katalysator
Zimm plot
Zimm-Plot, Zimm-Diagramm
zinc (Zn) Zink
zinc blende/blackjack
Zinkblende

zip seal/
zip-lip/
zip-lip seal/
zipper-top
Zippverschluss,
Druckleistenverschluss
zip storage bag/
zip-lip storage bag/
zip-lip bag/zipper-top bag
Zippverschlussbeutel,
Druckverschlussbeutel
zipper Reißverschluss
zircon ZrSiO$_4$ Zirkon
zirconia (zirconium oxide/
zirconium dioxide) ZrO$_2$
Zirconiumdioxid
zirconium (Zr) Zirconium
zonal centrifugation
Zonenzentrifugation
zonation
Zonierung, Stufung
zone electrophoresis
Zonenelektrophorese
zone melting/
zone refining
Zonenschmelze(n)
zone sedimentation/
zonal sedimentation/
band sedimentation
Zonensedimentation
zwitterion Zwitterion

Polymer Acronyms

AAS	methacrylate–acryl–styrene
ABS	acrylonitrile–butadiene–styrene copolymer
ACM	acrylic ester rubber (acrylic ester – 2-chloroethylvinyl ether – polymethylene)
ACN	polyacene
AIBN	azobisisobutyronitrile
ASA	acrylonitrile–styrene–acrylic ester copolymer
ASTM	American Society for Testing and Materials
BHET	bis(hydroxyethyl terephthalate)
BHT	butylated hydroxytoluene
BMC	bulk molding compounds
BMI	bismaleimide
BPO	benzoyl peroxide
BR	polybutadiene rubbers
CA	cellulose acetate
CAB	cellulose acetate butyrate (cellulose acetobutyrate)
CAMPUS	Computer Aided Materials Preselection by Uniform Standards
CAP	cellulose acetate propionate (cellulose acetopropionate)
CF	cresol–formaldehyde resin
CFC	carbon fiber-reinforced carbon
CFR	carbon-reinforced resin
CMC	carboxymethylcellulose
CN	cellulose nitrate
CNR	Chinese natural rubber
COC	cycloolefin copolymers
COT	cyclooctatetraene

CP	cellulose propionate
CR	chloroprene rubber; poly(chloroprene)
CRU	constitutional repeating unit
CSA	camphor sulfonic acid
CSM	chlorosulfonated polyethylene
CTA	cellulose triacetate
CTBN	carboxyl-terminated butadiene–acrylonitrile
DBE	dibutyl ether
DBTDL	dibutyltin dilaurate
DBTO	dibutyltin oxide
DETDA	diethyltoluene diamine
DGEBA	diglycidylether of bisphenol-A
DHBP	2,5-dimethyl-2,5-di(*tert*-butylperoxy)-hexane
DIN	Deutsches Institut für Normung
DIOP	diisooctyl phthalate
DMF	dimethyl formamide
DMSO	dimethyl sulfoxide
DMT	dimethyl terephthalate
DOP	dioctyl phthalate (di-2-ethylhexyl phthalate)
DP	degree of polymerization
DVB	divinyl benzene
EC	ethyl cellulose
ECTFE	ethylene–chlorotrifluoroethylene copolymers
EDGA	ethyldiethyleneglycol monoacrylate
EDTA	ethylenediaminetetraacetic acid
EEA	ethylene–ethyl acrylate copolymer, poly(ethylene-*co*-ethyl acrylate)
EGDMA	ethyleneglycol dimethacrylate
EMA	ethylene–methyl acrylate copolymer, poly(ethylene-*co*-methyl acrylate)
EMC	ethylmethylcellulose
EP	epoxide resin
EPDM (EPD)	ethylene–propylene–diene terpolymer

EPR (EPM)	ethylene–propylene rubber
EPS	expandable polystyrene
ETFE	ethylene–tetrafluoroethylene copolymer
EVA (EVAC)	ethylene–vinyl acetate copolymer
EVAL	ethylene–vinyl alcohol copolymer
FEP	fluorinated ethylene–isoprene copolymer
FEP	tetrafluoroethylene–perfluoropropylene
FF	furan resins
FRP	fiber-reinforced polymer
GMA	glycidyl methacrylate
GMC	glassfiber mats reinforced compound
GR-I,IIR	butyl rubber
HDDA	hexanediol diacrylate
HDPE	high-density polyethylene
HEC	hydroxyethylcellulose
HIPS	high-impact polystyrene
HPC	hydroxypropylcellulose
IIR	isobutylene–isoprene rubber
IPOM	impact poly(oxymethylene)
IPP	impact polypropylene
IPS	impact polystyrene
IR	polyisoprene rubber
ISO	International Organization for Standardization
LCP	liquid crystal polymer
LCST	lower critical solution temperature
LDPE	low-density polyethylene
LLDPE	linear low-density polyethylene
LPE	linear polyethylene
LPPP	ladder poly(p-phenylene)

MA	maleic anhydride
MAO	methyl aluminoxane
MBPI	methylene bis(phenyl isocyanate)
MBS	methyl methacrylate–butadiene–styrene
MC	methylcellulose
MDPE	medium-density polyethylene
MF	melamine–formaldehyde resin
MMA	methyl methacrylate
MPF	melamine–phenol–formaldehyde resin
NBR	nitrile rubber
NC	nitrocellulose
NMP	N-methylpyrrolidone
NR	natural rubber
NVP	N-vinylpyrrolidone
PA	polyamides
PAA	poly(acrylic acid)
PAAm	poly(allylamine)
PAC	polyacetylene
PAE	polyarylether
PAEK	polyaryletherketone
PAI	poly(amide imide)
PAMAM	poly(amidoamine)
PAMS	poly(α-methyl styrene)
PAN	poly(acrylonitrile)
PANi	polyaniline
PARA	poly(acrylamide)
PAS	polyarylsulfone
PB	polybutylene, poly(1-butene)
PBD	1,4-poly(buta-1,3-diene)
PBI	poly(benzimidazole)
PBO	polybenzoxazole
PBOZ	poly(p-phenylene benzobisoxazole)
PBT	poly(butylene terephthalate)

PC	polycarbonate
PCL	poly(ε-caprolactone)
PCT	poly(cyclohexanedimethylene terephthalate)
PCTFE	poly(chlorotrifluoroethylene)
PDMS	polydimethylsiloxane
PE	polyethylene
➢ HDPE	high-density polyethylene
➢ LDPE	low-density polyethylene
➢ LLDPE	linear low-density polyethylene
➢ LPE	linear polyethylene
➢ MDPE	medium-density polyethylene
➢ UHMWPE	ultrahigh-molecular-weight polyethylene
➢ VLDPE	very-low-density polyethylene
PEA	polyester amine
PEC	chlorinated polyethylene
PEE	polyethylethylene
PEEK	polyetheretherketone
PEGDA	poly(ethylene glycol diacrylate)
PEGMA	poly(ethylene glycol) methacrylate
PEHD	high-density PE
PEI	poly(ether imide)
PEI	poly(ethylene imine)
PEK	polyetherketone
PEKK	polyetherketoneketone
PELD	low-density PE
PELLD	linear low-density PE
PEMD	medium-density PE
PEMS	polyethylmethylsiloxane
PEN	poly(ethylene-2,6-naphthalenedicarboxylate)
PEO	poly(ethylene oxide)
PEP	polyethylene–propylene
PES	poly(ether sulfone)
PET	poly(ethylene terephthalate)
PEVLD	very-low-density PE
PEX	crosslinked polyethylene

PF	phenol–formaldehyde resin
PFS	poly(fluorosilicone)
PFSI	perfluorosulfonate ionomers
PGA	poly(glycolic acid)
PHA	polyhydroxyalkanoates
PHB/P2HB	poly(2-hydroxybutyrate)
PHB/P3HB	poly(3-hydroxybutyrate)
PHS	poly(4-hydroxystyrene)
PHV/P3HV	poly(3-hydroxyvalerate)
PHVB	poly(3-hydroxybutyrate-valerate)
PI	polyimide
PIB	poly(isobutylene)
PLA	poly(lactic acid)
PLGA	poly(D,L-lactic-*co*-glycolic acid)
PLLA	poly(L-lactide)
PMAA	poly(methacrylic acid)
PMBA	poly(butylmethacrylate)
PMHS	polymethylhydrosiloxane
PMI	poly(methacrylimide)
PMMA	poly(methyl methacrylate)
PMP/P4MP	poly(4-methylpent-1-ene)
PNIPA	poly(*N*-isopropyl-acrylamide)
PO	polyolefins
POD	polyoxadiazole
POM	poly(oxymethylene)
POP	polyoxypropylene
PP	polypropylene
➢ aPP	atactic polypropylene
➢ iPP	isotactic polypropylene
➢ sPP	syndiotactic polypropylene
PPBT	poly(*p*-phenylene benzobisthiazole)
PPc	chlorinated polypropylene
PPO/PPE	poly(phenylene oxide)/poly(phenylene ether)
PPP	poly(*p*-phenylene)
PPS	poly(phenylene sulfide)

PPSU	poly(phenylene sulfone)
PPTA	poly-*p*-phenylene-terephthalamide
PPV	poly(phenylene vinylene)
PPy	polypyridine
PS	polystyrene
PSF/PSO	polysulfone; *also:* PSU
PSS	polystyrene sulfonic acid
PTA	polytriazole
PTFE	poly(tetrafluoroethylene)
PTH	polythiophene
PTMT	poly(tetramethylene terephthalate)
PTP	poly(terephthalate)
PTT	poly(trimethylene terephthalate)
PUr	copolyureas
PUR	polyurethane
PUUr	copoly(urethane-urea)
PVAC	poly(vinyl acetate); *also:* PVAc
PVAL	poly(vinyl alcohol); *also:* PVA or PVOH
PVB	poly(vinyl butyral)
PVC	poly(vinyl chloride)
PVCC	chlorinated PVC
PVDC	poly(vinylidene chloride)/ poly(vinylidene dichloride)
PVDF	poly(vinylidene fluoride)/ poly(vinylidene difluoride)
PVE	polyvinylethylene
PVF	poly(vinyl fluoride)
PVF_2	poly(vinylidene fluoride)
PVFM	poly(vinylformal)
PVK	poly(*N*-vinyl carbazole)
PVME	polyvinylmethylether
PVP/P2VP	poly(2-vinyl pyridine), poly(vinylpyrrolidone)
PYRo	polypyrrole
RF	resorcine–formaldehyde resin

S/DVB	styrene–divinylbenzene
SAN	styrene–acrylonitrile copolymer
SBR	styrene–butadiene rubber
SBS	styrene–butadiene–styrene triblock (ABA)
SI	silicone plastics
SIN	simultaneous interpenetrating network
SIR	silicone rubbers
SIR	standardized Indonesian rubber
SIR	styrene–isoprene rubber
SLR	Sri Lanka rubber
SMA	styrene–maleic anhydride copolymer
SMC	sheet molding compounds
SMR	standardized Malaysian rubber (Esemar)
TEMPO	2,2,6,6-tetramethylpiperidinyl-1-oxy
TFA	tetrafluoroethylene–perfluoropropyl vinyl ether
TMPTA	trimethylolpropane triacrylate
TMS	tetramethylsilane
TPE	thermoplastic elastomers
TPI	thermoplastic polyimide
TPU	thermoplastic polyurethanes
TSR	technically specified rubber
TTM	taut-tie molecule
TTR	Thai technical rubber
UCST	upper critical solution temperature
UF	urea-formaldehyde
UHMWPE	ultrahigh-molecular-weight polyethylene
UP	unsaturated polyester
VA	vinyl acetate
VCE	vinyl chloride-ethylene copolymer
VLDPE	very-low-density polyethylene

UMRECHNUNGSTABELLEN / CONVERSION TABLES

VOLUMEN (RAUMINHALT) – *VOLUME (CAPACITY)**

liters	gallons	quarts	pints	fl.oz.
1	0.2642	1.0567	2.1134	33.814
3.7854	1	4	8	128
0.9464	0.25	1	2	32
0.4732	0.125	0.5	1	16
0.0296	0.0078	0.03125	0.0625	1

MASSE – *MASS**

kg/g	pounds	ounces
1kg (1000g)	2.2046	35.274
453.6g	1	16
28.35g	0.0625	1

LÄNGE – *LENGTH**

km/m/cm	miles	yards	feet	inches
1 km	0.62137	1093.61	3280.84	–
1 m	–	1.0936	3.281	39.37
1.61 km (1609 m)	1	1760	5280	63,360
0.9144 m	0.00057	1	3	36
30.48 cm	–	0.333	1	12
2.54 cm	–	0.0278	0.0833	1

DRUCK – *PRESSURE**

N/m^2 (Pa)	torr (mm Hg)	bar	atm (st)	lb/ft^2	lb/in^2 (psi)
1	7.528×10^{-3}	10^{-5}	9.869×10^{-6}	0.02089	0.145×10^{-3}
133.3	1	1.333×10^{-3}	1.3157×10^{-3}	2.784	2.4942×10^{-3}
10^5	750.06	1	0.9869	2116.8	14.7
1.01325×10^5	760	1.0133	1	2116.4	14.6974
47.88	0.3591	4.788×10^{-4}	4.725×10^{-4}	1	6.944×10^{-3}
6894.76	51.7236	0.0689476	0.06804	144	1

T+ = *very toxic*
sehr giftiger
Stoff

T = *toxic*
giftiger Stoff

Xn = *nocent
(harmful)*
gesundheits-
schädlicher
Stoff

Xi = *irritant*
reizender
Stoff

C = *corrosive*
ätzender
Stoff

UMRECHNUNGSTABELLEN / CONVERSION TABLES

ENERGIE – *ENERGY**

kJ=kWs	kWh	kcal	Btu	ft · lb
1	2.78×10^{-4}	0.239	0.95	737.6
3600	1	860	3412	2.6×10^{6}
4.1868	1.163×10^{-3}	1	3.96	3100
1.054	2.929×10^{-4}	0.252	1	780
1.356×10^{-3}	0.377×10^{-6}	3.225×10^{-4}	1.282×10^{-3}	1

LEISTUNG – *POWER**

kW=kJ/s	hp	cal/s
1	1.341	238.7
0.7457	1	178

WASSERHÄRTE – *WATER HARDNESS**

German	French	American	British
1	1.786	1.041	1.25
0.56	1	0.583	0.7
0.961	1.716	1	1.201
0.8	1.429	0.832	1

RADIOAKTIVITÄT – *RADIOACTIVITY**

Energiedosis absorbed dose		Ionendosis exposure		Aktivität activity		Äquivalentdosis dose equivalent	
Rad	Gray (J/kg)	Röntgen	C/kg	Curie (Ci)	Bequerel (Bq)	Rem	Sievert (Sv)
1	0.01	1	2.58×10^{-4}	1	3.7×10^{10}	100	1
100	1	3876	1	2.703×10^{-11}	1	1	0.01

* Dezimalen: 0.1 (zero point one) im Englischen entspricht 0,1 (Null Komma eins) im Deutschen; Tausender: 1,000 (one thousand) im Englischen entspricht 1.000 (eintausend) im Deutschen – das heißt, Punkt und Komma werden genau umgekehrt verwendet !
(Diese Tabelle enthält die englische Schreibweise)

N = *nuisant*
umwelt-
gefährlicher
Stoff

E = *explosive*
explosions-
gefährlicher
Stoff

F+ = *extremely flammable*
hoch entzünd-
licher Stoff

F = *highly flammable*
leicht entzünd-
licher Stoff

O = *oxidizing*
brand-
fördernder
Stoff

MIX
Papier aus verantwortungsvollen Quellen
Paper from responsible sources
FSC® C105338

If you have any concerns about our products,
you can contact us on
ProductSafety@springernature.com

In case Publisher is established outside the EU,
the EU authorized representative is:
Springer Nature Customer Service Center GmbH
Europaplatz 3, 69115 Heidelberg, Germany

Printed by Libri Plureos GmbH
in Hamburg, Germany